重型机械标准

弹簧、轴承及其他零件和附件

全国机器轴与附件标准化技术委员会
中　国　标　准　出　版　社　编

中国标准出版社
北　京

图书在版编目(CIP)数据

重型机械标准.弹簧、轴承及其他零件和附件/全国机器轴与附件标准化技术委员会,中国标准出版社编.—北京:中国标准出版社,2018.1
ISBN 978-7-5066-8747-8

Ⅰ.①重… Ⅱ.①全…②中… Ⅲ.①机械—重型—标准—汇编—中国 Ⅳ.①TH-65

中国版本图书馆 CIP 数据核字(2017)第 249117 号

中国标准出版社出版发行
北京市朝阳区和平里西街甲 2 号(100029)
北京市西城区三里河北街 16 号(100045)

网址 www.spc.net.cn
总编室:(010)68533533 发行中心:(010)51780238
读者服务部:(010)68523946
中国标准出版社秦皇岛印刷厂印刷
各地新华书店经销

*

开本 880×1230 1/16 印张 36 字数 1 090 千字
2018 年 1 月第一版 2018 年 1 月第一次印刷

*

定价 185.00 元

出版说明

随着装备制造业的快速发展，国家将重型装备提到相当重要的位置。重型机械标准作为生产的依据，不仅在重型机械、矿山机械、冶金和起重运输行业得到贯彻和应用，而且在石油、化工、电力、轻工等行业的设备制造中也得到了广泛的应用，这对推动行业的技术进步、提高产品质量、降低成本起到了重要的作用。此外，重型机械标准在大型成套设备及技术引进与合作生产中，作为统一设计、制造与检验的依据，得到了国内外同行的一致认可，因此其用量非常大。

近几年，随着标准的大量制修订，新标准不断出现，读者迫切需要及时了解和掌握标准内容。为满足广大使用者对标准文本的需求，全国机器轴与附件标准化技术委员会和中国标准出版社共同合作，拟出版《重型机械标准》系列汇编。

本套汇编收集了截至2017年7月底以前批准发布的重型机械标准660多项，分6部分出版，内容主要包括：

——基础；

——材料；

——螺纹与紧固件；

——传动；

——液压、润滑、密封及管路附件；

——弹簧、轴承及其他零件和附件。

本汇编为弹簧、轴承及其他零件和附件部分，共收录53项标准，内容包括：弹簧；轴承及附件；操作件、扳手；吊耳、钢丝绳、梯子和栏杆等。

鉴于本汇编收集的标准发布年代不尽相同，汇编时对标准中所用计量单位、符号未做改动。本汇编收集的国家标准的属性已在目录上标明(GB或GB/T)，年号用四位数字表示。鉴于部分国家标准是在标准清理整顿前出版的，故正文部分仍保留原样；读者在使用这些标准时，其属性以目录上标明的为准(标准正文“引用标准”中标准的属性请读者注意查对)。行业标准类同。

我们相信，本汇编的出版，对促进我国重型机械产品质量的提高和行业的发展将起到重要的作用。

编　者

2017年8月

目　　录

弹　　簧

轴承及附件

操作件、扳手

注:本汇编收集的国家标准的属性已在本目录上标明(GB或GB/T),年号用四位数字表示。鉴于部分国家标准是在标准清理整顿前出版的,现尚未修订,故正文部分仍保留原样;读者在使用这些国家标准时,其属性以本目录上标明的为准(标准正文"引用标准"中标准的属性请读者注意查对)。行业标准的属性和年号类同。

吊耳、钢丝绳、梯子和栏杆

弹　　簧

ICS 21.160
J 26

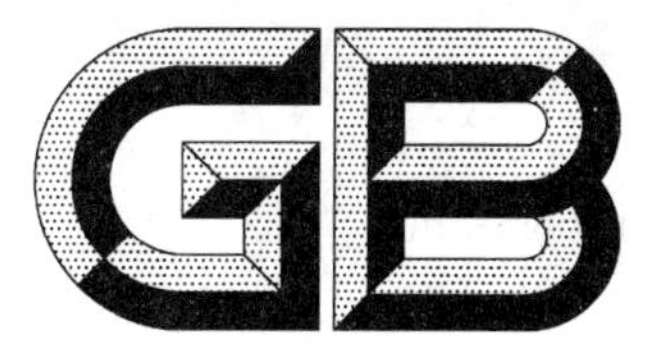

中华人民共和国国家标准

GB/T 1358—2009
代替 GB/T 1358—1993

圆柱螺旋弹簧尺寸系列

Cylindrical helical spring seriate sizes

2009-03-16 发布 2009-11-01 实施

中华人民共和国国家质量监督检验检疫总局
中国国家标准化管理委员会 发布

前　言

本标准是对 GB/T 1358—1993《圆柱螺旋弹簧尺寸系列》的修订。修订时仍保留 GB/T 1358—1993《圆柱螺旋弹簧尺寸系列》中有效的部分，对已不适应的内容进行重新修订。本标准与被修订标准的主要技术差异如下：

——对原标准按 GB/T 1.1 进行了编辑性修改；

——对引用的材料标准进行了全面查新，使用已修订过的最新版本代替原标准所引用的旧版本；

——按 GB/T 1805—2001《弹簧术语》，对原标准涉及的符号进行修订。

本标准由中国机械工业联合会提出。

本标准由全国弹簧标准化技术委员会(SAC/TC 235)归口。

本标准负责起草单位：常州市铭锦弹簧有限公司、中机生产力促进中心。

本标准参加起草单位：无锡泽根弹簧有限公司、杭州钱江弹簧有限公司、浙江金昌弹簧有限公司、浙江美力弹簧有限公司、杭州兴发弹簧有限公司、立洲集团控股有限公司。

本标准主要起草人：蒋欣荣、曹辉荣、杨国红、余方、王卫、屠世润、张英会、陆培根、邵文武、严世平。

本标准所代替标准的历次版本发布情况为：

——GB 1358—1978、GB/T 1358—1993。

圆柱螺旋弹簧尺寸系列

1 范围

本标准规定了一般用途圆截面圆柱螺旋弹簧材料直径、弹簧中径、有效圈数(压缩、拉伸弹簧)以及自由高度(压缩弹簧)等主要尺寸系列。

本标准适用于一般用途圆柱螺旋弹簧。

2 弹簧材料直径

弹簧材料直径 d,第一系列见表1,第二系列见表2。

表 1

单位为毫米

0.10	0.12	0.14	0.16	0.20	0.25	0.30	0.35	0.40	0.45
0.50	0.60	0.70	0.80	0.90	1.00	1.20	1.60	2.00	2.50
3.00	3.50	4.00	4.50	5.00	6.00	8.00	10.0	12.0	15.0
16.0	20.0	25.0	30.0	35.0	40.0	45.0	50.0	60.0	
注:设计时优先选用第一系列。									

表 2

单位为毫米

0.05	0.06	0.07	0.08	0.09	0.18	0.22	0.28	0.32
0.55	0.65	1.40	1.80	2.20	2.80	3.20	5.50	6.50
7.00	9.00	11.0	14.0	18.0	22.0	28.0	32.0	38.0
42.0	55.0							

3 弹簧中径

弹簧中径 D,见表3。

表 3

单位为毫米

0.3	0.4	0.5	0.6	0.7	0.8	0.9	1	1.2	1.4
1.6	1.8	2	2.2	2.5	2.8	3	3.2	3.5	3.8
4	4.2	4.5	4.8	5	5.5	6	6.5	7	7.5
8	8.5	9	10	12	14	16	18	20	22
25	28	30	32	38	42	45	48	50	52
55	58	60	65	70	75	80	85	90	95
100	105	110	115	120	125	130	135	140	145
150	160	170	180	190	200	210	220	230	240
250	260	270	280	290	300	320	340	360	380
400	450	500	550	600					

4 弹簧有效圈数

a） 压缩弹簧有效圈数 n，见表 4。

表 4

单位为圈

2	2.25	2.5	2.75	3	3.25	3.5	3.75	4	4.25
4.5	4.75	5	5.5	6	6.5	7	7.5	8	8.5
9	9.5	10	10.5	11.5	12.5	13.5	14.5	15	16
18	20	22	25	28	30				

b） 拉伸弹簧有效圈数 n，见表 5。

表 5

单位为圈

2	3	4	5	6	7	8	9	10	11
12	13	14	15	16	17	18	19	20	22
25	28	30	35	40	45	50	55	60	65
70	80	90	100						
注：由于两钩环相对位置不同，其尾数还可为 0.25、0.5、0.75。									

5 压缩弹簧自由高度

压缩弹簧自由高度 H_0，见表 6。

表 6

单位为毫米

2	3	4	5	6	7	8	9	10	11
12	13	14	15	16	17	18	19	20	22
24	26	28	30	32	35	38	40	42	45
48	50	52	55	58	60	65	70	75	80
85	90	95	100	105	110	115	120	130	140
150	160	170	180	190	200	220	240	260	280
300	320	340	360	380	400	420	450	480	500
520	550	580	600	620	650	680	700	720	750
780	800	850	900	950	1 000				

ICS 21.160
J 26

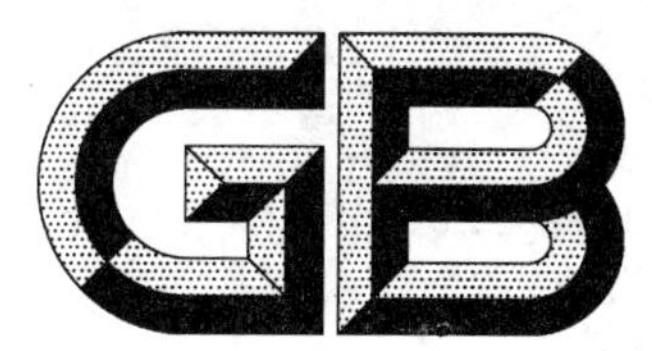

中华人民共和国国家标准

GB/T 1972—2005
代替 GB/T 1972—1992

碟 形 弹 簧

Disc spring

2005-01-13 发布　　2005-08-01 实施

中华人民共和国国家质量监督检验检疫总局
中国国家标准化管理委员会　发布

前　言

本标准代替 GB/T 1972—1992《碟形弹簧》。本标准与 GB/T 1972—1992 相比主要变化如下：

——质量要求分为一级精度和二级精度；

——检验规则增加了 A 项(即关键项)；

——对检验规则进行了细化，增强了可操作性；

——原第 8 章并入附录 C《碟簧的设计计算及应用》；原附录 C 的内容并入第 4 章和第 5 章；

——试验方法具体化，统一了检测要求；

——内容表达及章节按 GB/T 1.1 进行了较大调整；

——按 GB/T 1.1 进行了编辑性修改。

本标准附录 A 为规范性附录，附录 B 和附录 C 为资料性附录。

本标准由中国机械工业联合会提出。

本标准由全国弹簧标准化技术委员会(CSBTS/TC235)归口。

本标准负责起草单位：机械科学研究院、扬州弹簧有限公司、扬州大学。

本标准参加起草单位：上海核工碟形弹簧制造有限公司、廊坊市双飞碟簧厂。

本标准主要起草人：姜膺、黄志福、周骥平、胡家骅、沈子建、高歧洲。

本标准所代替标准的历次版本发布情况为：

——GB/T 1972—1980；

——GB/T 1972—1992。

碟 形 弹 簧

1 范围

本标准规定了截面为矩形的碟形弹簧(以下简称碟簧)的结构型式、尺寸系列、技术要求、试验方法、检验规则和设计计算。

本标准适用于普通矩形截面碟簧。

本标准不适用于梯形截面碟簧、开槽形碟簧和膜片碟簧。

2 规范性引用文件

下列文件中的条款通过本标准的引用而成为本标准的条款。凡是注日期的引用文件,其随后所有的修改单(不包括勘误的内容)或修订版均不适用于本标准,然而,鼓励根据本标准达成协议的各方研究是否可使用这些文件的最新版本。凡是不注日期的引用文件,其最新版本适用于本标准。

GB/T 224　钢的脱碳层深度测定法

GB/T 230.1　金属洛氏硬度试验　第1部分:试验方法(A、B、C、D、E、F、G、H、K、N、T标尺)〔GB/T 230.1—2004,ISO 6508-1:1999,Metallic materials—Rockwell hardness test—Part 1:Test method (scales A、B、C、D、E、F、G、H、K、N、T),MOD〕

GB/T 1222　弹簧钢

GB/T 2828.1　计数抽样检验程序　第1部分:按接收质量限(AQL)检索的逐批检验抽样计划(GB/T 2828.1—2003,ISO 2859-1:1999,IDT)

GB/T 3279　弹簧钢热轧薄钢板

GB/T 4340.1　金属维氏硬度试验　第1部分:试验方法(GB/T 4340.1—1999,eqv ISO 6507-1:1997)

YB/T 5058　弹簧钢、工具钢冷轧钢带

3 碟簧尺寸、参数名称、代号及单位

碟簧尺寸、参数名称、代号及单位按表1的规定。

表 1

尺寸、参数名称	代　　号	单　　位
外　径	D	mm
内　径	d	
中性径	D_0	
厚　度	t	
有支承面碟簧减薄厚度	t'	
单片碟簧的自由高度	H_0	
组合碟簧的自由高度	H_z	
无支承面碟簧压平时变形量的计算值 $h_0=H_0-t$	h_0	
有支承面碟簧压平时变形量的计算值 $h_0'=H_0-t'$	h_0'	
支承面宽度	b	

表 1(续)

尺寸、参数名称	代　　号	单　　位
单片碟簧压平时的计算高度	H_c	mm
组合碟簧压平时的计算高度	H_{zc}	
单片碟簧的负荷	F	N
压平时的碟簧负荷计算值	F_c	
与变形量 f_z 对应的组合碟簧负荷	F_z	
考虑摩擦时叠合组合碟簧负荷	F_R	
对应于碟簧变形量 $f_1,f_2,f_3,\cdots\cdots$ 的负荷	$F_1,F_2,F_3,\cdots\cdots$	
单片碟簧在 $f=0.75\ h_0$ 时的负荷	$F_{f=0.75\ h_0}$	
与碟簧负荷 $F_1,F_2,F_3,\cdots\cdots$ 对应的碟簧高度	$H_1,H_2,H_3,\cdots\cdots$	mm
单片碟簧的变形量	f	
对应于碟簧负荷 $F_1,F_2,F_3,\cdots\cdots$ 的变形量	$f_1,f_2,f_3,\cdots\cdots$	
不考虑摩擦力时叠合组合碟簧或对合组合碟簧的变形量	f_z	
负荷降低值(松弛)	ΔF	N
高度减少值(蠕变)	ΔH	mm
对合组合碟簧中对合碟簧片数或叠合组合碟簧中叠合碟簧组数	i	
叠合组合碟簧中碟簧片数	n	
碟簧刚度	F'	N/mm
碟簧变形能	U	N・mm
组合碟簧变形能	U_z	
直径比 $C=D/d$	C	
碟簧疲劳破坏时负荷循环作用次数	N	
摩擦系数	f_M,f_R	
弹性模量	E	N/mm^2
泊松比	μ	
计算系数	K_1,K_2,K_3,K_4	
计算应力	σ	N/mm^2
位置 OM、Ⅰ、Ⅱ、Ⅲ、Ⅳ处(见图 1)的计算应力	$\sigma_{OM},\sigma_{Ⅰ},\sigma_{Ⅱ},\sigma_{Ⅲ},\sigma_{Ⅳ}$	
变负荷作用时计算上限应力	σ_{max}	
变负荷作用时计算下限应力	σ_{min}	
变负荷作用时对应于工作行程的计算应力幅	σ_a	
疲劳强度上限应力	$\sigma_{r\ max}$	
疲劳强度下限应力	$\sigma_{r\ min}$	
疲劳强度应力幅	σ_{ra}	
质量	m	kg
注：中性径指碟簧截面翻转点(中性点)所在圆直径。$D_0=(D-d)/\ln(D/d)$。		

4 结构型式、产品分类及尺寸系列

4.1 型式

碟形弹簧根据厚度分为无支承面碟簧和有支承面碟簧，见图 1 和表 2。

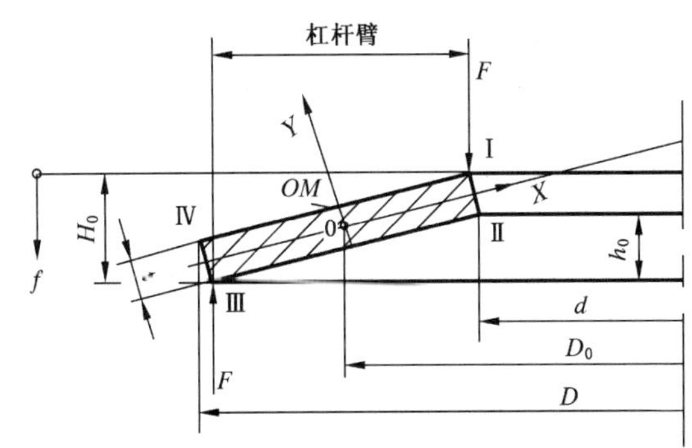

a) 无支承面

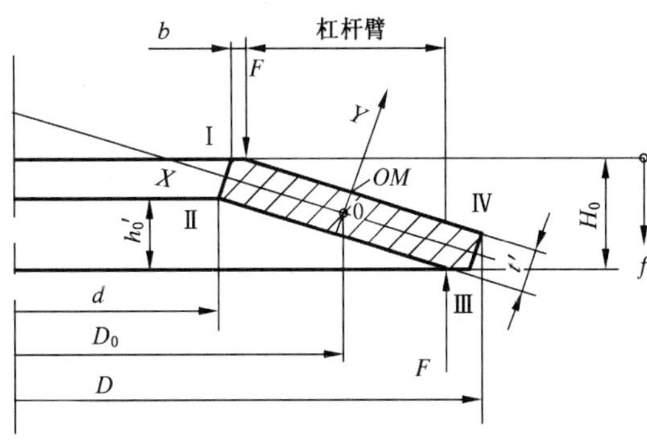

b) 有支承面

图 1

表 2

类　别	型　式	工　艺　方　法	碟簧厚度 t/mm
1	无支承面	冷冲成形，边缘倒圆角	<1.25
2		Ⅰ切削内外圆或平面，边缘倒圆角；冷成形或热成形	1.25～6
		Ⅱ精冲，边缘倒圆角，冷成形或热成形	
3	有支承面	冷成形或热成形，加工所有表面，边缘倒圆角	>6～14

4.2 产品分类

碟形弹簧根据工艺方法分为 1、2、3 三类，每个类别的型式，工艺方法和碟簧厚度见表 2；根据 D/t 及 h_0/t 的比值不同分为 A、B、C 三个系列，每个系列的比值范围见表 3。

表 3

系　　列	比　　值		备　　注
	D/t	h_0/t	
A	≈18	≈0.4	材料弹性模量 E=206 000 N/mm^2； 泊松比 μ=0.3
B	≈28	≈0.75	
C	≈40	≈1.3	

4.3 尺寸系列

常用碟簧尺寸系列按附录 A；非常用碟簧尺寸系列参见附录 B。

5 技术要求

5.1 材料

5.1.1 碟簧材料的弹性模量 E=206 000 N/mm^2。

5.1.2 碟簧材质为 60Si2MnA 及 50CrVA，其化学成分应符合 GB/T 1222 的规定。

5.1.3 碟簧应采用符合 YB/T 5058 及 GB/T 3279 规定的带、板材或符合 GB/T 1222 要求的锻造坯料

(锻造比不得小于2)制造。若采用其他材料时,可由供需双方协议规定。

5.1.4 材料必须有材料制造商的质量保证书,并经复检合格后方可使用。

5.2 尺寸的极限偏差

5.2.1 直径

碟簧内、外径的极限偏差按表4的规定。

表4 单位为毫米

项目	极限偏差	
	一级精度	二级精度
外径 D	h12	h13
内径 d	H12	H13

5.2.2 厚度

碟簧厚度的极限偏差按表5的规定。

表5 单位为毫米

类别	$t(t')$	$t(t')$的极限偏差
		一、二级精度
1	0.2~0.6	$^{+0.02}_{-0.06}$
	>0.6~<1.25	$^{+0.03}_{-0.09}$
2	1.25~3.8	$^{+0.04}_{-0.12}$
	>3.8~6	$^{+0.05}_{-0.15}$
3	>6~14	±0.10
注:在保证特性要求的条件下,厚度极限偏差在制造中作适当调整,但其公差带不得超出本表规定的范围。		

5.2.3 自由高度

碟簧自由高度的极限偏差按表6的规定。

表6 单位为毫米

类别	$t(t')$	H_0的极限偏差
		一、二级精度
1	<1.25	$^{+0.10}_{-0.05}$
2	1.25~2	$^{+0.15}_{-0.08}$
	>2~3	$^{+0.20}_{-0.10}$
	>3~6	$^{+0.30}_{-0.15}$
3	>6~14	±0.30
注:在保证特性要求的条件下,自由高度极限偏差在制造中可作适当调整,但其公差带不得超出本表规定的范围。		

5.3 碟簧特性的极限偏差

5.3.1 单片碟簧

碟簧在 $H_0-0.75h_0$ 高度时负荷的极限偏差按表7的规定。

表 7

类别	t/mm	$H_0-0.75\ h_0$ 高度时负荷的极限偏差/%	
		一级精度	二级精度
1	<1.25	+25.0 − 7.5	+30 −10
2	1.25～3	+15.0 − 7.5	+20 −10
	>3～6	+10 − 5	+15.0 − 7.5
3	>6～14	±5	±10

5.3.2 **组合碟簧**

组合碟簧的加载特性和卸载特性参照附录 C.4.5 由供需双方协议规定。

5.4 **表面粗糙度**

碟簧表面粗糙度按表 8 的规定。

表 8

单位为微米

类别	工艺方法	表面粗糙度 Ra	
		上、下表面	内、外圆
1	冷冲成形，边缘倒圆角	3.2	12.5
2	Ⅰ切削内外圆或平面，边缘倒圆角；冷成形或热成形	6.3	6.3
	Ⅱ精冲，边缘倒圆角，冷成形或热成形	6.3	3.2
3	冷成形或热成形，加工所有表面，边缘倒圆角	12.5	12.5

5.5 **表面质量**

碟簧表面不允许有对使用有害的毛刺、裂纹、伤痕等缺陷。

5.6 **热处理**

5.6.1 碟簧成形后，必须进行淬火、回火处理，淬火次数不得超过两次。

5.6.2 热处理硬度在 42 HRC～52 HRC 范围内。

5.6.3 经热处理的碟簧，其单面脱碳层深度：1 类碟簧，不应超过其厚度的 5%；2、3 类碟簧，不应超过其厚度的 3%(最大不超过 0.15 mm)。

5.7 **强压处理**

5.7.1 碟簧应进行强压处理，处理方法为：用不小于两倍的 $f\approx0.75\ h_0$ 时的负荷压缩碟簧，持续时间不少于 12 h，或短时压缩，压缩次数不少于 5 次。

5.7.2 碟簧经强压处理后，自由高度尺寸应稳定，在规定的试验条件下，其自由高度应在表 6 规定的极限偏差范围内。其永久变形量小于自由高度的 0.3%。

5.8 **表面防腐处理**

碟簧表面一般采用氧化方法进行处理，若采用其他防腐处理(如磷化、电镀等)，由供需双方协议商定。

5.9 **表面强化处理**

对用于承受变负荷的碟簧，推荐进行表面强化处理，强化处理的要求由供需双方协议规定。

5.10 **其他**

碟簧有特殊技术要求(如疲劳、松弛和儒变等)时，由供需双方协议规定。

6 试验方法

碟簧的几何尺寸、特性、疲劳试验应在永久变形检验后进行。

6.1 几何尺寸

6.1.1 厚度

碟簧的厚度用千分尺在碟簧中心处沿圆周测量至少 3 点，取最大值。

6.1.2 直径

碟簧的直径用分度值小于 0.02 mm 的游标卡尺测量，圆周范围内至少测量 3 点，外径取最大值，内径取最小值。

6.1.3 自由高度

碟簧的自由高度在二级精度平台上，用分度值小于 0.02 mm 的游标深度尺测量。圆周范围内至少测量 3 点，取最大值。

6.2 特性

6.2.1 负荷

6.2.1.1 单片碟簧

单片碟簧的负荷在精度不低于 1%的试验机上进行，测量加载到 $H_0-0.75\ h_0$ 时的负荷或 $H_0-0.75h_0\cdot i$（$i\leqslant10$ 片，对合组合）时的负荷，试验时要用润滑剂，两端的压板硬度必须在 52 HRC 以上，表面粗糙度 $Ra<1.6\ \mu m$。

6.2.1.2 组合碟簧

组合碟簧的负荷在精度不低于 1%的试验机上进行，测量加载和卸载到 $H_z-0.75\ h_0\cdot i$（即指定高度）时的负荷。试验时要用润滑剂，两端的压板硬度必须在 52 HRC 以上，表面粗糙度 $Ra<1.6\ \mu m$；导向件应符合附录 C 的要求。组合碟簧的试验要求由供需双方协议规定。

6.2.2 永久变形

碟簧的永久变形在试验机上用两倍的 $f\approx0.75\ h_0$ 时的负荷将成品碟簧压缩 3 次，测量第 2 次和第 3 次压缩后的自由高度，其差值即为永久变形量。永久变形检验后碟簧的自由高度应在表 6 规定的极限偏差范围内。

6.2.3 硬度

碟簧硬度按 GB/T 230.1 或 GB/T 4340.1 的规定。厚度<1 mm，在维氏（或表面洛氏）硬度计上进行；厚度≥1 mm，在洛氏硬度计上进行。试验压痕应在碟簧上表面的中心处。每件打 4 点，第 1 点不考核，取后 3 点的平均值。

6.2.4 脱碳检验

碟簧脱碳层深度按 GB/T 224 的规定进行。

6.3 表面质量

碟簧的表面质量用 10 倍放大镜，目测检查。

6.4 表面粗糙度

碟簧的表面粗糙度用粗糙度比较样块检验。

6.5 防腐

碟簧表面防腐按选定防腐方法的相关规定检验。

6.6 疲劳试验

6.6.1 单片碟簧

单片碟簧在疲劳试验机上用等幅正弦波负荷进行试验。试验可以单片进行，也可以由小于或等于

10 片的样本对合成一组进行。组合试验必须使用符合附录 C 中 C.7 要求的工装。试验前必须加预压，其单片变形量 $f_0=(0.15\sim0.2)h_0$，应力振幅根据寿命要求按图 C.9～图 C.11 确定。

6.6.2 组合碟簧

组合碟簧的疲劳试验由供需双方协议规定。

7 检验规则

7.1 缺陷分类

7.1.1 A 缺陷项目：疲劳，脱碳，硬度。

7.1.2 B 缺陷项目：$H_0-0.75\ h_0$ 时负荷，内径、外径、永久变形。

7.1.3 C 缺陷项目：厚度，自由高度，表面质量，表面粗糙度。

7.2 检查水平

碟簧产品检查水平按 GB/T 2828.1 中特殊检查水平 S-4。

7.3 样本大小字码

样本大小字码根据提交检查批的批量和特殊检查水平 S-4 确定，见表 9。

表 9

批　量　范　围	检查水平　S-4
	字码
2～8	A
16～25	B
26～90	C
91～150	D
151～500	E
501～1 200	F
1 201～10 000	G
10 001～35 000	H
35 001～500 000	J
≥500 001	K

7.4 抽样方案

7.4.1 A 缺陷项目样本抽取

A 缺陷项目样本的抽取不限交货批量大小，疲劳试验样本为 1 个(或由 1 片～10 片对合组合成为一组)，脱碳样本为 2 片，硬度样本为 2 片(可与脱碳样本共用)。

7.4.2 B、C 缺陷项目样本抽取

7.4.2.1 当交货批量为 2 片～1 200 片时，B、C 缺陷项目样本抽取可采用一次正常检查抽样方案，见表 10。

7.4.2.2 当交货批量为 1 201 片～10 000 片时，B、C 缺陷项目样本抽取可采用二次正常检查抽样方案，见表 11。

7.4.2.3 当交货批量为大于 10 000 片时，B、C 缺陷项目样本抽取可采用五次正常检查抽样方案，见表 12。

表 10

样本大小字码	样本大小	合格质量水平 AQL			
		4.0		6.5	
		Ac	Re	Ac	Re
A	2	0	1	0	1
B	3	0	1	0	1
C	5	0	1	1	2
D	8	1	2	1	2
E	13	1	2	2	3
F	20	2	3	3	4

表 11

样本大小字码	样本	样本大小	累计样本大小	合格质量水平 AQL			
				4.0		6.5	
				Ac	Re	Ac	Re
G	第一	20	20	1	3	2	5
	第二	20	40	4	5	6	7

表 12

样本大小字码	样本	样本大小	累计样本大小	合格质量水平 AQL			
				4.0		6.5	
				Ac	Re	Ac	Re
H	第一	13	13	#	3	#	4
	第二	13	26	0	3	1	5
	第三	13	39	1	4	2	6
	第四	13	52	2	5	4	7
	第五	13	65	4	5	6	7
J	第一	20	20	#	4	0	4
	第二	20	40	1	5	2	7
	第三	20	60	2	6	4	9
	第四	20	80	4	7	6	11
	第五	20	100	6	7	10	11
K	第一	32	32	0	4	0	6
	第二	32	64	2	7	3	9
	第三	32	96	4	9	7	12
	第四	32	128	6	11	11	15
	第五	32	160	10	11	15	16

注：#——此样本是不允许接收。

7.5 合格质量水平

7.5.1 **A 缺陷项目**

在检验中，若有 1 片碟簧质量不合格，相应的检验允许重复进行一次，样本数为第一次抽样的 2 倍，如果复检仍有 1 片不合格，则判该批碟簧不合格。

7.5.2 **B 缺陷项目**

合格质量水平为 4.0。

7.5.3 **C 缺陷项目**

合格质量水平为 6.5。

7.6 检验分类

检验分交付检验和型式检验。

7.6.1 交付检验

产品交付时须经制造商质量检验部门按本标准的规定检验合格，并签发合格证后方可交付。

7.6.2 型式检验

7.6.2.1 有下列情况之一时，应进行型式检验：

a) 新产品试制鉴定时；

b) 正式生产后，材料、工艺有较大改变，可能影响产品性能时；

c) 产品停产两年后，恢复生产时。

7.6.2.2 型式检验项目为：A 缺陷项目中的脱碳、硬度及 B、C 缺陷项目。

7.7 其他

对产品验收有特殊要求时，可由供需双方协议规定。

8 标志、包装、运输、贮存

8.1 碟簧在包装前应清理干净。

8.2 碟簧可用简易包装或集装箱运输，并应包装可靠。

8.3 包装箱内应附有产品合格证，合格证包括下列内容：

a) 制造商名称；

b) 产品名称、规格；

c) 执行标准；

d) 制造日期或生产批号；

e) 技术检查部门签章。

8.4 包装箱外部标明：

a) 制造商名称、商标及地址；

b) 产品名称、规格或批号、零件号；

c) 片数；

d) 毛重；

e) 收货单位及地址；

f) 装箱日期。

8.5 产品应贮存在通风和干燥的仓库内，在正常保管情况下，自发出之日起 12 个月内不锈蚀。

8.6 对标志、包装、运输与贮存有特殊要求，应由供需双方协议规定。

附 录 A
（规范性附录）
常用碟簧尺寸系列

A.1 常用碟簧尺寸系列见表 A.1～表 A.3。

表 A.1 系列 A $D/t\approx18$；$h_0/t\approx0.4$；$E=206\ 000\ N/mm^2$；$\mu=0.3$

类别	D/mm	d/mm	$t(t')$[a]/mm	h_0/mm	H_0/mm	$f\approx0.75h_0$					Q/(kg/1 000 片)
						f/mm	(H_0-f)/mm	F/N	σ_{OM}[b]/(N/mm²)	σ_{II}、σ_{III}[c]/(N/mm²)	
1	8	4.2	0.4	0.2	0.6	0.15	0.45	210	−1 200	1 220*	0.114
	10	5.2	0.5	0.25	0.75	0.19	0.56	329	−1 210	1 240*	0.225
	12.5	6.2	0.7	0.3	1	0.23	0.77	673	−1 280	1 420*	0.508
	14	7.2	0.8	0.3	1.1	0.23	0.87	813	−1 190	1 340*	0.711
	16	8.2	0.9	0.35	1.25	0.26	0.99	1 000	−1 160	1 290*	1.050
	18	9.2	1	0.4	1.4	0.3	1.1	1 250	−1 170	1 300*	1.480
	20	10.2	1.1	0.45	1.55	0.34	1.21	1 530	−1 180	1 300*	2.010
2	22.5	11.2	1.25	0.5	1.75	0.38	1.37	1 950	−1 170	1 320*	2.940
	25	12.2	1.5	0.55	2.05	0.41	1.64	2 910	−1 210	1 410*	4.400
	28	14.2	1.5	0.65	2.15	0.49	1.66	2 850	−1 180	1 280*	5.390
	31.5	16.3	1.75	0.7	2.45	0.53	1.92	3 900	−1 190	1 320*	7.840
	35.5	18.3	2	0.8	2.8	0.6	2.2	5 190	−1 210	1 330*	11.40
	40	20.4	2.25	0.9	3.15	0.68	2.47	6 540	−1 210	1 340	16.40
	45	22.4	2.5	1	3.5	0.75	2.75	7 720	−1 150	1 300*	23.50
	50	25.4	3	1.1	4.1	0.83	3.27	12 000	−1 250	1 430*	34.30
	56	28.5	3	1.3	4.3	0.98	3.32	11 400	−1 180	1 280*	43.00
	63	31	3.5	1.4	4.9	1.05	3.85	15 000	−1 140	1 300*	64.90
	71	36	4	1.6	5.6	1.2	4.4	20 500	−1 200	1 330*	91.80
	80	41	5	1.7	6.7	1.28	5.42	33 700	−1 260	1 460*	145.0
	90	46	5	2	7	1.5	5.5	31 400	−1 170	1 300*	184.5
	100	51	6	2.2	8.2	1.65	6.55	48 000	−1 250	1 420*	273.7
	112	57	6	2.5	8.5	1.88	6.62	43 800	−1 130	1 240*	343.8
3	125	64	8(7.5)	2.6	10.6	1.95	8.65	85 900	−1 280	1 330*	533.0
	140	72	8(7.5)	3.2	11.2	2.4	8.8	85 300	−1 260	1 280*	666.6
	160	82	10(9.4)	3.5	13.5	2.63	10.87	139 000	−1 320	1 340*	1 094
	180	92	10(9.4)	4	14	3	11	125 000	−1 180	1 200	1 387
	200	102	12(11.25)	4.2	16.2	3.15	13.05	183 000	−1 210	1 230*	2 100
	225	112	12(11.25)	5	17	3.75	13.25	171 000	−1 120	1 140	2 640
	250	127	14(13.1)	5.6	19.6	4.2	15.4	249 000	−1 200	1 220	3 750

a 表中给出的 t 是碟簧厚度的公称数值，t' 是第 3 类碟簧的实际厚度。

b σ_{OM} 是碟簧上表面 OM 点的计算应力。

c 有“*”号的数值是在位置Ⅱ处的最大计算拉应力，无“*”号的数值是在位置Ⅲ处的最大计算拉应力。

表 A.2　系列 B　$D/t \approx 28$；$h_0/t \approx 0.75$；$E = 206\ 000\ \mathrm{N/mm^2}$；$\mu = 0.3$

类别	D/mm	d/mm	$t(t')$[a]/mm	h_0/mm	H_0/mm	$f \approx 0.75\ h_0$					Q/(kg/1 000 片)
						f/mm	(H_0-f)/mm	F/N	σ_{OM}[b]/(N/mm²)	σ_{II}、σ_{III}[c]/(N/mm²)	
1	8	4.2	0.3	0.25	0.55	0.19	0.36	119	−1 140	1 330	0.086
	10	5.2	0.4	0.3	0.7	0.23	0.47	213	−1 170	1 300	0.180
	12.5	6.2	0.5	0.35	0.85	0.26	0.59	291	−1 000	1 110	0.363
	14	7.2	0.5	0.4	0.9	0.3	0.6	279	−970	1 100	0.444
	16	8.2	0.6	0.45	1.05	0.34	0.71	412	−1 010	1 120	0.698
	18	9.2	0.7	0.5	1.2	0.38	0.82	572	−1 040	1 130	1.030
	20	10.2	0.8	0.55	1.35	0.41	0.94	745	−1 030	1 110	1.460
	22.5	11.2	0.8	0.65	1.45	0.49	0.96	710	−962	1 080	1.880
	25	12.2	0.9	0.7	1.6	0.53	1.07	868	−938	1 030	2.640
	28	14.2	1	0.8	1.8	0.6	1.2	1 110	−961	1 090	3.590
2	31.5	16.3	1.25	0.9	2.15	0.68	1.47	1 920	−1 090	1 190	5.600
	35.5	18.3	1.25	1	2.25	0.75	1.5	1 700	−944	1 070	7.130
	40	20.4	1.5	1.15	2.65	0.86	1.79	2 620	−1 020	1 130	10.95
	45	22.4	1.75	1.3	3.05	0.98	2.07	3 660	−1 050	1 150	16.40
	50	25.4	2	1.4	3.4	1.05	2.35	4 760	−1 060	1 140	22.90
	56	28.5	2	1.6	3.6	1.2	2.4	4 440	−963	1 090	28.70
	63	31	2.5	1.75	4.25	1.31	2.94	7 180	−1 020	1 090	46.40
	71	36	2.5	2	4.5	1.5	3	6 730	−934	1 060	57.70
	80	41	3	2.3	5.3	1.73	3.57	10 500	−1 030	1 140	87.30
	90	46	3.5	2.5	6	1.88	4.12	14 200	−1 030	1 120	129.1
	100	51	3.5	2.8	6.3	2.1	4.2	13 100	−926	1 050	159.7
	112	57	4	3.2	7.2	2.4	4.8	17 800	−963	1 090	229.2
	125	64	5	3.5	8.5	2.63	5.87	30 000	−1 060	1 150	355.4
	140	72	5	4	9	3	6	27 900	−970	1 100	444.4
	160	82	6	4.5	10.5	3.38	7.12	41 100	−1 000	1 110	698.3
	180	92	6	5.1	11.1	3.83	7.27	37 500	−895	1 040	885.4
3	200	102	8(7.5)	5.6	13.6	4.2	9.4	76 400	−1 060	1 250	1 369
	225	112	8(7.5)	6.5	14.5	4.88	9.62	70 800	−951	1 180	1 761
	250	127	10(9.4)	7	17	5.25	11.75	119 000	−1 050	1 240	2 687

[a] 表中给出的 t 是碟簧厚度的公称数值，t' 是第 3 类碟簧的实际厚度。

[b] σ_{OM} 是碟簧上表面 OM 点的计算应力。

[c] 有“*”号的数值是在位置Ⅱ处的最大计算拉应力，无“*”号的数值是在位置Ⅲ处的最大计算拉应力。

表 A.3 系列 C $D/t \approx 40$；$h_0/t \approx 1.3$；$E=206\ 000\ N/mm^2$；$\mu=0.3$

类别	D/ mm	d/ mm	$t(t')$[a]/ mm	h_0/ mm	H_0/ mm	$f \approx 0.75\ h_0$					Q/ (kg/1 000 片)
						f/ mm	(H_0-f)/ mm	F/ N	σ_{OM}[b]/ (N/mm^2)	σ_{II}、σ_{III}[c]/ (N/mm^2)	
1	8	4.2	0.2	0.25	0.45	0.19	0.26	39	−762	1 040	0.057
	10	5.2	0.25	0.3	0.55	0.23	0.32	58	−734	980	0.112
	12.5	6.2	0.35	0.45	0.8	0.34	0.46	152	−944	1 280	0.251
	14	7.2	0.35	0.45	0.8	0.34	0.46	123	−769	1 060	0.311
	16	8.2	0.4	0.5	0.9	0.38	0.52	155	−751	1 020	0.466
	18	9.2	0.45	0.6	1.05	0.45	0.6	214	−789	1 110	0.661
	20	10.2	0.5	0.65	1.15	0.49	0.66	254	−772	1 070	0.912
	22.5	11.2	0.6	0.8	1.4	0.6	0.8	425	−883	1 230	1.410
	25	12.2	0.7	0.9	1.6	0.68	0.92	601	−936	1 270	2.060
	28	14.2	0.8	1	1.8	0.75	1.05	801	−961	1 300	2.870
	31.5	16.3	0.8	1.05	1.85	0.79	1.06	687	−810	1 130	3.580
	35.5	18.3	0.9	1.15	2.05	0.86	1.19	831	−779	1 080	5.140
	40	20.4	1	1.3	2.3	0.98	1.32	1 020	−772	1 070	7.300
2	45	22.4	1.25	1.6	2.85	1.2	1.65	1 890	−920	1 250	11.70
	50	22.4	1.25	1.6	2.85	1.2	1.65	1 550	−754	1 040	14.30
	56	28.5	1.5	1.95	3.45	1.46	1.99	2 620	−879	1 220	21.50
	63	31	1.8	2.35	4.15	1.76	2.39	4 240	−985	1 350	33.40
	71	36	2	2.6	4.6	1.95	2.65	5 140	−971	1 340	46.20
	80	41	2.25	2.95	5.2	2.21	2.99	6 610	−982	1 370	65.50
	90	46	2.5	3.2	5.7	2.4	3.3	7 680	−935	1 290	92.20
	100	51	2.7	3.5	6.2	2.63	3.57	8 610	−895	1 240	123.2
	112	57	3	3.9	6.9	2.93	3.97	10 500	−882	1 220	171.9
	125	61	3.5	4.5	8	3.38	4.62	15 100	−956	1 320	248.9
	140	72	3.8	4.9	8.7	3.68	5.02	17 200	−904	1 250	337.7
	160	82	4.3	5.6	9.9	4.2	5.7	21 800	−892	1 240	500.4
	180	92	4.8	6.2	11	4.65	6.35	26 400	−869	1 200	708.4
	200	102	5.5	7	12.5	5.25	7.25	36 100	−910	1 250	1 004
3	225	112	6.5(6.2)	7.1	13.6	5.33	8.27	44 600	−840	1 140	1 456
	250	127	7(6.7)	7.8	14.8	5.85	8.95	50 500	−814	1 120	1 915

[a] 表中给出的 t 是碟簧厚度的公称数值，t' 是第 3 类碟簧的实际厚度。

[b] σ_{OM} 是碟簧上表面 OM 点的计算应力。

[c] 有“*”号的数值是位置Ⅱ处的最大计算拉应力，无“*”号的数值是位置Ⅲ处的最大计算拉应力。

A.2 标记示例

A.2.1 一级精度，系列 A，外径 $D=100$ mm 的碟簧；标记为：碟簧 A 100-1 GB/T 1972

A.2.2 二级精度，系列 B，外径 $D=100$ mm 的碟簧；标记为：碟簧 B 100 GB/T 1972

附 录 B
（资料性附录）
非常用碟簧尺寸系列

B.1 非常用碟簧尺寸系列见表 B.1。

表 B.1

类别	D/mm	d/mm	$t(t')$[a]/mm	H_0/mm	h_0/mm	(h_0/t) h_0'/t'	$f=h_0$ σ_{OM}[b]/(N/mm²)	$f\approx0.75h_0$ f/mm	(H_0-f)/mm	F/N	σ[c]/(N/mm²)	Q/(kg/1 000 片)
	260	131	14(12.9)	19.5	5.5	0.51	−1 444	4.125	15.375	224 687	1 122	4 012
	260	131	11.5(10.6)	18	6.5	0.70	−1 392	4.875	13.125	150 851	1 188	3 296
	260	131	9(8.3)	15.5	6.5	0.87	−1 076	4.875	10.625	74 483	986	2 581
	270	136	15(13.8)	21	6	0.52	−1 565	4.5	16.500	279 693	1 223	4 629
	270	136	13(12)	19	6	0.58	−1 351	4.5	14.500	183 541	1 087	4 025
	270	136	10(9.2)	17.5	7.5	0.90	−1 276	5.625	11.875	109 946	1 189	3 086
	280	142	16(14.75)	22	6	0.49	−1 560	4.5	17.500	315 987	1 202	5 296
	280	142	13(12)	20.5	7.5	0.71	−1 566	5.625	14.875	218 086	1 341	4 309
	280	142	10(9.2)	17.5	7.5	0.90	−1 192	5.625	11.875	102 681	1 113	3 304
	290	147	16(14.75)	22	6	0.49	−1 454	4.500	17.500	294 484	1 120	5 683
	290	147	13(12)	20.5	7.5	0.71	−1 459	5.625	14.875	203 246	1 249	4 623
	290	147	10.5(9.7)	18.5	8	0.91	−1 244	6.000	12.500	118 434	1 161	3 737
	300	152	16(14.75)	22.5	6.5	0.53	−1 469	4.875	17.625	299 199	1 151	6 084
3	300	152	13.5(12.45)	21	7.5	0.69	−1 417	5.625	15.375	211 867	1 202	5 135
	300	152	11(10.15)	19	8	0.87	−1 220	6.000	13.000	126 270	1 122	4 168
	315	162	18(16.9)	25	7	0.48	−1 629	5.250	19.750	419 031	1 236	7 613
	315	162	15(13.8)	23.5	8.5	0.7	−1 635	6.375	17.125	297 519	1 380	6 209
	315	162	12(11.05)	21	9	0.9	−1 368	6.750	14.250	169 652	1 283	4 972
	330	167	17(15.65)	24	7	0.53	−1 469	5.250	18.750	378 013	1 108	8 451
	330	167	15(13.8)	23.5	8.5	0.70	−1 473	6.375	17.125	272 522	1 259	6 893
	330	167	12(11.05)	21	9	0.90	−1 234	6.000	15.000	153 045	1 150	5 519
	340	172	18(16.6)	25	7	0.51	−1 384	5.250	19.750	356 028	1 045	8 962
	340	172	15(13.8)	23.5	8.5	0.70	−1 387	6.375	17.125	256 672	1 186	7 318
	340	172	12(11.05)	21	9	0.90	−1 162	6.750	14.250	144 144	1 083	5 860
	355	182	19(17.5)	27	8	0.54	−1 626	6.000	21.000	516 889	1 275	10 568
	355	182	16.5(15.2)	26	9.5	0.71	−1 576	7.125	18.875	353 672	1 359	8 706
	355	182	13(12)	23	10	0.92	−1 239	7.500	15.500	189 116	1 218	6 873

表 B.1(续)

类别	D/mm	d/mm	$t(t')$[a]/mm	H_0/mm	h_0/mm	(h_0/t) h_0'/t'	$f=h_0$	$f\approx 0.75\ h_0$				Q/(kg/1 000 片)
							σ_{OM}[b]/(N/mm²)	f/mm	(H_0-f)/mm	F/N	σ[c]/(N/mm²)	
3	370	187	20(18.45)	28	8	0.52	−1 484	6.000	22.000	471 668	1 157	11 595
	370	187	16.5(15.2)	26	9.5	0.71	−1 438	7.125	18.875	322 730	1 233	9 552
	370	187	13(12)	23	10	0.92	−1 180	7.500	15.500	172 570	1 105	7 541
	380	192	20(18.45)	28.5	8.5	0.54	−1 492	6.375	22.125	476 530	1 179	12 232
	380	192	17(15.65)	27	10	0.73	−1 478	7.500	19.500	352 946	1 275	10 376
	380	192	13.5(12.45)	23.5	10	0.89	−1 163	7.500	16.000	182 062	1 077	8 254
	400	202	21(19.35)	29.5	8.5	0.52	−1 416	6.375	23.125	496 432	1 108	14 220
	400	202	18(16.6)	28	10	0.69	−1 416	7.500	20.500	375 905	1 168	12 420
	400	202	14(12.9)	24.5	10.5	0.90	−1 142	7.875	16.625	192 737	1 062	9 480
	420	212	22(20.25)	31	9	0.53	−1 423	6.750	24.250	548 308	1 118	6 412
	420	212	19(17.5)	29.5	10.5	0.69	−1 422	7.875	21.625	420 725	1 204	14 183
	420	212	15(13.8)	26	11	0.88	−1 163	8.250	17.750	224 394	1 076	11 185
	440	222	23(21.1)	32.5	9.5	0.54	−1 431	7.125	25.375	602 805	1 132	18 775
	440	222	20(18.45)	31.5	11.5	0.71	−1 491	8.625	22.875	491 415	1274	16 416
	440	222	16(14.75)	28	12	0.90	−1 232	9.000	19.000	271 589	1 145	13 124
	450	227	25(23.05)	36	11	0.56	−1 718	8.250	27.750	859 748	1 369	21 455
	450	227	21(19.35)	33	12	0.71	−1 562	9.000	24.000	567 109	1 334	18 011
	450	227	16(14.75)	28	12	0.90	−1 178	9.000	19.000	259 623	1 095	13 729
	480	242	26(23.95)	36	10	0.50	−1 432	7.500	28.500	767 144	1 108	25 373
	480	242	21.5(19.8)	34	12.5	0.72	−1 463	9.375	24.625	557 948	1 256	20 977
	480	242	17(15.65)	30	13	0.92	−1 190	9.750	20.250	297 357	1 115	16 580
	500	253	27(24.85)	38	11	0.53	−1 509	8.250	29.750	875 297	1 186	28 497
	500	253	22.5(20.75)	35.5	12.5	0.71	−1 414	9.375	26.125	596 978	1 220	23 794
	500	253	18(16.6)	31.5	13.5	0.90	−1 214	10.125	21.375	337 473	1 100	19 379

a 表中给出的 t 是碟簧厚度的公称数值，t' 是第 3 类碟簧的实际厚度。

b σ_{OM} 是碟簧上表面 OM 点的计算应力。

c σ 为 σ_{II}（位置Ⅱ处的最大计算拉应力）和 σ_{III}（位置Ⅲ处的最大计算拉应力）中的较大值。

B.2 材料

材料符合 4.1 的规定。

B.3 标记

$D\times d\times t\times H_0$-技术要求

技术要求按以下规定填写：参照第 5 章，填写精度等级，并在精度等级前加字母“C”。

B.4 示例

外径为 ϕ500 mm，内径为 ϕ253 mm，厚度为 18 mm，减薄厚度为 16.6 mm，自由高度为 31.5 mm 的一级精度碟簧标记为：

ϕ500×ϕ253×18×31.5-C1

外径为 ϕ500 mm，内径为 ϕ253 mm，厚度为 18 mm，减薄厚度为 16.6 mm，自由高度为 31.5 mm 的二级精度碟簧标记为：

ϕ500×ϕ253×18×31.5-C2

附 录 C
（资料性附录）
碟簧的设计计算及应用

C.1 碟簧尺寸、参数名称、代号及单位

碟簧尺寸、参数名称、代号及单位按表1规定。

C.2 碟簧型式

碟簧型式见图1。

C.3 单片碟簧的计算公式

下列公式适用于有支承面和无支承面的碟簧。

为使有支承面碟簧的计算负荷 F（在 $f=0.75\ h_0$ 时），与相同尺寸（D,d,H）的无支承面碟簧的计算负荷相等，应将有支承面碟簧的厚度减薄，碟簧厚度的减薄按表C.1计算。

表 C.1

系　列	A	B	C
t'/t	0.94	0.94	0.96

C.3.1 碟簧负荷

$$F=\frac{4E}{1-\mu^2}\cdot\frac{t^4}{K_1D^2}\cdot K_4{}^2\cdot\frac{f}{t}\left[K_4{}^2\left(\frac{h_0}{t}-\frac{f}{t}\right)\left(\frac{h_0}{t}-\frac{f}{2t}\right)+1\right]\qquad\text{(C.1)}$$

$$F_c=\frac{4E}{1-\mu^2}\cdot\frac{h_0t^3}{K_1D^2}\cdot K_4{}^2\qquad\text{(C.2)}$$

其中计算系数

$$K_1=\frac{1}{\pi}\cdot\frac{[(C-1)/C]^2}{(C+1)/(C-1)-2/\ln C}\qquad\text{(C.3)}$$

$$K_2=\frac{6}{\pi}\cdot\frac{(C-1)/\ln C-1}{\ln C}\qquad\text{(C.4)}$$

$$K_3=\frac{3}{\pi}\cdot\frac{C-1}{\ln C}\qquad\text{(C.5)}$$

$$C=\frac{D}{d}\qquad\text{(C.6)}$$

$$K_4=\sqrt{-\frac{C_1}{2}+\sqrt{\left(\frac{C_1}{2}\right)^2+C_2}}\qquad\text{(C.7)}$$

$$C_1=\frac{(t'/t)^2}{[(1/4)\cdot(H_0/t)-t'/t+3/4][(5/8)\cdot(H_0/t)-t'/t+3/8]}\qquad\text{(C.8)}$$

$$C_2=\frac{C_1}{(t'/t)^3}\left[\frac{5}{32}\left(\frac{H_0}{t}-1\right)^2+1\right]\qquad\text{(C.9)}$$

无支承面碟簧，$K_4=1$。

对有支承面碟簧，K_4 按（C.7）式计算，并在式（C.1）、（C.2）中和下文公式中以 t' 代替 t，以 $h_0'=H_0'-t'$ 代替 h_0。

C.3.2 计算应力

$$\sigma_{OM}=-\frac{4E}{1-\mu^2}\cdot\frac{t^2}{K_1D^2}\cdot K_4\cdot\frac{f}{t}\cdot\frac{3}{\pi}\qquad\text{(C.10)}$$

$$\sigma_{\mathrm{I}}=-\frac{4E}{1-\mu^2}\cdot\frac{t^2}{K_1D^2}\cdot K_4\cdot\frac{f}{t}\left[K_4K_2\left(\frac{h_0}{t}-\frac{f}{2t}\right)+K_3\right]\qquad\text{(C.11)}$$

$$\sigma_{\mathrm{II}}=-\frac{4E}{1-\mu^2}\cdot\frac{t^2}{K_1D^2}\cdot K_4\cdot\frac{f}{t}\left[K_4K_2\left(\frac{h_0}{t}-\frac{f}{2t}\right)-K_3\right]\qquad\text{(C.12)}$$

$$\sigma_{\mathrm{III}}=-\frac{4E}{1-\mu^2}\cdot\frac{t^2}{K_1D^2}\cdot K_4\cdot\frac{1}{C}\cdot\frac{f}{t}\left[K_4(K_2-2K_3)\left(\frac{h_0}{t}-\frac{f}{2t}\right)-K_3\right]\qquad\text{(C.13)}$$

$$\sigma_{\mathrm{IV}}=-\frac{4E}{1-\mu^2}\cdot\frac{t^2}{K_1D^2}\cdot K_4\cdot\frac{1}{C}\cdot\frac{f}{t}\left[K_4(K_2-2K_3)\left(\frac{h_0}{t}-\frac{f}{2t}\right)+K_3\right]\qquad\text{(C.14)}$$

注：计算应力为正值时是拉应力，负值为压应力。

C.3.3 碟簧刚度

$$F'=\frac{4E}{1-\mu^2}\cdot\frac{t^3}{K_1D^2}\cdot K_4^2\left\{K_4^2\left[\left(\frac{h_0}{t}\right)^2-3\cdot\frac{h_0}{t}\cdot\frac{f}{t}+\frac{3}{2}\left(\frac{f}{t}\right)^2\right]+1\right\}\qquad\text{(C.15)}$$

C.3.4 碟簧变形能

$$U=\int_0^f F\cdot \mathrm{d}f=\frac{2E}{1-\mu^2}\cdot\frac{t^5}{K_1D^2}\cdot K_4^2\left(\frac{f}{t}\right)^2\left[K_4^2\left(\frac{h_0}{t}-\frac{f}{2t}\right)^2+1\right]\qquad\text{(C.16)}$$

注1：锐角矩形截面的碟簧，采用(C.1)式计算碟簧负荷时，对于 $E=206\ 000\ \mathrm{N/mm^2}$ 和 $\mu=0.3$ 的钢，其计算值与精确理论值比约高出8%～9%，这将补偿因位置Ⅰ和Ⅲ处的杠杆臂的缩短而造成的实际碟簧负荷的增大。

注2：$D/t>40$ 的超薄碟簧，按(C.1)式计算结果数值偏大，应考虑圆锥母线的弯曲。$D/d<1.8$ 的超小直径比的碟簧，必须考虑沿半径方向杠杆臂的缩短，其计算方法应特殊考虑。

C.3.5 单片碟簧的特性线

计算求得的单片碟簧特性线与 h_0/t 或 $K_4(h_0'/t')$ 的比值有关，见图C.1。

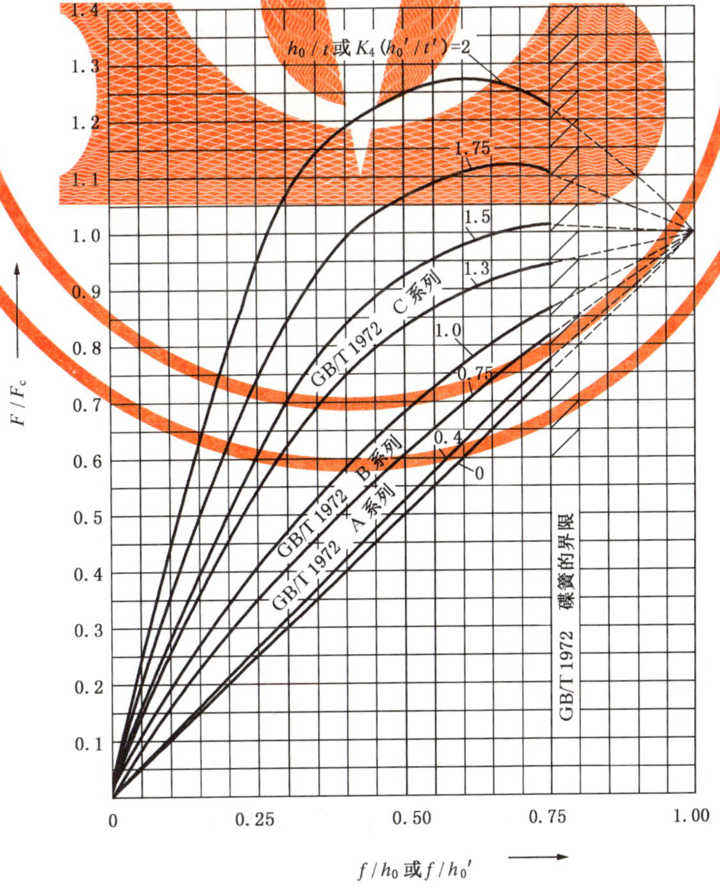

图C.1 按不同 h_0/t 或 $K_4(h_0'/t')$ 计算的碟簧特性曲线

当 $f/h_0>0.75$ 时，由于实际杠杆臂缩短，碟簧负荷比计算值要大，这部分的计算特性曲线与实测特性曲线有较大差别，见图 C.2。

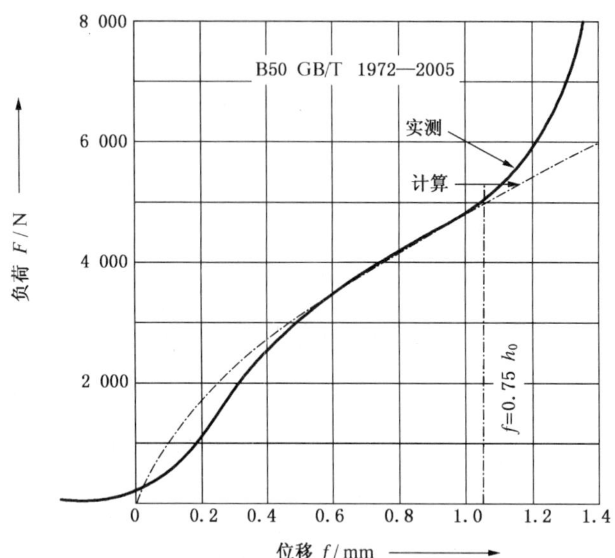

图 C.2 B50 碟簧计算和实测特性曲线

C.4 组合碟簧

C.4.1 叠合组合碟簧

叠合组合碟簧由 n 个同方向同规格的碟簧组成（见图 C.3），在不计摩擦力时

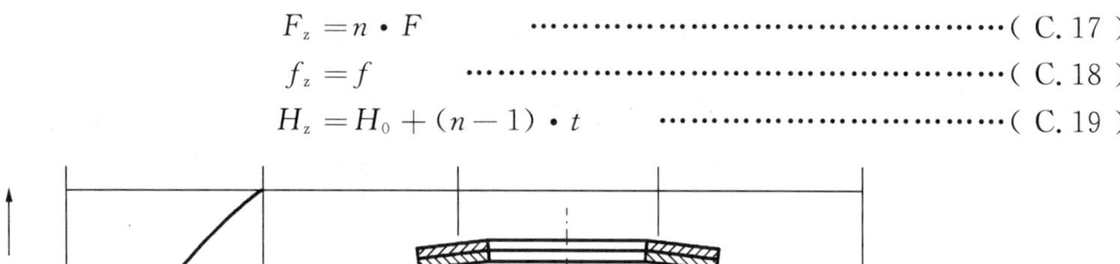

$$F_z = n \cdot F \tag{C.17}$$

$$f_z = f \tag{C.18}$$

$$H_z = H_0 + (n-1) \cdot t \tag{C.19}$$

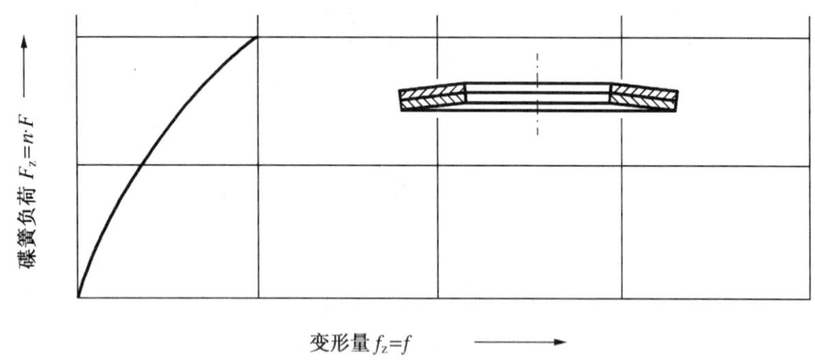

图 C.3 叠合组合碟簧

C.4.2 对合组合碟簧

对合组合碟簧由 i 个相向同规格的碟簧组成（见图 C.4），在不计摩擦力时

$$F_z = F \tag{C.20}$$

$$f_z = i \cdot f \tag{C.21}$$

$$H_z = i \cdot H_0 \tag{C.22}$$

C.4.3 复合组合碟簧

复合组合碟簧由 i 组相向同规格的叠合组合碟簧组成（见图 C.5），在不计摩擦力时，

$$F_z = n \cdot F \tag{C.23}$$

$$f_z = i \cdot f \tag{C.24}$$

$$H_z = i \cdot [H_0 + (n-1) \cdot t] \tag{C.25}$$

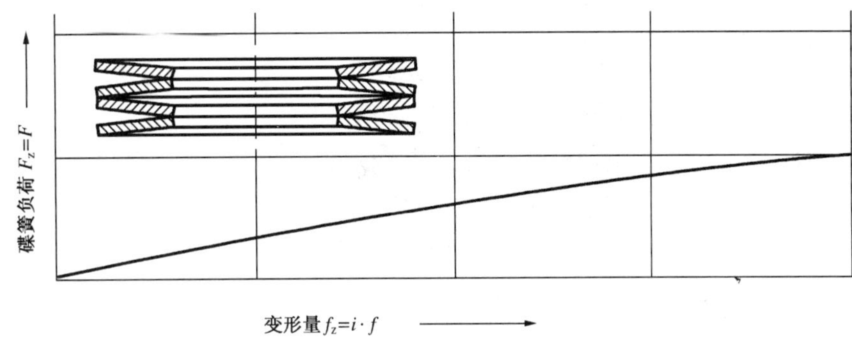

图 C.4 对合组合碟簧

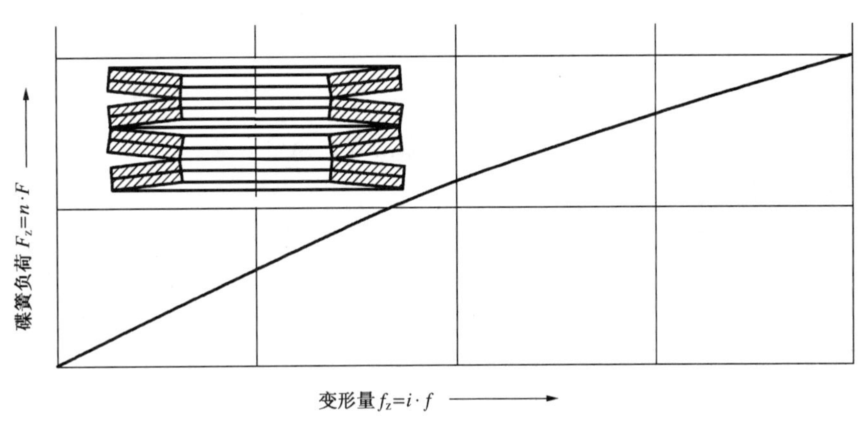

图 C.5 复合组合碟簧

C.4.4 其他组合碟簧

为获得特殊的特性曲线,还可以由不同厚度碟簧组成组合碟簧(见图 C.6)或由尺寸相同但各组片数逐渐增加的碟簧组成组合碟簧(见图 C.7)。

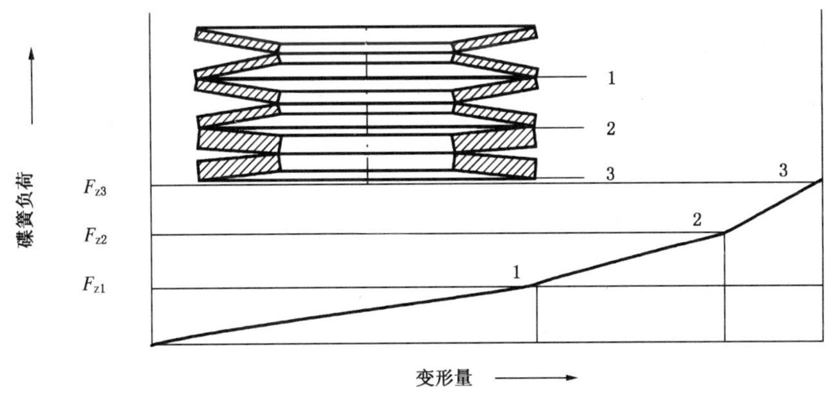

图 C.6 不同厚度的对合组合碟簧

C.4.5 摩擦力对特性线的影响

在碟簧应用中,摩擦力对特性线的影响必须考虑。摩擦力与碟簧组合方式、每组叠合片数有关,也受碟簧表面质量及润滑情况的影响。由于摩擦力的阻尼作用,叠合组合碟簧比理论计算增加了刚性,对合组合碟簧的各片变形量将依次递减。在冲击负荷下使用的组合碟簧,其外力的传递对各片也将依次递减,所以组合碟簧的片数不宜用得过多。

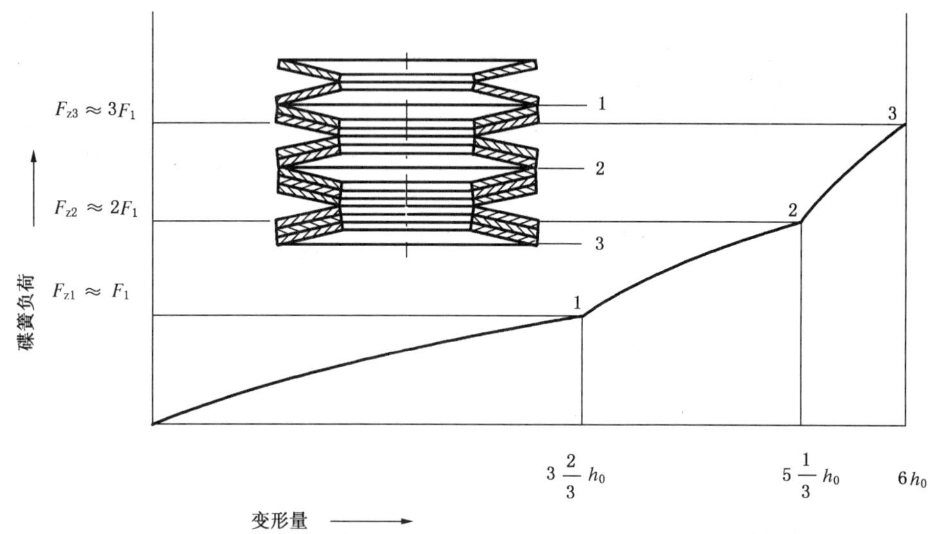

图 C.7 不同叠合片数的复合组合碟簧

C.4.5.1 对合组合碟簧(见图 C.4)

对合组合碟簧的加载特性和卸载特性由 10 片对合组合碟簧考核,高度为 $H_z-7.5h_0$ 时卸载负荷应达到相应加载负荷的最小百分比参见表 C.2 的规定。组合碟簧的要求由供需双方协议规定。

表 C.2

类别	系列		
	A	B	C
1	90%	90%	85%
2	92.5%	92.5%	87.5%
3	95%	95%	90%

C.4.5.2 叠合组合碟簧(见图 C.3)

摩擦力存在于碟簧接触锥面和承载边缘处,加载时使碟簧负荷增大,卸载时则使碟簧负荷减小。考虑摩擦力影响时的碟簧负荷,按下式计算:

$$F_R = F \cdot \frac{n}{1 \pm f_M(n-1) \pm f_R} \qquad \cdots\cdots\cdots\cdots(\text{C.26})$$

式中:

f_M——碟簧锥面间的摩擦系数(见表 C.3);

f_R——承载边缘处的摩擦系数(见表 C.3)。

上式用于加载时取-号,卸载时取+号。

表 C.3

按 GB/T 1972 系列	f_M	f_R
A 系列	0.005~0.03	0.03~0.05
B 系列	0.003~0.02	0.02~0.04
C 系列	0.002~0.015	0.01~0.03
注:单片碟簧的摩擦,也可用(C.26)式考虑,以 $n=1$ 代入即可。		

C.4.5.3 复合组合碟簧

由多组叠合组合碟簧对合组成的复合组合碟簧(见图 C.5),仅考虑叠合表面间的摩擦时,可按下式计算:

$$F_R = F \cdot \frac{n}{1 \pm f_M(n-1)} \qquad \cdots\cdots (C.27)$$

用于加载时取一号,卸载时取十号。

C.5 负荷分类、许用应力

C.5.1 负荷分类

静负荷:作用负荷不变或在长时间内只有偶然变化,在规定寿命内变化次数小于 1×10^4 次。

变负荷:作用在碟簧上的负荷在预加负荷 F_1 和工作负荷 F_2 之间循环变化,在规定寿命内变化次数大于 1×10^4 次。

C.5.2 静负荷作用下碟簧的许用应力

静负荷作用下的碟簧,应通过校验 OM 点(图 1 由中性点向上表面作垂线与上表面交点)的应力 σ_{OM} 来保证自由高度 H_0 的稳定。在压平时的 σ_{OM} 应接近碟簧材料的屈服极限 σ_s,对于材料为 GB/T 1222的 60 Si2MnA 或 50CrVA 的钢制碟簧,σ_s=1 400~1 600 N/mm^2。

C.5.3 变负荷作用下碟簧的疲劳极限

变负荷作用下碟簧的使用寿命可分为:

a) 无限寿命 可以承受 2×10^6 次或更多加载次数而不破坏。

b) 有限寿命 可以在持久强度范围内承受 1×10^4~2×10^6 次有限的加载变化直至破坏。

对于承受变负荷作用的碟簧,疲劳破坏一般发生在最大拉应力位置Ⅱ或Ⅲ处(见图 1),是Ⅱ点还是Ⅲ点,取决于 $C=D/d$ 值和 h_0/t(无支承面)或 $K_4(h_0'/t')$(有支承面)。图 C.8 为判断最大应力位置(疲劳破坏关键位置)的曲线。

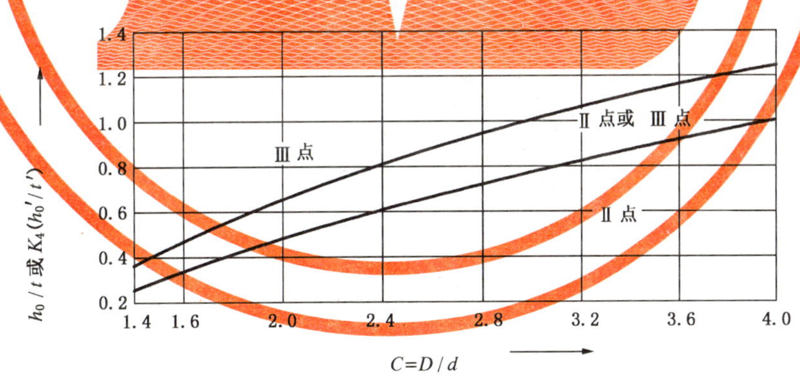

图 C.8 碟簧疲劳破坏关键部位

注:图 C.8 中的过渡区内,疲劳破坏关键部位可能在Ⅱ点或Ⅲ点,因此需同时校验 $\sigma_{Ⅱ}$ 和 $\sigma_{Ⅲ}$。变负荷作用下的碟簧,安装时必须有预压变形量 f_1。一般 $f_1=0.15\ h_0\sim0.2\ h_0$。此预压变形量 f_1 能防止Ⅰ点附近产生径向小裂纹,对提高寿命也有作用。材料为 50CrVA 的变负荷作用下单片(或对合片数不超过 10 片)碟簧的疲劳极限,根据寿命要求、碟簧厚度、计算的上限应力 $\sigma_{r\max}$(对应于工作时的最大变形量 f_2)和下限应力 $\sigma_{r\min}$(对应于预压变形量 f_1),按图 C.9~图 C.11 和图 C.1~图 C.2 查取。厚度超过 14 mm 和组合片数较多的碟簧,其他材料的碟簧以及在特殊情况下(如环境温度较高、有化学影响)工作的碟簧应酌量降低。

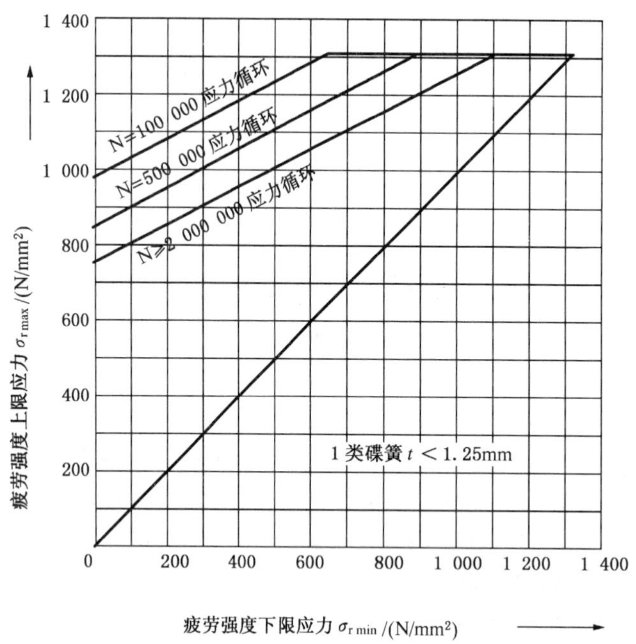

图 C.9　t<1.25 mm 碟簧的疲劳强度曲线图

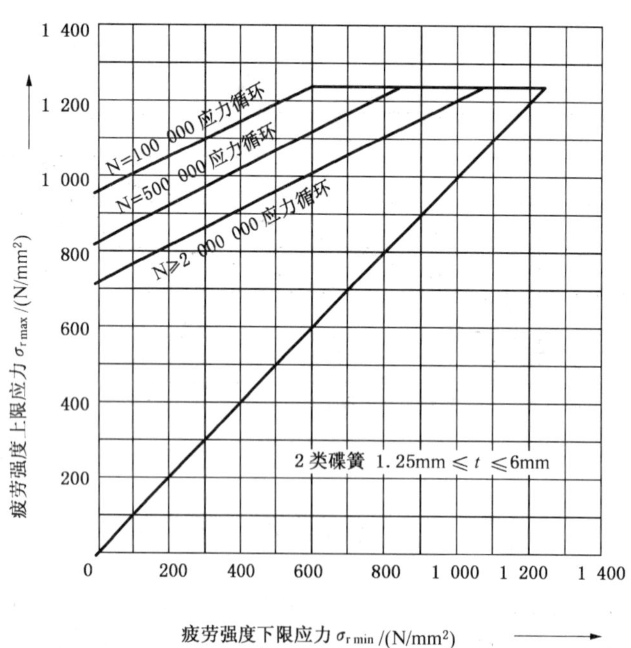

图 C.10　1.25 mm≤t≤6 mm 碟簧的疲劳强度曲线图

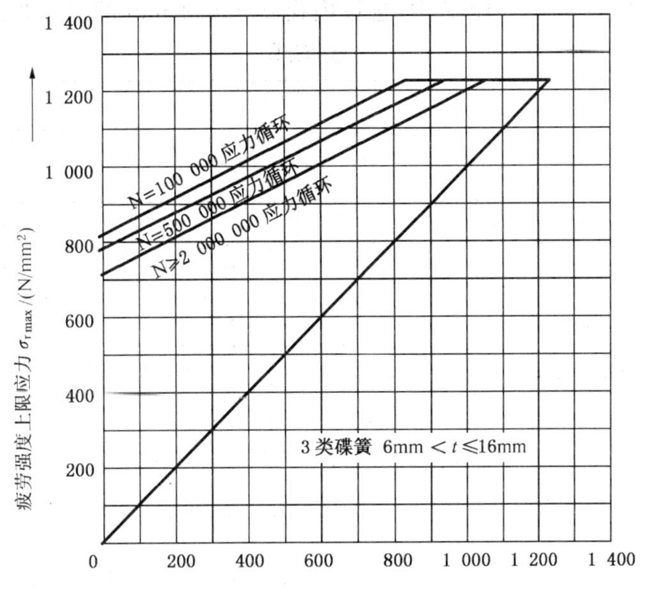

图 C.11　6 mm＜t≤16 mm 碟簧的疲劳强度曲线图

C.6　蠕变和松弛

长期承受负荷作用的碟簧，随着时间的推移，会产生蠕变和松弛。发生蠕变时，指定负荷时的碟簧工作高度会减少 ΔH；发生松弛时，碟簧在指定高度时的负荷会减少 ΔF。

C.7　导向件

C.7.1　碟簧的导向件采用导杆(内导向)或导套(外导向)，导向件与碟簧之间的间隙推荐采用表 C.4 的数值，碟簧的导向应优先采用内导向。

表 C.4　　单位为毫米

d 或 D	间　隙	d 或 D	间　隙
～16	0.2	＞31.5～50	0.6
＞16～20	0.3	＞50～80	0.8
＞20～26	0.4	＞80～140	1
＞26～31.5	0.5	＞140～250	1.6

C.7.2　导向件导向表面的硬度最低不小于 55 HRC，导向件表面粗糙度 Ra＜3.2 μm。

C.8　计算示例

C.8.1　受静负荷的碟簧

C.8.1.1　单片碟簧的计算

受静负荷的标准碟簧一般不必验算强度，碟簧负荷、变形量、碟簧刚度、碟簧变形能等均可由附录 C 所给出的公式进行计算。

C.8.1.2　组合碟簧计算

例：设计一组合碟簧，承受静负荷为 5 000 N 时的变形量要求为 10 mm。导杆的最大直径为20 mm。

解：按导杆尺寸条件，在 GB/T 1972 中，选取内径 $d=20.4$ mm 的碟簧 3 种，尺寸如表 C.5。

表 C.5

碟簧	D/ mm	d/ mm	t/ mm	h_0/ mm	H_0/ mm	$f=0.75\ h_0$		
						F/ N	f/ mm	σ_{II} 或 σ_{III}/ (N/mm²)
A40 GB/T 1972	40	20.4	2.25	0.9	3.15	6 540	0.68	$\sigma_{II}=1\ 340$
B40 GB/T 1972	40	20.4	1.5	1.15	2.65	2 620	0.86	$\sigma_{III}=1\ 130$
C40 GB/T 1972	40	20.4	1	1.30	2.30	1 020	0.98	$\sigma_{III}=1\ 070$

由表 C.5 可见，采用单片碟簧不能满足要求。采用组合碟簧时，可以有两种方案，一为用 A 系列碟簧对合组合（见图 C.4），一为用 B 系列碟簧复合组合（见图 C.5）。

方案一：选用 A 系列 $D=40$ mm 碟簧的对合组合碟簧。由(C.2)式

$$F_c=\frac{4E}{1-\mu^2}\cdot\frac{h_0t^3}{K_1D^2}\cdot K_4{}^2$$

式中：$E=2.06\times10^5$ N/mm²，$\mu=0.3$，无支承面碟簧 $K_4=1$，由(C.3)式，$C=2$ 则 $K_1=0.69$，所以

$$F_c=\frac{4\times2.06\times10^5}{1-0.3^2}\times\frac{0.9\times2.25^3}{0.69\times40^2}\times1^2=8\ 410\text{N}$$

$$\frac{F_1}{F_c}=\frac{5\ 000}{8\ 410}=0.59$$

由图 C.1，A 系列的 $h_0/t\approx0.4$，根据 $F_1/F_c=0.59$ 查出 $f/h_0=0.57$，变形量 $f_1=0.57\times0.9=0.51$ mm，因此为满足总变形量为 10 mm，所需碟簧片数为：

$$i=\frac{f_{z1}}{f_1}=\frac{10}{0.51}=19.6$$

取 20 片，则组合碟簧尺寸为：

未受负荷时自由高度：$H_z=i\cdot H_0=20\times3.15=63$ mm，受负荷 $F_1=5\ 000$ N 时的高度：$H_1=H_z-f_{z1}=63-20\times0.51=52.8$ mm。

方案二：选用 B 系列 $D=40$ mm 复合组合碟簧。每一叠合组用 2 片碟簧，不考虑摩擦力时，单片碟簧的负荷为：

$$F_1=\frac{F_z}{n}=\frac{5\ 000}{2}=2\ 500\ \text{N}$$

由(C.2)式：

$$F_c=\frac{4\times2.06\times10^5}{1-0.3^2}\times\frac{1.15\times1.5^3}{0.69\times40^2}\times1=3\ 180\ \text{N}$$

$$\frac{F_1}{F_c}=\frac{2\ 500}{3\ 180}=0.79$$

由图 C.1，$f_1/h_0=0.71$，$f_1=0.71\times1.15=0.82$ mm，按总变形量为 10 mm 的要求由(C.24)式所需叠合组数为：

$$i=\frac{f_{z1}}{f_1}=\frac{10}{0.82}=12.2$$

取 13 个叠合组，则组合碟簧尺寸为：

未受负荷时组合碟簧自由高度为(按 C.25 式)：

$$H_z=i\cdot[H_0+(n-1)\cdot t]=13\times[2.65+(2-1)\times1.5]=54\ \text{mm}$$

受负荷 $F_{z1}=5\ 000$ N 后，组合碟簧高度为：

$$H_1=H_z-i\cdot f_{z1}=54-13\times0.82=43.34\ \text{mm}$$

考虑摩擦力时，碟簧负荷应予修正，按(C.27)式，由表 C.2 取 $f_M=0.015$，负荷为 5 000 N 时，单片碟簧

的负荷为：

$$F_1 = F_{z1} \cdot \frac{1-f_M \cdot (n-1)}{n} = 5\ 000 \times \frac{1-0.015 \times (2-1)}{2} = 2\ 462.5\ \text{N}$$

$\frac{F_1}{F_c}=\frac{2\ 462.5}{3\ 180}=0.77$，由图 C.1，B 系列$\frac{h_0}{t}=0.75$，则

$$\frac{f_1}{h_0}=0.68, f_1=0.68\times1.15=0.78\ \text{mm}$$

则叠合组数应为：

$$i=\frac{f_{z1}}{f_1}=\frac{10}{0.78}=12.82$$

仍应取 13 组。负荷为 5 000 N 时的变形量为 $f_{z1}=13\times0.78=10.14$ mm，尺寸同前。可见方案二的组合碟簧高度较小，单片碟簧的利用也较好。由于采用单数叠合组数，组合碟簧一端为外圆支承，另一端为内圆支承，一般情况下尽量以外圆支承(取偶数组数)为宜。

碟簧刚度和碟簧变形能分别由(C.15)、(C.16)式计算。

碟簧刚度：由(C.15)式单片碟簧刚度为：

$$F'=\frac{4E}{1-\mu^2}\cdot\frac{t^3}{K_1D^2}\cdot K_4{}^2\left\{K_4{}^2\left[\left(\frac{h_0}{t}\right)^2-3\cdot\frac{h_0}{t}\cdot\frac{f}{t}+\frac{3}{2}\left(\frac{f}{t}\right)^2\right]+1\right\}$$

不考虑摩擦力，$f=0.78$，$h_0=1.15$ mm 时，刚度为：

$$F'=\frac{4\times2.06\times10^5}{1-0.3^2}\times\frac{1.5^3}{0.69\times40^2}\times1^2\times\left\{1^2\times\left[\left(\frac{1.15}{1.5}\right)^2-3\times\frac{1.15}{1.5}\times\frac{0.78}{1.5}+\frac{3}{2}\times\left(\frac{0.78}{1.5}\right)^2\right]+1\right\}$$

$$=2\ 211\ \text{N/mm}$$

考虑摩擦力时，一组叠合组合碟簧 $f_1=0.78$ mm 时的刚度应为：

$$F_R{}'=F'\cdot\frac{n}{1-f_M(n-1)}=2\ 211\times\frac{2}{1-0.015\times(2-1)}=4\ 489.3\ \text{N/mm}$$

复合组合碟簧变形为 $f_{z1}=i\cdot f_1=13\times0.78=10.14$ mm 时的刚度为：

$$F_z'=\frac{F_R{}'}{i}=\frac{4\ 489.3}{13}=345.33\ \text{N/mm}$$

碟簧变形能：单片碟簧变形量为 $f_1=0.78$ mm 时的变形能按(C.16)式为：

$$U=\frac{2E}{1-\mu^2}\cdot\frac{t^5}{K_1D^2}\cdot K_4{}^2\left(\frac{f}{t}\right)^2\left[K_4{}^2\left(\frac{h_0}{t}-\frac{f}{2t}\right)^2+1\right]$$

$$=\frac{2\times2.06\times10^5}{1-0.3^2}\times\frac{1.5^5}{0.69\times40^2}\times1\times\left(\frac{0.78}{1.5}\right)^2\times\left[1\times\left(\frac{1.15}{1.5}-\frac{0.78}{2\times1.5}\right)^2+1\right]$$

$$=1\ 056.8\ \text{N}\cdot\text{mm}$$

组合碟簧总变形能为

$$U_z=i\cdot n\cdot U=13\times2\times1\ 056.8=27\ 477\ \text{N}\cdot\text{mm}$$

应力：受静负荷时，校验压平时($f=h_0$)OM 点的应力，由(C.10)式：

$$\sigma_{OM}=-\frac{4E}{1-\mu^2}\cdot\frac{t^2}{K_1D^2}\cdot K_4\cdot\frac{f}{t}\cdot\frac{3}{\pi}=\frac{4\times2.06\times10^5}{1-0.3^2}\times\frac{1.5^2}{0.69\times40^2}\times1\times\frac{1.15}{1.5}\times\frac{3}{\pi}=-1\ 350\ \text{N/mm}^2$$

其绝对值小于材料的屈服极限 1 400 N/mm²，故静强度满足要求。

C.8.2 受变负荷的碟簧计算

C.8.2.1 单片碟簧受变负荷时的校核计算

例 1：一碟簧 $D=40$ mm，$d=20.4$ mm，$t=2.25$ mm，$h_0=0.9$mm，$H_0=3.15$ mm，在 $F_1=1\ 950$ N 和 $F_2=4\ 000$ N 之间循环工作，试校核其寿命是否在持久寿命范围内。

解：由(C.2)式，并参照上例

$$F_c=\frac{4E}{1-\mu^2}\cdot\frac{h_0t^3}{K_1D^2}\cdot K_4{}^2=\frac{4\times2.06\times10^5}{1-0.3^2}\times\frac{2.25^3\times0.9}{0.69\times40^2}=8\ 408.3\ \text{N}$$

所以$\frac{F_1}{F_c}=\frac{1\ 950}{8\ 408.3}=0.23$ 和$\frac{F_2}{F_c}=\frac{4\ 000}{8\ 408.3}=0.476$

由$\frac{h_0}{t}=\frac{0.9}{2.25}=0.4$，从图 C.1 查得

$$\frac{f_1}{h_0}=0.22,\frac{f_2}{h_0}=0.45$$

因此 $f_1=0.22\times0.9=0.198$ mm，$f_2=0.45\times0.9=0.405$ mm

由图 C.8 可查出疲劳破坏关键位置为Ⅱ点。

由式(C.12)计算Ⅱ点应力：

$$\sigma_{\text{Ⅱ}}=-\frac{4E}{1-\mu^2}\cdot\frac{t^2}{K_1D^2}\cdot K_4\cdot\frac{f}{t}\left[K_4K_2\left(\frac{h_0}{t}-\frac{f}{2t}\right)-K_3\right]$$

由(C.3)式 $K_1=0.69$，由(C.4)式 $K_2=1.21$，由(C.5)式 $K_3=1.36$，无支承面碟簧 $K_4=1$，则 $f_1=0.198$ mm时：

$$\sigma_{\text{Ⅱ}}=-\frac{4\times2.06\times10^5}{1-0.3^2}\times\frac{2.25^2}{0.69\times40^2}\times1\times\frac{0.198}{2.25}\times\left[1\times1.21\times\left(\frac{0.9}{2.25}-\frac{0.198}{2\times2.25}\right)-1.36\right]$$
$$=339.9\ \text{N/mm}^2$$

$f_2=0.405$ mm 时：

$$\sigma_{\text{Ⅱ}}=-\frac{4\times2.06\times10^5}{1-0.3}\times\frac{2.25^2}{0.69\times40^2}\times1\times\frac{0.405}{2.25}\times\left[1\times1.21\times\left(\frac{0.9}{2.25}-\frac{0.405}{2\times2.25}\right)-1.36\right]$$
$$=736.8\ \text{N/mm}^2$$

因此计算上限应力 $\sigma_{max}=736.8$ N/mm^2

下限应力 $\sigma_{min}=339.9$ N/mm^2

应力幅为 $\sigma_a=736.8-339.9=396.9$ N/mm^2

由图 C.10，按 $\sigma_{min}=339.9$ N/mm^2 查得 $N\geqslant2\times10^6$ 的 $\sigma_{max}=880$ N/mm^2，因此疲劳强度应力幅为

$$\sigma_{ra}=\sigma_{r\,max}-\sigma_{r\,min}=880-339.9=540.1\ \text{N/mm}^2$$

$\sigma_{ra}>\sigma_a$，此碟簧能持久工作。

例 2：校核碟簧 A125　GB/T 1972 有支承面的单片碟簧在 $F_1=17\ 500$ N 和 $F_2=54\ 000$ N 之间循环工作时的疲劳寿命。

由(C.2)式

$$F_c=\frac{4E}{1-\mu^2}\cdot\frac{h_0t^3}{K_1D^2}\cdot{K_4}^2$$

其中，K_1，K_4 按(C.3)～(C.9)式计算：

$$K_1=\frac{1}{\pi}\cdot\frac{[(C-1)/C]^2}{(C+1)/(C-1)-2/\ln C}$$

$$C=\frac{D}{d}=\frac{125}{64}=1.95$$

∴　$K_1=0.68$

$$K_4=\sqrt{-\frac{C_1}{2}+\sqrt{\left(\frac{C_1}{2}\right)^2+C_2}}$$

由(C.8)式：

$$C_1=\frac{(t'/t)^2}{[(1/4)\cdot(H_0/t)-t'/t+3/4][(5/8)\cdot(H_0/t)-t'/t+3/8]}$$

由标准查得 $t'=7.5$，$t=8$，$H_0=10.6$ 代入上式得

$$C_1=23.77$$

由(C.9)式

$$C_2 = \frac{C_1}{(t'/t)}\left[\frac{5}{32}\left(\frac{H_0}{t} - 1\right) + 1\right] = 26.6$$

所以 $K_4 = \sqrt{-\frac{23.65}{2} + \sqrt{\left(\frac{23.65}{2}\right)^2 + 27.8}} = 1.035$，有支承面碟簧应以 $t' = 7.5$ mm 和 $h_0' = H_0 - t' = 10.6 - 7.5 = 3.1$ mm 代入，则：

$$F_c = \frac{4 \times 2.06 \times 10^5}{1 - 0.3^2} \times \frac{3.1 \times 7.5^3}{0.68 \times 125^2} \times 1.035^2 = 119\ 394\ \text{N}$$

$$\frac{F_1}{F_c} = \frac{17\ 500}{119\ 394} = 0.147$$

$$\frac{F_2}{F_c} = \frac{54\ 000}{119\ 394} = 0.452$$

由图 C.1，按 $K_4 \cdot \frac{h_0'}{t'} = 1.035 \times \frac{3.1}{7.5} = 0.428$ 查出

$$\frac{f_1}{h_0'} = 0.12,\ \frac{f_2}{h_0'} = 0.38$$

所以 $f_1 = 0.12 \times 3.1 = 0.372$ mm

$f_2 = 0.38 \times 3.1 = 1.178$ mm

由图 C.8，$C \approx 2$，$K_4 \cdot \frac{h_0'}{t'} = 0.428$ 查出疲劳破坏关键部位在Ⅱ点或Ⅲ点，计算Ⅱ点应力。由(C.12)式，并由(C.4)，(C.5)式得 $K_2 = 1.21$，$K_3 = 1.36$，$f_1 = 0.372$ mm 时

$$\sigma_{\text{II}} = -\frac{4 \times 2.06 \times 10^5}{1 - 0.3^2} \times \frac{7.5^2}{0.68 \times 125^2} \times 1.035 \times \frac{0.372}{7.5} \times \left[1.035 \times 1.21 \times \left(\frac{3.1}{7.5} - \frac{0.372}{2 \times 7.5}\right) - 1.36\right] = 216.9\ \text{N/mm}^2$$

$f_2 = 1.178$ mm 时：

$$\sigma_{\text{II}} = -\frac{4 \times 2.06 \times 10^5}{1 - 0.3^2} \times \frac{7.5^2}{0.68 \times 125^2} \times 1.035 \times \frac{1.178}{7.5} \times \left[1.035 \times 1.21 \times \left(\frac{3.1}{7.5} - \frac{1.178}{2 \times 7.5}\right) - 1.36\right] = 735.8\ \text{N/mm}^2$$

计算应力幅：$\sigma_{a\text{II}} = 735.8 - 216.9 = 518.9\ \text{N/mm}^2$

由(C.13)式计算Ⅲ点应力得，$f_1 = 0.372$ mm 时，$\sigma_{\text{III}} = 261\ \text{N/mm}^2$，

$f_2 = 1.178$ mm 时，$\sigma_{\text{III}} = 791\ \text{N/mm}^2$。

计算应力幅：$\sigma_{a\text{III}} = 791 - 261 = 530\ \text{N/mm}^2$

可见Ⅲ点的应力幅较大，应校核Ⅲ点疲劳强度。

碟簧的计算上限应力：$\sigma_{r\max} = 791\ \text{N/mm}^2$

下限应力：$\sigma_{r\min} = 261\ \text{N/mm}^2$

应力幅：$\sigma_a = \sigma_{r\max} - \sigma_{r\min} = 791 - 261 = 530\ \text{N/mm}^2$

由图 C.11，下限应力 $\sigma_{r\min} = 261\ \text{N/mm}^2$，寿命 $N = 2 \times 10^6$ 次时疲劳强度上限应力为 $\sigma_{r\max} = 805\ \text{N/mm}^2$，疲劳强度应力幅 $\sigma_{ra} = 805 - 261 = 544\ \text{N/mm}^2 > \sigma_a = 530\ \text{N/mm}^2$，可见碟簧的工作寿命大约为 $N = 2 \times 10^6$。

C.8.2.2 对合组合碟簧受变负荷的校核计算

例 3：有一个由 20 片碟簧 A40 GB/T 1972 对合组合碟簧，受预加负荷 $F = 1\ 500$ N，工作负荷为 $F = 5\ 000$ N，循环加载，试验算此组合碟簧的疲劳强度。

由(C.2)式：

$$F_c = \frac{4 \times 2.06 \times 10^5}{1 - 0.3^2} \times \frac{0.9 \times 2.25^3}{0.69 \times 40^2} \times 1 = 8\ 408.3\ \text{N}$$

因此：

$$\frac{F_1}{F_c}=\frac{1\ 500}{8\ 408.3}=0.18,\qquad \frac{F_2}{F_c}=\frac{5\ 000}{8\ 408.3}=0.59$$

从图 C.1，按 $h_0/t\approx0.4$ 查出 $f_1/h_0=0.155$，$f_2/h_0=0.57$

所以：$f_1=0.155\times0.9=0.14\ \text{mm}$

$f_2=0.57\times0.9=0.51\ \text{mm}$

由图 C.8，按 $h_0/t\approx0.4$，$C=2$ 可得疲劳破坏关键部位为Ⅱ点，按(C.12)式计算Ⅱ点应力，以 $K_1=0.69$，$K_2=1.22$，$K_3=1.38$，$K_4=1$ 代入

$f_1=0.14\ \text{mm}$ 时：

$$\sigma_{\text{II}}=-\frac{4\times2.06\times10^5}{1-0.3^2}\times\frac{2.25^2}{0.69\times40^2}\times1\times\frac{0.14}{2.25}\times\left[1\times1.22\times\left(\frac{0.9}{2.25}-\frac{0.14}{2\times2.25}\right)-1.38\right]$$

$$=240\ \text{N/mm}^2$$

$f_2=0.51\ \text{mm}$ 时：

$$\sigma_{\text{II}}=-\frac{4\times2.06\times10^5}{1-0.3^2}\times\frac{2.25^2}{0.69\times40^2}\times1\times\frac{0.51}{2.25}\times\left[1\times1.22\times\left(\frac{0.9}{2.25}-\frac{0.51}{2\times2.25}\right)-1.38\right]$$

$$=937\ \text{N/mm}^2$$

碟簧的计算应力幅为：

$$\sigma_a=\sigma_{\max}-\sigma_{\min}=937-240=697\ \text{N/mm}^2$$

由图 C.10，在 $\sigma_{r\min}=240\ \text{N/mm}^2$ 处查得 $N=2\times10^6$ 时疲劳强度上限应力为 $\sigma_{r\max}=840\ \text{N/mm}^2$，即疲劳强度应力幅为：

$$\sigma_{ra}=\sigma_{r\max}-\sigma_{r\min}=840-240=600\ \text{N/mm}^2$$

所以 $\sigma_a>\sigma_{ra}$，即不能满足疲劳寿命的要求。改进途径有：

a) 提高预加负荷：

如果必须满足上限应力为 937 N/mm²，则由图 C.10 可查出 $N=2\times10^6$ 时，下限应力为 500 N/mm²。此时预加碟簧变形近似为

$$f_1\geqslant\frac{500}{240}\times0.14=0.29\ \text{mm}$$

由图 C.1 按 $f_1/h_0=0.29/0.9=0.32$ 查出

$$\frac{F_1}{F_c}=0.35,\quad F_1=0.35\times8\ 408.3=2\ 942.9\ \text{N}$$

此时，计算应力幅为：$\sigma_a=\sigma_{\max}-\sigma_{\min}=937-500=437\ \text{N/mm}^2<\sigma_{ra}=600\ \text{N/mm}^2$

即预加负荷 F_1 为 2 942.9 N，可满足工作负荷 $F_2=5\ 000$ N 的变负荷下，达到 $N=2\times10^6$ 疲劳寿命要求。

b) 降低工作负荷

如果仍保持预加负荷为 1 500 N，要求达到 $N=2\times10^6$ 疲劳寿命要求，则工作负荷应降低。

由图 C.10 查出 $\sigma_{r\min}=240\ \text{N/mm}^2$，$N=2\times10^6$ 时的 $\sigma_{r\max}\approx841\ \text{N/mm}^2$。考虑安全系数，取 $\sigma_{r\max}=800\ \text{N/mm}^2$，则

$$f_2\approx\frac{800}{937}\times0.51=0.43\ \text{mm},\ f_2/h_0=0.43/0.9=0.48$$

由图 C.3 查得 $\frac{F_2}{F_c}=0.51$，$F_2=0.51\times8\ 408.3=4\ 288$ N，当工作负荷不大于 4 288 N 时，能满足疲劳强度要求。

C.8.2.3 复合组合碟簧受变负荷的校核计算

例 4：C.8.1.2 例中的方案二，用碟簧 B40 GB/T 1972 二片叠合，共 13 组叠合组合碟簧组成的复

合组合碟簧，受变负荷 $F_{z1}=1\ 500$ N 到 $F_{z2}=5\ 000$ N 循环作用，试验算此组合碟簧的疲劳强度。

解：不考虑摩擦力时，单片碟簧受力：

$$F_1=\frac{F_{z1}}{2}=\frac{1\ 500}{2}=750\ \text{N},F_2=\frac{F_{z2}}{2}=\frac{5\ 000}{2}=2\ 500\ \text{N}$$

由 C.8.1.2 例，$F_c=3\ 180$ N，则$\frac{F_1}{F_c}=\frac{750}{3\ 180}=0.24$，$\frac{F_2}{F_c}=\frac{2\ 500}{3\ 180}=0.79$

按图 C.1 查得$\frac{f_1}{h_0}\approx 0.17$，所以 $f_1=0.17\times 1.15=0.2$ mm

$$\frac{f_2}{h_0}\approx 0.71，所以\ f_2=0.71\times 1.15=0.82\ \text{mm}$$

由图 C.8 查出疲劳破坏关键位置为Ⅲ点，按(C.13)式计算Ⅲ点应力：

$f_1=0.2$ mm 时：$\sigma_{\text{III}}=308\ \text{N/mm}^2$

$f_2=0.82$ mm 时：$\sigma_{\text{III}}=1\ 060\ \text{N/mm}^2$

由计算下限应力为 $\sigma_{min}=308\ \text{N/mm}^2$，计算上限应力 $\sigma_{max}=1\ 060\ \text{N/mm}^2$，计算应力幅 $\sigma_a=752\ \text{N/mm}^2$，按图 C.10 查出疲劳强度大约为 $N=10^5$ 次。

由于复合组合碟簧中叠合组合碟簧组数较多，因此按图 C.10 查出的数值应考虑安全系数，予以适当降低。

对比 C.8.2.2 和 C.8.2.3，可以看出采用 A 系列对合组合碟簧的疲劳强度比采用 B 系列复合组合碟簧的疲劳强度好。

ICS 21.160
J 26

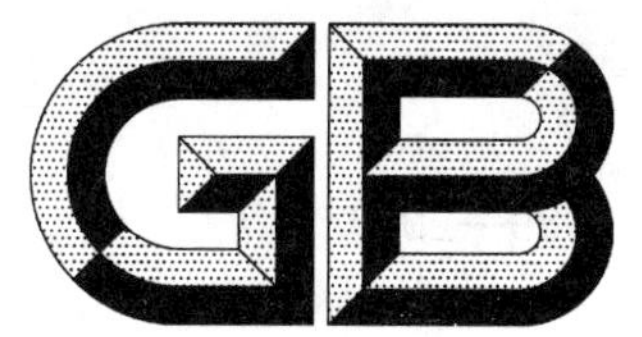

中华人民共和国国家标准

GB/T 2089—2009
代替 GB/T 2089—1994

普通圆柱螺旋压缩弹簧尺寸及参数
（两端圈并紧磨平或制扁）

Cylindrical coiled compression spring dimensions and parameters

2009-03-16 发布　　2009-11-01 实施

中华人民共和国国家质量监督检验检疫总局
中国国家标准化管理委员会　发布

前言

本标准是对 GB/T 2089—1994《圆柱螺旋压缩弹簧尺寸及参数(两端圈并紧磨平或锻平型)》进行修订。修订时仍保留 GB/T 2089—1994 中有效的部分,对已不适应的内容进行修订。本标准与被修订标准的主要技术差异如下:

——对原标准按 GB/T 1.1 进行了编辑性修改。

——对引用标准进行了全面查新,使用已修订过的最新版本代替原标准所引用的旧版本,并进行了增减。

——术语、代号等符号按 GB/T 1805《弹簧术语》进行了调整。

——为提高其标准的实用性,对原标准的标记方法和弹簧尺寸及参数进行了精简。

——直接应用 GB/T 23935《圆柱螺旋弹簧设计计算》的计算公式对表 2 中的数值作了重新计算。

本标准的附录 A、附录 B 为资料性附录。

本标准由中国机械工业联合会提出。

本标准由全国弹簧标准化技术委员会(SAC/TC 235)归口。

本标准负责起草单位:常州市铭锦弹簧有限公司、中机生产力促进中心。

本标准参加起草单位:杭州钱江弹簧有限公司、无锡泽根弹簧有限公司、浙江金昌弹簧有限公司、张家港迪尔弹簧制造有限公司。

本标准主要起草人:赵春伟、舒荣福、曹辉荣、姜膺、余方、梁泉、屠世润、王卫、杨国红、张英会、陆培根、邵文武。

本标准所代替标准的历次版本发布情况为:

——GB 2089—1980、GB/T 2089—1994。

普通圆柱螺旋压缩弹簧尺寸及参数
（两端圈并紧磨平或制扁）

1 范围

本标准规定了普通圆柱螺旋压缩弹簧的结构形式中两端圈并紧磨平或制扁的圆柱螺旋压缩弹簧的尺寸及参数。

本标准适用于受静负荷及循环次数 $N \leqslant 10^5$ 的动负荷的普通冷卷或热卷圆截面圆柱螺旋压缩弹簧（以下简称弹簧）。弹簧材料直径为 0.5 mm～60 mm。

2 规范性引用文件

下列文件中的条款通过本标准的引用而成为本标准的条款。凡是注日期的引用文件，其随后所有的修改单（不包括勘误的内容）或修订版均不适用于本标准，然而，鼓励根据本标准达成协议的各方研究是否可使用这些文件的最新版本。凡是不注日期的引用文件，其最新版本适用于本标准。

GB/T 1222 弹簧钢

GB/T 1239.2 冷卷圆柱螺旋弹簧技术条件 第2部分：压缩弹簧

GB/T 1805 弹簧术语

GB/T 4357—1989 碳素弹簧钢丝

GB/T 23934 热卷圆柱螺旋压缩弹簧 技术条件

GB/T 23935—2009 圆柱螺旋弹簧设计计算

3 术语和符号

本标准使用的术语和符号应符合 GB/T 1805 和表 1 的规定。

表 1

参数名称	代号	单位
材料直径	d	mm
弹簧中径	D	mm
弹簧内径	D_1	mm
弹簧外径	D_2	mm
有效圈数	n	圈
总圈数	n_1	圈
支承圈	n_z	圈
自由高度	H_0	mm
弹簧刚度	F'	N/mm
旋绕比	C	
高径比	b	
抗拉强度	R_m	MPa
试验负荷	F_s	N
试验负荷下变形量	f_s	mm

表 1（续）

参数名称	代号	单位
试验切应力	τ_s	MPa
许用切应力	$[\tau]$	MPa
展开长度	L	mm
弹簧单件质量	m	kg
最大芯轴直径	$D_{X\ max}$	mm
最小套筒直径	$D_{T\ min}$	mm
最大工作负荷	F_n	N
最大工作变形量	f_n	mm

4 弹簧类型

弹簧类型分：YA 冷卷两端圈并紧磨平型和 YB 热卷两端圈并紧制扁型，见图 1。

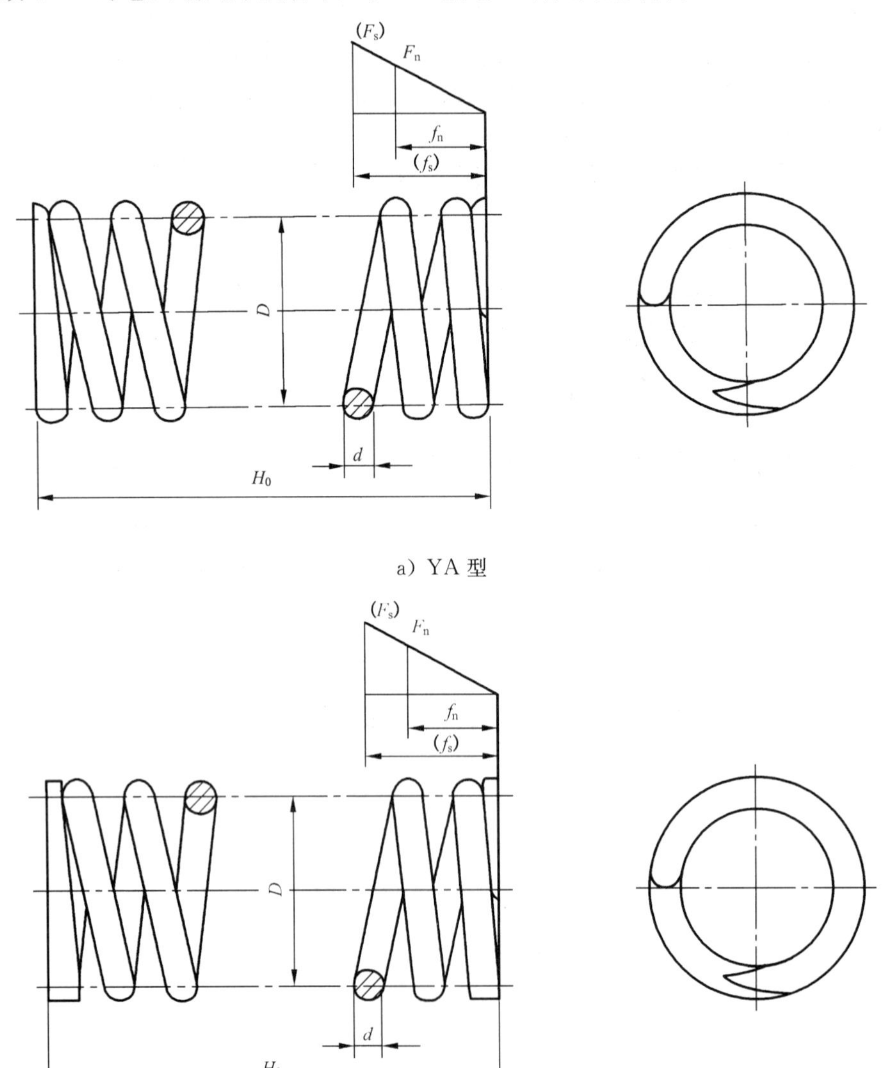

a) YA 型

b) YB 型

图 1 圆柱螺旋压缩弹簧

5 技术要求

5.1 材料

采用冷卷工艺时，选用材料性能不低于 GB/T 4357—1989 中 C 级碳素弹簧钢丝；采用热卷工艺时，选用材料性能不低于 GB/T 1222 的 60Si2MnA 的材料。如采用其他种类的材料，在计算中应采用其相应的力学性能数据。

5.2 芯轴及套筒

弹簧高径比 $b=H_0/D>3.7$ 时，应考虑设置芯轴或套筒，见图 2。

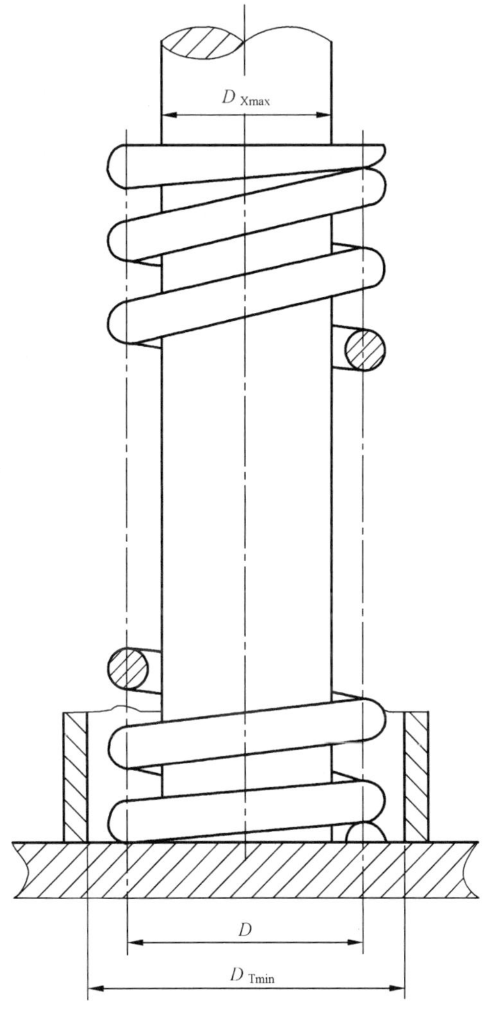

图 2 芯轴或套筒的设置

5.3 制造精度

冷卷或热卷弹簧的制造精度分别按 GB/T 1239.2 或 GB/T 23934 规定的 2、3 级精度选用。

5.4 表面处理

弹簧表面处理需要时在订货合同中注明，表面处理的介质、方法应符合相应的环境保护法规，应尽量避免采用可能导致氢脆的表面处理方法。

5.5 弹簧其他技术要求

弹簧其他技术要求可按 GB/T 1239.2 或 GB/T 23934 的规定。

6 标记

6.1 标记方法

弹簧的标记由类型代号、规格、精度代号、旋向代号和标准号组成,规定如下:

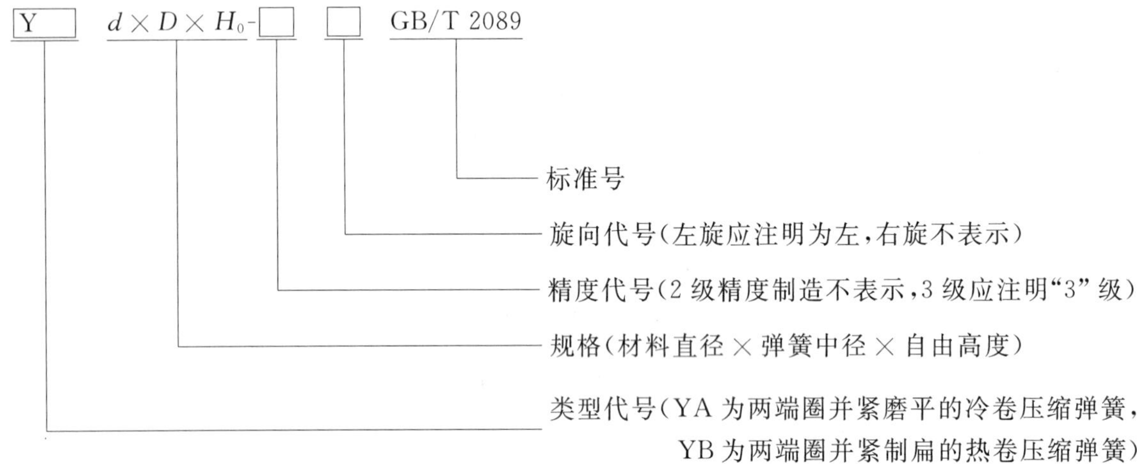

6.2 标记示例

示例 1:

YA 型弹簧,材料直径为 1.2 mm,弹簧中径为 8 mm,自由高度 40 mm,精度等级为 2 级,左旋的两端圈并紧磨平的冷卷压缩弹簧。

标记:YA 1.2×8×40 左 GB/T 2089

示例 2:

YB 型弹簧,材料直径为 30 mm,弹簧中径为 160 mm,自由高度 200 mm,精度等级为 3 级,右旋的并紧制扁的热卷压缩弹簧。

标记:YB 30×160×200-3 GB/T 2089

7 弹簧尺寸及参数

弹簧的主要尺寸及参数按表 2 的规定。

表 2

d mm	D mm	F_n N	D_{Xmax} mm	D_{Tmin} mm	n=2.5 圈				n=4.5 圈				n=6.5 圈			
					H_0 mm	f_n mm	F' N/mm	m 10^{-3} kg	H_0 mm	f_n mm	F' N/mm	m 10^{-3} kg	H_0 mm	f_n mm	F' N/mm	m 10^{-3} kg
0.5	3	14	1.9	4.1	4	1.5	9.1	0.07	7	2.8	5.1	0.09	10	4.0	3.5	0.12
	3.5	12	2.4	4.6	5	2.1	5.8	0.08	8	3.8	3.2	0.11	12	5.5	2.2	0.14
	4	11	2.9	5.1	6	2.8	3.9	0.09	9	5.2	2.1	0.12	14	7.3	1.5	0.16
	4.5	9.6	3.4	5.6	7	3.6	2.7	0.10	10	6.4	1.5	0.14	16	9.6	1.0	0.18
	5	8.6	3.9	6.1	8	4.3	2.0	0.11	12	7.8	1.1	0.16	18	11	0.8	0.20

表 2（续）

d mm	D mm	F_n N	D_{Xmax} mm	D_{Tmin} mm	n=2.5 圈				n=4.5 圈				n=6.5 圈			
					H_0 mm	f_n mm	F' N/mm	m 10^{-3} kg	H_0 mm	f_n mm	F' N/mm	m 10^{-3} kg	H_0 mm	f_n mm	F' N/mm	m 10^{-3} kg
0.8	4	40	2.6	5.4	6	1.6	25	0.22	9	2.9	14	0.32	12	4.1	9.7	0.42
	4.5	36	3.1	5.9	7	2.0	18	0.25	10	3.6	10	0.36	14	5.3	6.8	0.47
	5	32	3.6	6.4	8	2.5	13	0.28	11	4.4	7.2	0.40	15	6.4	5.0	0.52
	6	27	4.2	7.8	9	3.6	7.5	0.33	13	6.4	4.2	0.48	19	9.3	2.9	0.63
	7	23	5.2	8.8	10	4.9	4.7	0.39	15	8.8	2.6	0.56	23	13	1.8	0.73
	8	20	6.2	9.8	12	6.3	3.2	0.44	18	11	1.8	0.64	28	17	1.2	0.84
1	4.5	68	2.9	6.1	7	1.6	43	0.39	10	2.8	24	0.56	14	4.0	17	0.74
	5	62	3.4	6.6	8	1.9	32	0.43	11	3.4	18	0.62	15	5.2	12	0.82
	6	51	4	8	9	2.8	18	0.52	12	5.1	10	0.75	18	7.3	7.0	0.98
	7	44	5	9	10	3.7	12	0.61	14	6.9	6.4	0.87	21	10	4.4	1.14
	8	38	6	10	12	4.9	7.7	0.69	17	8.8	4.3	1.00	25	13	3.0	1.31
	9	34	7	11	13	6.3	5.4	0.78	20	11	3.0	1.12	29	16	2.1	1.47
	10	31	8	12	15	7.8	4.0	0.87	22	14	2.2	1.25	35	21	1.5	1.63
1.2	6	86	3.8	8.2	9	2.3	38	0.75	12	4.1	21	1.08	17	5.7	15	1.41
	7	74	4.8	9.2	10	3.1	24	0.87	14	5.7	13	1.26	20	8.0	9.2	1.65
	8	65	5.8	10	11	4.1	16	1.00	16	7.3	8.9	1.44	24	11	6.2	1.88
	9	58	6.8	11	12	5.3	11	1.12	20	9.4	6.2	1.62	28	13	4.3	2.12
	10	52	7.8	12	14	6.3	8.2	1.25	24	11	4.6	1.80	32	16	3.2	2.35
	12	43	8.8	15	17	9.1	4.7	1.50	26	17	2.6	2.16	40	24	1.8	2.82
1.4	7	114	4.6	9.4	10	2.6	44	1.19	15	4.6	25	1.71	20	6.7	17	2.24
	8	100	5.6	10	11	3.3	30	1.36	16	6.3	16	1.96	22	9.1	11	2.56
	9	89	6.6	11	12	4.2	21	1.53	18	7.4	12	2.20	24	11	8.0	2.88
	10	80	7.6	12	13	5.3	15	1.70	20	9.5	8.4	2.45	28	14	5.8	3.20
	12	67	8.6	15	16	7.6	8.8	2.03	24	14	4.9	2.94	35	20	3.4	3.84
	14	57	11	17	19	10	5.5	2.37	30	18	3.1	3.43	42	27	2.1	4.48
1.6	8	145	5.4	11	11	2.8	51	1.77	17	5.2	28	2.56	22	7.6	19	3.35
	9	129	6.4	12	12	3.6	36	1.99	19	6.5	20	2.88	24	9.2	14	3.77
	10	116	7.4	13	13	4.5	26	2.21	20	8.3	14	3.20	28	12	10	4.18
	12	97	8.4	16	15	6.5	15	2.66	24	12	8.3	3.84	32	17	5.8	5.02
	14	83	10	18	18	8.8	9.4	3.10	28	16	5.2	4.48	40	23	3.6	5.86
	16	73	12	20	22	12	6.3	3.54	36	21	3.5	5.12	48	30	2.4	6.69

表 2（续）

d mm	D mm	F_n N	D_{Xmax} mm	D_{Tmin} mm	n=8.5 圈				n=10.5 圈				n=12.5 圈			
					H_0 mm	f_n mm	F' N/mm	m 10^{-3} kg	H_0 mm	f_n mm	F' N/mm	m 10^{-3} kg	H_0 mm	f_n mm	F' N/mm	m 10^{-3} kg
0.5	3	14	1.9	4.1	11	5.2	2.7	0.15	14	6.4	2.2	0.18	16	7.8	1.8	0.21
	3.5	12	2.4	4.6	13	7.1	1.7	0.18	16	8.6	1.4	0.21	19	10	1.2	0.24
	4	11	2.9	5.1	15	10	1.1	0.20	19	12	0.9	0.24	22	14	0.8	0.28
	4.5	9.6	3.4	5.6	18	12	0.8	0.23	22	16	0.6	0.27	26	19	0.5	0.31
	5	8.6	3.9	6.1	21	14	0.6	0.25	26	17	0.5	0.30	30	22	0.4	0.35
0.8	4	40	2.6	5.4	15	5.4	7.4	0.52	18	6.7	6.0	0.62	22	7.8	5.1	0.71
	4.5	36	3.1	5.9	16	6.9	5.2	0.58	20	8.6	4.2	0.69	24	10	3.6	0.80
	5	32	3.6	6.4	18	8.4	3.8	0.65	22	10	3.1	0.77	28	12	2.6	0.89
	6	27	4.2	7.8	22	12	2.2	0.78	28	15	1.8	0.92	32	18	1.5	1.07
	7	23	5.2	8.8	28	16	1.4	0.90	32	21	1.1	1.08	38	26	0.9	1.25
	8	20	6.2	9.8	32	22	0.9	1.03	40	25	0.8	1.23	48	33	0.6	1.43
1	4.5	68	2.9	6.1	16	5.2	13	0.91	20	6.8	10	1.08	24	7.8	8.7	1.25
	5	62	3.4	6.6	18	6.7	9.3	1.01	22	8.3	7.5	1.20	26	9.8	6.3	1.39
	6	51	4	8	20	9.4	5.4	1.21	26	12	4.4	1.44	30	14	3.7	1.67
	7	44	5	9	26	13	3.4	1.41	30	16	2.7	1.68	35	19	2.3	1.95
	8	38	6	10	30	17	2.3	1.62	35	21	1.8	1.92	42	25	1.5	2.23
	9	34	7	11	35	21	1.6	1.82	42	26	1.3	2.16	48	31	1.1	2.51
	10	31	8	12	40	26	1.2	2.02	48	34	0.9	2.40	58	39	0.8	2.79
1.2	6	86	3.8	8.2	22	7.8	11	1.74	25	9.6	9.0	2.08	30	11	7.6	2.41
	7	74	4.8	9.2	25	11	7.0	2.03	30	13	5.7	2.42	35	15	4.8	2.81
	8	65	5.8	10	28	14	4.7	2.33	35	17	3.8	2.77	40	20	3.2	3.21
	9	58	6.8	11	35	18	3.3	2.62	45	22	2.7	3.11	50	26	2.2	3.61
	10	52	7.8	12	40	22	2.4	2.91	50	26	2.0	3.46	58	33	1.6	4.01
	12	43	8.8	15	48	31	1.4	3.49	58	39	1.1	4.15	70	48	0.9	4.82
1.4	7	114	4.6	9.4	26	8.8	13	2.77	30	10	11	3.30	35	13	8.8	3.82
	8	100	5.6	10	28	11	8.7	3.17	35	14	7.1	3.77	40	17	5.9	4.37
	9	89	6.6	11	32	15	6.1	3.56	38	18	5.0	4.24	45	21	4.2	4.92
	10	80	7.6	12	35	18	4.5	3.96	42	22	3.6	4.71	50	27	3.0	5.46
	12	67	8.6	15	45	26	2.6	4.75	52	32	2.1	5.65	60	37	1.8	6.56
	14	57	11	17	55	36	1.6	5.54	65	44	1.3	6.59	75	52	1.1	7.65
1.6	8	145	5.4	11	28	9.7	15	4.13	35	12	12	4.92	40	15	10	5.71
	9	129	6.4	12	32	13	10	4.65	38	15	8.5	5.54	45	18	7.1	6.42
	10	116	7.4	13	35	15	7.6	5.17	42	19	6.2	6.15	48	22	5.2	7.14
	12	97	8.4	16	42	22	4.4	6.20	50	27	3.6	7.38	60	32	3.0	8.56
	14	83	10	18	50	30	2.8	7.24	60	38	2.2	8.61	70	44	1.9	9.99
	16	73	12	20	60	38	1.9	8.27	70	49	1.5	9.84	85	56	1.3	11.42

表 2（续）

d mm	D mm	F_n N	D_{Xmax} mm	D_{Tmin} mm	n=2.5 圈				n=4.5 圈				n=6.5 圈			
					H_0 mm	f_n mm	F' N/mm	m 10^{-3} kg	H_0 mm	f_n mm	F' N/mm	m 10^{-3} kg	H_0 mm	f_n mm	F' N/mm	m 10^{-3} kg
1.8	9	179	6.2	12	13	3.1	57	2.52	18	5.6	32	3.64	25	8.1	22	4.77
	10	161	7.2	13	15	3.9	41	2.80	20	7.0	23	4.05	28	10	16	5.29
	12	134	8.2	16	16	5.6	24	3.36	24	10	13	4.86	32	15	9.2	6.35
	14	115	10	18	18	7.7	15	3.92	28	14	8.4	5.67	38	20	5.8	7.41
	16	101	12	20	20	10	10	4.49	32	18	5.6	6.48	45	26	3.9	8.47
	18	90	14	22	22	13	7	5.05	38	23	4.0	7.29	52	33	2.7	9.53
2	10	215	7	13	13	3.4	63	3.46	20	6.1	35	5.00	28	9.0	24	6.54
	12	179	8	16	15	4.8	37	4.15	24	9.0	20	6.00	32	13	14	7.84
	14	153	10	18	17	6.7	23	4.85	26	12	13	7.00	38	17	8.9	9.15
	16	134	12	20	19	8.9	15	5.54	30	16	8.6	8.00	42	23	5.9	10.46
	18	119	14	22	22	11	11	6.23	35	20	6.0	9.00	48	28	4.2	11.77
	20	107	15	25	24	14	7.9	6.92	40	24	4.4	10.00	55	36	3.0	13.07
2.5	12	339	7.5	17	16	3.8	89	6.49	24	6.8	50	9.37	32	10	34	12.26
	14	291	9.5	19	17	5.2	56	7.57	28	9.4	31	10.93	38	13	22	14.30
	16	255	12	21	19	6.7	38	8.65	30	12	21	12.50	40	18	14	16.34
	18	226	14	23	20	8.7	26	9.73	30	15	15	14.06	48	23	10	18.39
	20	204	15	26	24	11	19	10.81	38	19	11	15.62	52	28	7.4	20.43
	22	185	17	28	26	13	14	11.90	42	23	8.1	17.18	58	33	5.6	22.47
	25	163	20	31	30	16	10	13.52	48	30	5.5	19.53	70	43	3.8	25.53
3	14	475	9	19	18	4.1	117	10.90	28	7.3	65	15.75	38	11	45	20.59
	16	416	11	21	20	5.3	78	12.46	30	9.7	43	18.00	40	14	30	23.53
	18	370	13	23	22	6.7	55	14.02	35	12	30	20.25	45	18	21	26.47
	20	333	14	26	24	8.3	40	15.57	38	15	22	22.49	50	22	15	29.42
	22	303	16	28	24	10	30	17.13	40	18	17	24.74	58	25	12	32.36
	25	266	19	31	28	13	20	19.47	45	23	11	28.12	65	34	7.9	36.77
	28	238	22	34	32	16	15	21.80	52	29	8.1	31.49	70	43	5.6	41.18
	30	222	24	36	35	19	12	23.36	58	34	6.6	33.74	80	48	4.6	44.12
3.5	16	661	11	22	22	4.6	145	16.96	32	8.3	80	24.49	45	12	56	32.03
	18	587	13	24	22	5.8	102	19.08	35	10	56	27.56	48	15	39	36.03
	20	528	14	27	24	7.1	74	21.20	38	13	41	30.62	50	19	28	40.04
	22	480	16	29	26	8.6	56	23.32	40	15	31	33.68	55	23	21	44.04
	25	423	19	32	28	11	38	26.50	45	20	21	38.27	65	28	15	50.05
	28	377	22	35	32	14	27	29.68	50	25	15	42.86	70	38	10	56.05
	30	352	24	37	35	16	22	31.80	55	29	12	45.93	75	42	8.4	60.06
	32	330	25	40	38	18	18	33.92	60	33	10	48.99	80	47	7.0	64.06
	35	302	28	43	40	22	14	37.09	65	39	7.7	53.58	90	57	5.3	70.07

表 2（续）

d mm	D mm	F_n N	D_{Xmax} mm	D_{Tmin} mm	n=8.5 圈				n=10.5 圈				n=12.5 圈			
					H_0 mm	f_n mm	F' N/mm	m 10^{-3} kg	H_0 mm	f_n mm	F' N/mm	m 10^{-3} kg	H_0 mm	f_n mm	F' N/mm	m 10^{-3} kg
1.8	9	179	6.2	12	32	11	17	5.89	38	13	14	7.01	42	16	11	8.13
	10	161	7.2	13	35	13	12	6.54	40	16	9.9	7.79	48	19	8.3	9.03
	12	134	8.2	16	40	19	7.1	7.85	50	24	5.7	9.34	58	28	4.8	10.84
	14	115	10	18	48	26	4.4	9.16	58	32	3.6	10.90	70	38	3.0	12.65
	16	101	12	20	60	34	3.0	10.47	70	42	2.4	12.46	80	51	2.0	14.45
	18	90	14	22	65	43	2.1	11.77	80	53	1.7	14.02	95	64	1.4	16.26
2	10	215	7	13	35	11	19	8.08	40	14	15	9.61	48	17	13	11.15
	12	179	8	16	40	16	11	9.69	48	21	8.7	11.54	58	25	7.3	13.38
	14	153	10	18	50	23	6.8	11.31	55	28	5.5	13.46	65	33	4.6	15.61
	16	134	12	20	55	30	4.5	12.92	65	37	3.7	15.38	75	43	3.1	17.84
	18	119	14	22	65	37	3.2	14.54	75	46	2.6	17.30	90	54	2.2	20.07
	20	107	15	25	75	47	2.3	16.15	90	56	1.9	19.23	105	67	1.6	22.30
2.5	12	339	7.5	17	40	13	26	15.14	50	16	21	18.02	58	19	18	20.91
	14	291	9.5	19	45	17	17	17.66	55	22	13	21.03	65	26	11	24.39
	16	255	12	21	52	23	11	20.19	65	28	9.0	24.03	75	34	7.5	27.88
	18	226	14	23	58	29	7.8	22.71	70	36	6.3	27.04	85	43	5.3	31.36
	20	204	15	26	65	36	5.7	25.23	80	44	4.6	30.04	95	52	3.9	34.85
	22	185	17	28	75	43	4.3	27.76	90	53	3.5	33.05	105	64	2.9	38.33
	25	163	20	31	90	56	2.9	31.54	105	68	2.4	37.55	120	82	2.0	43.56
3	14	475	9	19	48	14	34	25.44	58	17	28	30.28	65	21	23	35.13
	16	416	11	21	52	18	23	29.07	65	22	19	34.61	75	26	16	40.14
	18	370	13	23	58	23	16	32.70	70	28	13	38.93	80	34	11	45.16
	20	333	14	26	65	28	12	36.34	75	35	9.5	43.26	90	42	8.0	50.18
	22	303	16	28	70	34	8.8	39.97	85	42	7.2	47.58	100	51	6.0	55.20
	25	266	19	31	80	44	6.0	45.42	100	54	4.9	54.07	115	65	4.1	62.73
	28	238	22	34	95	55	4.3	50.87	115	68	3.5	60.56	140	82	2.9	70.25
	30	222	24	36	100	63	3.5	54.51	120	79	2.8	64.89	150	93	2.4	75.27
3.5	16	661	11	22	55	15	43	39.57	65	19	34	47.10	75	23	29	54.64
	18	587	13	24	58	20	30	44.51	70	24	24	52.99	80	29	20	61.47
	20	528	14	27	65	24	22	49.46	75	29	18	58.88	90	35	15	68.30
	22	480	16	29	70	30	16	54.41	85	37	13	64.77	100	44	11	75.13
	25	423	19	32	80	38	11	61.82	95	47	9.0	73.60	110	56	7.6	85.38
	28	377	22	35	90	48	7.9	69.24	110	59	6.4	82.43	130	70	5.4	95.62
	30	352	24	37	95	54	6.5	74.19	115	68	5.2	88.32	140	80	4.4	102.5
	32	330	25	40	105	62	5.3	79.14	130	77	4.3	94.21	150	92	3.6	109.3
	35	302	28	43	115	74	4.1	86.55	140	92	3.3	103.0	170	108	2.8	119.5

表 2（续）

d mm	D mm	F_n N	D_{Xmax} mm	D_{Tmin} mm	n=2.5 圈				n=4.5 圈				n=6.5 圈			
					H_0 mm	f_n mm	F' N/mm	m 10^{-3} kg	H_0 mm	f_n mm	F' N/mm	m 10^{-3} kg	H_0 mm	f_n mm	F' N/mm	m 10^{-3} kg
4	20	764	13	27	26	6.1	126	27.69	38	11	70	39.99	52	16	49	52.30
	22	694	15	29	28	7.3	95	30.45	40	13	53	43.99	55	19	37	57.52
	25	611	18	32	30	9.4	65	34.61	45	17	36	49.99	60	24	25	65.37
	28	545	21	35	34	12	46	38.76	50	21	26	55.99	70	30	18	73.21
	30	509	23	37	36	14	37	41.53	55	24	21	59.99	75	36	14	78.44
	32	477	24	40	37	15	31	44.30	58	28	17	63.98	80	40	12	83.67
	35	436	27	43	41	18	24	48.45	65	34	13	69.98	90	48	9.1	91.52
	38	402	30	46	46	22	18	52.60	70	40	10	75.98	100	57	7.1	99.36
	40	382	32	48	48	24	16	55.37	75	43	8.8	79.98	105	63	6.1	104.6
4.5	22	988	15	30	28	6.5	152	38.54	42	12	85	55.67	58	17	59	72.80
	25	870	18	33	30	8.4	104	43.80	48	15	58	63.27	60	22	40	82.73
	28	777	21	36	32	11	74	49.06	50	19	41	70.86	70	28	28	92.66
	30	725	23	38	36	12	60	52.56	52	22	33	75.92	75	32	23	99.28
	32	680	24	41	37	14	49	56.06	58	25	27	80.98	75	36	19	105.9
	35	621	27	44	40	16	38	61.32	60	30	21	88.57	85	41	15	115.8
	38	572	30	47	44	19	30	66.58	65	36	16	96.16	90	52	11	125.8
	40	544	42	49	48	22	25	70.08	70	39	14	101.2	100	56	9.7	132.4
	45	483	37	54	54	27	18	78.84	85	48	10	113.9	120	71	6.8	148.9
5	25	1 154	17	33	30	7	158	54.07	48	13	88	78.11	65	19	61	102.1
	28	1 030	20	36	32	9	112	60.56	52	17	62	87.48	70	24	43	114.4
	30	962	22	38	35	11	91	64.89	55	19	51	93.73	75	27	35	122.6
	32	902	23	41	38	12	75	69.21	58	21	42	99.98	80	31	29	130.7
	35	824	26	44	40	14	58	75.70	60	26	32	109.3	85	37	22	143.0
	38	759	29	47	42	17	45	82.19	65	30	25	118.7	90	44	17	155.3
	40	721	31	49	45	18	39	86.52	70	34	21	125.0	100	48	15	163.4
	45	641	36	54	50	24	27	97.33	80	43	15	140.6	115	64	10	183.9
	50	577	41	59	55	29	20	108.1	95	52	11	156.2	130	76	7.6	204.3
6	30	1 605	21	39	38	8	190	93.44	55	15	105	135.0	75	22	73	176.5
	32	1 505	22	42	38	10	156	99.67	58	17	87	144.0	80	25	60	188.3
	35	1 376	25	45	40	12	119	109.0	60	21	66	157.5	85	30	46	205.9
	38	1 267	28	48	42	14	93	118.4	65	24	52	171.0	90	35	36	223.6
	40	1 204	30	50	45	15	80	124.6	70	27	44	180.0	95	39	31	235.3
	45	1 070	35	55	48	19	56	140.2	75	35	31	202.5	105	49	22	264.7
	50	963	40	60	52	23	41	155.7	85	42	23	224.9	120	60	16	294.2
	55	876	44	66	58	28	31	171.3	95	52	17	247.4	130	73	12	323.6
	60	803	49	71	65	33	24	186.9	105	62	13	269.9	150	88	9.1	353.0

表 2（续）

d mm	D mm	F_n N	D_{Xmax} mm	D_{Tmin} mm	n=8.5 圈				n=10.5 圈				n=12.5 圈			
					H_0 mm	f_n mm	F' N/mm	m 10^{-3} kg	H_0 mm	f_n mm	F' N/mm	m 10^{-3} kg	H_0 mm	f_n mm	F' N/mm	m 10^{-3} kg
4	20	764	13	27	65	21	37	64.60	80	25	30	76.90	90	30	25	89.21
	22	694	15	29	70	25	28	71.06	85	30	23	84.60	100	37	19	98.13
	25	611	18	32	80	32	19	80.75	95	41	15	96.13	110	47	13	111.5
	28	545	21	35	90	39	14	90.44	105	50	11	107.7	130	59	9.2	124.9
	30	509	23	37	95	46	11	96.90	115	57	8.9	115.4	140	68	7.5	133.8
	32	477	24	40	100	52	9.1	103.4	120	65	7.3	123.0	150	77	6.2	142.7
	35	436	27	43	115	63	6.9	113.1	140	78	5.6	134.6	160	93	4.7	156.1
	38	402	30	46	130	74	5.4	122.7	150	91	4.4	146.1	180	109	3.7	169.5
	40	382	32	48	142	83	4.6	129.2	160	101	3.8	153.8	190	119	3.2	178.4
4.5	22	988	15	30	70	22	45	89.9	85	27	36	107.1	100	33	30	124.2
	25	870	18	33	80	29	30	102.2	95	35	25	121.7	110	41	21	141.1
	28	777	21	36	85	35	22	114.5	105	43	18	136.3	120	52	15	158.1
	30	725	23	38	90	40	18	122.6	110	52	14	146.0	130	60	12	169.4
	32	680	24	41	100	45	15	130.8	120	57	12	155.7	140	69	9.9	180.6
	35	621	27	44	105	56	11	143.1	130	69	9.0	170.3	150	82	7.6	197.6
	38	572	30	47	110	66	8.7	155.3	145	82	7.0	184.9	160	97	5.9	214.5
	40	544	42	49	130	74	7.4	163.5	160	91	6.0	194.7	190	107	5.1	225.8
	45	483	37	54	150	93	5.2	184.0	180	115	4.2	219.0	220	134	3.6	254.0
5	25	1 154	17	33	80	25	46	126.2	100	30	38	150.2	115	36	32	174.2
	28	1 030	20	36	90	31	33	141.3	105	38	27	168.2	120	47	22	195.1
	30	962	22	38	95	36	27	151.4	115	44	22	180.2	130	53	18	209.1
	32	902	23	41	100	41	22	161.5	120	50	18	192.3	140	60	15	223.0
	35	824	26	44	110	48	17	176.6	130	59	14	210.3	150	69	12	243.9
	38	759	29	47	120	58	13	191.8	140	69	11	228.3	170	84	9.0	264.8
	40	721	31	49	130	66	11	201.9	150	78	9.2	240.3	180	93	7.7	278.8
	45	641	36	54	140	80	8.0	227.1	180	99	6.5	270.4	200	118	5.4	313.6
	50	577	41	59	170	99	5.8	252.3	200	123	4.7	300.4	240	144	4.0	348.5
6	30	1 605	21	39	95	29	56	218.0	115	36	45	259.6	130	42	38	301.1
	32	1 505	22	42	100	33	46	232.6	120	41	37	276.9	140	49	31	321.2
	35	1 376	25	45	105	39	35	254.4	130	49	28	302.8	150	57	24	351.3
	38	1 267	28	48	115	47	27	276.2	140	58	22	328.8	160	67	19	381.4
	40	1 204	30	50	120	50	24	290.7	140	63	19	346.1	170	75	16	401.4
	45	1 070	35	55	140	63	17	327.0	160	82	13	389.3	190	97	11	451.6
	50	963	40	60	150	80	12	363.4	190	98	9.8	432.6	220	117	8.2	501.8
	55	876	44	66	170	97	9.0	399.7	200	120	7.3	475.8	240	141	6.2	552.0
	60	803	49	71	190	115	7.0	436.1	240	143	5.6	519.1	280	171	4.7	602.2

表 2（续）

d mm	D mm	F_n N	D_{Xmax} mm	D_{Tmin} mm	n=2.5 圈				n=4.5 圈				n=6.5 圈			
					H_0 mm	f_n mm	F' N/mm	m 10^{-3} kg	H_0 mm	f_n mm	F' N/mm	m 10^{-3} kg	H_0 mm	f_n mm	F' N/mm	m 10^{-3} kg
8	32	3 441	20	44	45	7	494	177.2	70	13	274	255.9	90	18	190	334.7
	35	3 146	23	47	47	8	377	193.8	72	15	210	279.9	96	22	145	366.1
	38	2 898	26	50	49	10	295	210.4	76	18	164	303.9	98	26	113	397.4
	40	2 753	28	52	50	11	253	221.5	78	20	140	319.9	100	28	97	418.4
	45	2 447	33	57	52	14	178	249.2	84	25	99	359.9	105	36	68	470.7
	50	2 203	38	62	55	17	129	276.9	88	31	72	399.9	115	44	50	523.0
	55	2 002	42	68	58	21	97	304.5	90	37	54	439.9	130	54	37	575.2
	60	1 835	47	73	60	24	75	332.2	100	44	42	479.9	140	63	29	627.5
	65	1 694	52	78	65	29	59	359.9	110	51	33	519.9	150	74	23	679.8
	70	1 573	57	83	70	33	47	387.6	115	61	26	559.9	160	87	18	732.1
	75	1 468	62	88	75	39	38	415.3	130	70	21	599.9	180	98	15	784.4
	80	1 377	67	93	80	43	32	443.0	140	77	18	639.8	190	115	12	836.7
10	40	5 181	26	54	56	8	617	346.1	80	15	343	499.9	110	22	237	653.7
	45	4 605	31	59	58	11	433	389.3	85	19	241	562.4	115	28	167	735.4
	50	4 145	36	64	61	13	316	432.6	90	24	176	624.9	120	34	122	817.1
	55	3 768	40	70	64	16	237	475.8	95	29	132	687.3	130	41	91	898.8
	60	3 454	45	75	68	19	183	519.1	105	34	102	749.8	140	49	70	980.5
	65	3 188	50	80	72	22	144	562.4	110	40	80	812.3	150	58	55	1 062
	70	2 961	55	85	75	26	115	605.6	115	46	64	874.8	160	67	44	1 144
	75	2 763	60	90	80	29	94	648.9	120	53	52	937.3	170	77	36	1 226
	80	2 591	65	95	86	34	77	692.1	130	60	43	999.8	180	86	30	1 307
	85	2 438	69	101	92	38	64	735.4	140	68	36	1 062	190	98	25	1 389
	90	2 303	74	106	94	43	54	778.7	150	77	30	1 125	200	110	21	1 471
	95	2 181	79	111	98	47	46	821.9	160	84	26	1 187	220	121	18	1 553
	100	2 072	84	116	100	52	40	865.2	170	94	22	1 250	240	138	15	1 634
12	50	6 891	34	66	70	11	655	622.9	105	19	364	900	140	27	252	1 177
	55	6 264	38	72	75	13	492	685.2	110	23	274	990	150	33	189	1 294
	60	5 742	43	77	75	15	379	747.5	120	27	211	1 080	160	39	146	1 412
	65	5 301	48	82	80	18	298	809.8	130	32	166	1 170	170	46	115	1 530
	70	4 922	53	87	85	21	239	872.1	130	37	133	1 260	180	54	92	1 647
	75	4 594	58	92	90	24	194	934.4	140	43	108	1 350	190	61	75	1 765
	80	4 307	63	97	95	27	160	996.7	150	48	89	1 440	200	69	62	1 883
	85	4 053	67	103	100	30	133	1 059	160	55	74	1 530	220	79	51	2 000
	90	3 828	72	108	105	34	112	1 121	170	62	62	1 620	240	89	43	2 118
	95	3 627	77	113	110	38	96	1 184	180	68	53	1 710	240	98	37	2 236
	100	3 445	82	118	115	42	82	1 246	190	75	46	1 800	260	108	32	2 353
	110	3 132	92	128	130	51	62	1 370	220	92	34	1 980	300	131	24	2 589
	120	2 871	102	138	140	61	47	1 495	240	110	26	2 159	340	160	18	2 824

表 2（续）

d mm	D mm	F_n N	D_{Xmax} mm	D_{Tmin} mm	n=8.5 圈				n=10.5 圈				n=12.5 圈			
					H_0 mm	f_n mm	F' N/mm	m 10^{-3} kg	H_0 mm	f_n mm	F' N/mm	m 10^{-3} kg	H_0 mm	f_n mm	F' N/mm	m 10^{-3} kg
8	32	3 441	20	44	110	24	145	413.4	150	29	118	492.2	155	35	99	570.9
	35	3 146	23	47	115	28	111	452.2	140	35	90	538.3	160	42	75	624.5
	38	2 898	26	50	122	33	87	491.0	140	41	70	584.5	170	49	59	678.0
	40	2 753	28	52	128	37	74	516.8	150	46	60	615.2	180	54	51	713.7
	45	2 447	33	57	130	47	52	581.4	160	58	42	692.1	190	68	36	802.9
	50	2 203	38	62	150	58	38	646.0	180	73	31	769.0	210	85	26	892.1
	55	2 002	42	68	160	69	29	710.6	190	87	23	846.0	220	105	19	981.3
	60	1 835	47	73	170	83	22	775.2	220	102	18	922.9	260	122	15	1 071
	65	1 694	52	78	190	100	17	839.8	240	121	14	999.8	280	141	12	1 160
	70	1 573	57	83	200	112	14	904.4	260	143	11	1 077	300	167	9.4	1 249
	75	1 468	62	88	220	133	11	969.0	280	161	9.1	1 154	320	191	7.7	1 338
	80	1 377	67	93	260	148	9.3	1 034	300	184	7.5	1 230	360	219	6.3	1 427
10	40	5 181	26	54	140	28	182	807.5	160	35	147	961.3	190	42	123	1 115
	45	4 605	31	59	140	36	127	908.4	170	45	103	1 081	200	53	87	1 255
	50	4 145	36	64	150	45	93	1 009	190	55	75	1 202	220	66	63	1 394
	55	3 768	40	70	170	54	70	1 110	200	66	57	1 322	240	80	47	1 533
	60	3 454	45	75	180	64	54	1 211	210	79	44	1 442	260	93	37	1 673
	65	3 188	50	80	190	76	42	1 312	220	94	34	1 562	260	110	29	1 812
	70	2 961	55	85	200	87	34	1 413	240	110	27	1 682	280	129	23	1 951
	75	2 763	60	90	220	99	28	1 514	260	126	22	1 802	300	145	19	2 091
	80	2 591	65	95	240	113	23	1 615	280	144	18	1 923	340	173	15	2 230
	85	2 438	69	101	255	128	19	1 716	300	163	15	2 043	360	188	13	2 370
	90	2 303	74	106	270	144	16	1 817	320	177	13	2 163	380	210	11	2 509
	95	2 181	79	111	280	156	14	1 918	340	198	11	2 283	400	237	9.2	2 648
	100	2 072	84	116	300	173	12	2 019	360	220	9.4	2 403	420	262	7.9	2 788
12	50	6 891	34	66	180	36	193	1 454	220	44	156	1 730	260	53	131	2 007
	55	6 264	38	72	190	43	145	1 599	230	54	117	1 903	260	64	98	2 208
	60	5 742	43	77	200	51	112	1 744	240	64	90	2 076	280	76	76	2 409
	65	5 301	48	82	220	60	88	1 890	260	75	71	2 249	300	88	60	2 609
	70	4 922	53	87	230	70	70	2 035	280	86	57	2 423	320	103	48	2 810
	75	4 594	58	92	240	81	57	2 180	300	100	46	2 596	340	118	39	3 011
	80	4 307	63	97	260	92	47	2 326	320	113	38	2 769	380	135	32	3 212
	85	4 053	67	103	280	104	39	2 471	340	127	32	2 942	400	152	27	3 412
	90	3 828	72	108	300	116	33	2 616	360	142	27	3 115	420	174	22	3 613
	95	3 627	77	113	320	130	28	2 762	380	158	23	3 288	450	191	19	3 814
	100	3 445	82	118	340	144	24	2 907	420	172	20	3 461	480	215	16	4 014
	110	3 132	92	128	380	174	18	3 198	480	209	15	3 807	550	261	12	4 416
	120	2 871	102	138	450	205	14	3 488	520	261	11	4 153	620	302	9.5	4 817

表 2（续）

d mm	D mm	F_n N	D_{Xmax} mm	D_{Tmin} mm	n=2.5 圈				n=4.5 圈				n=6.5 圈			
					H_0 mm	f_n mm	F' N/mm	m 10^{-3} kg	H_0 mm	f_n mm	F' N/mm	m 10^{-3} kg	H_0 mm	f_n mm	F' N/mm	m 10^{-3} kg
14	60	10 627	41	79	82	15	703	1 017	130	27	390	1 470	170	39	270	1 922
	65	9 809	46	84	85	18	553	1 102	135	32	307	1 592	180	46	213	2 082
	70	9 109	51	89	90	21	442	1 187	140	37	246	1 715	190	54	170	2 242
	75	8 501	56	94	95	24	360	1 272	145	43	200	1 837	200	62	138	2 402
	80	7 970	61	99	105	27	296	1 357	150	48	165	1 960	210	70	114	2 562
	85	7 501	65	105	110	30	247	1 441	160	55	137	2 082	220	79	95	2 723
	90	7 084	70	110	115	34	208	1 526	170	61	116	2 204	240	89	80	2 883
	95	6 712	75	115	120	38	177	1 611	180	68	98	2 327	240	99	68	3 043
	100	6 376	80	120	125	42	152	1 696	190	76	84	2 449	260	110	58	3 203
	110	5 796	90	130	130	51	114	1 865	200	92	63	2 694	280	132	44	3 523
	120	5 313	100	140	140	60	88	2 035	220	108	49	2 939	320	156	34	3 844
	130	4 905	109	151	150	71	69	2 204	260	129	38	3 184	360	182	27	4 164
16	65	14 642	44	86	90	16	943	1 440	140	28	524	2 080	190	40	363	2 719
	70	13 596	49	91	95	18	755	1 550	150	32	419	2 239	200	47	290	2 929
	75	12 690	54	96	100	21	614	1 661	150	37	341	2 399	210	54	236	3 138
	80	11 897	59	101	100	24	506	1 772	160	42	281	2 559	220	61	194	3 347
	85	11 197	63	107	105	27	422	1 883	165	48	234	2 719	230	69	162	3 556
	90	10 575	68	112	110	30	355	1 993	170	54	197	2 879	240	77	137	3 765
	95	10 018	73	117	115	33	302	2 104	180	60	168	3 039	250	86	116	3 974
	100	9 517	78	122	120	37	259	2 215	190	66	144	3 199	260	95	100	4 184
	110	8 652	88	132	130	45	194	2 436	200	80	108	3 519	280	115	75	4 602
	120	7 931	98	142	140	53	150	2 658	220	96	83	3 839	320	137	58	5 020
	130	7 321	107	153	150	62	118	2 879	240	113	65	4 159	340	163	45	5 439
	140	6 798	117	163	160	72	94	3 101	260	131	52	4 479	380	189	36	5 857
	150	6 345	127	173	180	82	77	3 322	300	148	43	4 799	400	212	30	6 275
18	75	18 068	52	98	105	18	983	2 102	160	33	546	3 037	220	48	378	3 971
	80	16 939	57	103	105	21	810	2 243	160	38	450	3 239	230	54	311	4 236
	85	15 943	61	109	110	24	675	2 383	170	43	375	3 442	240	61	260	4 501
	90	15 057	66	114	115	26	569	2 523	180	48	316	3 644	250	69	219	4 765
	95	14 264	71	119	120	29	484	2 663	185	53	269	3 847	260	77	186	5 030
	100	13 551	76	124	120	33	415	2 803	190	59	230	4 049	270	85	159	5 295
	110	12 319	86	134	130	39	312	3 084	200	71	173	4 454	280	103	120	5 824
	120	11 293	96	144	140	47	240	3 364	220	85	133	4 859	300	123	92	6 354
	130	10 424	105	155	150	55	189	3 644	240	99	105	5 264	340	143	73	6 883
	140	9 679	115	165	160	64	151	3 924	260	115	84	5 669	360	167	58	7 413
	150	9 034	125	175	170	73	123	4 205	280	133	68	6 074	400	192	47	7 942
	160	8 470	134	186	190	84	101	4 485	300	151	56	6 478	420	217	39	8 472
	170	7 971	143	197	200	95	84	4 765	340	170	47	6 883	480	249	32	9 001

表 2（续）

d mm	D mm	F_n N	D_{Xmax} mm	D_{Tmin} mm	n=8.5 圈 H_0 mm	f_n mm	F' N/mm	m 10^{-3} kg	n=10.5 圈 H_0 mm	f_n mm	F' N/mm	m 10^{-3} kg	n=12.5 圈 H_0 mm	f_n mm	F' N/mm	m 10^{-3} kg
14	60	10 627	41	79	220	51	207	2 374	260	64	167	2 826	300	75	141	3 278
	65	9 809	46	84	230	60	163	2 572	270	74	132	3 062	320	88	111	3 552
	70	9 109	51	89	240	70	130	2 770	280	87	105	3 297	340	104	88	3 825
	75	8 501	56	94	250	80	106	2 968	300	99	86	3 533	360	118	72	4 098
	80	7 970	61	99	270	92	87	3 165	320	112	71	3 768	380	135	59	4 371
	85	7 501	65	105	280	103	73	3 363	340	127	59	4 004	400	153	49	4 644
	90	7 084	70	110	300	116	61	3 561	360	142	50	4 239	420	169	42	4 918
	95	6 712	75	115	320	129	52	3 759	380	160	42	4 475	450	192	35	5 191
	100	6 376	80	120	320	142	45	3 957	400	177	36	4 710	480	213	30	5 464
	110	5 796	90	130	360	170	34	4 352	450	215	27	5 181	520	252	23	6 011
	120	5 313	100	140	400	204	26	4 748	500	253	21	5 653	580	295	18	6 557
	130	4 905	109	151	450	245	20	5 144	550	307	16	6 124	650	350	14	7 103
16	65	14 642	44	86	240	53	277	3 359	280	65	224	3 999	340	77	189	4 639
	70	13 596	49	91	240	61	222	3 618	300	76	180	4 307	350	90	151	4 996
	75	12 690	54	96	260	71	180	3 876	320	87	146	4 614	360	103	123	5 353
	80	11 897	59	101	260	80	149	4 134	320	99	120	4 922	380	118	101	5 709
	85	11 197	63	107	280	90	124	4 393	340	112	100	5 230	400	133	84	6 066
	90	10 575	68	112	300	102	104	4 651	360	124	85	5 537	420	149	71	6 423
	95	10 018	73	117	320	113	89	4 910	380	139	72	5 845	450	167	60	6 780
	100	9 517	78	122	320	125	76	5 168	400	154	62	6 152	480	183	52	7 137
	110	8 652	88	132	360	152	57	5 685	450	188	46	6 768	520	222	39	7 850
	120	7 931	98	142	400	180	44	6 202	480	220	36	7 383	580	264	30	8 564
	130	7 321	107	153	450	209	35	6 718	520	261	28	7 998	620	305	24	9 278
	140	6 798	117	163	480	243	28	7 235	580	309	22	8 613	680	358	19	9 991
	150	6 345	127	173	520	276	23	7 752	650	352	18	9 229	750	423	15	10 705
18	75	18 068	52	98	260	63	289	4 906	320	77	234	5 840	380	92	197	6 774
	80	16 939	57	103	280	71	238	5 233	340	88	193	6 229	400	105	162	7 226
	85	15 943	61	109	290	80	199	5 560	350	99	161	6 619	410	118	135	7 678
	90	15 057	66	114	300	90	167	5 887	360	112	135	7 008	420	132	114	8 129
	95	14 264	71	119	320	100	142	6 214	380	124	115	7 397	450	147	97	8 581
	100	13 551	76	124	340	111	122	6 541	400	137	99	7 787	480	163	83	9 032
	110	12 319	86	134	360	134	92	7 195	450	166	74	8 565	520	199	62	9 936
	120	11 293	96	144	400	159	71	7 849	480	198	57	9 344	550	235	48	10 839
	130	10 424	105	155	420	186	56	8 503	520	232	45	10 123	620	274	38	11 742
	140	9 679	115	165	450	220	44	9 157	550	269	36	10 901	650	323	30	12 645
	150	9 034	125	175	500	251	36	9 811	620	312	29	11 680	720	361	25	13 549
	160	8 470	134	186	550	282	30	10 465	680	353	24	12 459	800	426	20	14 452
	170	7 971	143	197	600	319	25	11 119	720	399	20	13 237	850	469	17	15 355

表 2（续）

d mm	D mm	F_n N	D_{Xmax} mm	D_{Tmin} mm	n=2.5 圈				n=4.5 圈				n=6.5 圈			
					H_0 mm	f_n mm	F' N/mm	m 10^{-3} kg	H_0 mm	f_n mm	F' N/mm	m 10^{-3} kg	H_0 mm	f_n mm	F' N/mm	m 10^{-3} kg
20	80	23 236	55	105	115	19	1 234	2 786	170	34	686	4 025	240	49	475	5 263
	85	21 869	59	111	120	21	1 029	2 960	180	38	572	4 276	250	55	396	5 592
	90	20 654	64	116	130	24	867	3 135	190	43	482	4 528	260	62	333	5 921
	95	19 567	69	121	140	27	737	3 309	200	48	410	4 779	270	69	284	6 250
	100	18 589	74	126	150	29	632	3 483	210	53	351	5 031	280	76	243	6 579
	110	16 899	84	136	160	36	475	3 831	220	64	264	5 534	290	92	183	7 237
	120	15 491	94	146	170	42	366	4 179	230	76	203	6 037	300	110	141	7 895
	130	14 299	103	157	180	50	288	4 528	240	89	160	6 540	340	129	111	8 552
	140	13 278	113	167	190	58	230	4 876	260	104	128	7 043	360	149	89	9 210
	150	12 393	123	177	200	66	187	5 224	280	119	104	7 546	380	172	72	9 868
	160	11 618	132	188	205	75	154	5 573	300	135	86	8 049	420	197	59	10 526
	170	10 935	141	199	210	85	129	5 921	320	154	71	8 552	450	223	49	11 184
	180	10 327	151	209	220	96	108	6 269	340	172	60	9 056	480	246	42	11 842
	190	9 784	160	220	230	106	92	6 618	380	192	51	9 559	520	280	35	12 500
25	100	36 306	69	131	140	24	1 543	5 407	220	42	857	7 811	300	61	593	10 214
	110	33 006	79	141	150	28	1 159	5 948	230	51	644	8 592	310	74	446	11 235
	120	30 255	89	151	160	34	893	6 489	240	61	496	9 373	320	88	343	12 257
	130	27 928	98	162	160	40	702	7 030	260	72	390	10 154	340	103	270	13 278
	140	25 933	108	172	170	46	562	7 570	270	83	312	10 935	360	120	216	14 300
	150	24 204	118	182	180	53	457	8 111	280	95	254	11 716	380	138	176	15 321
	160	22 691	127	193	190	60	377	8 652	300	109	209	12 497	420	156	145	16 342
	170	21 357	136	204	200	68	314	9 193	320	123	174	13 278	450	177	121	17 364
	180	20 170	146	214	210	76	265	9 733	340	137	147	14 059	450	198	102	18 385
	190	19 109	155	225	220	85	225	10 274	360	153	125	14 840	500	220	87	19 406
	200	18 153	165	235	240	94	193	10 815	380	170	107	15 621	520	245	74	20 428
	220	16 503	184	256	260	114	145	11 896	450	204	81	17 183	580	295	56	22 471
30	120	52 281	84	156	170	28	1 852	9 404	260	51	1 029	13 583	340	73	712	17 763
	130	48 259	93	167	180	33	1 456	10 187	280	60	809	14 715	360	86	560	19 243
	140	44 812	103	177	185	38	1 166	10 971	290	69	648	15 847	380	100	448	20 723
	150	41 825	113	187	190	44	948	11 755	300	79	527	16 979	400	115	365	22 204
	160	39 211	122	198	210	50	781	12 538	310	90	434	18 111	420	131	300	23 684
	170	36 904	131	209	220	57	651	13 322	320	102	362	19 243	450	148	250	25 164
	180	34 854	141	219	230	63	549	14 106	340	114	305	20 375	460	165	211	26 644
	190	33 020	150	230	240	71	466	14 889	360	127	259	21 507	480	184	179	28 124
	200	31 369	160	240	250	78	400	15 673	380	141	222	22 639	520	204	154	29 605
	220	28 517	179	261	260	95	300	17 240	420	171	167	24 903	580	246	116	32 565
	240	26 141	198	282	280	113	231	18 808	450	203	129	27 167	620	294	89	35 526
	260	24 130	217	303	300	133	182	20 375	500	239	101	29 431	700	345	70	38 486

表 2（续）

d mm	D mm	F_n N	D_{Xmax} mm	D_{Tmin} mm	n=8.5 圈				n=10.5 圈				n=12.5 圈			
					H_0 mm	f_n mm	F' N/mm	m 10^{-3} kg	H_0 mm	f_n mm	F' N/mm	m 10^{-3} kg	H_0 mm	f_n mm	F' N/mm	m 10^{-3} kg
20	80	23 236	55	105	300	64	363	6 460	350	79	294	7 690	400	94	247	8 921
	85	21 869	59	111	310	72	303	6 864	360	89	245	8 171	420	106	206	9 479
	90	20 654	64	116	320	81	255	7 268	380	100	206	8 652	450	119	173	10 036
	95	19 567	69	121	330	90	217	7 671	400	111	176	9 132	460	133	147	10 594
	100	18 589	74	126	340	100	186	8 075	420	124	150	9 613	480	148	126	11 151
	110	16 899	84	136	360	121	140	8 883	450	150	113	10 574	520	178	95	12 266
	120	15 491	94	146	400	143	108	9 690	480	178	87	11 536	550	212	73	13 381
	130	14 299	103	157	420	168	85	10 498	520	210	68	12 497	600	247	58	14 497
	140	13 278	113	167	450	195	68	11 305	550	241	55	13 458	650	289	46	15 612
	150	12 393	123	177	500	225	55	12 113	600	275	45	14 420	700	335	37	16 727
	160	11 618	132	188	520	258	45	12 920	650	314	37	15 381	780	375	31	17 842
	170	10 935	141	199	580	288	38	13 728	700	353	31	16 342	850	421	26	18 957
	180	10 327	151	209	620	323	32	14 535	750	397	26	17 304	900	469	22	20 072
	190	9 784	160	220	680	362	27	15 343	850	445	22	18 265	950	544	18	21 187
25	100	36 306	69	131	360	80	454	12 617	420	99	367	15 020	520	117	309	17 424
	110	33 006	79	141	380	97	341	13 879	460	120	276	16 523	550	142	232	19 166
	120	30 255	89	151	400	115	263	15 141	500	142	213	18 025	580	169	179	20 909
	130	27 928	98	162	420	135	207	16 402	520	167	167	19 527	620	199	140	22 651
	140	25 933	108	172	450	157	165	17 664	550	193	134	21 029	650	232	112	24 393
	150	24 204	118	182	500	181	134	18 926	600	222	109	22 531	700	266	91	26 136
	160	22 691	127	193	520	204	111	20 188	620	252	90	24 033	750	303	75	27 878
	170	21 357	136	204	550	232	92	21 449	680	285	75	25 535	800	339	63	29 620
	180	20 170	146	214	600	263	78	22 711	720	320	63	27 037	850	381	53	31 363
	190	19 109	155	225	620	290	66	23 973	780	354	54	28 539	880	425	45	33 105
	200	18 153	165	235	680	318	57	25 234	800	395	46	30 041	900	465	39	34 848
	220	16 503	184	256	750	384	43	27 758	850	472	35	33 045	950	569	29	38 332
30	120	52 281	84	156	450	96	545	21 942	520	119	441	26 122	620	141	370	30 301
	130	48 259	93	167	460	113	428	23 771	550	139	347	28 299	650	166	291	32 826
	140	44 812	103	177	480	131	343	25 599	580	161	278	30 475	680	192	233	35 351
	150	41 825	113	187	500	150	279	27 428	620	185	226	32 652	720	220	190	37 877
	160	39 211	122	198	520	170	230	29 256	650	211	186	34 829	750	251	156	40 402
	170	36 904	131	209	550	192	192	31 085	680	238	155	37 006	800	284	130	42 927
	180	34 854	141	219	580	216	161	32 913	720	266	131	39 183	850	317	110	45 452
	190	33 020	150	230	620	241	137	34 742	750	297	111	41 359	880	355	93	47 977
	200	31 369	160	240	650	266	118	36 570	800	330	95	43 536	910	392	80	50 502
	220	28 517	179	261	720	324	88	40 228	900	396	72	47 890	950	475	60	55 552
	240	26 141	198	282	800	384	68	43 885	920	475	55	52 244				
	260	24 130	217	303	900	447	54	47 542	980	561	43	56 597				

表 2（续）

d mm	D mm	F_n N	D_{Xmax} mm	D_{Tmin} mm	n=2.5 圈				n=4.5 圈				n=6.5 圈			
					H_0 mm	f_n mm	F' N/mm	m 10^{-3} kg	H_0 mm	f_n mm	F' N/mm	m 10^{-3} kg	H_0 mm	f_n mm	F' N/mm	m 10^{-3} kg
35	140	71 160	92	182	200	33	2 160	14 933	300	59	1 200	21 570	400	86	831	28 207
	150	66 416	108	192	210	38	1 756	16 000	320	68	976	23 111	420	98	675	30 221
	160	62 265	117	203	230	43	1 447	17 066	330	77	804	24 651	450	112	557	32 236
	170	58 603	126	214	235	49	1 206	18 133	340	87	670	26 192	460	126	464	34 251
	180	55 347	136	224	240	54	1 016	19 200	360	98	565	27 733	480	142	391	36 266
	190	52 434	145	235	250	61	864	20 266	370	109	480	29 273	500	158	332	38 280
	200	49 812	155	245	260	67	741	21 333	380	121	412	30 814	520	175	285	40 295
	220	45 284	174	266	270	81	557	23 466	420	147	309	33 895	580	212	214	44 325
	240	41 510	193	287	280	97	429	25 599	450	174	238	36 977	620	252	165	48 354
	260	38 317	212	308	300	114	337	27 733	480	205	187	40 058	680	295	130	52 384
	280	35 580	231	329	320	132	270	29 866	520	237	150	43 140	720	342	104	56 413
	300	33 208	250	350	360	151	220	31 999	580	272	122	46 221	800	395	84	60 443
40	160	92 944	112	208	220	38	2 469	22 149	340	68	1 372	31 992	460	98	950	41 836
	170	87 477	121	219	230	43	2 058	23 533	360	77	1 143	33 992	480	110	792	44 451
	180	82 617	131	229	240	48	1 734	24 917	370	86	963	35 991	500	124	667	47 066
	190	78 269	140	240	250	53	1 474	26 301	380	96	819	37 991	520	138	567	49 681
	200	74 355	150	250	260	59	1 264	27 686	400	106	702	39 991	520	153	486	52 295
	220	67 596	169	271	280	71	950	30 454	420	128	528	43 990	580	185	365	57 525
	240	61 963	188	292	290	85	731	33 223	450	153	406	47 989	620	221	281	62 754
	260	57 196	207	313	300	99	575	35 991	480	179	320	51 988	680	259	221	67 984
	280	53 111	226	334	320	115	461	38 760	520	207	256	55 987	720	300	177	73 213
	300	49 570	245	355	340	132	375	41 529	550	238	208	59 986	780	344	144	78 443
	320	46 472	264	376	380	150	309	44 297	600	272	171	63 985	850	391	119	83 673
45	180	117 632	126	234	260	42	2 777	31 738	360	76	1 543	45 844	480	110	1 068	59 949
	190	111 441	135	245	270	47	2 361	33 501	360	85	1 312	48 391	500	123	908	63 280
	200	105 869	145	255	275	52	2 025	35 264	280	94	1 125	50 937	520	136	779	66 611
	220	96 245	164	276	280	63	1 521	38 791	400	114	845	56 031	550	165	585	73 272
	240	88 224	183	297	290	75	1 172	42 317	440	136	651	61 125	580	196	451	79 933
	260	81 438	202	318	300	88	922	45 844	450	159	512	66 219	650	230	354	86 594
	280	75 621	221	339	320	102	738	49 370	500	184	410	71 312	680	266	284	93 255
	300	70 579	240	360	320	118	600	52 897	520	212	333	76 406	720	306	231	99 916
	320	66 168	259	381	340	134	494	56 423	550	241	275	81 500	780	348	190	106 577
	340	62 276	278	402	380	151	412	59 949	600	272	229	86 594	850	392	159	113 238
50	200	145 225	140	260	280	47	3 086	43 536	450	85	1 714	62 886	580	122	1 187	82 235
	220	132 023	159	281	300	57	2 319	47 890	450	103	1 288	69 174	620	148	892	90 459
	240	121 021	178	302	320	68	1 786	52 244	480	122	992	75 463	650	176	687	98 682
	260	111 712	197	323	320	80	1 405	56 597	500	143	780	81 751	680	207	540	106 906
	280	103 732	216	344	340	92	1 125	60 951	550	166	625	88 040	720	240	433	115 129
	300	96 817	235	365	360	106	914	65 304	580	191	508	94 329	780	275	352	123 353
	320	90 766	254	386	380	121	753	69 658	600	217	419	100 617	820	313	290	131 576
	340	85 426	273	407	400	136	628	74 012	620	245	349	106 906	850	353	242	139 800

表 2（续）

d mm	D mm	F_n N	D_{Xmax} mm	D_{Tmin} mm	$n=8.5$ H_0 mm	f_n mm	F' N/mm	m 10^{-3} kg	$n=10.5$ H_0 mm	f_n mm	F' N/mm	m 10^{-3} kg	$n=12.5$ H_0 mm	f_n mm	F' N/mm	m 10^{-3} kg
	140	71 160	92	182	500	112	635	34 844	620	138	514	41 480	720	165	432	48 117
	150	66 416	108	192	520	128	517	37 332	650	159	418	44 443	740	189	351	51 554
	160	62 265	117	203	550	146	426	39 821	680	180	345	47 406	760	215	289	54 991
	170	58 603	126	214	580	165	355	42 310	700	204	287	50 369	780	243	241	58 428
	180	55 347	136	224	600	185	299	44 799	720	229	242	53 332	820	273	203	61 865
35	190	52 434	145	235	620	206	254	47 288	750	255	206	56 295	850	303	173	65 302
	200	49 812	155	245	650	228	218	49 776	800	283	176	59 258	880	337	148	68 739
	220	45 284	174	266	720	276	164	54 754	850	340	133	65 184	950	408	111	75 613
	240	41 510	193	287	780	329	126	59 732	880	407	102	71 109				
	260	38 317	212	308	850	387	99	64 709	950	479	80	77 035				
	280	35 580	231	329	900	450	79	69 687								
	300	33 208	250	350	950	514	65	74 665								
	160	92 944	112	208	580	128	726	52 011	700	158	588	61 918	780	188	494	71 825
	170	87 477	121	219	600	145	605	55 262	720	179	490	65 788	820	212	412	76 314
	180	82 617	131	229	620	162	510	58 513	740	200	413	69 658	840	238	347	80 803
	190	78 269	140	240	650	180	434	61 763	760	223	351	73 528	860	265	295	85 292
	200	74 355	150	250	680	200	372	65 014	780	247	301	77 398	900	294	253	89 782
40	220	67 596	169	271	720	242	279	71 516	820	299	226	85 138	950	356	190	98 760
	240	61 963	188	292	750	288	215	78 017	850	356	174	92 877				
	260	57 196	207	313	780	338	169	84 518	950	417	137	99 976				
	280	53 111	226	334	850	393	135	91 020								
	300	49 570	245	355	900	450	110	97 521								
	320	46 472	264	376	950	512	91	104 023								
	180	117 632	126	234	640	144	817	74 055	720	178	661	88 161	880	212	555	102 267
	190	111 441	135	245	660	160	695	78 169	750	198	562	93 059	950	236	472	107 948
	200	105 869	145	255	680	178	595	82 284	780	220	482	97 957				
	220	96 245	164	276	700	215	447	90 512	850	266	362	107 752				
	240	88 224	183	297	740	256	345	98 740	950	316	279	117 548				
45	260	81 438	202	318	800	301	271	106 969								
	280	75 621	221	339	840	348	217	115 197								
	300	70 579	240	360	900	401	176	123 425								
	320	66 168	259	381												
	340	62 276	278	402												
	200	145 225	140	260	720	160	908	111 743	850	198	735	133 028				
	220	132 023	159	281	780	194	682	121 902	880	239	552	145 121				
	240	121 021	178	302	800	230	525	132 060	950	285	425	157 214				
50	260	111 712	197	323	850	270	413	142 219								
	280	103 732	216	344												
	300	96 817	235	365												
	320	90 766	254	386												

表 2（续）

d mm	D mm	F_n N	D_{Xmax} mm	D_{Tmin} mm	n=2.5				n=4.5				n=6.5			
					H_0 mm	f_n mm	F' N/mm	m 10^{-3} kg	H_0 mm	f_n mm	F' N/mm	m 10^{-3} kg	H_0 mm	f_n mm	F' N/mm	m 10^{-3} kg
55	200	193 294	292	428	310	43	4 518	52 679	460	77	2 510	76 092	610	111	1 738	99 505
	220	175 722	311	449	330	52	3 395	57 947	480	93	1 886	83 701	640	135	1 306	109 455
	240	161 079	330	470	350	62	2 615	63 215	500	111	1 453	91 310	670	160	1 006	119 406
	260	148 688	349	491	370	72	2 056	68 483	520	130	1 142	98 919	700	188	791	129 356
	280	138 067	368	512	390	84	1 647	73 750	540	151	915	106 528	730	218	633	139 306
	300	128 863	387	533	410	96	1 339	79 018	560	173	744	114 138	750	250	515	149 257
	320	120 809	406	554	430	110	1 103	84 286	580	197	613	121 747	790	285	424	159 207
	340	113 703	425	575	450	124	920	89 554	600	223	511	129 356	830	321	354	169 158
60	200	193 294	444	617	350	30	6 399	62 692	480	54	3 555	90 555	620	79	2 461	118 419
	220	175 722	463	638	370	37	4 808	68 961	500	66	2 671	99 611	640	95	1 849	130 261
	240	161 079	482	659	390	43	3 703	75 231	520	78	2 057	108 667	660	113	1 424	142 102
	260	148 688	501	680	410	51	2 913	81 500	540	92	1 618	117 722	680	133	1 120	153 944
	280	138 067	520	701	430	59	2 332	87 769	560	107	1 296	126 778	700	154	897	165 786
	300	128 863	539	722	450	68	1 896	94 038	580	122	1 053	135 833	720	177	729	177 628
	320	120 809	558	743	470	77	1 562	100 308	620	139	868	144 889	740	201	601	189 470
	340	113 703	577	764	490	87	1 302	106 577	640	157	724	153 944	780	227	501	201 312

d mm	D mm	F_n N	D_{Xmax} mm	D_{Tmin} mm	n=8.5				n=10.5				n=12.5			
					H_0 mm	f_n mm	F' N/mm	m 10^{-3} kg	H_0 mm	f_n mm	F' N/mm	m 10^{-3} kg	H_0 mm	f_n mm	F' N/mm	m 10^{-3} kg
55	200	193 294	292	428	740	145	1 329	122 917	900	180	1 076	146 330				
	220	175 722	311	449	780	176	998	135 209	950	217	808	160 963				
	240	161 079	330	470	800	209	769	147 501								
	260	148 688	349	491	860	246	605	159 793								
	280	138 067	368	512	900	285	484	172 084								
	300	128 863	387	533	950	327	394	184 376								
60	200	193 294	444	617	760	103	1 882	146 282								
	220	175 722	463	638	800	124	1 414	160 910								
	240	161 079	482	659	850	148	1 089	175 538								
	260	148 688	501	680	900	173	857	190 167								
	280	138 067	520	701	950	201	686	204 795								
	300	128 863	539	722												

注 1：质量 m 为近似值，仅作参考。

注 2：F_n 取 $0.8F_s$。

注 3：f_n 取 $0.8f_s$。

注 4：支承圈 $n_Z=2$ 圈。

注 5：计算说明见附录 A。

注 6：选用示例见附录 B。

附 录 A
（资料性附录）
计 算 说 明

A.1 计算公式

标准中的计算采用如下基本公式：

切应力：$\tau=K\dfrac{8DF}{\pi d^3}$，MPa …… (A.1)

（静负荷时，K 值取 1；动负荷时，K 值按公式 A.6 计算）

试验负荷：$F_s=\dfrac{\pi d^3}{8D}\tau_s$，N …… (A.2)

工作负荷：$F=F'f=\dfrac{Gd^4 f}{8D^3 n}$，N …… (A.3)

试验负荷下变形量：$f_s=\dfrac{\tau_s \pi D^2 n}{Gd}$，mm …… (A.4)

弹簧刚度：$F'=\dfrac{F_2-F_1}{f_2-f_1}=\dfrac{F}{f}=\dfrac{Gd^4}{8D^3 n}$，N/mm …… (A.5)

曲度系数：$K=\dfrac{4C-1}{4C-4}+\dfrac{0.615}{C}$ …… (A.6)

旋绕比：$C=\dfrac{D}{d}$ …… (A.7)

自由高度：$H_0\approx H_b+f_b$，mm …… (A.8)

式中：

$H_b\leqslant n_1 d_{max}$，单位为毫米(mm)。

弹簧单件质量：$m\approx\dfrac{\pi d^2}{4}L\rho$，kg …… (A.9)

式中：

ρ 为弹簧材料的密度，取 $\rho=7.85\times10^{-6}$ kg/mm^3。

A.2 计算

用 A.1 中公式及表 A.1、表 A.2、表 A.3 即可计算出弹簧的基本尺寸及参数。

表 A.1 碳素弹簧钢丝

推荐负荷类型	许用切应力[τ] MPa	切变模量 G MPa	最大工作负荷 F_n N	最大工作变形量 f_n mm
静负荷	$0.5R_m$	79 000	$\left(\dfrac{0.5R_m \pi d^3}{8D}\right)0.8$	$\left(\dfrac{0.5R_m \pi D^2 n}{Gd}\right)0.8$
循环次数为 $N\leqslant10^5$ 的动负荷	$(0.5R_m)0.8$		$\left(\dfrac{0.5R_m \pi d^3}{8KD}\right)0.8$	$\left(\dfrac{0.5R_m \pi D^2 n}{KGd}\right)0.8$

表 A.2 弹簧钢

推荐负荷类型	许用切应力[τ] MPa	切变模量 G MPa	最大工作负荷 F_n N	最大工作变形量 f_n mm
静负荷	740	79 000	$\left(\frac{740\pi d^3}{8D}\right)0.8$	$\left(\frac{740\pi D^2 n}{Gd}\right)0.8$
循环次数为 $N \leqslant 10^5$ 的动负荷	740×0.8		$\left(\frac{740\pi d^3}{8KD}\right)0.8$	$\left(\frac{740\pi D^2 n}{KGd}\right)0.8$
注：试验切应力 740 MPa 选自 GB/T 23934。				

表 A.3 GB/T 4357—1989 中 C 级材料抗拉强度

d mm	0.5	0.8	1.0	1.2	1.4	1.6	1.8	2.0	2.5	3.0	3.5
R_m MPa	2 200	2 010	1 960	1 910	1 860	1 810	1 760	1 710	1 660	1 570	1 570
d mm	4.0	4.5	5.0	5.5	6.0	8.0	10	11	12	13	
R_m MPa	1 520	1 520	1 470	1 470	1 420	1 370	1 320	1 270	1 270	1 220	
注：表中材料抗拉强度为 C 级下限值。											

附 录 B
（资料性附录）
选 用 示 例

示例 1：

一两端圈并紧磨平按 2 级精度制造的右旋压缩弹簧，要求安装负荷 $F_1=232$ N，最大工作负荷 $F_2=490$ N，工作行程 $f=10$ mm，弹簧自由高度不得超过 56 mm，弹簧外径不得超过 35 mm，弹簧在常温下受动负荷循环次数小于 10^5 次。

解：已知 F_1、F_2、f，则弹簧刚度：

$$F'=\frac{F_2-F_1}{f_2-f_1}=\frac{F}{f}=\frac{490-232}{10}=25.8\approx 26\ \mathrm{N/mm}$$

按 $F=F'f$ 公式，则最大工作负荷下的变形量：

$$f=\frac{F}{F'}=\frac{490}{26}=18.8\ \mathrm{mm}$$

已知：弹簧自由高度不得超过 56 mm，弹簧外径不得超过 35 mm，弹簧刚度 $F'=26$ N/mm，弹簧最大工作变形量 $f=18.8$ mm；根据弹簧在常温下工作，受动负荷循环次数小于 10^5 次。

查表 2，选规格 YA 4×28×50，其中最大工作负荷 $F_n=545$ N，最大工作变量 $f=21$ mm。

验证合理性：

最大工作负荷 $F_2=490$ N<$F_n=545$ N，符合要求；

最大工作负荷下的变形量 $f=18.8$ mm<$f_n=21$ mm，符合要求；

弹簧外径（28+4=32 mm）<35 mm，符合要求；

弹簧高度 50 mm<56 mm，符合要求；

选压簧：YA 4×28×50-2 GB/T 2089 符合设计要求。

示例 2：

一两端圈并紧制扁按 2 级精度制造的左旋压缩弹簧，其最大工作变形量 $f_2=108$ mm，最大工作负荷 $F_2=11\ 618$ N，弹簧自由高度不得超过 450 mm，弹簧外径不超过 150 mm，弹簧在常温下受静负荷作用。

解：已知 F_2、f_2，则弹簧刚度：

$$F'=\frac{F}{f}=\frac{F_2}{f_2}=\frac{11\ 618}{108}=107.6\ \mathrm{N/mm}$$

已知：弹簧最大工作变形量 $f_2=108$ mm，最大工作负荷 $F_2=11\ 618$ N，弹簧刚度 $F'=107.6$ N/mm，弹簧自由高度不得超过 450 mm，弹簧外径不超过 150 mm，弹簧在常温下受静负荷作用。

查表 2，选规格 YB 20×120×400，其中最大工作负荷 $F_n=15\ 491$ N，最大工作变量 $f=143$ mm。

验证合理性：

最大工作负荷 $F_2=11\ 618$ N<$F_n=15\ 491$ N，符合要求；

最大工作负荷下的变形量 $f_2=108$ mm<$f_n=143$ mm，符合要求；

弹簧高度 400 mm<450 mm，符合要求；

弹簧外径（120+20=140 mm）<150 mm，符合要求；

选压簧：YB 20×120×400-2 左 GB/T 2089 符合设计要求。

ICS 21.160
J 26

中华人民共和国国家标准

GB/T 23935—2009
代替 GB/T 1239.6—1992

圆柱螺旋弹簧设计计算

Design of cylindrical helical springs

2009-03-16 发布　　2009-11-01 实施

中华人民共和国国家质量监督检验检疫总局
中国国家标准化管理委员会　发布

前　言

本标准是对 GB/T 1239.6—1992《圆柱螺旋弹簧设计计算》的修订。修订时仍保留 GB/T 1239.6—1992《圆柱螺旋弹簧设计计算》中有效的部分，对已不适应的内容进行重新修订。本标准与被修订标准的主要技术差异如下：

——对原标准按 GB/T 1.1 进行了编辑性修改；

——对引用的材料标准进行了全面查新，使用已修订过的最新版本代替原标准所引用的旧版本；

——按 GB/T 1805—2001《弹簧术语》，对原标准涉及的扭矩、刚度、变形量等符号进行修订；

——对章节顺序进行调整，从弹簧的结构、尺寸、特性、强度等方面进行规整；

——在设计举例中增加了圆柱螺旋压缩弹簧、拉伸弹簧、扭转弹簧动负荷时的疲劳强度验算，并在扭转弹簧设计时考虑扭臂影响的验算；

——在试验负荷及许用应力的选取上，通过计算、图表参数选择，强调了应力幅对于疲劳寿命的影响；

——引入了静负荷与动负荷及有限、无限寿命的概念。

本标准的附录 A～附录 F 均为资料性附录。

本标准由中国机械工业联合会提出。

本标准由全国弹簧标准化技术委员会(SAC/TC 235)归口。

本标准负责起草单位：广州华德弹簧有限公司、常州铭锦弹簧有限公司。

本标准参加起草单位：无锡泽根弹簧有限公司、解放军 1001 强力弹簧研究所、杭州弹簧有限公司、中机生产力促进中心、常州弹簧厂有限公司、扬州弹簧有限公司、杭州钱江弹簧有限公司、浙江金昌弹簧有限公司、浙江美力弹簧有限公司、立洲控股集团公司、北京市弹簧厂、杭州兴发弹簧有限公司。

本标准主要起草人：杨伟明、舒荣福、曹辉荣、张朝芳、姜晓炜、姜膺、吴刚、张桂军、王卫、赵春伟、屠世润、梁泉、贺永义、陆培根、刘辉航、张英会。

本标准所代替标准的历次版本发布情况为：

——GB/T 1239.6—1992。

圆柱螺旋弹簧设计计算

1 范围

本标准规定了圆截面材料圆柱螺旋弹簧的设计计算。

本标准适用于圆截面材料圆柱螺旋压缩弹簧、拉伸弹簧和扭转弹簧(以下简称弹簧)。

本标准不适用于非圆截面材料弹簧、特殊材料和特殊性能的弹簧。

2 规范性引用文件

下列文件中的条款通过本标准的引用而成为本标准的条款。凡是注日期的引用文件,其随后所有的修改单(不包括勘误的内容)或修订版均不适用于本标准,然而,鼓励根据本标准达成协议的各方研究是否可使用这些文件的最新版本。凡是不注日期的引用文件,其最新版本适用于本标准。

GB/T 1222 弹簧钢

GB/T 1239.1 冷卷圆柱螺旋弹簧技术条件 第1部分:拉伸弹簧

GB/T 1239.2 冷卷圆柱螺旋弹簧技术条件 第2部分:压缩弹簧

GB/T 1239.3 冷卷圆柱螺旋弹簧技术条件 第3部分:扭转弹簧

GB/T 1358 圆柱螺旋弹簧尺寸系列

GB/T 1805 弹簧术语

GB/T 4357—1989 碳素弹簧钢丝(neq JIS G 3521:1984)

GB/T 18983 油淬火-回火弹簧钢丝(GB/T 18983—2003,ISO/FDIS 8458-3:1992,MOD)

GB/T 21652 铜及铜合金线材

GB/T 23934—2009 热卷圆柱螺旋压缩弹簧 技术条件

YB/T 5311 重要用途碳素弹簧钢丝

YB/T 5318 合金弹簧钢丝

YB(T)11 弹簧用不锈钢丝

YS/T 571 铍青铜线

3 弹簧的参数名称及代号

本标准使用GB/T 1805和表1规定的术语和符号。

表1

参数名称	代 号	单 位
材料直径	d	mm
弹簧内径	D_1	mm
弹簧外径	D_2	mm
弹簧中径	D	mm
总圈数	n_1	圈
支承圈数	n_z	圈
有效圈数	n	圈

表 1（续）

参数名称	代　号	单　位
自由高度(自由长度)	H_0	mm
工作高度(工作长度)	$H_{1,2,\cdots n}$	mm
压并高度	H_b	mm
节距	t	mm
负荷	$F_{1,2,\cdots n}$	N
稳定性临界负荷	F_c	N
变形量	f	mm
刚度	F'	N/mm
旋绕比	C	—
曲度系数	K	—
高径比	b	—
稳定系数	C_B	—
螺旋角	α	(°)
中径变化量	ΔD	mm
余隙	δ_1	mm
材料切变模量	G	MPa
工作切应力	$\tau_{1,2,\cdots n}$	MPa
试验切应力	τ_s	MPa
脉动疲劳极限应力	τ_{u0}	MPa
许用切应力	$[\tau]$	MPa
初切应力	τ_0	MPa
初拉力	F_0	N
钩长尺寸	h_1	mm
开口尺寸	h_2	mm
材料弹性模量	E	MPa
弯曲应力	σ	MPa
扭转弹簧扭臂长度	l_1、l_2	mm
试验弯曲应力	σ_s	MPa
许用弯曲应力	$[\sigma]$	MPa
扭矩	$T_{1,2,\cdots n}$	N·mm
弹簧的扭转角度	$\varphi_{1,2,\cdots n}$	rad 或(°)
扭转刚度	T'	N·mm/rad 或 N·mm/(°)
弯曲应力曲度系数	K_b	—
材料单位体积的质量(密度)	ρ	kg/mm^3
弹簧质量	m	kg

表 1（续）

参数名称	代　号	单　位
循环特征	γ	—
循环次数	N	次
强迫振动频率	f_r	Hz
自振频率	f_e	Hz
抗拉强度	R_m	MPa
变形能	U	N·mm
安全系数	S	—
最小安全系数	S_{min}	—

4　材料

弹簧一般采用表 2 中的材料，若选用其他材料，由供需双方商定。

表 2

标准号	标准名称	牌号/组别	直径规格/mm	性　能
GB/T 4357—1989	碳素弹簧钢丝	B、C、D	B 组：0.08～13.0 C 组：0.08～13.0 D 组：0.08～6.0	强度高、性能好。B 组用于低应力弹簧，C 组用于中等应力弹簧，D 组用于高应力弹簧
YB/T 5311	重要用途碳素弹簧钢丝	E、F、G	E 组：0.08～6.0 F 组：0.08～6.0 G 组：1.0～6.0	强度高，韧性好。用于重要用途的弹簧
GB/T 18983	油淬火-回火弹簧钢丝	VDC	0.5～10.0	强度高，性能好，VDC 用于高疲劳级弹簧
		FDC、TDC	0.5～17.0	强度高，性能好。FDC 用于静态级弹簧；TDC 用于中疲劳级弹簧
		FDSiMn、TDSiMn	0.5～17.0	强度高，较高的疲劳性能。用于较高负荷的弹簧。FDSiMn 用于静态级弹簧；TDSiMn 用于中疲劳级弹簧
		VDCrSi	0.5～10.0	强度高，疲劳性能好。VDCrSi 用于高疲劳级弹簧；TDCrSi 用于中疲劳级弹簧；FDCrSi 用于静态级弹簧
		FDCrSi、TDCrSi	0.5～17.0	
		VDCrV-A	0.5～10.0	强度高，疲劳性能好。VDCrV-A 用于高疲劳级弹簧
		FDCrV-A、TDCrV-A	0.5～17.0	强度较高，疲劳性能较好。TDCrV-A 用于中疲劳级弹簧；FDCrV-A 用于静态级弹簧

表 2（续）

标准号	标准名称	牌号/组别	直径规格/mm	性　能
YB/T 5318	合金弹簧钢丝	50CrVA 60Si2MnA 55CrSi	0.5～14.0	强度高。较高的疲劳性，用于普通机械的弹簧
YB(T)11	弹簧用不锈钢丝	A 组： 1Cr18Ni9 0Cr19Ni10 0Cr17Ni12Mo2 B 组： 1Cr18Ni9 0Cr18Ni10 C 组： 0Cr17Ni8Al	0.8～12.0	耐腐蚀、耐高温、耐低温，用于腐蚀或高、低温工作条件下的弹簧
GB/T 21652	铜及铜合金线材	QSi3-1， QSn4-3 QSn6.5-0.1 QSn6.5-0.4 QSn7-0.2	0.1～6.0	有较高的耐腐蚀和防磁性能。用于机械或仪表等用弹性元件
YS/T 571	铍青铜线	QBe2	0.03～6.0	强度、硬度、疲劳强度和耐磨性均高，耐腐蚀，防磁，导电性好，撞击时，无火花，用作电表游丝
GB/T 1222	弹簧钢	60Si2Mn 60Si2MnA	12.0～80.0	较高的疲劳强度，较高的疲劳性，广泛用于各种机械用弹簧
		50CrVA 60CrMnA 60CrMnBA		强度高，耐高温，用于承受较重负荷的弹簧
		55CrSiA 60Si2CrA 60Si2CrVA		高的疲劳性能，耐高温，用于较高工作温度下的弹簧

5　弹簧的负荷类型及许用应力

5.1　静负荷与动负荷

5.1.1　静负荷

a)　恒定不变的负荷；

b)　负荷有变化，但循环次数 $N<10^4$ 次。

5.1.2　动负荷

负荷有变化，循环次数 $N\geqslant10^4$ 次。

根据循环次数动负荷分为：

a) 有限疲劳寿命：冷卷弹簧负荷循环次数 $N \geqslant 10^4 \sim 10^6$ 次；热卷弹簧负荷循环次数 $N \geqslant 10^4 \sim 10^5$ 次；

b) 无限疲劳寿命：冷卷弹簧负荷循环次数 $N \geqslant 10^7$ 次；热卷弹簧负荷循环次数 $N \geqslant 2 \times 10^6$。

当冷卷弹簧负荷循环次数介于 10^6 和 10^7 次之间时、热卷弹簧负荷循环次数介于 10^5 和 2×10^6 次之间时，可根据使用情况参照有限或无限疲劳寿命设计。

5.2 许用应力选取的原则

a) 静负荷作用下的弹簧，除了考虑强度条件外，对应力松弛有要求的，应适当降低许用应力。

b) 动负荷作用下的弹簧，除了考虑循环次数外，还应考虑应力(变化)幅度，这时按照循环特征公式(1)计算，在图 2 中查取。当循环特征值大时，即应力(变化)幅度小，许用应力取大值；当循环特征值小时，即应力(变化)幅度大，许用应力取小值。

$$\gamma = \frac{\tau_{min}}{\tau_{max}} = \frac{F_{min}}{F_{max}} \text{ 或 } \gamma = \frac{\sigma_{min}}{\sigma_{max}} = \frac{T_{min}}{T_{max}} = \frac{\varphi_{min}}{\varphi_{max}} \quad \cdots\cdots\cdots\cdots(1)$$

c) 对于重要用途的弹簧，其损坏对整个机械有重大影响，以及在较高或较低温度下工作的弹簧，许用应力应适当降低。

d) 经有效喷丸处理的弹簧，可提高疲劳强度或疲劳寿命。

e) 对压缩弹簧，经有效强压处理，可提高疲劳寿命，对改善弹簧的性能有明显效果。

f) 动负荷作用下的弹簧，影响疲劳强度的因素很多，难以精确估计，对于重要用途的弹簧，设计完成后，应进行试验验证。

5.3 冷卷弹簧的试验应力及许用应力

5.3.1 冷卷压缩弹簧的试验切应力及许用切应力

a) 冷卷压缩弹簧的试验切应力见表 3；

b) 冷卷压缩弹簧的许用切应力见表 3 及图 1，或参见图 B.1。

5.3.2 冷卷拉伸弹簧的试验切应力及许用切应力

冷卷拉伸弹簧的试验切应力及许用切应力，取表 3 所列值的 80%。

表 3

单位为兆帕

应力类型		材料			
		油淬火-退火弹簧钢丝	碳素弹簧钢丝、重要用途碳素弹簧钢丝	弹簧用不锈钢丝	铜及铜合金线材、铍青铜线
试验切应力		$0.55R_m$	$0.50R_m$	$0.45R_m$	$0.40R_m$
静负荷许用切应力		$0.50R_m$	$0.45R_m$	$0.38R_m$	$0.36R_m$
动负荷许用切应力	有限疲劳寿命	$(0.40 \sim 0.50)R_m$	$(0.38 \sim 0.45)R_m$	$(0.34 \sim 0.38)R_m$	$(0.33 \sim 0.36)R_m$
	无限疲劳寿命	$(0.35 \sim 0.40)R_m$	$(0.33 \sim 0.38)R_m$	$(0.30 \sim 0.34)R_m$	$(0.30 \sim 0.33)R_m$

注 1：抗拉强度 R_m 选取材料标准的下限值。

注 2：材料直径 d 小于 1 mm 的弹簧，试验切应力为表列值的 90%。

注 3：当试验切应力大于压并切应力时，取压并切应力为试验切应力。

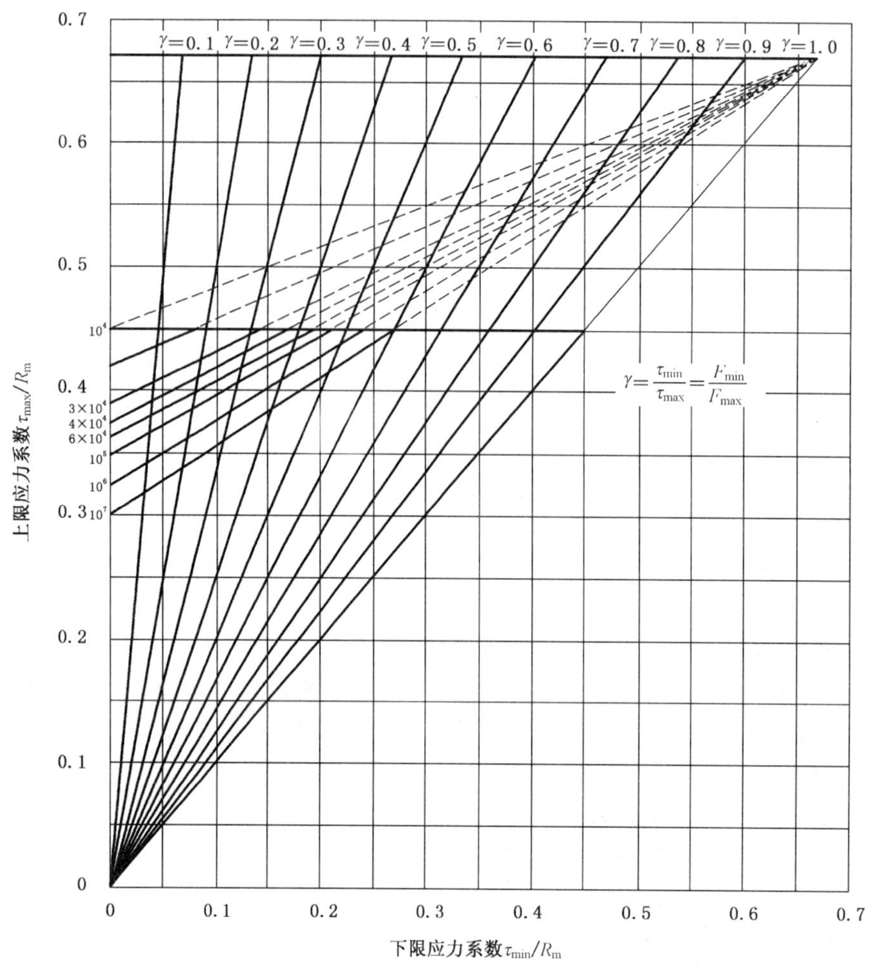

注：适用于未经喷丸处理的具有较好的耐疲劳性能的钢丝，如重要用途碳素弹簧钢丝、高疲劳级油淬火-退火弹簧钢丝。

图 1 压缩、拉伸弹簧疲劳极限图

5.3.3 冷卷扭转弹簧的试验弯曲应力及许用弯曲应力

a) 扭转弹簧的试验弯曲应力见表 4；

b) 扭转弹簧的许用弯曲应力见表 4 及图 2，或参见图 B.2。

表 4

单位为兆帕

应力类型		材料			
		油淬火-退火弹簧钢丝	碳素弹簧钢丝、重要用途碳素弹簧钢丝	弹簧用不锈钢丝	铜及铜合金线材、铍青铜线
试验弯曲应力		$0.80R_m$	$0.78R_m$	$0.75R_m$	$0.75R_m$
静负荷许用弯曲应力		$0.72R_m$	$0.70R_m$	$0.68R_m$	$0.68R_m$
动负荷许用弯曲应力	有限疲劳寿命	$(0.60\sim0.68)R_m$	$(0.58\sim0.66)R_m$	$(0.55\sim0.65)R_m$	$(0.55\sim0.65)R_m$
	无限疲劳寿命	$(0.50\sim0.60)R_m$	$(0.49\sim0.58)R_m$	$(0.45\sim0.55)R_m$	$(0.45\sim0.55)R_m$
注：抗拉强度 R_m 取材料标准的下限值。					

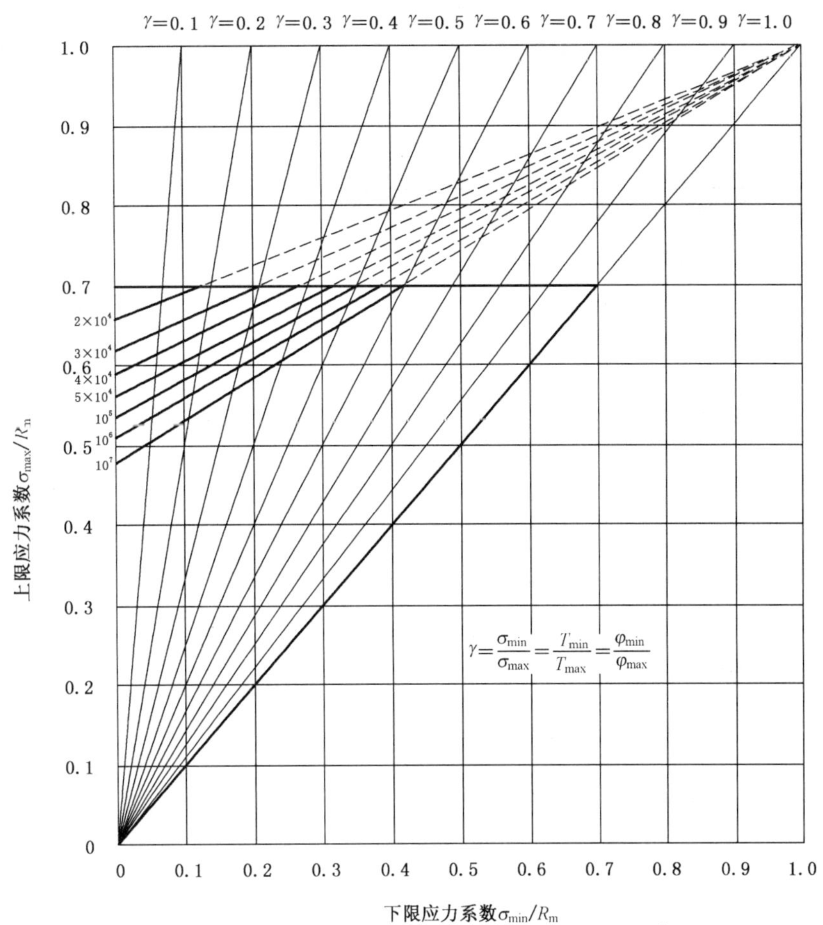

注：适用于未经喷丸处理的具有较好的耐疲劳性能的钢丝，如重要用途碳素弹簧钢丝、高疲劳级油淬火-退火弹簧钢丝。

图 2 扭转弹簧疲劳极限图

5.4 热卷弹簧的试验应力及许用应力

热卷弹簧的试验应力及许用应力见表 5。

表 5

单位为兆帕

<table>
<tr><td rowspan="2">弹簧类型</td><td rowspan="2" colspan="2">应力类型</td><td>材料</td></tr>
<tr><td>60Si2Mn、60Si2MnA、50CrVA、55CrSiA、60CrMnA、60CrMnBA、60Si2CrA、60Si2CrVA</td></tr>
<tr><td rowspan="4">压缩弹簧</td><td colspan="2">试验切应力</td><td rowspan="2">710～890</td></tr>
<tr><td colspan="2">静负荷许用切应力</td></tr>
<tr><td rowspan="2">动负荷许用切应力</td><td>有限疲劳寿命</td><td>568～712</td></tr>
<tr><td>无限疲劳寿命</td><td>426～534</td></tr>
<tr><td rowspan="4">拉伸弹簧</td><td colspan="2">试验切应力</td><td rowspan="2">475～596</td></tr>
<tr><td colspan="2">静负荷许用切应力</td></tr>
<tr><td rowspan="2">动负荷许用切应力</td><td>有限疲劳寿命</td><td>405～507</td></tr>
<tr><td>无限疲劳寿命</td><td>356～447</td></tr>
</table>

表 5（续）

单位为兆帕

<table>
<tr><td rowspan="2">弹簧类型</td><td colspan="2" rowspan="2">应力类型</td><td>材 料</td></tr>
<tr><td>60Si2Mn、60Si2MnA、50CrVA、55CrSiA、60CrMnA、60CrMnBA、60Si2CrA、60Si2CrVA</td></tr>
<tr><td rowspan="4">扭转弹簧</td><td colspan="2">试验弯曲应力</td><td rowspan="2">994～1 232</td></tr>
<tr><td colspan="2">静负荷许用弯曲应力</td></tr>
<tr><td rowspan="2">动负荷许用弯曲应力</td><td>有限疲劳寿命</td><td>795～986</td></tr>
<tr><td>无限疲劳寿命</td><td>636～788</td></tr>
<tr><td colspan="4">注 1：弹簧硬度范围为 42 HRC～52 HRC(392 HBW～535 HBW)。当硬度接近下限，试验应力或许用应力则取下限值；当硬度接近上限，试验应力或许用应力则取上限值。
注 2：拉伸、扭转弹簧试验应力或许用应力一般取下限值。</td></tr>
</table>

6 圆柱螺旋压缩弹簧的设计计算

6.1 基本计算公式

6.1.1 弹簧负荷：

$$F=\frac{Gd^4}{8D^3n}f \qquad (2)$$

式中材料切变模量 G 参见附录 A。

6.1.2 弹簧变形量：

$$f=\frac{8D^3nF}{Gd^4} \qquad (3)$$

6.1.3 弹簧刚度：

$$F'=\frac{F}{f}=\frac{Gd^4}{8D^3n} \qquad (4)$$

6.1.4 弹簧切应力：

$$\tau=K\frac{8DF}{\pi d^3} \qquad (5)$$

或

$$\tau=K\frac{Gdf}{\pi D^2n} \qquad (6)$$

式中 K 为曲度系数，K 值按公式(7)计算：

$$K=\frac{4C-1}{4C-4}+\frac{0.615}{C} \qquad (7)$$

静负荷时，一般可以取 K 值为 1，当弹簧应力高时，亦考虑 K 值。

6.1.5 弹簧材料直径：

$$d\geqslant\sqrt[3]{\frac{8KDF}{\pi[\tau]}}\text{或 }d\geqslant\sqrt{\frac{8KCF}{\pi[\tau]}} \qquad (8)$$

式中$[\tau]$为根据上述的设计情况确定的许用切应力。

6.1.6 弹簧中径：

$$D=Cd \qquad (9)$$

6.1.7 弹簧有效圈数：

$$n=\frac{Gd^4}{8D^3F}f \qquad (10)$$

6.1.8 变形能：

$$U = \frac{1}{2}Ff \tag{11}$$

6.2 自振频率

对两端固定，一端在工作行程范围内周期性往复运动的圆柱螺旋压缩弹簧，其自振频率按公式(12)计算：

$$f_e = \frac{3.56d}{nD^2}\sqrt{\frac{G}{\rho}} \tag{12}$$

6.3 弹簧的特性和变形

6.3.1 弹簧特性

a) 在需要保证指定高度时的负荷，弹簧的变形量应在试验负荷下变形量的 20%～80%之间，即 $0.2f_s \leqslant f_{1,2,\cdots,n} \leqslant 0.8f_s$。

b) 在需要保证负荷下的高度，弹簧的变形量应在试验负荷下变形量的 20%～80%之间，即 $0.2f_s \leqslant f_{1,2,\cdots,n} \leqslant 0.8f_s$，但最大变形量下的负荷应不大于试验负荷。

c) 在需要保证刚度时，弹簧变形量应在试验负荷下变形量的 30%～70%之间，即 f_1 和 f_2 满足 $0.3f_s \leqslant f_{1,2} \leqslant 0.7f_s$。弹簧刚度按公式(13)计算：

$$F' = \frac{F_2 - F_1}{f_2 - f_1} = \frac{F_2 - F_1}{H_1 - H_2} \tag{13}$$

6.3.2 试验负荷

试验负荷 F_s 为测定弹簧特性时，弹簧允许承受的最大负荷，其值按公式(14)计算：

$$F_s = \frac{\pi d^3}{8D}\tau_s \tag{14}$$

式中 τ_s 为试验切应力，按表 3 选取。

6.3.3 压并负荷

压并负荷 F_b 为弹簧压并时的理论负荷，对应的压并变形量为 f_b。

6.4 弹簧的端部结构型式、参数、及计算公式

6.4.1 弹簧的端部结构型式

弹簧端部结构型式见表 6。

表 6

类型	代号	简图	端部结构型式
冷卷压缩弹簧	YⅠ	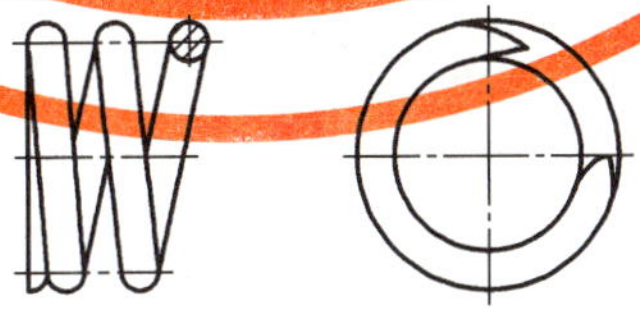	两端圈并紧磨平 $n_Z \geqslant 2$
	YⅡ	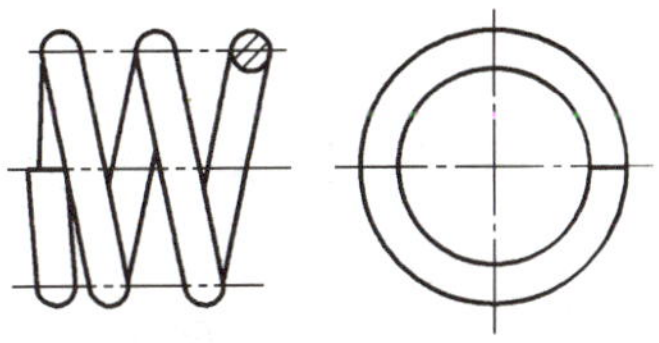	两端圈并紧不磨 $n_Z \geqslant 2$
	YⅢ	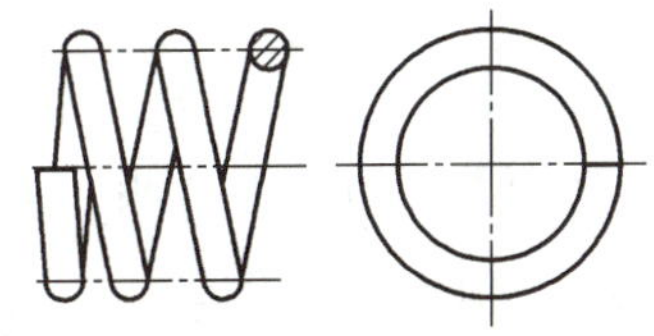	两端圈不并紧 $n_Z < 2$

表 6（续）

类型	代号	简图	端部结构型式
热卷压缩弹簧	RYⅠ		两端圈并紧磨平 $n_Z \geqslant 1.5$
	RYⅡ		两端圈并紧不磨 $n_Z \geqslant 1.5$
	RYⅢ		两端圈制扁、并紧磨平 $n_Z \geqslant 1.5$
	RYⅣ		两端圈制扁、并紧不磨 $n_Z \geqslant 1.5$

6.4.2 **弹簧材料直径**

弹簧材料直径 d 由公式(8)计算，一般应符合 GB/T 1358 系列。

6.4.3 **弹簧直径**

6.4.3.1 弹簧中径：

$$D = \frac{D_1 + D_2}{2} \qquad \cdots\cdots(15)$$

6.4.3.2 弹簧内径：

$$D_1 = D - d \qquad \cdots\cdots(16)$$

6.4.3.3 弹簧外径：

$$D_2 = D + d \qquad \cdots\cdots(17)$$

弹簧中径 D 一般应符合 GB/T 1358 的系列，偏差值可按 GB/T 1239.2 和 GB/T 23934—2009 选取。为了保证有足够的安装空间，应考虑弹簧受负荷后直径的增大。

a) 当弹簧两端固定时，从自由高度到并紧，中径增大值按近似公式(18)计算：

$$\Delta D = 0.05\frac{t^2 - d^2}{D} \qquad \cdots\cdots(18)$$

b) 当两端面与支承座可以自由回转而摩擦力较小时，中径增大值按近似公式(19)计算：

$$\Delta D = 0.1\frac{t^2 - 0.8td - 0.2d^2}{D} \qquad \cdots\cdots(19)$$

6.4.4 **弹簧旋绕比**

旋绕比推荐值根据材料直径在表7中选取。

表 7

d/mm	0.2～0.5	>0.5～1.1	>1.1～2.5	>2.5～7.0	>7.0～16	>16
C	7～14	5～12	5～10	4～9	4～8	4～16

6.4.5 **弹簧圈数**

6.4.5.1 弹簧有效圈数由公式(10)计算，一般应符合 GB/T 1358 的规定。为了避免由于负荷偏心引起过大的附加力，同时为了保证稳定的刚度，一般不少于3圈，最少不少于2圈。

6.4.5.2 支承圈 n_Z 与端圈结构型式有关，n_Z 取值见表6。

6.4.5.3 总圈数

$$n_1 = n + n_Z \qquad \cdots\cdots(20)$$

其尾数应为1/4、1/2、3/4或整圈，推荐用1/2圈。

6.4.6 **弹簧自由高度**

6.4.6.1 自由高度 H_0 受端部结构的影响，难以计算出精确值，其近似值按表8所列的公式计算，并推荐按 GB/T 1358 的规定。

表 8

总圈数 n_1	自由高度 H_0	节距 t	端部结构型式
$n+1.5$	$nt+d$	$(H_0-d)/n$	两端圈磨平
$n+2$	$nt+1.5d$	$(H_0-1.5d)/n$	
$n+2.5$	$nt+2d$	$(H_0-2d)/n$	
$n+2$	$nt+3d$	$(H_0-3d)/n$	两端圈不磨
$n+2.5$	$nt+3.5d$	$(H_0-3.5d)/n$	

6.4.6.2 工作高度 $H_{1,2,\cdots n}$ 可按公式(21)计算：

$$H_{1,2,\cdots n} = H_0 - f_{1,2,\cdots n} \qquad \cdots\cdots(21)$$

6.4.6.3 试验高度 H_s 为对应于试验负荷 F_s 下的高度，其值按公式(22)计算：

$$H_s = H_0 - f_s \qquad \cdots\cdots(22)$$

6.4.6.4 弹簧的压并高度原则上不规定。

a) 对端面磨削3/4圈的弹簧，当需要规定压并高度时，按公式(23)计算：

$$H_b \leqslant n_1 d_{max} \qquad \cdots\cdots(23)$$

b) 对两端不磨的弹簧，当需要规定压并高度时，按公式(24)计算：

$$H_b \leqslant (n_1 + 1.5) d_{max} \qquad \cdots\cdots(24)$$

式中：

d_{max}——材料最大直径(材料直径+极限偏差的最大值)，单位为毫米(mm)。

6.4.7 **弹簧节距**

6.4.7.1 弹簧节距 t 按公式(25)计算：

$$t = d + \frac{f_n}{n} + \delta_1 \qquad \cdots\cdots(25)$$

余隙 δ_1 是在最大工作负荷 F_n 作用下，有效圈相互之间应保留的间隙。一般取 $\delta_1 \geqslant 0.1d$。

推荐 $0.28D \leqslant t < 0.5D$。

6.4.7.2 节距 t 与自由高度 H_0 之间的近似关系式见表8。

6.4.7.3 间距 δ 按公式(26)计算：

$$\delta = t - d \quad (26)$$

6.4.8 弹簧螺旋角和旋向

6.4.8.1 弹簧螺旋角 α，按公式(27)计算：

$$\alpha = \arctan \frac{t}{\pi D} \quad (27)$$

推荐 $5° \leqslant \alpha < 9°$。

6.4.8.2 弹簧旋向一般为右旋，在组合弹簧中各层弹簧的旋向为左右旋向相间，外层一般为右旋。

6.4.9 弹簧展开长度

弹簧展开长度按公式(28)计算：

$$L = \frac{\pi D n_1}{\cos\alpha} \approx \pi D n_1 \quad (28)$$

6.4.10 弹簧质量

弹簧质量按公式(29)计算：

$$m = \frac{\pi}{4} d^2 L \rho \quad (29)$$

6.5 弹簧强度和稳定性校核

6.5.1 疲劳强度校核

受动负荷的重要弹簧，应进行疲劳强度校核。进行校核时要考虑循环特征 $\gamma = F_{min}/F_{max} = \tau_{min}/\tau_{max}$，和循环次数 N，以及材料表面状态等影响疲劳强度的各种因素，按公式(30)校核。

$$S = \frac{\tau_{u0} + 0.75\tau_{min}}{\tau_{max}} \geqslant S_{min} \quad (30)$$

式中：

τ_{u0}——脉动疲劳极限应力，其值见表 9；

S——疲劳安全系数；

S_{min}——最小安全系数，$S_{min} = 1.1 \sim 1.3$。

表 9

单位为兆帕

负荷循环次数 N	10^4	10^5	10^6	10^7
脉动疲劳极限 τ_{u0}	$0.45\ R_m$[a]	$0.35\ R_m$	$0.32\ R_m$	$0.30\ R_m$
注：本表适用于重要用途碳素弹簧钢丝、油淬火-退火弹簧钢丝、弹簧用不锈钢丝和铍青铜线。				
[a] 弹簧用不锈钢丝和硅青铜线，此值取 $0.35\ R_m$。				

对于重要用途碳素钢丝、高疲劳级油淬火-退火弹簧钢丝等优质钢丝制作的弹簧，在不进行喷丸强化的情况下，其疲劳寿命按图 1 校核。

6.5.2 稳定性校核

6.5.2.1 为了保证弹簧使用过程中的稳定性，弹簧高径比 $b = H_0/D$，应满足下列要求：

——两端固定：$b \leqslant 5.3$；

——一端固定，一端回转：$b \leqslant 3.7$；

——两端回转：$b \leqslant 2.6$。

6.5.2.2 当 b 大于上列数值时，要进行稳定性校核。稳定性临界负荷 F_c 由式(31)确定：

$$F_c = C_B F' H_0 \quad (31)$$

式中 C_B 为稳定系数，由图 3 查取。

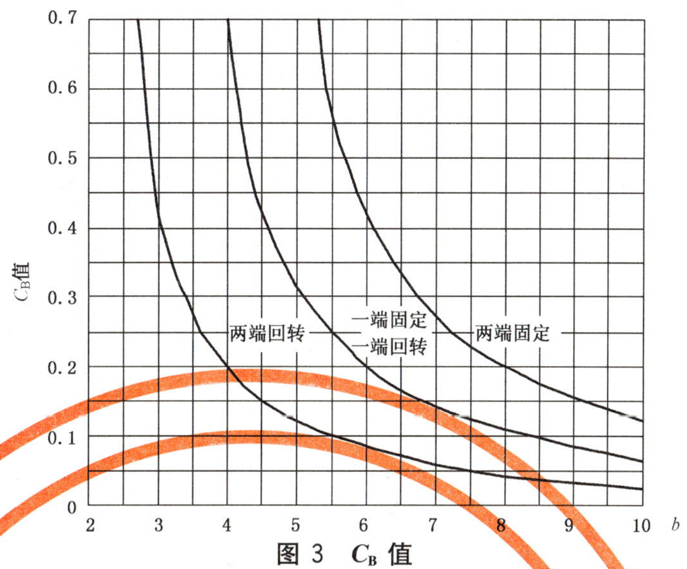

图 3 C_B 值

为了保证弹簧的稳定性，最大工作负荷 F_n 应小于临界负荷 F_c 值。当不满足要求时，应重新改变参数，使其符合上述要求以保证弹簧的稳定性。如设计结构受限制，不能改变参数时，应设置导杆或导套。导杆或导套与簧圈的间隙值(直径差)按表 10。

表 10

单位为毫米

D	≤5	>5～10	>10～18	>18～30	>30～50	>50～80	>80～120	>120～150
间隙	0.6	1	2	3	4	5	6	7

6.5.2.3 为了保证弹簧的稳定性，b 应大于 0.8。

6.5.3 **弹簧的共振验算**

必要时，受动负荷的弹簧应进行共振验算。f_e 与强迫振动频率 f_r 之比应大于 10，即：$f_e/f_r>10$。

6.6 弹簧典型工作图样

弹簧的典型工作图样，包括弹簧工作图，技术要求内容及设计计算数据三部分。

6.6.1 **弹簧工作图**(见图 4)

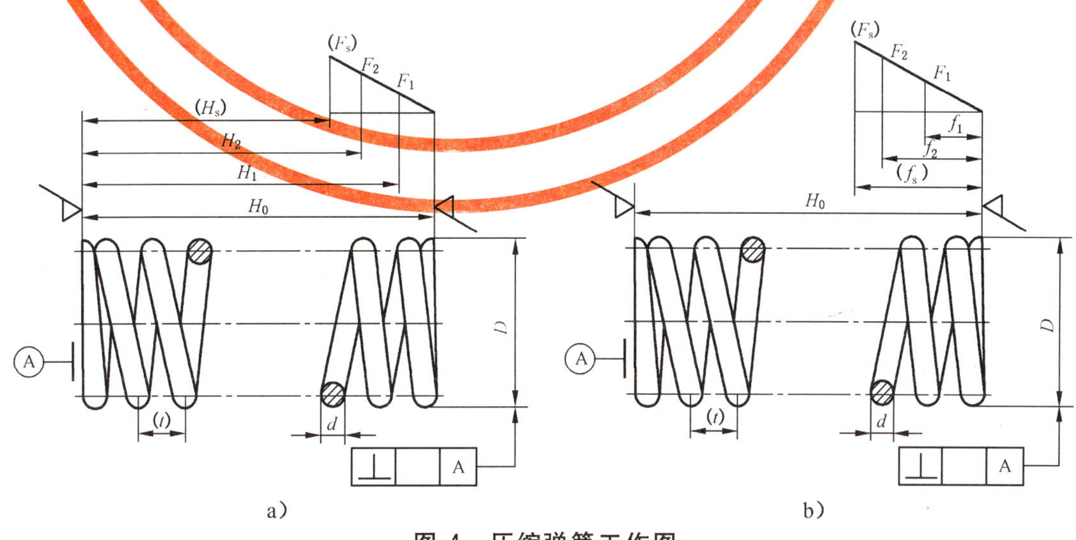

图 4 压缩弹簧工作图

6.6.2 **技术要求内容**

a) 弹簧端部结构型式；

b) 总圈数 n_1；

c) 有效圈数 n；

d) 旋向；

e) 表面处理；

f) 制造技术条件。

在需要时可注明立定处理、强化处理等要求，以及使用条件如温度、负荷性质等。

6.6.3 设计计算数据（见表 11）

表 11

序号	参数名称	代号	数值	单位	序号	参数名称	代号	数值	单位
1	旋绕比	C		—	10	试验切应力	τ_s		MPa
2	曲度系数	K			11	刚度	F'		N/mm
3	中径	D		mm	12	弹簧变形能	U		N·mm
4	压并负荷	F_b		N	13	弹簧自振频率	f_e		Hz
5	压并高度	H_b		mm	14	强迫振频率	f_r		Hz
6	试验高度	H_s			15	循环次数	N		次
7	材料抗拉强度	R_m		MPa	16	展开长度	L		mm
8	压并切应力	τ_b							
9	工作切应力	τ_1							
		τ_2							

7 圆柱螺旋拉伸弹簧设计计算

7.1 基本计算公式

无初拉力时，拉伸弹簧的基本计算公式与压缩弹簧相同，按公式(2)～公式(11)。

有初拉力时，拉伸弹簧的基本计算按公式(32)～公式(36)计算。

7.1.1 弹簧负荷

$$F=\frac{Gd^4}{8D^3n}f+F_0 \qquad \cdots\cdots(32)$$

7.1.2 弹簧变形量

$$f=\frac{8D^3n}{Gd^4}(F-F_0) \qquad \cdots\cdots(33)$$

7.1.3 弹簧刚度

$$F'=\frac{F-F_0}{f}=\frac{Gd^4}{8D^3n} \qquad \cdots\cdots(34)$$

7.1.4 弹簧切应力按公式(5)或公式(6)计算。

7.1.5 弹簧材料直径按公式(8)计算。

7.1.6 弹簧中径按公式(9)计算。

7.1.7 弹簧有效圈数

$$n=\frac{Gd^4}{8D^3(F-F_0)}f \qquad \cdots\cdots(35)$$

7.1.8 变形能

$$U=\frac{1}{2}(F+F_0)f \qquad \cdots\cdots(36)$$

7.2 弹簧的特性和变形

7.2.1 弹簧特性

与圆柱螺旋压缩弹簧设计计算相同，按 6.3.1。

7.2.2 试验负荷

与圆柱螺旋压缩弹簧设计计算相同，按 6.3.2。

7.2.3 初拉力

用不需淬火退火材料制成的密卷拉伸弹簧，在簧圈之间形成了轴向压力称为初拉力 F_0。当所加负荷超过初拉力后，弹簧才开始变形。卷绕成形后，需要淬火退火的弹簧没有初拉力。

初拉力按公式(37)计算：

$$F_0 = \frac{\pi d^3}{8D}\tau_0 \quad \cdots\cdots (37)$$

式中 τ_0 为初切应力，对钢制弹簧，其值也可根据旋绕比 C 在图 5 阴影部分选取，由于弹簧一般均需去应力退火处理，经处理后弹簧初拉力会有所下降，为便于制造建议取下限值。

同时其值也可参考经验公式(38)计算：

$$\tau_0 = \frac{G}{100C} \quad \cdots\cdots (38)$$

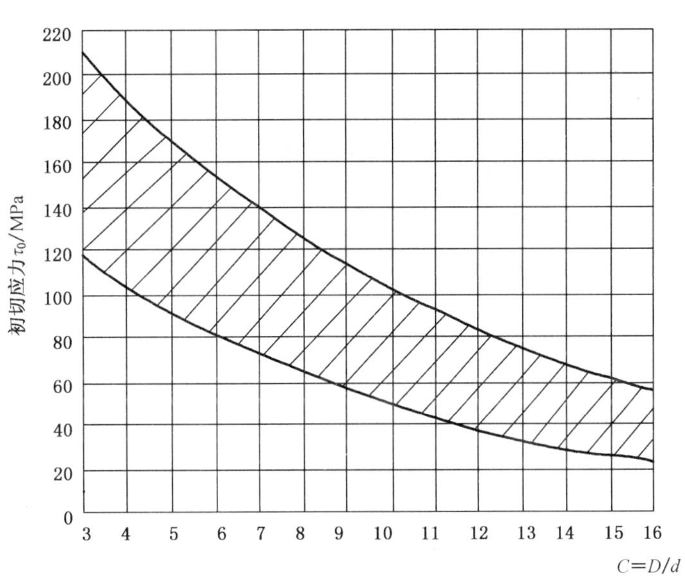

图 5 旋绕比与初切应力关系图

7.3 弹簧的端部结构型式、参数及计算公式

7.3.1 弹簧的端部结构型式

弹簧端部结构型式见表 12。

表 12

代号	简 图	端部结构型式
LⅠ		半圆钩环

表 12（续）

代号	简　图	端部结构型式
LⅡ	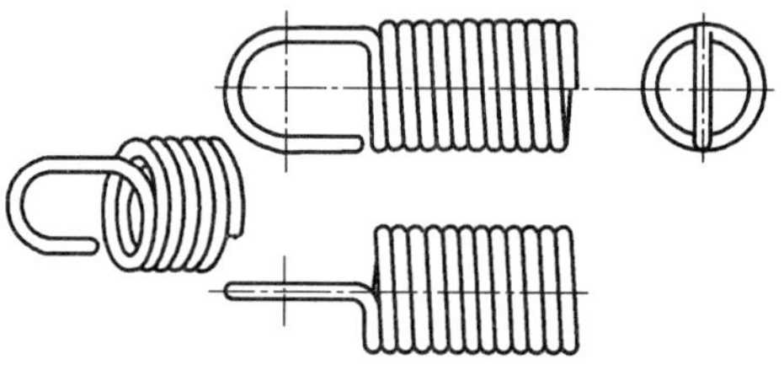	长臂半圆钩环
LⅢ	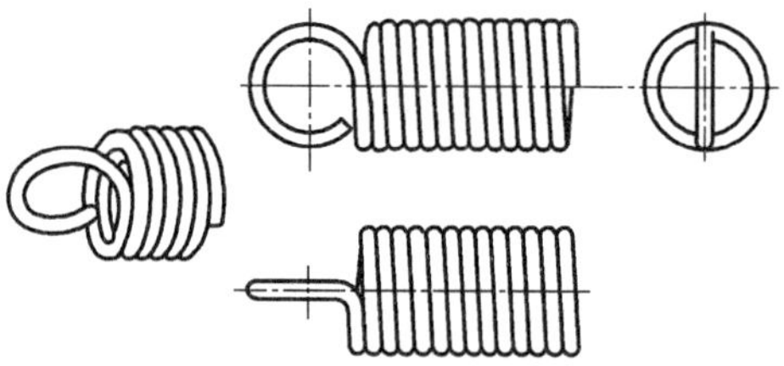	圆钩环扭中心（圆钩环）
LⅣ	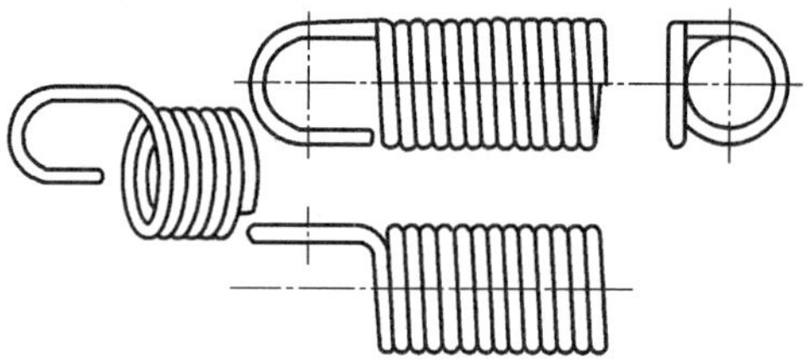	长臂偏心半圆钩环
LⅤ	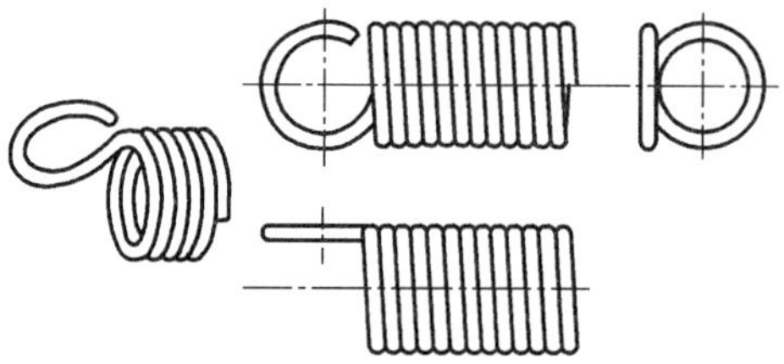	偏心圆钩环
LⅥ	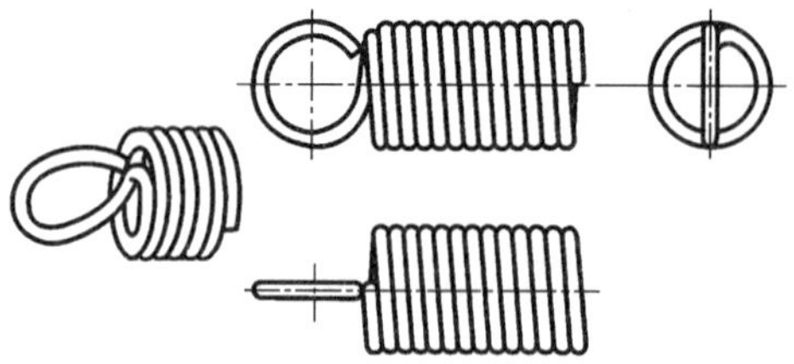	圆钩环压中心
LⅦ	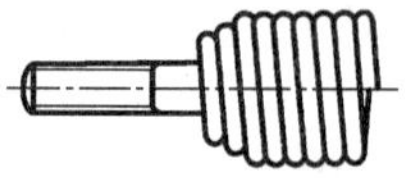	可调式拉簧

表 12（续）

代号	简　　图	端部结构型式
LⅧ		具有可转钩环
LⅨ		长臂小圆钩环
LⅩ		连接式圆钩环
注 1：弹簧结构型式推荐采用圆钩环扭中心。 注 2：高强度油淬火-退火钢丝推荐采用 LⅦ、LⅧ型式的弹簧。		

弹簧材料直径

与压缩弹簧计算公式相同，按公式(8)。

7.3.2　弹簧直径

与压缩弹簧计算公式相同，按公式(15)、公式(16)和公式(17)。

7.3.3　弹簧旋绕比

与压缩弹簧计算公式相同，按公式(9)推导。

7.3.4　弹簧圈数

弹簧圈数按公式(10)计算，并符合 GB/T 1358 系列，为了避免由于负荷偏心引起过大的附加力，同时为了保证稳定的刚度，一般不少于 3 圈，最少不少于 2 圈。

当圈数 n 大于 20 时，一般圆整为整圈；n 小于 20 时，则圆整为半圈。

7.3.5　弹簧长度

a)　自由长度 H_0 为两端钩环内侧长度，其值受端部钩环的影响，难以计算出精确值，其值按表 13 所列近似公式计算。

表 13

端部结构型式	自由长度 H_0
半圆钩环	$(n+1)d+D_1$
圆钩环	$(n+1)d+2D_1$
圆钩环压中心	$(n+1.5)d+2D_1$

b） 工作长度 $H_{1,2,\cdots n}$ 按公式(39)式计算：

$$H_{1,2,\cdots n} = H_0 + f_{1,2,\cdots n} \quad \cdots\cdots(39)$$

c） 试验长度 H_s 为对应于试验负荷 F_s 下的长度，按公式(40)计算：

$$H_s = H_0 + f_{1,2,\cdots n} \quad \cdots\cdots(40)$$

7.3.6 **弹簧节距**

弹簧的节距 t 按公式(41)计算：

$$t = d + \delta \quad \cdots\cdots(41)$$

对密卷拉伸弹簧，取 $\delta=0$。

7.3.7 **弹簧螺旋角和旋向**

螺旋角 α 按公式(27)计算。

弹簧旋向一般为右旋。

7.3.8 **弹簧展开长度**

弹簧展开长度按公式(42)计算：

$$L \approx \pi Dn + \text{钩环展开长度} \quad \cdots\cdots(42)$$

7.4 **弹簧的强度校核**

7.4.1 **疲劳强度校核**

与压缩弹簧相同，按6.5.1。

7.4.2 **钩环强度的校核**

拉伸弹簧在受到拉伸负荷时，如图6所示钩环A、B点处将承受较大的弯曲应力和切应力。为了减缓应力，建议钩环的折弯曲率半径 r_2 和 $r_4 \geqslant 2d$。对于重要的弹簧，需要校核此应力，并按公式(43)和公式(44)校核：

弯曲应力：
$$\sigma = \frac{32FR}{\pi d^3} \cdot \frac{r_1}{r_2} \quad \cdots\cdots(43)$$

切应力：
$$\tau = \frac{16FR}{\pi d^3} \cdot \frac{r_3}{r_4} \quad \cdots\cdots(44)$$

许用弯曲应力：$[\sigma]=(0.50\sim0.60)R_m$

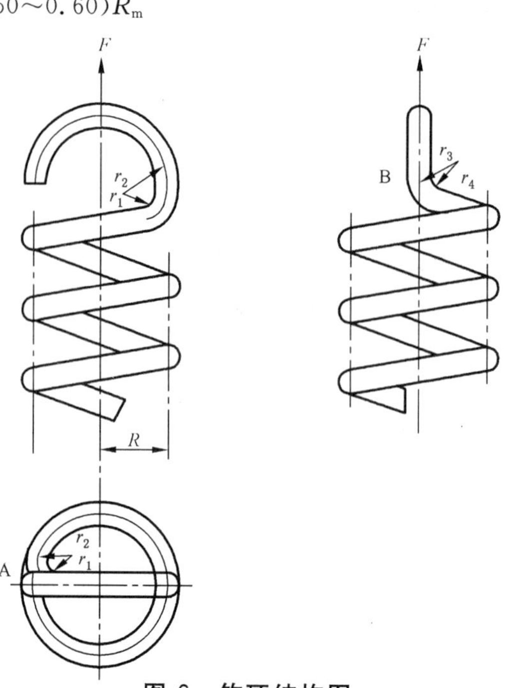

图6 钩环结构图

7.5 弹簧典型工作图样

弹簧典型工作图样，包括弹簧工作图、技术要求内容及设计计算数据三部分。

7.5.1 弹簧工作图(见图 7)

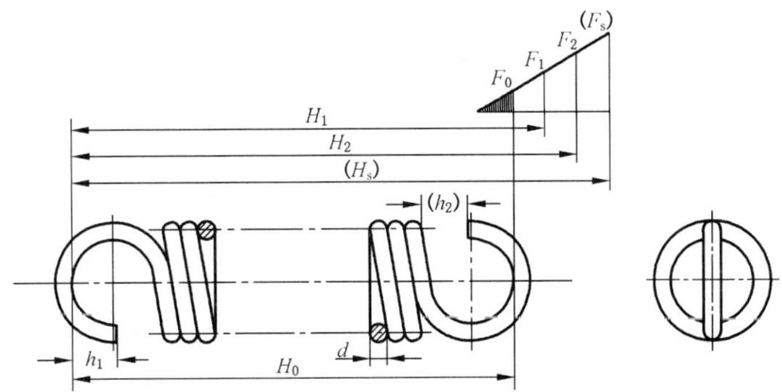

a) 有初拉力

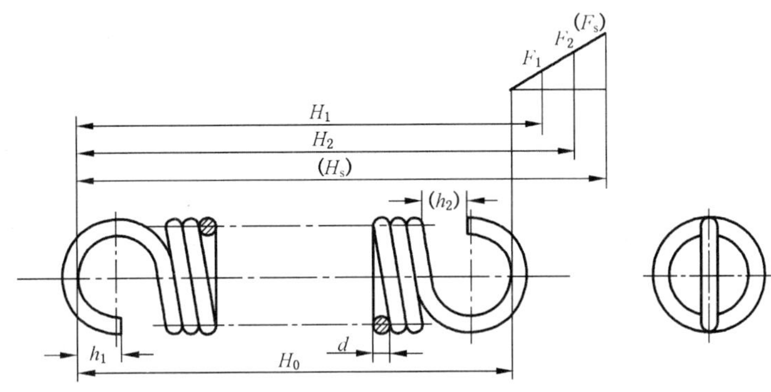

b) 无初拉力

图 7 拉伸弹簧工作图

7.5.2 技术要求内容

a) 弹簧端部结构型式；

b) 有效圈数 n；

c) 旋向；

d) 表面处理；

e) 制造技术条件。

在需要时可注明使用条件，如温度、负荷性质等。

7.5.3 设计计算数据(见表 14)

表 14

序号	参数名称	代号	数值	单位	序号	参数名称	代号	数值	单位
1	旋绕比	C		—	7	试验切应力	τ_s		MPa
2	曲度系数	K		—	8	刚度	F'		N/mm
3	中径	D		mm	9	负荷循环次数	N		次
4	材料抗拉强度	R_m		MPa	10	展开长度	L		mm
5	初切应力	τ_0			11				
6	工作切应力	τ_1			12				
	工作切应力	τ_2							

8 圆柱螺旋扭转弹簧设计计算

8.1 基本计算公式

8.1.1 弹簧材料直径计算公式

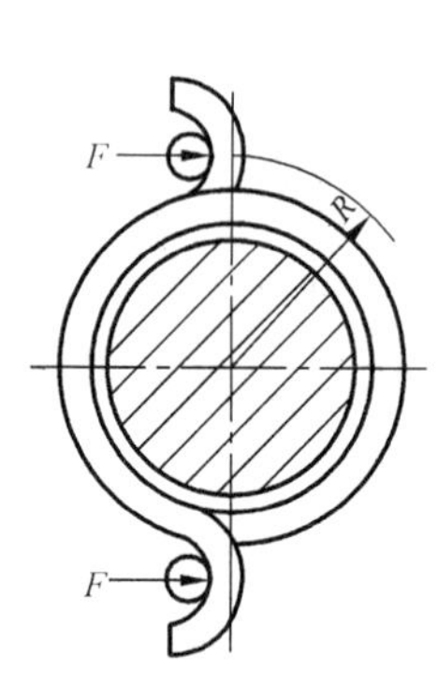

图 8 短扭臂弹簧

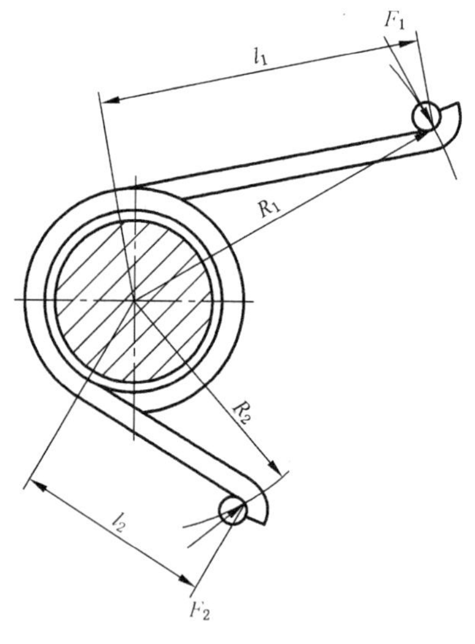

图 9 长扭臂弹簧

如图 8 和图 9 所示弹簧分别受扭矩 $T=FR$ 和 $T=F_1R_1=F_2R_2$ 作用，材料弯曲应力，按公式(45)计算：

$$\sigma = K_b \frac{32T}{\pi d^3} \qquad (45)$$

弹簧材料直径按公式(46)计算：

$$d \geqslant \sqrt[3]{\frac{10.2K_b T}{[\sigma]}} \qquad (46)$$

曲度系数 K_b 按公式(47)计算：

$$K_b = \frac{4C^2 - C - 1}{4C^2(C-1)} \qquad (47)$$

当顺旋向扭转时，曲度系数 $K_b=1$。

弹簧中径按公式(9)计算。

8.1.2 扭转变形角、刚度计算公式

8.1.2.1 对短扭臂弹簧(图 8)扭臂变形可以忽略不计。扭转变形角，按公式(48)或公式(49)计算：

$$\varphi = \frac{64DnT}{Ed^4} \quad \text{rad} \qquad (48)$$

$$\varphi^\circ = \frac{3\ 667TDn}{Ed^4} \quad (^\circ) \qquad (49)$$

式中材料弹性模量 E 参见附录 A。

扭转刚度按公式(50)或公式(51)计算：

$$T' = \frac{Ed^4}{64Dn} \quad (\text{N}\cdot\text{mm/rad}) \text{ 或 } \quad T' = \frac{Ed^4}{3\ 667Dn} \quad \text{N}\cdot\text{mm/}(^\circ) \qquad (50)$$

$$T' = \frac{T}{\varphi} = \frac{T_2 - T_1}{\varphi_2 - \varphi_1} \quad \text{或} \quad T' = \frac{T}{\varphi^\circ} = \frac{T_2 - T_1}{\varphi_2^\circ - \varphi_1^\circ} \qquad (51)$$

有效圈数，按公式(52)计算：

$$n=\frac{Ed^4\varphi}{64TD} \quad 或 \quad n=\frac{Ed^4\varphi^\circ}{3\ 667TD} \qquad (52)$$

8.1.2.2 当扭臂 $(l_1+l_2)\geqslant 0.09\pi Dn$ 时，要考虑臂长的影响。对长扭臂弹簧(图 9)扭臂的变形必须计算在内，则扭转变形角按公式(53)或公式(54)计算：

$$\varphi=\frac{64T}{\pi Ed^4}\left[\pi Dn+\frac{1}{3}(l_1+l_2)\right] \text{ rad} \qquad (53)$$

$$\varphi^\circ=\frac{3\ 667T}{\pi Ed^4}\left[\pi Dn+\frac{1}{3}(l_1+l_2)\right] \ (^\circ) \qquad (54)$$

扭转刚度按公式(55)或公式(56)计算：

$$T'=\frac{\pi Ed^4}{64\left[\pi Dn+\frac{1}{3}(l_1+l_2)\right]} \text{ N}\cdot\text{mm/rad} \qquad (55)$$

$$T'=\frac{\pi Ed^4}{3\ 667\left[\pi Dn+\frac{1}{3}(l_1+l_2)\right]} \text{ N}\cdot\text{mm/}(^\circ) \qquad (56)$$

8.2 弹簧的扭矩和扭转变形角

当弹簧有特性要求时，为了保证指定扭转变形角下的扭矩，T 和 $\varphi(\varphi^\circ)$ 应分别在试验扭矩 T_s 和试验扭矩下的变形角 φ_s 的 20%～80%之间。

即 $0.2T_s\leqslant T_{1,2,\cdots,n}\leqslant 0.8T_s$ 和 $0.2\varphi_s\leqslant\varphi_{1,2,\cdots,n}\leqslant 0.8\varphi_s$ $(0.2\varphi_s^\circ\leqslant\varphi^\circ_{1,2,\cdots,n}\leqslant 0.8\varphi_s^\circ)$。

8.2.1 试验扭矩和试验扭矩下的变形角

试验扭矩 T_s 弹簧允许的最大扭矩，其值按公式(57)计算：

$$T_s=\frac{\pi d^3}{32}\sigma_s \text{ N}\cdot\text{mm} \qquad (57)$$

式中：σ_s 为试验弯曲应力，查表 4 和图 2。

试验扭矩下的变形角按公式(58)计算：

$$\varphi_s=\frac{T_s}{T'} \text{ rad 或}(^\circ) \qquad (58)$$

8.2.2 弹簧特性

由于弹簧端部的结构形状，弹簧与导杆的摩擦等均影响弹簧的特性，所以无特殊需要时，不规定特性要求。如规定弹簧特性要求时，应采用簧圈间有间隙的弹簧，用指定扭转变形角时的扭矩进行考核。

8.3 弹簧的端部结构型式、参数及计算公式

8.3.1 弹簧的端部结构型式

弹簧端部结构型式见表 15。

表 15

代　号	简图	端部结构型式
NⅠ		外臂扭转弹簧

表 15（续）

代　号	简图	端部结构型式
NⅡ	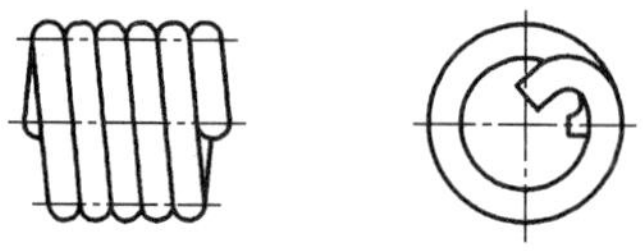	内臂扭转弹簧
NⅢ	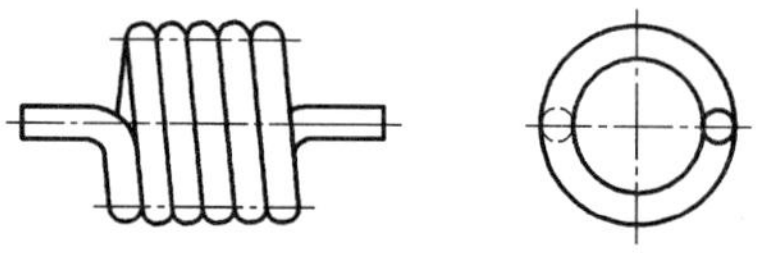	中心距扭转弹簧
NⅣ	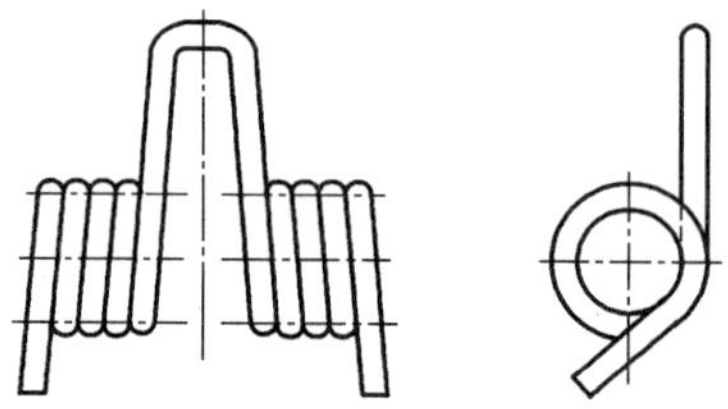	平列双扭弹簧
NⅤ	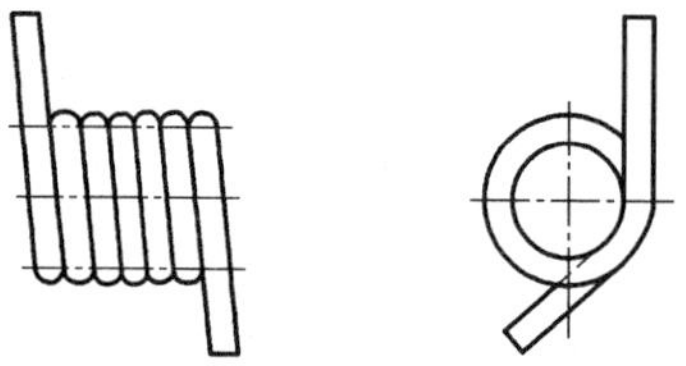	直臂扭转弹簧
NⅥ	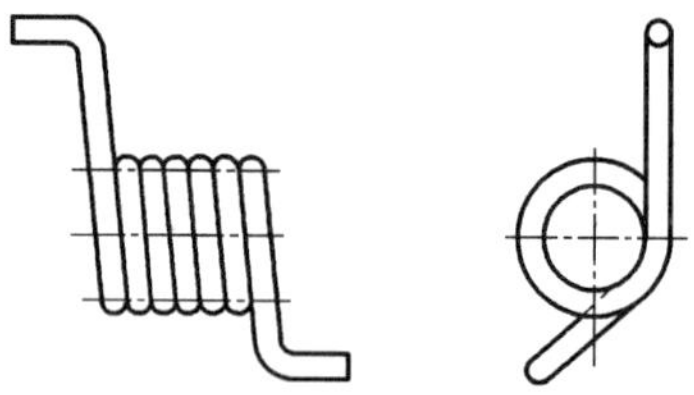	单臂弯曲扭转弹簧
注 1：弹簧结构型式推荐用外臂扭转弹簧、内臂扭转弹簧、直臂扭转弹簧。 注 2：弹簧端部扭臂结构型式根据安装方法、安装条件的要求，可做成特殊的型式。		

为了避免产生应力集中，端部扭臂弯曲部分的曲率半径 r 尽可能取大些，一般应大于材料直径 d，即 $r \geqslant d$。

端部扭臂长度、弯曲角度、直径偏差应符合 GB/T 1239.3 的规定。

8.3.2　弹簧材料直径

弹簧材料直径 d 由公式(46)计算，一般应符合 GB/T 1358 系列。

8.3.3　弹簧直径

8.3.3.1　弹簧中径按公式(15)计算。

8.3.3.2　弹簧内径按公式(16)计算。

8.3.3.3　弹簧外径按公式(17)计算。

弹簧直径的偏差可按 GB/T 1239.3 选取。

顺向扭转时，为了避免弹簧受扭矩后抱紧导杆，应考虑在扭矩作用下弹簧直径的减小。其减小值可近似地按公式(59)计算：

$$\Delta D_s = \frac{\varphi_s D}{2\pi n} = \frac{\varphi_s D}{360n} \quad\cdots\cdots(59)$$

8.3.3.4 导杆直径按公式(60)计算：

$$D' = 0.9(D_1 - \Delta D_s) \quad\cdots\cdots(60)$$

8.3.3.5 扭转弹簧扭转角度 φ 后，内径按公式(61)计算：

$$D_1 = \frac{2\pi nD}{2\pi n + \varphi} - d \quad\cdots\cdots(61)$$

8.3.4 弹簧旋绕比

旋绕比根据材料直径 d 在表 16 中选取。

表 16

d/mm	0.2～0.5	>0.5～1.1	>1.1～2.5	>2.5～7.0	>7.0～16	>16
C	7～14	5～12	5～10	4～9	4～8	4～16

8.3.5 弹簧圈数

弹簧有效圈数按公式(52)计算，需要考核特性的弹簧，一般有效圈数不少于 3 圈，对于 NⅣ 型弹簧两边有效圈数各不少于 3 圈。

8.3.6 弹簧自由角度

自由角度 φ_0 为无负荷时两扭臂的夹角，可根据需要确定。有特性要求时的弹簧，自由角度不予考核；无特性要求的弹簧，自由角度的偏差应符合 GB/T 1239.3 的规定。

8.3.7 弹簧节距和自由长度

8.3.7.1 节距 t 按公式(62)计算：

$$t = d + \delta \quad\cdots\cdots(62)$$

密圈弹簧的间距 $\delta=0$。

8.3.7.2 自由长度可参考近似公式(63)计算：

$$H_0 = (nt + d) + \text{扭臂在弹簧轴线的长度} \quad\cdots\cdots(63)$$

式中 n 取整数，自由长度偏差应符合 GB/T 1239.3 的规定。

8.3.8 弹簧螺旋角和旋向

螺旋角按公式(27)计算。按照使用要求确定其旋向。

8.3.9 弹簧展开长度

弹簧展开长度按公式(64)计算：

$$L \approx \pi Dn + \text{扭臂部分长度} \quad\cdots\cdots(64)$$

8.4 弹簧疲劳强度校核

受动负荷的重要弹簧，应进行疲劳强度校核。进行校核时要考虑变负荷的循环特征 $r=\sigma_{min}/\sigma_{max}=T_{min}/T_{max}=\varphi_{min}/\varphi_{max}$，循环次数 N，以及材料表面状态等影响疲劳强度的各种因素。

对于采用重要用途碳素弹簧钢丝等制造的弹簧，其疲劳极限可由图 2 确定。

图中 $\sigma_{max}/R_m=0.70$ 的横线，是不产生永久变形的极限值，随着永久变形允许程度，σ_{max} 可以适当向上移动，最高可到静负荷时的许用弯曲应力。

8.5 弹簧典型工作图样

弹簧典型工作图样，包括弹簧工作图、技术要求内容及设计计算数据三部分。

8.5.1 **弹簧工作图**(见图 10)

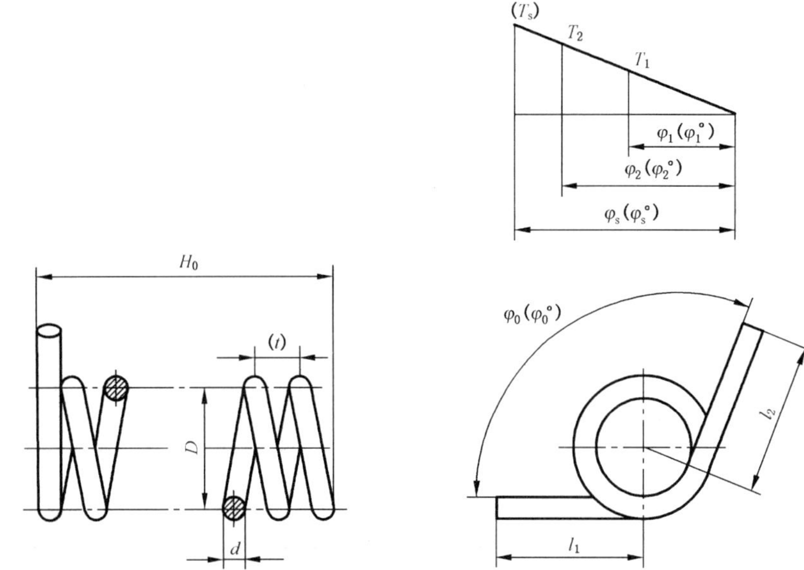

图 10 扭转弹簧工作图

8.5.2 **技术要求内容**

a) 弹簧端部结构型式;
b) 有效圈数 n;
c) 旋向;
d) 表面处理;
e) 制造技术条件;
f) 其他技术要求。

8.5.3 **设计计算数据**(见表 17)

表 17

序号	参数名称	代号	数值	单位	序号	参数名称	代号	数值	单位
1	旋绕比	C		—	8	试验弯曲应力	σ_s		MPa
2	曲度系数	K_b			9	扭转刚度	T'		N·mm/(rad) 或 N·mm/(°)
3	中径	D		mm	10	弹簧变形能	U		N·mm
4	自由长度	H_0			11	导杆直径	D'		mm
5	材料抗拉强度	R_m		MPa	12	展开长度	L		
6	工作弯曲应力	σ_1			13				
		σ_2			14				

附　录　A
（资料性附录）
弹簧材料的切变模量 *G*、弹性模量 *E* 和推荐使用温度

A.1　弹簧材料

弹簧材料的切变模量 G、弹性模量 E 和推荐使用温度范围按照表 A.1 选取。

表 A.1

标准号	标准名称	牌号/组别	切变模量 G MPa	弹性模量 E MPa	推荐使用温度范围 ℃
GB/T 4357—1989	碳素弹簧钢丝	B、C、D	78.5×10^3	206×10^3	−40～150
YB/T 5311—2006	重要用途碳素弹簧钢丝	E、F、G			
GB/T 18983—2003	油淬火-回火弹簧钢丝	VDC			−40～150
		FDC、TDC			
		FDSiMn TDSiMn			−40～250
		VDCrSi			−40～250
		FDCrSi、TDCrSi			−40～250
		VDCrV-A			−40～210
		FDCrV-A、TDCrV-A			−40～210
YB/T 5318	合金弹簧钢丝	50CrVA			−40～210
		60Si2MnA			−40～250
		55CrSi			−40～250
YB(T) 11	弹簧用不锈钢丝	A组： 1Cr18Ni9 0Cr19Ni10 0Cr17Ni12Mo2	70×10^3	185×10^3	−200～290
		B组： 1Cr18Ni9 0Cr18Ni10 C组： 0Cr17Ni8Al	73×10^3	195×10^3	
GB/T 21652	铜及铜合金线材	QSi3-1	40.2×10^3	93.1×10^3	−40～120
		QSn4-3 QSn6.5-0.1 QSn6.5-0.4 QSn7-0.2	39.2×10^3		−250～120

表 A.1（续）

标准号	标准名称	牌号/组别	切变模量 G MPa	弹性模量 E MPa	推荐使用温度范围 ℃
YS/T 571	铍青铜线	QBe2	42.1×10^3	129.4×10^3	−200～120
GB/T 1222	弹簧钢	50CrVA	78.5×10^3	206×10^3	−40～210
		60Si2Mn 60Si2MnA 60CrMnA 60CrMnBA 55CrSiA 60Si2CrA 60Si2CrVA			−40～250
注：当弹簧工作环境温度超出常温时，应适当调整许用应力。					

A.2 工作温度对材料影响

工作温度对材料切变模量 G 和弹性模量 E 的影响见图 A.1。

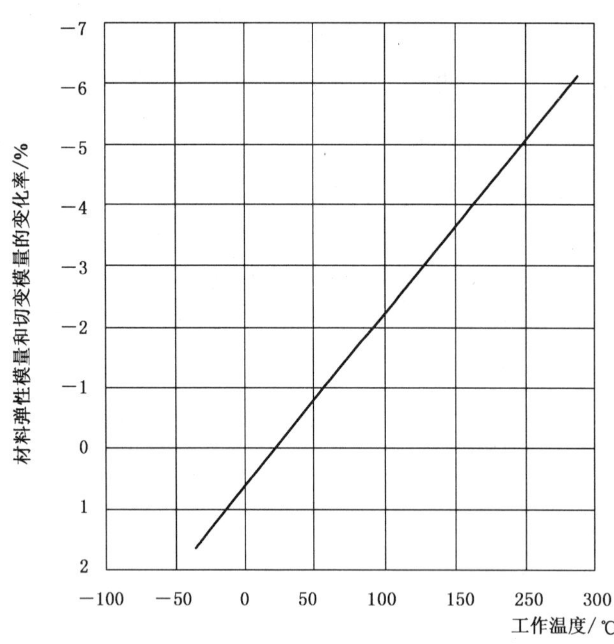

图 A.1 材料切变模量 G、弹性模量 E 和温度关系曲线图

附 录 B
（资料性附录）
材料的许用切应力和弯曲应力

B.1 许用切应力

压缩弹簧的许用切应力参照图 B.1。

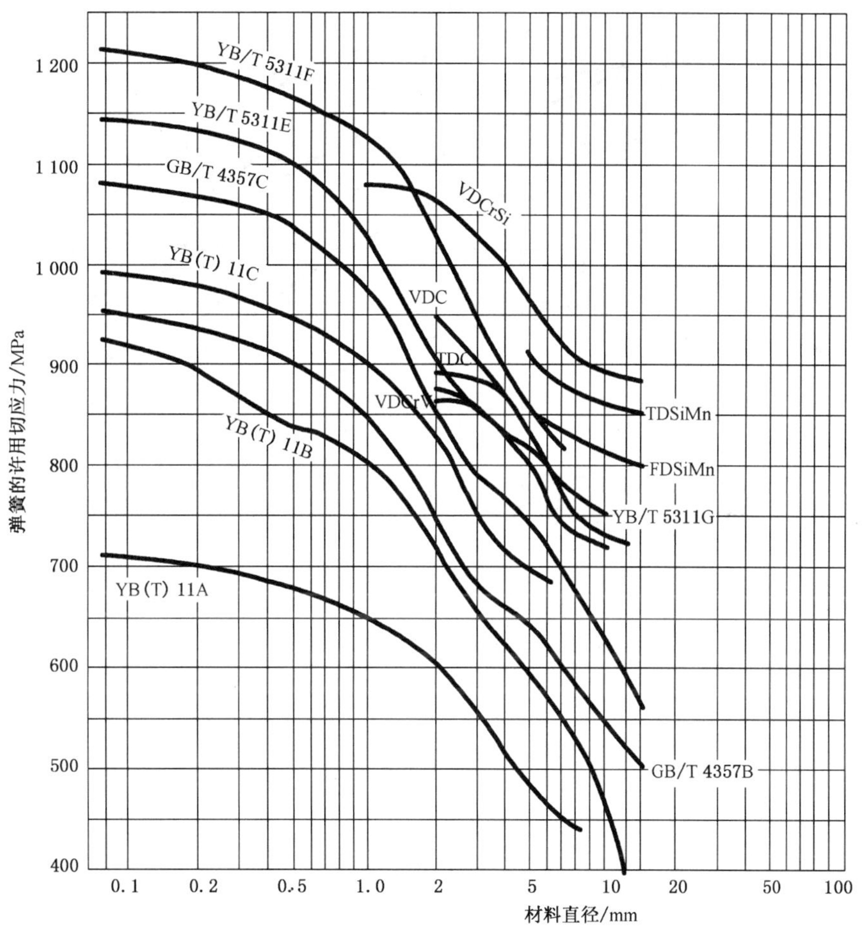

图 B.1 压缩弹簧的许用切应力图

B.2 许用弯曲应力

扭转弹簧的许用弯曲应力参照图 B.2。

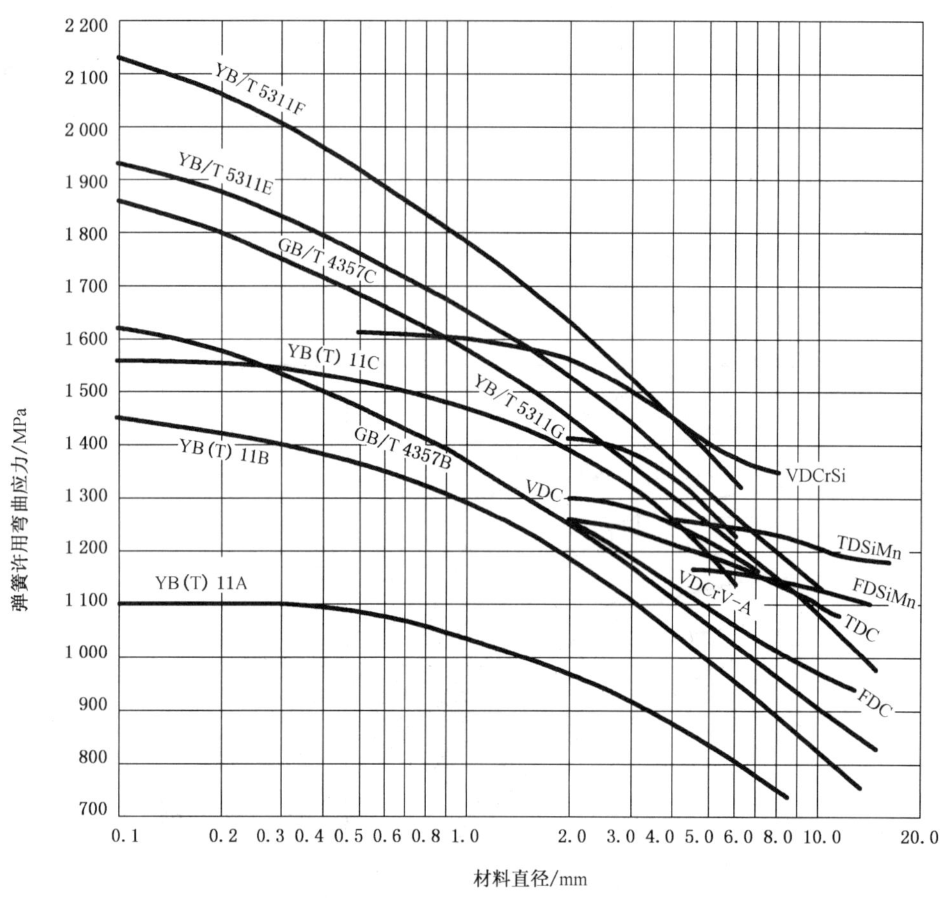

图 B.2 扭转弹簧的许用弯曲应力图

附 录 C
（资料性附录）
圆柱螺旋压缩弹簧设计示例

C.1 例题

设计一结构型式为 YⅠ的阀门弹簧，要求弹簧外径 $D_2 \leqslant 34.8$ mm，阀门关闭时 $H_1=43$ mm，负荷 $F_1=270$ N，阀门全开时，$H_2=32$ mm，负荷 $F_2=540$ N，最高工作频率 25 Hz，循环次数 $N>10^7$ 次。

C.2 题解

C.2.1 选择材料

根据弹簧工作条件选用适合弹簧用高疲劳级油淬火-退火（VDCrSi）弹簧钢丝。根据 F_2 初步假设材料直径为 $d=4$ mm。由附录 A 查得材料切变模量 $G=78.5\times10^3$ MPa。由附录 F 查得材料抗拉强度 $R_m=1\,840$ MPa。

C.2.2 选取弹簧许用切应力

根据

$$\gamma=\frac{F_1}{F_2}=\frac{270}{540}=0.5$$

在图 1 中 $\gamma=0.5$ 与 10^7 线交点的纵坐标大致为 0.41，即 $[\tau]=1\,840\times0.41=754.4$ MPa。

$D_2 \leqslant 34.8$ mm，考虑公差的影响，假设中径 $D=30.5$ mm。

根据公式（9）计算弹簧旋绕比：

$$C=\frac{D}{d}=\frac{30.5}{4}=7.6$$

根据公式（7）计算曲度系数：

$$K=\frac{4C-1}{4C-4}+\frac{0.615}{C}=\frac{4\times7.6-1}{4\times7.6-4}+\frac{0.615}{7.6}=1.194$$

将 $K=1.194$，代入公式（8）得：

$$d \geqslant \sqrt[3]{\frac{8KFD}{\pi[\tau]}}=\sqrt[3]{\frac{8\times1.194\times540\times30.5}{3.14\times754.4}}=4.05\ \text{mm}$$

取 $d=4.1$ mm。抗拉强度为 1 810 MPa。与原假设基本相符合。重新计算得 $D=30.4$ mm，$C=7.4$，$K=1.20$。

C.2.3 弹簧直径

弹簧中径：$D=30.4$ mm

弹簧外径：$D_2=D+d=30.4+4.1=34.5$ mm

弹簧内径：$D_1=D-d=30.4-4.1=26.3$ mm

C.2.4 弹簧所需刚度和圈数

弹簧所需刚度按公式（13）计算：

$$F'=\frac{F_2-F_1}{H_1-H_2}=\frac{540-270}{11}=24.55\ \text{N/mm}$$

按公式（10）计算有效圈数：

$$n=\frac{Gd^4}{8F'D^3}=\frac{78.5\times10^3\times4.1^4}{8\times24.55\times30.4^3}=4.02\ \text{圈}$$

取 $n=4.0$ 圈。

取支承圈 $n_z=2$ 圈，则总圈数：

$$n_1 = n + n_Z = 4.0 + 2 = 6.0 \text{ 圈}$$

C.2.5　弹簧刚度、变形量和负荷校核

弹簧刚度按公式(4)计算得：

$$F' = \frac{Gd^4}{8D^3 n} = \frac{78.5 \times 10^3 \times 4.1^4}{8 \times 30.4^3 \times 4.0} = 24.67 \text{ N/mm}$$

与所需刚度 $F'=24.55$ N/mm 基本相符。

同样按公式(4)计算阀门关闭时变形量：

$$f_1 = \frac{F_1}{F'} = \frac{270}{24.67} = 10.94 \text{ mm}$$

按公式(4)计算阀门开启时变形量：

$$f_2 = \frac{F_2}{F'} = \frac{540}{24.67} = 21.89 \text{ mm}$$

由公式(21)计算自由高度：

$$H_0 = H_1 + f_1 = 43 + 10.94 = 53.94 \text{ mm}$$

或者

$$H_0 = H_2 + f_2 = 32 + 21.89 = 53.89 \text{ mm}$$

取 $H_0=53.9$ mm。

阀门关闭时的工作变形量：

$$f_1 = H_0 - H_1 = 53.9 - 43 = 10.9 \text{ mm}$$

由公式(4)计算阀门关闭时负荷：

$$F_1 = F'f_1 = 24.67 \times 10.9 = 268.9 \text{ N}$$

阀门开启时的工作变形量：

$$f_2 = H_0 - H_2 = 53.9 - 32 = 21.9 \text{ mm}$$

由公式(4)计算阀门开启时负荷：

$$F_2 = F'f_2 = 24.67 \times 21.9 = 540.3 \text{ N}$$

与要求值 $F_1=270$ N 和 $F_2=540$ N 接近，故符合要求。

C.2.6　自由高度、压并高度和压并变形量

自由高度：$H_0=53.9$ mm

压并高度：

$$H_b \leqslant n_1 d = 6.0 \times 4.1 \leqslant 24.6 \text{ mm}$$

压并变形量：

$$f_b = H_0 - H_b = 53.9 - 24.6 = 29.3 \text{ mm}$$

C.2.7　试验负荷和试验负荷下的高度和变形量

由表 3 计算最大试验切应力：

$$\tau_s = 0.55R_m = 0.55 \times 1\,810 = 995.5 \text{ MPa}$$

由公式(14)计算试验负荷：

$$F_s = \frac{\pi d^3}{8D}\tau_s = \frac{3.14 \times 4.1^3}{8 \times 30.4} \times 995.5 = 886.3 \text{ N}$$

压并时负荷：

$$F_b = F'f_b = 24.67 \times 29.3 = 722.8 \text{ N}$$

由 $F_s>F_b$，取 $F_s=F_b=722.8$ N，$f_s=f_b=29.3$ mm。

由公式(14)计算试验切应力：

$$\tau_s = \tau_b = \frac{8F_s D}{\pi d^3} = \frac{8 \times 722.8 \times 30.4}{3.14 \times 4.1^3} = 811.9 \text{ MPa}$$

C.2.8　弹簧展开长度

按公式(28)计算：

$$L = \pi D n_1 = 3.14 \times 30.4 \times 6 = 572.7 \text{ mm}$$

C.2.9 弹簧质量

按公式(29)计算:

$$m = \frac{\pi}{4} d^2 L\rho = \frac{3.14}{4} \times 4.1^2 \times 572.7 \times 7.85 \times 10^{-6} = 0.059\,3 \text{ kg}$$

C.2.10 特性校核

$$\frac{f_1}{f_s} = \frac{10.9}{29.3} = 0.37 \qquad \frac{f_2}{f_s} = \frac{21.9}{29.3} = 0.75$$

满足 $0.2F_s \leqslant f_{1,2} \leqslant 0.8F_s$ 的要求。

C.2.11 结构参数

自由高度:$H_0 = 53.9$ mm

阀门关闭高度:$H_1 = 43$ mm

阀门开启高度:$H_2 = 32$ mm

压并(试验)高度:$H_b = H_s = 24.6$ mm

节距按表 8 计算:

$$t = \frac{H_0 - 1.5d}{n} = \frac{53.9 - 1.5 \times 4.1}{4.0} = 11.94 \text{ mm}$$

螺旋角按公式(27)计算:

$$\alpha = \arctan \frac{t}{\pi D} = \arctan \frac{11.94}{3.14 \times 30.4} = 7.13\ (^\circ)$$

弹簧展开长度按公式(28)计算:

$$L \approx \pi D n_1 = 3.14 \times 30.4 \times 6.0 = 572.7 \text{ mm}$$

C.2.12 弹簧的疲劳强度和稳定性校核

C.2.12.1 弹簧的疲劳强度校核

弹簧工作切应力校核按公式(5)计算:

$$\tau_1 = K \frac{8DF_1}{\pi d^3} = 1.200 \times \frac{8 \times 30.4 \times 268.9}{3.14 \times 4.1^3} = 362.6 \text{ MPa}$$

$$\tau_2 = K \frac{8DF_2}{\pi d^3} = 1.200 \times \frac{8 \times 30.4 \times 540.3}{3.14 \times 4.1^3} = 728.6 \text{ MPa}$$

$$\gamma = \frac{\tau_1}{\tau_2} = \frac{362.6}{728.2} = 0.50$$

$$\frac{\tau_1}{R_m} = \frac{362.6}{1\,810} = 0.20 \qquad \frac{\tau_2}{R_m} = \frac{728.6}{1\,810} = 0.40$$

由图 1 可以看出点(0.20,0.40)在 $\gamma = 0.5$ 和 10^7 作用线的交点以下,表明此弹簧的疲劳寿命 $N > 10^7$ 次。

强度校核按公式(30)计算:

$$S = \frac{\tau_{u0} + 0.75\tau_{min}}{\tau_{max}} = \frac{0.30 \times 1\,810 + 0.75 \times 362.6}{728.6} = 1.12 \geqslant S_{min}$$

C.2.12.2 弹簧稳定性校核

弹簧的高径比:$b = H_0/D = 53.9/30.4 = 1.8$,满足稳定性要求。

C.2.12.3 共振校核

自振频率按公式(12)计算:

$$f_e = \frac{3.56d}{nD^2}\sqrt{\frac{G}{\rho}} = \frac{3.56 \times 4.1}{4.0 \times 30.4^2}\sqrt{\frac{78.5 \times 10^3}{7.85 \times 10^{-6}}} = 394.8 \text{ Hz}$$

强迫振动频率:

$$f_r = 25 \text{ Hz}$$

因此 $$\frac{f_e}{f_r}=\frac{394.8}{25}=15.8>10$$

满足要求。

C.2.13 弹簧典型工作图样

C.2.13.1 弹簧工作图见图 C.1。

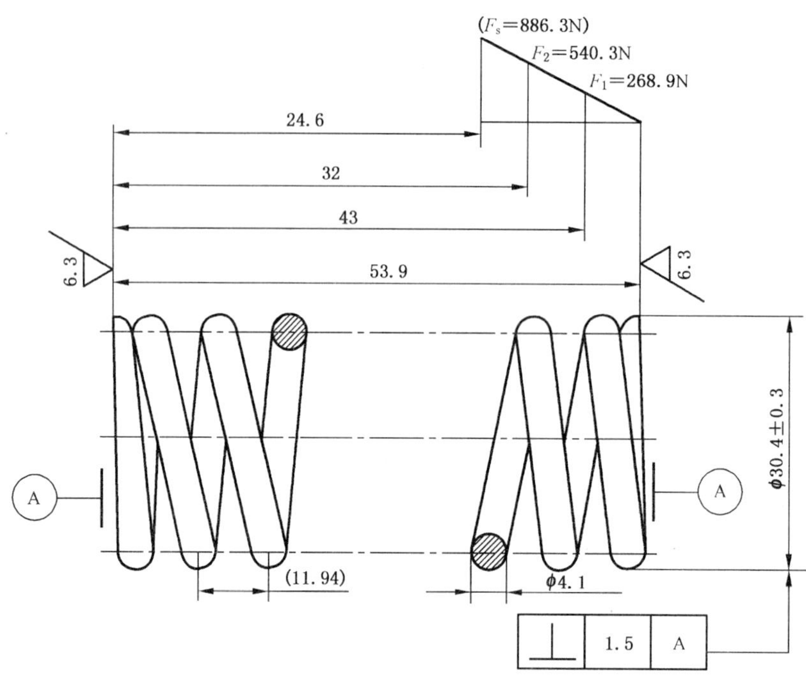

技术要求：

a) 弹簧端部结构型式：YI 冷卷压缩弹簧；

b) 旋向：右旋；

c) 总圈数：n_1=6.0 圈；

d) 有效圈数：n=4.0 圈；

e) 强化处理：立定处理；

f) 喷丸强度：0.3 A～0.45 A，表面覆盖率大于 90%；

g) 表面处理：清洗上防锈油；

h) 制造技术条件：其余按 GB/T 1239.2 二级精度。

图 C.1 弹簧工作图

C.2.13.2 设计计算数据见表 C.1。

表 C.1

序号	参数名称	代号	数值	单位	序号	参数名称	代号	数值	单位
1	旋绕比	C	7.4	—	10	试验应力	τ_s	811.9	MPa
2	曲度系数	K	1.200		11	刚度	F'	24.67	N/mm
3	弹簧中径	D	30.4	mm	12	自振频率	f_e	394.8	Hz
4	压并负荷	F_b	722.8	N	13	强迫振动频率	f_r	25	
5	压并高度	H_b	24.6	mm	14	循环次数	N	$>10^7$	次
6	试验负荷下的高度	H_s	24.6		15	展开长度	L	572.7	mm
7	抗拉强度	R_m	1 810	MPa	16	质量	m	0.059 3	kg
8	压并应力	τ_b	811.9						
9	工作应力	τ_1	362.6	MPa					
		τ_2	728.6						

附　录　D
（资料性附录）
圆柱螺旋拉伸弹簧设计示例

D.1　例题

设计一拉伸弹簧，循环次数 $N=1.0\times10^5$ 次。工作负荷 $F=160$ N，工作负荷下变形量为 22 mm，采用 LⅢ圆钩环，外径 $D_2=21$ mm。

D.2　题解

D.2.1　选择材料

根据要求选择重要用途碳素钢丝 F 组。根据工作负荷，初步假设材料直径 $d=3$ mm。由附录 A 查得材料切变模量 $G=78.5\times10^3$ MPa；根据附录 F 查得材料抗拉强度为 $R_m=1\ 690$ MPa；根据表 3 选取试验切应力为 $\tau_s=1\ 690\times0.50\times0.8=676$ MPa；许用切应力为 $[\tau]=1\ 690\times0.45\times0.8=608.4$ MPa。

D.2.2　材料直径

根据设计要求取 $D_2=21$ mm，则 $D=D_2-d=21-3=18$ mm，从而计算旋绕比 C：

$$C=\frac{D}{d}=\frac{18}{3}=6$$

按公式(7)计算曲度系数 $K=1.253$，将相关数值代入公式(8)计算：

$$d\geqslant\sqrt[3]{\frac{8KDF}{\pi[\tau]}}=\sqrt[3]{\frac{8\times1.253\times18\times160}{3.14\times608}}=2.47\ \text{mm}$$

与假设基本相符，取 $d=2.5$ mm，根据附录 F 查得材料抗拉强度为 $R_m=1\ 770$ MPa。

根据表 3 选取计算试验切应力：$\tau_s=0.50R_m\times0.8=0.50\times1\ 770\times0.8=708$ MPa。

许用切应力为 $[\tau]=1\ 770\times0.45\times0.8=637.2$ MPa。

D.2.3　弹簧直径

弹簧外径：$D_2=21$ mm

弹簧中径：$D=D_2-d=21-2.5=18.5$ mm

弹簧内径：$D_1=D-d=18.5-2.5=16.0$ mm

D.2.4　弹簧旋绕比

$$C=\frac{D}{d}=\frac{18.5}{2.5}=7.4$$

则曲度系数 K 按公式(7)计算：$K=1.2$。

D.2.5　弹簧初拉力范围选取

根据图(5)，当 $C=7.4$ 时，查得初切应力 $\tau_0=70$ MPa～130 MPa

则按公式 (37)计算初拉力为：

$$F_0=\frac{\pi d^3}{8D}\tau_0=\frac{3.14\times2.5^3}{8\times18.5}\times(70\sim130)=23.2\ \text{N}\sim43.1\ \text{N}$$

这里取 $F_0=32$ N。

D.2.6　弹簧刚度和有效圈数

弹簧刚度按公式(34)计算：

$$F'=\frac{F-F_0}{f}=\frac{160-32}{22}=5.82\ \text{N/mm}$$

弹簧有效圈数按公式(4)推导计算：

$$n=\frac{Gd^4}{8D^3F'}=\frac{78.5\times10^3\times2.5^4}{8\times18.5^3\times5.82}=10.4\text{ 圈}$$

则弹簧有效圈数取 $n=10.5$ 圈。

D.2.7 弹簧实际刚度

因 $n=10.5$ 圈，则弹簧的实际刚度，按公式(4)计算：

$$F'=\frac{Gd^4}{8D^3n}=\frac{78.5\times10^3\times2.5^4}{8\times18.5^3\times10.5}=5.76\text{ N/mm}$$

初拉力按公式(34)计算：

$$F_0=F-F'f=160-5.76\times22=33.3\text{ N}$$

$F_0=33.3$ N 在 23.2 N～43.1 N 范围内。

初切应力按公式(37)计算：

$$\tau_0=\frac{8D}{\pi d^3}F_0=\frac{8\times18.5}{3.14\times2.5^3}\times33.3=100.5\text{ MPa}$$

D.2.8 弹簧的试验负荷

按公式(14)计算：

$$F_s=\frac{\pi d^3}{8D}\tau_s=\frac{3.14\times2.5^3}{8\times18.5}\times708=234.7\text{ N}$$

D.2.9 试验负荷下弹簧的变形量

按公式(33)计算：

$$f_s=\frac{8D^3n}{Gd^4}(F_s-F_0)=\frac{8\times18.5^3\times10.5}{78.5\times10^3\times2.54}\times(234.7-33.3)=34.9\text{ mm}$$

D.2.10 特性校核

$$\frac{f}{f_s}=\frac{22}{34.9}=0.63$$

满足 $0.2f_s\leqslant f\leqslant0.8f_s$ 的要求。

D.2.11 强度校核

强度校核按公式(5)计算：

$$\tau=K\frac{8DF}{\pi d^3}=1.2\times\frac{8\times18.5\times160}{3.14\times2.5^3}=579.2\text{ MPa}$$

$\tau<[\tau]$，满足强度要求。

D.2.12 弹簧结构参数

自由长度按表 13 计算：

$$H_0=(n+1)d+2D_1=(10.5+1)\times2.5+2\times16.0=60.8\approx61\text{ mm}$$

取自由长度 $H_0=61$ mm。

工作长度： $H_1=H_0+f=61+22=83$ mm

试验长度： $H_s=H_0+f_s=61+34.9=95.9$ mm

有初拉力要求，弹簧密绕。

弹簧的展开长度按公式(42)计算：

$$L\approx\pi Dn+2\pi D(\text{钩环部分})=3.14\times18.5\times10.5+2\times3.14\times18.5=726.1\text{ mm}$$

D.2.13 弹簧典型工作图样

D.2.13.1 弹簧工作图见图 D.1。

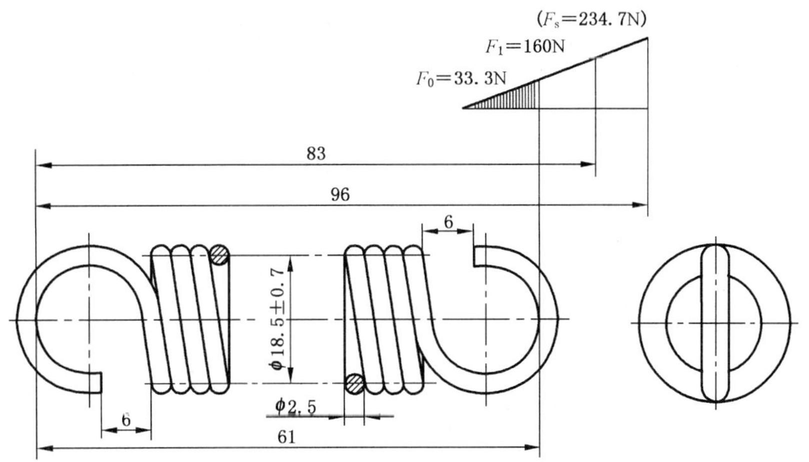

技术要求：

a） 弹簧端部结构型式：LⅢ圆钩环扭中心拉伸弹簧；

b） 有效圈数：n=10.5圈；

c） 旋向：右旋；

d） 表面处理：浸防锈油；

e） 制造技术条件：其余按GB/T 1239.1二级精度。

图 D.1 弹簧工作图

D.2.13.2 设计计算数据见表D.1。

表 D.1

序号	参数名称	代号	数值	单位	序号	参数名称	代号	数值	单位
1	旋绕比	C	7.4	—	7	试验应力	τ_s	708	MPa
2	曲度系数	K	1.2		8	初拉力	F_0	33.3	N
3	弹簧中径	D	18.5	mm	9	刚度	F'	5.76	N/mm
4	抗拉强度	R_m	1 770	MPa	10	循环次数	N	1.0×10^5	次
5	初切应力	τ_0	(100.5)		11	展开长度	L	726.1	mm
6	工作应力	τ_1	579.2		12				

附　录　E
（资料性附录）
圆柱螺旋扭转弹簧设计示例

E.1　例题

设计一结构型式为NVⅠ单臂弯曲扭转密卷右旋弹簧，顺旋向扭转。安装扭矩 $T_1=43\ \text{N}\cdot\text{mm}$，工作扭矩 $T_2=123\ \text{N}\cdot\text{mm}$，工作扭转变形角 $\varphi^\circ=\varphi_2{}^\circ-\varphi_1{}^\circ=53^\circ$，内径 $>\phi6$ mm，扭臂长为20 mm，需要考虑长扭臂对扭转变形角的影响，此结构要求尺寸紧凑。疲劳寿命 $N>10^7$ 次。

E.2　题解

E.2.1　选择材料

按照疲劳寿命要求，选用重要用途碳素钢丝F组。根据工作扭矩 $T_2=123\ \text{N}\cdot\text{mm}$，假设材料直径 $d=0.8\ \text{mm}\sim1.2\ \text{mm}$。查附录A得材料弹性模量 $E=206\times10^3$ MPa；由附录F查得材料抗拉强度 $R_m=2\ 490\ \text{MPa}\sim2\ 270\ \text{MPa}$，取 $R_m=2\ 380$ MPa。

E.2.2　选取弹簧许用弯曲应力

弹簧承受动负荷，根据循环特征 γ：

$$\gamma=\frac{T_1}{T_2}=\frac{43}{123}=0.35$$

在图2中 $\gamma=0.35$ 与 10^7 线交点的纵坐标大致为0.57，则许用弯曲应力为：

$$[\sigma]=0.57\,R_m=0.57\times2\ 380=1\ 356.6\ \text{MPa}$$

E.2.3　钢丝直径

根据公式(46)计算材料直径，取 $K_b=1$：

$$d\geqslant\sqrt[3]{\frac{10.2K_bT}{[\sigma]}}=\sqrt[3]{\frac{10.2\times1\times123}{1\ 356.6}}=0.97\ \text{mm}$$

取 $d=1$ mm与原假设基本相符，并符合GB/T 1358系列值。查附录F抗拉强度取 $R_m=2\ 350$ MPa，$[\sigma]=2\ 350\times0.57=1\ 339.5$ MPa。

E.2.4　弹簧直径

弹簧内径取 $D_1=7$ mm，则 $D_2=D_1+2d=7+2=9$ mm

弹簧中径：$D=D_1+d=7+1=8$ mm

旋绕比：$C=\dfrac{D}{d}=\dfrac{8}{1}=8$

E.2.5　弹簧刚度和扭转变形角

按公式(51)计算：

$$T'=\frac{T_2-T_1}{\varphi_2{}^\circ-\varphi_1{}^\circ}=\frac{123-43}{53}=1.509\ \text{N}\cdot\text{mm}/(^\circ)$$

按公式(51)计算：

$$\varphi_1{}^\circ=\frac{T_1}{T'}=\frac{43}{1.509}=28.5^\circ$$

$$\varphi_2{}^\circ=\frac{T_2}{T'}=\frac{123}{1.509}=81.5^\circ$$

E.2.6　弹簧有效圈

考虑长扭臂对扭转变形角的影响，由公式(56)推导计算：

$$n=[\frac{\pi Ed^4}{3\ 667T'}-\frac{1}{3}(l_1+l_2)]/(\pi D)=[\frac{3.14\times 206\times 10^3\times 1^4}{3\ 667\times 1.509}-\frac{1}{3}(20+20)]/(3.14\times 8)=4.12\ \text{圈}$$

取 $n=4.15$ 圈。

E.2.7 根据试验弯曲应力 $\sigma_s=0.78R_m=0.78\times 2\ 350=1\ 833$ MPa，则试验扭矩 T_s 和试验扭矩下的变形角 φ_s 按公式(57)和公式(54)计算：

$$T_s=\frac{\pi d^3}{32}\sigma_s=\frac{3.14\times 1^3}{32}\times 1\ 833=179.8\ \text{N}\cdot\text{mm}$$

$$\varphi_s{}^\circ=\frac{3\ 667T_s}{\pi Ed^4}[\pi Dn+\frac{1}{3}(l_1+l_2)=\frac{3\ 667\times 179.8}{3.14\times 206\times 10^3\times 1^4}[3.14\times 8\times 4.15+\frac{1}{3}(20+20)]=120^\circ$$

$$\frac{\varphi_1{}^\circ}{\varphi_s{}^\circ}=\frac{28.5}{120}=0.24 \qquad \frac{\varphi_2{}^\circ}{\varphi_s{}^\circ}=\frac{81.5}{120}=0.68$$

则 $0.2\varphi_s{}^\circ\leqslant\varphi_{1,2}{}^\circ\leqslant 0.8\varphi_s{}^\circ$，满足特性要求。

E.2.8 导杆直径

按公式(59)和公式(60)计算导杆直径 D'：

$$\Delta D_s=\frac{\varphi_s D}{360n}=\frac{120\times 8}{360\times 4.15}=0.64\ \text{mm}$$

$$D'=0.9(D_1-\Delta D_s)=0.9(7-0.64)=5.7\ \text{mm}$$

取导杆直径 $D'=5.5$ mm。

E.2.9 疲劳强度校核

由公式(45)计算，取 $K_b=1$ 得：

$$\sigma_{max}=\frac{32T_2}{\pi d^3}=\frac{32\times 123}{3.14\times 1^3}=1\ 253.5\ \text{MPa}$$

$$\sigma_{min}=\frac{32T_1}{\pi d^3}=\frac{32\times 43}{3.14\times 1^3}=438.2\ \text{MPa}$$

从而

$$\frac{\sigma_{max}}{R_m}=\frac{1\ 253.5}{2\ 350}=0.53 \qquad \frac{\sigma_{min}}{R_m}=\frac{438.2}{2\ 350}=0.19$$

由图 2 可以看出点(0.19，0.53)在 $\gamma=0.35$ 和 10^7 作用线的交点以下，表明此弹簧的疲劳寿命 $N>10^7$ 次。

E.2.10 自由长度和弹簧展开长度

自由长度按公式(63)计算：

$$H_0=(nt+d)+\text{扭臂在轴线的长度}=(4.15\times 1+1)+(6\times 2-2)=15.2\ \text{mm}$$

弹簧展开长度，按公式(64)计算：

$$L\approx\pi Dn+\text{扭臂长度}\approx 3.14\times 8\times 4.15+2\times(20+6)=156.2\ \text{mm}$$

E.2.11 弹簧典型工作图样

E.2.11.1 弹簧工作图见图 E.1。

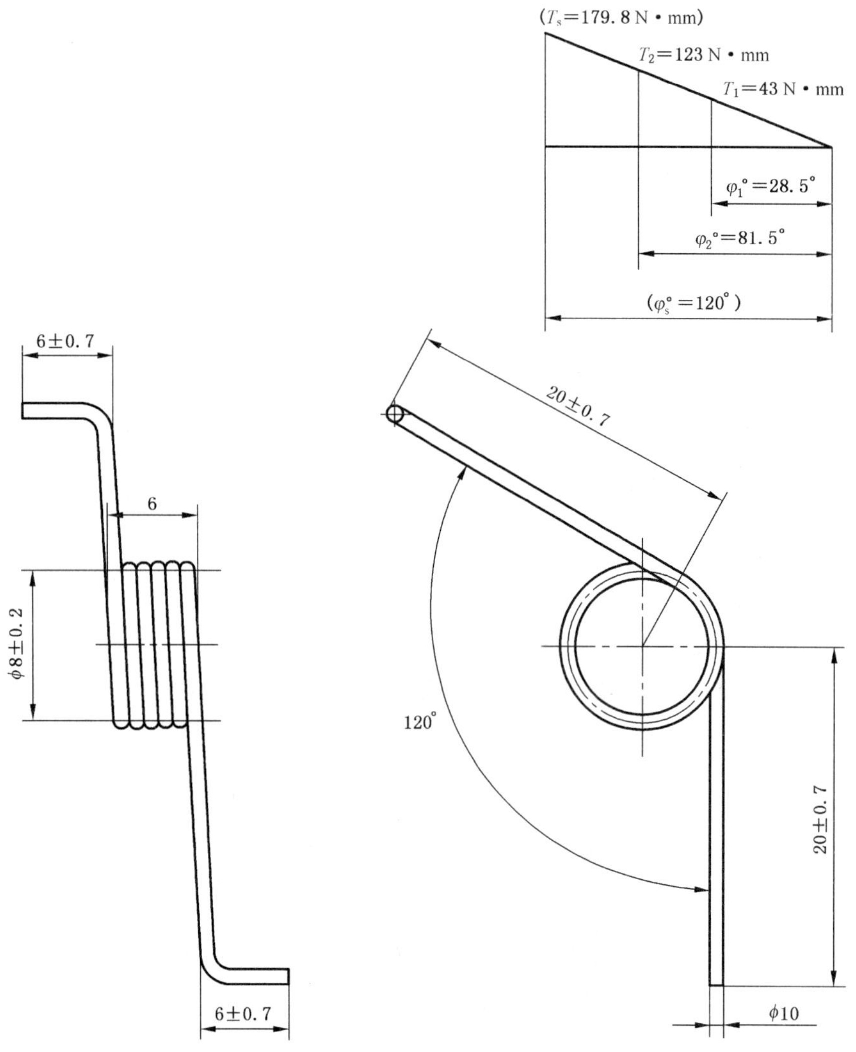

技术要求：

a) 弹簧端部结构型式：NVⅠ单臂弯曲扭转弹簧；

b) 旋向：右旋；

c) 有效圈数：n=4.15 圈；

d) 表面处理：浸防锈油；

e) 制造技术条件：其余按 GB/T 1239.3 二级精度。

图 E.1 弹簧工作图

E.2.11.2 设计计算数据见表 E.1。

表 E.1

序号	参数名称	代号	数值	单位	序号	参数名称	代号	数值	单位
1	旋绕比	C	8	—	7	许用弯曲应力	$[\sigma]$	1 339.5	MPa
2	曲度系数	K_b	1		8	扭转刚度	T'	1.509	N·mm/(°)
3	中径	D	8	mm	9	展开长度	L	156.2	mm
4	导杆直径	D'	5.5		10	自由长度	H_0	15.2	mm
5	材料抗拉强度	R_m	2 350	MPa					
6	工作弯曲应力	σ_1	438.2						
		σ_2	1 253.5						

附 录 F
（资料性附录）
弹簧常用材料

F.1 碳素弹簧钢丝和重要用途碳素弹簧钢丝

碳素弹簧钢丝和重要用途碳素弹簧钢丝抗拉强度见表 F.1。

表 F.1

直径/mm	R_m/MPa						直径/mm	R_m/MPa					
	GB/T 4357—1989 碳素弹簧钢丝			YB/T 5311 重要用途碳素弹簧钢丝				GB/T 4357—1989 碳素弹簧钢丝			YB/T 5311 重要用途碳素弹簧钢丝		
	B级	C级	D级	E组	F组	G组		B级	C级	D级	E组	F组	G组
0.08	2 400	2 740	2 840	2 330	2 710		1.20	1 620	1 910	2 250	1 920	2 270	1 820
0.09	2 350	2 690	2 840	2 320	2 700		1.40	1 620	1 860	2 150	1 870	2 200	1 780
0.10	2 300	2 650	2 790	2 310	2 690		1.60	1 570	1 810	2 110	1 830	2 160	1 750
0.12	2 250	2 600	2 740	2 300	2 680		1.80	1 520	1 760	2 010	1 800	2 060	1 700
0.14	2 200	2 550	2 740	2 290	2 670		2.00	1 470	1 710	1 910	1 760	1 970	1 670
0.16	2 150	2 500	2 690	2 280	2 660		2.20	1 420	1 660	1 810	1 720	1 870	1 620
0.18	2 150	2 450	2 690	2 270	2 650		2.50	1 420	1 660	1 760	1 680	1 770	1 620
0.20	2 150	2 400	2 690	2 260	2 640		2.80	1 370	1 620	1 710	1 630	1 720	1 570
0.22	2 110	2 350	2 690	2 240	2 620		3.00	1 370	1 570	1 710	1 610	1 690	1 570
0.25	2 060	2 300	2 640	2 220	2 600		3.20	1 320	1 570	1 660	1 560	1 670	1 570
0.28	2 010	2 300	2 640	2 220	2 600		3.50	1 320	1 570	1 660	1 520	1 620	1 470
0.30	2 010	2 300	2 640	2 210	2 600		4.00	1 320	1 520	1 620	1 480	1 570	1 470
0.32	1 960	2 250	2 600	2 210	2 590		4.50	1 320	1 520	1 620	1 410	1 500	1 470
0.35	1 960	2 250	2 600	2 210	2 590		5.00	1 320	1 470	1 570	1 380	1 480	1 420
0.40	1 910	2 250	2 600	2 200	2 580		5.50	1 270	1 470	1 570	1 330	1 440	1 400
0.45	1 860	2 200	2 550	2 190	2 570		6.00	1 220	1 420	1 520	1 320	1 420	1 350
0.50	1 860	2 200	2 550	2 180	2 560		6.30	1 220	1 420	—			
0.55	1 810	2 150	2 500	2 170	2 550		7.00	1 170	1 370	—			
0.60	1 760	2 110	2 450	2 160	2 540		8.00	1 170	1 370	—			
0.63	1 760	2 110	2 450	2 140	2 520		9.00	1 130	1 320	—			
0.70	1 710	2 060	2 450	2 120	2 500		10.00	1 130	1 320	—			
0.80	1 710	2 010	2 400	2 110	2 490		11.00	1 080	1 270	—			
0.90	1 710	2 010	2 350	2 060	2 390		12.00	1 080	1 270	—			
1.00	1 660	1 960	2 300	2 020	2 350	1 850	13.00	1 030	1 220	—			
注：表列抗拉强度 R_m 为材料标准的下限值。													

F.2 油淬火-退火弹簧钢丝

F.2.1 油淬火-退火弹簧钢丝的分类、代号及直径范围(GB/T 18983)见表 F.2。

表 F.2

类型	静态	中疲劳	高疲劳
低强度	FDC	TDC	VDC
中强度	FDCrV(A、B) FDSiMn	TDCrV(A、B) TDSiMn	VDCrV(A、B)
高强度	FDCrSi	TDCrSi	VDCrSi
直径范围	0.50 mm～17.00 mm	0.50 mm～17.00 mm	0.50 mm～10.00 mm
注 1:静态级钢丝适用于一般用途弹簧,以 FD 表示。 注 2:中疲劳级钢丝用于离合器、悬架弹簧等,以 TD 表示。 注 3:高疲劳级钢丝适用于阀门弹簧等,以 VD 表示。			

F.2.2 油淬火-退火弹簧钢丝代号与常用牌号的对应关系(GB/T 18983)见表 F.3。

表 F.3

钢丝代号	常用牌号
FDC、TDC、VDC	65、70、65Mn
FDCrV-A、TDCrV-A、VDCrV-A	50CrVA
FDSiMn、TDSiMn	60Si2Mn、60Si2MnA
FDCrSi、TDCrSi、VDCrSi	55CrSi
FDCrV-B、TDCrV-B、VDCrV-B	67CrV

F.2.3 油淬火-退火弹簧钢丝力学性能(GB/T 18983)见表 F.4。

表 F.4

直径范围 mm	R_m/MPa									断面收缩率≥ %		
	FDC TDC	FDCrV-A TDCrV-A	FDCrV-B TDCrV-B	FDSiMn TDSiMn	FDCrSi TDCrSi	VDC	VDCrV-A	VDCrV-B	VDCrSi	FD	TD	VD
0.50～0.80	1 800	1 800	1 900	1 850	2 000	1 700	1 750	1 910	2 030	—		
>0.80～1.00	1 800	1 780	1 860	1 850	2 000	1 700	1 730	1 880	2 030	—		
>1.00～1.30	1 800	1 750	1 850	1 850	2 000	1 700	1 700	1 860	2 030	45	45	45
>1.30～1.40	1 750	1 750	1 840	1 850	2 000	1 700	1 680	1 840	2 030	45	45	45
>1.40～1.60	1 740	1 710	1 820	1 850	2 000	1 670	1 660	1 820	2 000	45	45	45
>1.60～2.00	1 720	1 710	1 790	1 820	2 000	1 650	1 640	1 770	1 950	45	45	45
>2.00～2.50	1 670	1 670	1 750	1 800	1 970	1 630	1 620	1 720	1 900	45	45	45
>2.50～2.70	1 640	1 660	1 720	1 780	1 950	1 610	1 610	1 690	1 890	45	45	45
>2.70～3.00	1 620	1 630	1 700	1 760	1 930	1 590	1 600	1 660	1 880	45	45	45
>3.00～3.20	1 600	1 610	1 680	1 740	1 910	1 570	1 580	1 640	1 870	40	45	45
>3.20～3.50	1 580	1 600	1 660	1 720	1 900	1 550	1 560	1 620	1 860	40	45	45
>3.50～4.00	1 550	1 560	1 620	1 710	1 870	1 530	1 540	1 570	1 840	40	45	45
>4.00～4.20	1 540	1 540	1 610	1 700	1 860	—	—	—	—	40	45	—
>4.20～4.50	1 520	1 520	1 590	1 690	1 850	1 510	1 520	1 540	1 810	40	45	45

表 F.4（续）

直径范围 mm	R_m/MPa									断面收缩率≥ %		
	FDC	FDCrV-A	FDCrV-B	FDSiMn	FDCrSi	VDC	VDCrV-A	VDCrV-B	VDCrSi	FD	TD	VD
	TDC	TDCrV-A	TDCrV-B	TDSiMn	TDCrSi							
>4.50～4.70	1 510	1 510	1 580	1 680	1 840	—	—	—	—	40	45	45
>4.70～5.00	1 500	1 500	1 560	1 670	1 830	1 490	1 500	1 520	1 780	40	45	40
>5.00～5.60	1 470	1 460	1 540	1 660	1 800	1 470	1 480	1 490	1 750	35	40	40
>5.60～6.00	1 460	1 440	1 520	1 650	1 780	1 450	1 470	1 470	1 730	35	40	40
>6.00～6.50	1 440	1 420	1 510	1 640	1 760	1 420	1 440	1 440	1 710	35	40	40
>6.50～7.00	1 430	1 400	1 500	1 630	1 740	1 400	1 420	1 420	1 690	35	40	40
>7.00～8.00	1 400	1 380	1 480	1 620	1 710	1 370	1 410	1 390	1 660	35	40	35
>8.00～9.00	1 380	1 370	1 470	1 610	1 700	1 350	1 390	1 370	1 640	30	35	45
>9.00～10.00	1 360	1 350	1 450	1 600	1 660	1 340	1 370	1 340	1 620	30	35	45
>10.00～12.00	1 320	1 320	1 430	1 580	1 660	—	—	—	—	30	—	—
>12.00～14.00	1 280	1 300	1 420	1 560	1 620					30	—	
>14.00～15.00	1 270	1 290	1 410	1 550	1 620					—		
>15.00～17.00	1 250	1 270	1 400	1 540	1 580							

注 1：FDSiMn 和 TDSiMn 直径≤5.00 mm 时，断面收缩率≥35%；直径>5.00 mm～14.00 mm 时，断面收缩率应≥30%。

注 2：表列抗拉强度 R_m 为材料标准的下限值。

F.3 弹簧用不锈钢丝力学性能[YB(T) 11]见表 F.5。

表 F.5

直径/mm	R_m/MPa			直径/mm	R_m/MPa			直径/mm	R_m/MPa		
	A 组	B 组	C 组		A 组	B 组	C 组		A 组	B 组	C 组
0.08	1 618	2 157	—	0.55	1 569	1 961	1 814	2.90	1 177	1 569	1 373
0.09	1 618	2 157	—	0.60	1 569	1 961	1 814	3.00	—	1 471	—
0.10	1 618	2 157	—	0.65	1 569	1 961	1 814	3.20	1 177		1 373
0.12	1 618	2 157	1 961	0.70	1 569	1 961	1 814	3.50	1 177	1 471	1 373
0.14	1 618	2 157	1 961	0.80	1 471	1 863	1 765	4.00	1 177	1 471	1 373
0.16	1 618	2 157	1 961	0.90	1 471	1 863	1 765	4.50	1 079	1 471	1 275
0.18	1 618	2 157	1 961	1.00	1 471	1 863	1 765	5.00	1 079	1 373	1 275
0.20	1 618	2 157	1 961	1.20	1 373	1 765	1 667	5.50	1 079	1 373	1 275
0.23	1 569	2 157	1 961	1.40	1 373	1 765	1 667	6.00	1 079	1 373	1 275
0.26	1 569	2 059	1 912	1.60	1 324	1 765	1 569	6.50	981	1 373	—
0.29	1 569	2 059	1 912	1.80	1 324	1 667	1 569	7.00	981	1 275	—
0.32	1 569	2 059	1 912	2.00	1 324	1 667	1 569	8.00	981	1 275	—
0.35	1 569	2 059	1 912	2.20	—	1 667	—	9.00	—	1 275	—
0.40	1 569	2 059	1 912	2.30	1 275	—	1 471	10.00	—	1 128	—
0.45	1 569	1 961	1 814	2.50	—	1 569	—	11.00		981	—
0.50	1 569	1 961	1 814	2.60	1 275	—	1 471	12.00	—	883	—

注：表列抗拉强度 R_m 为材料标准的下限值。

F.4 铍青铜线力学性能(YS/T 571)见表 F.6。

表 F.6

材料状态	R_m/MPa	
	时效处理前的拉力试验	时效处理后的拉力试验
软	345～568	>1 029
1/2 硬	579～784	>1 176
硬	>598	>1 274

F.5 铜及铜合金线材力学性能(GB/T 21652)见表 F.7。

表 F.7

材料牌号	状态	线材直径/mm	R_m/MPa
QCd1	M (软)	0.1～6.0	≥275
	Y (硬)	0.1～0.5	590～880
		>0.5～4.0	490～735
		>4.0～6.0	470～685
QSn6.5-0.1 QSn6.5-0.4 QSn7-0.2	M (软)	0.1～1.0	≥350
		>1.0～6.0	
QSi3-1、QSn4-3、 QSn6.5-0.1、QSn6.5-0.4 QSn7-0.2	Y (硬)	0.1～1.0	880～1 130
		>1.0～2.0	860～1 060
		>2.0～4.0	830～1 030
		>4.0～6.0	780～980

轴承及附件

ICS 21.100.20
J 11

中华人民共和国国家标准

GB/T 7813—2008
代替 GB/T 7813—1998

滚动轴承
剖分立式轴承座 外形尺寸

Rolling bearings—Split type plummer block housings—Boundary dimensions

(ISO 113:1999,NEQ)

2008-02-28 发布　　　　2008-08-01 实施

中华人民共和国国家质量监督检验检疫总局
中国国家标准化管理委员会　发布

前　言

本标准对应于 ISO 113:1999《滚动轴承　立式轴承座　外形尺寸》，本标准与 ISO 113:1999 的一致性程度为非等效。

本标准与 ISO 113:1999 的主要差异如下：

——按照汉语习惯对一些编排格式进行了修改；

——将一些适用于国际标准的表述改为适用于我国标准的表述；

——增加了轴承座型号、适用的轴承型号和紧定套型号；

——增加了部分外形尺寸；

——增加了轴承座用止推环的结构型式和外形尺寸。

本标准代替 GB/T 7813—1998《滚动轴承附件　轴承座　外形尺寸》。

本标准与 GB/T 7813—1998 相比，主要变化如下：

——修改了标准名称(1998 年版和本版的标准名称)；

——增加了二螺柱轴承座和四螺柱轴承座的定义(见第 2 章)；

——修改了部分外形尺寸(1998 年版的表 1～表 7；本版的表 1～表 5)；

——将等径孔和异径孔二螺柱轴承座的外形尺寸表及结构示意图合并(1998 年版的表 3～表 6 和图 2、图 3；本版的表 3、表 4 和图 2)；

——增加了部分轴承座型号的螺栓孔尺寸(见表 A.1、表 A.2)；

——修改了四螺柱轴承座的型号(1998 年版的表 7；本版的表 5)。

本标准的附录 A 和附录 B 为规范性附录。

本标准由中国机械工业联合会提出。

本标准由全国滚动轴承标准化技术委员会(SAC/TC 98)归口。

本标准起草单位：洛阳轴承研究所、洛阳轴研科技股份有限公司。

本标准主要起草人：宋玉聪。

本标准所代替标准的历次版本发布情况为：

——GB 7813—87、GB/T 7813—1998。

滚动轴承
剖分立式轴承座　外形尺寸

1　范围

本标准规定了二螺柱和四螺柱剖分立式轴承座(以下简称轴承座)的外形尺寸。

本标准适用于调心球轴承和调心滚子轴承,供制造厂设计和用户选型。

2　术语和定义

下列术语和定义适用于本标准。

2.1

二螺柱立式轴承座　two bolt plummer block housings

轴承盖上有两个螺栓、底座上有两个螺栓孔的轴承座。

见图 1 和图 2。

2.2

四螺柱立式轴承座　four bolt plummer block housings

轴承盖上有四个螺栓、底座上有四个螺栓孔的轴承座。

见图 3。

3　符号和缩略语(见图 1～图 3)

下列符号适用于本标准。

除另有说明外,图中所示符号和表中所示数值均表示公称尺寸。

A:轴承座总宽度

A_1:轴承座底座宽度

D_a:轴承座内孔直径

d:轴承内径

d_1,d_2:适用轴径

G:固定轴承座用螺栓直径

g:轴承座内孔宽度

H:安装面到轴承座内孔直径中心线的距离

H_1:轴承座底座高度

J:螺栓孔中心距离(长度)

J_1:螺栓孔中心距离(宽度)

L:轴承座总长度

N:螺栓孔宽度

N_1:螺栓孔长度

4　结构型式及外形尺寸

4.1　二螺柱立式轴承座

4.1.1　等径孔型

SN 5 系列和 SN 6 系列适用于圆锥孔带紧定套的调心轴承,其结构型式见图 1,外形尺寸应符合

表 1和表 2 的规定。

SN 2 系列和 SN 3 系列适用于圆柱孔的调心轴承，其结构型式见图 2，外形尺寸应符合表 3 和表 4 的规定。

注：等径孔型为轴承座两端孔径相同。

4.1.2 异径孔型

SNK 2 系列和 SNK 3 系列适用于圆柱孔的调心轴承，其结构型式见图 2，外形尺寸应符合表 3 和表 4 的规定。

注：异径孔型为轴承座两端孔径不同。

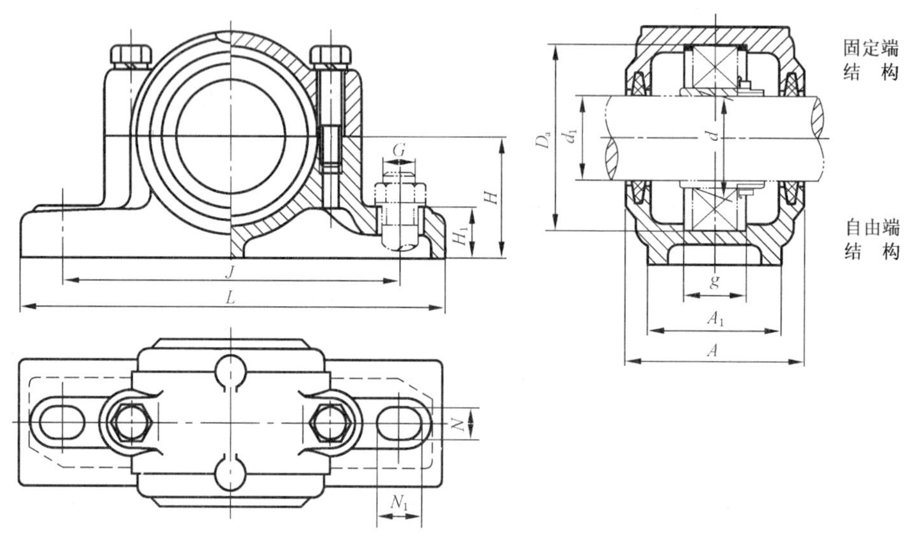

图 1 SN 5 系列和 SN 6 系列

表 1 SN 5 系列

单位为毫米

轴承座型号	外形尺寸													适用轴承及附件		
	d_1	d	D_a	g	A max	A_1	H	H_1 max	L max	J	G	N	N_1 min	调心球轴承	调心滚子轴承	紧定套
SN 505	20	25	52	25	72	46	40	22	170	130	M12	15	15	1205 K 2205 K	— —	H 205 H 305
SN 506	25	30	62	30	82	52	50	22	190	150	M12	15	15	1206 K 2206 K	— —	H 206 H 306
SN 507	30	35	72	33	85	52	50	22	190	150	M12	15	15	1207 K 2207 K	— —	H 207 H 307
SN 508	35	40	80	33	92	60	60	25	210	170	M12	15	15	1208 K 2208 K	— 22208 CK	H 208 H 308
SN 509	40	45	85	31	92	60	60	25	210	170	M12	15	15	1209 K 2209 K	— 22209 CK	H 209 H 309
SN 510	45	50	90	33	100	60	60	25	210	170	M12	15	15	1210 K 2210 K	— 22210 CK	H 210 H 310
SN 511	50	55	100	33	105	70	70	28	270	210	M16	18	18	1211 K 2211 K	— 22211 CK	H 211 H 311
SN 512	55	60	110	38	115	70	70	30	270	210	M16	18	18	1212 K 2212 K	— 22212 CK	H 212 H 312

表 1（续）

单位为毫米

轴承座型号	外形尺寸													适用轴承及附件		
	d_1	d	D_a	g	A max	A_1	H	H_1 max	L max	J	G	N	N_1 min	调心球轴承	调心滚子轴承	紧定套
SN 513	60	65	120	43	120	80	80	30	290	230	M16	18	18	1213 K 2213 K	— 22213 CK	H 213 H 313
SN 515	65	75	130	41	125	80	80	30	290	230	M16	18	18	1215 K 2215 K	— 22215 CK	H 215 H 315
SN 516	70	80	140	43	135	90	95	32	330	260	M20	22	22	1216 K 2216 K	— 22216 CK	H 216 H 316
SN 517	75	85	150	46	140	90	95	32	330	260	M20	22	22	1217 K 2217 K	— 22217 CK	H 217 H 317
SN 518	80	90	160	62.4	145	100	100	35	360	290	M20	22	22	1218 K 2218 K —	— 22218 CK 23218 CK	H 218 H 318 H 2318
SN 520	90	100	180	70.3	165	110	112	40	400	320	M24	26	26	1220 K 2220 K —	— 22220 CK 23220 CK	H 220 H 320 H 2320
SN 522	100	110	200	80	177	120	125	45	420	350	M24	26	26	1222 K 2222 K —	— 22222 CK 23222 CK	H 222 H 322 H 2322
SN 524	110	120	215	86	187	120	140	45	420	350	M24	26	26	—	22224 CK 23224 CK	H 3124 H 2324
SN 526	115	130	230	90	192	130	150	50	450	380	M24	28	28	—	22226 CK 23226 CK	H 3126 H 2326
SN 528	125	140	250	98	207	150	150	50	510	420	M30	35	35	—	22228 CK 23228 CK	H 3128 H 2328
SN 530	135	150	270	106	224	160	160	60	540	450	M30	35	35	—	22230 CK 23230 CK	H 3130 H 2330
SN 532	140	160	290	114	237	160	170	60	560	470	M30	35	35	—	22232 CK 23232 CK	H 3132 H 2332

注：SN 524～SN 532 应装有吊环螺钉。

表 2　SN 6 系列

单位为毫米

轴承座型号	外形尺寸													适用轴承及附件		
	d_1	d	D_a	g	A max	A_1	H	H_1 max	L max	J	G	N	N_1 min	调心球轴承	调心滚子轴承	紧定套
SN 605	20	25	62	34	82	52	50	22	190	150	M12	15	15	1305 K 2305 K	— —	H 305 H 2305
SN 606	25	30	72	37	85	52	50	22	190	150	M12	15	15	1306 K 2306 K	— —	H 306 H 2306

表 2（续）

单位为毫米

轴承座型号	外形尺寸													适用轴承及附件		
	d_1	d	D_a	g	A max	A_1	H	H_1 max	L max	J	G	N	N_1 min	调心球轴承	调心滚子轴承	紧定套
SN 607	30	35	80	41	92	60	60	25	210	170	M12	15	15	1307 K 2307 K	— —	H 307 H 2307
SN 608	35	40	90	43	100	60	60	25	210	170	M12	15	15	1308 K 2308 K	— 22308 CK	H 308 H 2308
SN 609	40	45	100	46	105	70	70	28	270	210	M16	18	18	1309 K 2309 K	— 22309 CK	H 309 H 2309
SN 610	45	50	110	50	115	70	70	30	270	210	M16	18	18	1310 K 2310 K	— 22310 CK	H 310 H 2310
SN 611	50	55	120	53	120	80	80	30	290	230	M16	18	18	1311 K 2311 K	— 22311 CK	H 311 H 2311
SN 612	55	60	130	56	125	80	80	30	290	230	M16	18	18	1312 K 2312 K	— 22312 CK	H 312 H 2312
SN 613	60	65	140	58	135	90	95	32	330	260	M20	22	22	1313 K 2313 K	— 22313 CK	H 313 H 2313
SN 615	65	75	160	65	145	100	100	35	360	290	M20	22	22	1315 K 2315 K	— 22315 CK	H 315 H 2315
SN 616	70	80	170	68	150	100	112	35	360	290	M20	22	22	1316 K 2316 K	— 22316 CK	H 316 H 2316
SN 617	75	85	180	70	165	110	112	40	400	320	M24	26	26	1317 K 2317 K	— 22317 CK	H 317 H 2317
SN 618	80	90	190	74	165	110	112	40	405	320	M24	26	26	1318 K 2318 K	— 22318 CK	H 318 H 2318
SN 619	85	95	200	77	117	120	125	45	420	350	M24	26	26	1319 K 2319 K	— 22319 CK	H 319 H 2319
SN 620	90	100	215	83	187	120	140	45	420	350	M24	26	26	1320 K 2320 K	— 22320 CK	H 320 H 2320
SN 622	100	110	240	90	195	130	150	50	475	390	M24	28	28	1322 K 2322 K	— 22322 CK	H 322 H 2322
SN 624	110	120	260	96	210	160	160	60	545	450	M30	35	35	—	22324 CK	H 2324
SN 626	115	130	280	103	225	160	170	60	565	470	M30	35	35	—	22326 CK	H 2326
SN 628	125	140	300	112	237	170	180	65	630	520	M30	35	35	—	22328 CK	H 2328
SN 630	135	150	320	118	245	180	190	65	680	560	M30	35	35	—	22330 CK	H 2330
SN 632	140	160	340	124	260	190	200	70	710	580	M36	42	42	—	22332 CK	H 2332

注：SN 624～SN 632 应装有吊环螺钉。

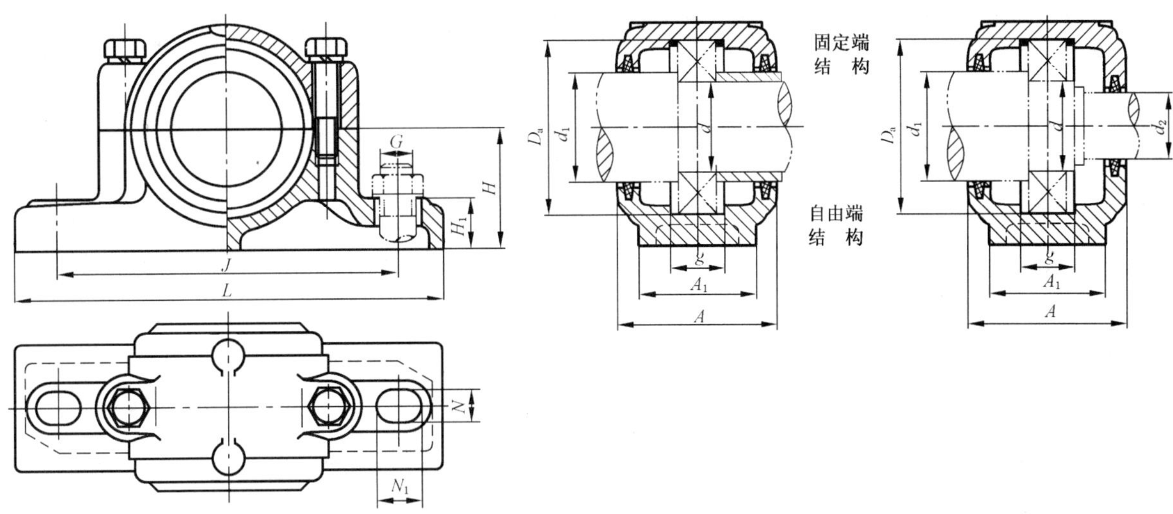

图 2 SN 2 系列、SN 3 系列、SNK 2 系列和 SNK 3 系列

表 3 SN 2 系列

单位为毫米

轴承座型号		外形尺寸														适用轴承	
SN 型	SNK 型	d	D_a	g	A max	A_1	H	H_1 max	L max	J	G	N	N_1 min	d_1	d_2[a]	调心球轴承	调心滚子轴承
SN 205	SNK 205	25	52	25	72	46	40	22	170	130	M12	15	15	30	20	1205 2205	22205 C —
SN 206	SNK 206	30	62	30	82	52	50	22	190	150	M12	15	15	35	25	1206 2206	22206 C —
SN 207	SNK 207	35	72	33	85	52	50	22	190	150	M12	15	15	45	30	1207 2207	22207 C —
SN 208	SNK 208	40	80	33	92	60	60	25	210	170	M12	15	15	50	35	1208 2208	22208 C —
SN 209	SNK 209	45	85	31	92	60	60	25	210	170	M12	15	15	55	40	1209 2209	22209 C —
SN 210	SNK 210	50	90	33	100	60	60	25	210	170	M12	15	15	60	45	1210 2210	22210 C —
SN 211	SNK 211	55	100	33	105	70	70	28	270	210	M16	18	18	65	50	1211 2211	22211 C —
SN 212	SNK 212	60	110	38	115	70	70	30	270	210	M16	18	18	70	55	1212 2212	22212 C —
SN 213	SNK 213	65	120	43	120	80	80	30	290	230	M16	18	18	75	60	1213 2213	22213 C —
SN 214	SNK 214	70	125	44	120	80	80	30	290	230	M16	18	18	80	65	1214 2214	2214 C —
SN 215	SNK 215	75	130	41	125	80	80	30	290	230	M16	18	18	85	70	1215 2215	22215 C —
SN 216	SNK 216	80	140	43	135	90	95	32	330	260	M20	22	22	90	75	1216 2216	22216 C —
SN 217	SNK 217	85	150	46	140	90	95	32	330	260	M20	22	22	95	80	1217 2217	22217 C —
SN 218	SNK 218	90	160	62.4	145	100	100	35	360	290	M20	22	22	100	85	1218 2218	22218 C —
SN 220	SNK 220	100	180	70.3	165	110	112	40	400	320	M24	26	26	115	95	1220 2220	22220 C 23220 C

表 3（续）

单位为毫米

轴承座型号		外形尺寸														适用轴承	
SN 型	SNK 型	d	D_a	g	A max	A_1	H	H_1 max	L max	J	G	N	N_1 min	d_1	d_2[a]	调心球轴承	调心滚子轴承
SN 222	SNK 222	110	200	80	177	120	125	45	420	350	M24	26	26	125	105	1222 2222	22222 C 23222 C
SN 224	SNK 224	120	215	86	187	120	140	45	420	350	M24	26	26	135	115	—	22224 C 23224 C
SN 226	SNK 226	130	230	90	192	130	150	50	450	380	M24	26	26	145	125	—	22226 C 23226 C
SN 228	SNK 228	140	250	98	207	150	150	50	510	420	M30	35	35	155	135	—	22228 C 23228 C
SN 230	SNK 230	150	270	106	224	160	160	60	540	450	M30	35	35	165	145	—	22230 C 23230 C
SN 232	SNK 232	160	290	114	237	160	170	60	560	470	M30	35	35	175	150	—	22232 C 23232 C
注：SN 224～SN 232、SNK 224～SNK 232 应装有吊环螺钉。																	
[a] 该尺寸适用于 SNK 型轴承座。																	

表 4 SN 3 系列

单位为毫米

轴承座型号		外形尺寸														适用轴承	
SN 型	SNK 型	d	D_a	g	A max	A_1	H	H_1 max	L max	J	G	N	N_1 min	d_1	d_2[a]	调心球轴承	调心滚子轴承
SN 305	SNK 305	25	62	34	82	52	50	22	185	150	M12	15	20	30	20	1305 2305	—
SN 306	SNK 306	30	72	37	85	52	50	22	185	150	M12	15	20	35	25	1306 2306	—
SN 307	SNK 307	35	80	41	92	60	60	25	205	170	M12	15	20	45	30	1307 2307	—
SN 308	SNK 308	40	90	43	100	60	60	25	205	170	M12	15	20	50	35	1308 2308	22308 C 21308 C
SN 309	SNK 309	45	100	46	105	70	70	28	255	210	M16	18	23	55	40	1309 2309	22309 C 21309 C
SN 310	SNK 310	50	110	50	115	70	70	30	255	210	M16	18	23	60	45	1310 2310	22310 C 21310 C
SN 311	SNK 311	55	120	53	120	80	80	30	275	230	M16	18	23	65	50	1311 2311	22311 C 21311 C
SN 312	SNK 312	60	130	56	125	80	80	30	280	230	M16	18	23	70	55	1312 2312	22312 C 21312 C
SN 313	SNK 313	65	140	58	135	90	95	32	315	260	M20	22	27	75	60	1313 2313	22313 C 21313 C
SN 314	SNK 314	70	150	61	140	90	95	32	320	260	M20	22	27	80	65	1314 2314	22314 C 21314 C
SN 315	SNK 315	75	160	65	145	100	100	35	345	290	M20	22	27	85	70	1315 2315	22315 C 21315 C
SN 316	SNK 316	80	170	68	150	100	112	35	345	290	M20	22	27	90	75	1316 2316	22316 C 21316 C
SN 317	SNK 317	85	180	70	165	110	112	40	380	320	M24	26	32	95	80	1317 2317	22317 C 21317 C
[a] 该尺寸适用于 SNK 型轴承座。																	

4.2 四螺柱立式轴承座（适用于圆锥孔带紧定套的调心轴承）

SD 31 TS 系列的结构型式见图 3，外形尺寸应符合表 5 的规定。

SD 5 系列和 SD 6 系列的结构型式见图 3，外形尺寸见附录 A。

注：TS 表示轴承座带迷宫式密封圈。

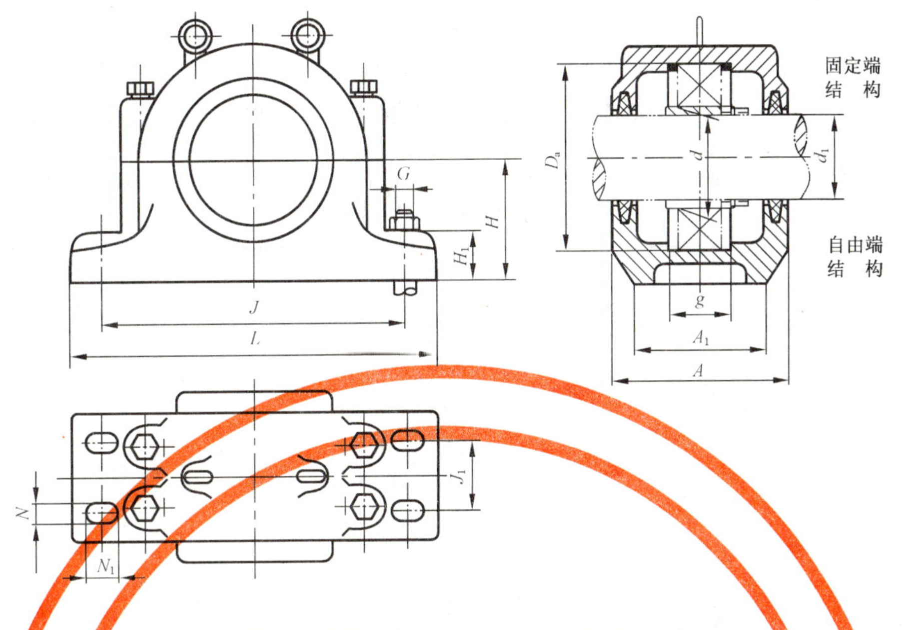

图 3　SD 31 TS 系列、SD 5 系列和 SD 6 系列

表 5　SD 31 TS 系列

单位为毫米

轴承座型号	外形尺寸													适用轴承及附件	
	D_a	H	g[a]	J	J_1	A max	L max	A_1	H_1 max	G	d_1	N	N_1 min	调心滚子轴承	紧定套
SD 3134 TS	280	170	108	430	100	235	515	180	70	M24	150	28	28	23134 CK	H 3134
SD 3136 TS	300	180	116	450	110	245	535	190	75	M24	160	28	28	23136 CK	H 3136
SD 3138 TS	320	190	124	480	120	265	565	210	80	M24	170	28	28	23138 CK	H 3138
SD 3140 TS	340	210	132	510	130	285	615	230	85	M30	180	35	35	23140 CK	H 3140
SD 3144 TS	370	220	140	540	140	295	645	240	90	M30	200	35	35	23144 CK	H 3144
SD 3148 TS	400	240	148	600	150	315	705	260	95	M30	220	35	35	23148 CK	H 3148
SD 3152 TS	440	260	164	650	160	325	775	280	100	M36	240	42	42	23152 CAK	H 3152
SD 3156 TS	460	280	166	670	160	325	795	280	105	M36	260	42	42	23156 CAK	H 3156
SD 3160 TS	500	300	180	710	190	355	835	310	110	M36	280	42	42	23160 CAK	H 3160
SD 3164 TS	540	320	196	750	200	375	885	330	115	M36	300	42	42	23164 CAK	H 3164

[a] 不利用止推环使轴承在轴承座内固定时，该值减小 20 mm。

4.3　止推环

止推环的结构型式及外形尺寸见附录 B。

附　录　A
（规范性附录）
SD 5 系列、SD 6 系列轴承座外形尺寸

SD 5 系列和 SD 6 系列轴承座的外形尺寸与国际标准的规定不一致，按表 A.1 和表 A.2 的规定。

表 A.1　SD 5 系列

单位为毫米

轴承座型号	外形尺寸													适用轴承及附件	
	D_a	H	g^a	J	J_1	A max	L	A_1 max	H_1	N	N_1 min	G	d_1	调心滚子轴承	紧定套
SD 534	310	180	96	510	140	270	620	250	60	35	35	M30	150	22234 CK	H 3134
SD 536	320	190	96	540	150	280	650	260	60	35	35	M30	160	22236 CK	H 3136
SD 538	340	200	102	570	160	290	700	280	65	35	35	M30	170	22238 CK	H 3138
SD 540	360	210	108	610	170	300	740	290	65	35	35	M30	180	22240 CK	H 3140
SD 544	400	240	118	680	190	330	820	320	70	40	40	M36	200	22244 CK	H 3144
SD 548	440	260	132	740	200	340	880	330	85	42	42	M36	220	22248 CK	H 3148
SD 552	480	280	140	790	210	370	940	360	85	42	42	M36	240	22252 CAK	H 3152
SD 556	500	300	140	830	230	390	990	380	100	50	50	M42	260	22256 CAK	H 3156
SD 560	540	325	150	890	250	410	1060	400	100	50	50	M42	280	22260 CAK	H 3160
SD 564	580	355	160	930	270	440	1110	430	110	57	57	M48	300	22264 CAK	H 3164

[a] 不利用止推环使轴承在轴承座内固定时，该值减小 10 mm。

表 A.2　SD 6 系列

单位为毫米

轴承座型号	外形尺寸													适用轴承及附件	
	D_a	H	g^a	J	J_1	A max	L	A_1 max	H_1	N	N_1 min	G	d_1	调心滚子轴承	紧定套
SD 634	360	210	130	610	170	300	740	290	65	35	35	M30	150	22334 CK	H 2334
SD 636	380	225	136	640	180	320	780	310	70	40	40	M36	160	22336 CK	H 2336
SD 638	400	240	142	680	190	330	820	320	70	40	40	M36	170	22338 CK	H 2338
SD 640	420	250	148	710	200	350	860	340	85	42	42	M36	180	22340 CK	H 2340
SD 644	460	280	155	770	210	360	920	350	85	42	42	M36	200	22344 CK	H 2344
SD 648	500	300	165	830	230	390	990	380	100	50	50	M42	220	22348 CK	H 2348
SD 652	540	325	175	890	250	410	1060	400	100	50	50	M42	240	22352 CAK	H 2352
SD 656	580	355	185	930	270	440	1110	430	110	57	57	M48	260	22336 CAK	H 2356

[a] 不利用止推环使轴承在轴承座内固定时，该值减小 10 mm。

附 录 B
（规范性附录）
止 推 环

B.1 结构型式和外形尺寸

止推环的结构型式见图 B.1，外形尺寸按表 B.1。

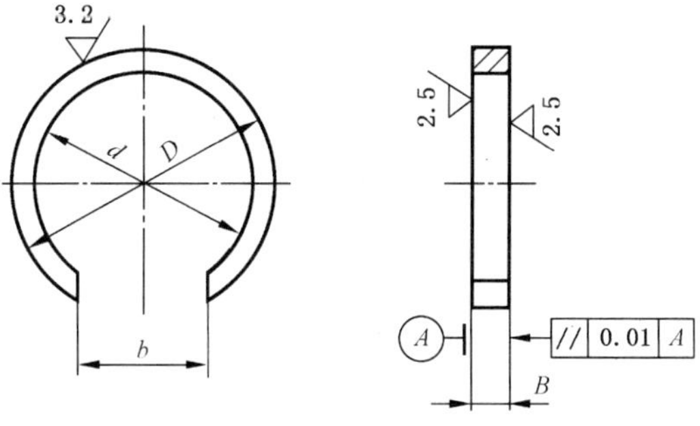

图 B.1

表 B.1 止推环

单位为毫米

型 号	外形尺寸 D	d	B	b	型 号	外形尺寸 D	d	B	b
SR 52×5	52	45	5	32	SR 190×10	190	173	10	130
SR 52×7	52	45	7	32	SR 190×15.5	190	173	15.5	130
SR 62×7	62	54	7	38	SR 200×10	200	180	10	130
SR 62×8.5	62	54	8.5	38	SR 200×13.5	200	180	13.5	130
SR 62×10	62	54	10	38	SR 200×16	200	180	16	130
SR 72×8	72	64	8	47	SR 200×21	200	180	21	130
SR 72×9	72	64	9	47	SR 215×10	215	195	10	140
SR 72×10	72	64	10	47	SR 215×14	215	195	14	140
SR 80×7.5	80	70	7.5	52	SR 215×18	215	195	18	140
SR 80×10	80	70	10	52	SR 230×10	230	210	10	150
SR 85×6	85	75	6	57	SR 230×13	230	210	13	150
SR 85×8	85	75	8	57	SR 240×10	240	218	10	150
SR 90×6.5	90	80	6.5	62	SR 240×20	240	218	20	150
SR 90×10	90	80	10	62	SR 250×10	250	230	10	160
SR 100×6	100	90	6	68	SR 250×15	250	230	15	160
SR 100×8	100	90	8	68	SR 260×10	260	238	10	170
SR 100×10	100	90	10	68	SR 270×10	270	248	10	170
SR 100×10.5	100	90	10.5	68	SR 270×16.5	270	248	16.5	170
SR 110×8	110	99	8	73	SR 280×10	280	255	10	170
SR 110×10	110	99	10	73	SR 290×10	290	268	10	180
SR 110×11.5	110	99	11.5	73	SR 290×17	290	268	17	180

表 B.1(续)

单位为毫米

型号	外形尺寸				型号	外形尺寸			
	D	*d*	*B*	*b*		*D*	*d*	*B*	*b*
SR 120×10	120	108	10	78	SR 300×10	300	275	10	190
SR 120×12	120	108	12	78	SR 310×5	310	285	5	190
SR 125×10	125	113	10	84	SR 310×10	310	285	10	190
SR 125×13	125	113	13	84	SR 320×5	320	296	5	200
SR 130×8	130	118	8	88	SR 320×10	320	296	10	200
SR 130×10	130	118	10	88	SR 340×5	340	314	5	210
SR 130×12.5	130	118	12.5	88	SR 340×10	340	314	10	210
SR 140×8.5	140	127	8.5	93	SR 360×5	360	332	5	210
SR 140×10	140	127	10	93	SR 360×10	360	332	10	210
SR 140×12.5	140	127	12.5	93	SR 370×10	370	337	10	210
SR 150×9	150	135	9	98	SR 380×5	380	342	5	210
SR 150×10	150	135	10	98	SR 400×5	400	369	5	210
SR 150×13	150	135	13	98	SR 400×10	400	369	10	210
SR 160×10	160	144	10	105	SR 420×5	420	379	5	220
SR 160×11.2	160	144	11.2	105	SR 440×5	440	420	5	220
SR 160×14	160	144	14	105	SR 440×10	440	420	10	220
SR 160×16.2	160	144	16.2	105	SR 460×5	460	430	5	200
SR 170×10	170	154	10	112	SR 460×10	460	430	10	200
SR 170×10.5	170	154	10.5	112	SR 480×5	480	451	5	240
SR 170×14.5	170	154	14.5	112	SR 500×5	500	461	5	220
SR 180×10	180	163	10	120	SR 500×10	500	461	10	220
SR 180×12.1	180	163	12.1	120	SR 540×5	540	487	5	240
SR 180×14.5	180	163	14.5	120	SR 540×10	540	487	10	240
SR 180×18.1	180	163	18.1	120	SR 580×5	580	524	5	260

B.2 代号方法

止推环的代号构成如下:

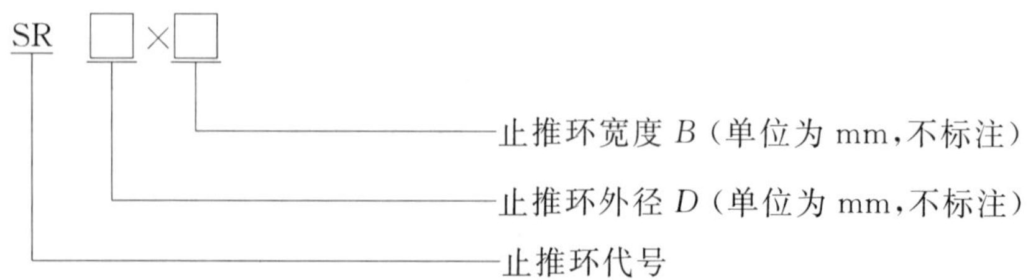

代号示例:

SR 52×7

表示外径为 52 mm,宽度为 7 mm 的止推环。

ICS 21.100.10
J 12

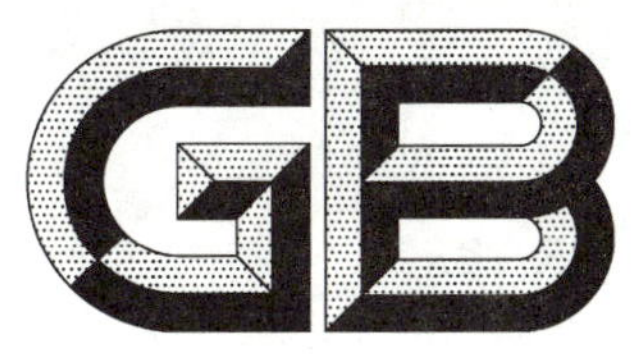

中华人民共和国国家标准

GB/T 12613.1—2011/ISO 3547-1:2006
代替 GB/T 12613.1—2002

滑动轴承 卷制轴套 第1部分:尺寸

Plain bearings—Wrapped bushes—Part 1:Dimensions

(ISO 3547-1:2006,IDT)

2011-12-30 发布 2012-10-01 实施

中华人民共和国国家质量监督检验检疫总局
中国国家标准化管理委员会 发布

前　言

GB/T 12613《滑动轴承　卷制轴套》由以下七部分组成：

——第 1 部分：尺寸；

——第 2 部分：外径和内径的检测数据；

——第 3 部分：润滑油孔、油槽和油穴；

——第 4 部分：材料；

——第 5 部分：外径检验；

——第 6 部分：内径检验；

——第 7 部分：薄壁轴套壁厚测量。

本部分是 GB/T 12613 的第 1 部分。

本部分按照 GB/T 1.1—2009 给出的规则起草。

本部分代替 GB/T 12613.1—2002《滑动轴承　卷制轴套　第 1 部分：尺寸》。与 GB/T 12613.1—2002 相比，主要修改如下：

——增加了第 4 章"符号和单位"；

——增加了壁厚 0.5 mm，并给出了其内倒角和外倒角的极限偏差；

——增加了内径尺寸 2 mm、3 mm、5 mm、7 mm、17 mm、37 mm；

——增加轴套宽度 3 mm、5 mm、7 mm、115 mm；

——增加了表 3"法兰轴套的优选公称尺寸和极限偏差"；

——增加了壁厚公差系列"系列 E"；

——删除了多层金属材料制造的轴套钢背厚度的极限偏差规定(2002 版中表 3，本版中表 5)；

——增加了外径尺寸大于 180 mm 时外径的极限偏差；

——增加了内径尺寸小于等于 4 mm 时，轴承孔公差等级为 H6；

——调整了轴套标记规定。

本部分使用翻译法等同采用国际标准 ISO 3547-1:2006《滑动轴承　卷制轴套　第 1 部分：尺寸》。

与本部分中规范性引用的国际文件有一致性对应关系的我国文件如下：

——GB/T 2889.1—2008　滑动轴承　术语、定义和分类　第 1 部分：设计、轴承材料及其性能(ISO 4378-1:1997，IDT)

——GB/T 10610—2009　产品几何技术规范(GPS)　表面结构　轮廓法　评定表面结构的规则和方法(ISO 4288:1996，IDT)

——GB/T 12613.4—2011　滑动轴承　卷制轴套　第 4 部分：材料(ISO 3547-4:2006，IDT)

——GB/T 19096—2003　技术制图　图样画法　未定义形状边的术语和注法(ISO 13715:2000 Technical drawings—Edges of undefined shape—Vocabulary and indication，IDT)

——GB/T 27939—2011　滑动轴承　几何和材料质量特性的质量控制技术和检验(ISO 12301:2007，IDT)

为便于使用，本部分做了如下编辑性修改：

——范围中增加"注：除特殊注明和指定的单位外，GB/T 12613 的本部分所有尺寸单位均为毫米。"，同时删除正文中表格上的"单位为毫米"；

——将国际标准规范性引用的 ISO 4288 放入本部分的规范性引用文件清单；

——用等同采用国际标准的我国标准代替对应的国际标准；

——将第 5 章参见标准 ISO 3547-6 放入参考文献。

本部分由中国机械工业联合会提出。

本部分由全国滑动轴承标准化技术委员会(SAC/TC 236)归口。

本部分负责起草单位:中机生产力促进中心。

本部分参加起草单位:浙江长盛滑动轴承股份有限公司、浙江双飞无油轴承股份有限公司、浙江中达轴承有限公司、嘉善峰成三复轴承有限公司。

本部分所代替标准的历次版本发布情况为:

——GB/T 12613—1990;

——GB/T 12613.1—2002。

滑动轴承　卷制轴套　第1部分：尺寸

1　范围

GB/T 12613 的本部分规定了单层和多层轴承材料卷制的圆柱和法兰轴套的尺寸和标记。

注：除特殊注明和指定的单位外，GB/T 12613 的本部分所有尺寸单位均为毫米。

2　规范性引用文件

下列文件对于本文件的使用是必不可少的。凡是注日期的引用文件，仅注日期的版本适用于本文件。凡是不注日期的引用文件，其最新版本（包括所有的修改单）适用于本文件。

GB/T 12613.2—2011　滑动轴承　卷制轴套　第2部分：外径和内径的检测数据（ISO 3547-2:2006，IDT）

ISO 3547-4　滑动轴承　卷制轴套　第4部分：材料（Plain bearings—Wrapped bushes—Part 4: Materials）

ISO 4288　产品几何技术规范（GPS）　表面结构：轮廓法　评定表面结构的规则和方法（Geometrical Product Specifications (GPS)—Surface texture: Profile method—Rules and procedures for the assessment of surface texture）

ISO 4378-1　滑动轴承　术语、定义和分类　第1部分：设计、轴承材料及其性质（Plain bearings—Terms, definitions and classification—Part 1: Design, bearing materials and their properties）

ISO 12301　滑动轴承　几何和材料质量特性的质量控制技术和检验（Plain bearings—Quality control techniques and inspection of geometrical and material quality characteristics）

ISO 13715　技术制图　图样画法　未定义形状边的术语和注法（Technical drawings—Edges of undefined shape—Vocabulary and indications）

3　术语和定义

ISO 4378-1 中界定的术语和定义适用于本文件。

4　符号和单位

本部分使用的符号和单位见表1。

表1　符号和单位

符号	描述	单位
B	轴套宽度	mm
C_i	内倒角	mm
C_o	外倒角	mm

表 1（续）

符号	描述	单位
D_i	轴套内径	mm
$D_{i,ch}$	压入环规后轴套内径	mm
D_{fl}	法兰直径	mm
D_H	轴承座孔直径	mm
D_o	轴套外径	mm
D_S	轴颈直径	mm
$d_{ch,1}$	检验座孔或环规直径	mm
r	法兰根部圆角半径	mm
Ra	表面粗糙度	μm
s_1	钢背层厚度[a]	mm
s_2	轴承材料层厚度[a]	mm
s_3	壁厚[a]	mm
s_{fl}	法兰厚度	mm
[a] 对于单层材料卷制的轴套，$s_1=s_3$ 或 $s_2=s_3$。		

5 尺寸

卷制轴套型式和尺寸见图 1 和表 2～表 4。

当轴套处于压入状态时，其内径的最大值为轴承座孔的最大值减去 2 倍壁厚（s_3）的最小值；压入状态下轴套内径的最小值为轴承座孔的最小值减去 2 倍壁厚（s_3）的最大值。此计算方法基于当压入轴套时，轴承座孔尺寸不产生膨胀。在实际情况中，膨胀由多种因素引起，例如：轴承座孔和轴套的刚度。计算示例见第 7 章。

壁厚的极限偏差取决于轴套内孔和 ISO 3547-4 中规定的轴承材料类型是否有机械加工余量。表 5 中规定了优选的极限偏差系列（系列 A 至系列 E）。

可对轴套的内径 $D_{i,ch}$ 作出规定，而不规定壁厚。$D_{i,ch}$ 是轴套压入环规时轴套的内径值（检验方法 C—用量规检验—按 GB/T 12613.2 规定，参见 ISO 3547-6）。

对于采用机加工孔的轴套（W 系列），轴套内径 $D_{i,ch}$ 的极限偏差的量规检验法见表 6。

在任何情况下不能将壁厚和内径同时作为待检验的项目。

表 6 给出了压入环规中的轴套内径 $D_{i,ch}$ 的极限偏差。压入座孔的轴套内径的极限偏差由 $D_{i,ch}$ 的极限偏差和轴承座孔的极限偏差叠加得到。通过轴套的壁厚来计算内径时假设轴承座孔没有膨胀。

轴套外径 D_o 的尺寸见表 7。

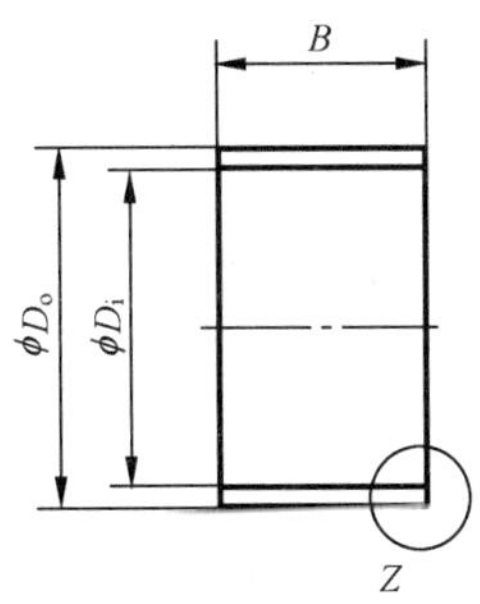

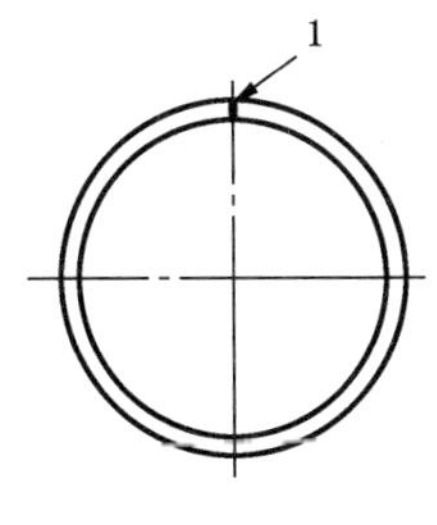

C型 圆柱轴套

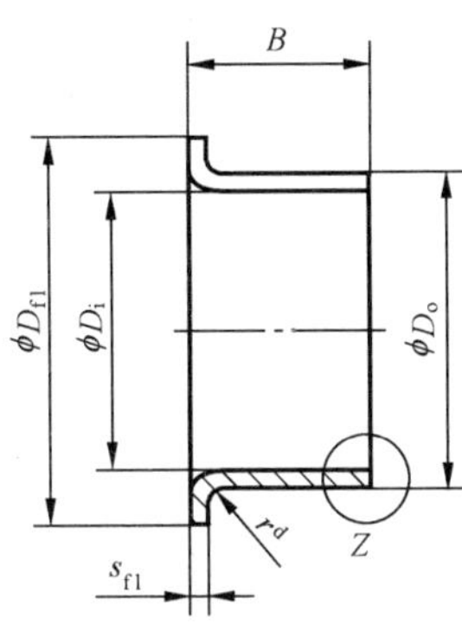

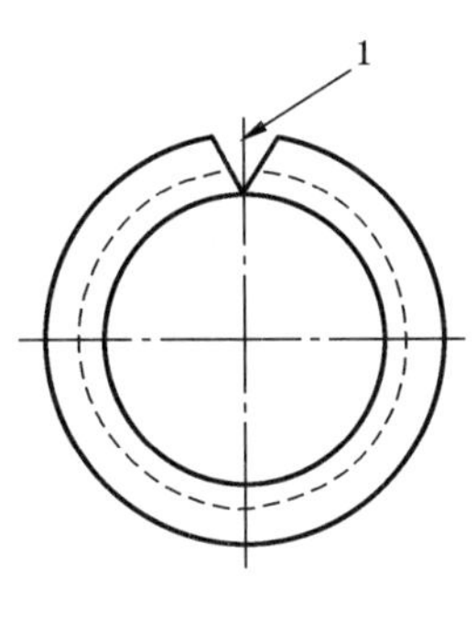

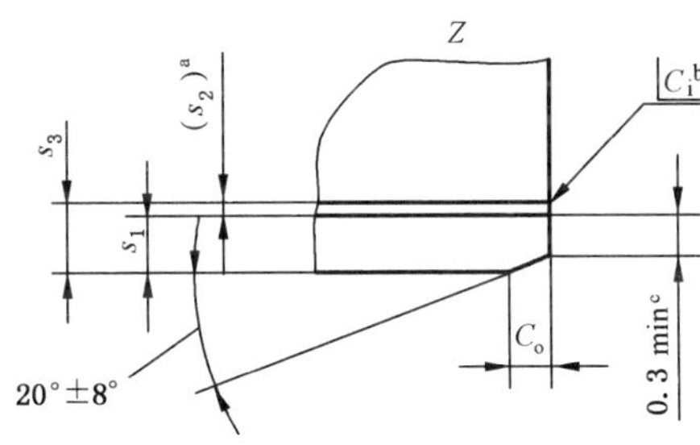

F型 法兰轴套

说明：

1——接缝。

[a] 轴承材料的厚度：仅适用于按 GB/T 12613.2 的规定计算。

[b] C_i可以是圆弧或倒角，按 ISO 13715 规定。

[c] 公称壁厚为 0.5 mm 时最小值为 0.2 mm。

[d] $r_{max}=s_3$。

图 1 圆柱及法兰轴套

表 2　内径 D_i、外径 D_o、壁厚 s_3 和宽度 B 的优选公称尺寸

D_i	D_o	s_3	B						
			3	4	5	6	8	10	12
2	3	0.5	a		a				
3	4	0.5	a		a	a			
4	5	0.5	a	a		a			
5	6	0.5			a		a	a	
6	7	0.5		a		a	a	a	
8	9	0.5				a	a	a	a
10	11	0.5					a	a	a

D_i	D_o	s_3	B						
			3	4	5	6	7	8	10
2	3.5	0.75	a		a				
3	4.5	0.75	a		a	a			
4	5.5	0.75	a	a		a			a

D_i	D_o	s_3	B										
			3	4	5	6	7	8	10	12	15	20	25
3	5	1.0	a	a	a	a							
4	6	1.0	a	a		a							
6	8	1.0			a	a	a	a	a				
7	9	1.0			a		a		a	a			
8	10	1.0			a	a	a	a	a	a			
9	11	1.0							a				
10	12	1.0				a	a	a	a	a	b	b	
12	14	1.0				a	a	a	a	a	b	b	b
13	15	1.0							a		b	b	
14	16	1.0							a	a	b	b	b
15	17	1.0							a	a	b	b	b
16	18	1.0							a	a	b	b	b
17	19	1.0									b	b	
18	20	1.0							a		b	b	b

表 2（续）

D_i	D_o	s_3	B							
			8	10	12	15	20	25	30	40
8	11	1.5		b	b					
10	13	1.5		a	a	a	a			
12	15	1.5		b	b	b				
13	16	1.5		b	b	b	b			
14	17	1.5		b	b	b	b			
15	18	1.5		a	a	a	a	a		
16	19	1.5		a	a	a	b	a		
18	21	1.5				a	b	b		
20	23	1.5			a	a	b	b	b	
22	25	1.5				a	b	b	b	
24	27	1.5				a	b	b	b	
25	28	1.5				a	b	b	b	
28	31	1.5					b	b	b	

D_i	D_o	s_3	B								
			15	20	25	30	40	50	60	70	80
28	32	2.0	a	a	a	b		b			
30	34	2.0	a	a	a	b	b				
32	36	2.0		a		b	b				
35	39	2.0		a		b	b	b			
37	41	2.0		a		b	b				
38	42	2.0		a		b	b				
40	44	2.0		a		b	b	b			

D_i	D_o	s_3	B									
			20	25	30	40	50	60	70	80	100	115
45	50	2.5	a		a	b	b					
50	55	2.5	a	a	a	b	b	b				
55	60	2.5	a		a	b		b				
60	65	2.5	a		a	b	b					

表 2（续）

D_i	D_o	s_3	B									
			20	25	30	40	50	60	70	80	100	115
65	70	2.5			a		b		c			
70	75	2.5			a		b		c			
75	80	2.5				b		b		c		
80	85	2.5				b		b		c	c	
85	90	2.5				b		b		c	c	
90	95	2.5				b		b			c	
95	100	2.5						b			c	
100	105	2.5					b	b			c	c
105	110	2.5						b			c	c
110	115	2.5						b			c	c
115	120	2.5					b	b	b		c	
120	125	2.5					b	b			c	
125	130	2.5						b			c	
130	135	2.5						b			c	
135	140	2.5						b		b	c	
140	145	2.5						b			c	
150	155	2.5						b		b	c	
160	165	2.5						b		b	c	
170	175	2.5									c	
180	185	2.5									c	
200	205	2.5									c	
220	225	2.5									c	
250	255	2.5									c	
300	305	2.5									c	

注：宽度 B 的极限偏差：

a 为±0.25；

b 为±0.5；

c 为±0.75。

轴套宽度的极限偏差超出 a、b 或 c 的范围时，制造者与用户应协商一致，并在公称尺寸的标注后面给出。

如需要使用非标准轴套宽度，则当 $D_i \leqslant 50$ mm 时，应使宽度尾数为 2、5 或者 8；当 $D_i > 50$ mm 时，应使宽度尾数为 5。轴套宽度 B 的检测应按 ISO 12301 规定。

表 3 法兰轴套的优选公称尺寸和极限偏差

D_i	D_o	s_3	D_{fl}		S_{fl}	r_{max}	B														
			公称	极限偏差			4	5.5	7	7.5	8	9	9.5	11.5	12	16	16.5	17	21.5	22	26
6	8	1	12	+0.5 −0.8	1.05 0.80	1	a				a										
8	10	1	15			1		a		a			a								
10	12	1	18			1			a			a			a			b			
12	14	1	20			1			a			a			a			b			
14	16	1	22			1									a			b			
15	17	1	23			1						a			a			b			
16	18	1	24			1									a			b			
18	20	1	26			1									a			b		b	
20	23	1.5	30	+1.0 −0.8	1.6 1.3	1.5								a			a		b		
25	28	1.5	35			1.5								a			a		b		
30	34	2	42		2.1 1.8	2										a					b
35	39	2	47	+2.0 −0.8		2										a					b
40	44	2	52			2										a					b
45	50	2.5	58		2.6 2.3	2.5										a					b

注：宽度 B 的极限偏差：
a 为±0.25；
b 为±0.5。

表 4 外倒角 C_o 和内倒角 C_i

壁厚 s_3 公称尺寸	倒角		
	C_o		C_i
	机加工	辗制	
0.5	0.2±0.1		−0.05 −0.30
0.75	0.5±0.3	0.5±0.3	−0.1 −0.4
1.0	0.6±0.4	0.6±0.4	−0.1 −0.6
1.5	0.6±0.4	0.6±0.4	−0.1 −0.7
2.0	1.2±0.4	1.0±0.4	−0.1 −0.7
2.5	1.8±0.6	1.2±0.4	−0.2 −1.0

注：对于那些必须机加工至轴承孔尺寸的轴套，C_i 必须相应增大。
外倒角 C_o 用机加工或辗制，由制造者选择。
C_i 可以是倒角或按 ISO 13715 的规定去毛边。

表 5　壁厚公称尺寸和极限偏差

公称尺寸		壁厚 s_3 极限偏差				
		轴承孔不留加工余量			轴承孔预留加工余量	
		A 系列	B 系列	D 系列	C 系列	E 系列
0.5		0 −0.015	0 −0.030	—	—	—
0.75		0 −0.015	0 −0.020	—	+0.25 +0.15	—
1.0		0 −0.015	+0.005 −0.020	−0.020 −0.045	+0.25 +0.15	+0.11 +0.07
1.5		0 −0.015	+0.005 −0.025	−0.025 −0.055	+0.25 +0.15	+0.11 +0.07
2.0		0 −0.015	+0.005 −0.030	−0.030 −0.065	+0.25 +0.15	+0.11 +0.07
2.5	$D_o \leqslant 80$	0 −0.020	+0.005 −0.040	−0.040 −0.085	+0.30 +0.15	+0.14 +0.07
	$80 < D_o \leqslant 120$	0 −0.025	−0.010 −0.060			
	$D_o > 120$	0 −0.030	−0.035 −0.085			
注：根据所采用的制造工艺，通常轴套背部会出现分散的轻微凹陷。因此壁厚测量部位应避开这些凹陷部位。						

表 6　W 系列—环规内轴套内径 $D_{i,ch}$ 的极限偏差（按 GB/T 12613.2 规定）

D_i 公称尺寸		$D_{i,ch}$ 极限偏差
	≤10	+0.036 0
>10	≤18	+0.043 0
>18	≤30	+0.052 0
>30	≤50	+0.062 0
>50	≤80	+0.074 0
>80	≤120	+0.087 0
>120	≤175	+0.100 0
注：除非另有协议，轴套内径与外径的同轴度应为 0.05 mm。		

表 7 外径 D_o尺寸和极限偏差

D_o 公称尺寸		轴套极限偏差	
		钢,钢/衬层材料	铝合金,铜合金,铝合金轴承衬层材料,铜合金衬层材料
	≤10	+0.055 +0.025	+0.075 +0.045
>10	≤18	+0.065 +0.030	+0.080 +0.050
>18	≤30	+0.075 +0.035	+0.095 +0.055
>30	≤50	+0.085 +0.045	+0.110 +0.065
>50	≤80	+0.100 +0.055	+0.125 +0.075
>80	≤120	+0.120 +0.070	+0.140 +0.090
>120	≤180	+0.170 +0.100	+0.190 +0.120
>180	≤305	+0.255 +0.125	+0.245 +0.145

6 设计

在自由状态下,卷制轴套可能并不是精确的圆柱形,并且其接缝未闭合;当被压入轴承座后,通常会变成圆形且接缝闭合。卷制轴套可通过接缝的闭锁而闭合。接缝的设计由制造者决定。

卷制轴套可以以内孔留有加工余量或者无加工余量的形式交付。留有加工余量的轴套在压入轴承座后,由顾客自己精加工至所希望的尺寸。不是所有轴承材料都能以这种形式制造并交付。

符合 GB/T 12613 本部分的卷制轴套:A 系列~E 系列以表 5 中规定的极限偏差交付,W 系列以表 6中规定的极限偏差交付。

所设计的润滑油孔、润滑油槽或润滑油穴应易于冲压。由卷制加工产生的变形是允许的。所有边、角应去除易脱落毛刺。不影响安装和使用的毛刺是允许的。

GB/T 12613.2 中的检验方法 B 对外径 D_o未规定任何数据。因此在采用检验方法 B 时,为了使卷制轴套在轴承座孔中获得足够的紧密配合,需要使用试验确定量规的内径。量规内径取决于制造方法,因此不适用于所有情况。规定最大和最小压入力可以增加这种检验方法的安全可靠性,对于每个个别的情况,检验细节应经供需双方同意。

轴承座直径的公差等级在表 8 中给出。

表 8　轴承座孔直径 D_H 公差等级

D_i 公称尺寸		轴承座孔公差等级 D_H
	≤4	H6
>4	≤75	H7
>75		H7

轴颈直径公差等级的选择取决于轴承材料类型以及使用环境。

推荐轴承座孔表面粗糙度为 $Ra1.6\ \mu m \sim 3.2\ \mu m$，轴颈表面粗糙度为 $Ra0.2\ \mu m \sim 0.4\ \mu m$。

表 9 给出了轴套各表面的表面粗糙度值。

表 9　轴套表面粗糙度 *Ra*（符合 ISO 4288 规定）

表面	$Ra/\mu m$				
	系列				
	A	B	C/E	D	W
轴承孔	0.8	1.6[a]	6.3	1.6	1.6
轴承背	1.6	1.6	1.6	1.6	1.6
其他表面	25	25	25	25	25

[a] 按照 ISO 3547-4 中规定的 B1 和 P1 材料制成的轴套，轴承孔 $Ra \leqslant 6.3\ \mu m$。

7　内径 D_i 计算示例

计算压入状态下，公称外径尺寸为 34 mm，公称壁厚为 2 mm 的轴套内径尺寸 D_i 的极限值：

轴承座孔直径：$D_H = (34^{+0.025}_{0})$ mm

轴套外径：$D_o = (34^{+0.085}_{+0.045})$ mm

轴套壁厚 $s_3 = (2^{0}_{-0.015})$ mm

$D_{i,max} = 34.025 - (2 \times 1.985) = 30.055$ mm

$D_{i,min} = 34.000 - (2 \times 2.000) = 30.000$ mm

由于是过盈配合，在轴套装配后，轴承座内径 D_H 会有微小的膨胀，这取决于轴承座的刚度。

对于刚性轴承座孔（钢），压入轴套而产生的轴承座孔的膨胀值，可取轴套外径 D_o 极限偏差中值和轴承座孔直径极限偏差中值之差的 1/6。

8　标记

以下给出了符合 GB/T 12613 系列标准的卷制轴套的产品标记示例。

示例 1：壁厚极限偏差为 A 系列、内径 D_i=30 mm、外径 D_o=34 mm、宽度 B=20 mm、用符合 ISO 3547-4 中材料代码为 S5 的多层材料制成、润滑油孔和环形油槽结构型式代号为 M1A、油穴结构型式代号为 N1B、外径测量方法采用 GB/T 12613.2 中的方法 A 的 C 型卷制圆柱轴套的标记示例如下：

轴套 GB/T 12613—C 30 A 34×20—S5—M1A　N1B—AS

注："S"表示壁厚检测按 GB/T 12613.7 的规定。

示例2：壁厚极限偏差为B系列、内径 D_i＝30 mm、外径 D_o＝34 mm、宽度 B＝16 mm、用符合ISO 3547-4中材料代码为P1的多层材料制成、内径和外径测量方法采用GB/T 12613.2中的方法A和方法C的F型卷制法兰轴套的标记示例如下：

轴套 GB/T 12613—F30 B 34×16—P1—AC

示例3：壁厚极限偏差为W系列、内径 D_i＝30 mm、外径 D_o＝34 mm、宽度 B＝20 mm、用符合ISO 3547-4中材料代码为Y1的单层材料制成、内径和外径测量方法采用GB/T 12613.2中的方法A和方法C的C型卷制圆柱轴套的标记示例如下：

轴套 GB/T 12613—C30 W 34×20—Y1—AC

参 考 文 献

[1] ISO 3547-6:2007 滑动轴承 卷制轴套 第6部分:内径检验

ICS 21.100.10
J 12

中华人民共和国国家标准

GB/T 12613.2—2011/ISO 3547-2:2006
代替 GB/T 12613.2—2002

滑动轴承 卷制轴套 第2部分:外径和内径的检测数据

Plain bearings—Wrapped bushes— Part 2:Test data for outside and inside diameters

(ISO 3547-2:2006,IDT)

2011-12-30 发布 2012-10-01 实施

中华人民共和国国家质量监督检验检疫总局
中国国家标准化管理委员会 发布

前　言

GB/T 12613《滑动轴承　卷制轴套》由以下七部分组成：

——第 1 部分：尺寸；

——第 2 部分：外径和内径的检测数据；

——第 3 部分：润滑油孔、油槽和油穴；

——第 4 部分：材料；

——第 5 部分：外径检验；

——第 6 部分：内径检验；

——第 7 部分：薄壁轴套壁厚测量。

本部分是 GB/T 12613 的第 2 部分。

本部分按照 GB/T 1.1—2009 给出的规则起草。

本部分代替 GB/T 12613.2—2002《滑动轴承　卷制轴套　第 2 部分：外径和内径的检测数据》。与 GB/T 12613.2—2002 相比，主要修改如下：

——第 2 章规范性引用文件中删除 GB/T 18331.1—2001、ISO 12307-2；

——增加了法兰直径符号 D_{fl}、轴承座孔直径符号 D_H、法兰弯曲处半径符号 r、法兰厚度符号、外径 D_o 的极限偏差符号由“T”改为“ΔD_o”；

——增加了法兰轴套内径和外径图；

——图 1 注释中增加规定“公称壁厚为 0.5 mm 的钢背层厚度除去倒角部分最小值为 0.2 mm。”和“$r_{max}=s_3$”；

——增加了表 3“轴套壁厚 s_3、钢背厚度 s_1、轴承材料层 s_2 的公称尺寸”；

——细化并增加了有效截面积的计算公式适用的材料类型；

——修正了计算示例中检验模直径 $d_{ch,1}$ 的计算数据（2002 版中为 30.072 mm，本版中为 34.072 mm）；

——增加规定检验方法 B 适用于外径 120 mm 以下的轴套；

——增加规定检验方法 C 适用于内径 120 mm 以下的轴套；

——增加了检验方法 C 通规与止规的尺寸计算公式；

——增加了检验方法 C 时环规内径计算公式（本版中表 6）；

——修改了检验方法 C 的数据示例；

——修改了检验方法 D 数据表示示例图。

本部分使用翻译法等同采用国际标准 ISO 3547-2:2006《滑动轴承　卷制轴套　第 2 部分：外径和内径的检测数据》。

与本部分中规范性引用的国际文件有一致性对应关系的我国文件如下：

GB/T 2889.1—2008　滑动轴承　术语、定义和分类　第 1 部分：设计、轴承材料及其性能（ISO 4378-1:1997，IDT）

GB/T 19096—2003　技术制图　图样画法　未定义形状边的术语和注法（ISO 13715:2000，Technical drawings—Edges of undefined shape—Vocabulary and indications，IDT）

GB/T 27939—2011　滑动轴承　几何和材料质量特性的质量控制技术和检验（ISO 12301:2007，IDT）

与 ISO 3547-2:2006 相比，本部分做了如下编辑性修改：

——范围中增加“注 2:除特殊注明和指定的单位外,GB/T 12613 的本部分所有尺寸单位均为毫米。”,同时删除正文中表格上的“单位为毫米”;

——用等同采用国际标准的我国标准代替对应的国际标准。

本部分由中国机械工业联合会提出。

本部分由全国滑动轴承标准化技术委员会(SAC/TC 236)归口。

本部分负责起草单位:中机生产力促进中心。

本部分参加起草单位:浙江长盛滑动轴承股份有限公司、浙江双飞无油轴承股份有限公司、浙江中达轴承有限公司、嘉善峰成三复轴承有限公司。

本部分所代替标准的历次版本发布情况为:

——GB/T 12613—1990;

——GB/T 12613.2—2002。

滑动轴承 卷制轴套
第2部分:外径和内径的检测数据

1 范围

GB/T 12613的本部分规定了单层和多层材料卷制成的轴套外径和内径的测试数据,同时规定了检验方法、标记方法。

由于轴套壁厚的测量是在自由状态下进行,所以图中没有规定测试要求(根据GB/T 12613.5和GB/T 12613.6)。

注1:由于卷制轴套的制造方法,在轴套的外表面会出现轻微的凹陷;同样,有润滑油孔、油槽和油穴的轴套会出现变形。因此测量轴套壁厚是应避开这些位置。

注2:除特殊注明和指定的单位外,GB/T 12613的本部分所有尺寸单位均为毫米。

2 规范性引用文件

下列文件对于本文件的使用是必不可少的。凡是注日期的引用文件,仅注日期的版本适用于本文件。凡是不注日期的引用文件,其最新版本(包括所有的修改单)适用于本文件。

GB/T 12613.1—2011 滑动轴承 卷制轴套 第1部分:尺寸(ISO 3547-1:2006,IDT)

GB/T 12613.4—2011 滑动轴承 卷制轴套 第4部分:材料(ISO 3547-4:2006,IDT)

ISO 4378-1 滑动轴承 术语、定义和分类 第1部分:设计、轴承材料及其性质(Plain bearings—Terms,definitions and classification—Part 1:Design,bearing materials and their properties)

ISO 13715 技术制图 未定义形状边 未定义形状边的术语和注法(Technical drawing—Edges of undefined shape—Vocabulary and indications)

ISO 12301 滑动轴承 几何和材料质量特性的质量控制技术和检验(Plain bearings—Quality control techniques and inspection of geometrical and material quality characteristics)

3 术语和定义

ISO 4378-1中界定的术语和定义适用于本文件。

4 符号和单位

本部分使用的符号和单位见表1。

表 1 符号和单位

符号	描述	单位
A_{cal}	轴套有效截面积(计算值)	mm^2
B	轴套宽度	mm
C_i	内倒角	mm
C_o	外倒角	mm
D_{fl}	法兰直径	mm
D_H	轴承座孔直径	mm
D_i	轴套内径	mm
$D_{i,ch}$	压入环规后轴套内径	mm
D_o	轴套外径	mm
F_{ch}	检验载荷	N
$d_{ch,1}$	检验座孔或环规直径	mm
$d_{ch,2}$	定位塞规或塞规直径	mm
r	法兰弯曲处半径	mm
s_1	钢背层厚度[a]	mm
s_2	轴承材料层厚度[a]	mm
s_3	壁厚[a]	mm
s_{fl}	法兰厚度	mm
ΔD_o	D_o 的极限偏差	mm
ν	在检验载荷 F_{ch} 作用下外径的弹性减小量	mm
z	两半检验模之间的距离	mm
Δz	指示读数	mm
Δz_D	检验方法 D 的周长指示读数	mm
[a] 对于单层材料卷制的轴套,$s_1=s_3$ 或 $s_2=s_3$。		

5 图纸上有关数据的标注

图中应标示以下数据:

——外径 D_o 和壁厚 s_3;或

——外径 D_o 和内径 D_i。

在同一图中不能同时规定轴套的壁厚和内径的尺寸,见图 1。

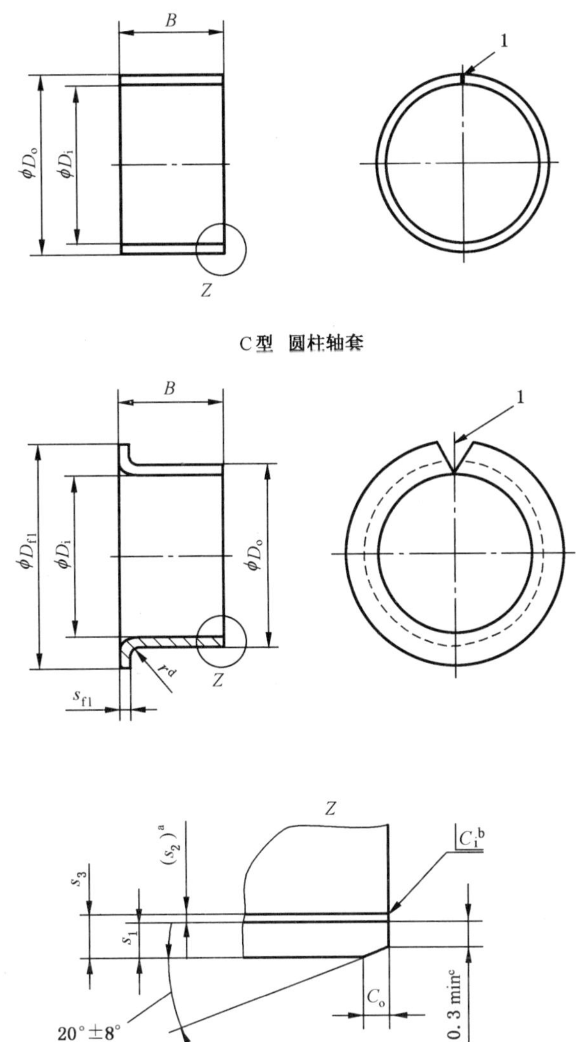

说明：

1——接缝。

[a] 轴承材料的厚度：仅适用于按照本部分 7.2 的计算。

[b] C_i 可以是圆弧或倒角，按照 ISO 13715 规定。

[c] 公称壁厚为 0.5 mm 的钢背层厚度除去倒角部分最小值为 0.2 mm。

[d] $r_{max}=s_3$。

图 1 圆柱及法兰轴套

6 检验类型

6.1 检验方法 A

按第 7 章规定在带有定位塞规和检验模的检验装置检验外径 D_o。

6.2 检验方法 B

按第 8 章规定的用两个环规检验外径 D_o。

6.3 检验方法 C

按第 9 章的规定将轴套压入环规内检验内径 D_i。

6.4 检验方法 D

按第 10 章规定使用精密的卷尺检验外径 D_o。

7 检验方法 A

7.1 综述

本方法适用于 $2D_o$～180 mm。

检验台由安装在底座上的两半检验模组成(见 GB/T 12613.5)。

在检验模中塞入定位塞规，两半检验模相向施加检验载荷 F_{ch}，读数装置显示距离。

然后移去定位塞规，放入待检验的轴套，重新施加检验载荷 F_{ch}。

轴套放入后，在检验载荷 F_{ch} 作用下，记录下读数指示装置显示的检验模之间的距离 z 和变化量 Δz。

通过此读数即可计算外径 D_o。

法兰轴套外径的检验可由制造者自己决定在法兰成型之前或之后进行。

7.2 计算依据

7.2.1 外径 D_o 的弹性减小量 ν

外径 D_o 的弹性减小量 ν 是零载荷下和施加检验载荷后的外径 D_o 的差值。为保证卷制轴套与检验模座孔表面充分接触，检验载荷应足够大。由此引起的外径的弹性减小量见表 2。

表 2 检验载荷作用下外径的弹性减小量

D_o 公称尺寸		ν
	≤6	0.003
>6	≤12	0.006
>12	≤80	0.013
>80	≤180	0.025

7.2.2 计算检验模直径 $d_{ch,1}$

检验模座孔直径可通过规定的轴套外径上极限尺寸利用式(1)计算：

$$d_{ch,1} = D_{o,max} - \nu \quad (1)$$

7.2.3 有效截面积

为计算检验载荷 F_{ch}，需首先确定轴套有效截面积 A_{cal}。

有效截面积与轴承材料类型、轴套宽度、s_1 和 s_2 有关，见表 3。

表 3 轴套壁厚 s_3、钢背层厚度 s_1、轴承材料层 s_2 的公称尺寸

公称厚度		
壁厚(按 GB/T 12613.1)	多层材料卷制轴套的钢背层厚度	多层材料卷制轴套的轴承材料层厚度
s_3	s_1	s_2
0.5	0.3	0.2
0.75	0.53	0.22
1.0	0.68	0.32
1.5	1.1	0.40
2.0	1.55	0.45
2.5	2.05	0.45

然后将 B、s_1 和 s_2 的公称尺寸代入表 4 中对应的公式中。

表 4 有效截面积 A_{cal} 的计算

轴承材料代号 (根据 GB/T 12613.4)	有效截面积 A_{cal} 的计算
D1,D2,P1,P2,T2,Z1	$A_{cal}=B\times s_1$
B1,B2,D3,W1,W2,Y1,Y2	$A_{cal}=B\times \frac{s_1}{2}$
D4	$A_{cal}=B\times \frac{s_1}{3}$
R1,R2,R3,R4	$A_{cal}=B\times \left(s_1+\frac{s_2}{3}\right)$
S1,S2,S3,S4,S5,S6	$A_{cal}=B\times \left(s_1+\frac{s_2}{2}\right)$

7.2.4 计算检验载荷 F_{ch}

见表 5。

表 5 F_{ch} 的计算公式

D_o 公称尺寸		F_{ch}
	≤6	$1\,500\times\frac{A_{cal}}{d_{ch,1}}$(舍入圆整至 100 N)
>6	≤12	$3\,000\times\frac{A_{cal}}{d_{ch,1}}$(舍入圆整至 250 N)
>12	≤80	$6\,000\times\frac{A_{cal}}{d_{ch,1}}$(舍入圆整至 500 N)
>80	≤180	$12\,000\times\frac{A_{cal}}{d_{ch,1}}$(舍入圆整至 500 N)
注：计算 F_{ch} 时，因子 1 500、3 000、6 000、12 000 的单位为 N/mm。		

油槽造成的有效截面减少取决于它的形状、位置和加工方法。如果减少比例超过 10%,则计算时应予以考虑。

对于不按 GB/T 12613.1 制造的轴套,应将 B、s_1 和 s_2 的两个极限尺寸的算术平均值圆整至最接近的 0.1 mm 再进行计算。

7.2.5 Δz 的极限尺寸

上极限:0

下极限:$-\frac{\pi}{2}\times\Delta D_o$(圆整至最接近的 0.005 mm)

7.3 计算数据——示例

已知:

轴套 GB/T 12613—30A 34×30—S3

外径:$D_o=(34^{+0.085}_{+0.045})$ mm(根据 GB/T 12613.1—2011,表 7)

公称壁厚:$s_3=2$ mm

钢背层公称厚度:$s_1=1.55$ mm(见表 3)

$$s_2=s_3-s_1=2\ \text{mm}-1.55\ \text{mm}$$

$$s_2=0.45\ \text{mm}$$

公称宽度:$B=30$ mm

材料:钢背/铜合金 S3(按 GB/T 12613.4—2011 规定)

计算结果:

根据 7.2.2:

$d_{ch,1}=D_{o,max}-\nu=34.085\ \text{mm}-0.013\ \text{mm}$

$d_{ch,1}=34.072$ mm

根据 7.2.3:

$A_{cal}=B\times\left(s_1+\frac{s_2}{2}\right)=30\times\left(1.55+\frac{0.45}{2}\right)$

$A_{cal}=53.25\ \text{mm}^2$

根据 7.2.4:

$F_{ch}=6\,000\times\frac{A_{cal}}{d_{ch,1}}=6\,000\times\frac{53.25}{34.072}=9\,377\ \text{N}$

$F_{ch}=9\,500$ N

根据 7.2.5:

上极限:0

下极限:$-\frac{\pi}{2}\times\Delta D_o$

$-\frac{\pi}{2}\times0.040\ \text{mm}=-0.062\,8\ \text{mm}=-0.065\ \text{mm}$(圆整至最接近的 0.005 mm)

7.4 图纸上的数据标注示例

图 2 给出了 7.3 中计算所得的数据如何在图纸中表示的示例。

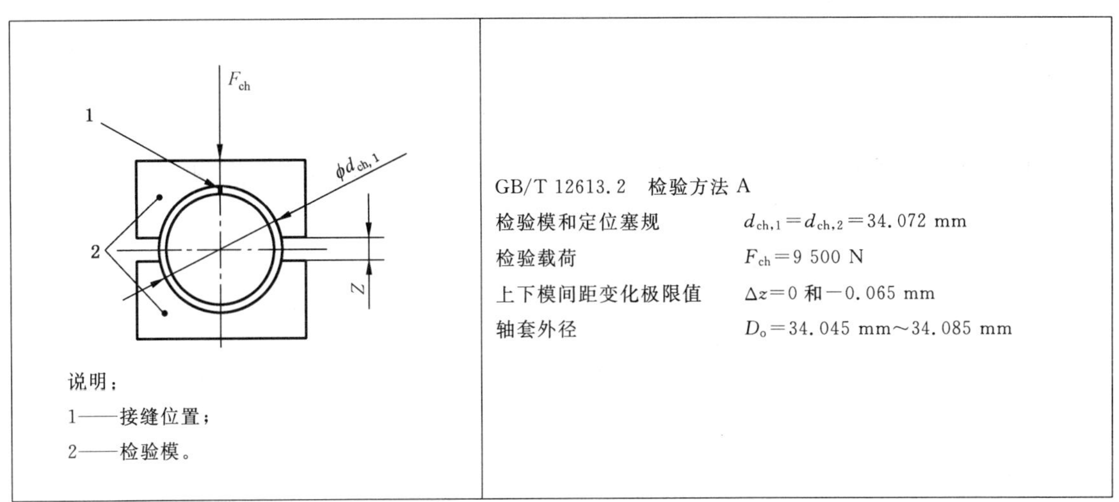

图 2　图纸上的数据标注示例

8　检验方法 B

8.1　综述

本检验方法适用于 $D_o \leqslant 120$ mm。

检验通过通、止环规进行。

环规直径应根据待检验轴套外径的最大值和最小值(见 GB/T 12613.1—2011,表 7)由经验值确定,并应经过制造者与用户协商一致。

合格情况下,用手(最大力 250 N)可将轴套推入并通过通环规;相同力情况下,不能通过止环规。

注:在某些情况下,检验精度可能会受到影响,例如:卷制轴套不圆或者对接接头没有闭合。因此,推荐优先选用检验方法 A。

8.2　计算数据——示例

已知:

轴套 GB/T 12613—30A　34×30—S3

外径:$D_o=(34^{+0.085}_{+0.045})$ mm

材料:钢背/铜合金　S3(符合 GB/T 12613.4—2011 规定)

通环规直径:=34.095 mm(由经验得到)

止环规直径:=34.045 mm(由经验得到)

8.3　图纸上的数据标注示例

GB/T 12613.2 检验方法 B

通环规直径=34.095 mm

止环规直径=34.045 mm

9 检验方法 C

9.1 综述

将卷制轴套压入环规以检验轴套内径 D_i，环规公称直径与表 6 中规定的尺寸相同。环规其他要求应按 GB/T 12613.6 的规定。

本检验方法适用于 $D_i \leqslant 120$ mm。

压入环规后的轴套内径 $D_{i,ch}$ 应使用 ISO 12301 中规定的三点式内径测量装置或用通、止塞规检验。

塞规直径通过环规直径由下式计算得到：

通规：$d_{ch,1} - 2 \times s_{3,max}$

止规：$d_{ch,1} - 2 \times s_{3,min}$

在最小力的情况下，通规应能顺利通过；在用手最大力 250 N 的情况下，止规不应通过。

当卷制轴套压入环规时，可能会引起外径的永久变形。

为使制造者和用户能比较相互的检测结果，检验方法应由供需双方协商一致。

表 6 测量压入环规时的轴套内径 $D_{i,ch}$ 所用的环规内径 $d_{ch,1}$

D_o 公称尺寸		$d_{ch,1}$ [a]
	≤10	D_o+0.008
>10	≤18	D_o+0.009
>18	≤30	D_o+0.011
>30	≤50	D_o+0.013
>50	≤80	D_o+0.015
>80	≤120	D_o+0.018
>120	≤175	D_o+0.020

[a] $d_{ch,1}$ 尺寸是轴套外径和公差等级 H7 的圆整值之和。

9.2 计算数据——示例

已知：

轴套 GB/T 12613—30B 34×30

材料：钢背/铜合金 S3（符合 GB/T 12613.4—2011 规定）

环规内径：$d_{ch,1}$ = 34.013 mm（根据表 6）

壁厚：$s_3 = (2^{+0.005}_{-0.030})$ mm（根据 GB/T 12613.1—2011，表 5，B 系列）

通规直径：
$$d_{ch,2,min} = d_{ch,1} - 2 \times s_{3,max} = 34.013\ \text{mm} - 2 \times 2.005\ \text{mm} = 30.003\ \text{mm}$$

止规直径：
$$d_{ch,2,max} = d_{ch,1} - 2 \times s_{3,min} = 34.013\ \text{mm} - 2 \times 1.97\ \text{mm} = 30.073\ \text{mm}$$

9.3 图纸上的数据标注示例

9.2 中计算所得的数据在图纸中表示的示例见图 3。

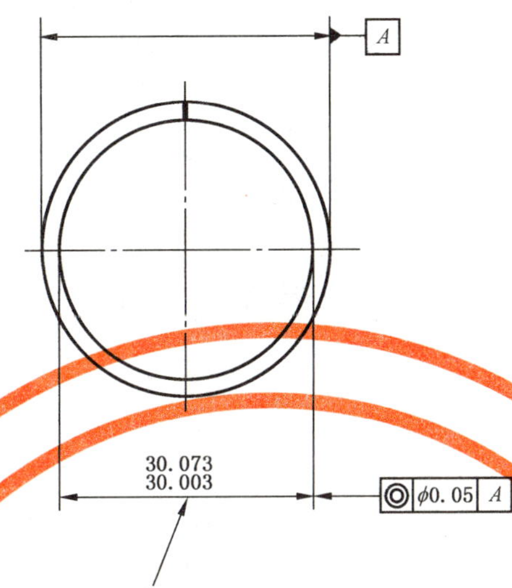

检验方法 C—环规—符合 GB/T 12613.2 规定

[a] 压入直径为 34.013 mm 的环规的卷制轴套。

图 3 图纸上的数据标注示例

10 检验方法 D

10.1 综述

本检验方法适用于外径大于 120 mm 的轴套。

本方法是用精确的测量带尺来测量轴套圆周长。

本检验方法的详细规定应由制造者和用户协商一致。

10.2 计算数据——示例

已知：

轴套 GB/T 12613—200A　205×100—S3

外径：$D_o=(205^{+0.225}_{+0.125})$ mm

材料：钢背/铜合金　S3(按 GB/T 12613.4—2011 规定)

10.3 图纸上的数据标注示例

图 4 给出了 10.2 中计算所得的数据如何在图纸中表示的示例。

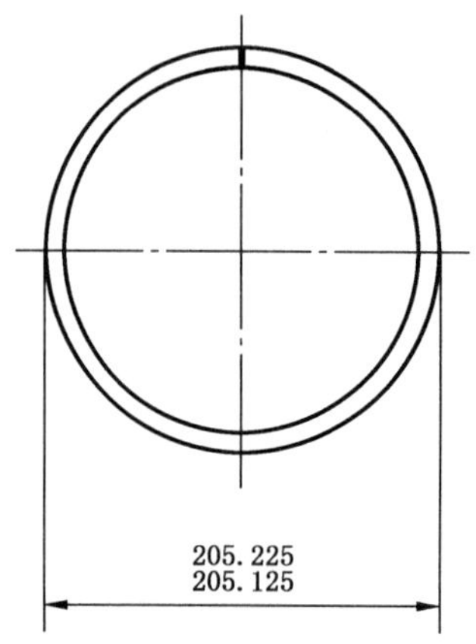

检验方法 D—按 GB/T 12613.2 规定

图 4 图纸上的数据标注示例

11 GB/T 12613 的本部分规定检验方法的标记

检验方法 A 标记为：
GB/T 12613.2—A
检验方法 B 标记为：
GB/T 12613.2—B
检验方法 C 标记为：
GB/T 12613.2—C
检验方法 D 标记为：
GB/T 12613.2—D

ICS 21.100.10
J 12

中华人民共和国国家标准

GB/T 12613.3—2011/ISO 3547-3:2006
代替 GB/T 12613.3—2002

滑动轴承　卷制轴套
第 3 部分:润滑油孔、油槽和油穴

Plain bearings—Wrapped bushes—
Part 3:Lubrication holes,grooves and indentations

(ISO 3547-3:2006,IDT)

2011-12-30 发布　　　　2012-10-01 实施

中华人民共和国国家质量监督检验检疫总局
中国国家标准化管理委员会　发布

前　　言

GB/T 12613《滑动轴承　卷制轴套》由以下七部分组成：

——第 1 部分：尺寸；

——第 2 部分：外径和内径的检测数据；

——第 3 部分：润滑油孔、油槽和油穴；

——第 4 部分：材料；

——第 5 部分：外径检验；

——第 6 部分：内径检验；

——第 7 部分：薄壁轴套壁厚测量。

本部分是 GB/T 12613 的第 3 部分。

本部分按照 GB/T 1.1—2009 给出的规则起草。

本部分代替 GB/T 12613.3—2002《滑动轴承　卷制轴套　第 3 部分：润滑油孔、润滑油槽和润滑油穴》。与 GB/T 12613.3—2002 相比，主要修改如下：

——第 2 章中删除引用文件 GB/T 12613.2—2002、GB/T 12613.4—2002；

——增加第 4 章“符号和单位”；

——增加第 5 章“概述”；

——增加了 N1 型油穴深度的极限偏差(见表 7)；

——增加了 N3 型润滑油穴型式(见 8.4)；

——增加了第 9 章“标记”。

本部分使用翻译法等同采用国际标准 ISO 3547-3:2006《滑动轴承　卷制轴套　第 3 部分：润滑油孔、油槽和油穴》。

与本部分中规范性引用的国际文件有一致性对应关系的我国文件如下：

——GB/T 2889.1—2008　滑动轴承　术语、定义和分类　第 1 部分：设计、轴承材料及其性能(ISO 4378-1:1997,IDT)。

与 ISO 3547-3:2006 相比，本部分做了如下编辑性修改：

——范围中增加“注 2：除特殊注明和指定的单位外，GB/T 12613 的本部分所有尺寸单位均为毫米。”，同时删除正文中表格上的“单位为毫米”；

——用等同采用国际标准的我国标准代替对应的国际标准。

本部分由中国机械工业联合会提出。

本部分由全国滑动轴承标准化技术委员会(SAC/TC 236)归口。

本部分负责起草单位：中机生产力促进中心。

本部分参加起草单位：浙江长盛滑动轴承股份有限公司、浙江双飞无油轴承股份有限公司、浙江中达轴承有限公司、嘉善峰成三复轴承有限公司。

本部分所代替标准的历次版本发布情况为：

——GB/T 12613—1990；

——GB/T 12613.3—2002。

滑动轴承 卷制轴套 第3部分:润滑油孔、油槽和油穴

1 范围

GB/T 12613 的本部分规定了单层与多层轴承材料制成的滑动轴承卷制轴套的润滑油孔、油槽和油穴的尺寸。

注1: 润滑油孔、油槽和油穴符合本部分规定的卷制轴套,尺寸和材料应分别符合 GB/T 12613.1 和 GB/T 12613.4 中的规定。

注2: 除特殊注明和指定的单位外,GB/T 12613 的本部分所有尺寸单位均为毫米。

2 规范性引用文件

下列文件对于本文件的使用是必不可少的。凡是注日期的引用文件,仅注日期的版本适用于本文件。凡是不注日期的引用文件,其最新版本(包括所有的修改单)适用于本文件。

GB/T 12613.1—2011 滑动轴承 卷制轴套 第1部分:尺寸(ISO 3547-1:2006,IDT)

ISO 4378-1 滑动轴承 术语、定义和分类 第1部分:设计、轴承材料及其性质(Plain bearings—Terms,definitions and classification—Part 1:Design,bearing materials and their properties)

3 术语和定义

ISO 4378-1 中界定的术语和定义适用于本文件。

4 符号和单位

本部分使用的符号和单位见表1。

表1 符号和单位

符号	描述	单位
B	轴套宽度	mm
c	菱形润滑油穴的边长	mm
D_i	轴套内径	mm
d_b	润滑油穴直径	mm
d_L	润滑油孔直径	mm
D_o	轴套外径	mm
e	润滑油槽间距	mm
n_1,n_2	润滑油槽宽度	mm
R	半径	mm

表 1（续）

符号	描述	单位
s_3	壁厚	mm
s_4	剩余壁厚	mm
t	润滑油穴深度	mm
α	润滑油槽夹角	°

5 概述

润滑油孔、油槽和油穴可在卷制成型之前在板材平带上辗制。卷制成型造成的板材尺寸变化是允许的。由于冲压油槽和油穴而产生的印痕会出现在轴套外表面。只要不出现脱落，润滑油槽和油穴中的轴承材料上的细微裂纹是允许的。

未注公差和未作规定的尺寸应由制造者和用户协商。

6 润滑油孔

润滑油孔示意图见图 1 和图 2，公称尺寸见表 2。

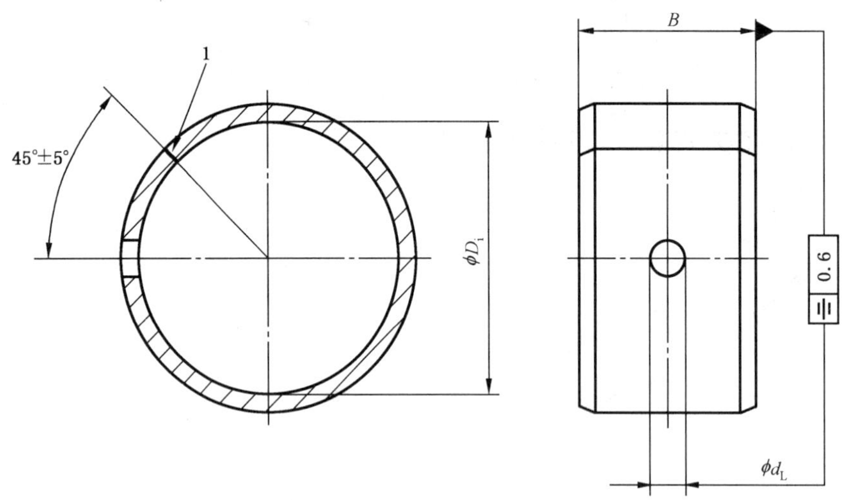

说明：

1——接缝。

图 1 润滑油孔(L 型)——尺寸(见表 2)

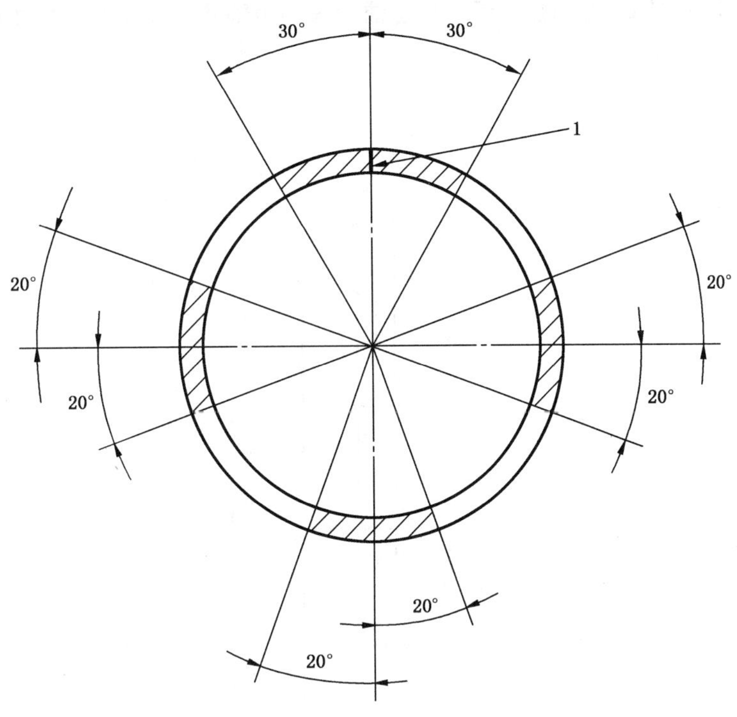

说明：

1——接缝。

注： 润滑油孔位置应尽可能远的避开图中的阴影部分。

图 2　润滑油孔(L 型)——不推荐的润滑油孔区域

表 2　润滑油孔公称尺寸

D_i		d_L [a]
>14	≤22	3
>22	≤40	4
>40	≤50	5
>50	≤100	6
>100		7
[a] 卷制成型之后的最小尺寸。		

7　润滑油槽

7.1　综述

M1 和 M2 型润滑油槽适用于液体润滑。见图 3～图 8 和表 3～表 6。

注： 图 4、图 5、图 7 和图 8 为油槽横截面的放大图。

油槽在润滑油孔部位、接缝处和两端面的涨宽是允许的。

润滑油槽通常在轴套展开的图上表示。

机械加工可能会造成油槽变形。

为便于测量油槽槽底厚度，可以在图纸中规定油槽底部至轴套背面的厚度尺寸作为控制尺寸。

7.2 M1 型

7.2.1 概述

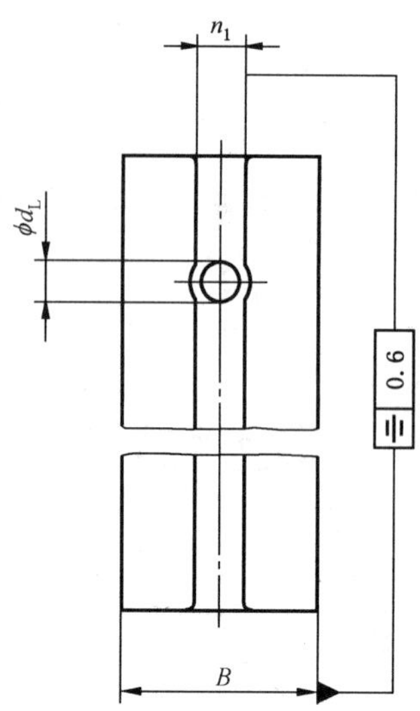

图 3 M1 型——尺寸（见表 3）

表 3 M1 型润滑油槽公称尺寸

D_i 公称尺寸		d_L[a]	d_b 极限偏差系列（根据 GB/T 12613.1）	
			A、B、D、W	C
>14	≤22	3	4	5
>22	≤40	4	5	6
>40	≤50	5	6	7
>50	≤100	6	7	8
>100		7	8	9

[a] 卷制成型之后的最小尺寸。

7.2.2 M1A 型

M1A 型油槽槽型与尺寸见图 4 和表 4。

7.2.3 M1B 型

M1B 型油槽槽型与尺寸见图 5 和表 4。

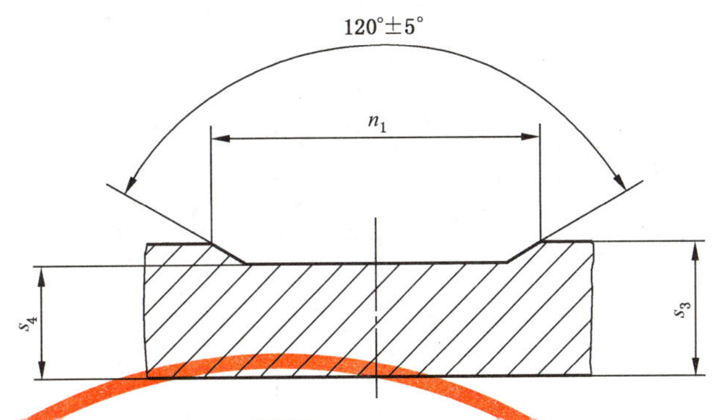

注：油槽横截面放大图。

图 4 M1A 型

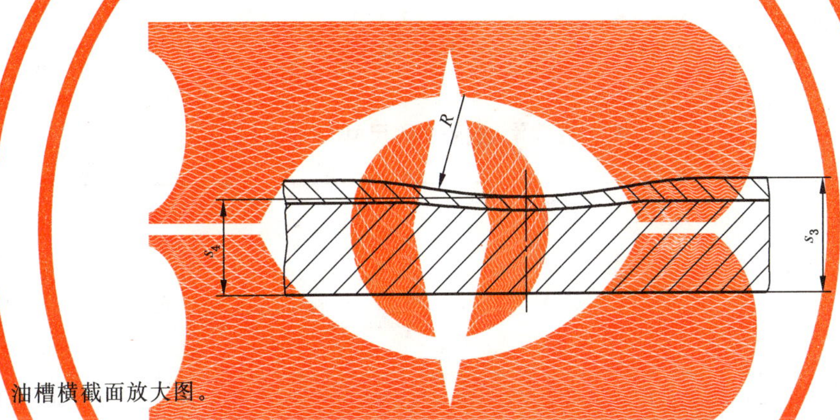

注：油槽横截面放大图。

图 5 M1B 型

表 4 M1A 和 M1B 型润滑油槽公称尺寸

s_3		0.75	1	1.5	2	2.5
$s_{4\ -0.2}^{\ 0}$	M1A	0.65	0.85	1.3	1.7	2.2
	M1B	—	0.7	1.1	1.6	2.1
R		—	6	8	10	12

7.3 M2 型

7.3.1 概述

M2 型油槽槽型与尺寸见图 6 和表 5。

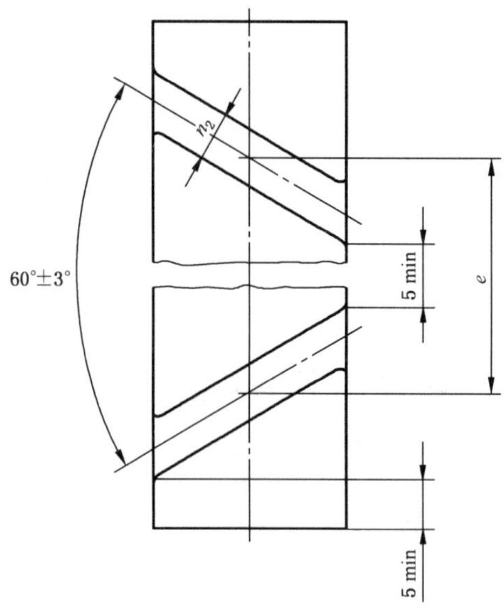

图 6　M2 型——尺寸(见表 5)

表 5　M2 型润滑油槽公称尺寸

D_i 公称尺寸		e	n_2 ±0.5	
			极限偏差系列(根据 GB/T 12613.1)	
			A、B、D、W	C
>18	≤26	32	3	4
>26	≤36	45	3	4
>36	≤50	70	5	6
>50	≤70	100	5	6
>70	≤100	130	6	7
>100		140	7	8

7.3.2　M2A 型

M2A 型油槽槽型与尺寸见图 7 和表 6。

7.3.3　M2B 型

M2B 型油槽槽型与尺寸见图 8 和表 6。

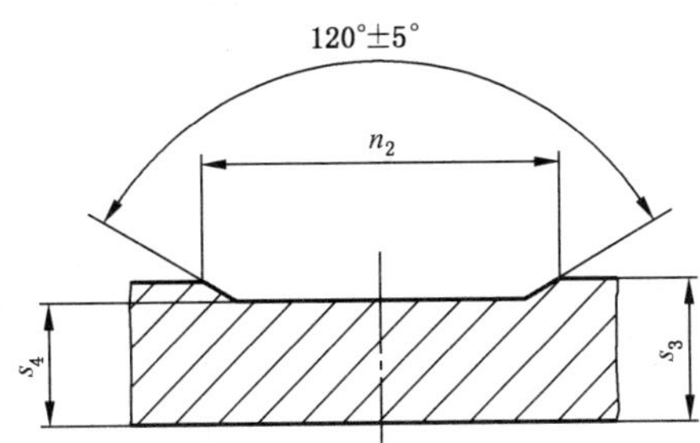

注：油槽横截面放大图。

图 7　M2A 型

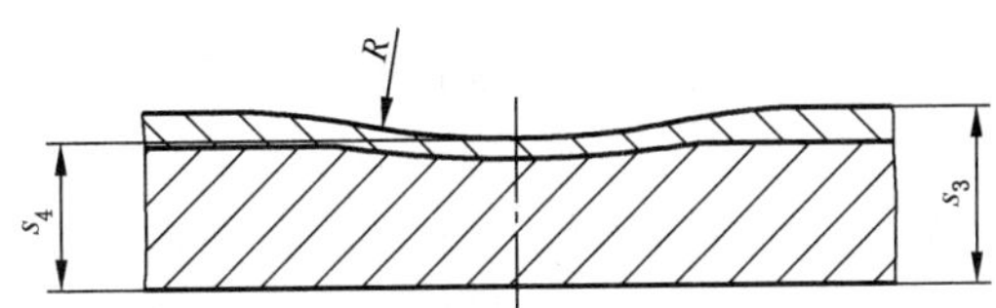

注：油槽横截面放大图。

图 8　M2B 型

表 6　M2A 和 M2B 型润滑油槽公称尺寸

s_3		0.75	1	1.5	2	2.5
$s_{4\ -0.2}^{\ 0}$	M2A	0.65	0.85	1.3	1.7	2.2
	M2B	—	0.7	1.1	1.6	2.1
R		—	6	8	10	12

8　润滑油穴

8.1　综述

油穴型式尺寸见图 9～图 11 和表 7～表 8。油穴仅适用于轴承材料层厚度 $s_3 \geqslant 1$ mm 的轴套。图 9、图 10 和图 11 给出的油穴型式仅为示例，油穴型式由制造者自己决定。

注：润滑油穴可单独使用，也可与润滑油孔和/或油槽共同使用。

8.2　N1 型

N1 型润滑油穴适用于油润滑或脂润滑。见图 9 和表 7。

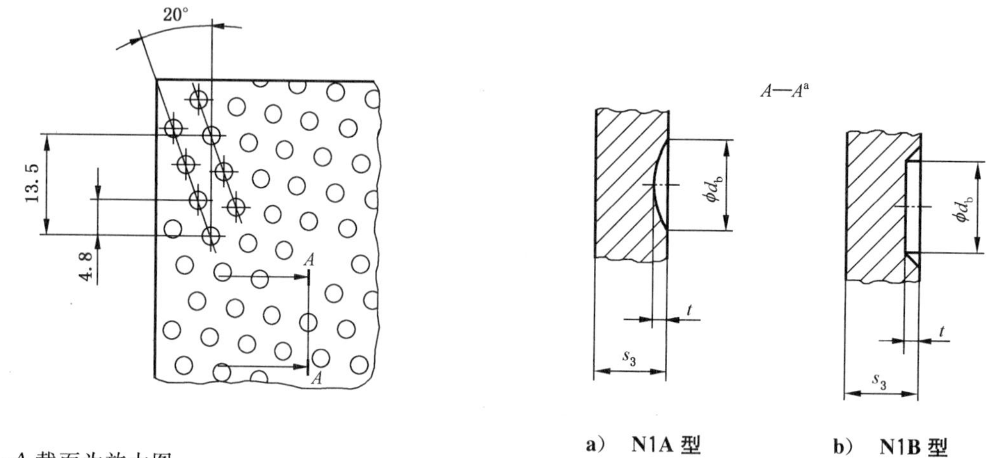

a) N1A 型　　b) N1B 型

[a] A—A 截面为放大图。

图 9　N1 型润滑油穴

表 7　N1A 和 N1B 型润滑油穴公称尺寸

轴套 (符合 GB/T 12613.1)	d_b	t ±0.2
A、B、D、W 系列	1.5～3	0.4
C、E 系列		0.55

8.3　N2 型

N2 型润滑油穴适用于固体润滑剂润滑或脂润滑。

对于符合 GB/T 12613.1 中 A、B、D 和 W 系列极限偏差的轴套，由制造者决定是否使用椭圆形润滑油穴(代号 N2)。

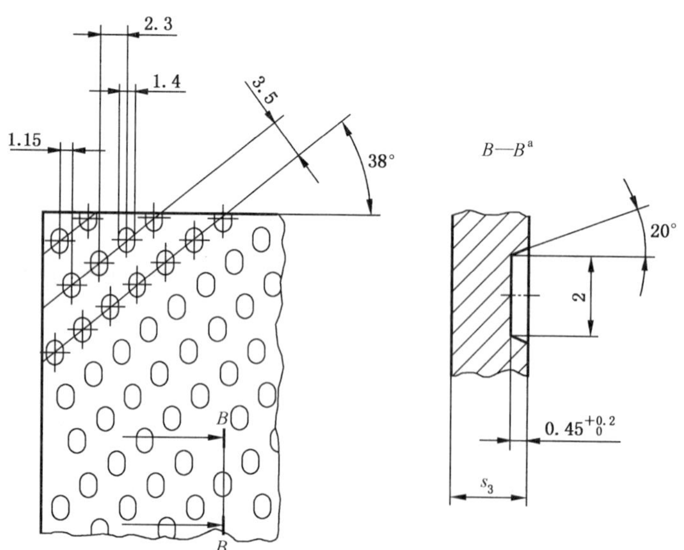

[a] B—B 截面为放大图。

图 10　N2 型润滑油穴

8.4 N3 型

N3 型润滑油穴适用于固体润滑剂润滑或脂润滑。

对于符合 GB/T 12613.1 中 A、B、D 和 W 系列极限偏差的轴套，由制造者决定是否使用菱形润滑油穴(代号 N3)。

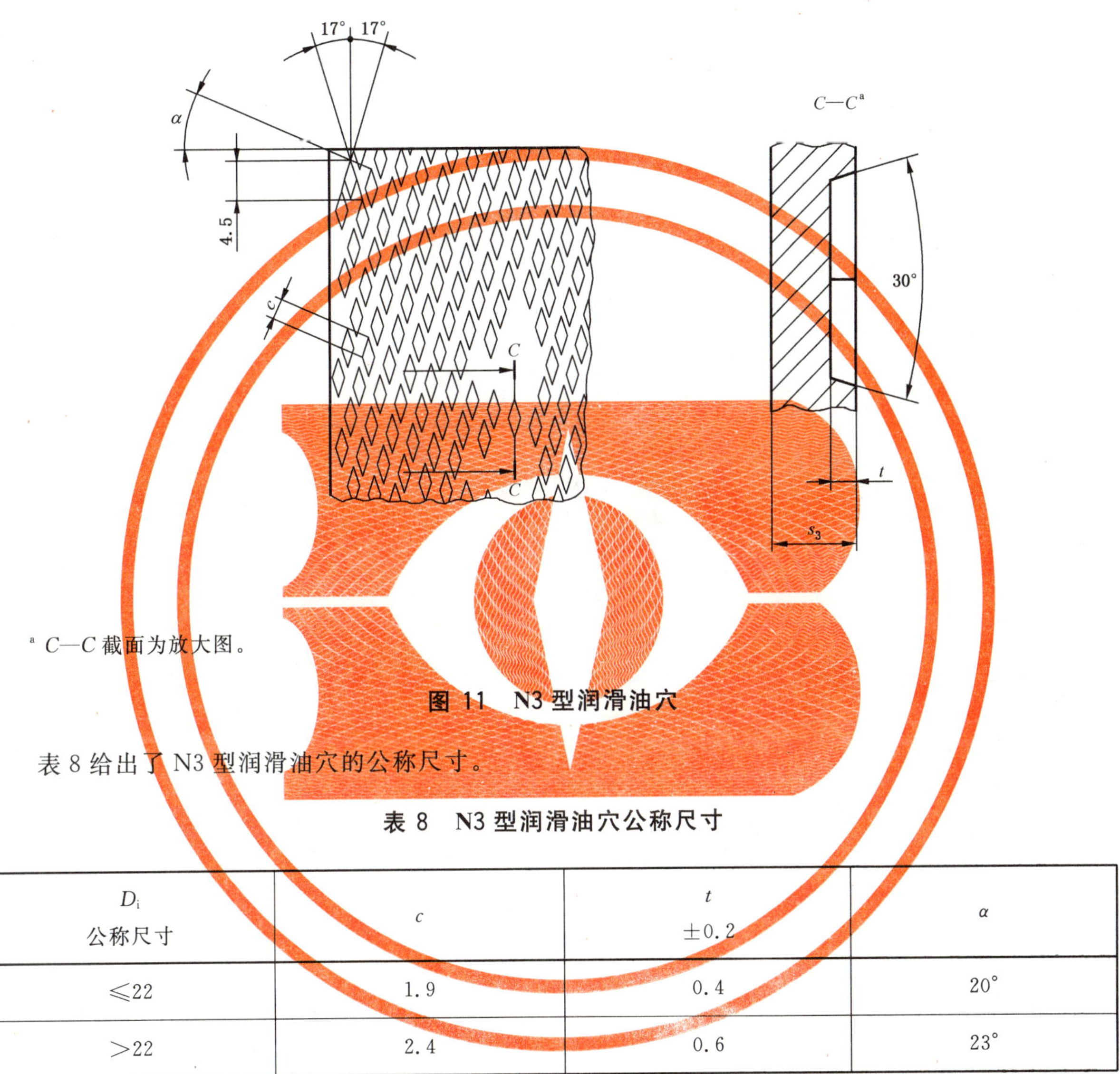

[a] C—C 截面为放大图。

图 11 N3 型润滑油穴

表 8 给出了 N3 型润滑油穴的公称尺寸。

表 8 N3 型润滑油穴公称尺寸

D_i 公称尺寸	c	t ±0.2	α
≤22	1.9	0.4	20°
>22	2.4	0.6	23°

9 标记

以下给出了符合 GB/T 12613 系列标准的卷制轴套的产品标记示例。

示例 1：壁厚极限偏差为 A 系列、内径 D_i=30 mm、外径 D_o=34 mm、宽度 B=20 mm、用符合 GB/T 12613.4 中材料代码为 S5 的多层材料制成、润滑油孔和环形油槽结构型式为 GB/T 12613.3 中的 M1A、油穴结构型式为 GB/T 12613.3 中的 N1B、外径测量方法采用 GB/T 12613.2 中的方法 A 的 C 型卷制圆柱轴套的标记示例如下：

轴套 GB/T 12613—C30 A 34×20—S5—M1A N1B—AS

注："S"表示壁厚检测按 GB/T 12613.7 的规定。

示例 2:壁厚极限偏差为 B 系列、内径 D_i = 30 mm、外径 D_o = 34 mm、宽度 B = 16 mm、用符合 GB/T 12613.4 中材料代码为 P2 的多层材料制成、润滑油孔和油穴结构型式为 N1B、内径和外径测量方法采用 GB/T 12613.2 中的方法 A 和方法 C 的 C 型卷制法兰轴套的标记示例如下:

轴套 GB/T 12613—C30 W 34×16—P2—L N1B—AC

ICS 21.100.10
J 12

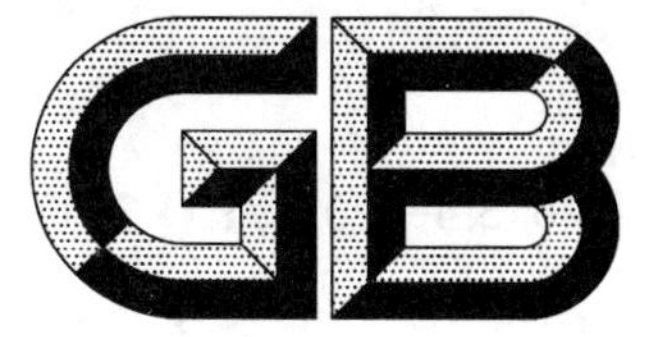

中华人民共和国国家标准

GB/T 12613.4—2011/ISO 3547-4:2006
代替 GB/T 12613.4—2002

滑动轴承　卷制轴套　第4部分:材料

Plain bearings—Wrapped bushes—Part 4:Materials

(ISO 3547-4:2006,IDT)

2011-12-30 发布　　2012-10-01 实施

中华人民共和国国家质量监督检验检疫总局
中国国家标准化管理委员会　发布

前　言

GB/T 12613《滑动轴承　卷制轴套》由以下七部分组成：

——第1部分：尺寸；

——第2部分：外径和内径的检测数据；

——第3部分：润滑油孔、油槽和油穴；

——第4部分：材料；

——第5部分：外径检验；

——第6部分：内径检验；

——第7部分：薄壁轴套壁厚测量。

本部分是GB/T 12613的第4部分。

本部分按照GB/T 1.1—2009给出的规则起草。

本部分代替GB/T 12613.4—2002《滑动轴承　卷制轴套　第4部分：材料》。与GB/T 12613.4—2002相比，主要修改如下：

——第2章增加引用文件ISO 4378-1；

——增加第3章"术语和定义"；

——表1增加所适用的壁厚极限偏差系列；

——表2删除材料牌号PbSb15SnAs，增加材料牌号AlSn12SiCu、AlZn5及代号B1、B2、D1、D2、D3、D4。

——表2增加各种牌号材料所适用的壁厚极限偏差系列；

——表2增加表注不同钢背材料所适用的布氏硬度试验方法。

本部分使用翻译法等同采用国际标准ISO 3547-4:2006《滑动轴承　卷制轴套　第4部分：材料》。

与本部分中规范性引用的国际文件有一致性对应关系的我国文件如下：

——GB/T 2889.1—2008　滑动轴承　术语、定义和分类　第1部分：设计、轴承材料及其性能(ISO 4378-1:1997,IDT)

——GB/T 12613.2—2011　滑动轴承　卷制轴套　第2部分：外径和内径的检测数据(ISO 3547-2:2006,IDT)

——GB/T 12613.3—2011　滑动轴承　卷制轴套　第3部分：润滑油孔、油槽和油穴(ISO 3547-3:2006,IDT)

——GB/T 18326—2001　滑动轴承　薄壁滑动轴承用金属多层材料(eqv ISO 4383:2000)

与ISO 3547-4:2006相比，本部分做了如下编辑性修改：

——用等同采用国际标准的我国标准代替对应的国际标准。

本部分由中国机械工业联合会提出。

本部分由全国滑动轴承标准化技术委员会(SAC/TC 236)归口。

本部分负责起草单位：中机生产力促进中心。

本部分参加起草单位：浙江长盛滑动轴承股份有限公司、浙江双飞无油轴承股份有限公司、浙江中达轴承有限公司、嘉善峰成三复轴承有限公司。

本部分所代替标准的历次版本发布情况为：

——GB/T 12613—1990；

——GB/T 12613.4—2002。

滑动轴承　卷制轴套　第4部分:材料

1　范围

GB/T 12613 的本部分规定了符合 GB/T 12613 其他部分规定的,用于制造卷制轴套的单层和多层滑动轴承材料。

2　规范性引用文件

下列文件对于本文件的使用是必不可少的。凡是注日期的引用文件,仅注日期的版本适用于本文件。凡是不注日期的引用文件,其最新版本(包括所有的修改单)适用于本文件。

GB/T 12613.1—2011　滑动轴承　卷制轴套　第1部分:尺寸(ISO 3547-1:2006,IDT)

ISO 3547-2　滑动轴承　卷制轴套　第2部分:外径和内径的检测数据(Plain bearings—Wrapped bushes—Part 2: Test data for outside and inside diameters)

ISO 3547-3　滑动轴承　卷制轴套　第3部分:润滑油孔、油槽和油穴(Plain bearings—Wrapped bushes—Part 3: Lubrication holes,grooves and indentations)

ISO 4378-1　滑动轴承　术语、定义、分类和符号　第1部分:设计、轴承材料及其性质(Plain bearings—Terms,definitions,classification and symbols—Part 1: Design,bearing materials and their properties)

ISO 4382-2　滑动轴承　铜合金　第2部分:单层滑动轴承用锻造铜合金(Plain bearings—Copper alloys—part 2:wrought copper alloys for solid plain bearings)

ISO 4383　滑动轴承　薄壁滑动轴承用金属多层材料(Plain bearings—Multilayer materials for thin-walled plain bearings)

ISO 4384-1　滑动轴承　轴承合金的硬度检验　第1部分:多层材料(Plain bearings—Hardness testing of bearing metals—Part 1: Compound materials)

ISO 4384-2　滑动轴承　轴承合金的硬度检验　第2部分:单层材料(Plain bearings—Hardness testing of bearing metals—Part 2: Solid materials)

3　术语和定义

ISO 4378-1 中界定的术语和定义适用于本文件。

4　要求

4.1　化学分析

化学分析是滑动轴承合金的最终验收程序。仲裁检验或随机抽样测试应采用制造者和用户协商认可的方法进行。

4.2　硬度

表1和表2给出了每一种材料相关的平均硬度值。实际应用中,合金成分和材料加工工艺的变化对材料的硬度有很大的影响。硬度值要求应由制造者与用户协商。

表 1 单层材料

代号	牌号[a]	硬度[b]（指导值） HB 2.5/62.5/10	使用说明	壁厚极限偏差系列[c]
Z1	钢（硬化）	—	适用于轻载荷、次要场合	A
Y1	CuSn8P	120	很高的负载，良好的减磨性。应用场合举例：车辆、传动系统、输送系统和农业机械	A、C、W
Y2		150		
W1	CuZn31Si	110	高承载能力，良好的减磨性。应用场合举例：纺织机械、发动机、农业机械和起重机械	
W2		140		

[a] 钢的化学成分应由制造者与用户协商一致。碳的含量一般小于 0.25%，轴承材料的化学成分按 ISO 4382-2。
[b] 硬度试验按 ISO 4384-2。
[c] 根据 GB/T 12613.1—2011，表 5 和表 6。

表 2 多层材料

代号	牌号[a]		硬度[b]（指导值）		使用说明	壁厚极限偏差系列[d]
	钢背材料	轴承材料	钢背材料[c]	轴承材料		
T2	钢	SnSb8Cu4	130	17 HV～24 HV	很好的瞬时启动特性，中等承载能力。应用场合举例：泵、压缩机、汽车传动系统、启动器和凸轮轴	A、C、W
S1	钢	CuPb24Sn (铸造)	125	55 HB～80 HB	高承载能力，通常需与淬火后的轴颈配合使用。应用场合举例：汽车传动系统、转向装置、凸轮轴和泵	
S2	钢	CuPb24Sn (烧结)	125	40 HB～60 HB		
S3	钢	CuPb24Sn4 (铸造)	125	60 HB～90 HB	具有 S1 和 S2 材料的性能，同时更适合于加工油槽；高承载能力，通常需与淬火后的轴颈配合使用。应用场合举例：轴销和摇臂轴承、传动轴、转向装置和泵；硬化后可以用于特殊用途	
S4	钢	CuPb24Sn4(烧结)	125	45 HB～90 HB		
S5	钢	CuPb10Sn10(铸造)	125	70 HB～130 HB		
S6	钢	CuPb10Sn10(烧结)	125	60 HB～90 HB		
R2	钢	AlSn20Cu	170	30 HB～40 HB	好的瞬时启动特性，中等承载能力。应用场合举例：冷藏车间、压缩机和泵	A、C、W

表 2（续）

代号	牌号[a]		硬度[b]（指导值）		使用说明	壁厚极限偏差系列[d]
	钢背材料	轴承材料	钢背材料[c]	轴承材料		
R2	钢	AlSn20Cu	170	30 HB～40 HB	好的瞬时启动特性，中等承载能力。应用场合举例：冷藏车间、压缩机和泵	A、C、W
R3	钢	AlSn12SiCu	170	40 HB～60 HB	高承载能力，良好的抗咬合性。应用场合举例：传动凸轮轴和液压泵	
R4	钢	AlZn5	185	60 HB～100 HB	更高的承载能力	
P1	钢	烧结青铜、填充物以及加入添加剂的 PTFE 表面涂层（磨合层）	140	—	低摩擦；用于车辆悬挂支柱、齿轮控制杆、立式止推轴承、泵和磁力起重机；工作温度为−200 ℃～+280 ℃，但轴承孔不能机加工；适合用作干摩擦轴承材料	B
B1	青铜		100			
P2	钢	带热塑性聚合物的烧结青铜	140	—	高承载能力，装配时需加润滑脂。应用场合举例：起重机、卷扬机、电梯、包装机械和农业机械，有一定温度限制[e]	D、E
B2	青铜		100			
D1	钢	直接与聚合物轴承衬层材料结合，如 PTFE	140	—	应用于某些需要特殊性能的场合，例如：空间限制、抗腐蚀	B
D2	不锈钢		140			
D3	青铜		100			
D4	铝合金		60			
对极限偏差为 A 系列和 W 系列的轴套，代号 S1～S6 和 R1 的材料，可与供应商协商增加磨合涂层。						

[a] 钢的化学成分应由制造者与用户协商一致。碳的含量一般小于 0.25%，轴承材料的化学成分按 ISO 4383。
[b] 硬度试验按 ISO 4384-1。
[c] 钢和不锈钢硬度检验采用 HB 1/30/10。青铜和铝合金硬度检验采用 HB 1/5/30。
[d] 壁厚极限偏差系列（根据 GB/T 12613.1—2011，表 5 和表 6）。
[e] 连续工作的极限温度取决于热塑性聚合物的类型，如，POM：90 ℃；PVDF：110 ℃；PEEK：250 ℃。

参 考 文 献

［1］ ISO 683-11 热处理钢 合金钢和易切钢 第11部分:压力加工表面硬化钢(Heat-treatable steels,alloy steels and free-cutting steels—Part 11:Wrought case-hardening steels)

［2］ ISO 6932 最高含碳量为0.25%的冷轧碳素钢带(Cold-reduced carbon steel strip with a maximum carbon content of 0.25%)

ICS 21.100.10
J 12

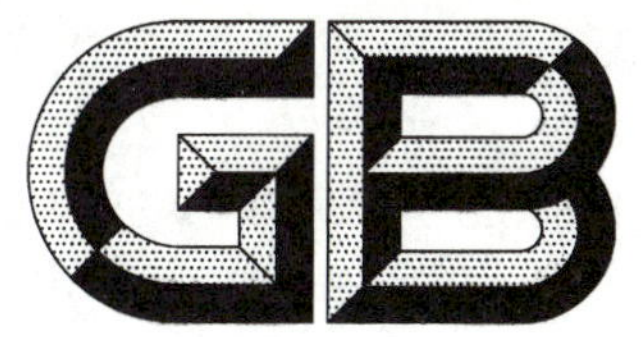

中华人民共和国国家标准

GB/T 12613.5—2011/ISO 3547-5:2007
代替 GB/T 18331.1—2001

滑动轴承 卷制轴套 第5部分:外径检验

Plain bearings—Wrapped bushes—
Part 5:Checking the outside diameter

(ISO 3547-5:2007,IDT)

2011-12-30 发布 2012-10-01 实施

中华人民共和国国家质量监督检验检疫总局
中国国家标准化管理委员会 发布

前　言

GB/T 12613《滑动轴承　卷制轴套》由以下七部分组成：

——第1部分：尺寸；

——第2部分：外径和内径的检测数据；

——第3部分：润滑油孔、油槽和油穴；

——第4部分：材料；

——第5部分：外径检验；

——第6部分：内径检验；

——第7部分：薄壁轴套壁厚测量。

本部分是GB/T 12613的第5部分。

本部分按照GB/T 1.1—2009给出的规则起草。

本部分代替GB/T 18331.1—2001《滑动轴承　卷制轴套外径的检测》。与GB/T 18331.1—2001相比，主要修改如下：

——删除作废及错误的引用文件；

——符号中检验模及定位塞规下角标符号均由“c”改为“ch”；

——增加环规外径符号“d_o”，增加检验模长度、宽度和两半模之间距离符号“x”、“y”、“z”，增加外径公差符号“D_o”，增加刻度表读数“Δz”，增加周长千分表读数“Δz_D”；

——删除外径弹性衰减符号“E_{red}”，置信度符号“P_{zw}”，外径的公差符号“T”，测量不确定度符号“u”，测量设备的不确定度符号“u_E”，第一次与第二次测量值的读数之差符号“Δx”、“Δx”的平均值符号“$\overline{\Delta x}$”，标准偏差符号“σ”，Δx的标准偏差符号“$\sigma_{\Delta x}$”；

——检验方法A中增加了检验模与定位塞规技术要求（本版中8.2），增加了检验模座孔长度及宽度的要求，检验模座孔各表面粗糙度要求由$Ra1.6$改为$Ra0.2$；

——检验方法B中环规的尺寸要求改变，表面粗糙度要求由$Ra1$改为$Ra0.2$；

——增加了检验方法D（对GB/T 12613.2—2011中的检验方法D进行了详细规定）。

本部分使用翻译法等同采用国际标准ISO 3547-5:2007《滑动轴承　卷制轴套　第5部分：外径检验》。

与ISO 3547-5:2007相比，本部分做了如下编辑性修改：

——范围中增加“注2：除特殊注明和指定的单位外，GB/T 12613的本部分所有尺寸单位均为毫米。”，同时删除正文中表格上的“单位为毫米”；

——用等同采用国际标准的我国标准代替对应的国际标准。

本部分由中国机械工业联合会提出。

本部分由全国滑动轴承标准化技术委员会（SAC/TC 236）归口。

本部分负责起草单位：中机生产力促进中心。

本部分参加起草单位：浙江长盛滑动轴承股份有限公司、浙江中达轴承股份有限公司、浙江双飞无油轴承有限公司、嘉善峰成三复轴承有限公司、宁波轴瓦厂。

本部分所代替标准的历次版本发布情况为：

——GB/T 18331.1—2001。

滑动轴承　卷制轴套
第5部分:外径检验

1 范围

GB/T 12613 的本部分根据 GB/T 27939—2011,规定了卷制轴套外径检验(GB/T 12613.2 中的检验方法 A、B、D)的要求,同时规定了必要的检测方法和检测设备。

由于轴套外径在自由状态下是弹性的,但是安装后由于轴套外径和轴承座孔尺寸的差异,轴套将极大地适应座孔尺寸。因此,轴套外径的检测应在专用设备上施加恒定的载荷来进行。

注 1:卷制轴套尺寸和公差在 GB/T 12613.1 中给出,壁厚检验在 GB/T 12613.7 中规定。

注 2:除特殊注明和指定的单位外,GB/T 12613 的本部分所有尺寸单位均为毫米。

2 规范性引用文件

下列文件对于本文件的使用是必不可少的。凡是注日期的引用文件,仅注日期的版本适用于本文件。凡是不注日期的引用文件,其最新版本(包括所有的修改单)适用于本文件。

GB/T 12613.2—2011　滑动轴承　卷制轴套　第 2 部分:尺寸(ISO 3547-2:2006,IDT)

ISO 286-2:1988　ISO 极限与配合体系　第 2 部分:孔和轴的标准公差级和极限偏差表(ISO system of limits and fits—Part 2:Tables of standard tolerance grades and limit deviations for holes and shafts)

ISO/R 1938:1971　ISO 极限与配合体系　第 2 部分:光滑工件的检验(ISO system of limits and fits—Part Ⅱ:Inspection of plain workpieces)

3 符号和单位

见表 1。

表 1　符号和单位

符　号	参数描述	单　位
B	轴套宽度	mm
$b_{ch,1}$	检验模宽度	mm
$b_{ch,2}$	定位塞规宽度	mm
d_o	环规外径	mm
D_o	轴套外径	mm
$d_{ch,1}$	检验模座孔直径(见 GB/T 12613.2)	mm
$d_{ch,2}$	定位塞规直径(见 GB/T 12613.2)	mm
$d_{ch,a,1}$	检验模座孔实测直径	mm
$d_{ch,a,2}$	定位塞规实测直径	mm

表 1（续）

符　　号	参数描述	单　　位
F_{ch}	检验载荷	N
C	修正值	mm
n	试件个数	—
Ra	表面粗糙度	μm
$t_1 \cdots\cdots t_6$	形位公差	mm
x	检验模长度	mm
y	检验模宽度	mm
z	检验模两半模之间的距离	mm
ΔD_o	D_o的公差	mm
Δz	测量装置读数	mm
Δz_D	周长测量装置读数	mm

4　外径，D_o

卷制轴套的外径见图 1。

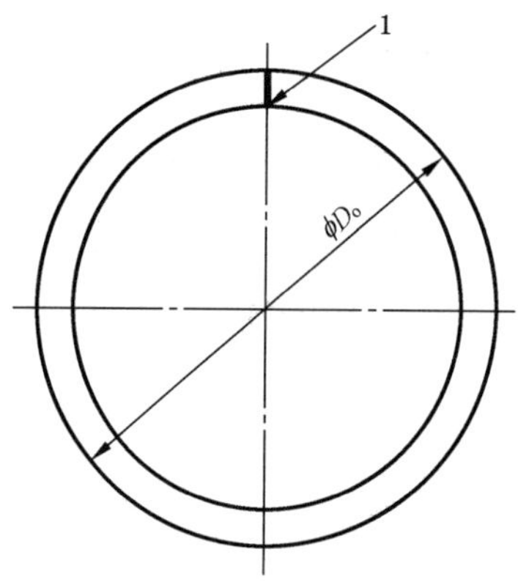

说明：

1——接缝。

注：由于其弹性属性，卷制轴套在自由状态下的直径不能直接测量。

图 1　卷制轴套的外径

5　检验目的

外径应进行检验，以保证卷制轴套在轴承座孔中具有规定的安装压力（过盈配合）。

6　检验方法

注：检验方法 C 适用于检验轴套内径，其方法在 GB/T 12613.6 中规定。

6.1 检验方法 A—外径 D_o 的测量

注：检验方法 A 见 GB/T 12613.2。

使用如图 2 所示的装置测量卷制轴套的外径，装上由上下半模组成的检验模（见图 3 和图 4）和定位塞规（见图 5 和图 6），施加规定的检验载荷。

外径是通过检验模两半模之间的距离 z 和测量装置读数 Δz 之间的差值来间接测量。

计算的检验载荷是为了保证轴套的外径在测量过程中只是弹性减小而不产生永久变形。

6.2 检验方法 B——外径 D_o 的环规检验

注：检验方法 B 见 GB/T 12613.2。

用通和止环规检验卷制轴套外径。

6.3 检验方法 D——外径 D_o>120 mm 时的测量

注：检验方法 D 见 GB/T 12613.2。

用精确的测量带尺测量外径大于 120 mm 的卷制轴套。

7 外径检验方法的选择

方法 A 是一种精确的方法，需要复杂的装置。方法 B 是定性检验，使用简单的量具。方法 D 仅用于外径大于 120 mm 的卷制轴套的检验。三种方法都常用。方法 A 一般不适用于外径小于 10 mm 的小轴套，但对于外径大于 10 mm 的轴套应优先采用。

8 GB/T 12613.2，检验方法 A——外径 D_o 的检验装置和过程

8.1 测量装置

见表 2 和表 3。

典型的轴套外径测量设备由以下基本元件组成：

——对两半检验模进行定位和导向的底座；

——产生检验载荷的组件；

——载荷计量方法；

——上板；

——将两半模之间的距离 z 值传递到测量头的传递系统；

——带显示仪表的测量头；

——带定位塞规（见图 3 和图 4）的检验模（见图 5 和图 6）。

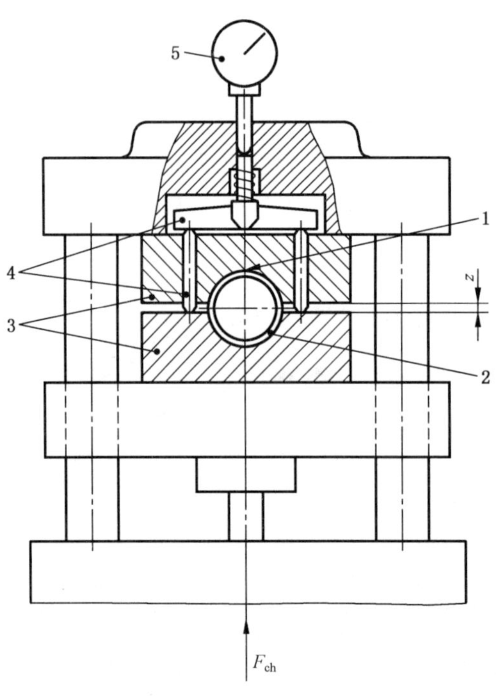

说明：

1——接缝；

2——轴套；

3——检验模；

4——测量头；

5——显示仪表。

图 2 典型的外径测量装置

图 2 为典型的外径测量装置。可使用液压、气动或机械操作。

可以自上而下或自下而上的施加检验载荷 F_{ch}。

轴套的接缝应处于竖直方向并指向上半检验模。

表 2 检验载荷及其极限偏差、进给速度和温度

检验载荷 F_{ch}/ N		允许的极限偏差/ %	施加检验载荷 的最大速度/ (mm/s)	检验温度[a]/ ℃
—	≤2 000	±1.25	12	20～25
>2 000	≤5 000	±1		
>5 000	≤10 000	±0.75		
>10 000	≤50 000	±0.5		
[a] 检验模与被测轴套之间的温差不应超过 1 ℃。				

表 3 千分表和数显千分表的偏差

外径公差 ΔD_o	分辨率(刻度值)		总偏差[a]	
	千分表	数显千分表	千分表	数显千分表
≤0.1	0.001	0.001	0.001 2	量程的 0.5%
>0.1	0.005	0.005	0.006	

[a] 最大测量显示值(满量程±500 μm)。

8.2 检验模和定位塞规技术要求

轴套外径 D_o 测量装置的技术要求见图 3～图 6 和表 4。制造公差和磨损极限见表 5。

表 4 检验模座孔直径 $d_{ch,1}$ 和定位塞规直径 $d_{ch,2}$ 可用组合的最大差值

D_o 公称值		$d_{ch,1}-d_{ch,2}$ 最大值
—	≤18	0.006
>18	≤50	0.008
>50	≤80	0.01
>80	≤120	0.012
>120	≤180	0.016

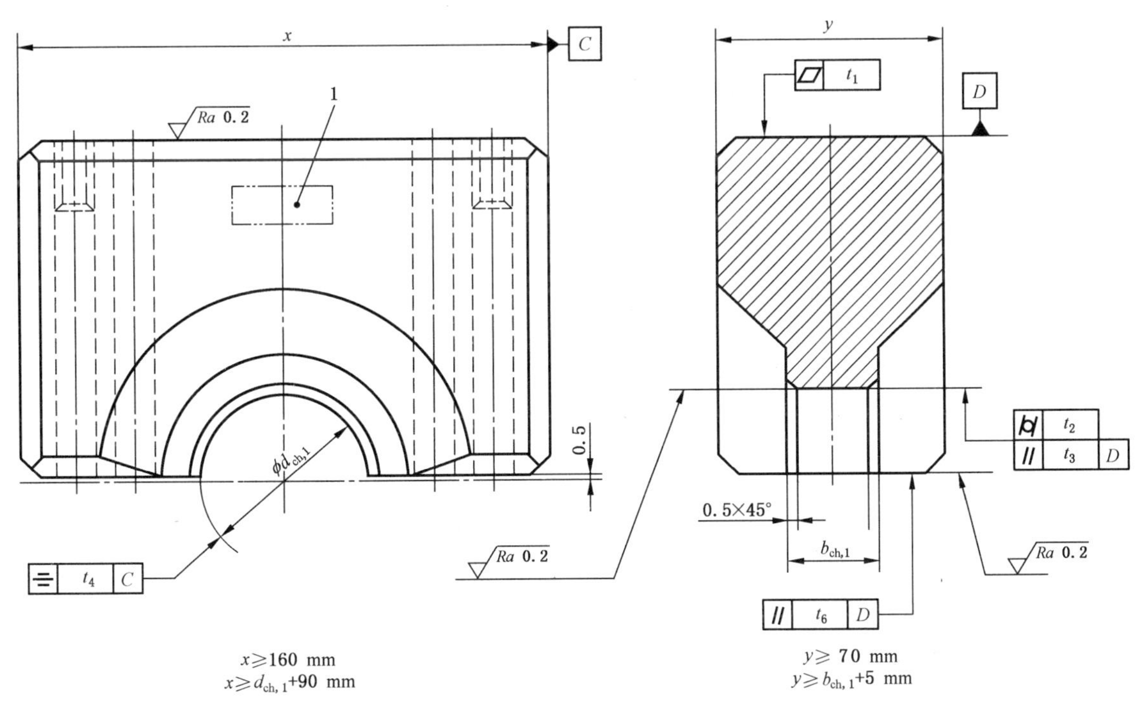

说明：

1——标志部位。

$b_{ch,1} \geq B+2$

图 3 检验模上模

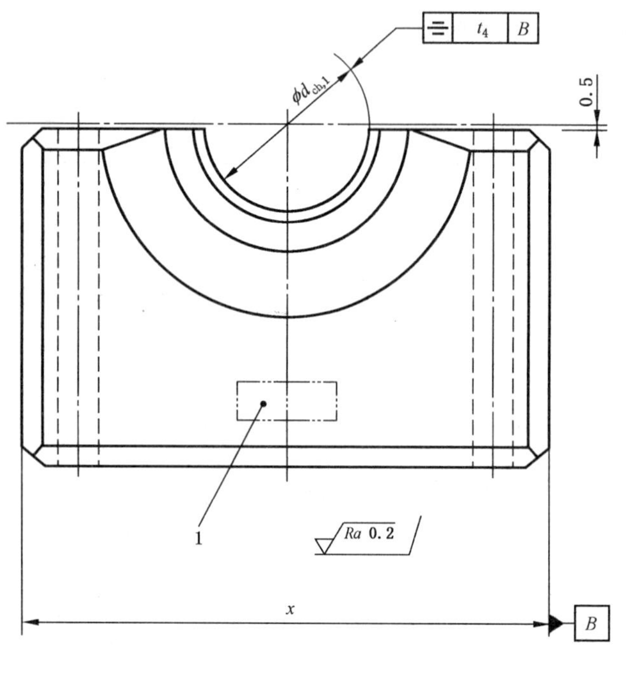

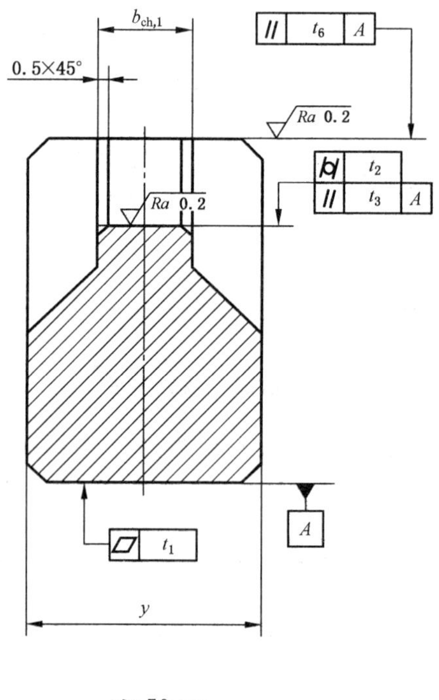

$x \geqslant 160$ mm
$x \geqslant d_{ch,1}+90$ mm

$y \geqslant 70$ mm
$y \geqslant b_{ch,1}+5$ mm

说明：

1——标志部位。

$b_{ch,1} \geqslant B+2$

图 4　检验模下模

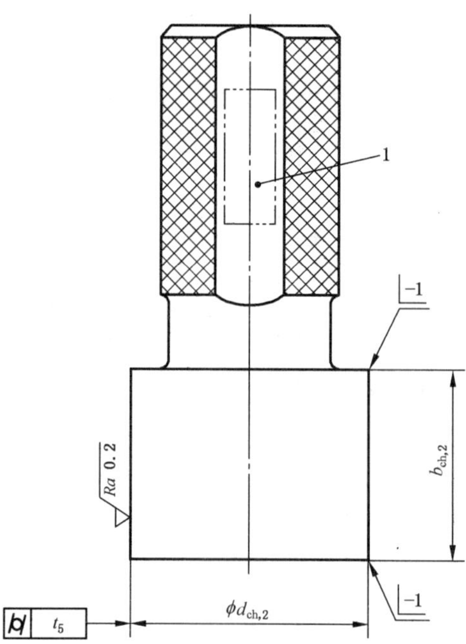

说明：

1——标志部位。

$b_{ch,2} \geqslant b_{ch,1}+5$

图 5　实心定位塞规，$d_{ch,2} \leqslant 80$ mm

单位为毫米

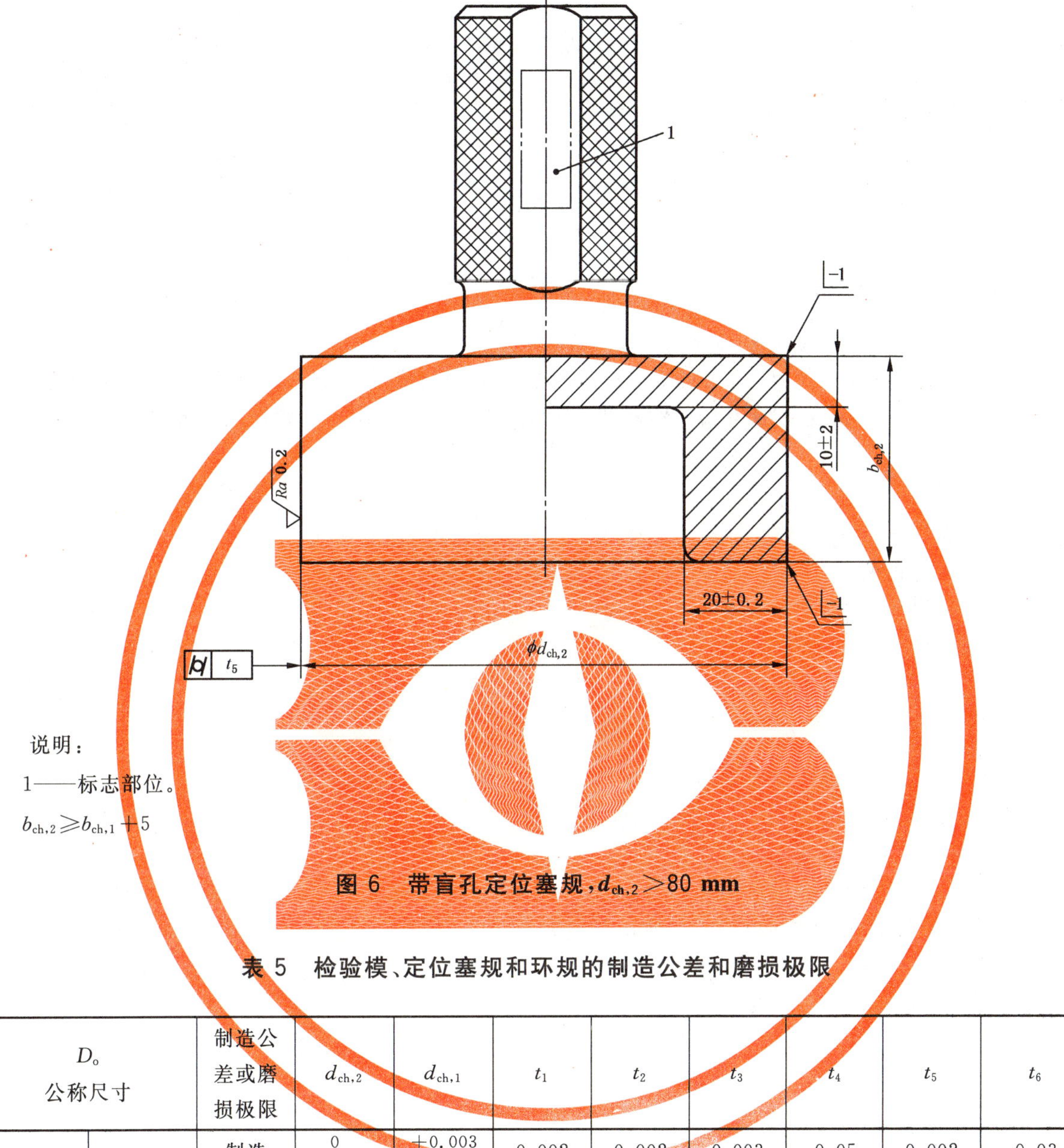

说明：

1——标志部位。

$b_{ch,2} \geqslant b_{ch,1}+5$

图 6　带盲孔定位塞规，$d_{ch,2}>80$ mm

表 5　检验模、定位塞规和环规的制造公差和磨损极限

D_o 公称尺寸		制造公差或磨损极限	$d_{ch,2}$	$d_{ch,1}$	t_1	t_2	t_3	t_4	t_5	t_6
	≤80	制造	0 −0.003	+0.003 0	0.002	0.002	0.003	0.05	0.002	0.03
		磨损	−0.005	+0.005	0.004	0.004	0.005	0.05	0.004	0.05
>80	≤150[a]	制造	0 −0.005	+0.005 0	0.003	0.003	0.004	0.05	0.003	0.03
		磨损	−0.007	+0.007	0.005	0.005	0.006	0.05	0.005	0.05

[a] $D_o>150$ mm 时，需制造者与用户协商一致。

上、下检验模（见图 3 和图 4）和定位塞规（见图 5 和图 6）应由淬硬（60 HRC～64 HRC）和非时效钢制成。

上、下检验模应为刚性结构，从而确保在测量加载时，检验模仅产生可忽略不计的变形。

上、下检验模的座孔和定位塞规的测量表面不得镀铬。

检验模座孔直径和定位塞规直径可与公称尺寸一起标志出来。

8.3 修正值的计算

修正值 C 用来修正显示仪表的示值误差。用式(1)进行计算。

$$C=\frac{\pi}{2}[(d_{ch,a,1}-d_{ch,1})-(d_{ch,a,1}-d_{ch,a,2})] \quad \cdots\cdots(1)$$

示例 1：

$d_{ch,1}=20.050$ mm

$d_{ch,a,1}=20.052$ mm

$d_{ch,a,2}=20.048$ mm

因此：

$C=\frac{\pi}{2}[(20.052-20.050)-(20.052-20.048)]$

$C=-0.001$ mm

如果检验模的实际直径 $d_{ch,a,1}$ 相对于待检轴套的检验模座孔直径 $d_{ch,1}$ 有偏差，只要偏差的绝对值 $|d_{ch,a,1}-d_{ch,1}|\leqslant 0.03$ mm，则这套检验模仍然可以使用。表 5 所规定的定位塞规的公差也不会受此影响。

示例 2：

$d_{ch,1}=20.062$ mm

$d_{ch,a,1}=20.052$ mm

$d_{ch,a,2}=20.048$ mm

$|d_{ch,a,1}-d_{ch,1}|=0.010\ \text{mm}<0.030\ \text{mm}$

因此：

$C=\frac{\pi}{2}[(20.052-20.062)-(20.052-20.048)]$

$C=-0.020$ mm

8.4 测量过程

测量前应首先使两半检验模相互准确定位。然后将定位塞规插入并固定于下模中心位置，将上半模安装于定位塞规上，施加检验载荷 F_{ch} 使检验模夹紧。

按照 8.3 调整修正值 C，移去定位塞规然后居中插入轴套，轴套接缝位置应在竖直方向并对准上半模。重新施加检验载荷并测取读数 Δz。

8.5 测量错误

最常见的错误见 8.5.1～8.5.3。

8.5.1 测量装置产生的错误

a） 上、下检验模没有对齐；

b） 检验模没有在测量装置中正确的固定；

c） 紧密性不正确(过大的间隙，传动系统、千分表等的损坏)；

d） 检验模或定位塞规损坏或磨损；

e） 检验模孔的宽度小于轴套的宽度；

f） 检验载荷与实际计算所需的载荷不符。

8.5.2 轴套引起的误差

在外径(轴套背面)和/或接缝上存在油脂、灰尘、毛刺等，外径表面和/或接缝出现损伤或变形。

8.5.3 人为因素造成的误差

a) 检验载荷设置错误;
b) 轴套在检验模中没有居中;
c) 轴套接缝没有竖直的对准上检验模;
d) 在测量实际直径 $d_{ch,a,1}$ 和 $d_{ch,a,2}$ 时,读数错误;
e) 计算和/或设置修正值错误;
f) 外径 D_o 计算错误。

8.6 轴套外径 D_o 测量相关因素综述

8.6.1 检验载荷,F_{ch}

检验载荷应按 GB/T 12613.2 中的规定计算。

8.6.2 检验模直径 $d_{ch,1}$ 和定位塞规直径 $d_{ch,2}$

检验模直径 $d_{ch,1}$ 和定位塞规直径 $d_{ch,2}$ 应按 GB/T 12613.2 中的规定计算。

8.6.3 Δz 的上限值和下限值

上限值$=0$;

下限值$=\Delta D_o\left(\frac{\pi}{2}\right)$,圆整到 0.005 mm。

其中:

$\Delta D_o = D_{o,max} - D_{o,min}$。

8.6.4 修正值 C

修正值按 8.3 计算。

8.6.5 外径测量显示值 Δz 到外径的换算

外径测量显示值 Δz 到外径的换算按 GB/T 12613.2 中的规定计算。

9 GB/T 12613.2,检验方法 B——外径 D_o 的检验装置和过程

9.1 检验环规

检验通过两个环规来进行。通环规与图纸上轴套外径 D_o 的最大极限值一致,止环规与最小极限值一致。为了避免损坏和失效,两个环规均应有小角度的导入倒角(见图 7)或圆弧。

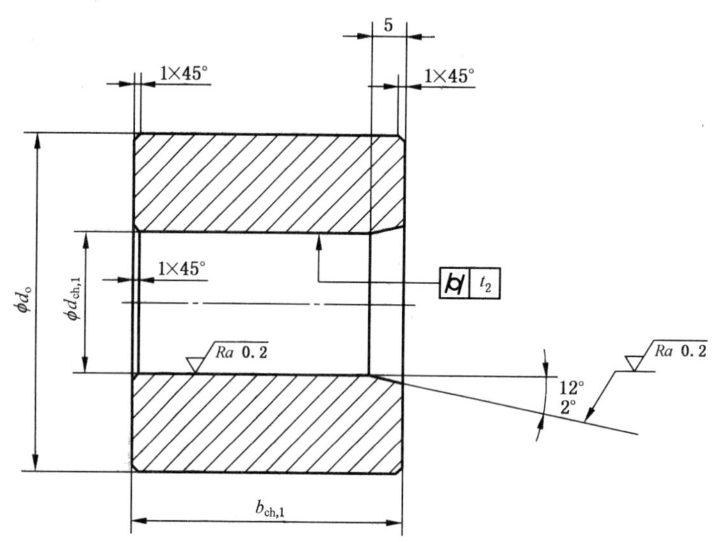

$b_{ch,1} \geqslant B+9$

$d_o \geqslant d_{ch,1}+50$

图 7 环规

9.2 检验环规的技术要求

环规应为淬硬(60 HRC～64 HRC)和非时效钢,环规的宽度(不含倒角)应至少与轴套的最大宽度一致。

通环规和止环规的内径极限值,应符合 ISO 286-2:1988 中的公差等级 J13。

对于符合 ISO/R 1938:1971 中的 IT8 级的工件,环规的磨损不应超出 y_1 值(磨损极限的参考值)。

9.3 检验过程

将轴套从环规的有导入倒角的一端插入,用手(最大力为 250 N)推动轴套,轴套应能通过通环规,但用同样的力不应通过止环规。

在某些情况下,如果轴套不圆或者接缝未闭合,则检验的精度可能会降低,所以应优先选用检验方法 A 来检验。

9.4 测量错误

最常见的测量错误如下:

a) 环规损坏或磨损;

b) 环规没有导入角;

c) 轴套与环规对中不齐;

d) 轴套插入环规用力太大;

e) 环规宽度小于轴套宽度;

f) 轴套不圆或接缝处于自由状态;

g) 在外径和/或接缝上存在油脂、灰尘、毛刺或损伤、变形。

10 GB/T 12613.2,检验方法 D——外径>120 mm 时 D_o 的检验装置和过程

10.1 测量带尺

测量使用精确的带尺来进行。

10.2 测量装置

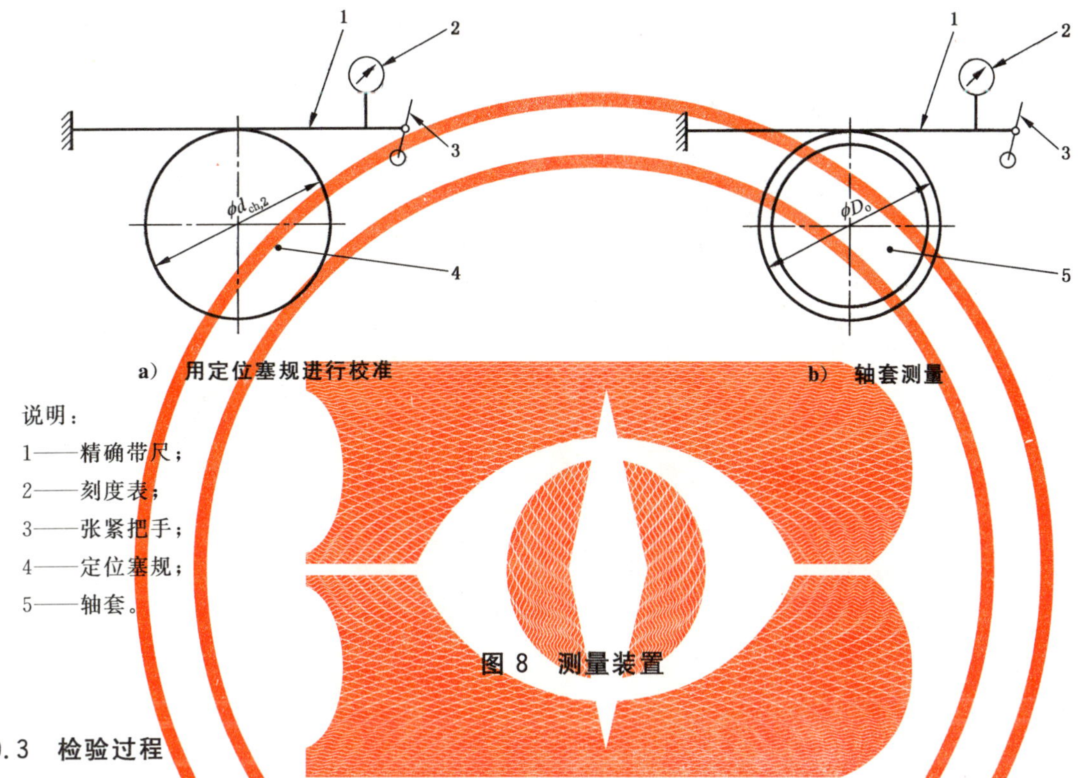

说明:

1——精确带尺;

2——刻度表;

3——张紧把手;

4——定位塞规;

5——轴套。

图 8 测量装置

10.3 检验过程

测量带尺绕外径等于轴套公称外径 D_o 的定位塞规进行校准。示值装置放置于测量带尺的自由端,并调至标定尺寸。

在轴套检验完成后,周长示值装置读数 Δz_D 应为轴套测量值与定位塞规标定值的差。由此,可通过式(2)计算轴套的外径:

$$D_o = d_{ch,2} + \frac{\Delta z_D}{\pi} \quad \cdots\cdots(2)$$

10.4 测量错误

a) 紧固力偏小,不足以使接缝闭合;

b) 测量尺未沿轴套中心线卷绕;

c) 在外径和/或接缝上存在油脂、灰尘、毛刺或损伤、变形。

11 轴套制图规范

优先的轴套外径检测方法规定见 GB/T 12613.2。

12 检验设备控制的技术条件

12.1 检验环规

检验环规应做定期检查,明显的损伤应做修复,检验环规的任何尺寸变化应记录。

12.2 测量装置

测量装置应按照根据检验统计数据规定的周期检查测量精度。

参 考 文 献

[1] GB/T 12613.1 滑动轴承 卷制轴套 第1部分:尺寸(GB/T 12613.1—2011,ISO 3547-1:2006,IDT)

[2] GB/T 12613.6 滑动轴承 卷制轴套 第6部分:内径检验(GB/T 12613.6—2011,ISO 3547-6:2007,IDT)

[3] GB/T 12613.7 滑动轴承 卷制轴套 第7部分:薄壁轴套壁厚测量(GB/T 12613.7—2011,ISO 3547-7:2007,IDT)

[4] GB/T 27939 滑动轴承 几何和材料质量特性的质量控制技术和检验(GB/T 27939—2011,ISO 12301:2007,IDT)

[5] ISO 286-1 产品几何技术规范 极限与配合 第1部分:公差、偏差和配合的基础(Geometrical product specifications (GPS)—ISO code system for tolerances on linear sizes—Part 1:Basis of tolerances,deviations and fits)

ICS 21.100.10
J 12

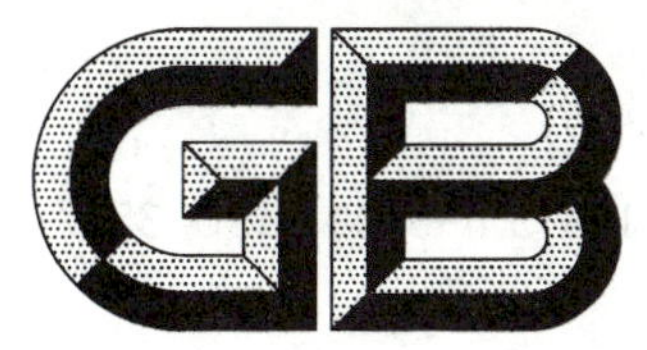

中华人民共和国国家标准

GB/T 12613.6—2011/ISO 3547-6:2007

滑动轴承　卷制轴套　第6部分:内径检验

Plain bearings—Wrapped bushes—Part 6:Checking the inside diameter

(ISO 3547-6:2007,IDT)

2011-12-30 发布　　2012-10-01 实施

中华人民共和国国家质量监督检验检疫总局
中国国家标准化管理委员会　发布

前　言

GB/T 12613《滑动轴承　卷制轴套》由以下七部分组成：

——第1部分：尺寸；

——第2部分：外径和内径的检测数据；

——第3部分：润滑油孔、油槽和油穴；

——第4部分：材料；

——第5部分：外径检验；

——第6部分：内径检验；

——第7部分：薄壁轴套壁厚测量。

本部分是GB/T 12613的第6部分。

本部分按照GB/T 1.1—2009给出的规则起草。

本部分使用翻译法等同采用国际标准ISO 3547-6:2007《滑动轴承　卷制轴套　第6部分：内径检验》。

与ISO 3547-7:2007相比，本部分做了如下编辑性修改：

——用等同采用国际标准的我国标准代替对应的国际标准。

本部分由中国机械工业联合会提出。

本部分由全国滑动轴承标准化技术委员会(SAC/TC 236)归口。

本部分负责起草单位：中机生产力促进中心。

本部分参加起草单位：浙江长盛滑动轴承股份有限公司、浙江双飞无油轴承股份有限公司、浙江中达轴承有限公司、嘉善峰成三复轴承有限公司。

滑动轴承　卷制轴套
第6部分:内径检验

1　范围

GB/T 12613的本部分根据GB/T 27939—2011,规定了卷制轴套内径的检验(GB/T 12613.2中的方法C)要求,同时规定了必要的检验方法和检验设备。

由于轴套内径在自由状态下是柔性的,但是安装后由于轴套外径和轴承座孔尺寸的过盈配合,轴套将极大地适应座孔尺寸。

注1: 除特殊注明和指定的单位外,GB/T 12613的本部分所有尺寸单位均为毫米。

注2: 卷制轴套尺寸和公差在GB/T 12613.1中给出。

注3: 壁厚检验在GB/T 12613.7中给出。

注4: 卷制轴套外径检验在GB/T 12613.5中给出。

2　规范性引用文件

下列文件对于本文件的使用是必不可少的。凡是注日期的引用文件,仅注日期的版本适用于本文件。凡是不注日期的引用文件,其最新版本(包括所有的修改单)适用于本文件。

GB/T 12613.1—2011　滑动轴承　卷制轴套　第1部分:尺寸(ISO 3547-1:2006,IDT)

3　符号和单位

本部分使用的符号和单位见表1。

表1　符号和单位

符　号	参数描述	单　位
B	轴套宽度	mm
$b_{ch,1}$	环规宽度	mm
$b_{ch,2}$	校准塞规宽度	mm
d_o	环规外径	mm
D_i	轴套公称内径	mm
$D_{i,ch}$	压入环规后的轴套内径	mm
D_o	轴套公称外径	mm
Ra	表面粗糙度	μm
t_1	形状和位置公差	mm
$d_{ch,1}$	环规内径	mm
$d_{ch,2}$	塞规外径	mm

4 检验方法

由于卷制轴套在自由状态下是弹性的,因此无法直接测量其自由状态下的内径。

为检验轴套内径 $D_{i,ch}$,需将轴套压入公称尺寸与轴承座孔尺寸相对应的环规中。对于符合GB/T 12613.1的卷制轴套,其轴承座孔公差等级一般为H7。

当轴套压入环规后,其外径可能会产生永久变形。

塞入环规后的轴套内径 $D_{i,ch}$应使用三点式内径测量装置或用通、止塞规检验。

为使制造者和用户能比较相互的检验结果,无论采用测量法或者通、止规法,检验方法应由供需双方协商一致。

5 检验设备

5.1 环规

除制造者和用户协商外,环规尺寸应符合图1和表2中的规定。

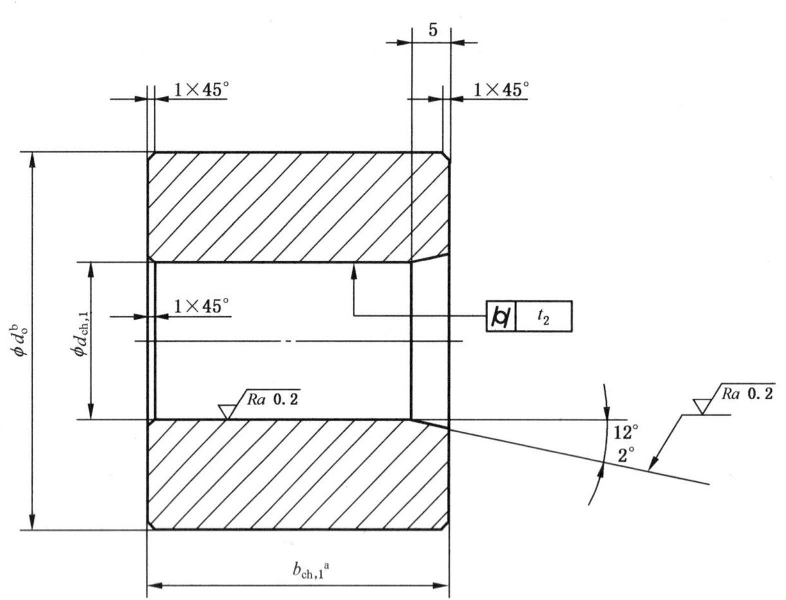

[a] $b_{ch,1} \geqslant B+9$。

[b] $d_o \geqslant d_{ch,1}+50$。

图1 环规

表 2　环规和塞规的尺寸、制造公差和磨损极限

D_o[a] 公称尺寸			$d_{ch,1}$		$d_{ch,2}$		t_1	
		目标尺寸[b]	制造公差	磨损极限	制造公差	磨损极限	制造公差	磨损极限
	≤10	D_o+0.008	$^{+0.003}_{0}$	$^{+0.005}_{0}$	$^{0}_{-0.003}$	−0.005	0.002	0.004
>10	≤18	D_o+0.009						
>18	≤30	D_o+0.011						
>30	≤50	D_o+0.013						
>50	≤80	D_o+0.015						
>80	≤120	D_o+0.018						
>120	≤180	D_o+0.020	$^{+0.005}_{0}$	+0.007	$^{0}_{-0.005}$	−0.007	0.003	0.005

[a] D_o>180 mm 时，制造者应与用户协商一致。

[b] 环规外径的目标尺寸是轴套外径 D_o 和公差等级 H7 的圆整值之和。在 GB/T 12613.1 中，H7 是推荐的轴承座孔公差等级。

按第 7 章规定在带有定位塞规和检验模的检验台上检验外径 D_o。

5.2 塞规

除制造者和用户协商外，塞规尺寸应符合以下规定(见图 2、图 3 和表 2)。

塞规直径公称尺寸可从 GB/T 12613.1 中表 4 获得。

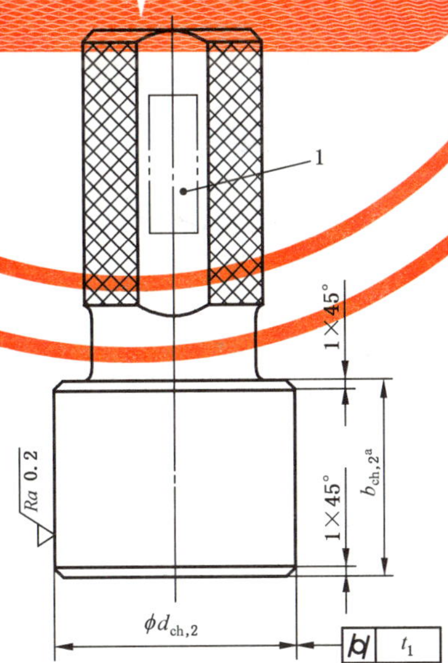

说明：

1——标志部位。

[a] $b_{ch,2}$≥B+5。

图 2　整体塞规，适用于 $d_{ch,2}$≤80 mm

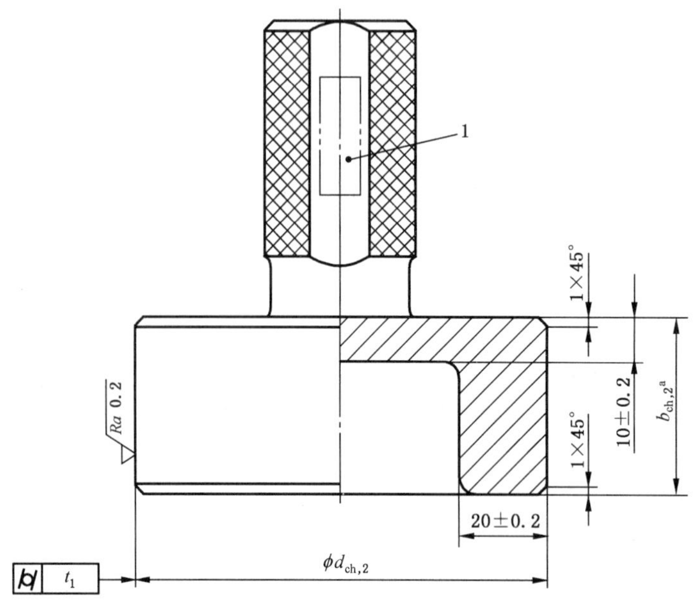

说明：

1——标志部位。

[a] $b_{ch,2} \geqslant B+5$。

图 3　带盲孔塞规，适用于 $d_{ch,2}$>80 mm

5.3　三点测量仪

用测头的球形表面在轴套径向方向测量，见图 4。

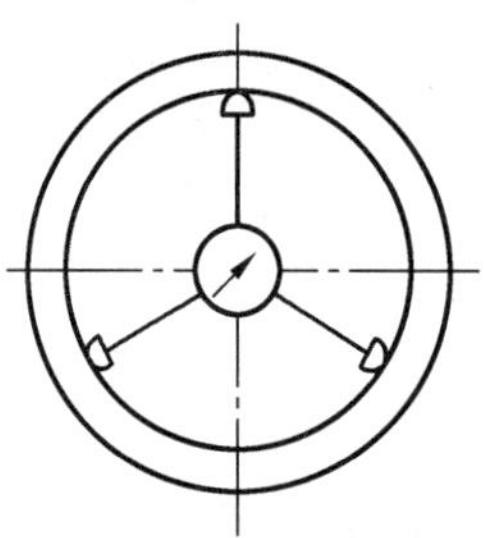

图 4　三点式测量仪器

5.4　检验器具的要求

环规和塞规应采用非时效硬化钢制成，硬度在 60 HRC～64 HRC 之间。

5.5　测量错误

常出现的测量错误有如下几种：

a)　环规和塞规损伤或者磨损。

b)　环规和塞规没有导入倒角。

c)　轴套压入环规时方向偏离。

d)　塞规塞入轴套时方向偏离。

e)　环规宽度小于轴套宽度。

f) 轴套和测量设备上有油脂、灰尘、损伤、毛刺和膨胀。

6 测量过程

轴套应从环规有导入倒角的一面压入环规中。然后用以下方式检验轴套内径：

a) 三点式测量仪器。

b) 在较小力的情况下，通规可以通过；在用手最大力 250 N 的情况下，止规不应通过。当需要限定最大力值时，应由制造者与用户协商。

参 考 文 献

[1] GB/T 12613.2 滑动轴承 卷制轴套 第2部分:外径和内径的检测数据(GB/T 12613.2—2011,ISO 3547-2:2006,IDT)

[2] GB/T 12613.5 滑动轴承 卷制轴套 第5部分:外径检验(GB/T 12613.5—2011,ISO 3547-5:2007)

[3] GB/T 12613.7 滑动轴承 卷制轴套 第7部分:薄壁轴套壁厚测量(GB/T 12613.7—2011,ISO 3547-7:2007,IDT)

[4] GB/T 27939 滑动轴承 几何和材料质量特性的质量控制技术和检验(GB/T 27939—2011,ISO 12301:2007,IDT)

ICS 21.100.10
J 12

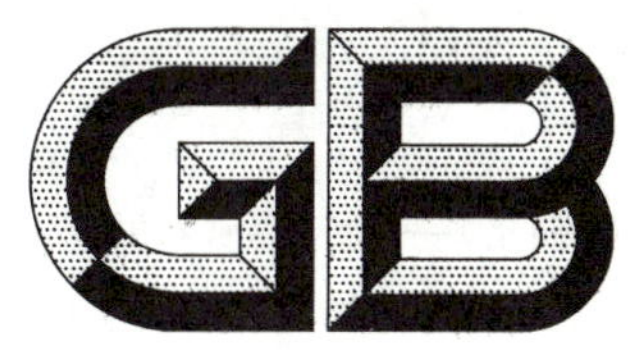

中华人民共和国国家标准

GB/T 12613.7—2011/ISO 3547-7:2007
代替 GB/T 18330—2001

滑动轴承　卷制轴套
第7部分:薄壁轴套壁厚测量

Plain bearings—Wrapped bushes—
Part 7:Measurement of wall thickness of thin-walled bushes

(ISO 3547-7:2007,IDT)

2011-12-30 发布　　2012-10-01 实施

中华人民共和国国家质量监督检验检疫总局
中国国家标准化管理委员会　发布

前 言

GB/T 12613《滑动轴承 卷制轴套》由以下七部分组成：

——第1部分：尺寸；

——第2部分：外径和内径的检测数据；

——第3部分：润滑油孔、油槽和油穴；

——第4部分：材料；

——第5部分：外径检验；

——第6部分：内径检验；

——第7部分：薄壁轴套壁厚测量。

本部分是GB/T 12613的第7部分。

本部分按照GB/T 1.1—2009给出的规则起草。

本部分代替GB/T 18330—2001《滑动轴承 薄壁轴瓦和薄壁轴套的壁厚测量》。与GB/T 18330—2001相比，主要修改如下：

——删除第2章作废引用文件。

——表1中删除试件数目符号 n、测量不确定度符号 u、测量设备的不确定度符号 u_E、第一次与第二次测量值的读数之差符号 Δx、Δx 的平均值符号 $\overline{\Delta x}$；修改部分符号：测量距离符号由“a_c”改为“a_{ch}”、壁厚符号由“s_{tot}”改为“s_3”。

——改变测量线选取规定：线测量时，轴套宽度大于50 mm时，测量线由3条改为2条；点测量时，轴套宽度＞50 mm，≤90 mm且外径≤150 mm时，测量线改为2条；轴套宽度＞90 mm且外径＞150 mm时，测量线的选取由制造者和用户协商一致。

——删除壁厚十点测量法。

——测量头载荷由“0.6 N～2 N”改为“0.8 N～2.5 N”。

——删除“准确度参数”条款(GB/T 18330—2001中7.3)。

——删除“测量不确定度 u 的计算”(GB/T 18330—2001中8.1)。

——删除GB/T 18330—2001中附录A和附录B。

本部分使用翻译法等同采用国际标准ISO 3547-7:2007《滑动轴承 卷制轴套 第7部分：薄壁轴套壁厚测量》。

与本部分中规范性引用的国际文件有一致性对应关系的我国文件如下：

——GB/T 12613.1—2011 滑动轴承 卷制轴套 第1部分：尺寸(ISO 3547-1:2006,IDT)

——GB/T 18324—2001 滑动轴承 铜合金轴套(idt ISO 4379:1993)

与ISO 3547-7:2007相比，本部分做了如下编辑性修改：

——用等同采用国际标准的我国标准代替对应的国际标准。

本部分由中国机械工业联合会提出。

本部分由全国滑动轴承标准化技术委员会(SAC/TC 236)归口。

本部分负责起草单位：中机生产力促进中心。

本部分参加起草单位：浙江长盛滑动轴承股份有限公司、浙江双飞无油轴承股份有限公司、浙江中达轴承有限公司、嘉善峰成三复轴承有限公司。

本部分所代替标准的历次版本发布情况为：

——GB/T 18330—2001。

滑动轴承　卷制轴套
第7部分:薄壁轴套壁厚测量

1　范围

GB/T 12613 的本部分根据 GB/T 27939—2011,规定了薄壁轴套成品总壁厚检测装置和测量方法。

2　规范性引用文件

下列文件对于本文件的使用是必不可少的。凡是注日期的引用文件,仅注日期的版本适用于本文件。凡是不注日期的引用文件,其最新版本(包括所有的修改单)适用于本文件。

ISO 3547-1　滑动轴承　卷制轴套　第1部分:尺寸(Plain bearings—Wrapped bushes—Part 1: Dimensions)

ISO 4379　滑动轴承　铜合金轴套(Plain bearings—Copper alloy bushes)

3　术语和定义

以下术语和定义适用于本文件。

3.1

壁厚　wall thickness, s_3

轴套内表面直径和外表面直径相对应的两个测量点之间的径向距离。见图1。

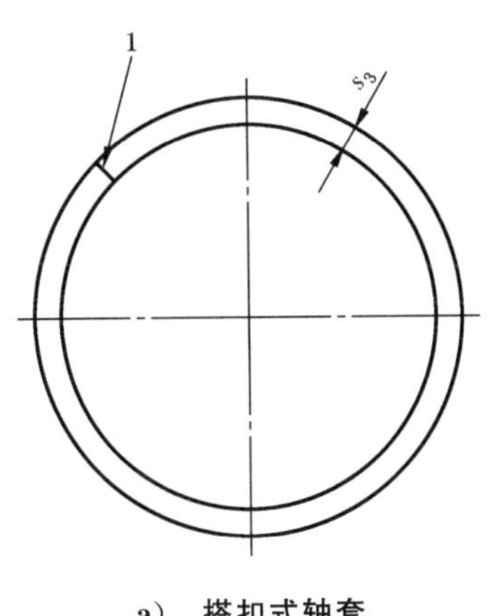

a)　搭扣式轴套

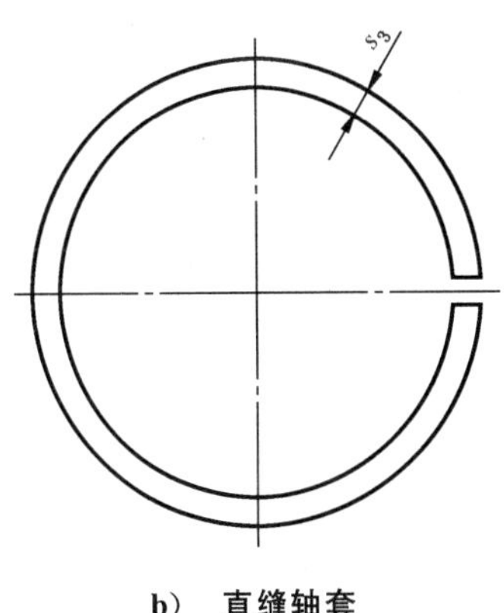

b)　直缝轴套

说明:

1——搭扣。

图1　壁厚, s_3

4 符号和单位

本部分使用的符号和单位见表 1。

表 1 符号和单位

符　　号	参数描述	单位
a_{ch}	到测量位置的距离	mm
B	轴套宽度	mm
D_o	轴套外径	mm
F_{pin}	测头测量力	N
s_3	壁厚	mm

5 检验目的

本检验的目的是确保轴套壁厚和壁厚公差符合 ISO 3547-1 和 ISO 4379 的要求。如果需要采用本检验办法，产品标记中以 S 表示，见 ISO 3547-1。

6 检验方法

6.1 测量原理

为了找出壁厚的最小值，测量仪器的测量中心线应沿半径方向，并与试件的外表面垂直。单次测量或连续测量得到的测量值都可以作为记录，其示意图见图 2。

6.2 和 6.3 中规定的测量线和测量点应避开润滑油孔、油穴、油槽、产品标记或特殊的倒角。否则应双方协商。

由于制造工艺引起的在卷制轴套背部的标记区域或者非承载区的钢背变形，而导致在测量过程中产生不符合规定的壁厚数值，应分别作出说明。

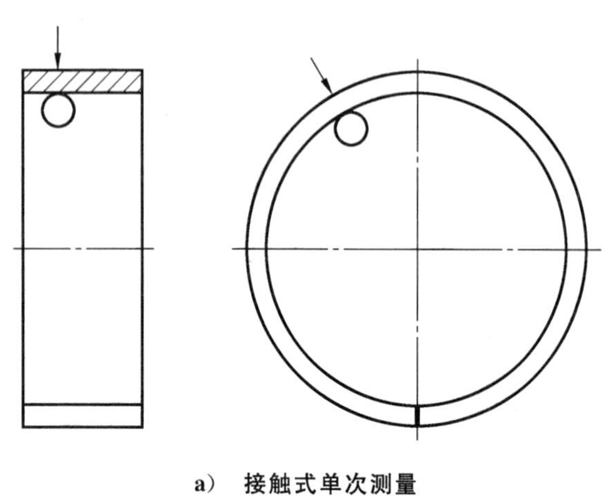

a） 接触式单次测量
（机械式/电子式测量仪）

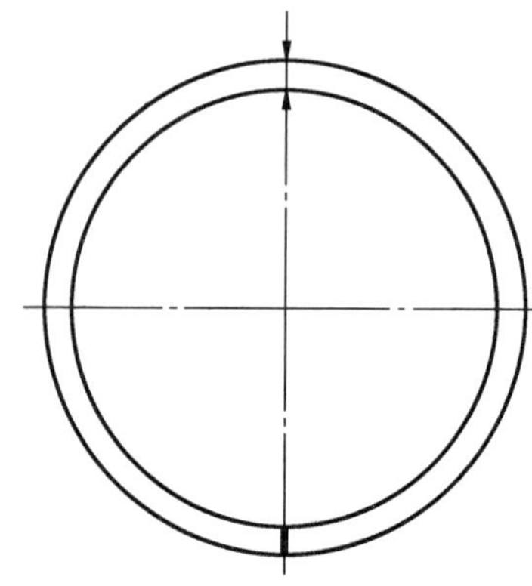

b） 接触式/非接触式连续测量
（电子式/气动式测量仪）

图 2 壁厚测量原理

6.2 周向线测量

沿周向方向的连续壁厚测量应在图 3 和表 2 中规定的测量线上进行。

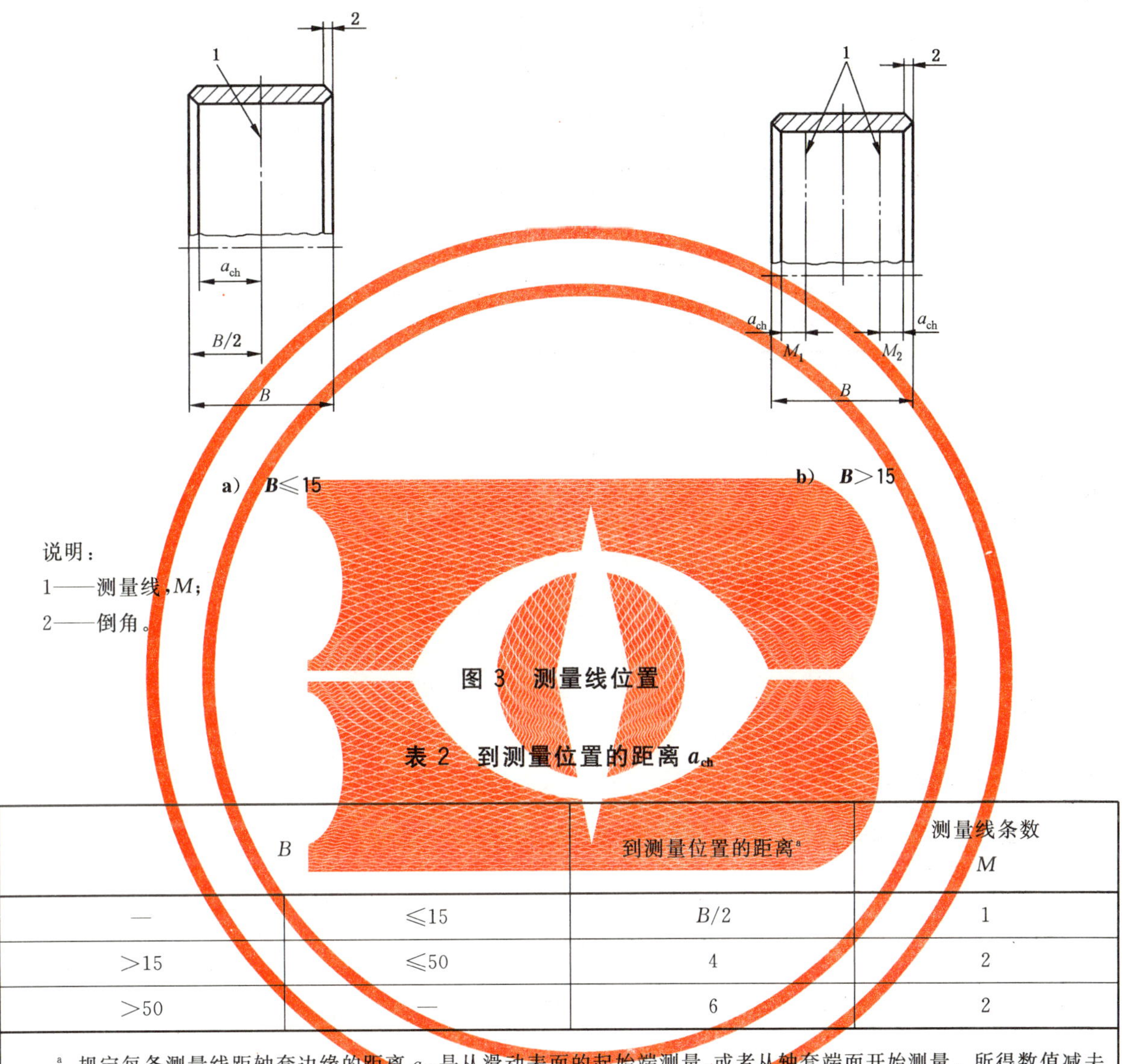

说明：

1——测量线，M；

2——倒角。

图 3 测量线位置

表 2 到测量位置的距离 a_{ch}

B		到测量位置的距离[a]	测量线条数 M
—	≤15	$B/2$	1
>15	≤50	4	2
>50	—	6	2

[a] 规定每条测量线距轴套边缘的距离 a_{ch} 是从滑动表面的起始端测量，或者从轴套端面开始测量。所得数值减去倒角公称宽度。

6.3 点测量

轴套宽度 B≤90 mm，外径 D_o≤150 mm，轴套的壁厚点测量方法应在图 4 中规定的测量点上进行。如果轴套宽度 B>90 mm，外径 D_o>150 mm，则壁厚测量方法应由制造者与用户协商。到测量位置的距离 a_{ch} 应从表 2 中选择。

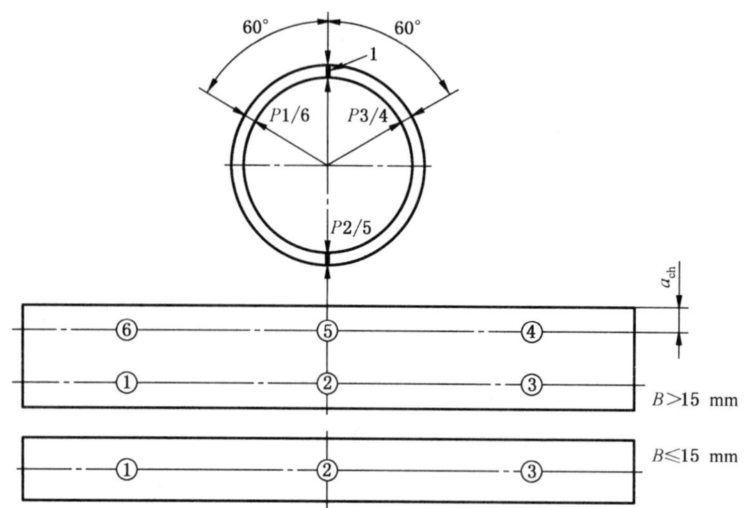

说明：

1——接缝位置；

P——测量点。

图 4　三点或六点测量

7　接触法测量装置的要求

7.1　外表面测量头的半径

与轴套外表面接触的测量头，其半径应为 1.5 mm±0.2 mm，如图 5 所示。

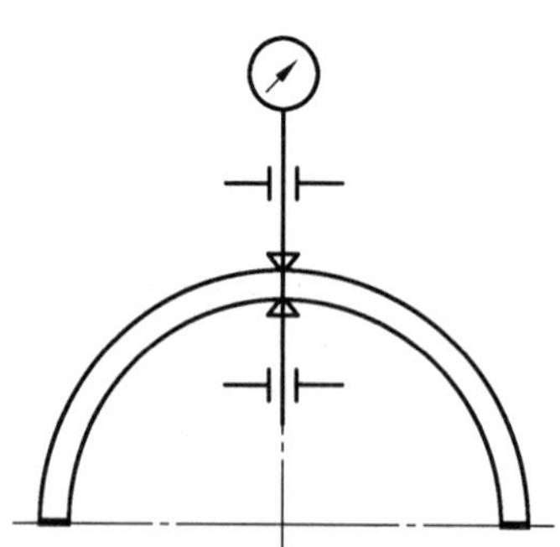

图 5　接触法测量装置

7.2　内表面测量头半径

与轴套内表面接触的测量头半径见表 3，它是随着轴套外径 D_o 不同和轴承材料不同而变化的。

表 3　内表面测量头半径

单位为毫米

D_o 公称尺寸		测头半径	
		金属轴套	塑料轴套
—	≤10	1.5±0.2	1.5±0.2
>10	≤25	3.0±0.2	3.0±0.2
>25	≤150	3.0±0.2	5.0±0.2
>150	—	5.0±0.2	5.0±0.2

7.3　测量头载荷

施加于滑动表面测量头的力值，应符合 GB/T 27939 中的规定，在 0.8 N～2.5 N 之间。

8　测量装置的检定

应定期检查测量设备的测量不确定度。其周期可以根据设备的类型和以前检定的经验由使用者来定。测量不确定度的极限值应符合最新的工业技术水平要求。

参 考 文 献

[1] GB/T 12613.2 滑动轴承 卷制轴套 第2部分:内径和外径的检测数据(GB/T 12613.2—2011,ISO 3547-2:2006,IDT)

[2] GB/T 27939 滑动轴承 几何和材料质量特性的质量控制技术和检验(GB/T 27939—2011,ISO 12301:2007,IDT)

ICS 21.100.01
J 12
备案号:20230—2007

中华人民共和国机械行业标准

JB/T 2560—2007
代替 JB/T 2560—1991

整体有衬正滑动轴承座 型式与尺寸

Integral sliding bearing clock with lining—Types and dimensions

2007-03-06 发布 2007-09-01 实施

中华人民共和国国家发展和改革委员会 发布

前 言

本标准代替 JB/T 2560—1991《整体有衬正滑动轴承座　型式与尺寸》。

本标准与 JB/T 2560—1991 相比，主要变化如下：

——增加了标准的“前言”。

本标准由中国机械工业联合会提出。

本标准由机械工业冶金设备标准化技术委员会归口。

本标准起草单位：中国第二重型机械集团公司。

本标准主要起草人：赵光发。

本标准所代替标准的历次版本发布情况为：

——JB 2560—1979、JB/T 2560—1991。

整体有衬正滑动轴承座　型式与尺寸

1　范围

本标准规定了整体有衬正滑动轴承座的型式与尺寸及选用要求。

本标准适用于承受径向负荷，工作环境温度－20 ℃～＋80 ℃的整体有衬正滑动轴承座。

本标准适用于生产厂制造和用户选型。

2　规范性引用文件

下列文件中的条款通过本标准的引用而成为本标准的条款。凡是注日期的引用文件，其随后所有的修改单（不包括勘误的内容）或修订版均不适用于本标准，然而，鼓励根据本标准达成协议的各方研究是否可使用这些文件的最新版本。凡是不注日期的引用文件，其最新版本适用于本标准。

GB/T 10445　滑动轴承　整体轴套的轴径（GB/T 10445—1989，eqv ISO 4199：1979）

JB/T 2564　滑动轴承座　技术条件

3　型式和主要尺寸

3.1　整体有衬正滑动轴承座的型式与主要尺寸应符合图 1 和表 1 的规定。其整体轴套轴径应符合 GB/T 10445 的规定。

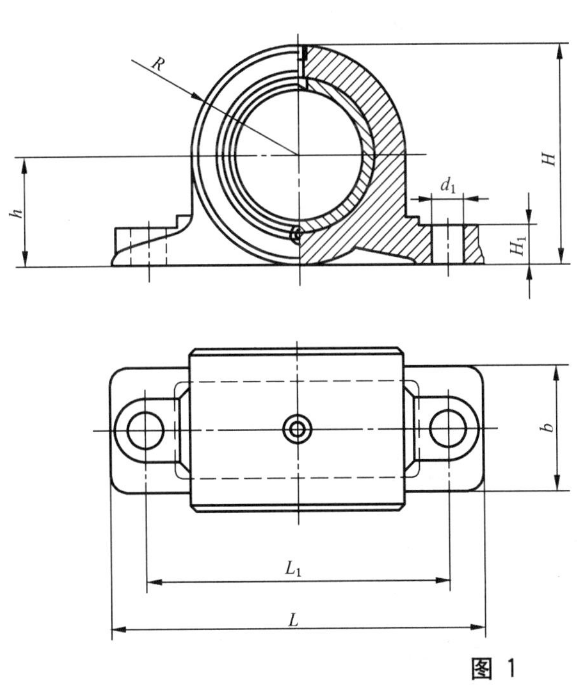

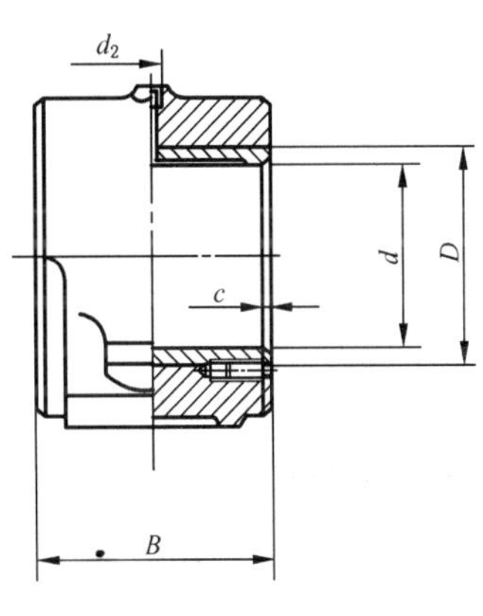

图 1

表 1

mm

型号	d H8	D	R	B	b	L	L_1	H ≈	h h12	H_1	d_1	d_2	c	质量/≈kg
HZ020	20	28	26	30	25	105	80	50	30	14	12	M10×1	1.5	0.6
HZ025	25	32	30	40	35	125	95	60	35	16	14.5	M10×1	1.5	0.9
HZ030	30	38	30	50	40	150	110	70	35	20	18.5	M10×1	1.5	1.7
HZ035	35	45	38	55	45	160	120	84	42	20	18.5	M10×1	2.0	1.9
HZ040	40	50	40	60	50	165	125	88	45	20	18.5	M10×1	2.0	2.4
HZ045	45	55	45	70	60	185	140	90	50	25	24	M10×1	2.0	3.6
HZ050	50	60	45	75	65	185	140	100	50	25	24	M10×1	2.0	3.8
HZ060	60	70	55	80	70	225	170	120	60	30	28	M14×1.5	2.5	6.5
HZ070	70	85	65	100	80	245	190	140	70	30	28	M14×1.5	2.5	9.0
HZ080	80	95	70	100	80	255	200	155	80	30	28	M14×1.5	2.5	10.0
HZ090	90	105	75	120	90	285	220	165	85	40	35	M14×1.5	3.0	13.2
HZ100	100	115	85	120	90	305	240	180	90	40	35	M14×1.5	3.0	15.5
HZ110	110	125	90	140	100	315	250	190	95	40	35	M14×1.5	3.0	21.0
HZ120	120	135	100	150	110	370	290	210	105	45	42	M14×1.5	3.0	27.0
HZ140	140	160	115	170	130	400	320	240	120	45	42	M14×1.5	3.0	38.0
注：轴承座壳体和轴套可单独订货，但需要在订货时说明。														

3.2 型号与标记

3.2.1 型号说明

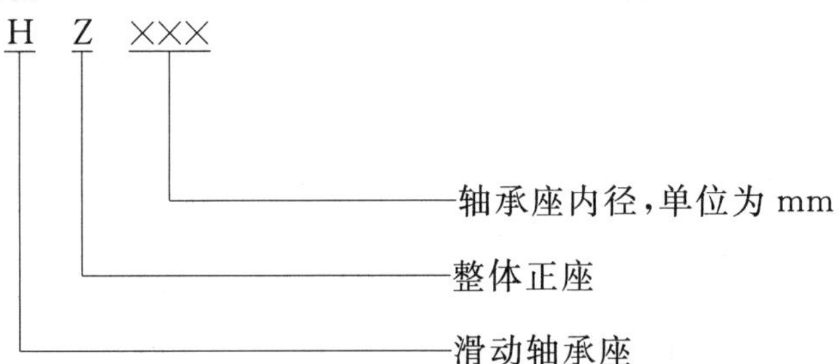

3.2.2 标记示例

d=30 mm 的整体有衬正滑动轴承座：

HZ030 轴承座 JB/T 2560—2007

4 轴承座的选用要求

轴承座的负荷方向应在轴承垂直中心线左、右 35°范围内，如图 2 所示，图中阴影部分是允许承受径向负荷的范围。

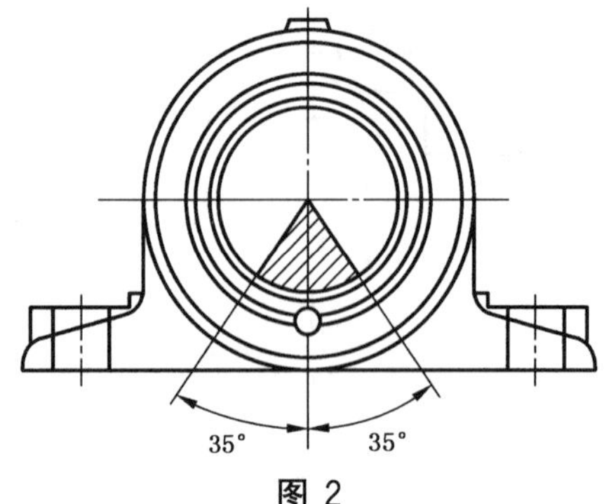

图 2

5 技术要求

轴承座的技术条件应符合 JB/T 2564 的规定。

ICS 21.100.01
J 12
备案号:20231—2007

中华人民共和国机械行业标准

JB/T 2561—2007
代替 JB/T 2561—1991

对开式二螺柱正滑动轴承座 型式与尺寸

Two-bolt sliding bearing clock driving into two halves
—Types and dimensions

2007-03-06 发布 2007-09-01 实施

中华人民共和国国家发展和改革委员会 发布

前　言

本标准代替 JB/T 2561—1991《对开式二螺柱正滑动轴承座　型式与尺寸》。

本标准与 JB/T 2561—1991 相比，主要变化如下：

——增加了标准的“前言”。

本标准由中国机械工业联合会提出。

本标准由机械工业冶金设备标准化技术委员会归口。

本标准起草单位：中国第二重型机械集团公司。

本标准主要起草人：赵光发。

本标准所代替标准的历次版本发布情况为：

——JB 2561—1979、JB/T 2561—1991。

对开式二螺柱正滑动轴承座　型式与尺寸

1　范围

本标准规定了对开式二螺柱正滑动轴承座的型式与尺寸及选用要求。

本标准适用于承受径向负荷，工作环境温度－20 ℃～＋80 ℃的对开式二螺柱正滑动轴承座。

本标准适用于生产厂制造和用户选型。

2　规范性引用文件

下列文件中的条款通过本标准的引用而成为本标准的条款。凡是注日期的引用文件，其随后所有的修改单(不包括勘误的内容)或修订版均不适用于本标准，然而，鼓励根据本标准达成协议的各方研究是否可使用这些文件的最新版本。凡是不注日期的引用文件，其最新版本适用于本标准。

GB/T 6403.4　零件倒圆与倒角

JB/T 2564　滑动轴承座　技术条件

3　型式与尺寸

3.1　对开式二螺柱正滑动轴承座的型式与主要尺寸应符合图1和表1的规定。

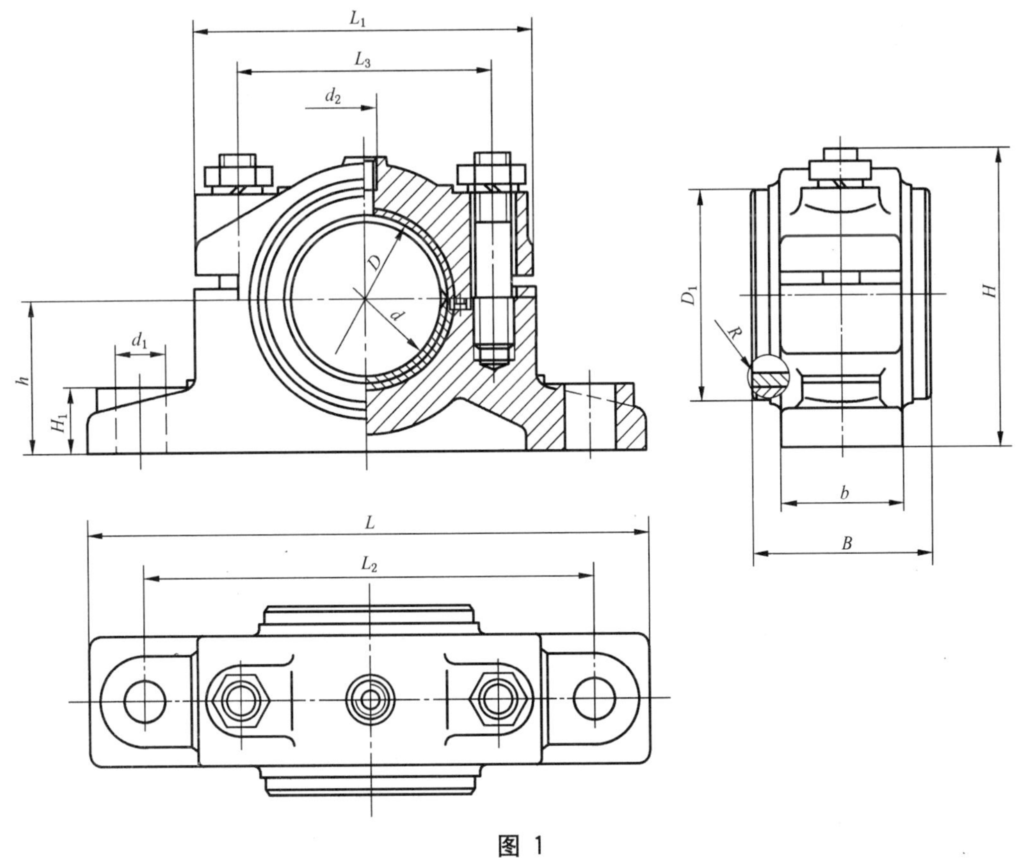

图 1

表 1

mm

型号	d H8	D	D_1	B	b	H ≈	h h12	H_1	L	L_1	L_2	L_3	d_1	d_2	R	质量/ ≈kg
H2030	30	38	48	34	22	70	35	15	140	85	115	60	10	M10×1	1.5	0.8
H2035	35	45	55	45	28	87	42	18	165	100	135	75	12	M10×1	2.0	1.2
H2040	40	50	60	50	35	90	45	20	170	110	140	80	14.5	M10×1	2.0	1.8
H2045	45	55	65	55	40	100	50	20	175	110	145	85	14.5	M10×1	2.0	2.3
H2050	50	60	70	60	40	105	50	25	200	120	160	90	18.5	M10×1	2.0	2.9
H2060	60	70	80	70	50	125	60	25	240	140	190	100	24	M14×1.5	2.5	4.6
H2070	70	85	95	80	60	140	70	30	260	160	210	120	24	M14×1.5	2.5	7.0
H2080	80	95	110	95	70	160	80	35	290	180	240	140	28	M14×1.5	2.5	10.5
H2090	90	105	120	105	80	170	85	35	300	190	250	150	28	M14×1.5	3.0	12.5
H2100	100	115	130	115	90	185	90	40	340	210	280	160	35	M14×1.5	3.0	17.5
H2110	110	125	140	125	100	190	95	40	350	220	290	170	35	M14×1.5	3.0	19.5
H2120	120	135	150	140	110	205	105	45	370	240	310	190	35	M14×1.5	3.0	25.0
H2140	140	160	175	160	120	230	120	50	390	260	330	210	35	M14×1.5	4	33.5
H2160	160	180	200	180	140	250	130	50	410	280	350	230	35	M14×1.5	4	45.5

3.2 型号与标记

3.2.1 型号说明

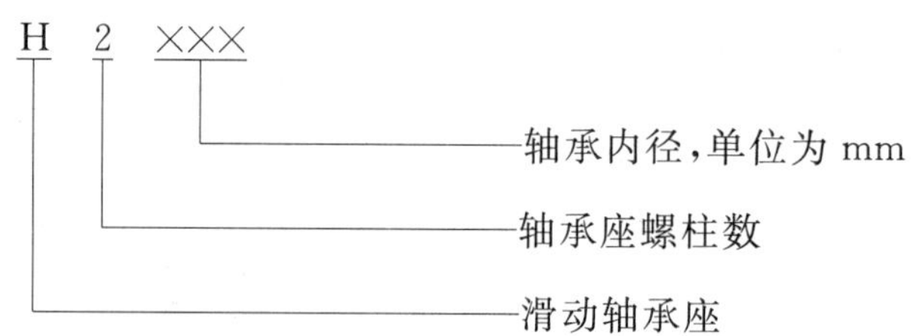

3.2.2 标记示例

d=50 mm 的对开式二螺柱正滑动轴承座：

H2050 轴承座 JB/T 2561—2007

4 轴承座的选用

4.1 轴承允许通过轴肩承受不大的轴向负荷，当轴肩直径不小于轴瓦肩部外径时，允许承受的轴向负荷不大于最大径向负荷的 30%。

4.2 轴承座的负荷方向应该在轴承垂直中心线左、右 35°的范围内，如图 2 所示，图中阴影部分是允许承受径向负荷的范围。

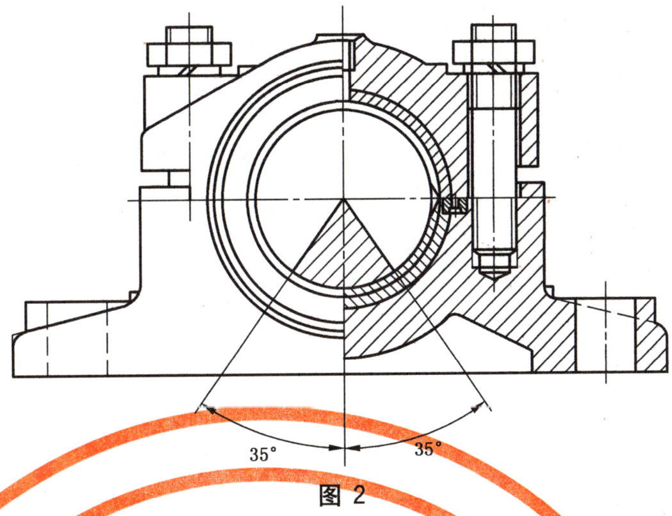

图 2

4.3 与轴承座配合的轴颈表面应进行硬化处理。

4.4 轴颈圆角尺寸按 GB/T 6403.4 选用。

5 技术条件

对开式二螺柱滑动轴承座的技术条件应符合 JB/T 2564 的规定。

ICS 21.100.01
J 12
备案号:20232—2007

中华人民共和国机械行业标准

JB/T 2562—2007
代替 JB/T 2562—1991

对开式四螺柱正滑动轴承座 型式与尺寸

Four-bolt sliding bearing clock driving into two halves
—Types and dimension

2007-03-06 发布 2007-09-01 实施

中华人民共和国国家发展和改革委员会 发布

前　　言

本标准代替 JB/T 2562—1991《对开式四螺柱正滑动轴承座　型式与尺寸》。

本标准与 JB/T 2562—1991 相比，主要变化如下：

——增加了标准的“前言”。

本标准由中国机械工业联合会提出。

本标准由机械工业冶金设备标准化技术委员会归口。

本标准起草单位：中国第二重型机械集团公司。

本标准主要起草人：赵光发。

本标准所代替标准的历次版本发布情况为：

——JB 2562—1979、JB/T 2562—1991。

对开式四螺柱正滑动轴承座　型式与尺寸

1　范围

本标准规定了对开式四螺柱正滑动轴承座的型式与尺寸及选用要求。

本标准适用于承受径向负荷，工作环境温度－20 ℃～＋80 ℃的对开式四螺柱正滑动轴承座。

本标准适用于生产厂制造和用户选型。

2　规范性引用文件

下列文件中的条款通过本标准的引用而成为本标准的条款。凡是注日期的引用文件，其随后所有的修改单(不包括勘误的内容)或修订版均不适用于本标准，然而，鼓励根据本标准达成协议的各方研究是否可使用这些文件的最新版本。凡是不注日期的引用文件，其最新版本适用于本标准。

GB/T 6403.4　零件倒圆与倒角

JB/T 2564　滑动轴承座　技术条件

3　型式与尺寸

3.1　对开式四螺柱正滑动轴承座的型式与主要尺寸应符合图1和表1的规定。

图 1

表 1

mm

型号	d H8	D	D_1	B	b	H ≈	h h12	H_1	L	L_1	L_2	L_3	L_4	d_1	d_2	R	质量/≈kg
H4050	50	60	70	75	60	105	50	25	200	160	120	90	30	14.5	M10×1	2.5	4.2
H4060	60	70	80	90	75	125	60	25	240	190	140	100	40	18.5	M10×1	2.5	6.5
H4070	70	85	95	105	90	135	70	30	260	210	160	120	45	18.5	M14×1.5	2.5	9.5
H4080	80	95	110	120	100	160	80	35	290	240	180	140	55	24	M14×1.5	2.5	14.5
H4090	90	105	120	135	115	165	85	35	300	250	190	150	70	24	M14×1.5	3	18.0
H4100	100	115	130	150	130	175	90	40	340	280	210	160	80	24	M14×1.5	3	23.0
H4110	110	125	140	165	140	185	95	40	350	290	220	170	85	24	M14×1.5	3	30.0
H4120	120	135	150	180	155	200	105	40	370	310	240	190	90	28	M14×1.5	3	41.5
H4140	140	160	175	210	170	230	120	45	390	330	260	210	100	28	M14×1.5	4	51.0
H4160	160	180	200	240	200	250	130	50	410	350	280	230	120	28	M14×1.5	4	59.5
H4180	180	200	220	270	220	260	140	50	460	400	320	260	140	35	M14×1.5	4	73.0
H4200	200	230	250	300	245	295	160	55	520	440	360	300	160	42	M14×1.5	5	98.0
H4220	220	250	270	320	265	360	170	60	550	470	390	330	180	42	M14×1.5	5	125.0

3.2 型号与标记

3.2.1 型号说明

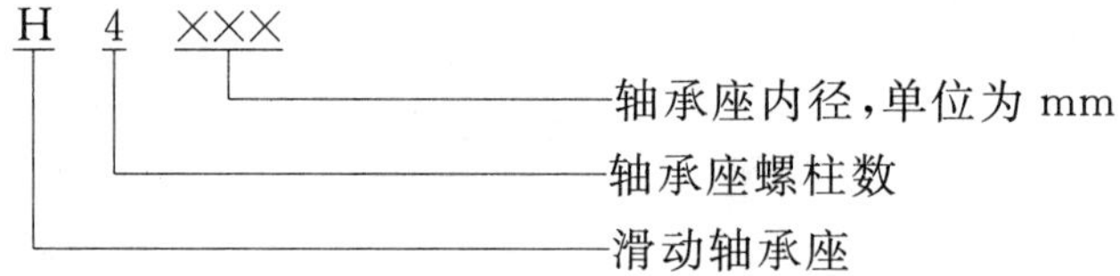

3.2.2 标记示例

d=80 mm 的对开式四螺柱正滑动轴承座：

H4080 轴承座 JB/T 2562—2007

4 轴承座的选用要求

4.1 轴承允许通过轴肩承受不大的轴向负荷，当轴肩直径不小于轴瓦肩部外径时，允许承受轴向负荷不大于最大径向负荷的 30%。

4.2 轴承座的负荷方向应在轴承垂直中心线左、右 35°的范围内，如图 2 所示。图中阴影部分是允许承受径向负荷的范围。

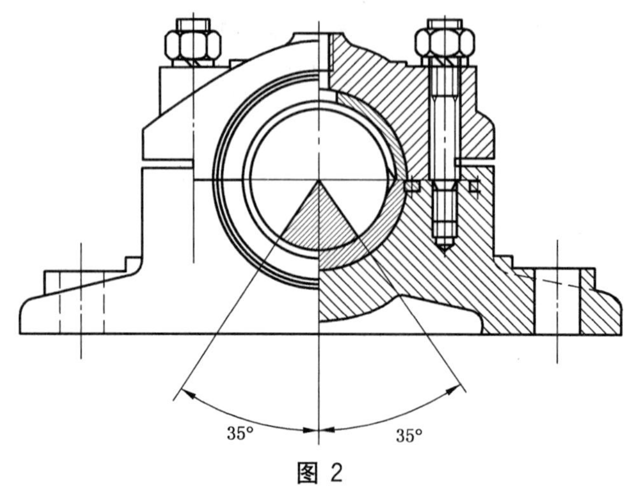

图 2

4.3 与轴承座配合的轴颈表面应进行硬化处理。

4.4 轴颈圆角尺寸按 GB/T 6403.4 选取。

5 技术条件

对开式四螺柱正滑动轴承座的技术条件应符合 JB/T 2564 的规定。

ICS 21.100.01
J 12
备案号:20233—2007

中华人民共和国机械行业标准

JB/T 2563—2007
代替 JB/T 2563—1991

对开式四螺柱斜滑动轴承座 型式与尺寸

Four-bolt sliding bearing italic driving into two halves —Types and dimensions

2007-03-06 发布 2007-09-01 实施

中华人民共和国国家发展和改革委员会 发布

前　　言

本标准代替 JB/T 2563—1991《对开式四螺柱斜滑动轴承座　型式与尺寸》。

本标准与 JB/T 2563—1991 相比，主要变化如下：

——增加了标准的“前言”。

本标准由中国机械工业联合会提出。

本标准由机械工业冶金设备标准化技术委员会归口。

本标准起草单位：中国第二重型机械集团公司。

本标准主要起草人：赵光发。

本标准所代替标准的历次版本发布情况为：

——JB 2563—1979、JB/T 2563—1991。

对开式四螺柱斜滑动轴承座　型式与尺寸

1　范围

本标准规定了对开式四螺柱斜滑动轴承座的型式与尺寸及选用要求。

本标准适用于承受径向负荷，工作环境温度−20 ℃～＋80 ℃的对开式四螺柱斜滑动轴承座。

本标准适用于生产厂制造和用户选型。

2　规范性引用文件

下列文件中的条款通过本标准的引用而成为本标准的条款。凡是注日期的引用文件，其随后所有的修改单(不包括勘误的内容)或修订版均不适用于本标准，然而，鼓励根据本标准达成协议的各方研究是否可使用这些文件的最新版本。凡是不注日期的引用文件，其最新版本适用于本标准。

GB/T 6403.4　零件倒圆与倒角

JB/T 2564　滑动轴承座　技术条件

3　型式与尺寸

3.1　对开式四螺柱斜滑动轴承座的型式与主要尺寸应符合图1和表1的规定。

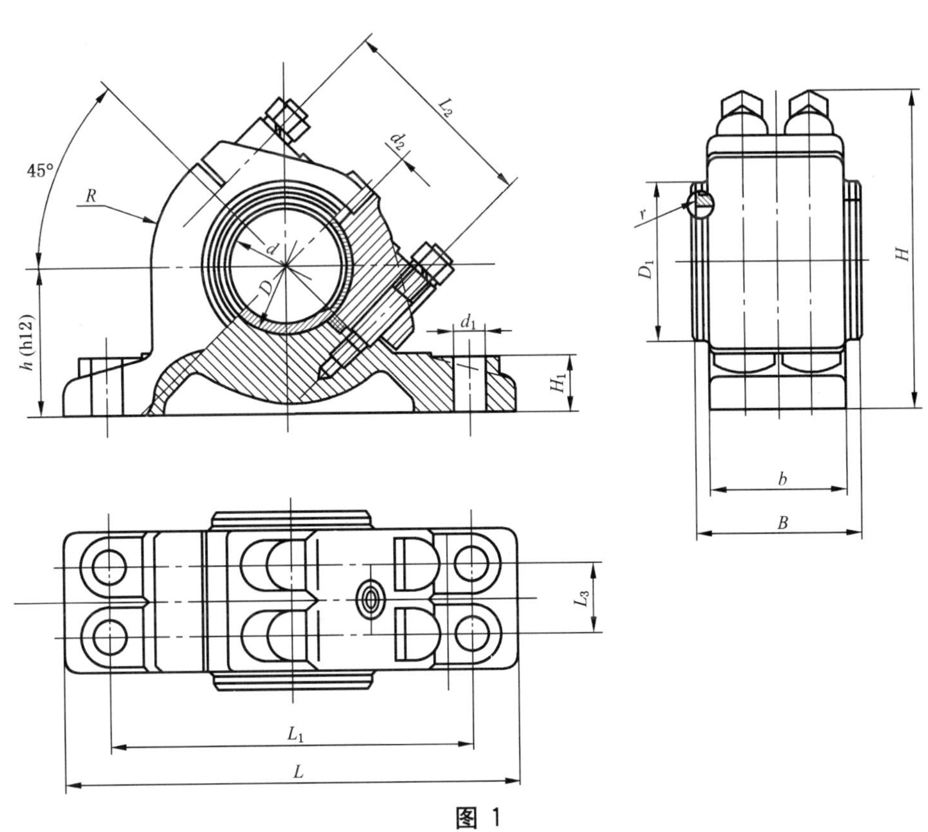

图 1

表 1

mm

型号	d H8	D	D_1	B	b	H ≈	h h12	H_1	L	L_1	L_2	L_3	R	d_1	d_2	r	质量/≈kg
HX050	50	60	70	75	60	140	65	25	200	160	90	30	60	14.5	M10×1	2.5	5.10
HX060	60	70	80	90	75	160	75	25	240	190	100	40	70	18.5	M10×1	2.5	8.10
HX070	70	85	95	105	90	185	90	30	260	210	120	45	80	18.5	M14×1.5	2.5	12.50
HX080	80	95	110	120	100	215	100	35	290	240	140	55	90	24	M14×1.5	2.5	17.50
HX090	90	105	120	135	115	225	105	35	300	250	150	70	95	24	M14×1.5	3	21.0
HX100	100	115	130	150	130	175	115	40	340	280	160	80	105	24	M14×1.5	3	29.50
HX110	110	125	140	165	140	250	120	40	350	290	170	85	110	24	M14×1.5	3	32.50
HX120	120	135	150	180	155	260	130	40	370	310	190	90	120	28	M14×1.5	3	40.5
HX140	140	160	175	210	170	275	140	45	390	330	210	100	130	28	M14×1.5	4	53.50
HX160	160	180	200	240	200	300	150	50	410	350	230	120	140	28	M14×1.5	4	76.50
HX180	180	200	220	270	220	375	170	50	460	400	260	140	160	35	M14×1.5	4	94.0
HX200	200	230	250	300	245	425	190	55	520	440	300	160	180	42	M14×1.5	5	120.0
HX220	220	250	270	320	265	440	205	60	550	470	330	180	195	42	M14×1.5	5	140.0

3.2 型号与标记

3.2.1 型号说明

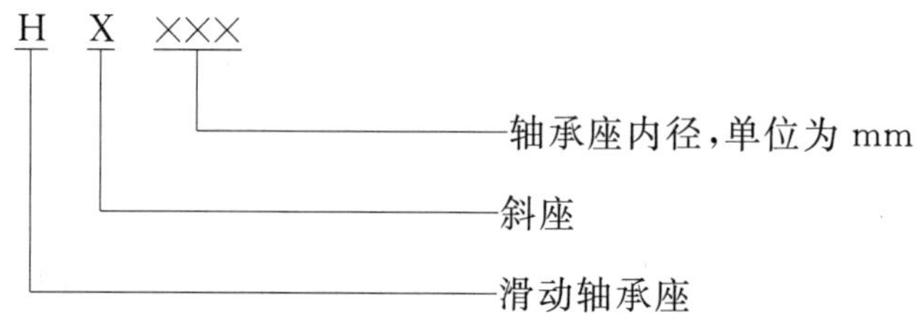

3.2.2 标记示例

d=80 mm 的对开式四螺柱斜滑动轴承座：

HX080 轴承座 JB/T 2563—2007

4 轴承座的选用要求

4.1 轴承允许通过轴肩承受不大的轴向负荷，当轴肩直径不小于轴瓦肩部外径时，允许承受轴向负荷不大于最大径向负荷的 30%。

4.2 轴承座的负荷方向应在轴承垂直中心线左、右 35°的范围内，如图 2 所示。图中阴影部分是允许承受径向负荷的范围。

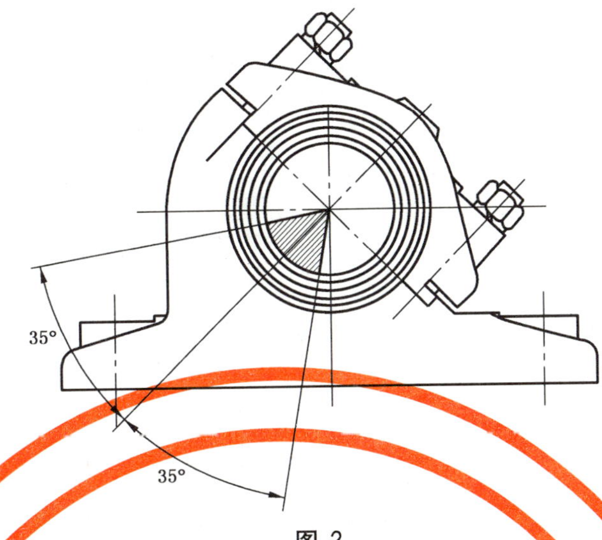

图 2

4.3 与轴承座配合的轴颈表面应进行硬化处理。

4.4 轴颈圆角尺寸按 GB/T 6403.4 选取。

5 技术条件

对开式四螺柱斜滑动轴承座的技术条件应符合 JB/T 2564 的规定。

ICS 21.100.01
J 12
备案号:20234—2007

中华人民共和国机械行业标准

JB/T 2564—2007
代替 JB/T 2564—1991

滑动轴承座　技术条件

Technical conditions of sliding bearing blok housing

2007-03-06 发布　　2007-09-01 实施

中华人民共和国国家发展和改革委员会　发布

前　　言

本标准代替 JB/T 2564—1991《滑动轴承座　技术条件》。

本标准与 JB/T 2564—1991 相比，主要变化如下：

——增加了标准的“前言”；

——将滑动轴承座的成品检验抽样方法做了相应变动；

——增加了贮存条款。

本标准由中国机械工业联合会提出。

本标准由机械工业冶金设备标准化技术委员会归口。

本标准起草单位：中国第二重型机械集团公司。

本标准主要起草人：赵光发。

本标准所代替标准的历次版本发布情况为：

——JB 2564—1979、JB/T 2564—1991。

滑动轴承座　技术条件

1　范围

本标准规定了型式与尺寸符合JB/T 2560、JB/T 2561、JB/T 2562、JB/T 2563的整体有衬正滑动轴承座；对开式二螺柱正滑动轴承座、对开式四螺柱正滑动轴承座、对开式四螺柱斜滑动轴承座（以下简称滑动轴承座）的技术要求、检验规则和标志、包装与贮存。

本标准规定适用于滑动轴承座的生产制造、检验和用户验收。

2　规范性引用文件

下列文件中的条款通过本标准的引用而成为本标准的条款。凡是注日期的引用文件，其随后所有的修改单（不包括勘误的内容）或修订版均不适用于本标准，然而，鼓励根据本标准达成协议的各方研究是否可使用这些文件的最新版本。凡是不注日期的引用文件，其最新版本适用于本标准。

GB/T 1176　铸造铜合金　技术条件（GB/T 1176—1987，neq ISO 1338：1977）

GB/T 1184—1996　形状和位置公差　未注公差值（eqv ISO 2768-2：1989）

GB/T 1800.4—1999　极限与配合　标准公差等级和孔、轴的极限偏差表（eqv ISO 286-2：1988）

GB/T 1804　一般公差　未注公差的线性和角度尺寸的公差（GB/T 1804—2000，eqv ISO 2768-1：1989）

GB/T 2828.1　计数抽样检验程序　第1部分：按接收质量限（AQL）检索的逐批检验抽样计划（GB/T 2828.1—2003，ISO 2859-1：1999，IDT）

GB/T 4879　防锈包装

GB/T 9439　灰铸铁件

GB/T 11352　一般工程用铸造碳钢件（GB/T 11352—1989，neq ISO 3755：1991）

JB/T 2560　整体有衬正滑动轴承座　型式与尺寸

JB/T 2561　对开式二螺柱正滑动轴承座　型式与尺寸

JB/T 2562　对开式四螺柱正滑动轴承座　型式与尺寸

JB/T 2563　对开式四螺柱斜滑动轴承座　型式与尺寸

JB/T 5000.12　重型机械通用技术条件　涂装

JB/T 5000.13　重型机械通用技术条件　包装

3　技术要求

3.1　材料

3.1.1　滑动轴承座的材料采用HT200灰铸铁或ZG200～ZG400铸钢制造，其力学性能应符合GB/T 9439或GB/T 11352的规定。滑动轴承座亦可采用与其性能相同或优越的其他材料制造。

3.1.2　轴瓦和轴套的材料采用ZCuAl10Fe3（10-3铝青铜）制造，轴套也可采用ZCuSn6Zn6Pb3（6-6-3锡青铜）制造，其力学性能和化学成分应符合GB/T 1176的规定。

3.2　公差

3.2.1　滑动轴承座内孔直径D的极限偏差应符合GB/T 1800.4—1999的表6中H7的规定。

3.2.2　滑动轴承座中心高h的极限偏差应符合GB/T 1800.4—1999的表22中h12的规定。

3.2.3　轴瓦的外径D的极限偏差应符合GB/T 1800.4—1999的表25中m6的规定。

轴套的外径D的极限偏差应符合GB/T 1800.4—1999的表28中s7的规定。

3.2.4 轴瓦和轴套的内径 d 的极限偏差应符合 GB/T 1800.4—1999 的表 6 中 H8 的规定。

3.2.5 滑动轴承座底平面的平面度公差应不大于 GB/T 1184—1996 的表 B1 中规定的公差等级 8 级的公差值。

3.2.6 滑动轴承座的内孔直径 D 的圆柱度公差应不大于 GB/T 1184—1996 的表 B2 中规定的公差等级 8 级公差值。

3.2.7 滑动轴承座两端面对内径 D 轴心线的垂直度公差应不大于 GB/T 1184—1996 的表 B3 中规定的公差等级 8 级的公差值。

3.2.8 轴瓦和轴套外径 D 的圆柱度公差应不大于 GB/T 1184—1996 的表 B2 中规定的公差等级 8 级的公差值。

3.2.9 对开式斜滑动轴承座的 45°分合面的角度公差应符合 GB/T 11335 中Ⅴ级精度的规定。

3.2.10 滑动轴承座轴线对底平面的平行度公差应不大于 GB/T 1184—1996 的表 B3 中规定的公差等级 8 级的公差值。

3.3 表面粗糙度

3.3.1 滑动轴承座的内孔直径 D 的表面粗糙度 Ra 最大允许值为 1.6 μm。

3.3.2 轴瓦和轴套的内孔直径 d 和外径 D 的表面粗糙度 Ra 最大允许值为 1.6 μm。

3.4 对铸件的要求

3.4.1 滑动轴承座的表面不允许有裂纹、气孔、缩孔、渣孔和浇铸不足以及其他降低轴承座强度和明显损害外观的铸件缺陷存在，但是，在下列范围内允许存在。

非加工表面的缩孔、气孔及渣孔等缺陷，深度不超过铸件的八分之一，长×宽不大于 5 mm×5 mm，缺陷总数不超过三个，但轴承座的主要受力断面(图 1a、b 断面中阴影部分)不允许有铸造缺陷。

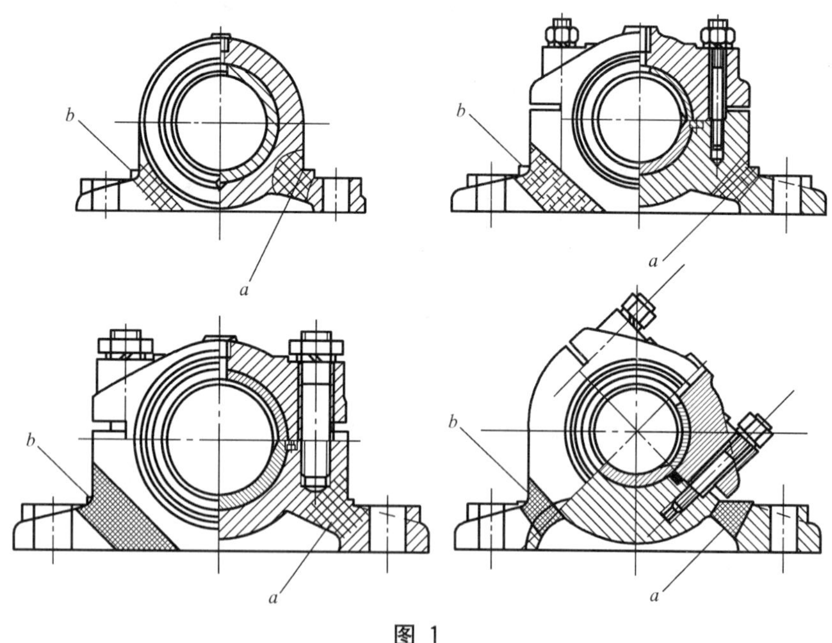

图 1

3.4.2 加工后的表面不允许有砂眼等铸造缺陷。

3.4.3 铸件上的型砂应清除干净，浇口、冒口、结疤及夹砂均应铲除或打磨掉，清理后，毛坯表面应平整、光洁。

3.5 滑动轴承座上铸出的字体(如轴承座型号、制造厂代号或商标)应保证完整、清晰和光洁。

3.6 滑动轴承座毛坯应在机械加工前进行时效处理。

3.7 加工后的轴承座上盖与底座在自由状态下分合面应贴合良好，分合面对轴承座内孔直径 D 的轴线位置度公差为 0.05 mm。

3.8 其他

3.8.1 轴瓦油槽棱边应倒钝、圆滑，内径 d 两端的圆角应圆滑，其圆角半径 R 应符合图样要求。

3.8.2 滑动轴承座表面应涂油漆或喷漆，油漆颜色由制造厂或用户与制造厂协商确定。

3.8.3 滑动轴承座检查合格后，应在所有加工面涂上铸铁防锈剂。

4 滑动轴承座检验规则

4.1 滑动轴承座成品应由制造厂质量检验部门进行检查，质量合格的轴承座应附有质量合格证，方可出厂。

4.2 滑动轴承座应按本标准规定的检验项目进行检验。如用户认为必要时可与制造厂协商增加其他检验项目。

4.3 滑动轴承座的成品检验其抽检方法应按 GB/T 2828.1 的规定其主要项目的合格质量水平 AQL 值取 2.5，次要项目的合格质量水平 AQL 值取 4.0，检验水平定为一般检验水平Ⅰ。主、次要抽检项目见表 1。

表 1

序　号	主要检查项目	序　号	次要检查项目
1	配合表面粗糙度	1	外观质量
2	中心高的偏差	2	其他加工表面粗糙度
3	形位公差		
4	材料		

5 标志、包装与贮存

5.1 滑动轴承座上应铸出轴承型号和制造厂代号，标志在轴承座上的位置和尺寸由制造厂自行规定。

5.2 经终检合格的成品滑动轴承座应按 JB/T 5000.12、JB/T 5000.13 和 GB/T 4879 进行涂装和包装。

5.3 在遵守正常的贮存和保管规则的条件下，应保证在一年内不生锈。防锈期自出厂之日起计算。

ICS 21.100.20
J 11
备案号：51451—2015

中华人民共和国机械行业标准

JB/T 3632—2015
代替 JB/T 3632—2005

滚动轴承　轧机压下机构用满装圆锥滚子推力轴承

Rolling bearings—Full complement tapered roller thrust bearings for rolling mill screw-down mechanism

2015-10-10 发布　　2016-03-01 实施

中华人民共和国工业和信息化部　发布

前　　言

本标准按照GB/T 1.1—2009给出的规则起草。

本标准代替JB/T 3632—2005《滚动轴承　轧机压下机构用满装圆锥滚子推力轴承》，与JB/T 3632—2005相比主要技术变化如下：

——修改了范围（见第1章，2005年版的第1章）；

——修改并增加了部分规范性引用文件（见第2章，2005年版的第2章）；

——增加了符号 d 的注解说明（见第 4 章）；

——修改了轴承代号组成的内容（见第5章，2005年版的5.2）；

——增加了 TTSX 840 型轴承的外形尺寸（见表 2）；

——增加了表面粗糙度的测量和评定方法（见9.2）；

——修改了轴承裂纹检验要求（见9.6，2005年版的8.1.5）；

——修改了抽样检验项目（见表6，2005年版的8.2.2）。

本标准由中国机械工业联合会提出。

本标准由全国滚动轴承标准化技术委员会（CSBTS/TC98）归口。

本标准起草单位：西北轴承股份有限公司。

本标准主要起草人：王丽君、许云、王芳。

本标准所代替标准的历次版本发布情况为：

——JB 3632—84、JB/T 3632—1993、JB/T 3632—2005。

滚动轴承　轧机压下机构用满装圆锥滚子推力轴承

1　范围

本标准规定了轧机压下机构用满装圆锥滚子推力轴承（以下简称轴承）的术语和定义、符号、代号方法、结构型式、外形尺寸、技术要求、检测方法、检验规则、标志和防锈包装。

本标准适用于 0 级轴承的生产、检验和验收。

2　规范性引用文件

下列文件对于本文件的应用是必不可少的。凡是注日期的引用文件，仅注日期的版本适用于本文件。凡是不注日期的引用文件，其最新版本（包括所有的修改单）适用于本文件。

GB/T 307.2—2005　滚动轴承　测量和检验的原则及方法

GB/T 3203—1982　渗碳轴承钢技术条件

GB/T 4199—2003　滚动轴承　公差　定义

GB/T 6930—2002　滚动轴承　词汇

GB/T 8597—2013　滚动轴承　防锈包装

GB/T 15822.1—2005　无损检测　磁粉检测　第 1 部分：总则

GB/T 18254—2002　高碳铬轴承钢

GB/T 24605—2009　滚动轴承　产品标志

GB/T 24606—2009　滚动轴承　无损检测　磁粉检测

GB/T 24608—2009　滚动轴承及其商品零件检验规则

JB/T 1255—2014　滚动轴承　高碳铬轴承钢零件　热处理技术条件

JB/T 2974—2004　滚动轴承代号方法的补充规定

JB/T 6641—2007　滚动轴承　残磁及其评定方法

JB/T 7051—2006　滚动轴承零件　表面粗糙度测量和评定方法

JB/T 8881—2011　滚动轴承　零件渗碳热处理　技术条件

3　术语和定义

GB/T 4199—2003 和 GB/T 6930—2002 界定的以及下列术语和定义适用于本文件。

3.1

顶圈　spherical washer

背面是凸球面形或凹球面形的轴承垫圈。

3.2

底圈　housing washer

与顶圈相对的另一个轴承垫圈。

4 符号

下列符号适用于本文件。

除另有说明外，下列符号（公差符号除外）所示数值均为公称尺寸。

D：底圈外径。

D_1：顶圈外径。

d：顶圈中心孔直径。

d_1：顶圈球面截圆直径。

M_1：底圈吊装孔的螺纹代号。

M_2：顶圈吊装孔的螺纹代号。

r：轴承底圈倒角尺寸。

$r_{s\,min}$：r 的最小单一倒角尺寸。

SR：顶圈球面曲率半径。

T：轴承高度。

T_1：TTSX 型轴承总高度。

V_{Dsp}：单一平面底圈外径变动量。

$\varDelta_{Dmp}$：单一平面底圈平均外径偏差。

$\varDelta_{D1mp}$：单一平面顶圈平均外径偏差。

$\varDelta_{SRs}$：单一轴向平面顶圈球面曲率半径偏差。

$\varDelta_{Ts}$：轴承实际高度偏差。

5 代号方法

5.1 代号的构成

轴承代号依次由结构型式代号、尺寸代号和后置代号构成。

5.2 代号编制规则

代号编制时，结构型式代号与尺寸代号之间空半个汉字距，尺寸代号与后置代号之间空半个汉字距（代号中有“/”的除外）。

5.3 结构型式代号

结构型式代号按表 1 的规定。

表 1 结构型式代号

结构型式代号	结构型式
TTSV	顶圈背面为凹球面形
TTSX	顶圈背面为凸球面形

5.4 尺寸代号

尺寸代号用轴承底圈外径 D 的毫米数值表示。

5.5 后置代号

后置代号按 JB/T 2974—2004 中 3.2.2 的规定。

5.6 代号示例

示例：

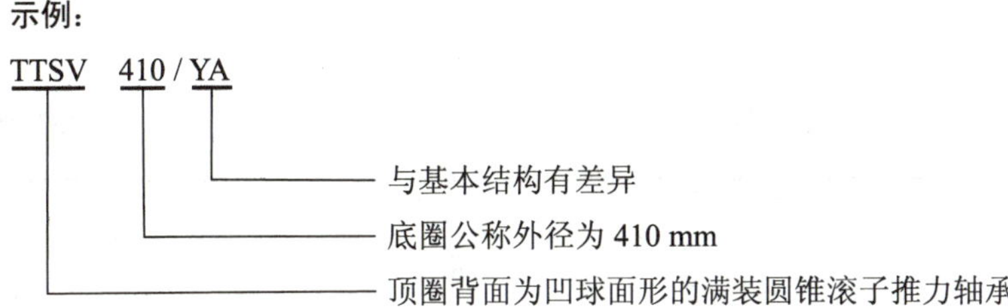

6 结构型式

6.1 顶圈背面为凹球面形的轴承基本结构型式如图 1 所示。

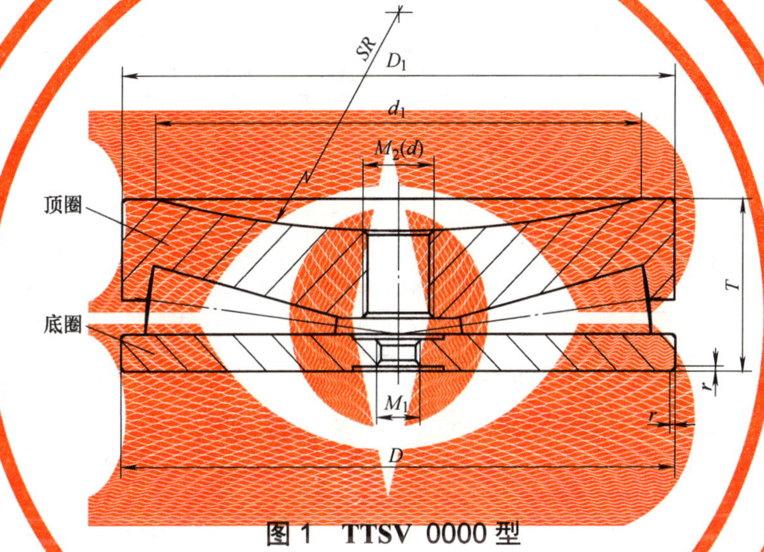

图 1 TTSV 0000 型

6.2 顶圈背面为凸球面形的轴承基本结构型式如图 2 所示。

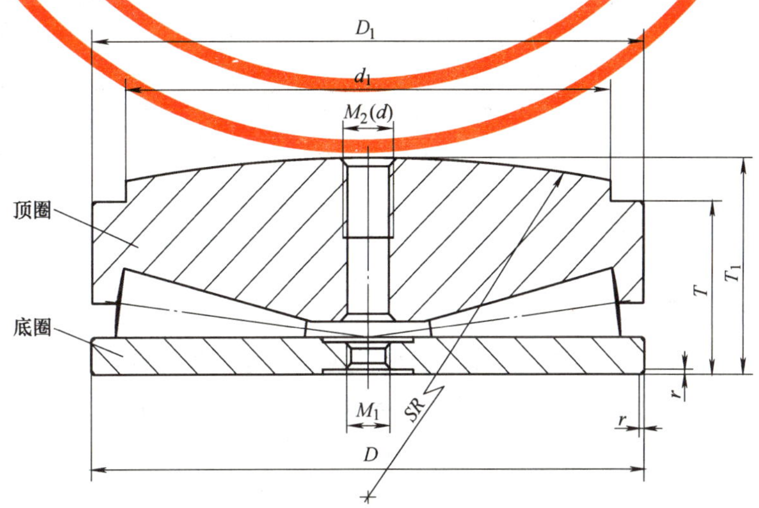

图 2 TTSX 0000 型

7 外形尺寸

TTSV 型和 TTSX 型轴承的外形尺寸应符合表 2 的规定。

表 2 外形尺寸

单位为毫米

轴承型号		尺寸									
TTSV 型	TTSX 型	D	D_1	d_1	T	T_1	SR		M_1	M_2（d）	$r_{s\ min}$
							TTSV 型	TTSX 型			
—	TTSX 100	100	98	87	32	37	—	250	M8	（10）	1.5
—	TTSX 120	120	118	105	38	45	—	300	M10	（12）	1.5
TTSV 150	TTSX 150	150	148	127	48	55	228.6	457.2	M12	（20）	1.5
TTSV 175	TTSX 175	175	173	152	53	62	228.6	457.2	M12	（20）	1.5
TTSV 205	TTSX 205	205	203	178	65	76	254	508	M20	（26）	1.5
TTSV 265	TTSX 265	265	263	229	81	95	304.8	609.6	M20	（26）	1.5
TTSV 320	TTSX 320	320	318	280	95	112	380	762	M24	M30[a]	1.5
TTSV 380	TTSX 380	380	378	330	112	129	457.2	914.4	M24	M30	1.5
TTSV 410	TTSX 410	410	408	355	122	142	508	1 016	M24	M30	3
TTSV 440	TTSX 440	440	438	380	130	152	508	1 016	M24	M36	3
TTSV 495	TTSX 495	495	492	432	146	172	558.8	1 066.8	M24	M36	3
TTSV 525	TTSX 525	525	522	460	155	180	635	1 270	M24	M36	3
TTSV 555	TTSX 555	555	552	482	165	192	635	1 270	M24	M36	3
TTSV 580	TTSX 580	580	577	510	165	195	710	1 422.4	M24	M42	3
TTSV 610	TTSX 610	610	607	533	178	205	762	1 524	M30	M42	3
TTSV 640	TTSX 640	640	637	550	185	214.8	762	1 524	M30	M42	3
—	TTSX 710	710	705	610	210	250	—	1 600	M30	M42	4
—	TTSX 750	750	745	650	220	260	—	1 600	M30	M48	4
—	TTSX 800	800	795	700	245	270	—	1 700	M30	M48	4
—	TTSX 840	840	838	725	222	282	—	1 524	M36	M48	4
—	TTSX 900	900	896	750	236	280	—	1 800	M36	M48	6

[a] 仅适合 TTSX 320，而 TTSV 320 的孔径 d=30。

8 技术要求

8.1 材料及热处理

轴承的垫圈和滚动体一般采用符合 GB/T 3203—1982 规定的渗碳轴承钢，其渗碳热处理质量应符合 JB/T 8881—2011 的规定；也可以采用符合 GB/T 18254—2002 规定的高碳铬轴承钢，其热处理质量应符合 JB/T 1255—2014 的规定；当用户有特殊要求时，也可采用与上述材料性能相当或较其性能优越的其他材料。

8.2 公差

轴承的公差值应符合表 3 的规定。特殊要求按轴承产品图样的规定。

表 3 公差

单位为微米

D mm		Δ_{Dmp}		V_{Dsp}	Δ_{D1mp}		Δ_{SRs}	Δ_{Ts}	
>	≤	上极限偏差	下极限偏差	max	上极限偏差	下极限偏差	极限偏差	上极限偏差	下极限偏差
80	120	0	−22	17	0	−200	±500	0	−200
120	180	0	−25	19	0	−250	±500	0	−200
180	250	0	−30	23	0	−290	±500	0	−300
250	315	0	−35	26	0	−320	±1 000	0	−400
315	400	0	−40	30	0	−360	±1 000	0	−500
400	500	0	−45	34	0	−400	±1 000	0	−600
500	630	0	−50	38	0	−440	±2 000	0	−700
630	800	0	−75	55	0	−500	±2 000	0	−800
800	1 000	0	−100	75	0	−560	±2 000	0	−900

8.3 表面粗糙度

轴承配合表面和底圈背面的表面粗糙度应符合表 4 的规定。特殊要求按轴承产品图样的规定。

表 4 表面粗糙度

单位为微米

D mm		顶圈球面	外圆柱表面	底圈背面
>	≤	*Ra* max		
80	500	0.63	1.25	
500	1 000	1.25		

8.4 残磁限值

轴承的残磁限值应符合表 5 的规定。

表 5 残磁限值

D mm		残磁值 mT
>	≤	max
80	120	0.6
120	250	0.8
250	500	1.0
500	1 000	1.3

8.5 表面缺陷

轴承零件不应有裂纹，工作表面不应有烧伤、软点和脱碳。

8.6 其他技术要求

若对轴承有其他技术要求，可由制造厂与用户协商确定。

9 检测方法

9.1 公差的测量方法按 GB/T 307.2—2005 的规定。

9.2 表面粗糙度的测量和评定方法按 JB/T 7051—2006 的规定。

9.3 球面曲率半径用极限样板光隙法检验。

9.4 中心螺纹直径用螺纹极限量规检验。

9.5 轴承残磁的测量方法按 JB/T 6641—2007 的规定。

9.6 轴承零件的裂纹、烧伤、软点和脱碳的检验方法按 JB/T 1255—2014 的规定。轴承垫圈的裂纹按 GB/T 24606—2009 的规定检验，但通磁技术按 GB/T 15822.1—2005 中 8.3.2.4 规定的便携式电磁体（磁轭）法。

10 检验规则

10.1 轴承的检验规则按 GB/T 24608—2009 的规定，抽样使用一般检验水平Ⅱ，主要检验项目的 AQL 值为 1.5，次要检验项目的 AQL 值为 4，抽样检验项目见本标准的表 6。

表 6 抽样检验项目

序号	主要检验项目	序号	次要检验项目
1	底圈平均外径偏差及变动量（Δ_{Dmp}、V_{Dsp}）	1	顶圈平均外径偏差（Δ_{D1mp}）
2	顶圈球面曲率半径偏差（Δ_{SRs}）	2	残磁限值
3	轴承实际高度偏差（Δ_{Ts}）	3	配合表面和底圈背面的表面粗糙度
4	轴承最小单一倒角尺寸（$r_{s\ min}$）	4	旋转灵活性
5	中心螺纹直径	5	外观质量
		6	标志和防锈包装

10.2 轴承零件应 100%进行裂纹检验。

11 标志

轴承的标志按 GB/T 24605—2009 的规定。

12 防锈包装

12.1 轴承的防锈包装按 GB/T 8597—2013 的规定。

12.2 经检验合格的轴承，应用紧固螺钉和垫圈将顶圈、底圈及滚子紧固为一体。

ICS 21.100.20
J 11
备案号：16673—2005

中华人民共和国机械行业标准

JB/T 5389.1—2005
代替 JB/T 5389.1—1995

滚动轴承
轧机用四列圆柱滚子轴承

Rolling bearings
—Four row cylindrical roller bearings for rolling mills

2005-09-23 发布　　　　2006-02-01 实施

中华人民共和国国家发展和改革委员会　发布

前　　言

JB/T 5389 分为两个部分：

——第 1 部分：轧机用四列圆柱滚子轴承；

——第 2 部分：轧机用双列和四列圆锥滚子轴承。

本部分为 JB/T 5389 的第 1 部分。

本部分代替 JB/T 5389.1—1995《滚动轴承　轧机用四列圆柱滚子轴承》。

本部分与 JB/T 5389.1—1995 相比，主要变化如下：

——重新编排了 FC 型和 FCD 型轴承外形尺寸(1995 年版和本版的表 4、表 5)；

——增加了部分轴承型号(见本版的表 4、表 5)；

——增加了公差等级 SP 级(见本版的 7.1)；

——扩大了 5 级公差内圈的尺寸范围(见本版的表 A.4)；

——扩大了内圈滚道直径偏差的尺寸范围(见本版的表 A.6)。

本部分的附录 A、附录 B 均为规范性附录。

本部分由中国机械工业联合会提出。

本部分由全国滚动轴承标准化技术委员会(SAC/TC 98)归口。

本部分起草单位：瓦房店轴承集团有限责任公司、洛阳轴承集团有限公司、西北轴承股份有限公司。

本部分主要起草人：王劲松、马忠超、徐玲玲、莫琼杰。

本部分所代替标准的历次版本发布情况为：

——JB/T 5389.1—1995。

滚动轴承
轧机用四列圆柱滚子轴承

1 范围

本部分规定了轧机用四列圆柱滚子轴承(以下简称轴承)的主要结构类型、代号方法、外形尺寸和技术条件。

本部分适用于轴承的制造、检验和用户的设计、选型与验收。

2 规范性引用文件

下列文件中的条款通过JB/T 5389的本部分的引用而成为本部分的条款。凡是注日期的引用文件,其随后所有的修改单(不包括勘误的内容)或修订版均不适用于本部分,然而,鼓励根据本部分达成协议的各方研究是否可使用这些文件的最新版本。凡是不注日期的引用文件,其最新版本适用于本部分。

GB/T 272—1993 滚动轴承 代号方法

GB/T 307.2—2005 滚动轴承 测量和检验的原则及方法(ISO 1132-2:2001,Rolling bearings—Tolerances—Part2:Measuring and gauging principles and methods,MOD)

GB/T 3203—1982 渗碳轴承钢 技术条件

GB/T 4199—2003 滚动轴承 公差 定义(ISO 1132-1:2000,Rolling bearings—Tolerances—Part 1:Terms and definitions,MOD)

GB/T 7811—1999 滚动轴承 参数符号

GB/T 8597—2003 滚动轴承 防锈包装

GB/T 18254—2002 高碳铬轴承钢

JB/T 1255—2001 高碳铬轴承钢滚动轴承零件热处理技术条件

JB/T 2974—2004 滚动轴承 代号方法的补充规定

JB/T 3573—2004 滚动轴承 径向游隙的测量方法

JB/T 3574—1997 滚动轴承 产品标志

JB/T 8881—2001 滚动轴承零件 渗碳热处理技术条件

JB/T 8921—1999 滚动轴承及其商品零件检验规则

3 符号

GB/T 7811、GB/T 4199确立的以及下列符号适用于本部分。

d_i:内圈滚道公称直径

V_{disp}:单一平面内圈滚道直径变动量

Δd_{is}:内圈滚道直径偏差

$D_{1mpmax}—D_{2mpmin}$:同一轴承外圈最大平均外径与最小平均外径之差

$d_{1mpmax}—d_{2mpmin}$:同一轴承内圈最大平均内径与最小平均内径之差

$d_{imp}—d_{imp}'$:内圈滚道两端平均直径之差

E:内圈滚道公称宽度

L_i:内圈滚道直线度

r：内圈公称倒角

r_1：外圈公称倒角

r_{1smin}：外圈最小单一倒角尺寸

S_{di}：内圈滚道对基准端面的垂直度

4 主要结构类型（见图1～图3）

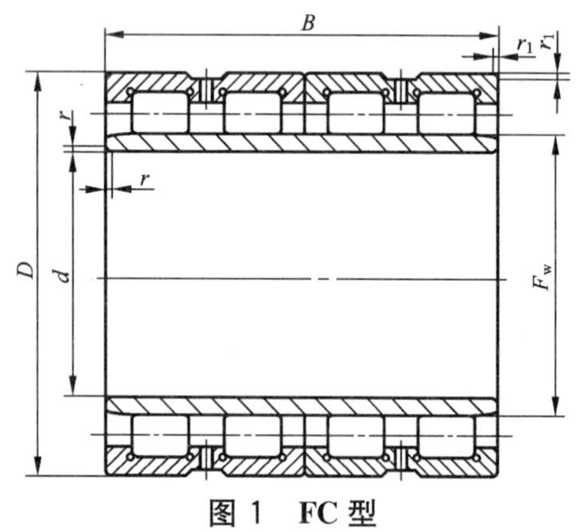

图1 FC型

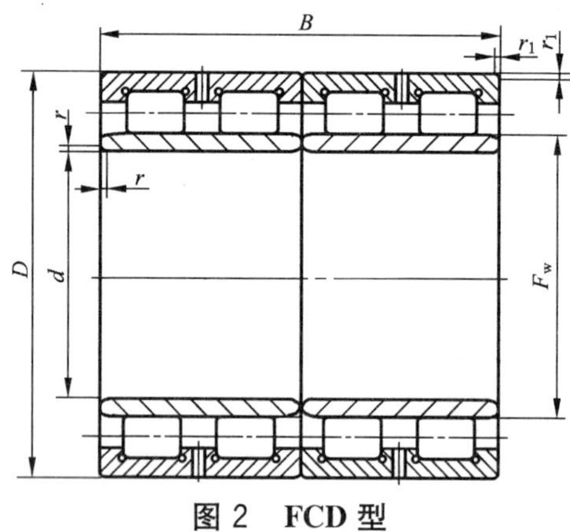

图2 FCD型

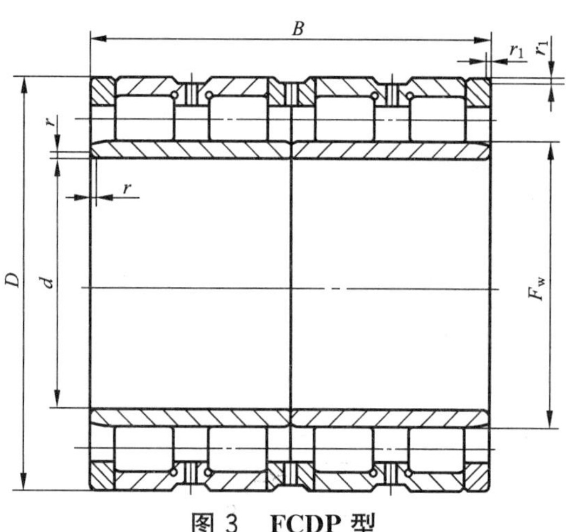

图3 FCDP型

5 代号

5.1 代号的构成

轴承代号由类型代号、尺寸代号和后置代号构成，其排列顺序如下：

类型代号	尺寸代号	后置代号

5.2 类型代号

类型代号由大写拉丁字母组成，表示轴承的结构特征，见表1。

类型代号与尺寸代号间空半个汉字距（代号中有“/”除外）。

表1 类型代号

代号	轴承类型
FC	四列圆柱滚子轴承（一个内圈）
FCD	双内圈四列圆柱滚子轴承
FCDP	外圈带平挡圈的双内圈四列圆柱滚子轴承

5.3 尺寸代号

尺寸代号由阿拉伯数字组成，数字自左至右分别表示轴承内径(d)、外径(D)和宽度(B)，分别用内径、外径和宽度代号表示，表示方法见表 2。

表 2 尺寸代号

代号项目	公称内径(d)代号	公称外径(D)代号	公称宽度(B)代号
表示方法	公称内径毫米数/5	公称外径毫米数/5	公称宽度毫米数

5.4 后置代号

后置代号是轴承在内部结构、公差等级、游隙、热处理等有改变时，在其基本代号后添加的补充代号。

后置代号用字母(或加数字)表示。

后置代号的编制规则按 GB/T 272 的规定，含义及排列顺序见表 3。

表 3 后置代号

排列序号	项目名称	含　义	代　号
1	内部结构	轴承内部结构改变	A、B 或 C
2	保持架及其材料	轴承保持架结构、材料改变	按 JB/T 2974—2004 规定
3	公差等级	公差等级	按 GB/T 272—1993 规定
4	游隙	游隙组别	按 GB/T 272—1993 规定
5	其他	热处理、润滑等	按 JB/T 2974—2004 规定

5.5 标记示例

5.5.1 标准轴承标记示例

FCD 100144530/P53　JB/T 5389.1—2005

5.5.2 非标准轴承标记示例

本部分未规定外形尺寸的轴承，其代号中类型代号与尺寸代号间用“/”分开。

示例：FC/4258192 表示轴承内径为 210 mm，外径为 290 mm，宽度为 192 mm，本部分未规定。

FC/82120440 表示轴承内径为 410mm，外径为 600 mm，宽度为 440 mm，本部分未规定。

6 外形尺寸

6.1 FC 型轴承外形尺寸按表 4 的规定。

表 4 FC 型轴承外形尺寸　　mm

轴承代号	d	D	B	F_w	r_{smin}	r_{1smin}
FC 182870	90	140	70	105	1.5	1.1
FC 202870	100	140	70	111	1.5	1.1
FC 2028104	100	140	104	111	1.5	1.1
FC 202970	100	145	70	113	1.5	1.1
FC 2030106	100	150	106	113	1.5	1.1

表 4(续)

mm

轴承代号	d	D	B	F_w	r_{smin}	r_{1smin}
FC 2234120	110	170	120	127	2	2
FC 2436105	120	180	105	135	2	2
FC 2640125	130	200	125	149	2	2
FC 2842125	140	210	125	158	2	2
FC 2842155	140	210	155	158	2	2
FC 2942155	145	210	155	166	2	2
FC 2945156	145	225	156	169	2	2
FC 3045120	150	225	120	169	2	2
FC 3046156	150	230	156	174	2	2
FC 3246130	160	230	130	180	1.5	1.5
FC 3246168	160	230	168	180	2.1	2.1
FC 3248124	160	240	124	183	2.1	2.1
FC 3248168	160	240	168	183	2.1	2.1
FC 3446160	170	230	160	185.5	2	2
FC 3450170	170	250	170	192	2.1	2.1
FC 3452120	170	260	120	195	2.1	2.1
FC 3650156	180	250	156	200	2.1	2.1
FC 3652124	180	260	124	202	2.1	2.1
FC 3652168	180	260	168	202	2.1	2.1
FC 3656180	180	280	180	207	2.1	2.1
FC 3852168	190	260	168	212	2.1	2.1
FC 3854168	190	270	168	212	2.1	2.1
FC 3854170	190	270	170	212	2.1	2.1
FC 3854200	190	270	200	212	2.1	2.1
FC 3856200	190	280	200	214	2.1	2.1
FC 4054170	200	270	170	222	2.1	2.1
FC 4056188	200	280	188	222	2.1	2.1
FC 4056200	200	280	200	222	2.1	2.1
FC 4058192	200	290	192	226	2.1	2.1
FC 4064216	200	320	216	233	2.1	2.1
FC 4260210	210	300	210	234	2.1	2.1
FC 4462192	220	310	192	246	2.1	2.1
FC 4464210	220	320	210	248	2.1	2.1
FC 4468200	220	340	200	250	4	4
FC 4666206	230	330	206	260	2.1	2.1

表 4(续)

mm

轴承代号	d	D	B	F_w	r_{smin}	r_{1smin}
FC 4866220	240	330	220	264	2.1	2.1
FC 4868192	240	340	192	265	2.1	2.1
FC 4872220	240	360	220	272	2.1	2.1
FC 5070220	250	350	220	278	3	3
FC 5072220	250	360	220	282	3	3
FC 5272200	260	360	200	288	3	3
FC 5274220	260	370	220	292	3	3
FC 5276220	260	380	220	290	3	3
FC 5678220	280	390	220	312	3	3
FC 5878190	290	390	190	316	3	3
FC 6084218	300	420	218	332	4	4

6.2 FCD 型、FCDP 型轴承外形尺寸按表 5 的规定。

表 5 FCD 型、FCDP 型轴承外形尺寸

mm

轴承代号		d	D	B	F_w	r_{smin}	r_{1smin}
FCD 型	FCDP 型						
FCD 4462225	—	220	310	225	244	2.1	2.1
FCD 4668260	—	230	340	260	261	2.1	2.1
FCD 5068230	—	250	340	230	276	3.5	3.5
FCD 5274280	—	260	370	280	292	3	3
FCD 5276280	—	260	380	280	294	3	3
FCD 5280290	—	260	400	290	296	4	4
FCD 5476230	—	270	380	230	298	3	3
FCD 5478236	—	270	390	236	312	3	3
—	FCDP 5678275	280	390	275	308	1.5	1.1
FCD 5684280	—	280	420	280	318	4	4
FCD 5882240	—	290	410	240	320	4	4
FCD 5884300	—	290	420	300	327	4	4
FCD 6084240	—	300	420	240	332	4	4
FCD 6084300	FCDP 6084300	300	420	300	332	3	3
FCD 6490240	—	320	450	240	355	4	4
FCD 6496290	—	320	480	290	364	4	4
FCD 6496350	FCDP 6496350	320	480	350	364	4	4
FCD 6692340	FCDP 6692340	330	460	340	365	4	4
FCD 6890250	—	340	450	250	371	4	4
FCD 6892260	—	340	460	260	370	4	4
FCD 6896280	—	340	480	280	374	4	4
FCD 6896350	FCDP 6896350	340	480	350	378	4	4
FCD 72102370	FCDP 72102370	360	510	370	392	4	4
FCD 72104380	FCDP 72104380	360	520	380	405	4	4
FCD 74104380	FCDP 74104380	370	520	380	409	4	4

表 5(续)

轴承代号		d	D	B	F_w	r_{smin}	r_{1smin}
FCD 型	FCDP 型						
FCD 76108400	FCDP 76108400	380	540	400	422	4	4
FCD 80110300	—	400	550	300	442	5	5
FCD 80112410	FCDP 80112410	400	560	410	445	5	5
FCD 84120440	FCDP 84120440	420	600	440	470	5	5
FCD 88124450	FCDP 88124450	440	620	450	487	5	5
FCD 88132340	—	440	660	340	492	6	6
FCD 92130470	FCDP 92130470	460	650	470	509	5	5
FCD 96136500	FCDP 96136500	480	680	500	532	6	6
FCD 96130450	FCDP 96130450	480	650	450	525	6	6
FCD 100134450	FCDP 100134450	500	670	450	540	6	5
FCD 100144530	FCDP 100144530	500	720	530	568	6	6
FCD 106156570	FCDP 106156570	530	780	570	601	6	6
FCD 110148510	FCDP 110148510	550	740	510	600	6	6
FCD 112164630	FCDP 112164630	560	820	630	625	6	6
FCD 114163594	FCDP 114163594	570	815	594	628	6	6
FCD 120164575	FCDP 120164575	600	820	575	660	6	6
FCD 120174640	FCDP 120174640	600	870	640	682	6	6
FCD 126180670	FCDP 126180670	630	900	670	698	6	6
FCD 130184670	FCDP 130184670	650	920	670	723	7.5	7.5
FCD 134190700	FCDP 134190700	670	950	700	750	7.5	7.5
FCD 138196715	FCDP 138196715	690	980	715	767.5	7.5	7.5
FCD 140186620	FCDP 140186620	700	930	620	763	7.5	7.5
FCD 140192620	FCDP 140192620	700	960	620	790	7.5	7.5
FCD 142200715	FCDP 142200715	710	1 000	715	787.5	7.5	7.5
FCD 146192620	FCDP 146192620	730	960	620	790	7.5	7.5
FCD 150200670	FCDP 150200670	750	1 000	670	813	7.5	7.5
FCD 160216700	FCDP 160216700	800	1 080	700	878	7.5	7.5
FCD 160230850	FCDP 160230850	800	1 150	850	905	7.5	7.5
FCD 166216710	FCDP 166216710	830	1 080	710	896	8	8
FCD 170230840	FCDP 170230840	850	1 150	840	928	7.5	7.5
FCD 180244840	FCDP 180244840	900	1 220	840	989	7.5	7.5
FCD 190260850	FCDP 190260850	950	1 300	850	1 044	7.5	7.5
FCD 1902721000	FCDP 1902721000	950	1 360	1 000	1 058	7.5	7.5
FCD 200272800	FCDP 200272800	1 000	1 360	800	1 084	7.5	7.5
FCD 2123001120	FCDP 2123001120	1 060	1 500	1 120	1 165	9.5	9.5
FCD 222296980	FCDP 222296980	1 110	1 480	980	1 210	9.5	9.5
FCD 2243161150	FCDP 2243161150	1 120	1 580	1 150	1 240	9.5	9.5

7 技术要求

7.1 公差

轴承公差等级共分四级，即 0、6、5 和 SP 级，分别按表 6、表 7 的规定；其中 SP 级旋转精度为 5 级，尺寸精度为 6 级。

表 6 内圈

μm

d/mm		Δd_{mp}				V_{dsp}			V_{dmp}			K_{ia}			$d_{1mpmax}-d_{2mpmin}$			ΔB_s		V_{Bs}		
		公差等级																				
超过	到	0、6、5	0	6	5	0	6	5	0	6	5	0	6	5	0	6	5	0、6、5		0	6	5
		上偏差	下偏差			max												上偏差	下偏差	max		
80	120	0	−20	−15	−10	20	15	9	15	11	5	25	13	6	10	8	5	0	−200	25	25	7
120	180	0	−25	−18	−13	25	18	12	19	14	7	30	18	8	13	9	7	0	−250	30	30	8
180	250	0	−30	−22	−15	30	23	14	23	17	8	40	20	10	15	11	8	0	−300	30	30	10
250	315	0	−35	−25	−18	35	25	16	26	19	9	50	25	13	18	13	9	0	−350	35	35	13
315	400	0	−40	−30	−23	40	31	21	30	23	12	60	30	15	20	15	12	0	−400	40	40	15
400	500	0	−45	−35	−27	45	35	24	34	26	14	65	35	18	23	18	14	0	−450	50	45	17
500	630	0	−50	−40	−30	50	40	27	38	30	15	70	40	20	25	20	15	0	−500	60	50	20
630	800	0	−75	—	—	—	—	—	—	—	—	80	—	—	38	—	—	0	−750	70	—	—
800	1 000	0	−100	—	—	—	—	—	—	—	—	90	—	—	50	—	—	0	−1 000	80	—	—
1 000	1 250	0	−125	—	—	—	—	—	—	—	—	100	—	—	63	—	—	0	−1 250	100	—	—

表 7 外圈

μm

D/mm		ΔD_{mp}				V_{Dsp}			V_{Dmp}			K_{ea}			$D_{1mpmax}-D_{2mpmin}$			ΔC_s		V_{Cs}		
		公差等级																				
超过	到	0、6、5	0	6	5	0	6	5	0	6	5	0	6	5	0	6	5	0、6、5		0	6	5
		上偏差	下偏差			max												上偏差	下偏差	max		
120	150	0	−18	−15	−11	19	15	10	14	11	6	40	20	11	9	8	6	0	−250	与同一轴承内圈的 V_{Bs} 相同		8
150	180	0	−25	−18	−13	25	18	12	19	14	7	45	23	13	13	9	7	0	−250			8
180	250	0	−30	−20	−15	31	20	13	23	15	8	50	25	15	15	10	8	0	−300			10
250	315	0	−35	−25	−18	35	25	16	26	19	9	60	30	18	18	13	9	0	−350			11
315	400	0	−40	−28	−20	40	28	18	30	21	10	70	35	20	20	14	10	0	−400			13
400	500	0	−45	−33	−23	45	34	20	34	25	12	80	40	23	23	17	12	0	−450			15
500	630	0	−50	−38	−28	50	38	25	38	29	14	100	50	25	25	19	14	0	−500			18
630	800	0	−75	−45	−35	75	45	31	55	34	18	120	60	30	38	23	18	0	−750			20
800	1 000	0	−100	−60	−40	—	60	35	75	45	20	140	75	30	50	30	20	0	−1 000			25
1 000	1 250	0	−125	—	—	—	—	—	—	—	—	160	—	—	63	—	—	0	−1 250			—
1 250	1 600	0	−160	—	—	—	—	—	—	—	—	190	—	—	80	—	—	0	−1 600			—

7.2 **游隙**

轴承径向游隙(圆柱孔)按表8的规定。

表8 径向游隙

μm

d/mm		2组		0组		3组		4组		5组	
超过	到	min	max	min	max	min	max	min	max	min	max
80	100	15	50	50	85	75	110	105	140	155	190
100	120	15	55	50	90	85	125	125	165	180	220
120	140	15	60	60	105	100	145	145	190	200	245
140	160	20	70	70	120	115	165	165	215	225	275
160	180	25	75	75	125	120	170	170	220	250	300
180	200	35	90	90	145	140	195	195	250	275	330
200	225	45	105	105	165	160	220	220	280	305	365
225	250	45	110	110	175	170	235	235	300	330	395
250	280	55	125	125	195	190	260	260	330	370	440
280	315	55	130	130	205	200	275	275	350	410	485
315	355	65	145	145	225	225	305	305	385	455	535
355	400	100	190	190	280	280	370	370	460	510	600
400	450	110	210	210	310	310	410	410	510	565	665
450	500	110	220	220	330	330	440	440	550	625	735
500	560	120	240	240	360	360	480	480	600	—	—
560	630	140	260	260	380	380	500	500	620	—	—
630	710	145	285	285	425	425	565	565	705	—	—
710	800	150	310	310	470	470	630	630	790	—	—
800	900	180	350	350	520	520	690	690	860	—	—
900	1 000	200	390	390	580	580	770	770	960	—	—
1 000	1 120	220	430	430	640	640	850	850	1 060	—	—
1 120	1 250	230	470	470	710	710	950	950	1 190	—	—

7.3 **材料及热处理**

7.3.1 轴承零件采用符合GB/T 3203—1982规定的渗碳钢G20Cr2Ni4和G20Cr2Ni4A制造时,其渗碳层深度及热处理质量应符合JB/T 8881的规定。

7.3.2 轴承零件采用符合GB/T 18254—2002规定的高碳铬钢GCr15、GCr15SiMn制造时,其热处理质量应符合JB/T 1255的规定。

7.4 **其他**

7.4.1 本部分未规定的项目,应符合产品图样及现行标准的规定。

7.4.2 轴承的滚子素线应呈凸度或修形凸度。

8 检测方法

8.1 公差测量方法按GB/T 307.2的规定。

8.2 游隙测量方法按JB/T 3573的规定。

8.3 轴承零件的热处理质量检验按JB/T 1255和JB/T 8881的规定。

9 检验规则

轴承除按 JB/T 8921 的规定外，其主要检查项目尚应包括 $d_{1mpmax}-d_{2mpmin}$、$D_{1mpmax}-D_{2mpmin}$。

10 标志、防锈及包装

10.1 轴承的标志方法应符合 JB/T 3574 的规定。

10.2 轴承应按 GB/T 8597 的规定，进行防锈与内外包装。

附 录 A
(规范性附录)
商品轴承内圈技术要求

A.1 商品轴承内圈结构型式(见图 A.1)

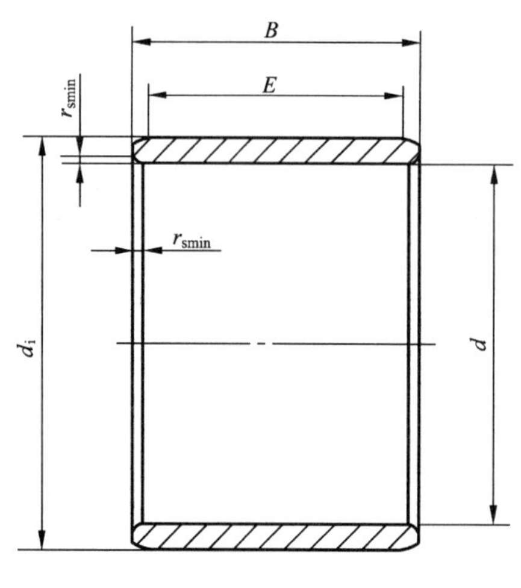

图 A.1 L型内圈

A.2 商品轴承内圈代号

由轴承代号和前置字母 L 构成。

示例:LFC 5678220/P5 表示公差等级为 5 级的 FC 5678220 轴承用商品内圈。

A.3 商品轴承内圈外形尺寸

LFC、LFCD、LFCDP 型商品轴承内圈外形尺寸按表 A.1 的规定。

表 A.1 商品轴承内圈外形尺寸

mm

内圈代号			d	B	d_i	r_{smin}
LFC 型	LFCD 型	LFCDP 型				
LFC 182870			90	70	105	1.5
LFC 2028104			100	104	111	1.5
LFC 202970			100	70	113	1.5
LFC 2030106			100	106	113	1.5
LFC 2234120			110	120	127	2
LFC 2436105			120	105	135	2
LFC 2640125			130	125	149	2
LFC 2838119			140	119	154	1.5
LFC 2842125			140	125	158	2
LFC 2842155			140	155	158	2
LFC 2942155			145	155	166	2
LFC 2945156			145	156	169	2
LFC 3045120			150	120	169	2
LFC 3046156			150	156	174	2
LFC 3248168			160	168	183	2.1

表 A.1(续)

mm

内圈代号			d	B	d_i	r_{smin}
LFC 型	LFCD 型	LFCDP 型				
LFC 3248124			160	124	183	2.1
LFC 3450170			170	170	192	2.1
LFC 3452120			170	120	195	2.1
LFC 3650156			180	156	198	2
LFC 3652168			180	168	202	2.1
LFC 3656180			180	180	207	2.1
LFC 3852168			190	168	212	2.1
LFC 3854200			190	200	212	2.1
LFC 3856200			190	200	214	2.1
LFC 4056200			200	200	222	2.1
LFC 4058192			200	192	226	2.1
LFC 4064216			200	216	233	2.1
LFC 4260210			210	210	234	2.1
LFC 4462192			220	192	246	2.1
LFC 4464210			220	210	248	2.1
LFC 4666206			230	206	260	2.1
LFC 4668260			230	260	261	2.1
LFC 4866220			240	220	264	2.1
LFC 4872220			240	220	272	2.1
LFC 5070220			250	220	278	3
LFC 5274220			260	220	292	3
LFC 5276280			260	280	294	3
LFC 5476230			270	230	298	3
—	LFCD 5678275		280	137.5	308	3
LFC 5678220			280	220	312	3
LFC 5684280			280	280	318	4
LFC 5882240			290	240	320	4
LFC 5884300			290	300	327	4
LFC 6084218			300	218	332	4
LFC 6084240			300	240	332	4
LFC 6490240			320	240	355	4
LFC 6496290			320	290	364	4
LFC 6692340			330	340	365	4
LFC 6892260			340	260	370	4
LFC 6896280			340	280	374	4
	LFCD 6896350		340	175	378	8
		LFCDP 92130470	460	235	509.2	5
		LFCDP 96136500	480	250	532	6
		LFCDP 138196715	690	357.5	767.5	19×20°
		LFCDP 166216710	830	355	896	25×20°

A.4 商品轴承内圈公差

应分别符合表 A.2、表 A.3、表 A.4、表 A.5、表 A.6 和表 A.7 的规定。

表 A.2 0 级公差内圈

μm

d/mm		Δd_{mp}		V_{dsp}	V_{dmp}	S_d	ΔB_s		V_{Bs}	V_{disp}	K_i	L_i[a]
超过	到	上偏差	下偏差	max			上偏差	下偏差	max			
80	120	0	−20	20	15	23	0	−200	25	10	15	5
120	180	0	−25	25	19	28	0	−250	30	13	18	8
180	250	0	−30	30	23	28	0	−300	30	16	24	8
250	315	0	−35	35	26	33	0	−350	35	18	30	10
315	400	0	−40	40	30	38	0	−400	40	21	36	10
400	500	0	−45	45	34	43	0	−450	50	24	39	12
500	630	0	−50	50	38	48	0	−500	60	28	42	12
630	800	0	−75	56	56	70	0	−750	70	45	56	14
800	1 000	0	−100	75	75	80	0	−1 000	80	52	63	14

[a] 仅允许滚道中部凸出。

表 A.3 6 级公差内圈

μm

d/mm		Δd_{mp}		V_{dsp}	V_{dmp}	S_d	ΔB_s		V_{Bs}	V_{disp}	K_i	L_i[a]
超过	到	上偏差	下偏差	max			上偏差	下偏差	max			
80	120	0	−15	15	11	12	0	−200	25	4	8	3
120	180	0	−18	18	14	15	0	−250	30	5	11	4
180	250	0	−22	23	17	15	0	−300	30	6	12	4
250	315	0	−25	25	19	17	0	−350	35	7	15	5
315	400	0	−30	31	23	20	0	−400	40	8	18	5
400	500	0	−35	35	26	23	0	−450	45	9	21	6
500	630	0	−40	40	30	25	0	−500	50	10	24	6
630	800	0	−55	41	41	45	0	−750	55	30	35	7
800	1 000	0	−70	56	56	53	0	−1 000	60	35	42	7

[a] 仅允许滚道中部凸出。

表 A.4 5 级公差内圈

μm

d/mm		Δd_{mp}		V_{dsp}	V_{dmp}	S_d	ΔB_s		V_{Bs}	V_{disp}	K_i	L_i[a]
超过	到	上偏差	下偏差	max			上偏差	下偏差	max			
80	120	0	−10	9	5	9	0	−200	7	3	4	3
120	180	0	−13	12	7	10	0	−250	8	4	5	4
180	250	0	−15	14	8	11	0	−300	10	5	6	4
250	315	0	−18	16	9	13	0	−350	13	5	8	5
315	400	0	−23	21	12	15	0	−400	15	6	9	5
400	500	0	−27	24	14	18	0	−450	17	7	10	6
500	630	0	−30	27	15	20	0	−500	20	8	12	6
630	800	0	−40	32	20	30	0	−750	30	23	18	7
800	1 000	0	−50	40	25	33	0	−1 000	33	26	21	7

[a] 仅允许滚道中部凸出。

表 A.5 内圈滚道形位公差

μm

滚道公称宽度 E/mm		$d_{imp}-d_{imp}'$			S_{di}		
		公差等级					
		0	6	5	0	6	5
超过	到	max					
—	10	4	2	1	6	3	1.5
10	18	4	3	1.5	6	4	2
18	30	6	4	2	9	6	3
30	50	8	5	2.5	9	7	4
50	80	10	6	3	10	8	4
80	120	12	8	4	12	8	6
120	180	15	10	5	15	10	6
180	250	18	12	6	18	12	6
250	315	21	14	7	21	14	7
315	400	24	16	8	24	16	8
400	500	27	18	9	27	18	9
500	630	30	20	10	30	20	10

表 A.6 内圈滚道直径偏差

μm

d/mm	超过	80	100	120	140	160	180	200	225	250	280	315
	到	100	120	140	160	180	200	225	250	280	315	355
Δd_{is}	上偏差	−50	−50	−60	−70	−75	−90	−105	−110	−125	−130	−145
	下偏差	−65	−70	−80	−95	−100	−120	−135	−145	−160	−170	−185
d/mm	超过	355	400	450	500	560	630	710	800	900	1 000	1 120
	到	400	450	500	560	630	710	800	900	1 000	1 120	1 250
Δd_{is}	上偏差	−190	−210	−220	−240	−260	−285	−310	−350	−390	−430	−470
	下偏差	−240	−265	−285	−310	−330	−365	−410	−445	−505	−550	−620
注：磨削留量按用户要求。												

表 A.7 内圈滚道表面粗糙度

μm

公称内径 d/mm		表面粗糙度 Ra		
		公差等级		
超过	到	0	6	5
80	180	0.25	0.20	0.125
180	315	0.32	0.25	0.16
315	500	0.40	0.32	0.20
500	800	0.63	0.50	0.40
800	1 250	0.80	0.80	0.63

附 录 B
（规范性附录）
外圈油孔尺寸推荐值

B.1 外圈油沟结构型式（见图 B.1、图 B.2）

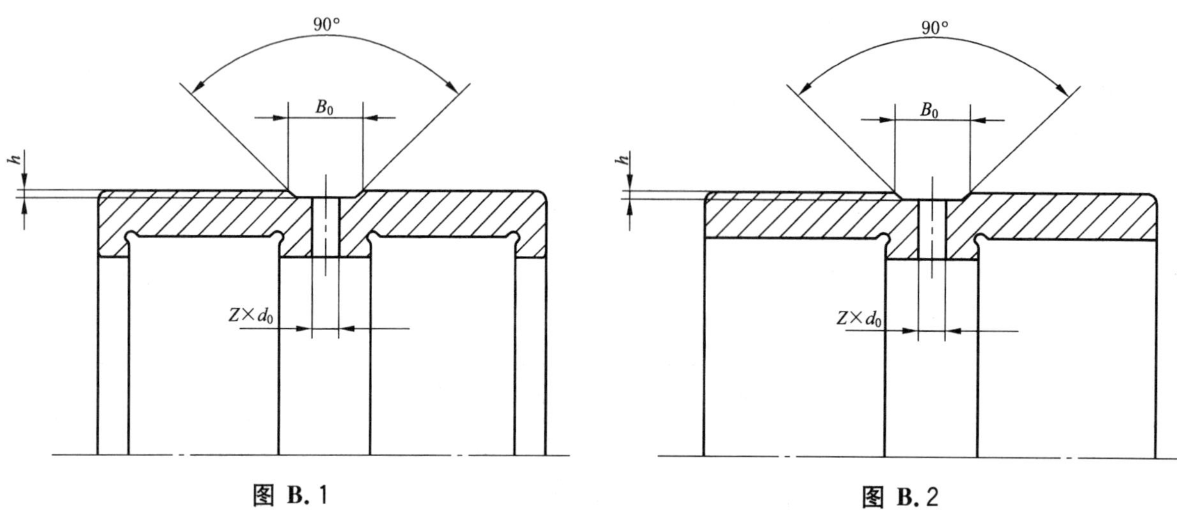

图 B.1　　图 B.2

B.2 外圈油沟尺寸（见表 B.1）

表 B.1 外圈油沟尺寸

D/mm		油孔尺寸/mm			油孔数
超过	到	d_0	B_0	h	Z
—	200	4	6.5	1	4
200	400	5	9.5	1.2	4
400	600	6	12	1.5	6
600	800	8	15	2	6
800	1 000	10	18	3	8
1 000	—	12	23.5	4	8

ICS 21.100.20
J 11
备案号：16674—2005

中华人民共和国机械行业标准

JB/T 5389.2—2005
代替 JB/T 5389.2—1995

滚动轴承
轧机用双列和四列圆锥滚子轴承

Rolling bearings—
Double row and four rowtapered roller bearings for rolling mills

2005-09-23 发布　　　　2006-02-01 实施

中华人民共和国国家发展和改革委员会　　发 布

前　　言

JB/T 5389 分为两个部分：

——第 1 部分：轧机用四列圆柱滚子轴承；

——第 2 部分：轧机用双列和四列圆锥滚子轴承。

本部分为 JB/T 5389 的第 2 部分。

本部分代替 JB/T 5389.2—1995《滚动轴承　轧机用四列圆锥滚子轴承　技术条件》。

本部分与 JB/T 5389.2—1995 相比，主要变化如下：

——标准名称改为《滚动轴承　轧机用双列和四列圆锥滚子轴承》；

——增加了对双列圆锥滚子轴承的技术要求。

本部分由中国机械工业联合会提出。

本部分由全国滚动轴承标准化技术委员会(SAC/TC 98)归口。

本部分起草单位：瓦房店轴承集团有限责任公司、洛阳轴承集团有限公司、西北轴承股份有限公司。

本部分主要起草人：葛廷勇、马忠超、徐玲玲、莫琼杰。

本部分所代替标准的历次版本发布情况为：

——JB/T 5389.2—1995。

滚动轴承
轧机用双列和四列圆锥滚子轴承

1 范围

本部分规定了轧机用双列圆锥滚子轴承(以下简称双列轴承)和轧机用四列圆锥滚子轴承(以下简称四列轴承)的代号、外形尺寸和技术条件。

本部分适用于轴承的制造、检验和用户的设计、选型及验收。

2 规范性引用文件

下列文件中的条款通过JB/T 5389的本部分的引用而成为本部分的条款。凡是注日期的引用文件,其随后所有的修改单(不包括勘误的内容)或修订版均不适用于本部分,然而,鼓励根据本部分达成协议的各方研究是否可使用这些文件的最新版本。凡是不注日期的引用文件,其最新版本适用于本部分。

GB/T 299—1995 滚动轴承 双列圆锥滚子轴承 外形尺寸

GB/T 300—1995 滚动轴承 四列圆锥滚子轴承 外形尺寸

GB/T 307.2—2005 滚动轴承 测量和检验的原则及方法(ISO 1132-2:2001,Rolling bearings—Tolerances—Part 2:Measuring and gauging principles and methods,MOD)

GB/T 3203—1982 渗碳轴承钢 技术条件

GB/T 4199—2003 滚动轴承 公差 定义(ISO 1132-1:2000,Rolling bearings—Tolerances—Part 1:Terms and definitions,MOD)

GB/T 7811—1999 滚动轴承 参数符号

GB/T 8597—2003 滚动轴承 防锈包装

GB/T 18254—2002 高碳铬轴承钢

JB/T 1255—2001 高碳铬轴承钢滚动轴承零件热处理技术条件

JB/T 3574—1997 滚动轴承 产品标志

JB/T 8236—1996 滚动轴承 双列和四列圆锥滚子轴承游隙及调整方法

JB/T 8881—2001 滚动轴承零件 渗碳热处理技术条件

JB/T 8921—1999 滚动轴承及其商品零件检验规则

JB/T 10336—2002 滚动轴承及其零件 补充技术条件

3 符号

GB/T 7811和GB/T 4199确立的以及下列符号适用于本部分。

$d_{1mpmax}-d_{2mpmin}$:同一轴承内圈最大平均内径与最小平均内径之差

$D_{1mpmax}-D_{2mpmin}$:同一四列轴承外圈最大平均外径与最小平均外径之差

4 主要结构型式(见图1、图2)

5 外形尺寸及代号

应符合GB/T 299、GB/T 300的规定。

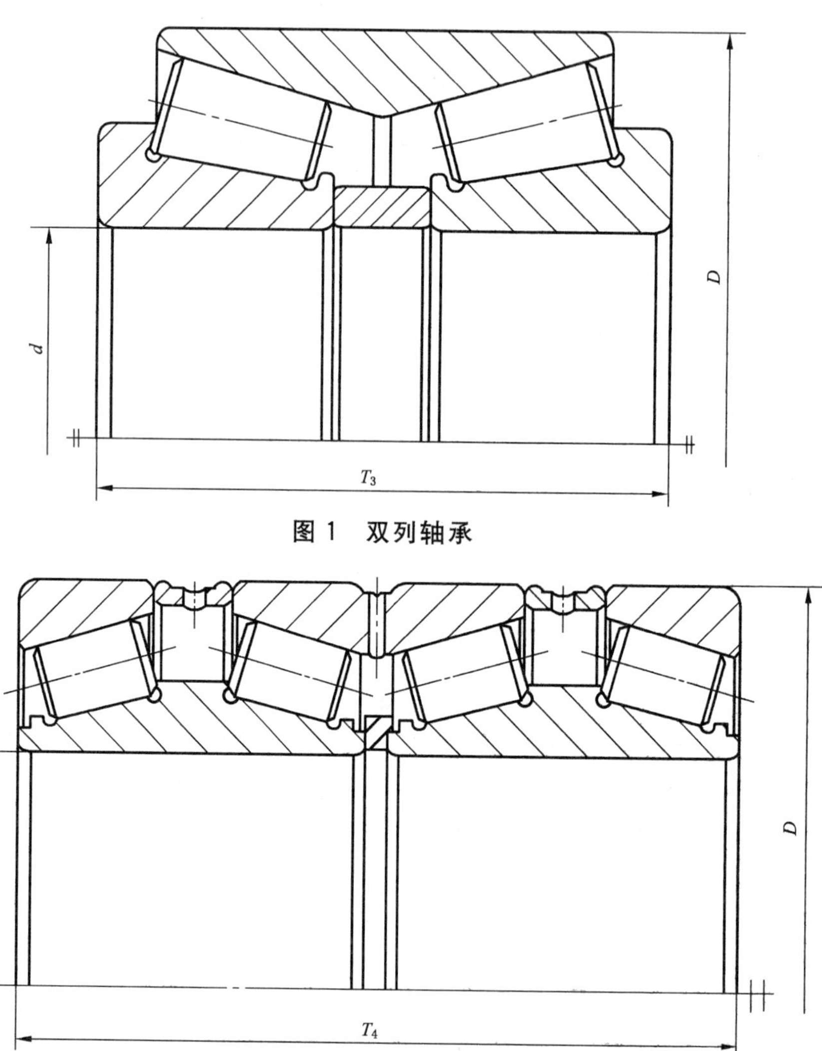

图 1　双列轴承

图 2　四列轴承

6　技术要求

6.1　公差

轴承公差等级共分三级，即：0 级、6 级和 5 级。

6.1.1　轴承内外圈公差根据公差等级按表 1、表 2 的规定。

表 1　内圈公差

μm

d/mm		Δd_{mp}			V_{dsp}			V_{dmp}			K_{ia}			$d_{1mpmax}-d_{2mpmin}$	
		公差等级													
		0、6、5	0	6、5	0	6	5	0	6	5	0	6	5	0	6、5
超过	到	上偏差	下偏差		max										
80	120	0	−20	−15	20	15	11	15	11	8	30	13	8	10	8
120	180	0	−25	−18	25	18	14	19	14	9	35	18	11	13	9
180	250	0	−30	−22	30	22	17	23	16	11	50	20	13	15	11
250	315	0	−35	−25	35	25	19	26	19	13	60	30	16	18	13
315	400	0	−40	−30	40	30	23	30	23	15	70	35	19	20	15

表 1(续) μm

d/mm		Δd_{mp}			V_{dsp}			V_{dmp}			K_{ia}			$d_{1mpmax}-d_{2mpmin}$	
		公差等级													
		0、6、5	0	6、5	0	6	5	0	6	5	0	6	5	0	6、5
超过	到	上偏差	下偏差		max										
400	500	0	−45	—	45	—	—	34	—	—	70	—	—	23	—
500	630	0	−50	—	50	—	—	38	—	—	85	—	—	25	—
630	800	0	−75	—	75	—	—	56	—	—	100	—	—	38	—
800	1 000	0	−100	—	100	—	—	75	—	—	120	—	—	50	—

表 2 外圈公差 μm

D/mm		ΔD_{mp}			V_{Dsp}			V_{Dmp}			K_{ea}			$D_{1mpmax}-D_{2mpmin}$	
		公差等级													
		0、6、5	0	6、5	0	6	5	0	6	5	0	6	5	0	6、5
超过	到	上偏差	下偏差		max										
120	150	0	−20	−15	20	15	11	15	11	8	40	20	11	10	8
150	180	0	−25	−18	25	18	14	19	14	9	45	23	13	13	9
180	250	0	−30	−20	30	20	15	23	15	10	50	25	15	15	10
250	315	0	−35	−25	35	25	19	26	19	13	60	30	18	18	13
315	400	0	−40	−28	40	28	22	30	22	14	70	35	20	20	14
400	500	0	−45	−33	45	33	25	34	25	17	80	40	23	23	17
500	630	0	−50	−38	50	38	29	38	29	19	100	50	25	25	19
630	800	0	−75	—	75	—	—	55	—	—	120	—	—	38	—
800	1 000	0	−100	—	100	—	—	75	—	—	140	—	—	50	—
1 000	1 250	0	−125	—	125	—	—	84	—	—	165	—	—	65	—
1 250	1 600	0	−160	—	160	—	—	120	—	—	190	—	—	80	—

6.1.2 轴承宽度偏差按 JB/T 10336 的规定。

6.1.3 轴承游隙按 JB/T 8236 的规定。

6.2 材料及热处理

6.2.1 轴承零件采用符合 GB/T 3203—1982 规定的渗碳钢 G20Cr2Ni4 和 G20Cr2Ni4A 制造时，其渗碳层深度及热处理质量应符合 JB/T 8881 的规定。

6.2.2 轴承零件采用符合 GB/T 18254—2002 规定的高碳铬钢 GCr15、GCr15SiMn 制造时，其热处理质量应符合 JB/T 1255 的规定。

6.3 其他

本部分未规定项目，按产品图样及现行标准的规定。

7 检测方法

7.1 公差测量方法按 GB/T 307.2 的规定。

7.2 游隙测量方法按 JB/T 8236 的规定。

7.3 轴承零件的热处理质量检验按 JB/T 1255 和 JB/T 8881 的规定。

8 检验规则

轴承除按 JB/T 8921 的规定外，其主要检查项目尚应包括 $d_{1mpmax}-d_{2mpmin}$、$D_{1mpmax}-D_{2mpmin}$。

9 标志、防锈及包装

9.1 轴承的标志方法应符合 JB/T 3574 的规定。

9.2 轴承应按 GB/T 8597 的规定，进行防锈与内外包装。

ICS 21.100.10
J 12
备案号:21710—2007

中华人民共和国机械行业标准

JB/T 9049—2007
代替 JB/T 9049—1999

轧辊油膜轴承

Oil film bearing for rolling roll

2007-08-28 发布　　2008-02-01 实施

中华人民共和国国家发展和改革委员会　发布

前　言

本标准代替 JB/T 9049—1999《轧辊油膜轴承》。

本标准与 JB/T 9049—1999 相比，主要变化如下：

——对原表 1 中规格参数进行了补充、修改。

——删除了附录 A。

——增加了轧辊油膜轴承 C、D 系列参数。

——增加了轴承代号。

——对主要件的寿命进行了补充、调整。

——删除了主要零部件质量的要求。

——对原标准进行了编辑性修改。

本标准由中国机械工业联合会提出。

本标准由机械工业冶金设备标准化技术委员会归口。

本标准起草单位：太原重型机械集团有限公司。

本标准主要起草人：王文波、杨汇荣、张燕平、申福昌。

本标准所代替标准的历次版本发布情况为：

——ZB J12 001—1989，JB/T 9049—1999。

轧辊油膜轴承

1 范围

本标准规定了轧辊油膜轴承的结构型式、基本参数、技术条件、试验方法、标志、包装、运输及储存。

本标准适用于轧机轧辊油膜轴承。

2 规范性引用文件

下列文件中的条款通过本标准的引用而成为本标准的条款。凡是注日期的引用文件，其随后所有的修改单(不包括勘误的内容)或修订版均不适用于本标准，然而，鼓励根据本标准达成协议的各方研究是否可使用这些文件的最新版本。凡是不注日期的引用文件，其最新版本适用于本标准。

GB/T 4879 防锈包装

JB/T 5000.3 重型机械通用技术条件 第3部分:焊接件

JB/T 5000.8 重型机械通用技术条件 第8部分:锻件

JB/T 5000.9 重型机械通用技术条件 第9部分:切削加工件

JB/T 5000.10 重型机械通用技术条件 第10部分:装配

JB/T 5000.13 重型机械通用技术条件 第13部分:包装

3 术语和定义

下列术语和定义适用于本标准。

3.1

轧辊油膜轴承 oil film bearing for rolling roll

一套轧辊油膜轴承系指装于一根轧机工作辊或支承辊上的油膜轴承组件，包括径向承载件、轴向承载件、锁紧件、密封件及固定件五部分(不包括支承辊、轴承座)。以下简称轴承。

3.2

额定载荷 rated load

该规格单个轴承，在合理选择技术参数、转速及润滑油的条件下能承受的最大载荷。

4 型式与基本参数

4.1 径向承载件型式见图1。

4.2 基本参数应符合表1、表2、表3及图1的规定。

优先采用表1系列产品。表2为表1的补充油膜轴承参数，必要时可以采用。表3为新开发系列产品。

4.3 型号说明

轴承型号意义如下：

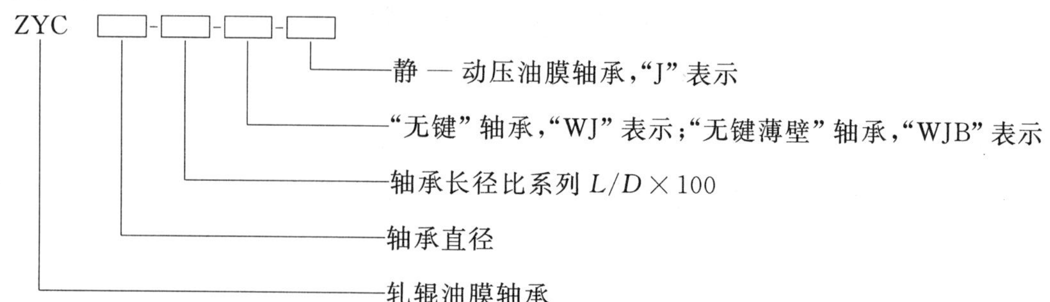

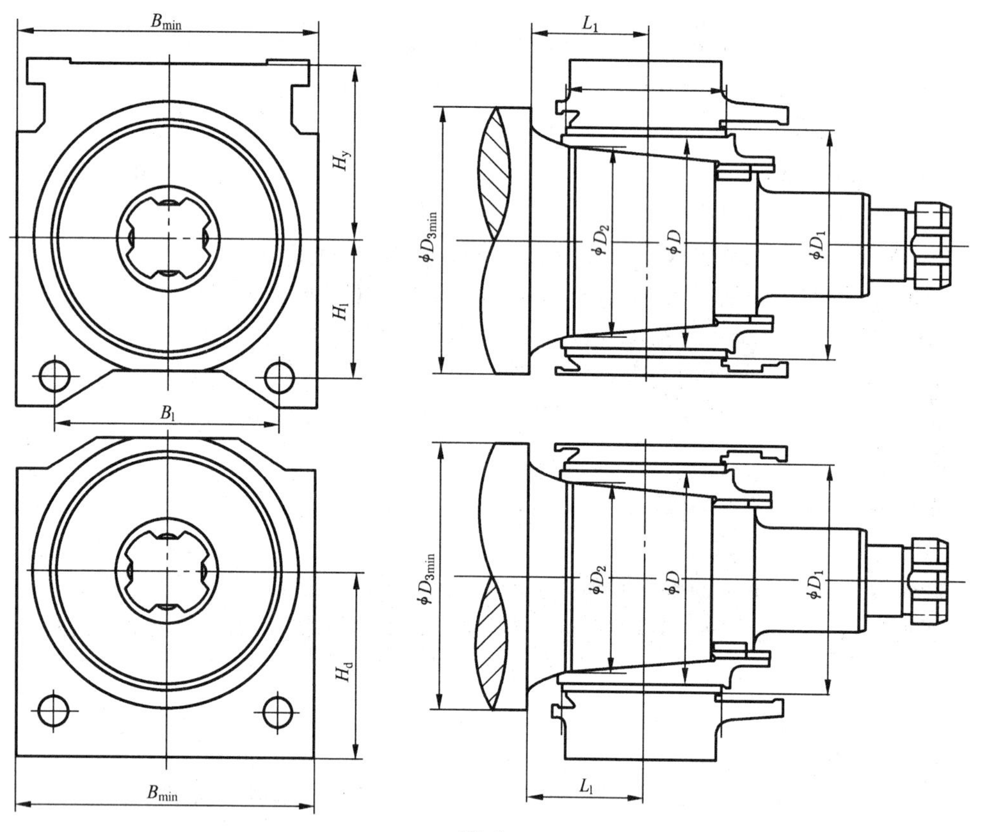

图 1

表 1 轧辊油膜轴承 A 系列尺寸及承载能力

mm

序号	轴承规格 D	轴承长径比	额定载荷/kN	L_1	H_y	H_d	B_{min}	D_1	H_1	B_1	D_2	D_{3min}
1	160	60	370	100	125	135	270	180	105	150	140	210
		75	470	105	135	145						
		90	—	—	—	—						
2	180	60	485	110	140	150	290	200	120	170	160	250
		75	595	115	150	155						
		90	—	—	—	—						

表 1（续）

mm

序号	轴承规格 D	轴承长径比	额定载荷/kN	L_1	H_y	H_d	B_{min}	D_1	H_1	B_1	D_2	D_{3min}
3	200	60	590	120	155	165	320	220	130	180	170	270
		75	735	130	165	175						
		90	—	—	—	—						
4	220	60	700	130	170	185	350	240	145	200	190	290
		75	890	145	180	190						
		90	—	—	—	—						
5	250	60	920	140	190	205	390	270	160	230	220	320
		75	1 165	160	200	215						
		90	—	—	—	—						
6	280	60	1 165	150	210	230	430	300	180	255	240	360
		75	1 440	170	225	240						
		90	—	—	—	—						
7	320	60	1 490	165	245	265	480	345	205	290	280	410
		75	1 880	190	260	275						
		90	—	—	—	—						
8	360	60	1 940	185	275	300	530	390	235	330	310	460
		75	2 380	210	290	310						
		90	—	—	—	—						
9	400	60	—	—	—	—	580	430	260	365	350	510
		75	2 940	230	320	340						
		90	3 530	260	335	360						
10	450	60	—	—	—	—	650	485	290	410	390	580
		75	3 750	260	360	385						
		90	4 520	295	380	405						
11	500	60	—	—	—	—	710	540	325	455	435	640
		75	4 590	280	400	430						
		90	5 510	320	420	450						
12	560	60	—	—	—	—	790	600	360	515	490	720
		75	5 760	300	450	475						
		90	6 860	340	470	500						
13	630	60	—	—	—	—	880	680	410	650	550	800
		75	7 260	330	505	540						
		90	8 800	380	530	565						

表 1（续）

mm

序号	轴承规格 D	轴承长径比	额定载荷/kN	L_1	H_y	H_d	B_{min}	D_1	H_1	B_1	D_2	D_{3min}
14	710	60	—	—	—	—	980	770	460	720	630	900
		75	9 220	370	575	610						
		90	11 140	430	600	640						
15	800	60	—	—	—	—	1 090	865	520	810	710	1 030
		75	11 770	410	645	685						
		90	14 120	470	675	720						
16	900	60	—	—	—	—	1 220	970	580	900	795	1 160
		75	14 900	460	725	770						
		90	17 870	530	755	805						
17	1 000	60	—	—	—	—	1 350	1 080	650	1 000	900	1 260
		75	18 390	500	805	860						
		90	22 070	580	840	900						
18	1 100	60	—	—	—	—	1 480	1 190	715	1 130	995	1 360
		75	22 250	550	890	945						
		90	26 700	620	930	990						
19	1 200	60	—	—	—	—	1 610	1 300	780	1 210	1 090	1 470
		75	26 480	580	970	1 035						
		90	31 780	670	1 015	1 080						
20	1 300	60	—	—	—	—	1 740	1 400	840	1 390	1 180	1 590
		75	31 080	630	1 065	1 140						
		90	37 300	730	1 130	1 180						
21	1 400	60	—	—	—	—	1 870	1 510	905	1 500	1 280	1 700
		75	36 050	660	1 150	1 230						
		90	43 260	770	1 220	1 285						
22	1 500	60	—	—	—	—	2 000	1 620	970	1 600	1 370	1 820
		75	41 380	700	1 235	1 320						
		90	49 660	810	1 310	1 380						
23	1 600	60	—	—	—	—	2 130	1 730	1 040	1 700	1 470	1 950
		75	47 080	740	1 315	1 410						
		90	56 500	860	1 400	1 475						
24	1 700	60	—	—	—	—	2 260	1 840	1 100	1 800	1 560	2 060
		75	53 150	780	1 400	1 500						
		90	63 790	910	1 490	1 570						
25	1 800	60	—	—	—	—	2 390	1 940	1 160	1 900	1 660	2 190
		75	59 590	820	1 475	1 580						
		90	71 510	960	1 570	1 660						

注：表中所列参数系列为公制无键结构系列。

表 2　轧辊油膜轴承 C 系列尺寸及承载能力

mm

序号	轴承规格 D	轴承长径比	载荷/kN	L_1	H_y	H_d	B_{min}	D_1	H_1	B_1	D_2	D_{3min}	备注
1	413	67	2 800	205	310	335	585	440	265	375	360	520	21″
		75	3 130	220	330	350							
		84	3 510	240	345	360							
2	475	67	3 680	240	365	390	660	510	305	435	410	600	24″
		75	4 120	260	380	405							
		84	4 610	280	395	420							
3	515	67	4 340	265	395	425	710	555	325	460	450	650	26″
		75	4 860	285	415	440							
		84	5 450	310	430	455							
4	550	67	5 010	275	425	455	760	595	355	510	480	700	28″
		75	5 610	300	445	475							
		84	6 290	325	465	495							
5	590	67	5 750	295	450	485	815	635	380	600	520	750	30″
		75	6 430	320	475	505							
		84	7 200	345	495	530							
6	630	67	6 530	310	480	515	865	675	405	650	555	790	32″
		75	7 320	335	505	540							
		84	8 190	360	530	560							
7	670	67	7 380	325	510	545	915	715	430	700	590	840	34″
		75	8 260	355	535	570							
		84	9 250	385	560	595							
8	710	67	8 270	345	540	580	965	760	455	700	630	890	36″
		75	9 260	370	565	605							
		84	10 370	405	595	630							
9	750	67	9 220	355	570	615	1 015	805	480	750	665	950	38″
		75	10 320	385	600	640							
		84	11 550	420	630	670							
10	785	67	10 210	370	600	645	1 065	845	510	800	705	1 000	40″
		75	11 430	400	630	670							
		84	12 790	435	660	700							
11	825	67	11 260	390	630	675	1 115	885	535	800	740	1 050	42″
		75	12 600	425	660	705							
		84	14 110	460	690	735							
12	865	67	12 360	400	660	710	1 170	930	560	850	775	1 090	44″
		75	13 830	435	690	740							
		84	15 490	475	725	770							
13	905	67	13 510	425	690	740	1 220	970	585	900	810	1 150	46″
		75	15 110	460	720	770							
		84	16 930	500	760	805							

表 2（续）

mm

序号	轴承规格 D	轴承长径比	载荷/kN	L_1	H_y	H_d	B_{min}	D_1	H_1	B_1	D_2	D_{3min}	备注
14	945	67	14 700	435	725	775	1 270	1 015	610	950	850	1 180	48″
		75	16 460	470	755	805							
		84	18 430	515	790	840							
15	985	67	15 960	450	755	810	1 320	1 060	635	1 000	885	1 230	50″
		75	17 860	490	790	840							
		84	20 000	535	825	880							
16	1 025	67	17 250	470	780	835	1 370	1 095	660	1 050	920	1 260	52″
		75	19 310	510	815	870							
		84	21 640	555	855	910							
17	1 065	67	18 610	485	815	870	1 420	1 140	685	1 100	955	1 290	54″
		75	20 830	530	850	905							
		84	23 330	575	890	945							
18	1 115	67	20 430	505	855	910	1 475	1 195	710	1 150	1 015	1 350	56″
		75	22 860	550	890	950							
		84	25 610	600	930	995							
19	1 195	67	23 450	525	910	975	1 570	1 275	760	1 200	1 095	1 440	60″
		75	26 250	570	950	1 015							
		84	29 410	625	955	1 060							
20	1 270	67	26 680	555	985	1 065	1 675	1 360	810	1 350	1 170	1 520	64″
		75	29 870	605	1 035	1 110							
		84	33 460	660	1 090	1 160							
21	1 340	67	29 710	575	1 045	1 125	1 775	1 440	865	1 450	1 245	1 640	68″
		75	33 260	630	1 095	1 175							
		84	37 250	690	1 155	1 225							
22	1 450	67	34 540	610	1 125	1 210	1 910	1 550	915	1 550	1 340	1 740	72″
		75	38 670	670	1 180	1 265							
		84	43 310	740	1 240	1 325							
23	1 560	67	39 980	650	1 210	1 305	2 040	1 670	965	1 650	1 440	1 860	76″
		75	44 750	715	1 270	1 360							
		84	50 220	780	1 335	1 425							
24	1 670	67	45 820	685	1 305	1 405	2 180	1 800	1 015	1 750	1 540	2 000	80″
		75	51 290	755	1 365	1 465							
		84	57 440	830	1 435	1 530							
25	1 720	67	48 510	700	1 345	1 445	2 230	1 850	1 040	1 800	1 590	2 050	82″
		75	54 410	775	1 405	1 505							
		84	61 160	850	1 480	1 575							
26	1 760	67	50 930	715	1 380	1 480	2 290	1 890	1 060	1 850	1 630	2 100	84″
		75	56 970	785	1 440	1 540							
		84	63 880	865	1 520	1 610							

注：表中所列参数系列为公制无键结构系列的补充系列。

表 3 轧辊油膜轴承 D 系列尺寸及承载能力

mm

序号	轴承规格 D	轴承长径比	载荷/kN	L_1	H_y	H_d	B_{min}	D_1	H_1	B_1	D_2	D_{3min}	备注
1	450	66	3 310	250	335	365	645	480	290	450	415	600	22″
		76	3 800	270	360	385							
		86	4 370	295	380	405							
2	500	66	4 040	265	375	410	705	535	325	510	460	650	24″
		76	4 660	290	400	430							
		86	5 270	315	425	450							
3	530	66	4 550	280	400	435	745	570	345	545	490	690	26″
		76	5 260	305	425	455							
		86	5 910	330	455	480							
4	580	66	6 100	295	435	480	805	620	375	600	535	740	28″
		76	7 020	325	465	505							
		86	7 950	355	495	530							
5	615	66	6 860	310	465	510	850	660	395	645	570	780	30″
		76	7 900	340	495	535							
		86	8 930	370	530	565							
6	650	66	7 660	325	490	540	890	695	415	680	605	820	32″
		76	8 820	355	525	565							
		86	9 980	390	555	595							
7	690	66	8 630	335	520	575	940	740	445	730	645	860	34″
		76	9 940	370	560	600							
		86	11 250	405	590	635							
8	725	66	9 530	355	545	600	985	775	465	770	680	910	36″
		76	10 970	390	585	630							
		86	12 420	425	620	665							
9	765	66	10 610	365	575	635	1 040	820	490	815	715	960	38″
		76	12 220	405	620	670							
		86	13 820	445	655	700							
10	805	66	11 750	395	605	665	1 090	860	515	860	755	1 020	40″
		76	13 530	435	650	700							
		86	15 310	475	690	740							
11	840	66	12 790	405	635	695	1 130	900	540	900	790	1 060	42″
		76	14 730	450	680	735							
		86	16 670	490	720	770							
12	875	66	13 880	420	665	725	1 180	940	560	945	825	1 110	44″
		76	15 980	460	710	765							
		86	18 090	505	750	805							
13	920	66	15 340	435	695	760	1 235	985	590	1 000	870	1 160	46″
		76	17 670	480	745	805							
		86	19 990	525	790	845							

表 3（续）

mm

序号	轴承规格 D	轴承长径比	载荷/kN	L_1	H_y	H_d	B_{min}	D_1	H_1	B_1	D_2	D_{3min}	备注
14	955	66	16 530	445	725	790	1 280	1 025	610	1 040	900	1 190	48″
		76	19 040	490	775	835							
		86	21 540	540	820	875							
15	990	66	17 770	455	750	820	1 320	1 060	635	1 080	935	1 230	50″
		76	20 460	505	800	865							
		86	23 150	555	850	910							
16	1 030	66	19 230	470	780	855	1 370	1 105	660	1 120	970	1 260	52″
		76	22 150	520	835	900							
		86	25 060	570	885	945							
17	1 090	66	21 540	490	830	905	1 445	1 170	700	1 195	1 035	1 330	54″
		76	24 800	545	885	950							
		86	28 070	600	935	1 000							
18	1 130	66	23 150	505	855	935	1 500	1 210	720	1 240	1 070	1 370	56″
		76	26 660	565	915	985							
		86	30 160	620	970	1 035							
19	1 170	66	24 820	520	890	970	1 545	1 255	745	1 285	1 110	1 410	58″
		76	28 580	580	950	1 025							
		86	32 340	635	1 010	1 075							
20	1 250	66	28 330	545	960	1 060	1 645	1 340	795	1 375	1 185	1 490	62″
		76	32 620	610	1 025	1 120							
		86	36 910	670	1 095	1 180							
21	1 320	66	31 590	575	1 015	1 120	1 740	1 415	840	1 460	1 255	1 580	66″
		76	36 370	640	1 085	1 185							
		86	41 160	710	1 155	1 245							
22	1 420	66	36 560	610	1 090	1 205	1 860	1 520	905	1 575	1 350	1 690	70″
		76	42 090	680	1 165	1 270							
		86	47 630	750	1 245	1 340							
23	1 520	66	41 890	645	1 170	1 290	1 990	1 630	970	1 690	1 450	1 800	74″
		76	48 230	720	1 250	1 365							
		86	54 580	800	1 330	1 435							
24	1 620	66	47 580	680	1 245	1 375	2 120	1 735	1 030	1 810	1 550	1 920	78″
		76	54 790	760	1 335	1 455							
		86	61 990	840	1 420	1 530							
25	1 670	66	50 560	695	1 285	1 420	2 180	1 790	1 065	1 870	1 600	1 980	80″
		76	58 220	780	1 375	1 500							
		86	65 880	860	1 465	1 580							
注：表中所列参数系列为无键薄壁结构系列。													

5 技术要求

5.1 寿命

在规定的使用条件下可靠性与寿命应符合表4的规定。

表4 主要件寿命

h

项目		指标
锥套使用寿命		30 000
衬套(轴承合金)使用寿命	在板带连轧机上	20 000
	在线材轧机上	12 000
橡胶密封使用寿命	在板带连轧机上	1 600
	在线材轧机上	1 200

5.2 结构要求

轴承(已装入轴承座内)整个部件对轧辊应能方便地安装和拆卸,结构简单紧凑,密封效果好,使用可靠。

5.3 成套性要求

5.3.1 轴承成套范围按照3.1规定,供货范围按照订货合同规定。

5.3.2 制造厂应保证为轴承配套的外购件符合现行标准,并取得合格证。

5.3.3 应提供产品安装图和使用说明书。

5.4 一般要求

5.4.1 产品应符合本标准的要求,并按经规定程序批准的图样及技术文件制造。

5.4.2 锻件应符合JB/T 5000.8的规定。

5.4.3 切削加工件应符合JB/T 5000.9的规定。

5.4.4 焊接件质量应符合JB/T 5000.3的规定。

5.4.5 装配应符合JB/T 5000.10的规定。

5.5 装配要求

5.5.1 所有零部件必须经检查合格后方可进行装配。

5.5.2 每批轴承在制造厂至少组装1、2套,组装时所有能够装配的零部件都要进行装配。

5.5.3 滚动轴承装入轴承盒后,应转动灵活,轴向应有间隙(见图2)。

5.5.4 轴承盒组件装入轴承箱后,其轴向应有间隙(见图3)。

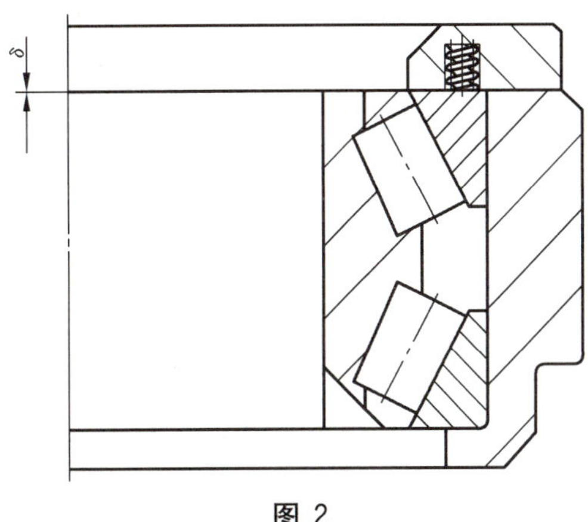

图2

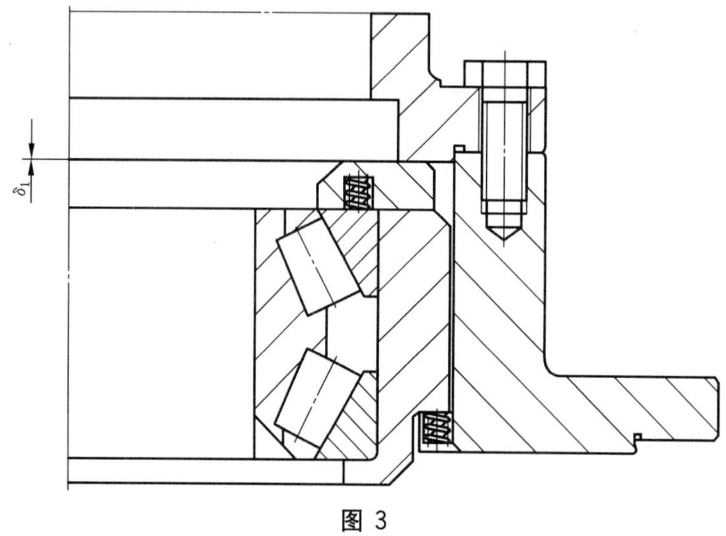

图 3

6 试验方法

6.1 轴承应进行总装检验、空运转试验和负荷试验(均在现场进行)。

6.2 轴承总装后应检查轴承轴向安装位置及密封件安装是否符合要求。

6.3 轴承总装后应进行空运转试车,空运转时间不少于 4 h,空运转时应检查进、回油路是否畅通,有无渗漏油现象,有无异常响声。回油温度是否正常,油质是否符合要求。

6.4 空运转试车合格后进行负荷试车,负荷试车时间不少于 8 h,负荷试车时应检查轴承负荷及转速是否满足使用要求,回油温度不大于 65 ℃,无局部发热,无异常响声。

7 标志、包装运输及储存

7.1 轴承端罩上应有制造厂厂标。

7.2 轴承零部件的防锈要求应符合 GB/T 4879 的规定。

7.3 轴承采用木箱包装,产品包装应符合 JB/T 5000.13 的规定。

7.4 产品在运输和储存过程中,不得雨淋、倒置、阳光曝晒及放于潮湿处。

7.5 运输应符合水路、陆路及装载的有关规定。

7.6 自产品从制造厂发运之日起,防锈有效期为一年,过期后用户应检查处理。

ICS 21.100.01
J 11
备案号:21711—2007

中华人民共和国机械行业标准

JB/T 10781—2007

四螺柱滚动轴承座
型式与尺寸

4 Sruds rolling bearings block housings
—Types and dimensions

2007-08-28 发布　　　　2008-02-01 实施

中华人民共和国国家发展和改革委员会　发 布

前　言

本标准的附录 A 是规范性附录。

本标准由中国机械工业联合会提出。

本标准由机械工业冶金设备标准化技术委员会归口。

本标准起草单位:中国第二重型机械集团公司。

本标准主要起草人:赵光发。

本标准为首次发布。

四螺柱滚动轴承座
型式与尺寸

1 范围

本标准规定了适用于安装调心滚子轴承的四螺柱剖分式轴承座(以下简称轴承座)的型式与尺寸。

本标准适用于生产厂制造和用户选型。

轴承座中的滚动轴承采用油脂润滑。

轴承座油封的工作条件:

线速度:$v \leqslant 6$ m/s;

温度:−20 ℃~+80 ℃。

2 规范性引用文件

下列文件中的条款通过本标准的引用而成为本标准的条款。凡是注日期的引用文件,其随后所有的修改单(不包括勘误的内容)或修订版均不适用于本标准,然而,鼓励根据本标准达成协议的各方研究是否可使用这些文件的最新版本。凡是不注日期的引用文件,其最新版本适用于本标准。

GB/T 288 滚动轴承 调心滚子轴承 外形尺寸

JB/T 7919.2 滚动轴承附件 紧定套

JB/T 8874 滚动轴承座 技术条件

3 结构型式及外形尺寸

3.1 等径孔四螺柱轴承座(适用于带紧定套轴承)

SD500、SD600 型的结构型式与尺寸应符合图 1、图 2 和表 1 及表 2 的规定。

表 1 SD500 系列轴承座

mm

型号	轴径 d	d_1	轴承座内径 D	g	A	b	h	H_1	L	L_1	L_2	H ≈	n	螺柱 d_2	N	N_1	质量/kg ≈	适用轴承及附件 GB/T 288 轴承	适用轴承及附件 JB/T 7919.2 紧定套
SD530	135	150	270	83	240	220	160	70	550	450	320	320	120	M30	42	33	97.2	22230CK	H3130
SD532	140	160	290	90	250	230	170	75	580	480	340	340	130	M30	42	33	114.6	22232CK	H3132
SD534	150	170	310	96	270	250	180	75	620	510	360	360	140	M30	42	33	134	22234CK	H3134
SD536	160	180	320	96	280	260	190	80	650	540	380	380	150	M30	42	33	170.6	22236CK	H3136
SD538	170	190	340	102	290	280	200	85	700	570	400	400	160	M36	52	39	186.4	22238CK	H3138
SD540	180	200	360	108	300	290	210	90	740	610	420	420	170	M36	52	39	200.8	22240CK	H3140
SD544	200	220	400	118	330	320	240	95	820	680	480	475	190	M42	62	45	293.7	22244CK	H3144
SD548	220	240	440	130	340	330	260	95	880	740	520	515	200	M42	62	45	346.9	22248CK	H3148
SD552	240	260	480	140	370	360	280	100	940	790	560	555	210	M42	62	45	453.4	22252CAK	H3152
SD556	260	280	500	140	390	380	300	110	990	830	600	590	230	M42	62	45	506.7	22256CAK	H3156
SD560	280	300	540	150	410	390	325	110	1 060	890	640	650	250	M42	62	45	600.5	22260CAK	H3160
SD564	300	320	580	160	440	420	355	110	1 110	930	680	710	270	M48	72	52	650.5	22264CAK	H3164

注 1:设计选用一端出轴,另一端封闭的轴承座时,其封闭芯盖按规格件处理。

注 2:推荐优先选用 A 型结构,B 型结构一般不用。

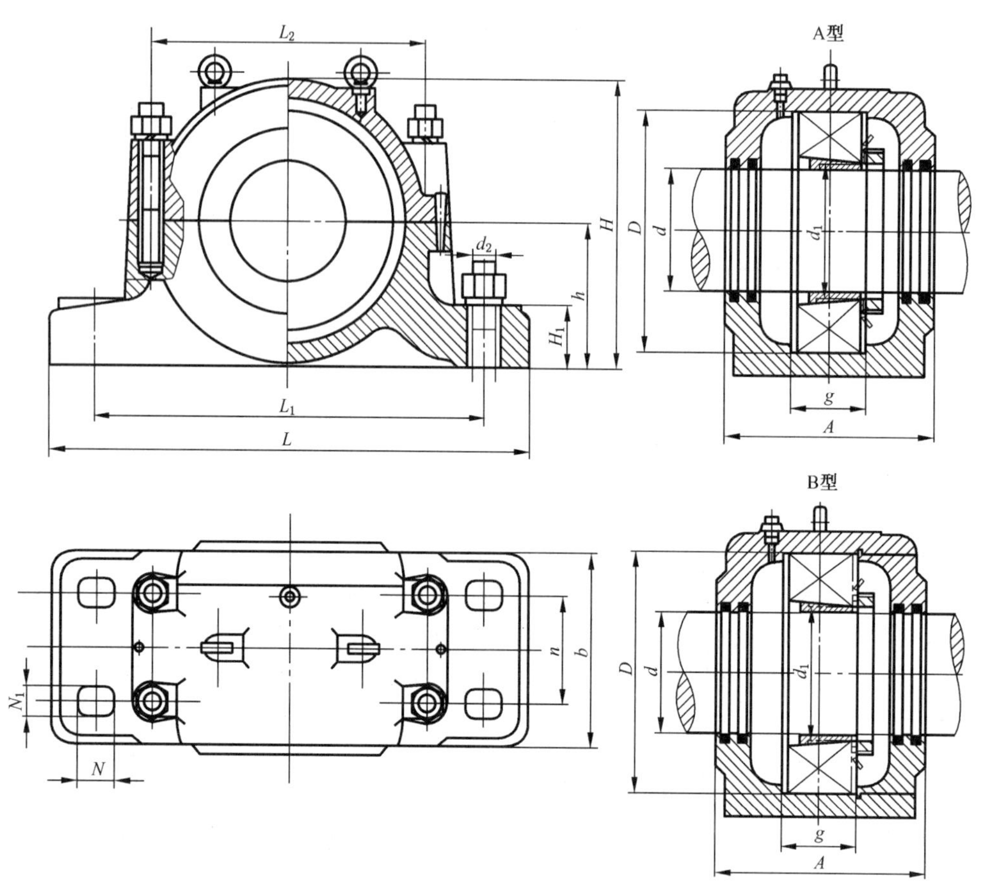

图 1 SD500、SD600 型

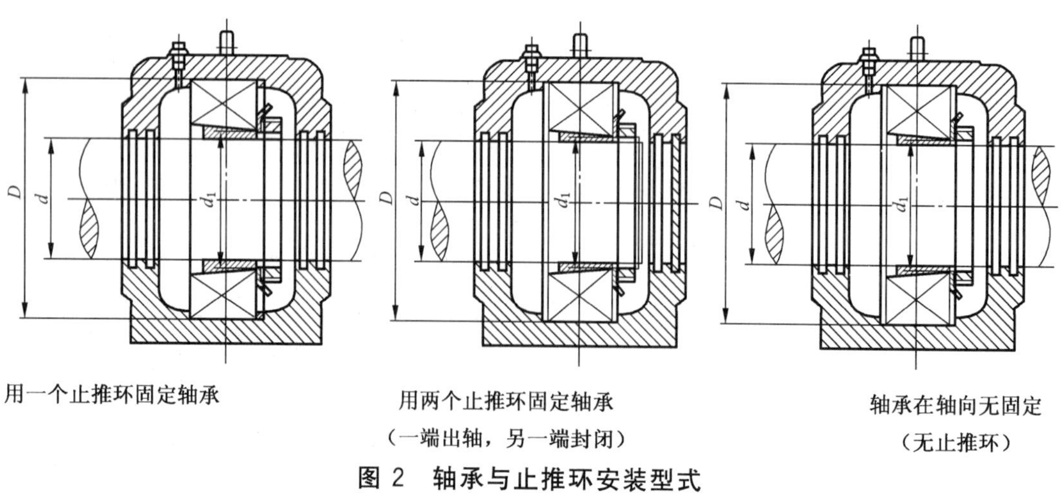

图 2 轴承与止推环安装型式

表 2 SD600 系列轴承座

mm

型号	轴径 d	d_1	轴承座内径 D	g	A	b	h	H_1	L	L_1	L_2	H ≈	n	螺柱 d_2	N	N_1	质量/kg ≈	适用轴承及附件	
																		GB/T 288 轴承	JB/T 7919.2 紧定套
SD630	135	150	320	118	280	260	190	80	650	540	380	380	150	M30	42	33	172.2	22330CK	H2330
SD632	140	160	340	124	290	280	200	85	700	570	400	400	160	M36	52	39	189.3	22332CK	H2332
SD634	150	170	360	130	300	290	210	90	740	610	420	420	170	M36	52	39	203.9	22334CK	H2334
SD636	160	180	380	136	320	310	225	90	780	640	450	450	180	M36	52	39	252.1	22336CK	H2336
SD638	170	190	400	142	330	320	240	95	820	680	480	475	190	M42	62	45	302	22338CK	H2338
SD640	180	200	420	148	350	340	250	95	860	710	500	500	200	M42	62	45	336	22340CK	H2340
SD644	200	220	460	155	360	350	280	100	920	770	560	550	210	M42	62	45	434.1	22344CK	H2344
SD648	220	240	500	165	390	380	300	110	990	830	600	590	230	M42	62	45	515	22348CK	H2348
SD652	240	260	540	175	410	400	325	110	1 060	890	640	640	250	M48	72	45	575	22352CAK	H2352
SD656	260	280	580	185	440	430	355	120	1 110	930	690	690	270	M48	72	45	636	22356CAK	H2356

注 1：设计选用一端出轴，另一端封闭的轴承座时，其封闭芯盖按规格件处理。

注 2：推荐优先选用 A 型结构，B 型结构一般不用。

3.2 异径孔四螺柱轴承座

SD200、SD300 型的结构型式与尺寸应符合图 3 和表 3 及表 4 的规定。

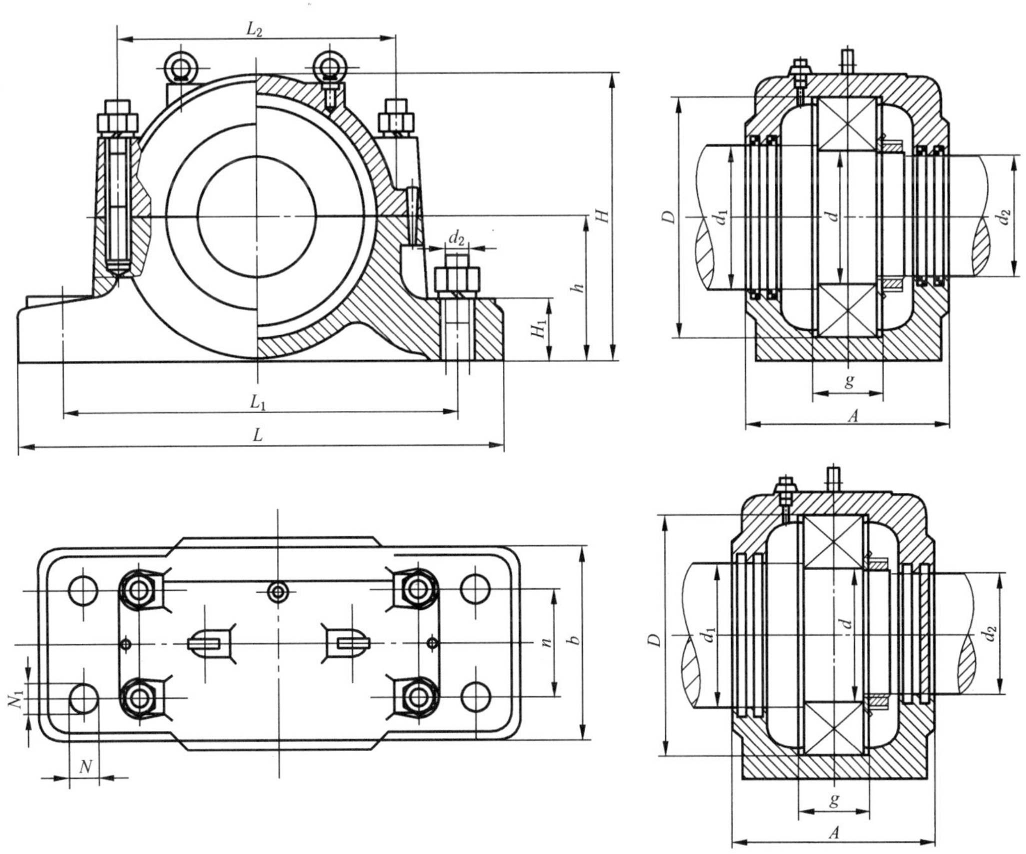

图 3 SD200、SD300 型

表 3 SD200 异径孔轴承座

mm

型号	轴径 d	d_1	d_2	轴承座内径 D	g	A	b	h	H_1	L	L_1	L_2	H ≈	n	螺柱 d_2	N	N_1	质量/kg ≈	适用轴承
SD230	150	170	135	270	83	240	220	160	65	550	450	320	320	120	M30	42	33	94.6	22230C
SD232	160	180	140	290	90	250	230	170	70	580	480	340	340	130	M30	42	33	111	22232C
SD234	170	195	150	310	96	270	250	180	70	620	510	360	360	140	M30	42	33	130.6	22234C
SD236	180	200	160	320	96	280	260	190	75	650	540	380	380	150	M30	42	33	166.6	22236C
SD238	190	215	170	340	102	290	280	200	80	700	570	400	400	160	M36	52	39	181.8	22238C
SD240	200	225	180	360	108	300	290	210	85	740	610	420	420	170	M36	52	39	195.8	22240C
SD244	220	250	200	400	118	330	320	240	90	820	680	480	475	190	M42	62	45	289.2	22244C
SD248	240	265	220	440	130	340	330	260	95	880	740	520	515	200	M42	62	45	336	22248C
SD252	260	300	240	480	140	370	360	280	100	940	790	560	555	210	M42	62	45	434.1	22252CA
SD256	280	310	260	500	140	390	380	300	105	990	830	600	590	230	M42	62	45	496.7	22256CA

表 4 SD300 异径孔轴承座

mm

型号	轴径 d	d_1	d_2	轴承座内径 D	g	A	b	h	H_1	L	L_1	L_2	H ≈	n	螺柱 d_2	N	N_1	质量/kg ≈	适用轴承
SD330	150	175	135	320	118	280	260	190	75	650	540	380	380	150	M30	42	33	168.4	22330C
SD332	160	190	140	340	124	290	280	200	80	700	570	400	400	160	M36	52	39	186.6	22332C
SD334	170	200	150	360	130	300	290	210	85	740	610	420	420	170	M36	52	39	200.6	22334C
SD336	180	210	160	380	136	320	310	225	85	780	640	450	450	180	M36	52	39	246.3	22336C
SD338	190	225	170	400	142	330	320	240	90	820	680	480	475	190	M42	62	45	293	22338C
SD340	200	235	180	420	148	350	340	250	95	860	710	500	500	200	M42	62	45	331.8	22340C
SD344	220	260	200	460	155	360	350	280	105	920	770	560	550	210	M42	62	45	426.5	22344C
SD348	240	280	220	500	165	390	380	300	105	990	830	600	590	230	M42	62	45	507	22348C
SD352	260	310	240	540	175	410	400	325	110	1 060	890	640	640	250	M48	72	52	575	22352CA
SD356	280	325	260	580	185	440	430	355	120	1 110	930	690	690	270	M48	72	52	629	22356CA

4 型号与标记

4.1 型号说明

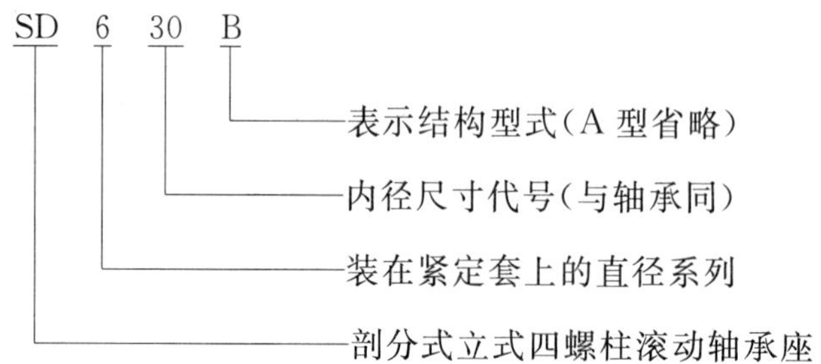

4.2 标记示例

示例1：轴承内径为 $d_1=160$ mm 的 A 型 SD 600 系列轴承座：

SD632 轴承座　JB/T 10781—2007

示例2：轴承内径为 $d=160$ mm 的 A 型 SD 300 系列轴承座：

SD332 轴承座　JB/T 10781—2007

5 技术条件

轴承座的技术条件应符合 JB/T 8874 的规定。

附 录 A
（规范性附录）
止 推 环

A.1 止推环的结构见图 A.1，尺寸按表 A.1 的规定。

A.2 止推环的代号

止推环的代号构成如下：

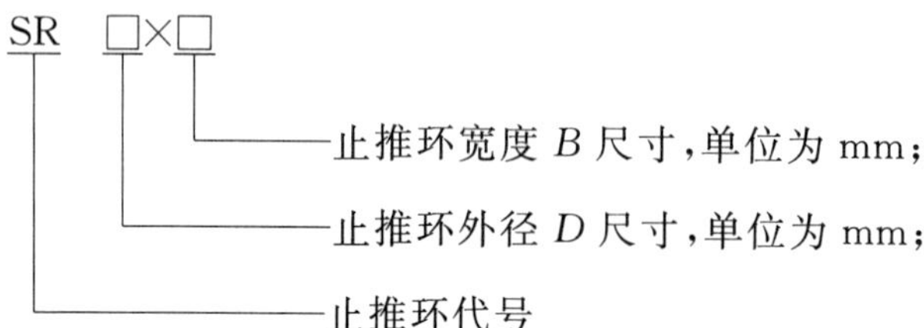

A.3 标记示例

外径为 270 mm，宽度为 10 mm 的止推环：

SR270×10　JB/T 10781—2007

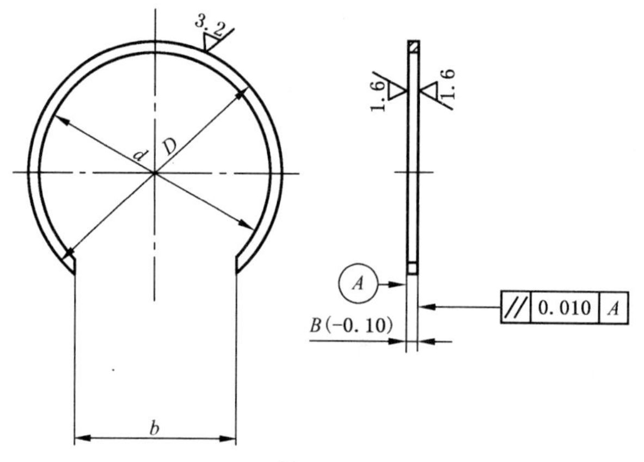

图 A.1

表 A.1

mm

型　号	D	d	B	b
SR270×10	270	248	10	170
SR270×5	270	248	5	170
SR290×10	290	268	10	180
SR290×5	290	268	5	180
SR310×10	310	285	10	190
SR310×5	310	285	5	190
SR320×10	320	296	10	200
SR320×5	320	296	5	200
SR340×10	340	314	10	210
SR340×5	340	314	5	210

表 A.1（续）

mm

型　号	D	d	B	b
SR380×10	380	342	10	210
SR380×5	380	342	5	211
SR400×10	400	369	10	210
SR400×5	400	369	5	210
SR420×10	420	379	10	220
SR420×5	420	379	5	220
SR440×10	440	420	10	220
SR440×5	440	420	5	220
SR460×10	460	430	10	200
SR460×5	460	430	5	200
SR480×10	480	451	10	220
SR480×5	480	451	5	220
SR500×10	500	461	10	200
SR500×5	500	461	5	200
SR540×10	540	487	10	240
SR540×5	540	487	5	240
SR580×10	580	524	10	260
SR580×5	580	524	5	260

操作件、扳手

ICS 25.140.30
J 47

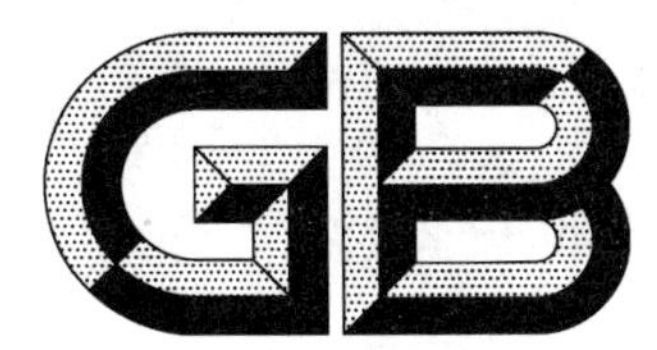

中华人民共和国国家标准

GB/T 3390.1—2013
代替 GB/T 3390.1—2004

手动套筒扳手　套筒

Hand operated socket wrenches—Socket

(ISO 2725-1:2007,Assembly tools for screws and nuts—Square drive sockets—Part 1:Hand-operated sockets,MOD)

2013-11-12 发布　　2014-05-01 实施

中华人民共和国国家质量监督检验检疫总局
中国国家标准化管理委员会　发布

前　言

GB/T 3390《手动套筒扳手》为系列国家标准，现由5项标准组成：

——GB/T 3390.1　手动套筒扳手　套筒；

——GB/T 3390.2　手动套筒扳手　传动方榫和方孔；

——GB/T 3390.3　手动套筒扳手　传动附件；

——GB/T 3390.4　手动套筒扳手　连接附件；

——GB/T 3390.5　手动套筒扳手　检验规则、包装与标志。

本标准为GB/T 3390的第1项。

本标准按照GB/T 1.1—2009给出的规则起草。

本标准代替GB/T 3390.1—2004《手动套筒扳手　套筒》，与GB/T 3390.1—2004相比，主要技术要求变化如下：

——增加了6.3 mm、10 mm、12.5 mm、20 mm、25 mm系列套筒中的规格和相关尺寸(2004版的3.4，本版的3.3)；

——修改了6.3 mm、10 mm、12.5 mm、20 mm、25 mm系列套筒中的基本尺寸(2004版的3.4，本版的3.3)；

——修改了产品标记(2004版的3.6，本版的3.5)；

——修改了表面处理的要求(2004版的4.5，本版的4.1)；

——增加了表面质量的要求(2004版的4.1，本版的4.2)；

——删除了试验扭矩等级和c级试验扭矩(2004版的3.4、4.4，本版的4.5)。

本标准使用重新起草法修改采用ISO 2725-1:2007《螺钉和螺母装配工具　方榫传动套筒　第1部分：手动套筒》。

本标准与ISO 2725-1:2007相比，在结构上有较多调整，附录A中列出了本标准与ISO 2725-1:2007相比的章条编号对照一览表。

本标准与ISO 2725-1:2007相比存在技术性差异，这些差异涉及的条款已通过在其外侧页边空白位置的垂直单线(|)进行了标示，在附录B中给出了相应技术性差异及其原因的一览表。

本标准还做了下列编辑性修改：

——将标准名称修改为《手动套筒扳手　套筒》。

本标准由中国轻工业联合会提出。

本标准由全国五金制品标准化技术委员会工具五金分技术委员会(SAC/TC 174/SC 2)归口。

本标准负责起草单位：宁波安拓实业有限公司、文登威力工具集团有限公司、杭州巨星科技股份有限公司、上海市工具工业研究所。

本标准参加起草单位：浙江四达工具有限公司、浙江拓进五金工具有限公司、宁波市杰杰工具有限公司、杭州华丰巨箭工具有限公司、宁波长城精工实业有限公司、力易得格林利工具(上海)有限公司、佛山市鹰之印五金工具有限公司、浙江新蓝达实业股份有限公司、江苏舜天国际集团江都工具有限公司、河北中泊防爆工具集团有限公司、龙口市新达工具有限公司。

本标准主要起草人：张金清、鞠家平、王伟毅、吴祖训、邱瑞龙、厉广孝、付先念、王维法、陈立海、朱垂馨、林众伟、沈建明、邹家平、杨栋江、宋清林、顾青。

本标准所代替标准的历次版本发布情况为：

——GB/T 3390.1—1982、GB/T 3390.1—1989、GB/T 3390.1—2004。

手动套筒扳手　套筒

1　范围

本标准规定了手动套筒扳手套筒的产品分类、技术要求、试验方法、检验规则、包装、标志、运输与贮存。

本标准适用于装拆六角螺栓和螺母的手动套筒扳手套筒。

2　规范性引用文件

下列文件对于本文件的应用是必不可少的。凡是注日期的引用文件，仅注日期的版本适用于本文件。凡是不注日期的引用文件，其最新版本(包括所有的修改单)适用于本文件。

GB/T 230.1　金属材料　洛氏硬度试验　第1部分：试验方法(A、B、C、D、E、F、G、H、K、N、T标尺)(GB/T 230.1—2009,ISO 6508-1:2005,MOD)

GB/T 1957　光滑极限量规　技术条件

GB/T 3390.2　手动套筒扳手　传动方榫和方孔(GB/T 3390.2—2013,ISO 1174-1:2011,MOD)

GB/T 3390.5　手动套筒扳手　检验规则、包装与标志

GB/T 4390　扳手开口和扳手孔　常用公差(GB/T 4390—2008,ISO 691:2005,MOD)

GB/T 4955　金属覆盖层　覆盖层厚度测量　阳极溶解库仑法(GB/T 4955—2005,ISO 2177:2003,IDT)

GB/T 6060.2　表面粗糙度比较样块　磨、车、镗、铣、插及刨加工表面(GB/T 6060.2—2006,ISO 2632-1:1985,MOD)

GB/T 6462　金属和氧化物覆盖层　厚度测量　显微镜法(GB/T 6462—2005,ISO 1463:2003,IDT)

3　产品分类

3.1　型式

套筒的型式如图1～图3所示，根据套筒的长度分为普通型(A型)和加长型(B型)。并按其工作部分的几何形状分为六角孔和十二角孔。

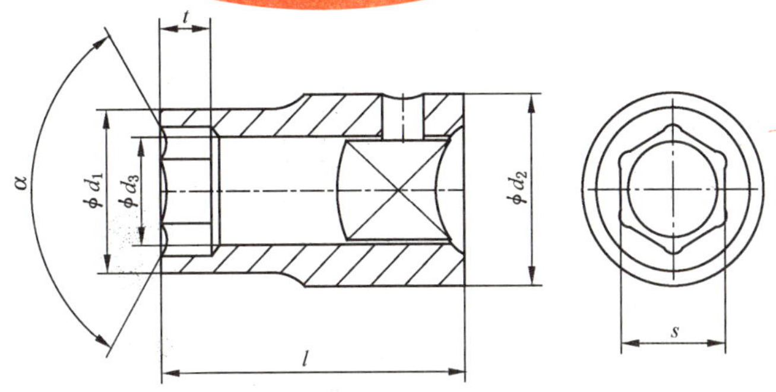

说明：115°≤α≤150°

图1　套筒外径 $d_1 < d_2$

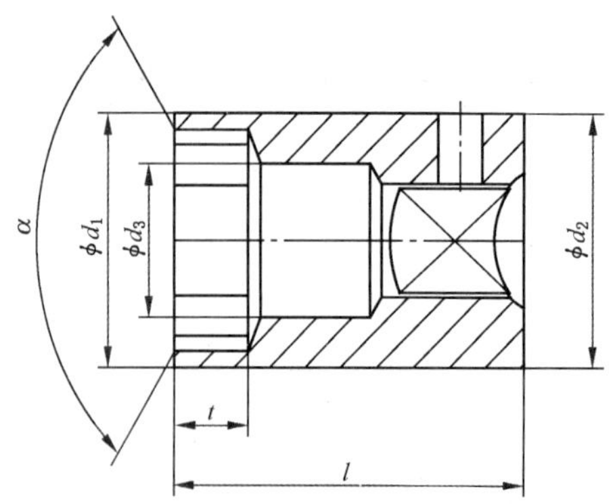

说明:115°≤α≤150°

图 2　套筒外径 $d_1=d_2$

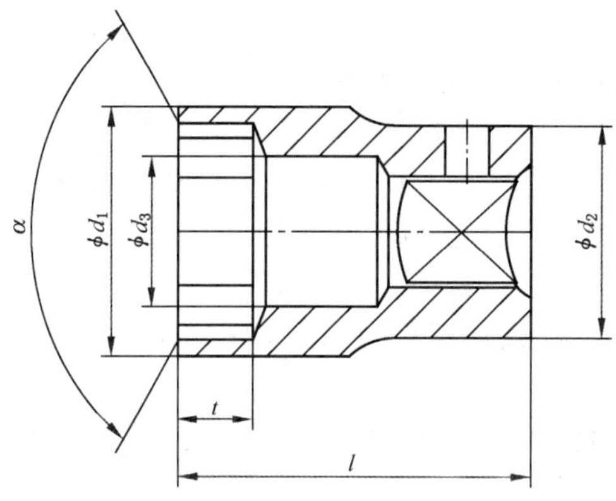

说明:115°≤α≤150°

图 3　套筒外径 $d_1>d_2$

3.2　传动方孔系列

套筒按其传动方孔的对边尺寸分为 6.3 mm、10 mm、12.5 mm、20 mm 和 25 mm 五个系列,其代号分别为 6.3、10、12.5、20 和 25。

3.3　基本尺寸

套筒的基本尺寸应符合表 1～表 5 的规定。

注:表 1～表 5 中的 d_3 为参考尺寸。

表 1 6.3 系列套筒的基本尺寸

单位为毫米

<table>
<tr><th rowspan="2">s</th><th rowspan="2">t
min</th><th rowspan="2">d_1
max</th><th rowspan="2">d_2
max</th><th rowspan="2">d_3
min</th><th colspan="2">l</th></tr>
<tr><th>A 型 max</th><th>B 型 min</th></tr>
<tr><td>3.2</td><td>1.8</td><td>5.9</td><td>12.5</td><td>1.9</td><td rowspan="16">26</td><td rowspan="16">45</td></tr>
<tr><td>4</td><td>2.1</td><td>6.9</td><td>12.5</td><td>2.4</td></tr>
<tr><td>4.5</td><td>2.3</td><td>7.9</td><td>12.5</td><td>2.4</td></tr>
<tr><td>5</td><td>2.4</td><td>8.2</td><td>12.5</td><td>3</td></tr>
<tr><td>5.5</td><td>2.7</td><td>8.8</td><td>12.5</td><td>3.6</td></tr>
<tr><td>6</td><td>3.1</td><td>9.4</td><td>12.5</td><td>4</td></tr>
<tr><td>7</td><td>3.5</td><td>11</td><td>12.5</td><td>4.8</td></tr>
<tr><td>8</td><td>4.24</td><td>12.2</td><td>12.5</td><td>6</td></tr>
<tr><td>9</td><td>4.51</td><td>13.5</td><td>13.5</td><td>6.5</td></tr>
<tr><td>10</td><td>4.74</td><td>14.7</td><td>14.7</td><td>7.2</td></tr>
<tr><td>11</td><td>5.54</td><td>16</td><td>16</td><td>8.4</td></tr>
<tr><td>12</td><td>5.74</td><td>17.2</td><td>17.2</td><td>9</td></tr>
<tr><td>13</td><td>6.04</td><td>18.5</td><td>18.5</td><td>9.6</td></tr>
<tr><td>14</td><td>6.74</td><td>19.7</td><td>19.7</td><td>10.5</td></tr>
<tr><td>15</td><td>7.0</td><td>21.5</td><td>21.5</td><td>11.3</td></tr>
<tr><td>16</td><td>7.19</td><td>22</td><td>22</td><td>12.3</td></tr>
</table>

表 2 10 系列套筒的基本尺寸

单位为毫米

<table>
<tr><th rowspan="2">s</th><th rowspan="2">t
min</th><th rowspan="2">d_1
max</th><th rowspan="2">d_2
max</th><th rowspan="2">d_3
min</th><th colspan="2">l</th></tr>
<tr><th>A 型 max</th><th>B 型 min</th></tr>
<tr><td>7</td><td>3.5</td><td>11</td><td rowspan="7">20</td><td>4.8</td><td rowspan="9">32</td><td rowspan="7">44</td></tr>
<tr><td>8</td><td>4.24</td><td>12.2</td><td>6</td></tr>
<tr><td>9</td><td>4.51</td><td>13.5</td><td>6.5</td></tr>
<tr><td>10</td><td>4.74</td><td>14.7</td><td>7.2</td></tr>
<tr><td>11</td><td>5.54</td><td>16</td><td>8.4</td></tr>
<tr><td>12</td><td>5.74</td><td>17.2</td><td>9</td></tr>
<tr><td>13</td><td>6.04</td><td>18.5</td><td>9.6</td></tr>
<tr><td>14</td><td>6.74</td><td>19.7</td><td rowspan="4">24</td><td>10.5</td><td rowspan="2">45</td></tr>
<tr><td>15</td><td>7.0</td><td>21.0</td><td>11.3</td></tr>
<tr><td>16</td><td>7.19</td><td>22.2</td><td>12.3</td><td rowspan="4">35</td><td>50</td></tr>
<tr><td>17</td><td>7.73</td><td>23.5</td><td>13</td><td rowspan="2">54</td></tr>
<tr><td>18</td><td>8.29</td><td>24.7</td><td>24.7</td><td>14.4</td></tr>
<tr><td>19</td><td>8.72</td><td>26</td><td>26</td><td>15</td><td rowspan="3">60</td></tr>
<tr><td>21</td><td>9.59</td><td>28.5</td><td>28.8</td><td>16.8</td><td rowspan="3">38</td></tr>
<tr><td>22</td><td>9.98</td><td>29.7</td><td>29.7</td><td>17</td></tr>
<tr><td>24</td><td>10.79</td><td>32.5</td><td>32.5</td><td>19.2</td><td>65</td></tr>
</table>

<table>
<caption>表 3　12.5 系列套筒的基本尺寸　　单位为毫米</caption>
<tr><th rowspan="2">s</th><th>t</th><th>d_1</th><th>d_2</th><th>d_3</th><th colspan="2">l</th></tr>
<tr><th>min</th><th>max</th><th>max</th><th>min</th><th>A 型 max</th><th>B 型 min</th></tr>
<tr><td>8</td><td>4.24</td><td>14</td><td rowspan="7">24</td><td>6</td><td rowspan="10">40</td><td rowspan="18">75</td></tr>
<tr><td>10</td><td>4.74</td><td>15.5</td><td>7.2</td></tr>
<tr><td>11</td><td>5.54</td><td>16.7</td><td>8.4</td></tr>
<tr><td>12</td><td>5.74</td><td>18</td><td>9</td></tr>
<tr><td>13</td><td>6.04</td><td>19.2</td><td>9.6</td></tr>
<tr><td>14</td><td>6.74</td><td>20.5</td><td>10.5</td></tr>
<tr><td>15</td><td>7.0</td><td>21.7</td><td>11.3</td></tr>
<tr><td>16</td><td>7.19</td><td>23</td><td rowspan="3">25.5</td><td>12.3</td></tr>
<tr><td>17</td><td>7.73</td><td>24.2</td><td>13</td></tr>
<tr><td>18</td><td>8.29</td><td>25.5</td><td>14.4</td><td rowspan="2">42</td></tr>
<tr><td>19</td><td>8.72</td><td>26.7</td><td>26.7</td><td>15</td></tr>
<tr><td>21</td><td>9.59</td><td>29.2</td><td>29.2</td><td>16.8</td><td rowspan="2">44</td></tr>
<tr><td>22</td><td>9.98</td><td>30.5</td><td>30.5</td><td>17</td></tr>
<tr><td>24</td><td>10.79</td><td>33</td><td>33</td><td>19.2</td><td>46</td></tr>
<tr><td>27</td><td>12.35</td><td>36.7</td><td>36.7</td><td>21.6</td><td>48</td></tr>
<tr><td>30</td><td>13.35</td><td>40.5</td><td>40.5</td><td>24</td><td rowspan="2">50</td></tr>
<tr><td>32</td><td>14.11</td><td>43</td><td>43</td><td>26</td></tr>
<tr><td>34</td><td>14.85</td><td>46.5</td><td>46.5</td><td>26.4</td><td>52</td></tr>
</table>

<table>
<caption>表 4　20 系列套筒的基本尺寸　　单位为毫米</caption>
<tr><th rowspan="2">s</th><th>t</th><th>d_1</th><th>d_2</th><th>d_3</th><th colspan="2">l</th></tr>
<tr><th>min</th><th>max</th><th>max</th><th>min</th><th>A 型 max</th><th>B 型 min</th></tr>
<tr><td>21</td><td>9.59</td><td>32.1</td><td rowspan="4">40</td><td>16.8</td><td rowspan="3">55</td><td rowspan="9">85</td></tr>
<tr><td>22</td><td>9.98</td><td>33.3</td><td>17</td></tr>
<tr><td>24</td><td>10.79</td><td>35.8</td><td>19.2</td></tr>
<tr><td>27</td><td>12.35</td><td>39.6</td><td>21.6</td><td rowspan="3">60</td></tr>
<tr><td>30</td><td>13.35</td><td>43.3</td><td>43.3</td><td>24</td></tr>
<tr><td>32</td><td>14.11</td><td>45.8</td><td>45.8</td><td>26</td></tr>
<tr><td>34</td><td>14.85</td><td>48.3</td><td>48.3</td><td>26.4</td><td>65</td></tr>
<tr><td>36</td><td>15.85</td><td>50.8</td><td>50.8</td><td>28.8</td><td>67</td></tr>
<tr><td>41</td><td>17.85</td><td>57.1</td><td>57.1</td><td>32.4</td><td>70</td></tr>
<tr><td>46</td><td>19.62</td><td>63.3</td><td>63.3</td><td>36</td><td>83</td><td rowspan="4">100</td></tr>
<tr><td>50</td><td>21.92</td><td>68.3</td><td>68.3</td><td>39.6</td><td>89</td></tr>
<tr><td>55</td><td>23.42</td><td>74.6</td><td>74.6</td><td>43.2</td><td>95</td></tr>
<tr><td>60</td><td>25.92</td><td>84.5</td><td>84.5</td><td>45.6</td><td>100</td></tr>
</table>

表5　25系列套筒的基本尺寸

单位为毫米

s	t min	d_1 max	d_2 max	d_3 min	l A型 max
41	17.85	61	59.7	32.4	83
46	19.62	66.4	55	36	80
50	21.92	71.4	55	39.6	85
55	23.42	77.6	57	43.2	95
60	25.92	83.9	61	45.6	103
65	26.92	90.1	78	50.4	110
70	28.92	96.5	84	55.2	116
75	30.92	110	90	60	120
80	34	115	95	65	125

3.4　对边尺寸公差

套筒的工作部分对边尺寸的公差按GB/T 4390的规定。

3.5　产品标记

产品标记由产品名称、标准编号、对边尺寸s、传动方孔系列代号、型式代号、孔形代号(六角孔的孔形代号为L,十二角孔无代号)组成。

示例1:对边尺寸s为19 mm的12.5系列普通型六角套筒标记为:

手动套筒 GB/T 3390.1-19×12.5 A L

示例2:对边尺寸s为17 mm的10系列加长型十二角套筒标记为:

手动套筒 GB/T 3390.1-17×10 B

4　技术要求

4.1　表面处理

4.1.1　套筒应进行电镀或其他表面处理。

4.1.2　经电镀处理的套筒,其电镀层厚度应不低于6 μm。

4.2　表面质量

4.2.1　经电镀处理的套筒,其表面应色泽均匀,不应有气孔、漏镀、起层等影响保护性能和使用寿命的缺陷。

4.2.2　经发黑处理或其他化合物生成处理的套筒,其表面应色泽均匀,不应有明显的斑点及露底现象,且有一层防锈保护涂层。

4.2.3　套筒应壁厚均匀,内外表面不应有裂纹、毛刺等影响外观和使用功能的缺陷。六角孔和十二角孔的表面粗糙度Ra值应不大于25 μm。

4.3　传动方孔

套筒的传动方孔基本尺寸应符合GB/T 3390.2的规定。

4.4 硬度

套筒的硬度应符合表6的规定。

表6 硬度

对边尺寸 s/mm	硬度/HRC
$s \leqslant 34$	≥39
$34 < s \leqslant 80$	≥35

4.5 扭矩

套筒应按表7的规定进行最小扭矩试验,试验后套筒工作部分的对边尺寸 s 应符合 GB/T 4390 的规定,方孔的对边尺寸应符合 GB/T 3390.2 的规定,试验后套筒不应产生影响外观和使用性能的永久变形和损伤。

表7 最小试验扭矩

<table>
<tr><th rowspan="2">对边尺寸 s/mm</th><th colspan="5">最小试验扭矩 M/(N·m)</th></tr>
<tr><th>6.3 系列</th><th>10 系列</th><th>12.5 系列</th><th>20 系列</th><th>25 系列</th></tr>
<tr><td>3.2</td><td>7.08</td><td rowspan="5">—</td><td rowspan="7">—</td><td rowspan="20">—</td><td rowspan="21">—</td></tr>
<tr><td>4</td><td>10.4</td></tr>
<tr><td>4.5</td><td>12.6</td></tr>
<tr><td>5</td><td>15.1</td></tr>
<tr><td>5.5</td><td>17.8</td></tr>
<tr><td>6</td><td>20.6</td><td>23.2</td></tr>
<tr><td>7</td><td>26.8</td><td>33.2</td></tr>
<tr><td>8</td><td>33.6</td><td>45.5</td><td>94</td></tr>
<tr><td>9</td><td>41.1</td><td>59.9</td><td>119</td></tr>
<tr><td>10</td><td>49.1</td><td>76.7</td><td>147</td></tr>
<tr><td>11</td><td>57.8</td><td>96</td><td>178</td></tr>
<tr><td>12</td><td>67.0</td><td>118</td><td>212</td></tr>
<tr><td>13</td><td>68.6[a]</td><td>141</td><td>249</td></tr>
<tr><td>14</td><td>68.6[a]</td><td>168.6</td><td>288.3</td></tr>
<tr><td>15</td><td>68.6[a]</td><td>198</td><td>331</td></tr>
<tr><td>16</td><td>68.6[a]</td><td>225[a]</td><td>377</td></tr>
<tr><td>17</td><td>—</td><td>225[a]</td><td>425</td></tr>
<tr><td>18</td><td rowspan="4"></td><td>225[a]</td><td>477</td></tr>
<tr><td>19</td><td>225[a]</td><td>531</td></tr>
<tr><td>20</td><td>225[a]</td><td>569[a]</td></tr>
<tr><td>21</td><td>225[a]</td><td>569[a]</td><td>569[b]</td></tr>
</table>

表 7（续）

<table>
<tr><th rowspan="2">对边尺寸 s/mm</th><th colspan="5">最小试验扭矩 M/(N・m)</th></tr>
<tr><th>6.3 系列</th><th>10 系列</th><th>12.5 系列</th><th>20 系列</th><th>25 系列</th></tr>
<tr><td>22</td><td rowspan="18">—</td><td>225[a]</td><td>569[a]</td><td>569[b]</td><td rowspan="9">—</td></tr>
<tr><td>23</td><td>225[a]</td><td>569[a]</td><td>569[b]</td></tr>
<tr><td>24</td><td>225[a]</td><td>569[a]</td><td>569[b]</td></tr>
<tr><td>25</td><td rowspan="15">—</td><td>569[a]</td><td>583</td></tr>
<tr><td>27</td><td>569[a]</td><td>665</td></tr>
<tr><td>30</td><td>569[a]</td><td>795</td></tr>
<tr><td>32</td><td>569[a]</td><td>888</td></tr>
<tr><td>34</td><td>569[a]</td><td>984</td></tr>
<tr><td>36</td><td rowspan="10">—</td><td>1 084</td></tr>
<tr><td>41</td><td>1 353</td><td>1 910</td></tr>
<tr><td>46</td><td>1 569[a]</td><td>2 143</td></tr>
<tr><td>50</td><td>1 569[a]</td><td>2 329</td></tr>
<tr><td>55</td><td>1 569[a]</td><td>2 562</td></tr>
<tr><td>60</td><td>1 569[a]</td><td>2 795[a]</td></tr>
<tr><td>65</td><td rowspan="4">—</td><td>2 795[a]</td></tr>
<tr><td>70</td><td>2 795[a]</td></tr>
<tr><td>75</td><td>2 795[a]</td></tr>
<tr><td>80</td><td>2 795[a]</td></tr>
<tr><td colspan="6">[a] 传动方榫强度低于同等材料制成的套筒强度。因此，采用的强度值低于实际值。
[b] 表中采用的数值比实际计算值大，因为 20 mm 方榫的套筒其强度低于 12.5 mm 方榫的套筒是不合理的。</td></tr>
</table>

5 试验方法

5.1 基本尺寸检验

套筒的基本尺寸采用符合 GB/T 1957 规定的专用量规或通用量具检验。

5.2 表面处理检验

电镀层厚度检验按 GB/T 4955 或 GB/T 6462 的规定进行。

5.3 表面质量检验

套筒的表面质量用目测检验，表面粗糙度检验采用符合 GB/T 6060.2 规定的标准样块进行。

5.4 硬度试验

套筒的硬度试验按 GB/T 230.1 的规定，在套筒工作部分的外表面上进行。

5.5 扭矩试验

5.5.1 扭矩试验采用的六角试棒如图 4 所示，其尺寸按表 8 的规定。六角试棒的硬度应不低于 55 HRC。

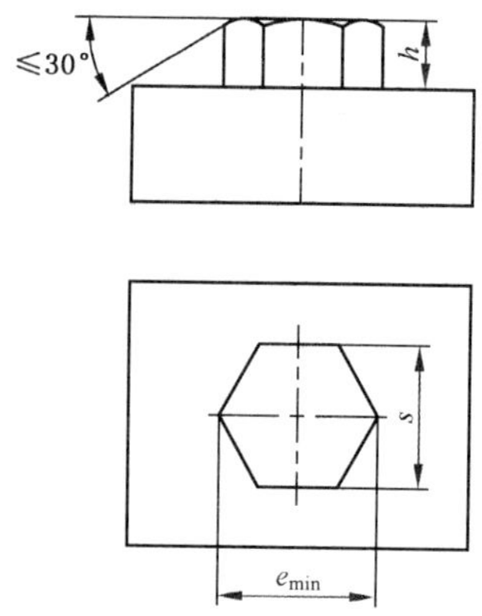

图 4 六角试棒

表 8 六角试棒的尺寸

单位为毫米

s	基本尺寸	3.2	4	4.5	5	5.5	6	7	8	9	10	11	12
	公差	h8											
h	基本尺寸	1.3	1.6	1.9	2	2.4	2.8	3.2	4	4.4	4.8	5.6	6
	公差	h13											
s	基本尺寸	13	14	15	16	17	18	19	21	22	24	27	30
	公差												
h	基本尺寸	6.4	7	7.4	8	8.8	9.6	10.2	11.2	11.8	12.8	14.4	16
	公差	h13											
s	基本尺寸	32	34	36	41	46	50	55	60	65	70	75	80
	公差	h8											
h	基本尺寸	16.8	17.6	19.2	21.6	24	26.4	28.8	31.2	33.5	36	38.4	41.6
	公差	h13											

注：$e_{min}=s\times1.13$

5.5.2 驱动套筒的方形试棒其对边尺寸应等于相应的套筒方孔的最大尺寸，公差为 h8。方形试棒的硬度应不低于 55 HRC。

5.5.3 扭矩试验如图 5 所示，先将套筒套入六角试棒，然后将方形试棒插入套筒的方孔中，两根试棒的轴线应与套筒的轴线同轴。试验时，对方形试棒平稳缓慢地施加载荷至表 7 规定的最小试验扭矩，在扭矩达到额定值时，保持 30 s 后卸载。试验后应检测套筒工作部分的对边尺寸 s 和方孔的对边尺寸。

采用试棒旋转的扭矩试验机，其扭矩精度应为±2.5%。

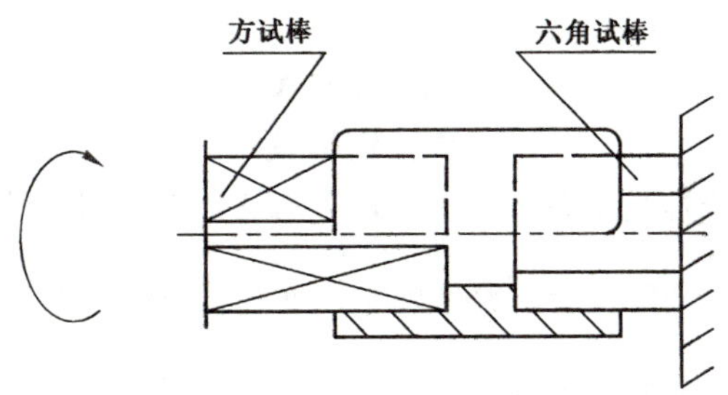

图 5　扭矩试验

6　检验规则

检验规则按 GB/T 3390.5 的规定进行。

7　包装、标志、运输与贮存

包装、标志、运输与贮存按 GB/T 3390.5 的规定进行。

附 录 A
（资料性附录）
本标准与 ISO 2725-1:2007 的章条编号对照情况

本标准与 ISO 2725-1:2007 相比，章条编号发生了变化，具体对照情况见表 A.1。

表 A.1 本标准与 ISO 2725-1:2007 的章条编号对照情况

本标准章条编号	对应的国际标准章条编号
2	2
3.3	7
3.4	3
4.1、4.2	无
4.4、4.5	5
5	无
6	无
7	无

附　录　B
（资料性附录）
本标准与 ISO 2725-1:2007 的技术性差异及其原因

表 B.1 给出了本标准与 ISO 2725-1:2007 的技术性差异及其原因。

表 B.1　本标准与 ISO 2725-1:2007 的技术性差异及其原因

本标准的章条编号	技术性差异	原　因
2	关于规范性引用文件，本标准做了具有技术性差异的调整，以适应我国的技术条件，调整的情况集中反映在第 2 章“规范性引用文件”中，具体调整如下： ● 增加引用了 GB/T 230.1(见 5.4)； ● 增加引用了 GB/T 1957(见 5.1)； ● 用修改采用国际标准的 GB/T 3390.2 代替 ISO 2725-1:2007 引用的 ISO 1174-1(见 4.3、4.5)； ● 增加引用了 GB/T 3390.5(见第 6 章、第 7 章)； ● 用修改采用国际标准的 GB/T 4390 代替 ISO 2725-1:2007 引用的 ISO 691(见 4.3、4.5)； ● 增加引用了 GB/T 4955(见 5.2)； ● 增加引用了 GB/T 6060.2(见 5.3)； ● 增加引用了 GB/T 6462(见 5.2)； ● 删除了 ISO 2725-1:2007 引用的 ISO 272(见 ISO 2725-1:2007 的第 2 章和第 4 章)； ● 删除了 ISO 2725-1:2007 引用的 ISO 1711-1(见 ISO 2725-1:2007 的第 2 章和第 5 章)； ● 删除了 ISO 2725-1:2007 引用的 ISO 4014(见 ISO 2725-1:2007 的第 2 章和表 1～表 4)	适合我国技术条件
3.3	参照 ISO/CD 2725-1:2012，对系列套筒中的规格和相关尺寸调整如下： ● 增加了 6.3 mm、10 mm、12.5 mm、20 mm、25 mm 系列套筒中的规格和相关尺寸； ● 修改了 6.3 mm、10 mm、12.5 mm、20 mm、25 mm 系列套筒中的基本尺寸	适合我国技术条件，并与 ISO/CD 2725-1:2012 一致
3.4	套筒工作部分的对边尺寸 s 公差按照 GB/T 4390—2008《扳手开口和扳手孔　常用公差》的规定，该国家标准修改采用国际标准 ISO 691:2005《螺钉和螺母装配工具　扳手和套筒开口　常用公差》	适合我国技术条件，并与 ISO 691一致
4.1、4.2	增加了表面处理和表面质量要求	适合我国技术条件
4.4、4.5	按照 ISO 2725-1:2007 规范性引用文件 ISO 1711-1:2007 的要求，增加了硬度和扭矩要求	适合我国技术条件
5	增加了试验方法	适合我国技术条件
6	增加了检验规则	适合我国技术条件
7	增加了包装、标志、运输与贮存	适合我国技术条件

ICS 25.140.30
J 47

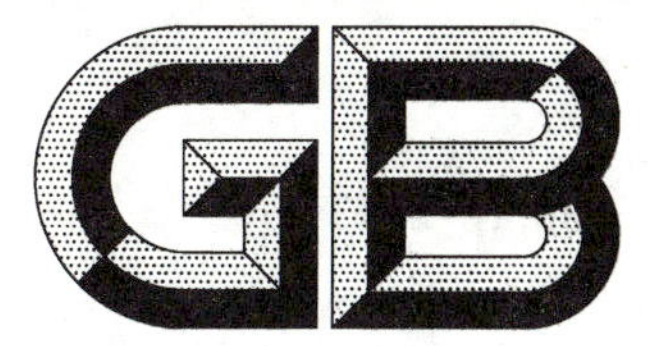

中华人民共和国国家标准

GB/T 3390.2—2013
代替 GB/T 3390.2—2004

手动套筒扳手 传动方榫和方孔

Hand operated socket wrenches—Driving squares

(ISO 1174-1:2011 Assembly tools for screws and nuts—Driving squares—Part 1:Driving squares for hand socket tools,MOD)

2013-11-12 发布 2014-05-01 实施

中华人民共和国国家质量监督检验检疫总局
中国国家标准化管理委员会 发布

前　言

GB/T 3390《手动套筒扳手》为系列国家标准，现由5项标准组成：

——GB/T 3390.1　手动套筒扳手　套筒；

——GB/T 3390.2　手动套筒扳手　传动方榫和方孔；

——GB/T 3390.3　手动套筒扳手　传动附件；

——GB/T 3390.4　手动套筒扳手　连接附件；

——GB/T 3390.5　手动套筒扳手　检验规则、包装与标志。

本标准为GB/T 3390的第2项。

本标准按照GB/T 1.1—2009给出的规则起草。

本标准代替GB/T 3390.2—2004《手动套筒扳手　传动方榫和方孔》，与GB/T 3390.2—2004相比，主要技术要求变化如下：

——对传动方榫和传动方孔的基本尺寸作了调整和修改(本版的表1、表2)；

——修改了产品标记(2004版的3.4，本版的3.4)；

——删除了包装、标志、运输与贮存(2004版的第7章)。

本标准使用重新起草法修改采用ISO 1174-1:2011《螺钉和螺母装配工具　传动方榫和方孔　第1部分：手动套筒工具的传动方榫和方孔》。

本标准与ISO 1174-1:2011相比，在结构上有较多调整，附录A中列出了本标准与ISO 1174-1:2011相比的章条编号对照一览表。

本标准与ISO 1174-1:2011相比存在技术性差异，这些差异涉及的条款已通过在其外侧页边空白位置的垂直单线(|)进行了标示，在附录B中给出了相应技术性差异及其原因的一览表。

本标准还作了下列编辑性修改：

——将标准名称修改为《手动套筒扳手　传动方榫和方孔》。

本标准由中国轻工业联合会提出。

本标准由全国五金制品标准化技术委员会工具五金分技术委员会(SAC/TC 174/SC 2)归口。

本标准负责起草单位：文登威力工具集团有限公司、浙江四达工具有限公司、浙江拓进五金工具有限公司、上海市工具工业研究所。

本标准参加起草单位：宁波安拓实业有限公司、杭州华丰巨箭工具有限公司、宁波市杰杰工具有限公司、杭州巨星科技股份有限公司、浙江亿洋工具制造有限公司、江苏舜天国际集团江都工具有限公司、沈阳欧泰·凯达扭矩技术有限公司、宁波德诚工具有限公司、浙江埃米顿机电有限公司、龙口市新达工具有限公司。

本标准主要起草人：鞠家平、邱瑞龙、张金满、吴祖训、詹朝晖、王维法、付先念、王伟毅、陈昌祺、邹家平、梁滨昌、钱贤平、杨野、宋清林、顾青。

本标准所代替标准的历次版本发布情况为：

——GB/T 3390.2—1982、GB/T 3390.2—1989、GB/T 3390.2—2004。

手动套筒扳手　传动方榫和方孔

1　范围

本标准规定了手动套筒扳手传动方榫和方孔的分类、技术要求、试验方法和检验规则。

本标准适用于装拆六角螺栓和螺母的手动套筒扳手传动方榫和方孔。

2　规范性引用文件

下列文件对于本文件的应用是必不可少的。凡是注日期的引用文件，仅注日期的版本适用于本文件。凡是不注日期的引用文件，其最新版本(包括所有的修改单)适用于本文件。

GB/T 321　优先数和优先数系(GB/T 321—2005,ISO 3:1973,IDT)

GB/T 1800.1　产品几何技术规范(GPS)　极限与配合　第1部分:公差、偏差和配合的基础(GB/T 1800.1—2009,ISO 286-1:1988,MOD)

GB/T 1957　光滑极限量规　技术条件

GB/T 3390.5　手动套筒扳手　检验规则、包装与标志

GB/T 6060.2　表面粗糙度比较样块　磨、车、镗、铣、插及刨加工表面(GB/T 6060.2—2006,ISO 2632-1:1985,MOD)

3　分类

3.1　型式

传动方榫的型式如图1和图2所示，传动方孔的型式如图3和图4所示。

注：B型传动方榫只能与D型传动方孔配合使用。

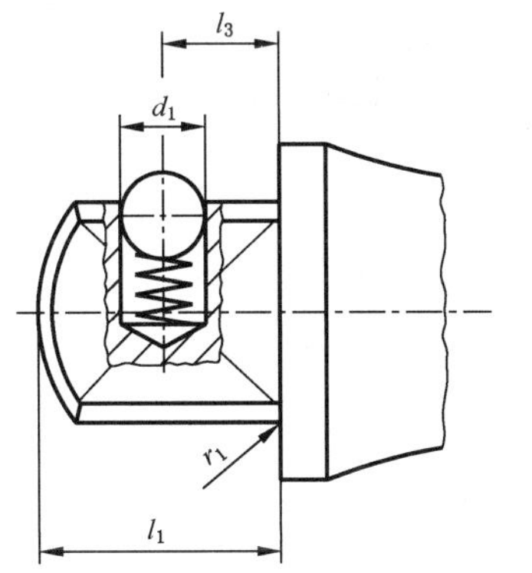

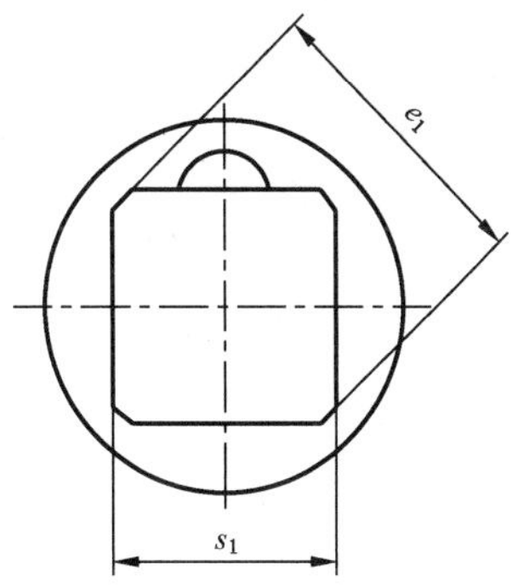

图1　A型传动方榫

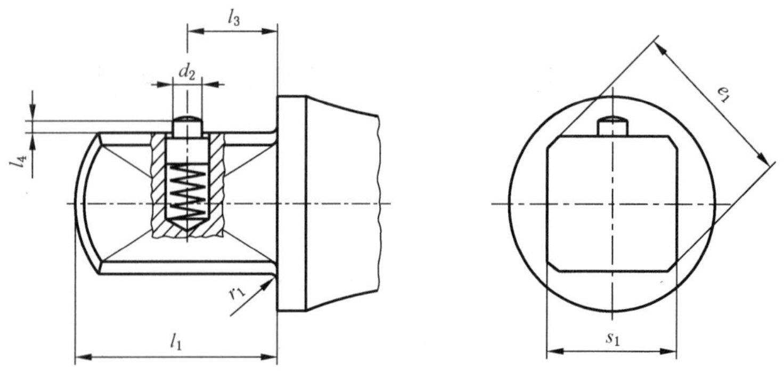

图 2 B 型传动方榫

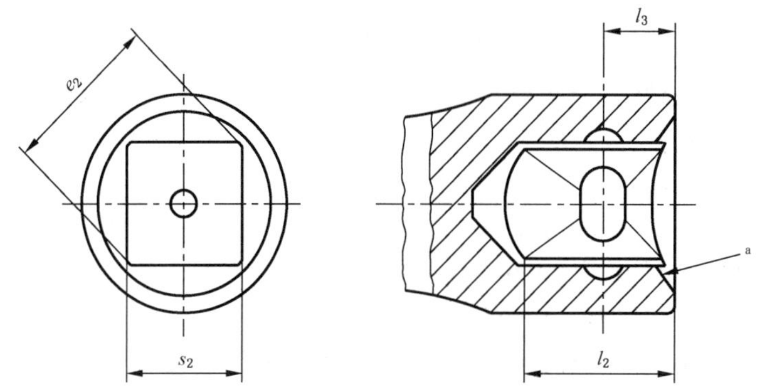

[a] 应倒角或磨圆，与方榫的 r_1 吻合。

图 3 C 型传动方孔

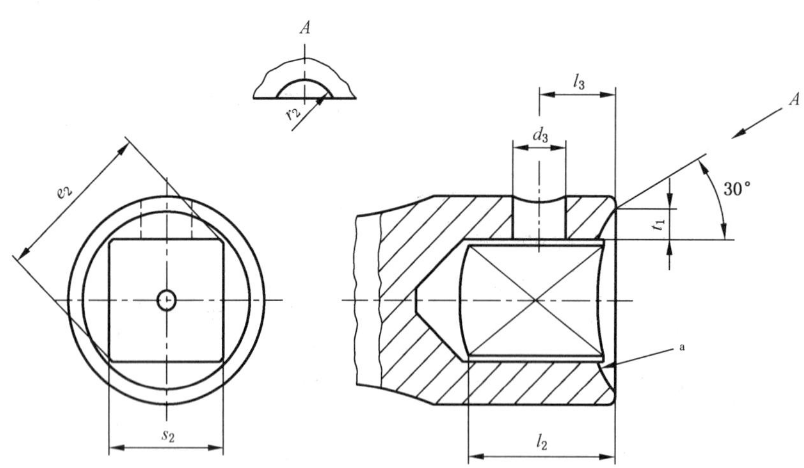

[a] 应倒角或磨圆，与方榫的 r_1 吻合。

图 4 D 型传动方孔

3.2 传动方榫和传动方孔系列

传动方榫和传动方孔的对边尺寸 s 按照 GB/T 321 的 R10 系列分为 6.3 mm、10 mm、12.5 mm、20 mm 和 25 mm 五个系列，其代号分别为 6.3、10、12.5、20 和 25。

3.3 基本尺寸

传动方榫和传动方孔的基本尺寸应符合表 1 和表 2 的规定。

表 1 传动方榫基本尺寸(A 型和 B 型)

单位为毫米

型式	系列	s_1		d_1	d_2	e_1		l_1	l_3		l_4[a]	r_1
		max	min	≈	max	max	min	max	基本尺寸	公差	min	max
A(B)	6.3	6.35	6.26	3	2	8.4	8.0	8.5	4	+0.4 0	0.9	0.5
A(B)	10	9.53	9.44	5	2.6	12.7	12.2	11	5.5		0.9	0.6
A(B)	12.5	12.70	12.59	6	3	16.9	16.3	15.5	8	+0.6 0	1.0	0.8
B(A)	20	19.05	18.92	7	4.3	25.4	24.4	23	10.2		1.0	1.2
B(A)	25	25.40	25.27	—	5	34.0	32.4	28	15		1.0	1.6

注 1：传动方榫对边尺寸 s_1 的最大尺寸和最小尺寸是根据 GB/T 1800.1—2009 规定的 IT11 级公差数值算出的。

注 2：不推荐 B 型和 C 型配合使用。

注 3：带括号的型式为非优选。

[a] $l_{4,\min} = s_{2,\max} - s_{1,\min} + 0.5$ mm。

表 2 传动方孔基本尺寸(C 型和 D 型)

单位为毫米

型式	系列	s_2		d_3	e_2	l_2	l_3		r_2	t_1
		max	min	min	min	min	基本尺寸	公差		
C、D	6.3	6.63	6.41	2.5	8.5	9	4	0 −0.4	—	—
C(D)	10	9.80	9.58	5	12.9	11.5	5.5		—	—
C(D)	12.5	13.03	12.76	6	17.1	16	8	0 −0.6	4	3
D	20	19.44	19.11	6	25.6	24	10.2		4	3.5
D	25	25.79	25.46	6.5	34.4	29	15		6	4

注 1：传动方孔对边尺寸 s_2 的最大尺寸和最小尺寸是根据 GB/T 1800.1—2009 规定的 IT13 级公差数值算出的。

注 2：不推荐 B 型和 C 型配合使用。

注 3：带括号的型式为非优选。

3.4 产品标记

传动方榫和传动方孔的标记由名称、标准编号、型式和系列代号组成。

示例 1：系列为 12.5 的 A 型传动方榫标记为：

传动方榫 GB/T 3390.2-A12.5

示例 2：系列为 12.5 的 C 型传动方孔标记为：

传动方孔 GB/T 3390.2-C12.5

4 技术要求

4.1 表面粗糙度

传动方榫和传动方孔表面粗糙度 Ra 值应不大于 25 μm。

4.2 结合性能

传动方榫与传动方孔的结合和分离应便捷可靠，在表3规定的脱卸力下应分离方便。

5 试验方法

5.1 基本尺寸检验

传动方榫和传动方孔的基本尺寸采用符合GB/T 1957规定的专用量规或通用量具检验。

5.2 表面粗糙度检验

传动方榫和传动方孔表面粗糙度检验采用符合GB/T 6060.2规定的标准样块进行。

5.3 结合性能试验

用手力应能将传动方榫插入或分离传动方孔。沿传动方榫和传动方孔的轴线方向缓慢施加表3规定的拉力，传动方榫和传动方孔应能分离。

表3 结合性能试验

传动方榫和方孔系列 mm	脱卸力 N
6.3	≥4
10	≥11
12.5	≥25
20	≥45

6 检验规则

传动方榫与传动方孔的检验规则按GB/T 3390.5的规定。

附 录 A
（资料性附录）
本标准与 ISO 1174-1:2011 的章条编号对照情况

本标准与 ISO 1174-1:2011 相比，章条编号发生了变化，具体对照情况见表 A.1。

表 A.1 本标准与 ISO 1174-1:2011 的章条编号对照情况

本标准章条编号	对应的国际标准章条编号
2	2
3.3	3.3
4.1	无
5.1	无
5.2	无
6	无

附 录 B
（资料性附录）
本标准与 ISO 1174-1:2011 的技术性差异及其原因

表 B.1 给出了本标准与 ISO 1174-1:2011 的技术性差异及其原因。

表 B.1 本标准与 ISO 1174-1:2011 的技术性差异及其原因

本标准的章条编号	技术性差异	原 因
2	关于规范性引用文件，本标准做了具有技术性差异的调整，以适应我国的技术条件，调整的情况集中反映在第 2 章“规范性引用文件”中，具体调整如下： ● 用等同采用国际标准的 GB/T 321 代替 ISO 1174-1:2011 引用的 ISO 3(见 3.2)； ● 用修改采用国际标准的 GB/T 1800.1 代替 ISO 1174-1:2011 引用的 ISO 286-1(见 3.3)； ● 增加引用了 GB/T 1957(见 5.1)； ● 增加引用了 GB/T 3390.5(见 6)； ● 增加引用了 GB/T 6060.2(见 5.2)	适合我国技术条件
3.3	对传动方榫和传动方孔的基本尺寸作了调整和修改	适合产品制造的实际情况
4.1	增加了技术要求中传动方榫和传动方孔表面粗糙度的要求	适合我国技术条件
5.1	增加了基本尺寸检验	适合我国技术条件
5.2	增加了表面粗糙度检验	适合我国技术条件
6	增加了检验规则	适合我国技术条件

ICS 25.140.30
J 47

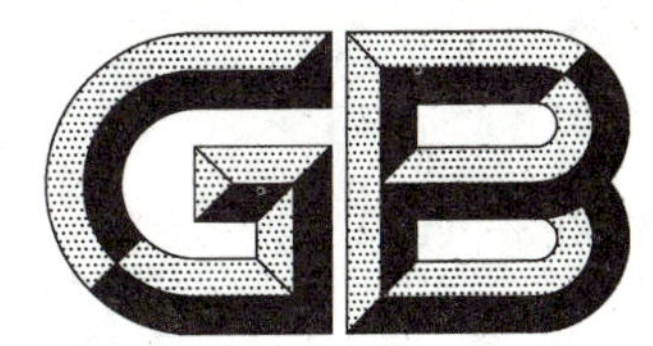

中华人民共和国国家标准

GB/T 3390.3—2013
代替 GB/T 3390.3—2004

手动套筒扳手　传动附件

Hand operated socket wrenches—Driving parts

(ISO 3315:2011, Assembly tools for screws and nuts—Driving parts for hand-operated square drive socket wrenches—Dimensions and tests, MOD)

2013-11-12 发布　　2014-05-01 实施

中华人民共和国国家质量监督检验检疫总局
中国国家标准化管理委员会　发布

前　言

GB/T 3390《手动套筒扳手》为系列国家标准，现由5项标准组成：

——GB/T 3390.1　手动套筒扳手　套筒；

——GB/T 3390.2　手动套筒扳手　传动方榫和方孔；

——GB/T 3390.3　手动套筒扳手　传动附件；

——GB/T 3390.4　手动套筒扳手　连接附件；

——GB/T 3390.5　手动套筒扳手　检验规则、包装与标志。

本标准为GB/T 3390的第3项。

本标准按照GB/T 1.1—2009给出的规则起草。

本标准代替GB/T 3390.3—2004《手动套筒扳手　传动附件》，与GB/T 3390.3—2004相比，主要技术要求变化如下：

——删除了试验扭矩等级和c级试验扭矩(2004版的3.3、4.4，本版的4.5)；

——修改了产品编号(2004版的表1、表2，本版的表1、表2)；

——修改了产品标记(2004版的3.5，本版的3.4)；

——修改了表面处理的要求(本版的4.1)；

——修改和增加了表面质量的要求(2004版的4.1，本版的4.2)。

本标准使用重新起草法修改采用ISO 3315:2011《螺钉和螺母装配工具　手用套筒扳手传动附件　尺寸和试验》。

本标准与ISO 3315:2011相比，在结构上有较多调整，附录A中列出了本标准与ISO 3315:2011相比的章条编号对照一览表。

本标准与ISO 3315:2011相比存在技术性差异，这些差异涉及的条款已通过在其外侧页边空白位置的垂直单线(|)进行了标示，在附录B中给出了相应技术性差异及其原因的一览表。

本标准还做了下列编辑性修改：

——将标准名称修改为《手动套筒扳手　传动附件》。

本标准由中国轻工业联合会提出。

本标准由全国五金制品标准化技术委员会工具五金分技术委员会(SAC/TC 174/SC 2)归口。

本标准负责起草单位：浙江四达工具有限公司、宁波市杰杰工具有限公司、浙江拓进五金工具有限公司、上海市工具工业研究所。

本标准参加起草单位：文登威力工具集团有限公司、宁波安拓实业有限公司、杭州华丰巨箭工具有限公司、杭州巨星科技股份有限公司、宁波德诚工具有限公司、宁波长城精工实业有限公司、江苏舜天国际集团江都工具有限公司、沈阳欧泰·凯达扭矩技术有限公司、浙江新蓝达实业股份有限公司。

本标准主要起草人：邱瑞龙、付先念、张金满、吴祖训、鞠家平、詹朝晖、王维法、王伟毅、钱贤平、陈立海、邹家平、梁滨昌、沈建明、顾青。

本标准所代替标准的历次版本发布情况为：

——GB/T 3390.3—1982、GB/T 3390.3—1989、GB/T 3390.3—2004。

手动套筒扳手　传动附件

1　范围

本标准规定了手动套筒扳手的传动附件的产品分类、技术要求、试验方法、检验规则、包装、标志、运输与贮存。

本标准适用于装拆六角螺栓和螺母的手动套筒扳手的传动附件。

2　规范性引用文件

下列文件对于本文件的应用是必不可少的。凡是注日期的引用文件，仅注日期的版本适用于本文件。凡是不注日期的引用文件，其最新版本(包括所有的修改单)适用于本文件。

GB/T 230.1　金属材料　洛氏硬度试验　第1部分：试验方法(A、B、C、D、E、F、G、H、K、N、T标尺)(GB/T 230.1—2009，ISO 6508-1:2005，MOD)

GB/T 3390.2　手动套筒扳手　传动方榫和方孔(GB/T 3390.2—2013，ISO 1174-1:2011，MOD)

GB/T 3390.5　手动套筒扳手　检验规则、包装与标志

GB/T 4625　螺钉和螺母的装配工具术语(GB/T 4625—1998，idt ISO 1703:1983)

GB/T 4955　金属覆盖层　覆盖层厚度测量　阳极溶解库仑法(GB/T 4955—2005，ISO 2177:2003，IDT)

GB/T 6060.2　表面粗糙度比较样块　磨、车、镗、铣、插及刨加工表面(GB/T 6060.2—2006，ISO 2632-1:1985，MOD)

GB/T 6462　金属和氧化物覆盖层　横断面厚度显微镜测量方法(GB/T 6462—2005，ISO 1463:2003，IDT)

3　产品分类

3.1　类型

传动附件按GB/T 4625的规定分为七种类型，命名如下：

a)　旋柄；
b)　转向手柄；
c)　滑行头手柄；
d)　弯柄；
e)　快速摇柄；
f)　棘轮扳手；
g)　可逆式棘轮扳手。

3.2　传动方榫系列

传动附件根据其传动方榫的对边尺寸分为6.3 mm、10 mm、12.5 mm、20 mm和25 mm五个产品系列，代号分别为6.3、10、12.5、20和25。

3.3　基本尺寸和编号

传动附件的基本尺寸和编号按表1的规定。

表 1　传动附件的基本尺寸和编号

单位为毫米

编号	图例	名称	传动方榫系列	基本尺寸			
				d_{max}	$l_{1\,min}$	$l_{1\,max}$	$l_{2\,max}$
6100040	d, l_2, l_1	滑行头手柄	6.3 10 12.5 20 25	14 23 27 40 52	100 150 220 430 500	160 250 320 510 760	24 35 50 62 80
				b_{min}	$l_{1\,max}$	$l_{2\,min}$	$l_{2\,max}$
6100060 6100061	b, l_2, l_1	快速摇柄	6.3 10 12.5	30 40 50	420 470 510	60 70 85	115 125 145
				d_{max}	$l_{1\,min}$	$l_{1\,max}$	$l_{2\,max}$
6100090	d, l_2, l_1	棘轮扳手	6.3 10 12.5 20	25 35 50 70	110 140 230 430	150 220 300 630	27 36 45 62

表 1（续）

单位为毫米

编号	图例	名称	传动方榫系列	基本尺寸			
				d_{max}	$l_{1\ min}$	$l_{1\ max}$	$l_{2\ max}$
6100100 6100101	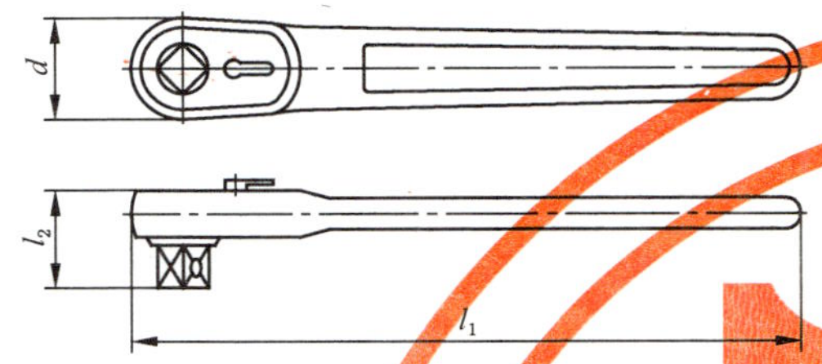	可逆式 棘轮扳手	6.3 10 12.5 20 25	25 35 50 70 90	110 140 230 430 500	150 220 300 630 900	27 36 45 62 80
				b_{min}		$l_{1\ max}$	
6100010 6100011	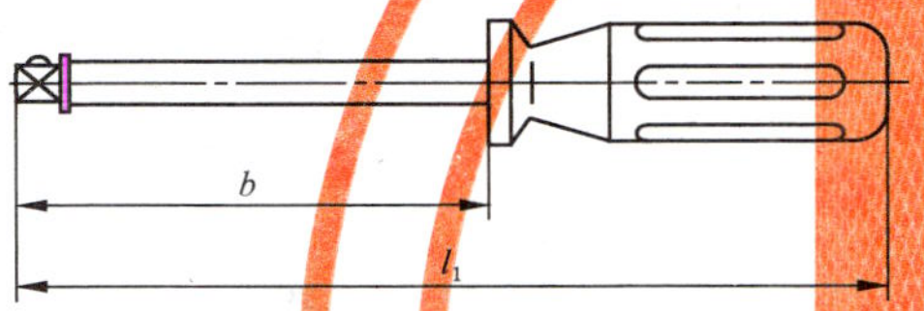	旋柄	6.3 10	30 40		165 190	
				$l_{1\ max}$			
6100030	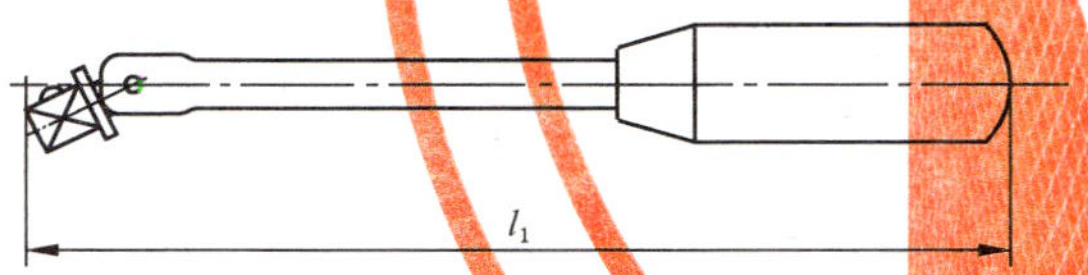	转向手柄	6.3 10 12.5 20 25	165 270 490 600 850			
				$l_{1\ max}$		$l_{2\ max}$	
6100050 6100051	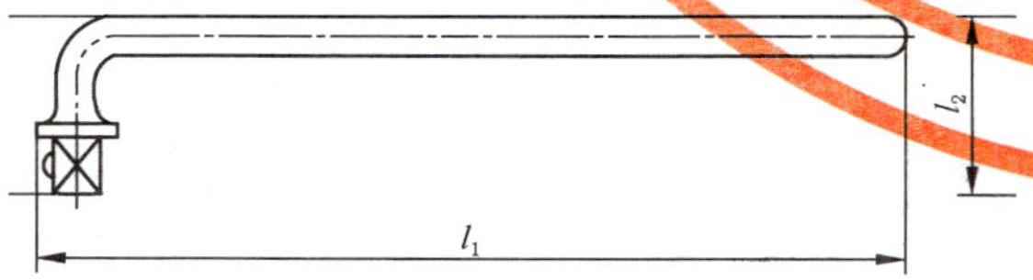	弯柄	6.3 10 12.5 20	110 210 250 500		35 45 60 120	

3.4 产品标记

传动附件的产品标记由产品名称、标准编号、传动方榫系列代号组成。

示例1：传动方榫系列12.5 mm的滑行头手柄的标记为：

滑行头手柄　GB/T 3390.3-12.5

示例2：传动方榫系列20mm的可逆式棘轮扳手标记为：

可逆式棘轮扳手　GB/T 3390.3-20

4 技术要求

4.1 表面处理

4.1.1 传动附件应进行电镀或其他表面处理。

4.1.2 经电镀处理的传动附件，其电镀层厚度应不低于6 μm。

4.2 表面质量

4.2.1 经电镀处理的传动附件，其表面应色泽均匀，不应有气孔、漏镀、起层等影响保护性能和使用寿命的缺陷。

4.2.2 经发黑处理或其他化合物生成处理的传动附件，其表面应色泽均匀，不应有明显的斑点及露底现象，且有一层防锈保护涂层。

4.2.3 传动附件的表面不应有裂纹、毛刺等影响外观和使用功能的缺陷。

4.2.4 传动方榫的表面粗糙度 *Ra* 值应符合GB/T 3390.2的规定。

4.3 传动方榫

传动方榫的基本尺寸以及传动方榫和传动方孔的结合性能按GB/T 3390.2的规定。

4.4 硬度

传动方榫的硬度应不低于39HRC。

4.5 扭矩

传动附件应按表2的规定进行最小扭矩试验。

表2　传动附件的最小试验扭矩

编号	名称	方榫系列 mm	最小试验扭矩 N·m
6100040	滑行头手柄	6.3	55
		10	180
		12.5	455
		20	1 255
		25	2 236

表 2（续）

编号	名称	方榫系列 mm	最小试验扭矩 N·m
6100060 6100061	快速摇柄	6.3	24
		10	79
		12.5	199
6100090	棘轮扳手	6.3	62
		10	202
		12.5	512
		20	1 412
6100100 6100101	可逆式棘轮扳手	6.3	62
		10	202
		12.5	512
		20	1 412
		25	2 515
6100010 6100011	旋柄	6.3	10
		10	34
6100030	转向手柄	6.3	62
		10	202
		12.5	512
		20	1 412
		25	2 515
6100050 6100051	弯柄	6.3	62
		10	202
		12.5	512
		20	1 412

4.6 操作性能

4.6.1 棘轮扳手和可逆式棘轮扳手的棘轮机构应转动灵活，无卡阻现象。

4.6.2 转向手柄应转动灵活，无卡阻现象，转动角度应不小于 180°。

4.7 棘轮扳手的耐久性

棘轮扳手和可逆式棘轮扳手应按表 3 的规定进行耐久性试验，试验后不应有影响外观和使用功能的损伤。试验后扳手的扭矩应符合表 2 的规定。

表 3 耐久性试验

传动方榫系列 mm	总试验次数	试验扭矩 N·m	频率 max 次/min
6.3	50 000	15	30
10	50 000	50	30
12.5	50 000	128	30
20	50 000	353	30

5 试验方法

5.1 基本尺寸检验

传动附件的基本尺寸用通用量具检验。

5.2 表面处理检验

电镀层厚度检验按照 GB/T 4955 或 GB/T 6462 的规定进行。

5.3 表面质量检验

5.3.1 传动附件的表面质量用目测检验。

5.3.2 传动方榫的表面粗糙度检验,采用符合 GB/T 6060.2 规定的标准样块进行。

5.4 传动方榫检验

传动方榫的基本尺寸和传动方榫与传动方孔结合性能检验按 GB/T 3390.2 的规定进行。

5.5 硬度试验

传动方榫的硬度试验按 GB/T 230.1 的规定,在传动方榫上进行。

5.6 扭矩试验

5.6.1 试验步骤

传动附件扭矩试验采用的试验方孔,其对边尺寸按 GB/T 3390.2 规定的 s_2 最小尺寸,公差为 H8,试验方孔的硬度不低于 55HRC。试验时,将传动方榫插入试验方孔内,然后平稳缓慢地施加载荷,直至达到表 2 规定的最小试验扭矩值。

采用方孔旋转的扭矩试验机,其扭矩精度为±2.5%。

5.6.2 传动附件的试验要求

5.6.2.1 滑行头手柄的试验

将滑行头移至手柄的一端,在距离滑行头最远的另一端施加载荷。

5.6.2.2 快速摇柄的试验

试验载荷应施加在摇柄握捏部的中央。

5.6.2.3 棘轮扳手和可逆式棘轮扳手的试验

试验载荷应尽可能施加在手柄的末端。可逆式棘轮扳手的试验，应按正反两个方向分别进行。

5.6.2.4 旋柄的试验

将旋柄固定，通过旋转试验方孔施加扭矩。

5.6.2.5 转向手柄的试验

将手柄转至与转向头成直角的位置，并在其末端施加载荷。

5.6.2.6 弯柄的试验

试验载荷应尽可能施加在手柄的末端。

5.7 操作性能试验

5.7.1 棘轮扳手用手力转动传动方榫进行试验，可逆式棘轮扳手应做正反检验。

5.7.2 用手力转动转向手柄进行试验，转动角度用目测检验。

5.8 棘轮扳手的耐久性试验

棘轮扳手在扭矩试验后，应按表3的规定进行耐久性试验，试验时应按同一方向、平缓地施加规定的扭矩，试验中应涉及棘轮的所有齿部。试验后应再次进行最小扭矩试验。

6 检验规则

产品的检验规则按GB/T 3390.5的规定。

7 包装、标志、运输与贮存

产品的包装、标志、运输与贮存按GB/T 3390.5的规定。

附 录 A
（资料性附录）
本标准与 ISO 3315:2011 的章条编号对照情况

本标准与 ISO 3315:2011 相比，章条编号发生了变化，具体对照情况见表 A.1。

表 A.1 本标准与 ISO 3315:2011 的章条编号对照情况

本标准章条编号	对应的国际标准章条编号
2	2
4.1	无
4.2	无
4.6	无
5.2	无
5.3	无
5.7	无
6	无
7	无

附 录 B
（资料性附录）
本标准与 ISO 3315:2011 的技术性差异及其原因

表 B.1 给出了本标准与 ISO 3315:2011 的技术性差异及其原因。

表 B.1 本标准与 ISO 3315:2011 的技术性差异及其原因

本标准的章条编号	技术性差异	原 因
2	关于规范性引用文件，本标准做了具有技术性差异的调整，以适应我国的技术条件，调整的情况集中反映在第 2 章“规范性引用文件”中，具体调整如下： ● 增加引用了 GB/T 230.1(见 5.5)； ● 用修改采用国际标准的 GB/T 3390.2 代替 ISO 3315 引用的 ISO 1174-1(见 4.2、4.3、5.4、5.6.1)； ● 增加引用了 GB/T 3390.5(见第 6 章、第 7 章)； ● 增加引用了 GB/T 4625(见 3.1)； ● 增加引用了 GB/T 4955(见 5.2)； ● 增加引用了 GB/T 6060.2(见 5.3)； ● 增加引用了 GB/T 6462(见 5.2)	适合我国技术条件
4.1	增加了表面处理的要求	适合我国技术条件和产品现状
4.2	增加了表面质量的要求	适合我国技术条件和产品现状
4.6	增加了操作性能要求	适合我国技术条件和产品现状
5.2	增加了表面处理的试验方法	适合我国技术条件和产品现状
5.3	增加了表面质量的试验方法	适合我国技术条件和产品现状
5.7	增加了操作性能试验方法	适合我国技术条件和产品现状
6	增加了检验规则	适合我国技术条件
7	增加了包装、标志、运输与贮存	适合我国技术条件

ICS 25.140.30
J 47

中华人民共和国国家标准

GB/T 3390.4—2013
代替 GB/T 3390.4—2004

手动套筒扳手 连接附件

Hand operated socket wrenches—Attachments

(ISO 3316:2012, Assembly tools for screws and nuts—Attachments for hand-operated square drive socket wrenches—Dimension and tests, MOD)

2013-11-12 发布　　2014-05-01 实施

中华人民共和国国家质量监督检验检疫总局
中国国家标准化管理委员会　发布

前 言

GB/T 3390《手动套筒扳手》为系列国家标准，现由5项标准组成：

——GB/T 3390.1 手动套筒扳手 套筒；

——GB/T 3390.2 手动套筒扳手 传动方榫和方孔；

——GB/T 3390.3 手动套筒扳手 传动附件；

——GB/T 3390.4 手动套筒扳手 连接附件；

——GB/T 3390.5 手动套筒扳手 检验规则、包装与标志。

本标准为GB/T 3390的第4项。

本标准按照GB/T 1.1—2009给出的规则起草。

本标准代替GB/T 3390.4—2004《手动套筒扳手 连接附件》，与GB/T 3390.4—2004相比，主要技术要求变化如下：

——删除了在产品类型中的方榫传动杆(2004版的3.1、3.4)；

——减少了20系列接杆的产品规格(2004版的表1、本版的表1)；

——删除了试验扭矩等级和c级试验扭矩(2004版的3.3、4.4，本版的4.5)；

——修改了产品编号(2004版的表1、本版的表1)；

——修改了产品标记(2004版的3.5，本版的3.4)；

——修改了表面处理的要求(2004版的4.5，本版的4.1)；

——修改和增加了表面质量的要求(2004版的4.1，本版的4.2)。

本标准使用重新起草法修改采用ISO 3316:2012《螺钉和螺母装配工具 手动套筒扳手附件 尺寸和试验》。

本标准与ISO 3316:2012相比，在结构上有较多调整，附录A中列出了本标准与ISO 3316:2012相比的章条编号对照一览表。

本标准与ISO 3316:2012相比存在技术性差异，这些差异涉及的条款已通过在其外侧页边空白位置的垂直单线(|)进行了标示，在附录B中给出了相应技术性差异及其原因的一览表。

本标准还做了下列编辑性修改：

——将标准名称修改为《手动套筒扳手 连接附件》。

本标准由中国轻工业联合会提出。

本标准由全国五金制品标准化技术委员会工具五金分技术委员会(SAC/TC 174/SC 2)归口。

本标准负责起草单位：宁波市杰杰工具有限公司、宁波安拓实业有限公司、杭州华丰巨箭工具有限公司、上海市工具工业研究所。

本标准参加起草单位：浙江拓进五金工具有限公司、文登威力工具集团有限公司、浙江四达工具有限公司、杭州巨星科技股份有限公司、江苏舜天国际集团江都工具有限公司、浙江亿洋工具制造有限公司、宁波德诚工具有限公司、浙江新蓝达实业股份有限公司、浙江埃米顿机电有限公司。

本标准主要起草人：付先念、张金清、王维法、吴祖训、厉广孝、鞠家平、邱瑞龙、王伟毅、邹家平、陈昌祺、钱贤平、沈建明、杨野、顾青。

本标准所代替标准的历次版本发布情况为：

——GB/T 3390.4—1982、GB/T 3390.4—1989、GB/T 3390.4—2004。

手动套筒扳手 连接附件

1 范围

本标准规定了手动套筒扳手连接附件的产品分类、技术要求、试验方法、检验规则、包装、标志、运输与贮存。

本标准适用于装拆六角螺栓和螺母的手动套筒扳手的连接附件。

2 规范性引用文件

下列文件对于本文件的应用是必不可少的。凡是注日期的引用文件，仅注日期的版本适用于本文件。凡是不注日期的引用文件，其最新版本(包括所有的修改单)适用于本文件。

GB/T 230.1 金属材料 洛氏硬度试验 第1部分：试验方法(A、B、C、D、E、F、G、H、K、N、T标尺)(GB/T 230.1—2009,ISO 6508-1:2005,MOD)

GB/T 3390.2 手动套筒扳手 传动方榫和方孔(GB/T 3390.2—2013,ISO 1174-1:2011,MOD)

GB/T 3390.5 手动套筒扳手 检验规则、包装与标志

GB/T 4625 螺钉和螺母的装配工具术语(GB/T 4625—1998,idt ISO 1703:1983)

GB/T 4955 金属覆盖层 覆盖层厚度测量 阳极溶解库仑法(GB/T 4955—2005,ISO 2177:2003,IDT)

GB/T 6060.2 表面粗糙度比较样块 磨、车、镗、铣、插及刨加工表面(GB/T 6060.2—2006,ISO 2632-1:1985,MOD)

GB/T 6462 金属和氧化物覆盖层 横断面厚度显微镜测量方法(GB/T 6462—2005,ISO 1463:2003,IDT)

3 产品分类

3.1 类型

连接附件按GB/T 4625的规定分为三种类型，命名如下：

a) 接头；

b) 接杆；

c) 万向接头。

3.2 传动方榫和传动方孔系列

连接附件根据其传动方榫和传动方孔的对边尺寸分为6.3 mm、10 mm、12.5 mm、20 mm和25 mm五个产品系列，代号分别为6.3、10、12.5、20和25。

3.3 基本尺寸和编号

连接附件的基本尺寸和编号应符合表1的规定。

表 1　连接附件的基本尺寸和编号

单位为毫米

编号	图　　例	名称	传动方榫和传动方孔		基本尺寸	
			方孔	方榫	l_{max}	d_{max}
5100030	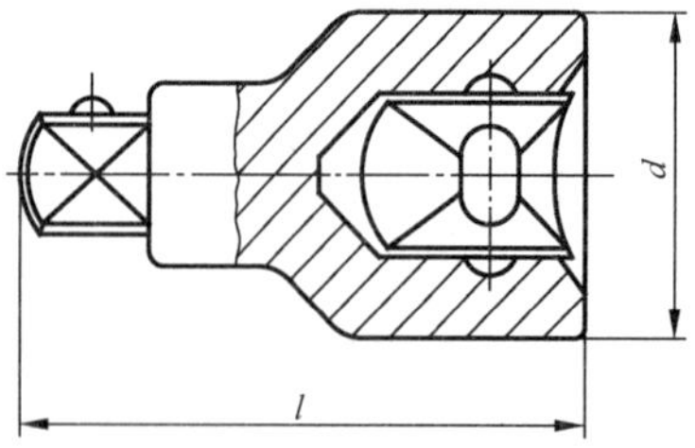	接头	10 12.5 20 25	6.3 10 12.5 20	32 44 58 85	20 25 38 52
5100030	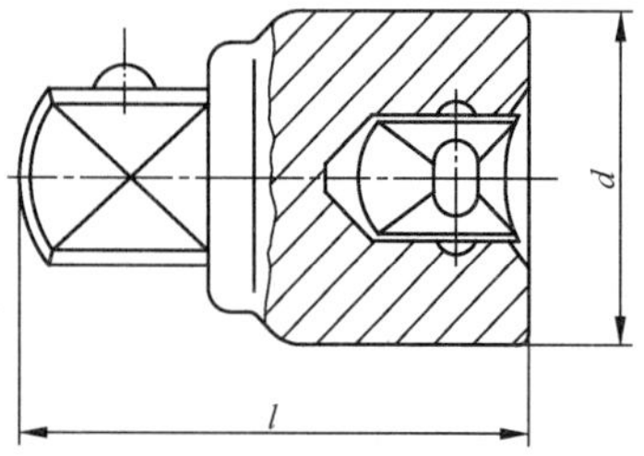	接头	6.3 10 12.5 20	10 12.5 20 25	27 38 50 68	16 23 30 40
	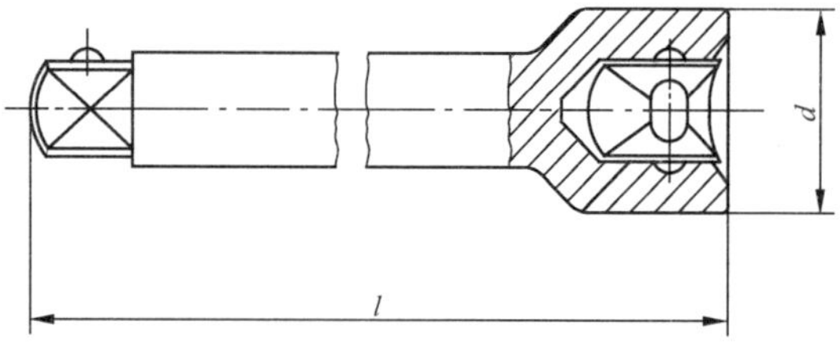		方榫和方孔		l	d_{max}
5100040 5100041		接杆	6.3		55±3	12.5
					100±5	
					150±8	
			10		75±4	20
					125±6	
					250±12	
			12.5		75±4	25
					125±6	
					250±12	
			20		200±10	38
					400±20	
			25		200±10	52
					400±20	
	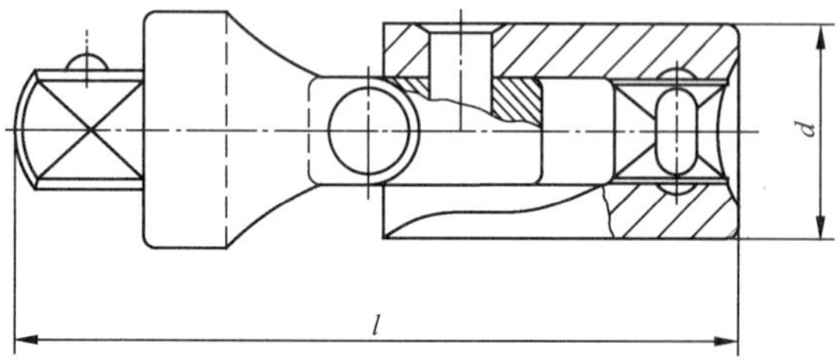		方榫和方孔		l_{max}	d_{max}
5100050		万向接头	6.3 10 12.5 20		45 68 80 110	14 23 28 42

3.4 产品标记

连接附件的产品标记由产品名称、标准编号、传动方孔尺寸和传动方榫尺寸以及长度组成。

示例1：传动方孔为10 mm、传动方榫尺寸为6.3 mm接头的标记为：

接头 GB/T 3390.4-10×6.3

示例2：传动方孔和传动方榫的尺寸为12.5 mm，长度为125 mm的接杆标记为：

接杆 GB/T 3390.4-12.5×125

示例3：传动方孔和传动方榫的尺寸为20 mm的万向接头标记为：

万向接头 GB/T 3390.4-20

4 技术要求

4.1 表面处理

4.1.1 连接附件应进行电镀或其他表面处理。

4.1.2 经电镀处理的连接附件，其电镀层厚度应不低于6 μm。

4.2 表面质量

4.2.1 经电镀处理的连接附件，其表面应色泽均匀，不应有气孔、漏镀、起层等影响保护性能和使用寿命的缺陷。

4.2.2 经发黑处理或其他化合物生成处理的连接附件，其表面应色泽均匀，不应有明显的斑点及露底现象，且有一层防锈保护涂层。

4.2.3 连接附件的表面不应有裂纹、毛刺等影响外观和使用功能的缺陷。

4.2.4 传动方榫和传动方孔表面粗糙度 Ra 值应符合GB/T 3390.2的规定。

4.3 传动方榫和传动方孔

连接附件的传动方榫和方孔的基本尺寸和结合性能按GB/T 3390.2的规定。

4.4 硬度

连接附件的传动方榫和传动方孔的硬度应不低于39HRC。

4.5 扭矩

连接附件应按表2的规定进行最小扭矩试验。

表2 连接附件的最小试验扭矩

编号	名称	传动方榫和传动方孔 mm		最小试验扭矩 N·m
5100030	接头	方孔	方榫	62
		10	6.3	
		12.5	10	202
		20	12.5	512
		25	20	1 412
		6.3	10	62
		10	12.5	202
		12.5	20	512
		20	25	1 412

表 2（续）

编号	名称	传动方榫和传动方孔 mm	最小试验扭矩 N·m
5100040 5100041	接杆	6.3	62
		10	202
		12.5	512
		20	1 412
		25	2 515
5100050	万向接头	6.3	34
		10	112
		12.5	284
		20	784

4.6 操作性能

当万向接头肘节夹角在 35°以内时，应转动灵活。肘节在各个方向上的转动变位角不应小于 75°。

5 试验方法

5.1 基本尺寸检验

连接附件的基本尺寸用通用量具检验。

5.2 表面处理检验

电镀层厚度检验按 GB/T 4955 或 GB/T 6462 的规定进行。

5.3 表面质量检验

5.3.1 连接附件的表面质量用目测检验。

5.3.2 传动方榫和传动方孔的表面粗糙度检验，采用符合 GB/T 6060.2 规定的标准样块进行。

5.4 传动方榫和传动方孔检验

连接附件的传动方榫和传动方孔的基本尺寸和结合性能的检验按 GB/T 3390.2 的规定进行。

5.5 硬度试验

连接附件的传动方榫和传动方孔的硬度试验按 GB/T 230.1 的规定，在传动方榫和传动方孔的外表面上进行。

5.6 扭矩试验

5.6.1 试验步骤

连接附件扭矩试验采用的方榫试棒和方孔试棒，其方榫和方孔的对边尺寸应符合 GB/T 3390.2 中 s_{1max} 和 s_{2min} 的相应规定，公差分别为 h8 和 H8，硬度都不应低于 55HRC。

试验时，固定方孔试棒，将连接附件的传动方榫插入方孔试棒内，再将方榫试棒插入连接附件的传动方孔内，然后平稳缓慢地施加载荷，直至达到表 2 规定的最小试验扭矩值。

采用方孔旋转的扭矩试验机，其扭矩精度为±2.5%。

5.6.2 连接附件的试验要求

接头、接杆和万向接头在试验时，应保证试验方孔试棒、连接附件和方榫试棒在同一轴线上。

5.7 转动试验

万向接头的转动用手力进行试验，其肘节变位角使用万能角度尺测量。

6 检验规则

产品的检验规则按 GB/T 3390.5 的规定。

7 包装、标志、运输与贮存

产品的包装、标志、运输与贮存按 GB/T 3390.5 的规定。

附　录　A
（资料性附录）
本标准与 ISO 3316:2012 的章条编号对照情况

本标准与 ISO 3316:2012 相比，章条编号发生了变化，具体对照情况见表 A.1。

表 A.1　本标准与 ISO 3316:2012 的章条编号对照情况

本标准章条编号	对应的国际标准章条编号
2	2
4.1	无
4.2	无
5.2	无
5.3	无
6	无
7	无

附　录　B
（资料性附录）
本标准与 ISO 3316:2012 的技术性差异及其原因

表 B.1 给出了本标准与 ISO 3316:2012 的技术性差异及其原因。

表 B.1　本标准与 ISO 3316:2012 的技术性差异及其原因

本标准的章条编号	技术性差异	原　因
2	关于规范性引用文件，本标准做了具有技术性差异的调整，以适应我国的技术条件，调整的情况集中反映在第 2 章“规范性引用文件”中，具体调整如下： ● 增加引用了 GB/T 230.1(见 5.5)； ● 用修改采用国际标准的 GB/T 3390.2 代替 ISO 3316:2012 引用的 ISO 1174-1(见 4.2、4.3、5.4、5.6.1)； ● 增加引用了 GB/T 3390.5(见第 6 章、第 7 章)； ● 增加引用了 GB/T 4625(见 3.1)； ● 增加引用了 GB/T 4955(见 5.2)； ● 增加引用了 GB/T 6060.2(见 5.3)； ● 增加引用了 GB/T 6462(见 5.2)	适合我国技术条件
4.1	增加了表面处理的要求	适合我国技术条件和产品现状
4.2	增加了表面质量的要求	适合我国技术条件和产品现状
5.2	增加了表面处理的试验方法	适合我国技术条件和产品现状
5.3	增加了表面质量的试验方法	适合我国技术条件和产品现状
6	增加了检验规则	适合我国技术条件
7	增加了包装、标志、运输与贮存	适合我国技术条件

ICS 25.140.30
J 47

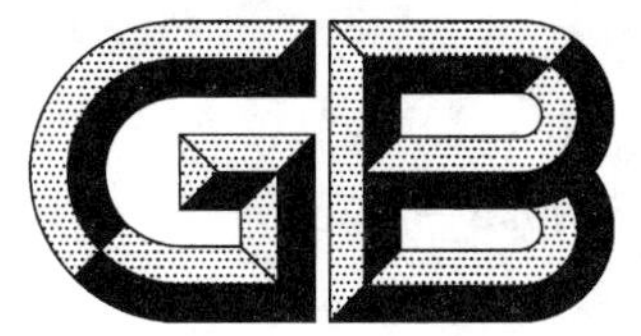

中华人民共和国国家标准

GB/T 3390.5—2013
代替 GB/T 3390.5—2004

手动套筒扳手　检验规则、包装与标志

Hand operated socket wrenches—Inspection, packaging and marking

2013-11-12 发布　　2014-05-01 实施

中华人民共和国国家质量监督检验检疫总局
中国国家标准化管理委员会　发布

前　言

GB/T 3390《手动套筒扳手》为系列国家标准，现由5项标准组成：

——GB/T 3390.1　手动套筒扳手　套筒；

——GB/T 3390.2　手动套筒扳手　传动方榫和方孔；

——GB/T 3390.3　手动套筒扳手　传动附件；

——GB/T 3390.4　手动套筒扳手　连接附件；

——GB/T 3390.5　手动套筒扳手　检验规则、包装与标志。

本标准为GB/T 3390的第5项。

本标准按照GB/T 1.1—2009给出的规则起草。

本标准代替GB/T 3390.5—2004《手动套筒扳手　检验规则、包装与标志》，与GB/T 3390.5—2004相比，主要技术内容变化如下：

——对检验项目作了调整(2004版的表1，本版的表1)；

——增加了型式检验(本版的3.2)；

——增加了产品标志的要求(本版的4.1)。

本标准由中国轻工业联合会提出。

本标准由全国五金制品标准化技术委员会工具五金分技术委员会(SAC/TC 174/SC 2)归口。

本标准负责起草单位：宁波安拓实业有限公司、文登威力工具集团有限公司、杭州巨星科技股份有限公司、上海市工具工业研究所。

本标准参加起草单位：浙江拓进五金工具有限公司、浙江四达工具有限公司、杭州华丰巨箭工具有限公司、宁波长城精工实业有限公司、力易得格林利(上海)有限公司、宁波德诚工具有限公司、江苏舜天国际集团江都工具有限公司、沈阳欧泰·凯达扭矩技术有限公司。

本标准主要起草人：张金清、鞠家平、王伟毅、吴祖训、厉广孝、邱瑞龙、王维法、陈立海、朱垂馨、钱贤平、邹家平、梁滨昌、顾青。

本标准所代替标准的历次版本发布情况为：

——GB/T 3390.5—1982、GB/T 3390.5—1989、GB/T 3390.5—2004。

手动套筒扳手　检验规则、包装与标志

1　范围

本标准规定了手动套筒扳手的检验规则、包装与标志。

本标准适用于装拆六角螺栓和螺母的手动套筒扳手。

2　规范性引用文件

下列文件对于本文件的应用是必不可少的。凡是注日期的引用文件，仅注日期的版本适用于本文件。凡是不注日期的引用文件，其最新版本(包括所有的修改单)适用于本文件。

GB/T 2828.1　计数抽样检验程序　第1部分：按接收质量限(AQL)检索的逐批检验抽样计划(GB/T 2828.1—2012，ISO 2859-1：1999，IDT)

GB/T 2829　周期检验计数抽样程序及表(适用于对过程稳定性的检验)

GB/T 5305　手工具包装、标志、运输与贮存

3　检验规则

3.1　交收检验

3.1.1　产品须经制造厂检验合格后方可出厂，并附有产品合格证。

3.1.2　交收检验项目按 GB/T 2828.1 规定的二次抽样方案逐项进行。

3.1.3　检验的样本可由相同规格的产品组成，也可由成套产品组成。

3.1.4　产品的不合格分类、检验项目、接收质量限(AQL)和检查水平按表1的规定。

表1　不合格分类、检验项目、接收质量限(AQL)和检查水平

序号	不合格分类	检验项目	合格质量水平(AQL)	检查水平(IL)
1	B	套筒对边尺寸	2.5	S-3
2		套筒和附件扭矩		S-2
3		套筒和附件硬度		
4	C	套筒和附件基本尺寸	6.5	S-3
5		传动方榫与方孔的结合性能		
6		操作性能		
7		套筒和附件表面质量		I

3.1.5　对检验中发现的不合格品及进行破坏试验后的样品，交货方应予调换。

3.1.6　经检验拒收的产品，可由制造厂重新分类修理后，再提交验收。

3.1.7　由成套产品组成的交验批，在检验中任何一个组件被判为不合格，都应对交验批中的该组件进行修整或更换后，重新进行检验。

3.2 型式检验

3.2.1 有下列情况之一时，应进行型式检验：

a) 产品定型投产时；

b) 正式生产后，如结构、材料、工艺有较大改变，可能影响产品性能时；

c) 正式生产过程中，每年进行一次；

d) 产品停产一年以上，恢复生产时；

e) 用户或第三方有特殊要求时。

3.2.2 型式检验在出厂检验合格的产品中的某个批或若干批随机抽取。

3.2.3 型式检验按 GB/T 2829 的规定进行，采用判别水平 III，一次抽样方案。

3.2.4 型式检验的项目、不合格类别、不合格质量水平(RQL)按表 2 规定。

表 2 型式检验

序号	不合格分类	检验项目	样本量 n	不合格质量水平 RQL	合格判定数 Ac	不合格判定数 Re
1	B	套筒对边尺寸	20	10	0	1
2		套筒和附件的扭矩			0	1
3		套筒和附件的硬度			0	1
4	C	套筒和附件基本尺寸		20	1	2
5		传动方榫与方孔的结合性能			1	2
6		操作性能			1	2
7		棘轮扳手的耐久性			1	2
8		套筒和附件表面处理(镀层厚度)			1	2
9		套筒和附件表面质量		25	2	3

4 包装、标志、运输与贮存

4.1 产品标志

在产品上应有固定明晰的产品标志。标志内容包括产品的规格和制造厂商的名称或商标。

4.2 产品的包装、包装标志、运输与贮存

产品的包装、包装标志、运输与贮存应按 GB/T 5305 的规定进行。

ICS 25.140.30
J 47

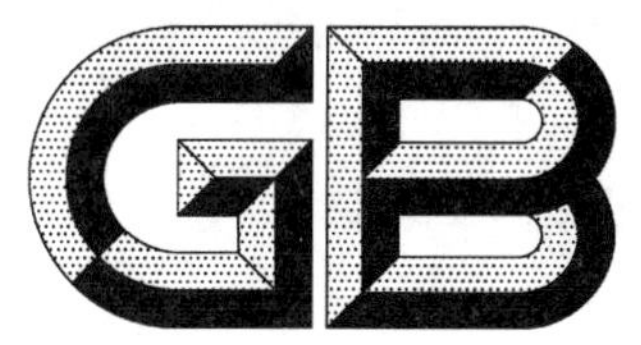

中华人民共和国国家标准

GB/T 4388—2008
代替 GB/T 4388—1995

呆扳手、梅花扳手、两用扳手的型式

Types of open-end wrenches, box wrenches and combination wrenches

(ISO 7738:2001, Assembly tools for screws and nuts—Combination wrenches—Lengths of wrenches and maximum thickness of heads, ISO 10102:2001, Assembly tools for screws and nuts—Double-headed open-ended engineer's wrenches—Length of wrenches and thickness of the heads, ISO 10103:2001, Assembly tools for screws and nuts—Double-headed, flat and offset, box wrenches—Length of wrenches and thickness of the heads, ISO 10104:2001, Assembly tools for screws and nuts—Double-headed, deep offset and modified offset, box wrenches—Length of wrenches and thickness of the heads, NEQ)

2008-12-30 发布 2009-09-01 实施

中华人民共和国国家质量监督检验检疫总局
中国国家标准化管理委员会 发布

前　言

本标准与国际标准 ISO 7738：2001《螺钉和螺母的装配工具　两用扳手　扳手长度和头部最大厚度》、ISO 10102：2001《螺钉和螺母的装配工具　双头呆扳手　扳手长度和头部厚度》、ISO 10103：2001《螺钉和螺母的装配工具　双头直颈和弯颈梅花扳手　扳手长度和头部厚度》、ISO 10104：2001《螺钉和螺母的装配工具　双头高颈和矮颈梅花扳手　扳手长度和头部厚度》的一致性程度为非等效。

本标准代替 GB/T 4388—1995《呆扳手、梅花扳手、两用扳手的型式》。

本标准与 GB/T 4388—1995 相比主要变化如下：

——增加了双头呆扳手和双头梅花扳手的规格($s_1 \times s_2$)为 19×24、24×26、27×29 和 30×36 及其相应的尺寸(1995 版的表 1，本版的表 1)；

——取消了原标准中短型双头呆扳手的头部厚度，使长型和短型厚度一致(1995 版的表 1，本版的表 1)；

——增加了两用扳手的规格 s 为 3.2、4 和 5 及其相应的尺寸(1995 版的表 2，本版的表 2)；

——调整了两用扳手长度和头部厚度的数值(1995 版的表 2，本版的表 2)；

——对基本尺寸的数值作了调整(1995 版的表 1 和表 2，本版的表 1 和表 2)。

本标准由中国轻工业联合会提出。

本标准由全国五金制品标准化技术委员会工具五金分技术委员会归口。

本标准由浙江亿洋工具制造有限公司、江苏舜天国际集团江都工具有限公司、上海市工具工业研究所负责起草，文登威力工具集团有限公司、杭州钱江五金工具有限责任公司、宁波长城精工实业有限公司、上海民星劳动工具有限公司、上海田野(集团)工具有限公司参加起草。

本标准主要起草人：吴祖训、陈昌祺、邹家平、刘玉信、鞠家平、陈国苗、陈立海、徐曙光、潘宇杰、顾青。

本标准所代替标准的历次版本发布情况为：

——GB 4388—1984；GB/T 4388—1995。

呆扳手、梅花扳手、两用扳手的型式

1 范围

本标准规定了扳拧螺栓和螺母或其他紧固件的呆扳手、梅花扳手、两用扳手的型式。本标准的图示仅是示例，并不影响对产品的设计。

本标准适用于GB/T 4625中规定的呆扳手、梅花扳手和两用扳手。

2 规范性引用文件

下列文件中的条款通过本标准的引用而成为本标准的条款。凡是注日期的引用文件，其随后所有的修改单(不包括勘误的内容)或修订版均不适用于本标准，然而，鼓励根据本标准达成协议的各方研究是否可使用这些文件的最新版本。凡是不注日期的引用文件，其最新版本适用于本标准。

GB/T 4625 螺钉和螺母的装配工具术语

3 产品分类

3.1 呆扳手的型式和基本尺寸

3.1.1 呆扳手分为双头呆扳手和单头呆扳手两种型式(见图1和图2)，双头呆扳手可分为短型和长型两种长度。

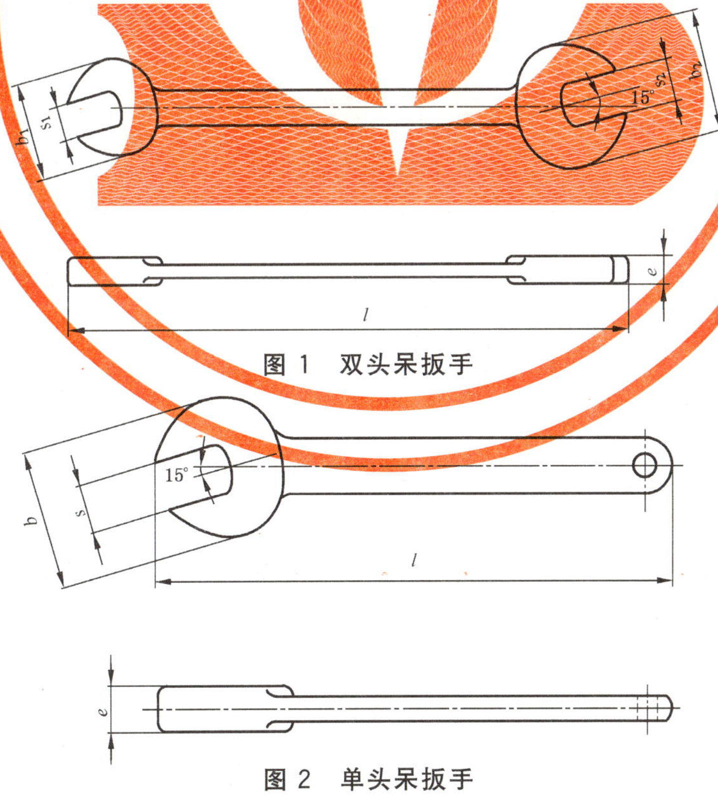

图1 双头呆扳手

图2 单头呆扳手

3.1.2 双头呆扳手的规格和基本尺寸按表1的规定，单头呆扳手的规格和基本尺寸按表2的规定。

表 1　双头呆扳手和双头梅花扳手的对边尺寸组配及基本尺寸　　单位为毫米

规格[a]（对边尺寸组配）$s_1 \times s_2$	双头呆扳手			双头梅花扳手			
	厚度 e max	短型	长型	直颈、弯颈		矮颈、高颈	
		全长 l min		厚度 e max	全长 l min	厚度 e max	全长 l min
3.2×4	3	72	81				
4×5	3.5	78	87				
5×5.5	3.5	85	95				
5.5×7	4.5	89	99				
(6×7)	4.5	92	103	6.5	73	7	134
7×8	4.5	99	111	7	81	7.5	143
(8×9)	5	106	119	7.5	89	8.5	152
8×10	5.5	106	119	8	89	9	152
(9×11)	6	113	127	8.5	97	9.5	161
10×11	6	120	135	8.5	105	9.5	170
(10×12)	6.5	120	135	9	105	10	170
10×13	7	120	135	9.5	105	11	170
11×13	7	127	143	9.5	113	11	179
(12×13)	7	134	151	9.5	121	11	188
(12×14)	7	134	159	9.5	121	11	188
(13×14)	7	141	159	9.5	129	11	197
13×15	7.5	141	159	10	129	12	197
13×16	8	141	159	10.5	129	12	197
(13×17)	8.5	141	159	11	129	13	197
(14×15)	7.5	148	167	10	137	12	206
(14×16)	8	148	167	10.5	137	12	206
(14×17)	8.5	148	167	11	137	13	206
15×16	8	155	175	10.5	145	12	215
(15×18)	8.5	155	175	11.5	145	13	215
(16×17)	8.5	162	183	11	153	13	224
16×18	8.5	162	183	11.5	153	13	224
(17×19)	9	169	191	11.5	166	14	233
(18×19)	9	176	199	11.5	174	14	242
18×21	10	176	199	12.5	174	14	242
(19×22)	10.5	183	207	13	182	15	251
(19×24)	11	183	207	13.5	182	16	251

表 1（续）

单位为毫米

规格[a]（对边尺寸组配）$s_1 \times s_2$	双头呆扳手			双头梅花扳手			
	厚度	短型	长型	直颈、弯颈		矮颈、高颈	
	e max	全长 l min		厚度 e max	全长 l min	厚度 e max	全长 l min
(20×22)	10	190	215	13	190	15	260
(21×22)	10	202	223	13	198	15	269
(21×23)	10.5	202	223	13	198	15	269
21×24	11	202	223	13.5	198	16	269
(22×24)	11	209	231	13.5	206	16	278
(24×26)	11.5	223	247	15.5	222	16.5	296
24×27	12	223	247	14.5	222	17	296
(24×30)	13	223	247	15.5	222	18	296
(25×28)	12	230	255	15	230	17.5	305
(27×29)	12.5	244	271	15	246	18	323
27×30	13	244	271	15.5	246	18	323
(27×32)	13.5	244	271	16	246	19	323
(30×32)	13.5	265	295	16	275	19	330
30×34	14	265	295	16.5	275	20	330
(30×36)	14.5	265	295	17	275	21	330
(32×34)	14	284	311	16.5	291	20	348
(32×36)	14.5	284	311	17	291	21	348
34×36	14.5	298	327	17	307	21	366
36×41	16	312	343	18.5	323	22	384
41×46	17.5	357	383	20	363	24	429
46×50	19	392	423	21	403	25	474
50×55	20.5	420	455	22	435	27	510
55×60	22	455	495	23.5	475	28.5	555
60×65	23	490					
65×70	24	525					
70×75	25.5	560					
75×80	27	600					

[a] 括号内的对边尺寸组配为非优先组配。

表 2 单头呆扳手、呆头梅花扳手、两用扳手的规格及其基本尺寸 单位为毫米

规格 s	单头呆扳手		单头梅花扳手		两用扳手		
	厚度 e max	全长 l min	厚度 e max	全长 l min	厚度 e_1 max	厚度 e_2 max	全长 l min
3.2					5	3.3	55
4					5.5	3.5	55
5					6	4	65
5.5	4.5	80			6.3	4.2	70
6	4.5	85			6.5	4.5	75
7	5	90			7	5	80
8	5	95			8	5	90
9	5.5	100			8.5	5.5	100
10	6	105	9	105	9	6	110
11	6.5	110	9.5	110	9.5	6.5	115
12	7	115	10.5	115	10	7	125
13	7	120	11	120	11	7	135
14	7.5	125	11.5	125	11.5	7.5	145
15	8	130	12	130	12	8	150
16	8	135	12.5	135	12.5	8	160
17	8.5	140	13	140	13	8.5	170
18	9	150	14	150	14	9	180
19	9	155	14.5	155	14.5	9	185
20	9.5	160	15	160	15	9.5	200
21	10	170	15.5	170	15.5	10	205
22	10.5	180	16	180	16	10.5	215
23	10.5	190	16.5	190	16.5	10.5	220
24	11	200	17.5	200	17.5	11	230
25	11.5	205	18	205	18	11.5	240
26	12	215	18.5	215	18.5	12	245
27	12.5	225	19	225	19	12.5	255
28	12.5	235	19.5	235	19.5	12.5	270
29	13	245	20	245	20	13	280
30	13.5	255	20	255	20	13.5	285
31	14	265	20.5	265	20.5	14	290
32	14.5	275	21	275	21	14.5	300
34	15	285	22.5	285	22.5	15	320

表 2（续）

单位为毫米

规格 s	单头呆扳手		单头梅花扳手		两用扳手		
	厚度 e max	全长 l min	厚度 e max	全长 l min	厚度 e_1 max	厚度 e_2 max	全长 l min
36	15.5	300	23.5	300	23.5	15.5	335
41	17.5	330	26.5	330	26.5	17.5	380
46	19.5	350	28.5	350	29.5	19.5	425
50	21	370	32	370	32	21	460
55	22	390	33.5	390			
60	24	420	36.5	420			
65	26	450	39.5	450			
70	28	480	42.5	480			
75	30	510	46	510			
80	32	540	49	540			

3.2 梅花扳手的型式和基本尺寸

3.2.1 梅花扳手分为双头梅花扳手(如图 3～图 4 所示)和单头梅花扳手(如图 5 所示)两种型式，并按颈部形状分为矮颈型和高颈型(如图 3、图 5 所示)，以及直颈型和弯颈型(如图 4 所示)。

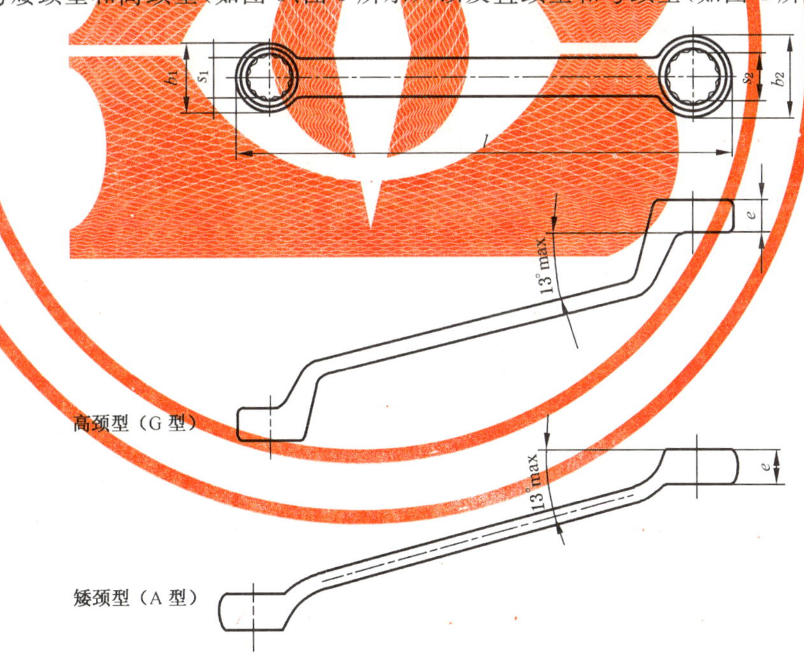

图 3 矮颈型和高颈型双头梅花扳手

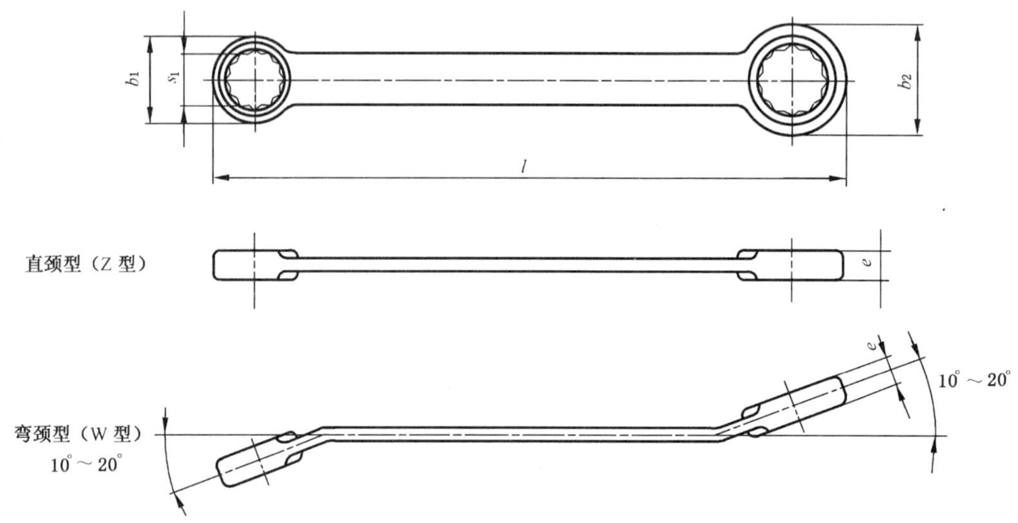

图 4　直颈型和弯颈型双头梅花扳手

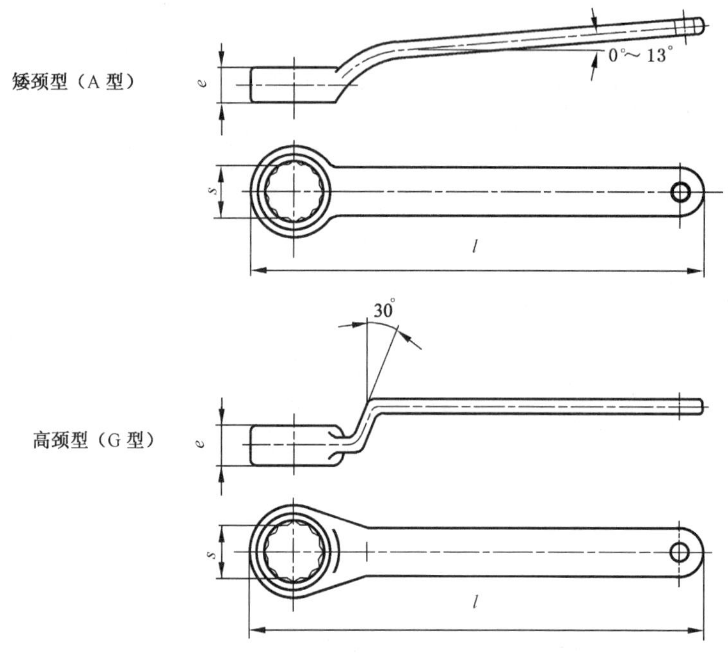

图 5　矮颈型和高颈型单头梅花扳手

3.2.2　梅花扳手的规格和基本尺寸按表 1 和表 2 的规定。

3.3　两用扳手的型式和基本尺寸

3.3.1　两用扳手的型式如图 6 所示。

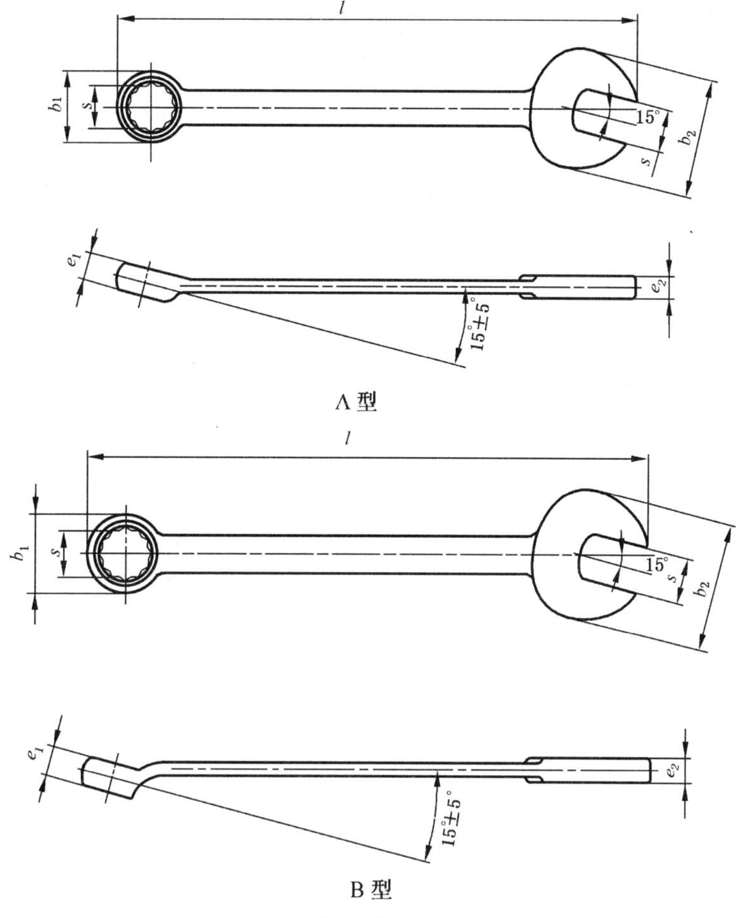

图 6　两用扳手的型式

3.3.2　两用扳手的规格和基本尺寸按表 2 的规定。

中华人民共和国国家标准

GB/T 4392—1995

代替 GB 4392—84

敲击呆扳手和敲击梅花扳手

Slugging open-end wrenches and slugging box wrenches

1 主题内容与适用范围

本标准规定了敲击呆扳手和敲击梅花扳手的型式、基本尺寸、技术要求。

本标准适用于敲击呆扳手和敲击梅花扳手。

2 引用标准

GB/T 4393 呆扳手、梅花扳手、两用扳手技术规范

3 型式与基本尺寸

3.1 敲击呆扳手和敲击梅花扳手的型式，如图1和图2所示。

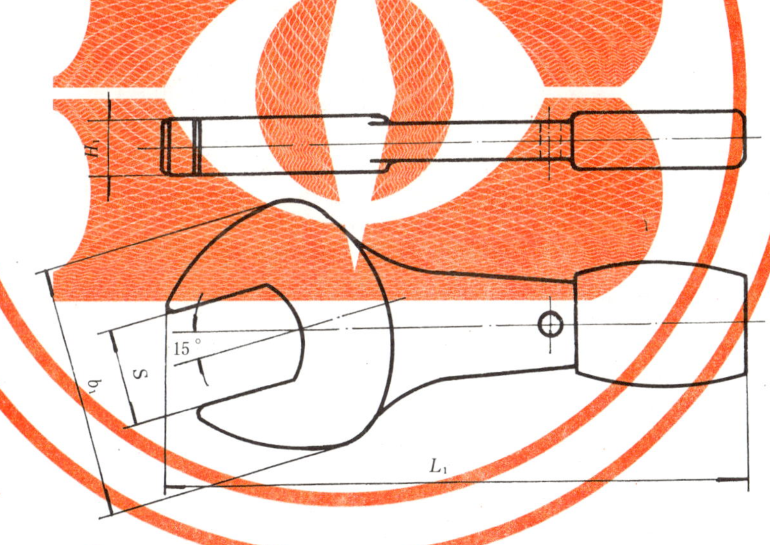

图 1 敲击呆扳手

国家技术监督局1995-10-24批准　　　　1996-07-01实施

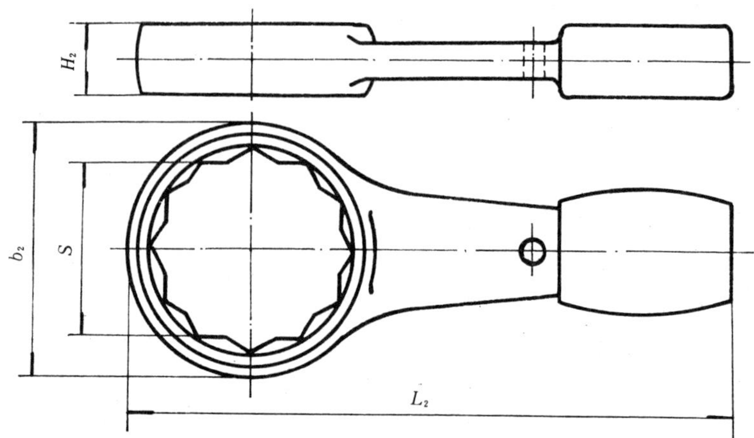

图 2　敲击梅花扳手

3.2　敲击呆扳手和敲击梅花扳手的基本尺寸和极限偏差按表 1 的规定。

表 1

mm

规格 S	敲击呆扳手					敲击梅花扳手				
	S		$b_{1(max)}$	$H_{1(max)}$	$L_{1(min)}$	S		$b_{2(max)}$	$H_{2(max)}$	$L_{2(min)}$
	下偏差	上偏差				下偏差	上偏差			
50	+0.10	+0.60	110.0	20	300	+0.10	+0.70	83.5	25.0	300
55	+0.12	+0.72	120.5	22		+0.12	+0.92	91.0	27.0	
60			131.0	24	350			98.5	29.0	350
65			141.5	26				106.0	30.6	
70			152.0	28	375			113.5	32.5	375
75	+0.15	+0.85	162.5	30		+0.15	+1.15	121.0	34.0	
80			173.0	32	400			128.5	36.5	400
85			183.5	34				136.0	38	
90			188.0	36	450			143.5	40.0	450
95			198.0	38				151.0	42.0	
100			208.0	40	500			158.5	44.0	500
105	+0.20	+1.00	218.0	42		+0.20	+1.40	166.0	45.6	
110			228.0	44				173.5	47.5	
115			238.0	46				181.0	49.0	
120			248.0	48	600			188.5	51.0	600
130			268.0	52				203.5	55.0	
135			278.0	54				211.0	57.0	
145			298.0	58				226.0	60.6	

续表 1

mm

规格 S	敲击呆扳手					敲击梅花扳手				
	S		$b_{1(max)}$	$H_{1(max)}$	$L_{1(min)}$	S		$b_{2(max)}$	$H_{2(max)}$	$L_{2(min)}$
	下偏差	上偏差				下偏差	上偏差			
150	+0.25	+1.20	308.0	60	700	+0.25	+1.55	233.5	62.5	700
155			318.0	62				241.0	64.5	
165			338.0	66				256.0	68.0	
170			345.0	68				263.5	70.0	
180			368.0	72	800			278.5	74.0	800
185			378.0	74				286.0	75.6	
190			388.0	76				293.5	77.5	
200			408.0	80				308.5	81.0	
210			425.0	84				323.5	85.0	

注：扳手孔的精度按未经机械加工状态确定。

4 技术要求

4.1 材料

敲击呆扳手和敲击梅花扳手采用的材料，应符合 GB/T 4393 中第 3 章的规定。

4.2 硬度

敲击呆扳手和敲击梅花扳手的热处理硬度为 HRC 30～36。

4.3 开口与头宽的对称度，其偏差应按图 3 和表 2 的规定。

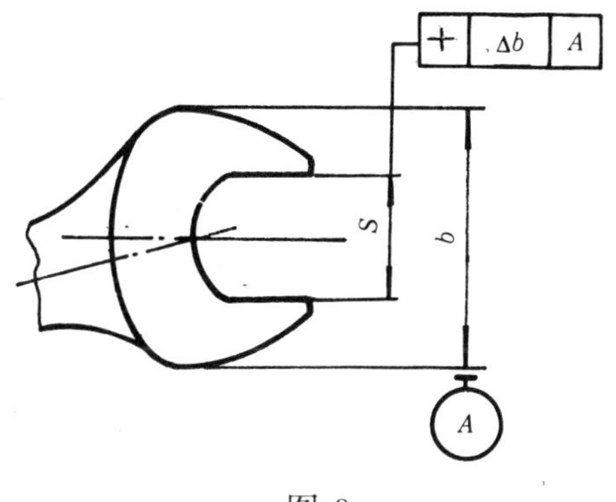

图 3

表 2

mm

规格 S	50～80	85～120	130～210
Δb	2.4	2.6	3

4.4 表面处理

敲击呆扳手和敲击梅花扳手的表面处理按 GB/T 4393 中的 3.5 条规定。

4.5 表面质量

敲击呆扳手和敲击梅花扳手的表面质量按 GB/T 4393 中的 3.6 条规定。

附加说明：

本标准由中国轻工总会提出，由全国工具五金标准化中心归口。

本标准由全国五金制品标准化技术委员会工具五金分技术委员会第一工作组负责起草。

本标准主要起草人：林美德、周燕谋、薛桂岑。

本标准 1984 年 5 月 14 日第一次发布。

本标准 1995 年 10 月 24 日第二次发布。

ICS 25.140.30
J 47

中华人民共和国国家标准

GB/T 4393—2008
代替 GB/T 4393—1995

呆扳手、梅花扳手、两用扳手技术规范

Open end wrenches, box wrenches and combination wrenches—Technical specifications

(ISO 1711-1:2007, Assembly tools for screws and nuts—Technical specifications—Part 1: Hand—Operated wrenches and sockets, NEQ)

2008-12-30 发布　　2009-09-01 实施

中华人民共和国国家质量监督检验检疫总局
中国国家标准化管理委员会　发布

前　言

本标准与国际标准 ISO 1711-1:2007《螺钉和螺母的装配工具—技术规范—第 1 部分:手动扳手和套筒》的一致性程度为非等效。

本标准代替 GB/T 4393—1995《呆扳手、梅花扳手、两用扳手　技术规范》。

本标准与 GB/T 4393—1995 相比主要变化如下:

——增加了型式和尺寸的规定(本版的第 3 章);

——修改和调整了扳手的最小硬度试验值(1995 版的 3.2 条,本版的 4.2 条);

——增加了最小试验扭矩计算公式(本版的表 2);

——取消了 B 系列和 D 系列扭矩(1995 版的表 2);

——将原 A 系列扭矩调整为梅花扳手的最小试验扭矩(1995 版的表 2,本版的表 3);

——将原 C 系列扭矩调整为呆扳手的最小试验扭矩(1995 版的表 2,本版的表 3);

——取消了规格 $S>70$ mm 的产品要求(1995 版的表 2,本版的表 3);

——取消了开口与头宽的对称度(1995 版的 3.4 条);

——在表面处理中减小了镀层厚度要求(1995 版的 3.5.1,本版的 4.4.2);

——取消了发黑表面处理的耐腐蚀性能测试(1995 版的 4.6.2);

——取消附录 A"扳手开口和扳手孔的检验量规"(1995 版的附录 A)。

本标准由中国轻工业联合会提出。

本标准由全国五金制品标准化技术委员会工具五金分技术委员会归口。

本标准由江苏舜天国际集团江都工具有限公司、上海市工具工业研究所负责起草,文登威力工具集团有限公司、宁波长城精工实业有限公司、上海民星劳动工具有限公司、杭州钱江五金工具有限责任公司、上海田野工具(集团)有限公司、浙江亿洋工具制造有限公司、上海申裕五金工具制造有限公司、台州远泰锻压工具有限公司参加起草。

本标准主要起草人:吴祖训、翁恒建、邹家平、刘玉信、陈立海、徐曙光、陈国苗、潘宇杰、陈昌祺、李若慈、颜可智、顾青。

本标准所代替标准的历次版本发布情况为:

——GB 4393—1984、GB 4394—1984;

——GB/T 4393—1995。

呆扳手、梅花扳手、两用扳手
技术规范

1 范围

本标准规定了呆扳手、梅花扳手、两用扳手的技术要求、试验方法、检验规则、包装、标志、运输与贮存。

本标准适用于扳拧螺栓和螺母或其他紧固件的呆扳手、梅花扳手、两用扳手。

2 规范性引用文件

下列文件中的条款通过本标准的引用而成为本标准的条款。凡是注日期的引用文件,其随后所有的修改单(不包括勘误的内容)或修订版均不适用于本标准,然而,鼓励根据本标准达成协议的各方研究是否可使用这些文件的最新版本。凡是不注日期的引用文件,其最新版本适用于本标准。

GB/T 230.1 金属洛氏硬度试验 第1部分:试验方法(A、B、C、D、E、F、G、H、K、N、T标尺)(GB/T 230.1—2004,ISO 6508-1:1999,IDT)

GB/T 1957 光滑极限量规 技术条件

GB/T 2828.1 计数抽样检验程序 第1部分:按接收质量限(AQL)检索的逐批检验抽样计划(GB/T 2828.1—2003,ISO 2859-1:1999,IDT)

GB/T 4388 呆扳手、梅花扳手、两用扳手的型式

GB/T 4389 螺钉与螺母的装配工具 双头呆扳手、双头梅花扳手、两用扳手头部外形的最大尺寸

GB/T 4390 公制扳手开口和扳手孔的常用公差

GB/T 4391 双头扳手的对边尺寸组配

GB/T 4955 金属覆盖层 覆盖层厚度测量 阳极溶解库仑法

GB/T 5305 手工具包装、标志、运输与贮存

GB/T 6060.2 表面粗糙度比较样块 磨、车、镗、铣、插及刨加工表面(GB/T 6060.2—2006,ISO 2632-1:1985,MOD)

GB/T 6462 金属和氧化物覆盖层 厚度测量 显微镜法(GB/T 6462—2005,ISO 1463:2003,IDT)

3 型式和尺寸

3.1 呆扳手、梅花扳手、两用扳手的型式和尺寸按照GB/T 4388、GB/T 4389的规定,双头呆扳手、双头梅花扳手的对边尺寸组配按照GB/T 4391的规定。

3.2 扳手开口和扳手孔的尺寸精度按照GB/T 4390的规定。

4 技术要求

4.1 材料

采用能够达到本标准要求的优质碳素结构钢或合金结构钢。

4.2 硬度

扳手的硬度应按表1的规定。

表 1 最小硬度试验值

规格(S)/mm	最小硬度/ HRC		
	呆扳手		梅花扳手、两用扳手
	合金结构钢	优质碳素结构钢	合金结构钢、优质碳素结构钢
$S \leqslant 34$	42	36	39
$34 < S \leqslant 70$	39	36	35

4.3 扭矩

表 2 列出了用 N·m 表示的最小试验扭矩的计算公式。扳手的最小试验扭矩如表 3 所示。

表 2 最小试验扭矩计算公式

扳手分类			最小试验扭矩[a](M)/N·m
梅花扳手			$0.2657\ S^{2.34}$
呆扳手	规格(S)/mm	≤36	$0.0392\ S^{2.8}$
		>36	$0.6865\ S^{2}$

[a] 两用扳手的开口端和孔端分别采用呆扳手和梅花扳手的最小试验扭矩计算公式。

表 3 最小试验扭矩

规格(S)/mm	最小试验扭矩[a](M)/N·m	
	梅花扳手	呆扳手
3.2	4.04	1.02
4	6.81	1.9
5	11.50	3.55
5.5	14.40	4.64
6	17.60	5.92
7	25.20	9.12
8	34.50	13.3
9	45.40	18.4
10	58.10	24.8
11	72.70	32.3
12	89.10	41.2
13	107.00	51.6
14	128.00	63.5
15	150	77
16	175	92.3
17	201	109
18	230	128
19	261	149
21	330	198

表 3(续)

规格(S)/mm	最小试验扭矩[a](M)/N·m	
	梅花扳手	呆扳手
22	368	225
24	451	287
27	594	399
30	760	536
32	884	643
34	1 019	761
36	1 165	894
41	1 579	1 154
46	2 067	1 453
50	2 512	1 716
55	3 140	2 077
60	3 849	2 471
65	4 021	2 900
70	4 658	3 364

[a] 两用扳手的开口端和孔端分别采用呆扳手和梅花扳手的扭矩系列。

4.4 表面处理

4.4.1 扳手应进行电镀或其他表面处理。

4.4.2 经电镀处理的扳手,其电镀层厚度应不低于 6 μm。

4.5 表面质量

4.5.1 经电镀表面处理后的扳手,其表面应色泽均匀,不应有气孔、漏镀、烧焦、起层等影响保护性能和使用寿命的缺陷。

4.5.2 经发黑处理或其他化合物生成处理的扳手,其表面应色泽均匀,不应有明显的斑点及露底现象,且有一层防锈保护涂层。

4.5.3 扳手不应有裂缝、毛刺及明显的伤痕、氧化皮等缺陷。柄部平直且不应有影响使用性能的缺陷。

4.5.4 扳手开口两侧面的表面粗糙度 Ra 值不低于 12.5 μm。扳手孔内表面的表面粗糙度 Ra 值应不大于 25 μm。

5 试验方法

5.1 表面处理和表面质量检验

5.1.1 电镀层厚度检验按照 GB/T 4955 或 GB/T 6462 的规定进行,应符合 4.4.2 的规定。

5.1.2 扳手的表面质量用目测检验,应符合 4.5 条的各项规定。

5.1.3 扳手开口和扳手孔的表面粗糙度用符合 GB/T 6060.2 规定的标准样块进行检验,应符合 4.5.4 的规定。

5.2 尺寸检验

5.2.1 外形尺寸用通用量具检验,应符合 3.1 条的规定。

5.2.2 扳手开口和扳手孔尺寸精度用符合 GB/T 1957 规定的专用量规或通用量具检验,应符合 3.2 条的规定。

5.3 硬度试验

5.3.1 硬度试验按 GB/T 230.1 的规定进行，应符合 4.2 条的规定。

5.3.2 呆扳手硬度的测试部位如图 1 所示。

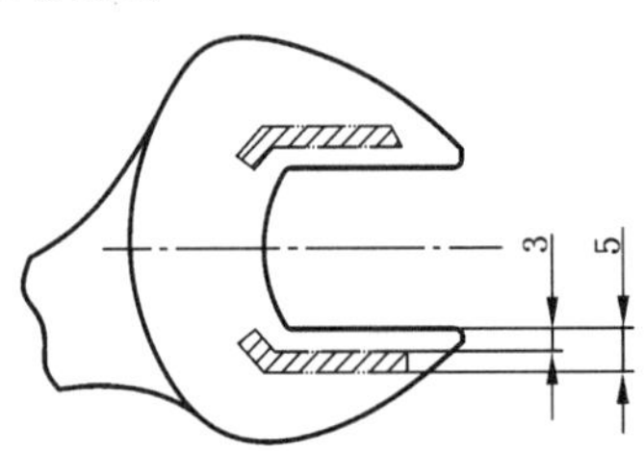

图 1 呆扳手硬度的测试部位

5.3.3 梅花扳手硬度的测试部位，应在靠近头颈处的柄部。

5.4 扭矩试验

5.4.1 扭矩试验应采用六角试棒，六角试棒的对边尺寸等同于公差带为 h8 的基准尺寸 S。试棒的硬度不小于 55HRC。

5.4.2 扭矩试验采用图 2 和图 3 所示的方式。试验时应将六角试棒棱角触及扳手开口底部或完全插入扳手梅花孔内，在柄部合适位置缓慢地施加载荷至最小试验扭矩。

采用试棒旋转的扭力试验机时，其扭矩精度为±2.5%。

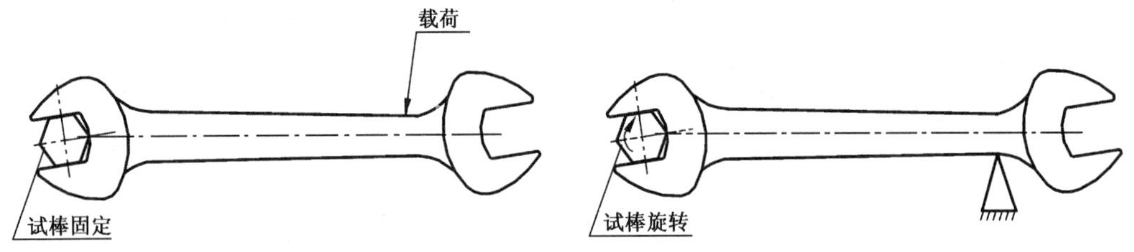

图 2 呆扳手扭矩试验

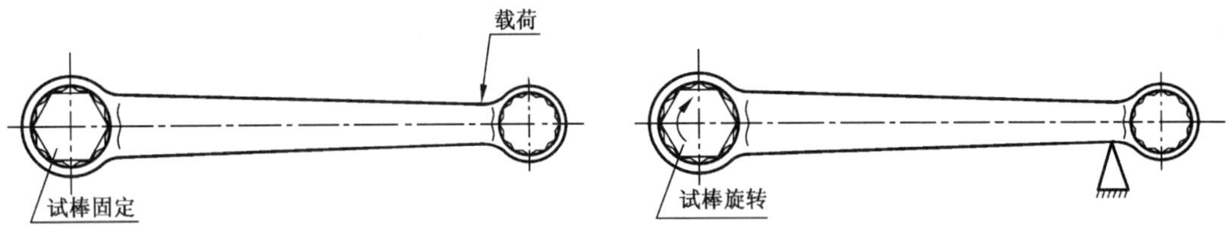

图 3 梅花扳手扭矩试验

5.4.3 扭矩试验后，扳手开口端部变形量不得超过表 4 的规定，且不能出现影响使用性能的永久变形或损伤。

表 4 扳手开口端部变形量

单位为毫米

S	≤25	>25
ΔS	≤0.05	≤0.08

6 检验规则

6.1 产品须经检验合格后方可出厂，并附有产品合格证。

6.2 产品的检验按 GB 2828.1 规定的二次抽样方案逐项进行。

6.3 样本可由相同规格的扳手组成，也可由成套产品中不同规格的扳手组成。

6.4 交收检验的不合格分类、检验项目、接收质量限(AQL)和检验水平按表5的规定。

表5 不合格分类、检验项目、接收质量限(AQL)和检验水平

<table>
<tr><th>序号</th><th>不合格分类</th><th>检查项目</th><th>接收质量限(AQL)</th><th>检验水平</th></tr>
<tr><td>1</td><td rowspan="3">B</td><td>扭矩</td><td rowspan="3">4.0</td><td rowspan="2">S-2</td></tr>
<tr><td>2</td><td>硬度</td></tr>
<tr><td>3</td><td>开口和孔的尺寸精度</td><td rowspan="2">S-3</td></tr>
<tr><td>4</td><td rowspan="3">C</td><td>基本尺寸</td><td rowspan="3">6.5</td></tr>
<tr><td>5</td><td>镀层厚度</td><td>S-2</td></tr>
<tr><td>6</td><td>表面质量</td><td>I</td></tr>
</table>

6.5 对交收检验中发现的不合格品及进行破坏试验后的样本,制造厂应予调换。

6.6 经检验拒收的产品,可由制造厂重新分类或修整后,再提交验收。

7 包装、标志、运输与贮存

产品的包装、标志、运输与贮存按GB/T 5305的规定进行。

ICS 25.060.99
J 27
备案号：47255—2014

中华人民共和国机械行业标准

JB/T 7270.1—2014
代替 JB/T 7270.1—1994

手柄

Handle

2014-07-09 发布　　2014-11-01 实施

中华人民共和国工业和信息化部 发布

前　言

JB/T 7270分为12个部分：

——第1部分：手柄；

——第2部分：曲面手柄；

——第3部分：直手柄；

——第4部分：转动小手柄；

——第5部分：转动手柄；

——第6部分：曲面转动手柄；

——第7部分：锥柱手柄；

——第8部分：球头手柄；

——第9部分：单柄对重手柄；

——第10部分：双柄对重手柄；

——第11部分：可折手柄；

——第12部分：可调位紧定手柄。

本部分为JB/T 7270的第1部分。

本部分按照GB/T 1.1—2009给出的规则起草。

本部分代替JB/T 7270.1—1994《手柄》，与JB/T 7270.1—1994相比主要技术变化如下：

——增加了标准的英文名称；

——取消了沉孔的部分尺寸，如对边和对角宽度；

——修改了材料的要求；

——取消了重量。

本部分由中国机械工业联合会提出。

本部分由机械工业工艺工装标准化技术委员会（CMIF/TC13）归口。

本部分起草单位：中机生产力促进中心。

本部分主要起草人：李维荣、冯峰。

本部分所代替标准的历次版本发布情况为：

——JB/T 7270.1—1994。

手 柄

1 范围

JB/T 7270 的本部分规定了手柄的型式与尺寸、标记及技术要求。

本部分适用于手柄。

2 规范性引用文件

下列文件对于本文件的应用是必不可少的。凡是注日期的引用文件，仅注日期的版本适用于本文件。凡是不注日期的引用文件，其最新版本（包括所有的修改单）适用于本文件。

JB/T 7276 操作件标记方法

JB/T 7277 操作件技术条件

3 型式与尺寸

手柄的型式与尺寸按图 1 及表 1 的规定。

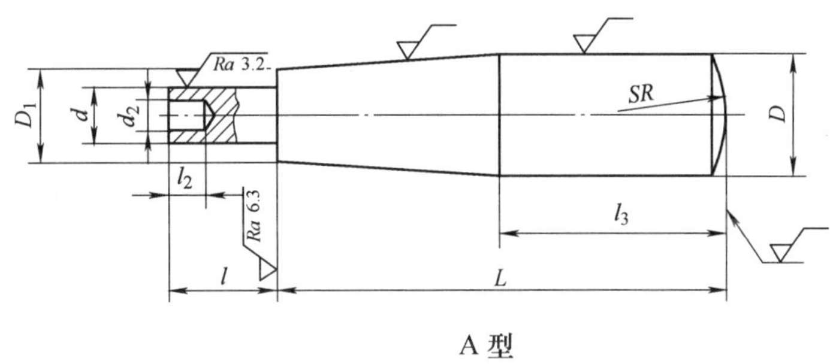

A 型

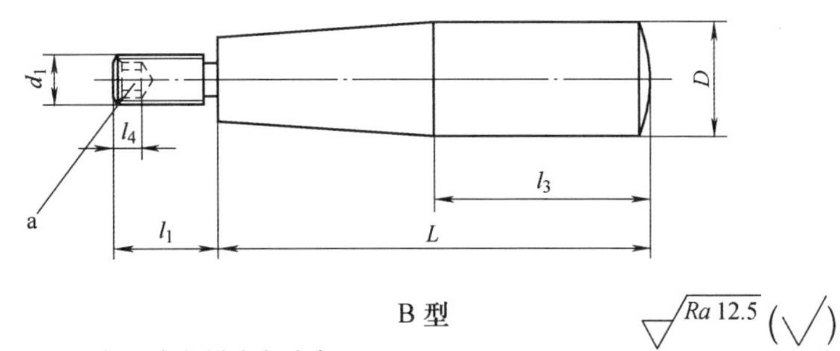

B 型　　Ra 12.5 (√)

说明：未注尺寸由制造商确定。

注：√ = 镀前 √Ra 1.6。

a —— 经供需双方协商，可不制出内六角。

图 1 手柄

表 1　手柄的尺寸

单位为毫米

<table>
<tr><th colspan="2">d</th><th rowspan="2">d_1</th><th rowspan="2">d_2</th><th rowspan="2">L</th><th rowspan="2" colspan="5">l</th><th rowspan="2">l_1</th><th rowspan="2">l_2</th><th rowspan="2">l_3
参考</th><th rowspan="2">l_4</th><th rowspan="2">D</th><th rowspan="2">D_1</th><th rowspan="2">SR</th></tr>
<tr><th>基本尺寸</th><th>极限偏差 js7</th></tr>
<tr><td>4</td><td rowspan="3">±0.006</td><td>M4</td><td>2.5</td><td>32</td><td rowspan="3">—</td><td rowspan="2">—</td><td>6</td><td>8</td><td>10</td><td>8</td><td>3</td><td>16</td><td>2</td><td>9</td><td>7</td><td>12</td></tr>
<tr><td>5</td><td>M5</td><td>3.5</td><td>40</td><td>8</td><td>10</td><td>12</td><td>10</td><td rowspan="3">4</td><td>20</td><td>2.5</td><td>11</td><td>8</td><td>14</td></tr>
<tr><td>6</td><td>M6</td><td>4</td><td>50</td><td>10</td><td>12</td><td>14</td><td>16</td><td>12</td><td>25</td><td>3</td><td>13</td><td>10</td><td>16</td></tr>
<tr><td>8</td><td rowspan="2">±0.007</td><td>M8</td><td>5.5</td><td>63</td><td>12</td><td>14</td><td>16</td><td>18</td><td>20</td><td>14</td><td>32</td><td>4</td><td>16</td><td>12</td><td>20</td></tr>
<tr><td>10</td><td>M10</td><td>7</td><td>80</td><td>16</td><td>18</td><td>20</td><td>22</td><td>25</td><td>16</td><td>5</td><td>40</td><td>5</td><td>20</td><td>15</td><td>25</td></tr>
<tr><td>12</td><td rowspan="2">±0.009</td><td>M12</td><td>9</td><td>100</td><td>20</td><td>22</td><td>25</td><td>28</td><td>32</td><td>18</td><td>6</td><td>50</td><td>6</td><td>25</td><td>18</td><td>32</td></tr>
<tr><td>16</td><td>M16</td><td>12</td><td>112</td><td>22</td><td>25</td><td>28</td><td>32</td><td>36</td><td>20</td><td>8</td><td>56</td><td>8</td><td>32</td><td>22</td><td>40</td></tr>
</table>

4　标记

4.1　标记方法

标记方法按 JB/T 7276 的规定。

4.2　标记示例

A 型，d=6 mm，L=50 mm，l=10 mm，35 钢，喷砂镀铬手柄的标记为：

手柄　6×50×10　JB/T 7270.1

B 型，d_1=M6，L=50 mm，35 钢，喷砂镀铬手柄的标记为：

手柄　BM6×50　JB/T 7270.1

5　技术要求

5.1　推荐材料

推荐使用 35 钢，Q235A。

如使用其他材料，由供需双方确定。

5.2　表面处理

喷砂镀铬（PS/D・Cr）；镀铬抛光（D・L_3Cr）；氧化（H・Y）。

5.3　其他

其他技术要求应符合 JB/T 7277 的规定。

ICS 25.060.99
J 27
备案号：47260—2014

中华人民共和国机械行业标准

JB/T 7270.6—2014
代替 JB/T 7270.6—1994

2014-07-09 发布 2014-11-01 实施

中华人民共和国工业和信息化部 发布

前　言

JB/T 7270分为12个部分：

——第1部分：手柄；

——第2部分：曲面手柄；

——第3部分：直手柄；

——第4部分：转动小手柄；

——第5部分：转动手柄；

——第6部分：曲面转动手柄；

——第7部分：锥柱手柄；

——第8部分：球头手柄；

——第9部分：单柄对重手柄；

——第10部分：双柄对重手柄；

——第11部分：可折手柄；

——第12部分：可调位紧定手柄。

本部分为JB/T 7270的第6部分。

本部分按照GB/T 1.1—2009给出的规则起草。

本部分代替JB/T 7270.6—1994《曲面转动手柄》，与JB/T 7270.6—1994相比主要技术变化如下：

——增加了标准的英文名称；

——修改了材料的要求；

——取消了重量。

本部分由中国机械工业联合会提出。

本部分由机械工业工艺工装标准化技术委员会（CMIF/TC13）归口。

本部分起草单位：中机生产力促进中心。

本部分主要起草人：李维荣、冯峰。

本部分所代替标准的历次版本发布情况为：

——JB/T 7270.4—1994。

曲面转动手柄

1 范围

JB/T 7270 的本部分规定了曲面转动手柄的型式与尺寸、标记及技术要求。

本部分适用于曲面转动手柄。

2 规范性引用文件

下列文件对于本文件的应用是必不可少的。凡是注日期的引用文件，仅注日期的版本适用于本文件。凡是不注日期的引用文件，其最新版本（包括所有的修改单）适用于本文件。

GB/T 97.1 平垫圈—A 级

GB/T 895.1 孔用钢丝挡圈

JB/T 7270.5 转动手柄

JB/T 7276 操作件标记方法

JB/T 7277 操作件技术条件

3 型式与尺寸

3.1 曲面转动手柄的型式与尺寸按图 1 及表 1 的规定。

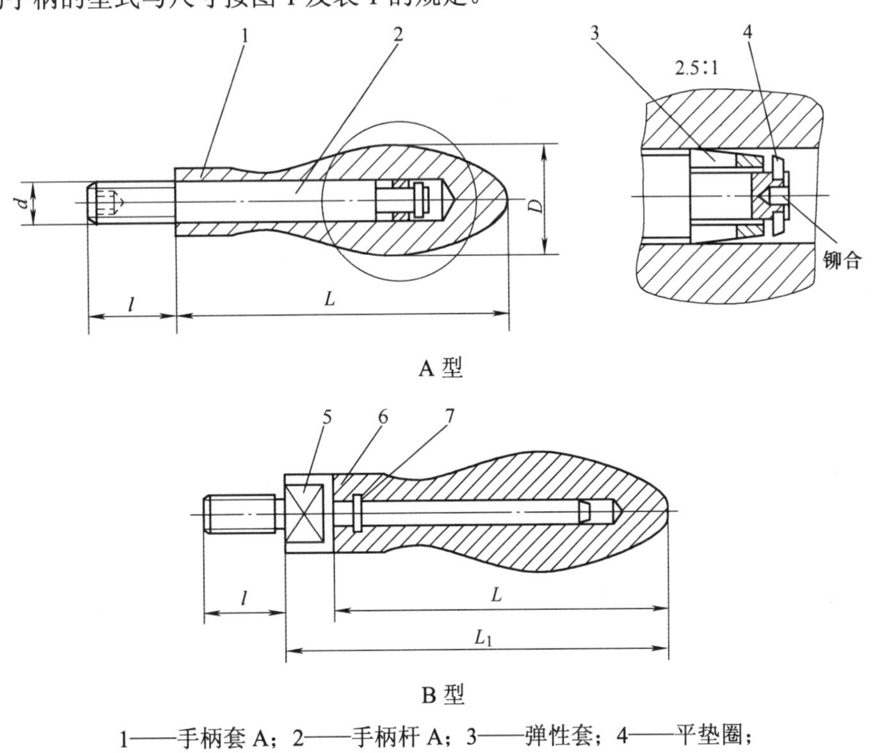

1——手柄套 A；2——手柄杆 A；3——弹性套；4——平垫圈；
5——手柄杆 B；6——手柄套 B；7——钢丝挡圈。

图 1 曲面转动手柄

表 1　曲面转动手柄的尺寸

单位为毫米

主要尺寸					件号	1	6	2	5	3	4	7
d	L	L_1	l	D	名称	手柄套 A、B		手柄杆 A、B[a]		弹性套[a]	平垫圈[b]	钢丝挡圈[c]
M6	50	—	12	16	规格	50		M6		4	2	—
M8	63	71	14	20		63		M8		5	2.5	7
M10	80	90	16	25		80		M10		6	3	8
M12	100	112	18	32		100		M12		8	4	10
M16	112	126	20	36		112		M16		10	6	14

[a] 按 JB/T 7270.5。

[b] 按 GB/T 97.1。

[c] 按 GB/T 895.1。

3.2　手柄套的型式与尺寸按图 2 及表 2 的规定。

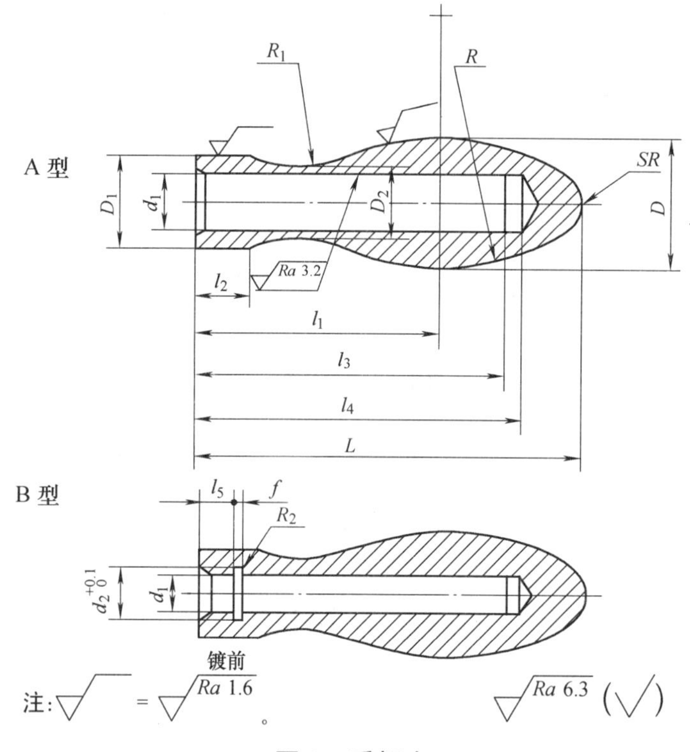

图 2　手柄套

表 2　手柄套尺寸

单位为毫米

L	D	D_1	d_1				d_2	l_1 参考	l_2	l_3	l_4	l_5	f	R_2	SR 参考
			基本尺寸		极限偏差 H11										
			A	B	A	B									
50	16	11	6	—	$^{+0.075}_{0}$		—	32	7	40	42	—	—	—	3
63	20	14	8	7	$^{+0.090}_{0}$		7.4	40	8	50	52	3	0.8	0.4	3.5
80	25	16	10	8			8.5	50	10	60	65	3.5			5
100	32	20	12	10	$^{+0.110}_{0}$	$^{+0.090}_{0}$	10.5	64	13	75	80	4.5			6
112	36	22	16	14	$^{+0.110}_{0}$		14.6	70	14	85	90	5.5	1	0.5	7

4 标记

4.1 标记方法

标记方法按 JB/T 7276 的规定。

4.2 标记示例

A 型，*d*=M8，*L*=63 mm，35 钢，喷砂镀铬曲面转动手柄的标记为：

手柄　M8×63　JB/T 7270.6

B 型，*d*=M8，*L*=63 mm，35 钢，喷砂镀铬曲面转动手柄的标记为：

手柄　BM8×63　JB/T 7270.6

5 技术要求

5.1 推荐材料

手柄套：35 钢；Q235A。

如使用其他材料，由供需双方确定。

5.2 表面处理

手柄套：喷砂镀铬（PS/D・Cr）；镀铬抛光（D・L_3Cr）。

5.3 其他

其他技术应符合 JB/T 7277 的规定。

ICS 25.060.99
J 27
备案号：47261—2014

中华人民共和国机械行业标准

JB/T 7270.7—2014
代替 JB/T 7270.7—1994

锥柱手柄

Tapered-pattern handle

2014-07-09 发布　　2014-11-01 实施

中华人民共和国工业和信息化部 发布

前　言

JB/T 7270分为12个部分：

——第1部分：手柄；

——第2部分：曲面手柄；

——第3部分：直手柄；

——第4部分：转动小手柄；

——第5部分：转动手柄；

——第6部分：曲面转动手柄；

——第7部分：锥柱手柄；

——第8部分：球头手柄；

——第9部分：单柄对重手柄；

——第10部分：双柄对重手柄；

——第11部分：可折手柄；

——第12部分：可调位紧定手柄。

本部分为JB/T 7270的第7部分。

本部分按照GB/T 1.1—2009给出的规则起草。

本部分代替JB/T 7270.7—1994《锥柱手柄》，与JB/T 7270.7—1994相比主要技术变化如下：

——增加了标准的英文名称；

——修改了材料的要求；

——取消了重量。

本部分由中国机械工业联合会提出。

本部分由机械工业工艺工装标准化技术委员会（CMIF/TC13）归口。

本部分起草单位：中机生产力促进中心。

本部分主要起草人：李维荣、冯峰。

本部分所代替标准的历次版本发布情况为：

——JB/T 7270.7—1994。

锥柱手柄

1 范围

JB/T 7270 的本部分规定了锥柱手柄的型式与尺寸、标记及技术要求。

本部分适用于锥柱手柄。

2 规范性引用文件

下列文件对于本文件的应用是必不可少的。凡是注日期的引用文件，仅注日期的版本适用于本文件。凡是不注日期的引用文件，其最新版本（包括所有的修改单）适用于本文件。

JB/T 7276 操作件标记方法

JB/T 7277 操作件技术条件

3 型式与尺寸

直手柄的型式与尺寸按图 1 及表 1 的规定。

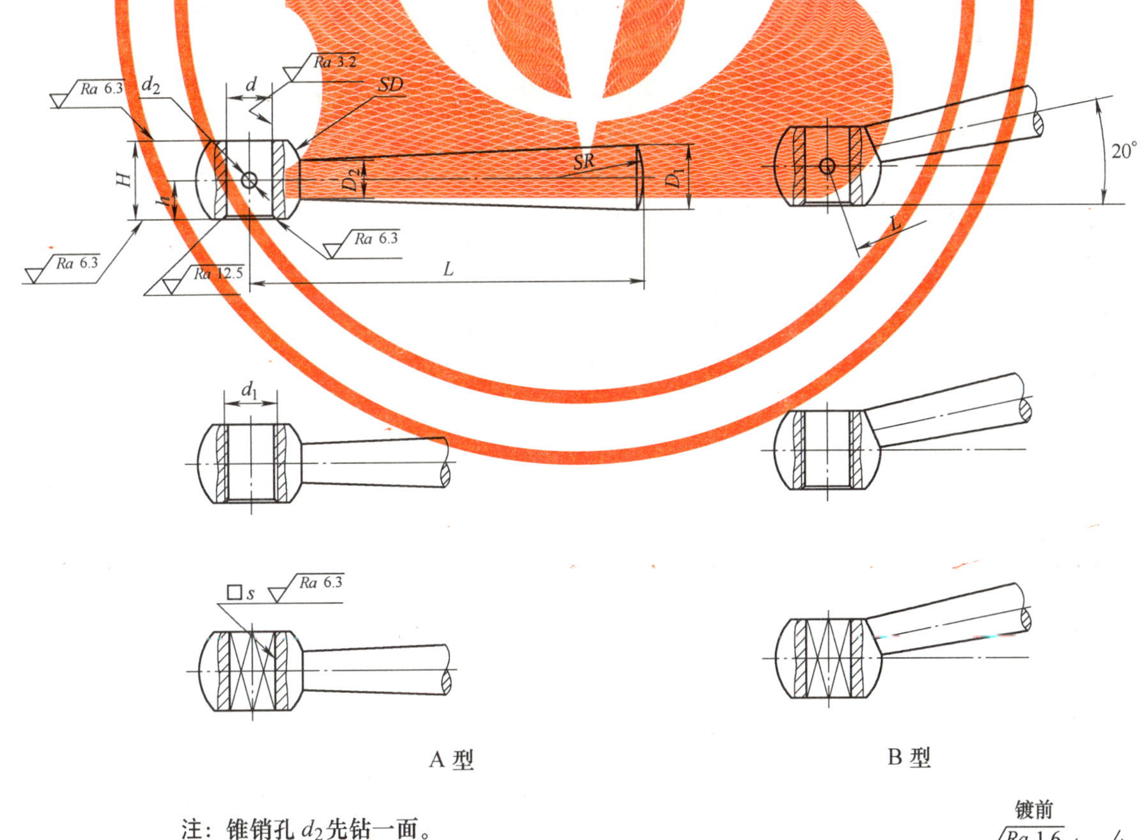

注：锥销孔 d_2 先钻一面。

镀前 Ra 1.6 (√)

图 1 锥柱手柄

<table>
<tr><th colspan="7" style="text-align:center">表 1　锥柱手柄的尺寸</th><th colspan="6" style="text-align:right">单位为毫米</th></tr>
<tr><th colspan="2">d</th><th rowspan="2">d_1</th><th colspan="2">s</th><th rowspan="2">L</th><th rowspan="2">SD</th><th rowspan="2">D_1</th><th rowspan="2">D_2</th><th rowspan="2">d_2</th><th rowspan="2">H</th><th rowspan="2">h</th><th>SR</th></tr>
<tr><th>基本尺寸</th><th>极限偏差</th><th>基本尺寸</th><th>极限偏差 H13</th><th>参考</th></tr>
<tr><td>5</td><td rowspan="2">$^{+0.018}_{0}$</td><td>M5</td><td>—</td><td>—</td><td>40</td><td>12</td><td>7</td><td rowspan="2">5</td><td rowspan="2">2</td><td>9</td><td>4.5</td><td rowspan="2">10</td></tr>
<tr><td>6</td><td>M6</td><td>5</td><td rowspan="2">$^{+0.18}_{0}$</td><td>50</td><td>14</td><td>8</td><td>10</td><td rowspan="2">5</td></tr>
<tr><td>8</td><td rowspan="2">$^{+0.022}_{0}$</td><td>M8</td><td>5.5</td><td>63</td><td>16</td><td>10</td><td>6</td><td rowspan="2">3</td><td>11</td><td>12</td></tr>
<tr><td>10</td><td>M10</td><td>7</td><td rowspan="3">$^{+0.22}_{0}$</td><td>80</td><td>20</td><td>12</td><td>8</td><td>14</td><td>6.5</td><td>16</td></tr>
<tr><td>12</td><td rowspan="2">$^{+0.027}_{0}$</td><td>M12</td><td>8</td><td>100</td><td>26</td><td>15</td><td>10</td><td>4</td><td>18</td><td>8.5</td><td>20</td></tr>
<tr><td>16</td><td>M16</td><td>10</td><td>125</td><td>32</td><td>18</td><td>12</td><td>5</td><td>22</td><td>10</td><td>25</td></tr>
<tr><td>20</td><td rowspan="2">$^{+0.033}_{0}$</td><td>M20</td><td>13</td><td rowspan="2">$^{+0.27}_{0}$</td><td>160</td><td>40</td><td>22</td><td>16</td><td>6</td><td>28</td><td>13</td><td>32</td></tr>
<tr><td>25</td><td>M24</td><td>18</td><td>200</td><td>50</td><td>28</td><td>20</td><td>8</td><td>36</td><td>17</td><td>40</td></tr>
</table>

4　标记

4.1　标记方法

标记方法按 JB/T 7276 的规定。

4.2　标记示例

A 型，d=6 mm，L=50 mm，35 钢，喷砂镀铬锥柱手柄的标记为：

手柄　6×50　JB/T 7270.7

A 型，d_1=M6，L=50 mm，35 钢，喷砂镀铬锥柱手柄的标记为：

手柄　M6×50　JB/T 7270.7

A 型，s=5 mm，L=50 mm，35 钢，喷砂镀铬锥柱手柄的标记为：

手柄　5×5×50　JB/T 7270.7

B 型，d=6 mm，L=50 mm，35 钢，喷砂镀铬锥柱手柄的标记为：

手柄　B6×50　JB/T 7270.7

B 型，d_1=M6，L=50 mm，35 钢，喷砂镀铬锥柱手柄的标记为：

手柄　BM6×50　JB/T 7270.7

B 型，s=5 mm，L=50 mm，35 钢，喷砂镀铬锥柱手柄的标记为：

手柄　B5×5×50　JB/T 7270.7

5　技术要求

5.1　推荐材料

35 钢；Q235A。

如使用其他材料，由供需双方确定。

5.2　表面处理

喷砂镀铬（PS/D・Cr）；镀铬抛光（D・L_3Cr）；氧化（H・Y）。

5.3　其他

其他技术应符合 JB/T 7277 的规定。

ICS 25.060.99
J 27
备案号：47262—2014

中华人民共和国机械行业标准

JB/T 7270.8—2014
代替 JB/T 7270.8—1994

球头手柄

Ball handle

2014-07-09 发布 2014-11-01 实施

中华人民共和国工业和信息化部 发布

前　言

JB/T 7270分为12个部分：

——第1部分：手柄；

——第2部分：曲面手柄；

——第3部分：直手柄；

——第4部分：转动小手柄；

——第5部分：转动手柄；

——第6部分：曲面转动手柄；

——第7部分：锥柱手柄；

——第8部分：球头手柄；

——第9部分：单柄对重手柄；

——第10部分：双柄对重手柄；

——第11部分：可折手柄；

——第12部分：可调位紧定手柄。

本部分为JB/T 7270的第8部分。

本部分按照GB/T 1.1—2009给出的规则起草。

本部分代替JB/T 7270.8—1994《球头手柄》，与JB/T 7270.8—1994相比主要技术变化如下：

——增加了标准的英文名称；

——修改了材料的要求；

——取消了重量。

本部分由中国机械工业联合会提出。

本部分由机械工业工艺工装标准化技术委员会（CMIF/TC13）归口。

本部分起草单位：中机生产力促进中心。

本部分主要起草人：李维荣、冯峰。

本部分所代替标准的历次版本发布情况为：

——JB/T 7270.8—1994。

球头手柄

1 范围

JB/T 7270 的本部分规定了球头手柄的型式与尺寸、标记及技术要求。

本部分适用于球头手柄。

2 规范性引用文件

下列文件对于本文件的应用是必不可少的。凡是注日期的引用文件，仅注日期的版本适用于本文件。凡是不注日期的引用文件，其最新版本（包括所有的修改单）适用于本文件。

JB/T 7276 操作件标记方法

JB/T 7277 操作件技术条件

3 型式与尺寸

球头手柄的型式与尺寸按图 1 及表 1 的规定。

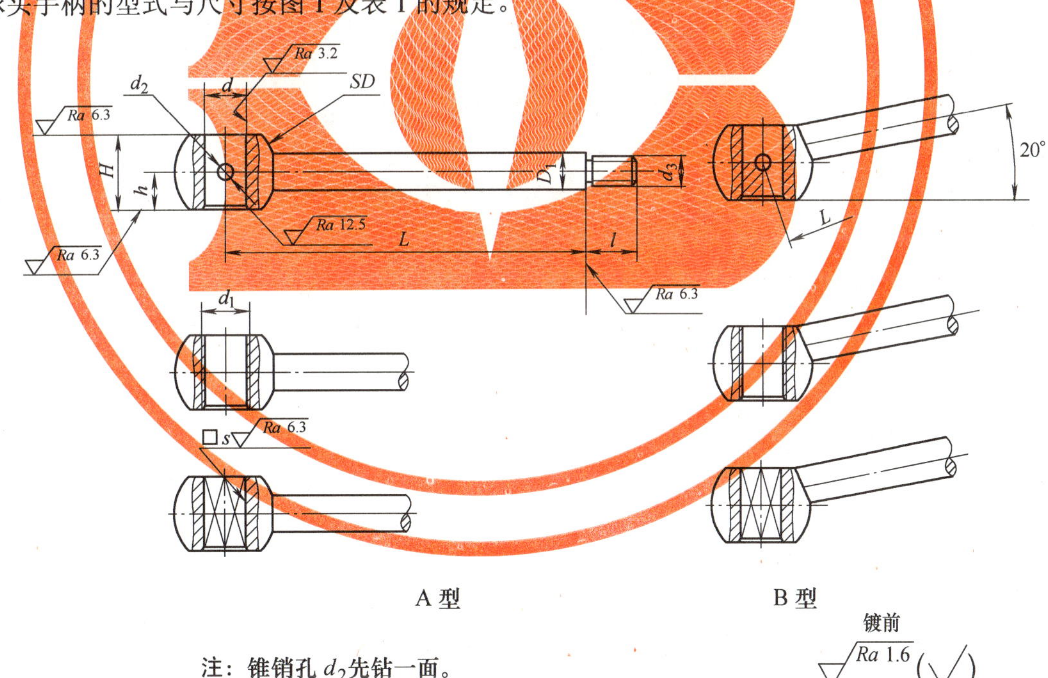

注：锥销孔 d_2先钻一面。

镀前 Ra 1.6 (√)

图 1 球头手柄

表 1 球头手柄的尺寸

单位为毫米

d		d_1	s		L	SD	D_1	d_2	d_3	l	H	h
基本尺寸	极限偏差		基本尺寸	极限偏差 H13								
8	+0.022 0	M8	5.5	+0.18 0	50	16	6	3	M5	8	11	5
10		M10	7		63	20	8		M6	10	14	6.5

表 1 球头手柄的尺寸（续）

d		d_1	s		L	SD	D_1	d_2	d_3	l	H	h
基本尺寸	极限偏差		基本尺寸	极限偏差 H13								
12	$^{+0.027}_{0}$	M12	8	$^{+0.22}_{0}$	80	26	10	4	M8	12	18	8.5
16		M16	10		100	32	12	5	M10	14	22	10
20	$^{+0.033}_{0}$	M20	13	$^{+0.27}_{0}$	125	40	16	6	M12	16	28	13
25		M24	18		160	50	20	8	M16	20	36	17

4 标记

4.1 标记方法

标记方法按 JB/T 7276 的规定。

4.2 标记示例

A 型，d=8 mm，L=50 mm，35 钢，喷砂镀铬球头手柄的标记为：

手柄 8×50 JB/T 7270.8

A 型，d_1=M8，L=50 mm，35 钢，喷砂镀铬球头手柄的标记为：

手柄 M8×50 JB/T 7270.8

A 型，s=5.5 mm，L=50 mm，35 钢，喷砂镀铬球头手柄的标记为：

手柄 5.5×5.5×50 JB/T 7270.8

B 型，d=8 mm，L=50 mm，35 钢，喷砂镀铬球头手柄的标记为：

手柄 B8×50 JB/T 7270.8

B 型，d_1=M8，L=50 mm，35 钢，喷砂镀铬球头手柄的标记为：

手柄 BM8×50 JB/T 7270.8

B 型，s=5.5 mm，L=50 mm，35 钢，喷砂镀铬球头手柄的标记为：

手柄 B5.5×5.5×50 JB/T 7270.8

5 技术要求

5.1 推荐材料

35 钢；Q235A。

如使用其他材料，由供需双方确定。

5.2 表面处理

喷砂镀铬（PS/D・Cr）；镀铬抛光（D・L_3Cr）。

5.3 其他

其他技术应符合 JB/T 7277 的规定。

ICS 25.060.99
J 27
备案号：47267—2014

中华人民共和国机械行业标准

JB/T 7271.1—2014
代替 JB/T 7271.1—1994

手柄球

Ball knob

2014-07-09 发布　　　　2014-11-01 实施

中华人民共和国工业和信息化部 发布

前　言

JB/T 7271分为6个部分：

——第1部分：手柄球；

——第2部分：指示手柄球；

——第3部分：手柄套；

——第4部分：椭圆手柄套；

——第5部分：长手柄套；

——第6部分：手柄杆。

本部分为JB/T 7271的第1部分。

本部分按照GB/T 1.1—2009给出的规则起草。

本部分代替JB/T 7271.1—1994《手柄球》，与JB/T 7271.1—1994相比主要技术变化如下：

——增加了标准的英文名称；

——修改了材料的要求；

——取消了重量。

本部分由中国机械工业联合会提出。

本部分由机械工业工艺工装标准化技术委员会（CMIF/TC13）归口。

本部分起草单位：中机生产力促进中心。

本部分主要起草人：李维荣、冯峰。

本部分所代替标准的历次版本发布情况为：

——JB/T 7271.1—1994。

手 柄 球

1 范围

JB/T 7271 的本部分规定了手柄球的型式与尺寸、标记及技术要求。

本部分适用于手柄球。

2 规范性引用文件

下列文件对于本文件的应用是必不可少的。凡是注日期的引用文件，仅注日期的版本适用于本文件。凡是不注日期的引用文件，其最新版本（包括所有的修改单）适用于本文件。

JB/T 7275 嵌套

JB/T 7276 操作件标记方法

JB/T 7277 操作件技术条件

3 型式与尺寸

手柄球的型式与尺寸按图 1 及表 1 的规定。

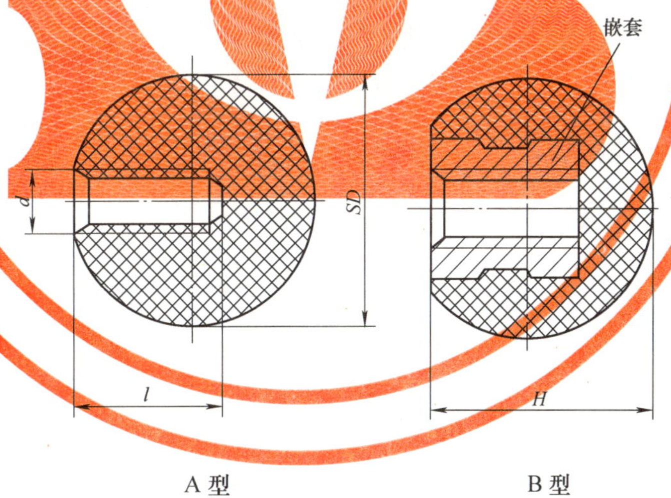

A 型　　B 型

图 1 手柄球

表 1 手柄球的尺寸

单位为毫米

d	*SD*	*H*	*l*	嵌套 [a]
M5	16	14	12	BM5×12
M6	20	18	14	BM6×14
M8	25	22.5	16	BM8×16
M10	32	29	20	BM10×20
M12	40	36	25	BM12×25

表 1　手柄球的尺寸（续）

d	SD	H	l	嵌套[a]
M16	50	45	32	BM16×32
M20	63	56	40	BM20×36
[a] 按 JB/T 7275。				

4　标记

4.1　标记方法

标记方法按 JB/T 7276 的规定。

4.2　标记示例

A 型，d=M10，SD=32 mm，黑色手柄球的标记为：

手柄球　M10×32　JB/T 7271.1

B 型，d=M10，SD=32 mm，红色手柄球的标记为：

手柄球　BM10×32（红）　JB/T 7271.1

5　技术要求

5.1　推荐材料

推荐使用塑料。如使用其他材料，由供需双方确定。

5.2　其他

其他技术要求应符合 JB/T 7277 的规定。

ICS 25.060.99
J 27
备案号：47279—2014

中华人民共和国机械行业标准

JB/T 7273.3—2014
代替 JB/T 7273.3—1994

手 轮

Handwheel

2014-07-09 发布 2014-11-01 实施

中华人民共和国工业和信息化部 发布

前　言

JB/T 7273分为11个部分：

——第1部分：小波纹手轮；

——第2部分：小手轮；

——第3部分：手轮；

——第4部分：波纹手轮；

——第5部分：圆轮缘手轮；

——第6部分：波纹圆轮缘手轮；

——第7部分：内波纹手轮；

——第8部分：背面波纹手轮；

——第9部分：辐条手轮；

——第10部分：带可折手柄的辐条手轮；

——第11部分：直辐条圆轮缘手轮。

本部分为JB/T 7273的第3部分。

本部分按照GB/T 1.1—2009给出的规则起草。

本部分代替JB/T 7273.3—1994《手轮》，与JB/T 7273.3—1994相比主要技术变化如下：

——增加了标准的英文名称；

——取消了重量。

本部分由中国机械工业联合会提出。

本部分由机械工业工艺工装标准化技术委员会（CMIF/TC13）归口。

本部分起草单位：中机生产力促进中心。

本部分主要起草人：李维荣、冯峰。

本部分所代替标准的历次版本发布情况为：

——JB/T 7273.3—1994。

手　轮

1　范围

JB/T 7273 的本部分规定了手轮的型式与尺寸、标记及技术要求。

本部分适用于手轮。

2　规范性引用文件

下列文件对于本文件的应用是必不可少的。凡是注日期的引用文件，仅注日期的版本适用于本文件。凡是不注日期的引用文件，其最新版本（包括所有的修改单）适用于本文件。

JB/T 7270.1　手柄

JB/T 7270.5　转动手柄

JB/T 7276　操作件标记方法

JB/T 7277　操作件技术条件

3　型式与尺寸

手轮的型式与尺寸按图 1 及表 1 的规定。

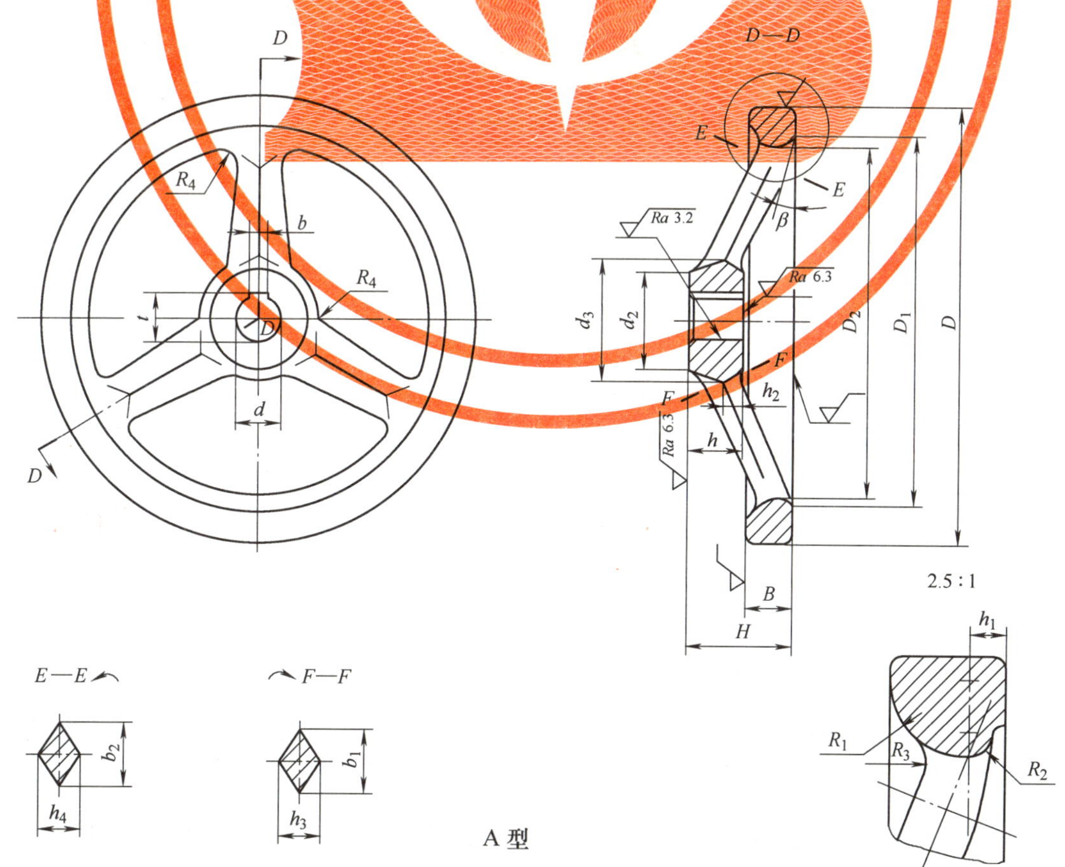

A 型

图　1

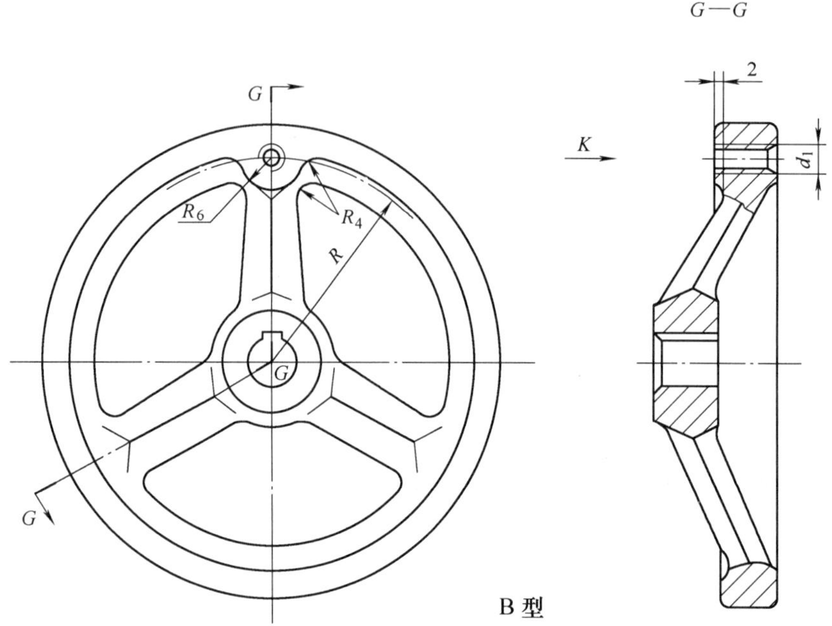

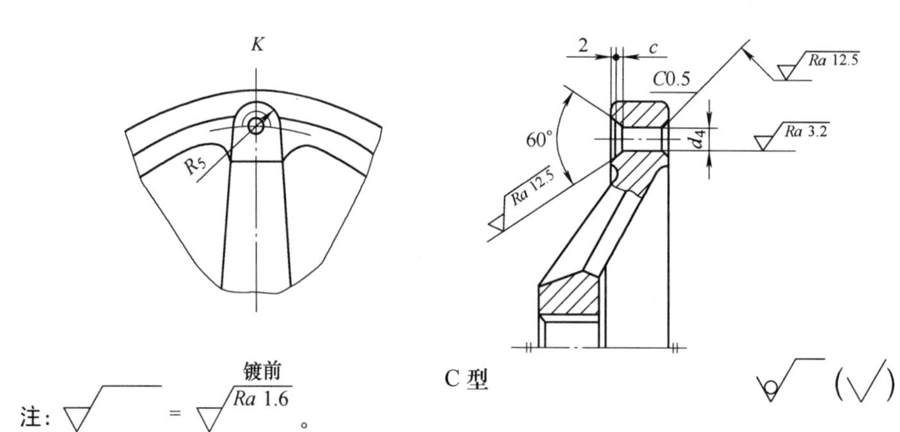

图 1（续）

表 1 手轮的尺寸

单位为毫米

d	基本尺寸	12	14	16	18	22	25	28
	极限偏差 H8	$^{+0.027}_{0}$				$^{+0.033}_{0}$		
D		100	125	160	200	250		320
D_1		86	107	138	176	22		288
D_2		76	97	128	164	210		279
d_1		M6	M8	M10		M12		
d_2		22	28	32	36	45		55
d_3		30	38	42	48	58		72
d_4	基本尺寸	6	8	10		12		
	极限偏差 H8	$^{+0.018}_{0}$	$^{+0.022}_{0}$			$^{+0.027}_{0}$		
R		40	52	68	88	110		145

表 1　手轮的尺寸（续）

<table>
<tr><td colspan="2">R_1</td><td>9</td><td>11</td><td>13</td><td>14</td><td colspan="2">16</td><td colspan="2">18</td></tr>
<tr><td colspan="2">R_2</td><td colspan="3">4</td><td colspan="5">5</td></tr>
<tr><td colspan="2">R_3</td><td colspan="2">5</td><td colspan="2">6</td><td colspan="2">8</td><td colspan="2">10</td></tr>
<tr><td colspan="2">R_4</td><td>3</td><td>4</td><td colspan="2">5</td><td colspan="4">6</td></tr>
<tr><td colspan="2">R_5</td><td>5</td><td>6</td><td colspan="2">8</td><td colspan="4">10</td></tr>
<tr><td colspan="2">R_6</td><td>7</td><td>8</td><td colspan="2">10</td><td colspan="4">12</td></tr>
<tr><td colspan="2">H</td><td>32</td><td>36</td><td>40</td><td>45</td><td colspan="2">50</td><td colspan="2">55</td></tr>
<tr><td rowspan="2">h</td><td>基本尺寸</td><td colspan="2">18</td><td>20</td><td>25</td><td colspan="2">28</td><td colspan="2">32</td></tr>
<tr><td>极限偏差 h13</td><td colspan="2">$^{0}_{-0.027}$</td><td colspan="4">$^{0}_{-0.330}$</td><td colspan="2">$^{0}_{-0.390}$</td></tr>
<tr><td colspan="2">h_1</td><td colspan="3">5</td><td colspan="5">6</td></tr>
<tr><td colspan="2">h_2</td><td colspan="2">6</td><td>7</td><td>8</td><td colspan="2">9</td><td colspan="2">10</td></tr>
<tr><td colspan="2">h_3</td><td>10</td><td>11</td><td>12</td><td>14</td><td colspan="2">18</td><td colspan="2">20</td></tr>
<tr><td colspan="2">h_4</td><td>9</td><td>10</td><td>11</td><td>12</td><td colspan="2">14</td><td colspan="2">16</td></tr>
<tr><td colspan="2">B</td><td>14</td><td>16</td><td>18</td><td>20</td><td colspan="2">22</td><td colspan="2">24</td></tr>
<tr><td colspan="2">b_1</td><td>16</td><td>18</td><td>22</td><td>26</td><td colspan="2">30</td><td colspan="2">35</td></tr>
<tr><td colspan="2">b_2</td><td>14</td><td>16</td><td>18</td><td>20</td><td colspan="2">21</td><td colspan="2">28</td></tr>
<tr><td rowspan="2">b</td><td>基本尺寸</td><td>4</td><td colspan="2">5</td><td colspan="2">6</td><td colspan="3">8</td></tr>
<tr><td>极限偏差 JS9</td><td colspan="5">±0.015</td><td colspan="3">±0.018</td></tr>
<tr><td rowspan="2">t</td><td>基本尺寸</td><td>13.8</td><td>16.3</td><td>18.3</td><td>20.8</td><td>24.8</td><td colspan="2">28.3</td><td>31.3</td></tr>
<tr><td>极限偏差</td><td colspan="5">$^{+0.1}_{0}$</td><td colspan="3">$^{+0.2}_{0}$</td></tr>
<tr><td colspan="2">c</td><td colspan="5">1</td><td colspan="3">1.5</td></tr>
<tr><td colspan="2">β</td><td colspan="2">15°</td><td colspan="3">10°</td><td colspan="3">5°</td></tr>
</table>

4　标记

4.1　标记方法

标记方法按 JB/T 7276 的规定。

4.2　标记示例

A 型，d=16 mm，D=160 mm，喷砂镀铬手轮的标记为：

手轮　16×160　JB/T 7273.3

B 型，d=16 mm，D=160 mm，喷砂镀铬手轮的标记为：

手轮　B16×160　JB/T 7273.3

C 型，d=16 mm，D=160 mm，喷砂镀铬手轮的标记为：

手轮　C16×160　JB/T 7273.3

5　技术要求

5.1　推荐材料

推荐使用 HT200，如使用其他材料，由供需双方确定。

5.2 表面处理

喷砂镀铬（PS/D・Cr）；镀铬抛光（D・L_3Cr）。

5.3 手柄

手柄选用 JB/T 7270.1 及 JB/T 7270.5 规定的相应规格。

5.4 其他

其他技术应符合 JB/T 7277 的规定。

ICS 25.060.99
J 27
备案号：47281—2014

中华人民共和国机械行业标准

JB/T 7273.5—2014
代替 JB/T 7273.5—1994

圆轮缘手轮

Disc handwheel

2014-07-09 发布　　　　2014-11-01 实施

中华人民共和国工业和信息化部 发布

前　言

JB/T 7273分为11个部分：

——第1部分：小波纹手轮；

——第2部分：小手轮；

——第3部分：手轮；

——第4部分：波纹手轮；

——第5部分：圆轮缘手轮；

——第6部分：波纹圆轮缘手轮；

——第7部分：内波纹手轮；

——第8部分：背面波纹手轮；

——第9部分：辐条手轮；

——第10部分：带可折手柄的辐条手轮；

——第11部分：直辐条圆轮缘手轮。

本部分为JB/T 7273的第5部分。

本部分按照GB/T 1.1—2009给出的规则起草。

本部分代替JB/T 7273.5—1994《圆轮缘手轮》，与JB/T 7273.5—1994相比主要技术变化如下：

——增加了标准的英文名称；

——修改了材料的要求；

——取消了重量。

本部分由中国机械工业联合会提出。

本部分由机械工业工艺工装标准化技术委员会（CMIF/TC13）归口。

本部分起草单位：中机生产力促进中心。

本部分主要起草人：李维荣、冯峰。

本部分所代替标准的历次版本发布情况为：

——JB/T 7273.5—1994。

圆轮缘手轮

1 范围

JB/T 7273 的本部分规定了圆轮缘手轮的型式与尺寸、标记及技术要求。

本部分适用于圆轮缘手轮。

2 规范性引用文件

下列文件对于本文件的应用是必不可少的。凡是注日期的引用文件，仅注日期的版本适用于本文件。凡是不注日期的引用文件，其最新版本（包括所有的修改单）适用于本文件。

JB/T 7270.5 转动手柄

JB/T 7275 嵌套

JB/T 7276 操作件标记方法

JB/T 7277 操作件技术条件

3 型式与尺寸

圆轮缘手轮的型式与尺寸按图 1 及表 1 的规定。

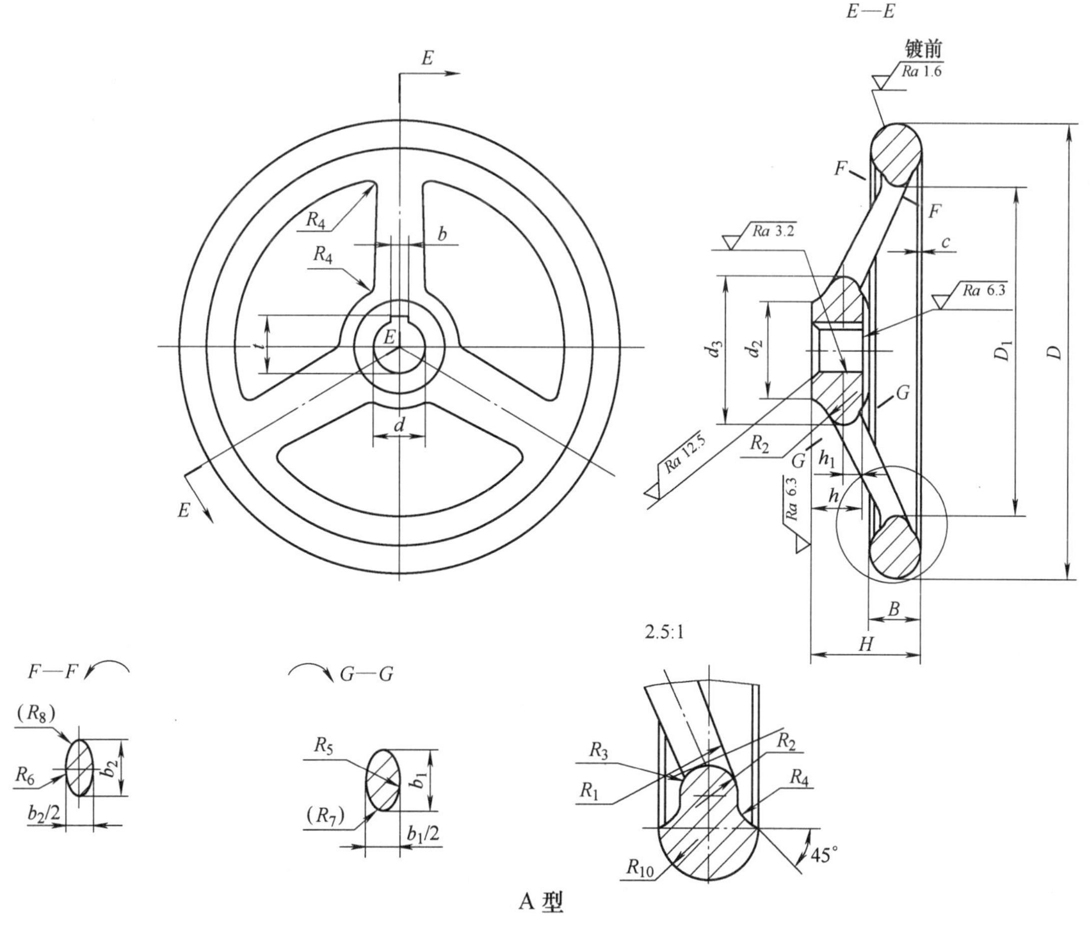

图 1 圆轮缘手轮

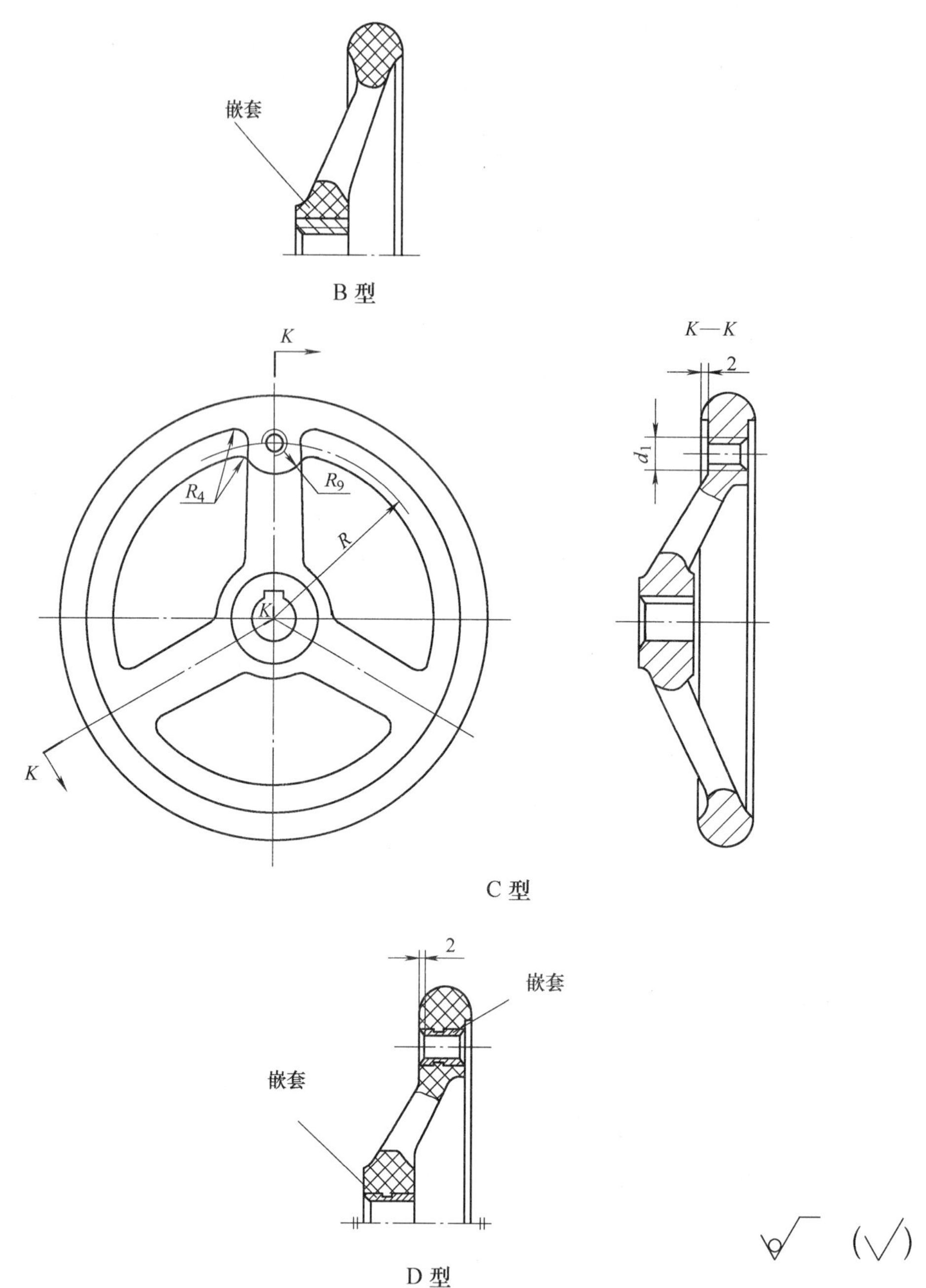

图 1　圆轮缘手轮（续）

表 1　圆轮缘手轮的尺寸

单位为毫米

d	基本尺寸	12	14	16	18	22	25	28	32	35	40	45
	极限偏差 H8	+0.027 0				+0.033 0			+0.039 0			
D		100	125	160	200	250		320	400	500		630
D_1		64	87	120	156	200		264	336	428		550
d_1		M8		M10		M12			—			
d_2		26	28	32	36	45		55	65	75		85
d_3		30	39	44	50	61		73	85	97		109

表 1　圆轮缘手轮的尺寸（续）

<table>
<tr><td colspan="2">R</td><td>36</td><td>47</td><td>62</td><td>80</td><td colspan="2">101</td><td colspan="2">132</td><td colspan="2">—</td><td colspan="2">—</td><td colspan="2">—</td></tr>
<tr><td colspan="2">R_1</td><td colspan="2">14</td><td>18</td><td>22</td><td colspan="10">—</td></tr>
<tr><td colspan="2">R_2</td><td colspan="2">5</td><td>5.5</td><td>6</td><td colspan="2">7</td><td colspan="2">8</td><td colspan="2">9</td><td colspan="2">10</td><td colspan="2">11</td></tr>
<tr><td colspan="2">R_3</td><td colspan="2">12</td><td>16</td><td>20</td><td colspan="2">24</td><td colspan="2">28</td><td colspan="2">45</td><td colspan="2">65</td><td colspan="2">75</td></tr>
<tr><td colspan="2">R_4</td><td colspan="2">3</td><td>3.5</td><td colspan="5">4</td><td colspan="2">5</td><td colspan="2">6</td><td colspan="2">7</td></tr>
<tr><td colspan="2">R_5</td><td colspan="2">20</td><td>22</td><td>24</td><td colspan="2">28</td><td colspan="2">32</td><td colspan="2">36</td><td colspan="2">40</td><td colspan="2">44</td></tr>
<tr><td colspan="2">R_6</td><td colspan="2">16</td><td>18</td><td>20</td><td colspan="2">22</td><td colspan="2">24</td><td colspan="2">28</td><td colspan="2">32</td><td colspan="2">36</td></tr>
<tr><td colspan="2">$R_7\approx$</td><td colspan="2">3.5</td><td>4.1</td><td>4.5</td><td colspan="2">5.3</td><td colspan="2">6</td><td colspan="2">6.8</td><td colspan="2">7.5</td><td colspan="2">8.3</td></tr>
<tr><td colspan="2">R_8</td><td colspan="2">2.8</td><td>3.4</td><td>3.7</td><td colspan="2">4.1</td><td colspan="2">4.5</td><td colspan="2">5.3</td><td colspan="2">6</td><td colspan="2">6.8</td></tr>
<tr><td colspan="2">R_{10}</td><td>7.5</td><td>8</td><td colspan="2">10</td><td colspan="4">12</td><td colspan="6">—</td></tr>
<tr><td colspan="2">R_8</td><td>7.5</td><td>8</td><td>9</td><td>10</td><td colspan="2">11</td><td colspan="2">12.5</td><td colspan="2">14</td><td colspan="2">16</td><td colspan="2">18</td></tr>
<tr><td colspan="2">H</td><td>33</td><td>36</td><td>40</td><td>45</td><td colspan="2">50</td><td colspan="2">56</td><td colspan="2">64</td><td colspan="2">72</td><td colspan="2">78</td></tr>
<tr><td rowspan="2">h</td><td>基本尺寸</td><td>17</td><td>18</td><td>20</td><td>25</td><td colspan="2">28</td><td colspan="2">32</td><td colspan="2">40</td><td colspan="2">45</td><td colspan="2">50</td></tr>
<tr><td>极限偏差 h13</td><td colspan="2">$^{0}_{-0.270}$</td><td colspan="4">$^{0}_{-0.330}$</td><td colspan="8">$^{0}_{-0.390}$</td></tr>
<tr><td colspan="2">h_1</td><td>6</td><td>7</td><td>8</td><td>9</td><td colspan="2">10</td><td colspan="2">11</td><td colspan="2">12</td><td colspan="2">14</td><td colspan="2">16</td></tr>
<tr><td colspan="2">B</td><td>15</td><td>16</td><td>18</td><td>20</td><td colspan="2">22</td><td colspan="2">25</td><td colspan="2">28</td><td colspan="2">32</td><td colspan="2">36</td></tr>
<tr><td colspan="2">b_1</td><td>18</td><td>20</td><td>22</td><td>24</td><td colspan="2">28</td><td colspan="2">32</td><td colspan="2">36</td><td colspan="2">40</td><td colspan="2">44</td></tr>
<tr><td colspan="2">b_2</td><td>14</td><td>16</td><td>18</td><td>20</td><td colspan="2">22</td><td colspan="2">24</td><td colspan="2">28</td><td colspan="2">32</td><td colspan="2">36</td></tr>
<tr><td colspan="2">c</td><td colspan="2">0.6</td><td>0.8</td><td colspan="3">1</td><td colspan="6">1.5</td><td colspan="2">2</td></tr>
<tr><td rowspan="2">b</td><td>基本尺寸</td><td>4</td><td colspan="2">5</td><td colspan="2">6</td><td colspan="3">8</td><td colspan="3">10</td><td colspan="2">12</td><td>14</td></tr>
<tr><td>极限偏差 JS9</td><td colspan="5">±0.015</td><td colspan="6">±0.018</td><td colspan="3">±0.0215</td></tr>
<tr><td rowspan="2">t</td><td>基本尺寸</td><td>13.8</td><td>16.3</td><td>18.3</td><td>20.8</td><td>24.8</td><td colspan="2">28.3</td><td>31.3</td><td>35.3</td><td colspan="2">38.5</td><td colspan="2">43.3</td><td>48.8</td></tr>
<tr><td>极限偏差</td><td colspan="5">$^{+0.1}_{0}$</td><td colspan="9">$^{+0.2}_{0}$</td></tr>
<tr><td colspan="2">轮辐数</td><td colspan="8">3</td><td colspan="6">5</td></tr>
<tr><td colspan="2">B 型[a]</td><td colspan="2">C12×18</td><td>C16×20</td><td>C18×25</td><td colspan="10">—</td></tr>
<tr><td colspan="2" rowspan="2">D 型[a]</td><td colspan="2">C12×18</td><td>C16×20</td><td>C18×25</td><td colspan="10">—</td></tr>
<tr><td colspan="2">BM8×14</td><td colspan="2">BM10×16</td><td colspan="10">—</td></tr>
<tr><td colspan="16">[a] 按 JB/T 7275。</td></tr>
</table>

4　标记

4.1　标记方法

标记方法按 JB/T 7276 的规定。

4.2　标记示例

A 型，d=16 mm，D=160 mm，HT200，喷砂镀铬圆轮缘手轮的标记为：

手轮　16×160　JB/T 7273.5

B 型，d=16 mm，D=160 mm，塑料圆轮缘手轮的标记为：

手轮　B16×160　JB/T 7273.5

C 型，d=16 mm，D=160 mm，HT200，喷砂镀铬圆轮缘手轮的标记为：

手轮　C16×160　JB/T 7273.5

D 型，*d*=16 mm，*D*=160 mm，塑料圆轮缘手轮的标记为：

手轮　D16×160　JB/T 7273.5

5 技术要求

5.1 推荐材料

推荐使用 HT200、塑料，如使用其他材料，由供需双方确定。

5.2 表面处理

HT200 为喷砂镀铬（PS/D・Cr）；镀铬抛光（D・L_3Cr）。

5.3 手柄

手柄选用 JB/T 7270.5 规定的相应规格。

5.4 其他

其他技术应符合 JB/T 7277 的规定。

ICS 25.060.99
J 27
备案号：47291—2014

中 华 人 民 共 和 国 机 械 行 业 标 准

JB/T 7274.4—2014
代替 JB/T 7274.4—1994

星形把手

Star knob

2014-07-09 发布 2014-11-01 实施

中华人民共和国工业和信息化部 发布

前　言

JB/T 7274分为8个部分：

——第1部分：把手；

——第2部分：压花把手；

——第3部分：十字把手；

——第4部分：星形把手；

——第5部分：定位把手；

——第6部分：T形把手；

——第7部分：方形把手；

——第8部分：三角箭形把手。

本部分为JB/T 7274的第4部分。

本部分按照GB/T 1.1—2009给出的规则起草。

本部分代替JB/T 7274.4—1994《星形把手》，与JB/T 7274.4—1994相比主要技术变化如下：

——增加了标准的英文名称；

——修改了材料的要求；

——取消了重量。

本部分由中国机械工业联合会提出。

本部分由机械工业工艺工装标准化技术委员会（CMIF/TC13）归口。

本部分起草单位：中机生产力促进中心。

本部分主要起草人：李维荣、冯峰。

本部分所代替标准的历次版本发布情况为：

——JB/T 7274.4—1994。

星形把手

1 范围

JB/T 7274 的本部分规定了星形把手的型式与尺寸、标记及技术要求。

本部分适用于星形把手。

2 规范性引用文件

下列文件对于本文件的应用是必不可少的。凡是注日期的引用文件，仅注日期的版本适用于本文件。凡是不注日期的引用文件，其最新版本（包括所有的修改单）适用于本文件。

JB/T 7275 嵌套

JB/T 7276 操作件标记方法

JB/T 7277 操作件技术条件

3 型式与尺寸

星形把手的型式与尺寸按图 1 及表 1 的规定。

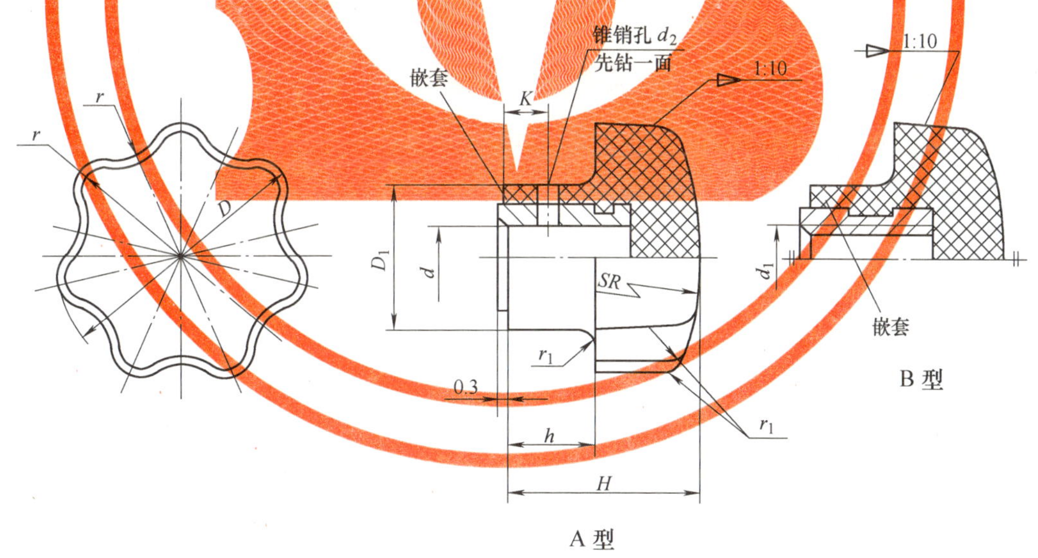

图 1 星形把手

表 1 星形把手的尺寸

单位为毫米

d		d_1	d_2	D	D_1	H	h	SR	r	r_1	K	嵌套[a]	
基本尺寸	极限偏差 H8											A 型	B 型
6	+0.018 0	M6	2	25	16	20	10	32	4	1.6	5	6×12	BM6×12
8	+0.022 0	M8	3	32	18	25	12	40	5	2	6	8×16	BM8×16

表 1　星形把手的尺寸（续）

单位为毫米

d		d_1	d_2	D	D_1	H	h	SR	r	r_1	K	嵌套[a]	
基本尺寸	极限偏差 H8											A 型	B 型
10	$^{+0.022}_{0}$	M10	3	40	22	30	14	50	6	2	7	10×20	BM10×20
12	$^{+0.027}_{0}$	M12		50	28	35	16	60	8		8	12×25	BM12×25
16		M16	4	63	32	40	18	80	10	2.5	10	16×30	BM16×30

[a] 按 JB/T 7275 的规定。

4　标记

4.1　标记方法

标记方法按 JB/T 7276 的规定。

4.2　标记示例

A 型，d=10 mm，D=40 mm 的星形把手的标记为：

把手　10×40　JB/T 7274.4

B 型，d_1=M10，D=40 mm 的星形把手的标记为：

把手　BM10×40　JB/T 7274.4

5　技术要求

5.1　推荐材料

推荐使用塑料，如使用其他材料，由供需双方确定。

5.2　其他

其他技术应符合 JB/T 7277 的规定。

ICS 25.060.99
J 27
备案号：47296—2014

中华人民共和国机械行业标准

JB/T 7275—2014
代替 JB/T 7275—1994

嵌 套

Open insert nuts

2014-07-09 发布 2014-11-01 实施

中华人民共和国工业和信息化部 发布

前　言

本标准按照GB/T 1.1—2009给出的规则起草。

本标准代替JB/T 7275—1994《嵌套》，与JB/T 7275—1994相比主要技术变化如下：

——增加了标准的英文名称；

——修改了材料的要求；

——取消了重量。

本标准由中国机械工业联合会提出。

本标准由机械工业工艺工装标准化技术委员会（CMIF/TC13）归口。

本标准起草单位：中机生产力促进中心。

本标准主要起草人：李维荣、冯峰。

本标准所代替标准的历次版本发布情况为：

——JB/T 7275—1994。

嵌　套

1　范围

本标准规定了嵌套的型式与尺寸、标记及技术要求。

本标准适用于嵌套。

2　规范性引用文件

下列文件对于本文件的应用是必不可少的。凡是注日期的引用文件，仅注日期的版本适用于本文件。凡是不注日期的引用文件，其最新版本（包括所有的修改单）适用于本文件。

JB/T 7276　操作件标记方法

JB/T 7277　操作件技术条件

3　型式与尺寸

3.1　嵌套的型式与尺寸按图1及表1的规定。

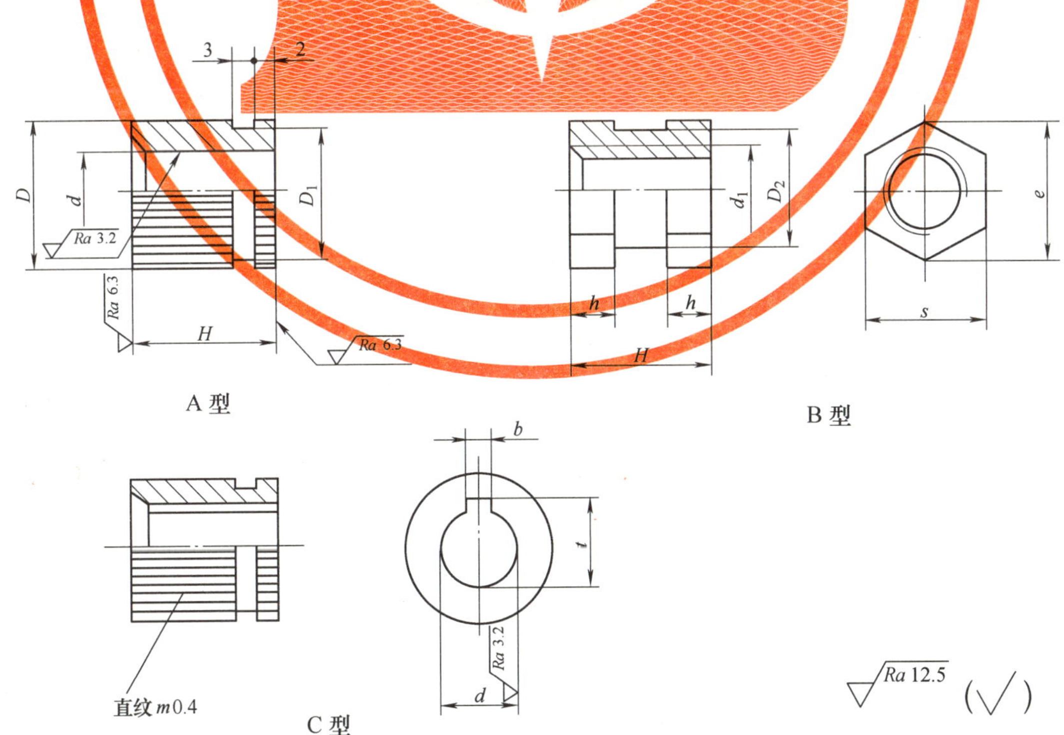

图 1　嵌套

表 1　嵌套的尺寸

单位为毫米

d	基本尺寸	4	5	6	8	10	12	16	18	—	22	25	28	32
	极限偏差 H8	$^{+0.018}_{0}$			$^{+0.022}_{0}$		$^{+0.027}_{0}$			—	$^{+0.033}_{0}$			$^{+0.039}_{0}$
d_1		M4	M5	M6	M8	M10	M12	M16	—	M20	—			
D		6	8	10	12	16	20	25	28	—	32	36	40	45
D_1		5	7	9	10	14	18	22	25	—	30	34	38	42
D_2		5.5	7	8	10	14	17	22	—	27	—			
e		6.3	8.1	9.2	11.5	16.2	19.6	25.4	—	31.2	—			
s		5.5	7	8	10	14	17	22	—	27	—			
H	h	有效的嵌套宽度												
10	3	√	√											
12	4		√	√										
14	4.5			√	√									
16	5				√	√								
18	6					√	√							
20	6.5					√	√	√	√	√	√	√	√	√
25	8						√	√	√	√	√	√	√	√
28	9							√	√	√	√	√	√	√
30	10							√	√	√	√	√	√	√
32	11							√	√	√	√	√	√	√
36	12									√	√	√	√	√
b	基本尺寸	—		2		3	4	5	6	—	6	8		10
	极限偏差 JS9			±0.0125			±0.015					±0.018		
t	基本尺寸	—		7	9	11.4	13.8	18.3	20.8	—	24.8	28.3	31.3	35.3
	极限偏差			$^{+0.1}_{0}$								$^{+0.2}_{0}$		

4　标记

4.1　标记方法

标记方法按 JB/T 7276 的规定。

4.2　标记示例

A 型，d=12 mm，H=20 mm 的嵌套的标记为：

嵌套　12×20　JB/T 7275

B 型，d_1=M12，H=20 mm 的嵌套的标记为：

嵌套　BM12×20　JB/T 7275

C 型，d=12 mm，H=20 mm 的嵌套的标记为：

嵌套　C12×20　JB/T 7275

5 技术要求

5.1 推荐材料

推荐使用 Q235A；如使用其他材料，由供需双方确定。

5.2 其他

其他技术应符合 JB/T 7277 的规定。

ICS 25.060.99
J 27
备案号：47298—2014

中华人民共和国机械行业标准

JB/T 7277—2014
代替 JB/T 7277—1994

操作件技术条件

Specification of operating handle, handwheel and knob

2014-07-09 发布　　2014-11-01 实施

中华人民共和国工业和信息化部 发布

前　言

本标准按照GB/T 1.1—2009给出的规则起草。

本标准代替JB/T 7277—1994《操作件技术条件》，与JB/T 7277—1994相比主要技术变化如下：

——增加了标准的英文名称；

——对正文中引用的标准进行了更新。

本标准由中国机械工业联合会提出。

本标准由机械工业工艺工装标准化技术委员会（CMIF/TC13）归口。

本标准起草单位：中机生产力促进中心。

本标准主要起草人：李维荣、冯峰。

本标准所代替标准的历次版本发布情况为：

——JB/T 7277—1994。

操作件技术条件

1 范围

本标准规定了操作件的技术要求、检测规则、包装和标志。

本标准适用于手柄；手柄球、套、杆；手柄座；手轮；把手；嵌套等操作件。

2 规范性引用文件

下列文件对于本文件的应用是必不可少的。凡是注日期的引用文件，仅注日期的版本适用于本文件。凡是不注日期的引用文件，其最新版本（包括所有的修改单）适用于本文件。

GB/T 3 普通螺纹收尾、肩距、退刀槽和倒角

GB/T 196 普通螺纹 基本尺寸

GB/T 197 普通螺纹 公差

GB/T 699 优质碳素结构钢

GB/T 700 碳素结构钢

GB/T 1173 铸造铝合金

GB/T 1184 形状和位置公差 未注公差值

GB/T 1804 一般公差 未注公差的线性和角度尺寸的公差

GB/T 6403.4 零件倒圆与倒角

GB/T 9439 灰铸铁件

3 技术条件

3.1 材料要求如下：

制造操作件的材料应符合相应国家标准的规定。35 钢按 GB/T 699；Q235A 按 GB/T 700；ZL102 按 GB/T 1173；HT200 按 GB/T 9439。允许采用性能要求不低于上述规定牌号的其他材料制造。

塑料牌号根据使用要求选择。推荐采用增强树脂。允许采用性能要求不低于增强树脂的其他材料制造。

3.2 铸件不允许有裂纹、气孔、砂眼、疏松、夹渣等缺陷。

3.3 塑料件不允许有夹生、夹杂、起泡等缺陷。

3.4 表面质量要求如下：

操作件表面必须光滑、色泽均匀，电镀层表面结晶细致，不准有泛点、脱壳、发花、烧黑、针孔等缺陷，非电镀层不准有明显的发黄，镀铬抛光件应光亮。喷砂镀铬件表面不允许有明显的色泽不一致。塑料件不允许有变形、流痕、裂缝、油污等缺陷。

3.5 尺寸和形位公差要求如下：

3.5.1 产品的尺寸公差应符合相应产品标准中的规定。

3.5.2 形位公差为对金属件的要求，塑料件的形位公差由制造厂控制。

3.5.3 手柄支承面对装配轴、孔的轴线垂直度公差值 t 按图 1 及表 1 的规定。

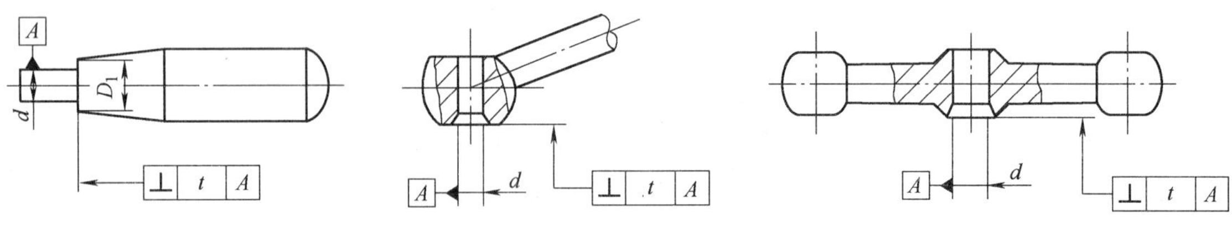

图 1

表 1 单位为毫米

d	4	5	6	8	10	12	14	16	18	20	25
t	0.100			1.120			0.150			0.200	

3.5.4 对重手柄孔 d 对 SD_1 的中心连线的垂直度公差值 t 按图 2 及表 2 的规定。

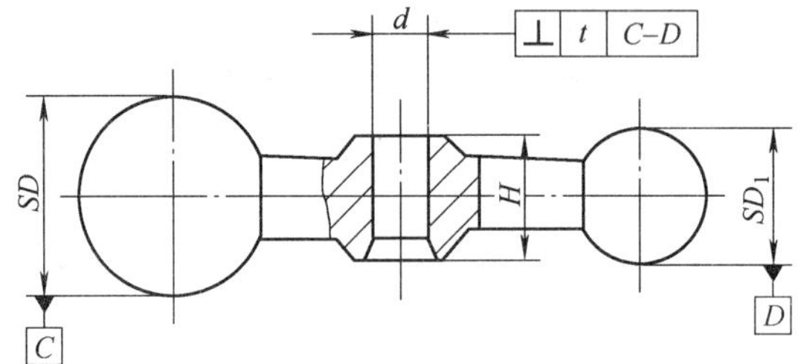

图 2

表 2 单位为毫米

d	6	8	10	12	14	16	18
t	0.080	0.100		0.120			0.150

3.5.5 手柄座下平面的平面度公差及对孔轴线的垂直度公差值 t 按图 3 和表 3 的规定。

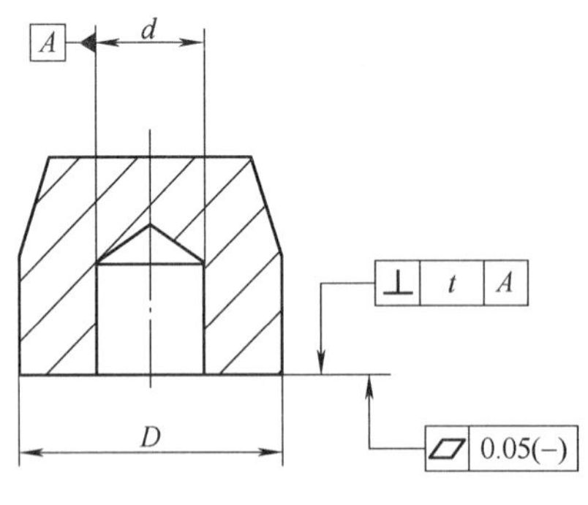

图 3

表 3 单位为毫米

D	>10～16	>16～25	>25～40	>40～63	>63～100
t	0.100	0.120	0.150	0.200	0.250

3.5.6 对重手柄孔 d_3 对孔 d 轴线的平行度公差值按图 4 和表 4 的规定。

3.5.7 转动手柄套的外径对孔 d_3 轴线的径向圆跳动公差值为 0.12 mm，见图 5。

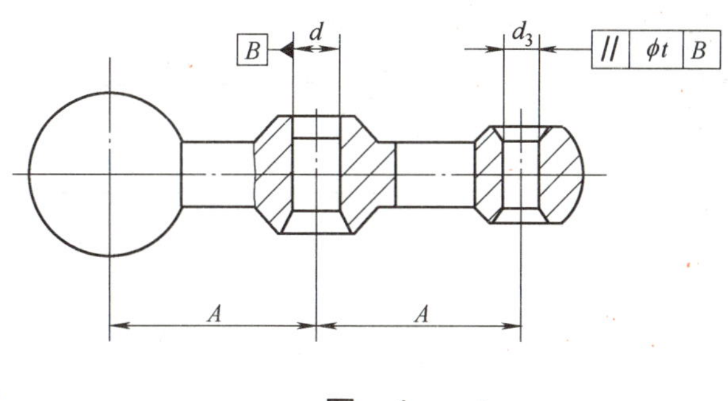

图 4

表 4

单位为毫米

d	6	8	10	12		14	16	18
A	20	25	32	40	50	65	80	100
t	0.120	0.150		0.200		0.250		

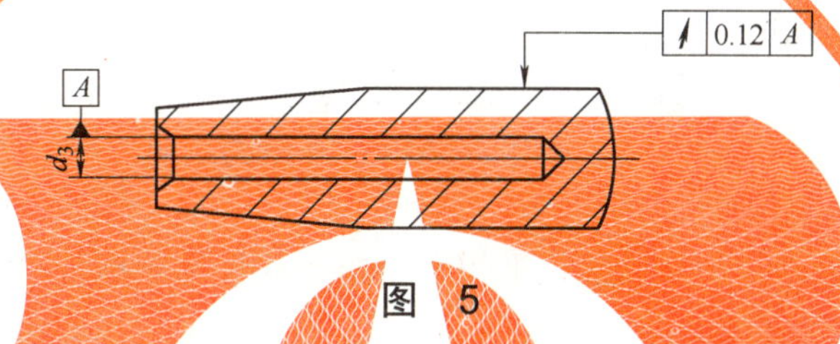

图 5

3.5.8 手轮轮缘端面及外径 D 对孔 d 轴线的径向圆跳动公差值 t_1、t_2 按图 6 和表 5 的规定。

3.5.9 手轮 D_1 对 D，d_2 对 d 的同轴度公差值 t_1、t_2 按图 7 和表 6、表 7 的规定。

3.5.10 手轮分型面错位不得大于 0.5 mm。

3.5.11 对未注的形状和位置公差按 GB/T 1184 规定的 L 级公差。

表 5

单位为毫米

D	t_1	t_2
≤160	0.400	0.200
200～320	0.500	0.300
100～630	0.600	0.400

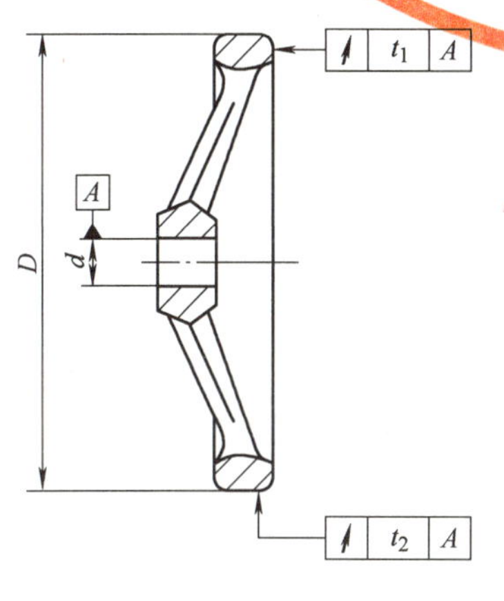

图 6

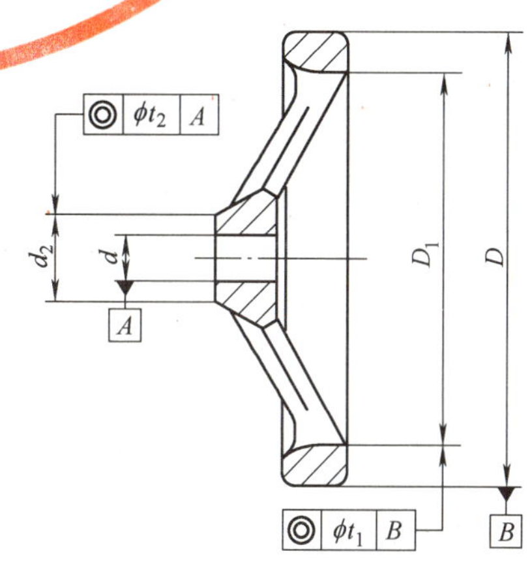

图 7

表 6

单位为毫米

D	≤160	200～320	400～630
t_1	2	4	6

表 7

单位为毫米

d	≤16	18～28	32～45
t_1	2	3	4

3.5.12 对未注的尺寸公差按 GB/T 1804 中规定的 m 级。

3.6 螺纹要求如下：

3.6.1 螺纹基本尺寸按 GB/T 196 规定，内外螺纹公差按 GB/T 197 规定的 6H 或 6g 公差带制造。

3.6.2 螺纹侧面的表面粗糙度值 Ra≤3.2 μm。

3.6.3 未注螺纹倒角按 GB/T 3。

3.7 未注倒圆倒角按 GB/T 6403.4。

3.8 允许保留由制造工艺留下的中心孔。

3.9 除标准中规定的操作件表面处理方法外，允许采用其他的工艺方法达到表面质量要求。

3.10 铝合金表面氧化处理及塑料件的基本颜色为黑色，其他的颜色由使用者选择，在订货时注明。

3.11 手轮非加工表面需作防锈处理。

3.12 除互换尺寸和主要外形尺寸必须按照标准规定制造外，其余尺寸允许制造厂确定、改变或由供需双方协商确定。

3.13 上述规定以外的技术要求由供需双方协议。

4 包装与标志

4.1 产品包装必须保证在正常运输和保管条件下，产品不受损坏。保证自出厂日期起一年内不生锈。包装型式及方法由制造厂确定。

4.2 包装箱、盒、袋等外表应有标志或标签，内容如下：

a）制造厂名；

b）产品名称；

c）产品标记；

d）件数；

e）制造或出厂日期。

4.3 上述规定以外的要求，由供需双方协议。

吊耳、钢丝绳、梯子和栏杆

ICS 13.100
C 68

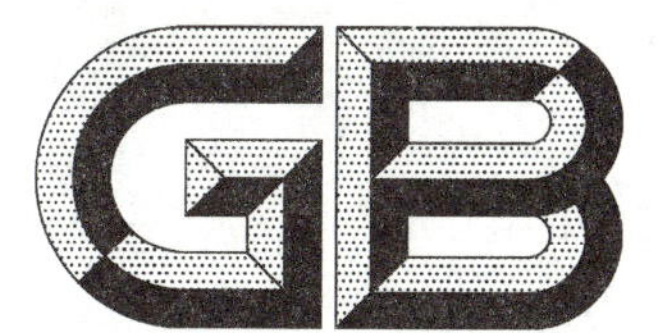

中华人民共和国国家标准

GB 4053.1—2009
代替 GB 4053.1—1993

固定式钢梯及平台安全要求
第1部分:钢直梯

Safety requirements for fixed steel ladders and platform—
Part 1: Steel vertical ladders

2009-03-31 发布　　2009-12-01 实施

中华人民共和国国家质量监督检验检疫总局
中国国家标准化管理委员会　发布

前　言

本部分除第3章外为强制性。

GB 4053《固定式钢梯及平台安全要求》分为以下几个部分：

——GB 4053.1　钢直梯；

——GB 4053.2　钢斜梯；

——GB 4053.3　工业防护栏杆及钢平台。

本部分为GB 4053《固定式钢梯及平台安全要求》的第1部分。

本部分是对GB 4053.1—1993《固定式钢直梯安全技术条件》的修订。

本部分代替GB 4053.1—1993《固定式钢直梯安全技术条件》。

本部分与GB 4053.1—1993相比主要变化如下：

——修改了对材料的要求；

——增加了梯子支撑及其连接件的载荷规定；

——增加了固定式钢直梯倾角范围的规定；

——修改了防锈及防腐蚀的要求；

——增加了防雷电保护接地的要求；

——修改了梯段最大高度及平台间距的规定；

——修改了应设置护笼梯段的高度的要求；

——修改了梯子内侧净宽度尺寸的规定；

——修改了踏棍间距的规定；

——修改了有关踏棍尺寸的规定；

——增加了在非正常环境下使用的梯子的踏棍尺寸要求；

——修改了梯梁尺寸的规定；

——增加了在非正常环境下使用的梯梁的尺寸要求；

——修改了护笼构件尺寸的规定；

——修改了水平笼箍间距的规定；

——增加了护笼立杆间距及空隙的要求；

——增加了护笼立杆间距及护笼构件形成空隙的规定；

——修改了护笼底部距下端基准面高度的规定。

本部分由国家安全生产监督管理总局提出。

本部分由全国安全生产标准化技术委员会归口。

本部分负责起草单位：吉林省安全科学技术研究院、长春工业大学、长春工程学院。

本部分主要起草人：肖建民、郑凡颖、曲生、韩连英、孙伟。

本部分所代替标准的历次版本发布情况为：

——GB 4053.1—1983；

——GB 4053.1—1993。

固定式钢梯及平台安全要求
第1部分:钢直梯

1 范围

本部分规定了固定式钢直梯的设计、制造和安装方面的基本安全要求。

本部分适用于工业企业内工作场所中使用的固定式钢直梯(另有标准规定的除外)。

2 规范性引用文件

下列文件中的条款通过GB 4053的本部分的引用而成为本部分的条款。凡是注日期的引用文件,其随后所有的修改单(不包括勘误的内容)或修订版均不适用于本部分,然而,鼓励根据本部分达成协议的各方研究是否可使用这些文件的最新版本。凡是不注日期的引用文件,其最新版本适用于本部分。

GB 4053.3 固定式钢梯及平台安全要求 第3部分:工业防护栏杆及钢平台

GB 50057 建筑物防雷设计规范

GB 50205 钢结构工程施工质量验收规范

3 术语和定义

下列术语和定义适用于本部分。

3.1

固定式钢直梯 fixed steel ladder

永久性安装在建筑物或设备上,与水平面成75°～90°倾角主要构件为钢材制造的直梯(见图1)。

3.2

梯梁(梯框) stile (rail)

用来安装踏棍或其他横向承载件的梯子侧边构件。

3.3

踏棍 rung

供使用者上下梯时脚踩踏的梯子构件。

3.4

护笼(安全护笼) cage(cage guard)

安装在梯梁或固定结构上,封闭梯子周围攀登空间防止人员坠落的框架结构。

3.5

支撑 support

用来将钢直梯固定在建筑物或设备上的构件。

3.6

(直梯)扶手 handrail

钢直梯顶端供攀登者手握的构件。

3.7

内侧净宽度 inside clear width

两梯梁内侧平行于踏棍测量的距离,简称梯宽。

3.8

梯段高度　height of the ladder

梯子上端基准面至下端基准面间的垂直距离,简称梯高。

4　一般要求

4.1　材料

4.1.1　钢直梯采用钢材的力学性能应不低于 Q235-B,并具有碳含量合格保证。

4.1.2　支撑宜采用角钢、钢板或钢板焊接成 T 型钢制作,埋没或焊接时必须牢固可靠。

单位为毫米

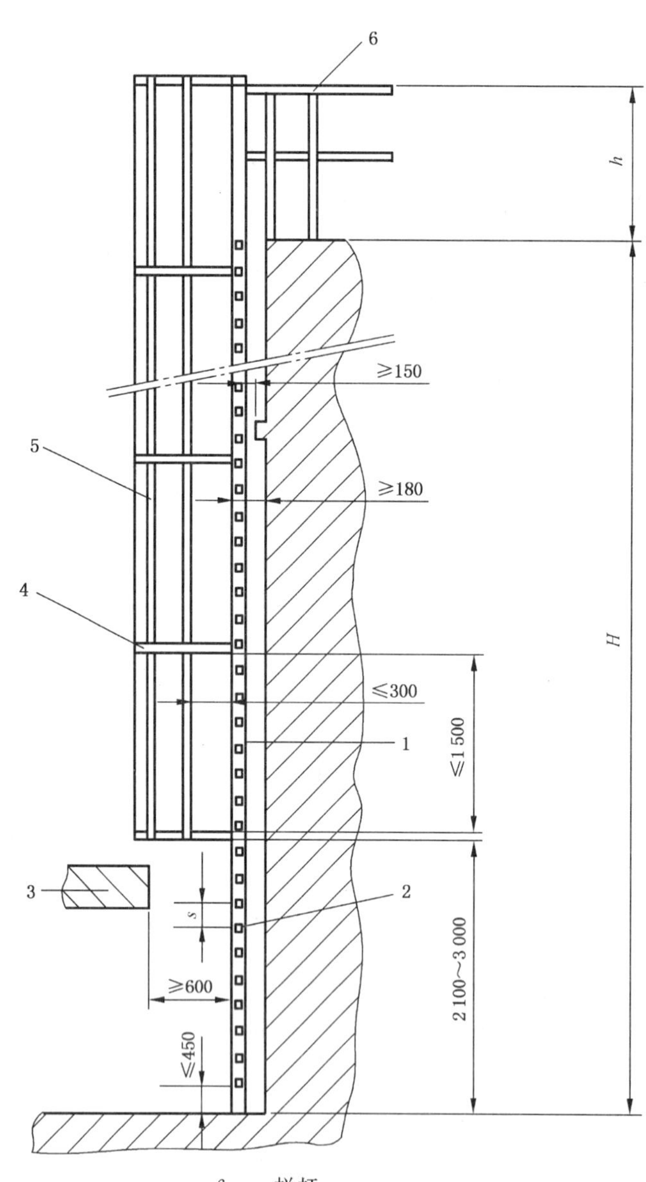

1——梯梁;
2——踏棍;
3——非连续障碍;
4——护笼笼箍;
5——护笼立杆;
6——栏杆;
H——梯段高;
h——栏杆高;
s——踏棍间距;$H \leqslant 15\ 000$;$h \geqslant 1\ 050$;$s = 225 \sim 300$。

注:图中省略了梯子支撑。

图 1　固定式钢直梯示意图

4.2 钢直梯倾角

钢直梯应与其固定的结构表面平行并尽可能垂直水平面设置。当受条件限制不能垂直水平面时，两梯梁中心线所在平面与水平面倾角应在75°～90°范围内。

4.3 设计载荷

4.3.1 梯梁设计载荷按组装固定后其上端承受2 kN垂直集中活载荷计算(高度按支撑间距选取，无中间支撑时按两端固定点距离选取)。在任何方向上的挠曲变形应不大于2 mm。

4.3.2 踏棍设计载荷按在其中点承受1 kN垂直集中活载荷计算。允许挠度不大于踏棍长度的1/250。

4.3.3 每对梯子支撑及其连接件应能承受3 kN的垂直载荷及0.5 kN的拉出载荷。

4.4 制造安装

4.4.1 钢直梯应采用焊接连接，焊接要求应符合GB 50205的规定。采用其他方式连接时，连接强度应不低于焊接。安装后的梯子不应有歪斜、扭曲、变形及其他缺陷。

4.4.2 制造安装工艺应确保梯子及其所有部件的表面光滑、无锐边、尖角、毛刺或其他可能对梯子使用者造成伤害或妨碍其通过的外部缺陷。

4.4.3 安装在固定结构上的钢直梯，应下部固定，其上部的支撑与固定结构牢固连接，在梯梁上开设长圆孔，采用螺栓连接。

4.4.4 固定在设备上的钢直梯当温差较大时，相邻支撑中应一对支撑完全固定，另一对支撑在梯梁上开设长圆孔，采用螺栓连接。

4.5 防锈及防腐蚀

4.5.1 固定式钢直梯的设计应使其积留湿气最小，以减少梯子的锈蚀和腐蚀。

4.5.2 根据钢直梯使用场合及环境条件，应对梯子进行合适的防锈及防腐涂装。

4.5.3 在自然环境中使用的梯子，应对其至少涂一层底漆和一层(或多层)面漆；或进行热浸镀锌，或采用等效的金属保护方法。

4.5.4 在持续潮湿条件下使用的梯子，建议进行热浸镀锌，或采用特殊涂层或采用耐腐蚀材料。

4.6 接地

在室外安装的钢直梯和连接部分的雷电保护，连接和接地附件应符合GB 50057的要求。

5 结构要求

5.1 支撑间距

5.1.1 无基础的钢直梯，至少焊两对支撑，将梯梁固定在结构、建筑物或设备上。相邻两对支撑的竖向间距，应根据梯梁截面尺寸、梯子内侧净宽度及其在钢结构或混凝土结构的拉拔载荷特性确定。

5.1.2 当梯梁采用60 mm×10 mm的扁钢，梯子内侧净宽度为400 mm时，相邻两对支撑的竖向间距应不大于3 000 mm。

5.2 梯子周围空间

5.2.1 对未设护笼的梯子，由踏棍中心线到攀登面最近的连续性表面的垂直距离应不小于760 mm。对于非连续性障碍物，垂直距离应不小于600 mm。

5.2.2 由踏棍中心线到梯子后侧建筑物、结构或设备的连续性表面垂直距离应不小于180 mm。对非连续性障碍物，垂直距离应不小于150 mm(见图1)。

5.2.3 对未设护笼的梯子，梯子中心线到侧面最近的永久性物体的距离均应不小于380 mm。

5.2.4 对前向进出式梯子，顶端踏棍上表面应与到达平台或屋面平齐，由踏棍中心线到前面最近的结构、建筑物或设备边缘的距离应为180 mm～300 mm，必要时应提供引导平台使通过距离减少至180 mm～300 mm。

5.2.5 侧向进出式梯子中心线至平台或屋面距离应为380 mm～500 mm。梯梁外侧与平台或屋面之间距离应为180 mm～300 mm(见图2)。

5.3 梯段高度及保护要求

5.3.1 单段梯高宜不大于 10 m,攀登高度大于 10 m 时宜采用多段梯,梯段水平交错布置,并设梯间平台,平台的垂直间距宜为 6 m。单段梯及多段梯的梯高均应不大于 15 m。

5.3.2 梯段高度大于 3 m 时宜设置安全护笼。单梯段高度大于 7 m 时,应设置安全护笼。当攀登高度小于 7 m,但梯子顶部在地面、地板或屋顶之上高度大于 7 m 时,也应设置安全护笼。

5.3.3 当护笼用于多段梯时,每个梯段应与相邻的梯段水平交错并有足够的间距(见图 2),设有适当空间的安全进、出引导平台,以保护使用者的安全。

5.4 内侧净宽度

5.4.1 梯梁间踏棍供踩踏表面的内侧净宽度应为 400 mm～600 mm,在同一攀登高度上该宽度应相同。由于工作面所限,攀登高度在 5 m 以下时,梯子内侧净宽度可小于 400 mm,但应不小于 300 mm。

单位为毫米

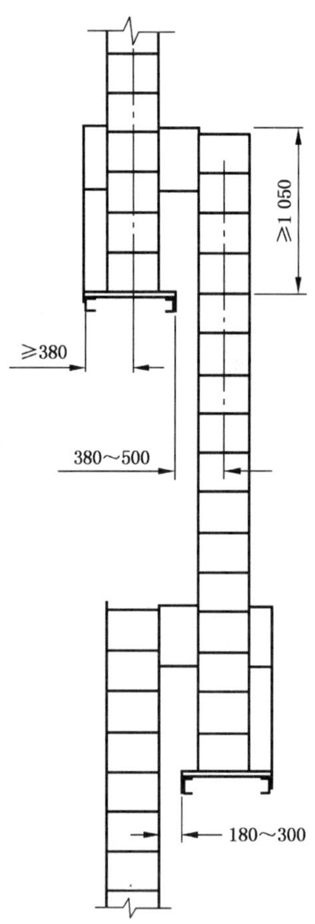

图 2 梯段交错设置示意图

5.5 踏棍

5.5.1 梯子的整个攀登高度上所有的踏棍垂直间距应相等,相邻踏棍垂直间距应为 225 mm～300 mm,梯子下端的第一级踏棍距基准面距离应不大于 450 mm(见图 1)。

5.5.2 圆形踏棍直径应不小于 20 mm,若采用其他截面形状的踏棍,其水平方向深度应不小于20 mm。踏棍截面直径或外接圆直径应不大于 35 mm,以便于抓握。在同一攀登高度上踏棍的截面形状及尺寸应一致。

5.5.3 在正常环境下使用的梯子,踏棍应采用直径不小于 20 mm 的圆钢,或等效力学性能的正方形、长方形或其他形状的实心或空心型材。

5.5.4 在非正常环境(如潮湿或腐蚀)下使用的梯子,踏棍应采用直径不小于 25 mm 的圆钢,或等效力学性能的正方形、长方形或其他形状的实心或空心型材。

5.5.5 踏棍应相互平行且水平设置。

5.5.6 在因环境条件有可预见的打滑风险时，应对踏棍采取附加的防滑措施。

5.6 梯梁

5.6.1 梯梁的表面形状应使其在整个攀登高度上能为使用者提供一致的平滑手握表面，不应采用不便于手握紧的不规则形状截面（如大角钢、工字钢梁等）的梯梁。在同一攀登高度上梯梁应保持相同形状。

5.6.2 在正常环境下使用的梯子，梯梁应采用不小于 60 mm×10 mm 的扁钢，或具有等效强度的其他实心或空心型钢材。

5.6.3 在非正常环境（如潮湿或腐蚀）下使用的梯子，梯梁应采用不小于 60 mm×12 mm 的扁钢，或具有等效强度的其他实心或空心型钢材。

5.6.4 在整个梯子的同一攀登长度上梯梁截面尺寸应保持一致。容许长细比不宜大于 200。

5.6.5 梯梁所有接头应设计成保证梯梁整个结构的连续性。除非所用材料型号有要求，不应在中间支撑处出现接头。

5.6.6 如果要对梯梁因温度变化引起膨胀产生弯曲或应力增大采取针对性技术措施，则应在接头处采取上述措施。

5.6.7 前向或侧向进出式梯子的梯梁应延长至梯子顶部进、出平面或平台顶面之上高度不小于 GB 4053.3 中规定的栏杆高度。

5.6.8 前向进出式梯子的顶部踏棍不应省略。梯梁延长段宜为喇叭型扩大，以使梯梁顶部内侧水平间距不小于 600 mm，不大于 760 mm。

5.6.9 对侧向进出式梯子，梯梁和踏棍在延长段应为连续的。

5.7 护笼

5.7.1 护笼宜采用圆形结构，应包括一组水平笼箍和至少 5 根立杆（见图 3）。其他等效结构也可采用。

单位为毫米

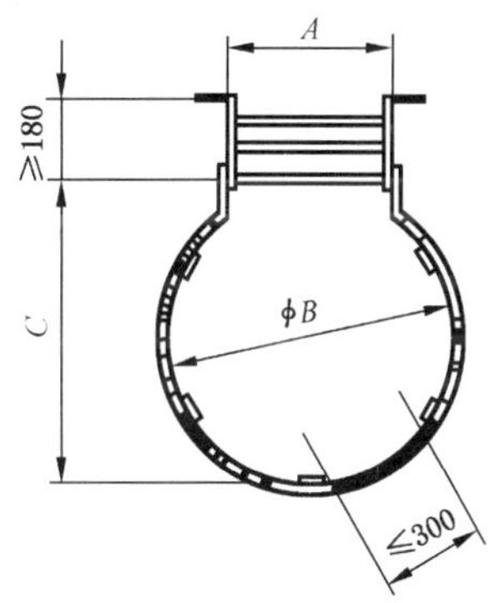

a）圆形护笼中间笼箍

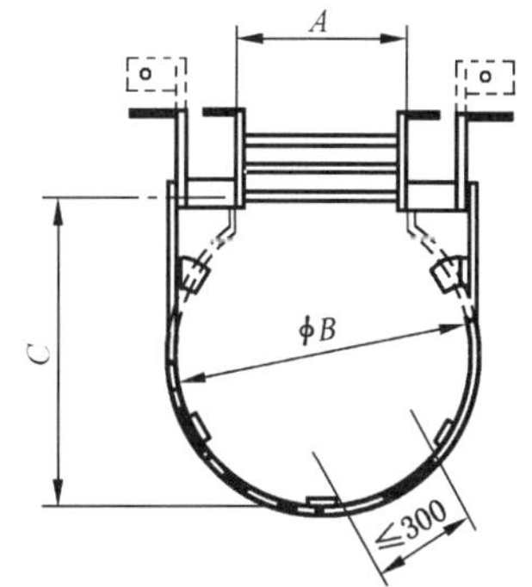

b）圆形护笼顶部笼箍

$A=400\sim600$；$B=650\sim800$；$C=650\sim800$

图 3 护笼结构示意图

5.7.2 水平笼箍采用不小于 50 mm×6 mm 的扁钢，立杆采用不小于 40 mm×5 mm 的扁钢。水平笼箍应固定到梯梁上，立杆应在水平笼箍内侧并间距相等，与其牢固连接。

5.7.3 护笼应能支撑梯子预定的活载荷和恒载荷。

5.7.4 护笼内侧深度由踏棍中心线起应不小于 650 mm，不大于 800 mm，圆形护笼的直径应为 650 mm～800 mm，其他形式的护笼内侧宽度应不小于 650 mm，不大于 800 mm。护笼内侧应无任何突出物(见图 3)。

5.7.5 水平笼箍垂直间距应不大于 1 500 mm。立杆间距应不大于 300 mm，均匀分布。护笼各构件形成的最大空隙应不大于 0.4 m^2。

5.7.6 护笼底部距梯段下端基准面应不小于 2 100 mm，不大于 3 000 mm。护笼的底部宜呈喇叭形，此时其底部水平笼箍和上一级笼箍间在圆周上的距离不小于 100 mm。

5.7.7 护笼顶部在平台或梯子顶部进、出平面之上的高度应不小于 GB 4053.3 中规定的栏杆高度，并有进、出平台的措施或进出口。

5.7.8 未能固定到梯梁上的平台以上或进、出口以上的护笼部件应固定到护栏上或直接固定到结构、建筑物或设备上。

ICS 13.100
C 68

中华人民共和国国家标准

GB 4053.2—2009
代替 GB 4053.2—1993

固定式钢梯及平台安全要求 第2部分:钢斜梯

Safety requirements for fixed steel ladders and platform—
Part 2:Steel inclined ladders

2009-03-31 发布

2009-12-01 实施

中华人民共和国国家质量监督检验检疫总局
中国国家标准化管理委员会 发布

前　言

本部分除第 3 章外为强制性。

GB 4053《固定式钢梯及平台安全要求》分为以下几个部分：

——GB 4053.1　钢直梯；

——GB 4053.2　钢斜梯；

——GB 4053.3　工业防护栏杆及钢平台。

本部分为 GB 4053《固定式钢梯及平台安全要求》的第 2 部分。

本部分是对 GB 4053.2—1993《固定式钢斜梯安全技术条件》的修订。

本部分与 GB 4053.2—1993 相比主要变化如下：

——修改了对材料的要求；

——增加了钢斜梯倾角范围的规定及建议倾角；

——增加了踏步高与踏步宽组合关系的公式要求；

——修改了部分设计载荷的规定，增加了扶手立柱及中间栏杆载荷的要求；

——修改了防锈及防腐蚀的要求；

——增加了防雷电保护接地要求；

——修改了梯高的规定；

——修改了梯子内侧净宽度尺寸的要求；

——增加了踏板前后深度尺寸要求及重叠尺寸的规定；

——增加了梯子上方空间的要求；

——增加了踏板间距的规定；

——修改了踏板防滑的要求，允许采用防滑突缘；

——增加了梯梁在梯子底部的结构要求；

——增加了设置梯子扶手的条件及形式的规定；

——修改了扶手高度要求；

——增加了扶手周围最小空间的要求；

——增加了扶手采用非圆形截面时的尺寸要求。

本部分由国家安全生产监督管理总局提出。

本部分由全国安全生产标准化技术委员会归口。

本部分负责起草单位：吉林省安全科学技术研究院、长春工业大学、长春工程学院。

本部分主要起草人：肖建民、郑凡颖、韩连英、曲生、孙伟。

本部分所代替标准的历次版本发布情况为：

——GB 4053.2—1983；

——GB 4053.2—1993。

固定式钢梯及平台安全要求
第2部分:钢斜梯

1 范围

本部分规定了固定式钢斜梯的设计、制造和安装方面的基本安全要求。

本部分适用于工业企业内工作场所中使用的固定式钢斜梯(另有标准规定的除外)。

2 规范性引用文件

下列文件中的条款通过GB 4053的本部分的引用而成为本部分的条款。凡是注日期的引用文件,其随后所有的修改单(不包括勘误的内容)或修订版均不适用于本部分,然而,鼓励根据本部分达成协议的各方研究是否可使用这些文件的最新版本。凡是不注日期的引用文件,其最新版本适用于本部分。

GB 4053.3 固定式钢梯及平台安全要求 第3部分:工业防护栏杆及钢平台

GB 50057 建筑物防雷设计规范

GB 50205 钢结构工程施工质量验收规范

3 术语和定义

下列术语和定义适用于本部分。

3.1

固定式钢斜梯 fixed steel inclined ladder

永久性安装在建筑物或设备上,与水平面成30°~75°倾角的踏板钢梯(见图1)。

3.2

梯梁(梯框) stile (rail)

用来安装踏板或其他横向承载件的梯子侧边构件。

3.3

踏板 tread(step)

供使用者上下梯时脚踩踏的梯子水平构件,其前后深度不小于80 mm。

3.4

踏步高 rise

相邻两踏板间的垂直距离。

3.5

踏步宽 going

相邻两踏板突缘间的水平距离。

3.6

内侧净宽度 inside clear width

两梯梁内侧平行于踏板测量的距离,简称梯宽。

3.7

梯段高度 height of the ladder

梯梁上端基准面与下端基准面间的垂直距离,简称梯高。

3.8

扶手(系统)　handrail(system)

安装在斜梯外侧边缘保护人员安全的阻挡型框架结构。当其作为斜梯扶手系统部件名称时,是由使用者手握作为支撑并与梯段倾角线平行的扶手系统构件。

3.9

倾角　angle of pitch

两梯梁中心线所在平面与水平面的夹角。

单位为毫米

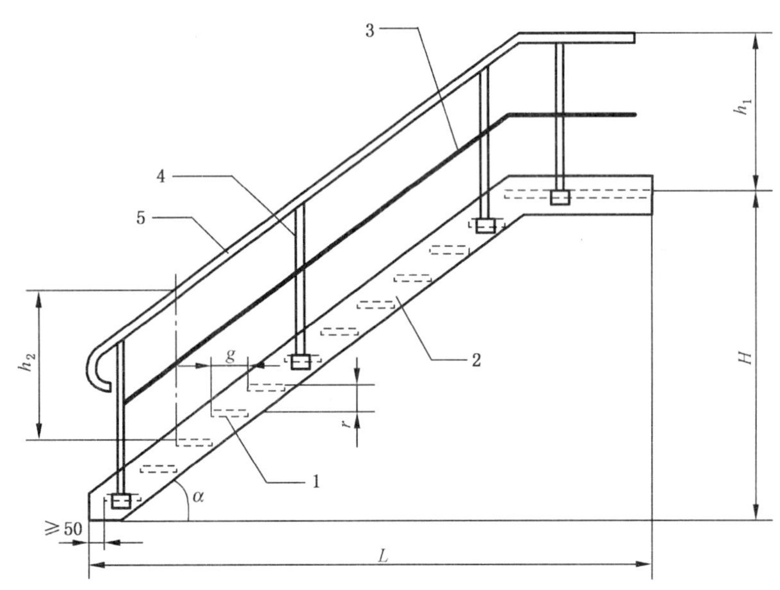

1——踏板;

2——梯梁;

3——中间栏杆;

4——立柱;

5——扶手;

H——梯高;

L——梯跨;

h_1——栏杆高;

h_2——扶手高;

α——梯子倾角;

r——踏步高;

g——踏步宽。

图 1　固定式钢斜梯示意图

4　一般要求

4.1　材料

钢斜梯采用钢材的力学性能应不低于 Q235-B,并具有碳含量合格保证。

4.2　钢斜梯倾角

4.2.1　固定式钢斜梯与水平面的倾角应在 30°～75°范围内,优选倾角为 30°～35°。偶尔性进入的最大倾角宜为 42°。经常性双向通行的最大倾角宜为 38°。

4.2.2　在同一梯段内,踏步高与踏步宽的组合应保持一致。踏步高与踏步宽的组合应符合式(1)的要求:

$$550 \leqslant g + 2r \leqslant 700 \qquad (1)$$

式中：

g——踏步宽，单位为毫米(mm)；

r——踏步高，单位为毫米(mm)。

4.2.3 常用的钢斜梯倾角与对应的踏步高 r、踏步宽 g 组合($g+2r=600$)示例见表1，其他倾角可按线性插值法确定。

4.2.4 常用钢斜梯倾角和高跨比($H:L$)示例见表2。

表1 踏步高 r、踏步宽 g 尺寸常用组合($g+2r=600$)

倾角 α/(°)	30	35	40	45	50	55	60	65	70	75
r/mm	160	175	185	200	210	225	235	245	255	265
g/mm	280	250	230	200	180	150	130	110	90	70

表2 常用钢斜梯倾角和高跨比

倾角 α/(°)	45	51	55	59	73
高跨比 $H:L$	1:1	1:0.8	1:0.7	1:0.6	1:0.3

4.3 设计载荷

4.3.1 固定式钢斜梯设计载荷应按实际使用要求确定，但应不小于本部分规定的数值。

4.3.2 固定式钢斜梯应能承受5倍预定活载荷标准值，并不应小于施加在任何点的4.4 kN集中载荷。钢斜梯水平投影面上的均布活载荷标准值应不小于3.5 kN/m²。

4.3.3 踏板中点集中活载荷应不小于1.5 kN，在梯子内侧宽度上均布载荷不小于2.2 kN/m。

4.3.4 斜梯扶手应能承受在除了向上的任何方向施加的不小于890 N集中载荷，在相邻立柱间的最大挠曲变形应不大于跨度的1/250。中间栏杆应能承受在中点圆周上施加的不小于700 N水平集中载荷，最大挠曲变形不大于75 mm。端部或末端立柱应能承受在立柱顶部施加的任何方向上890 N的集中载荷。以上载荷不进行叠加。

4.4 制造安装

4.4.1 钢斜梯应采用焊接连接，焊接要求应符合GB 50205的规定。采用其他方式连接时，连接强度应不低于焊接。安装后的梯子不应有歪斜、扭曲、变形及其他缺陷。

4.4.2 制造安装工艺应确保梯子及其所有构件的表面光滑、无锐边、尖角、毛刺或其他可能对梯子使用者造成伤害或妨碍其通过的外部缺陷。

4.4.3 钢斜梯与附在设备上的平台梁相连接时，连接处宜采用开长圆孔的螺栓连接。

4.5 防锈及防腐蚀

4.5.1 固定式钢斜梯的设计应使其积留湿气最小，以减少梯子的锈蚀和腐蚀。

4.5.2 根据钢斜梯使用场合及环境条件，应对梯子进行合适的防锈及防腐涂装。

4.5.3 钢斜梯安装后，应对其至少涂一层底漆和一层(或多层)面漆或采用等效的防锈防腐涂装。

4.6 接地

在室外安装的钢斜梯和连接部分的防雷电保护，连接和接地附件应符合GB 50057的要求。

5 结构要求

5.1 梯高

5.1.1 梯高宜不大于5 m，大于5 m时宜设梯间平台(休息平台)，分段设梯。

5.1.2 单梯段的梯高应不大于6 m，梯级数宜不大于16。

5.2 内侧净宽度

5.2.1 斜梯内侧净宽度单向通行的净宽度宜为 600 mm，经常性单向通行及偶尔双向通行净宽度宜为 800 mm，经常性双向通行净宽度宜为 1 000 mm。

5.2.2 斜梯内侧净宽度应不小于 450 mm，宜不大于 1 100 mm。

5.3 踏板

5.3.1 踏板的前后深度应不小于 80 mm，相邻两踏板的前后方向重叠应不小于 10 mm，不大于 35 mm。

5.3.2 在同一梯段所有踏板间距应相同。踏板间距宜为 225 mm～255 mm。

5.3.3 顶部踏板的上表面应与平台平面一致，踏板与平台间应无空隙。

5.3.4 踏板应采用防滑材料或至少有不小于 25 mm 宽的防滑突缘。应采用厚度不小于 4 mm 的花纹钢板，或经防滑处理的普通钢板，或采用由 25 mm×4 mm 扁钢和小角钢组焊成的格板或其他等效的结构。

5.4 梯梁

梯梁应有足够的刚度以使结构横向挠曲变形最小，并由底部踏板的突缘向前突出不小于 50 mm（见图 1）。

5.5 梯子通行空间

5.5.1 在斜梯使用者上方，由踏板突缘前端到上方障碍物沿梯梁中心线垂直方向测量距离应不小于 1 200 mm。

5.5.2 在斜梯使用者上方，由踏板突缘前端到上方障碍物的垂直距离应不小于 2 000 mm。

5.6 扶手

5.6.1 梯宽不大于 1 100 mm 两侧封闭的斜梯，应至少一侧有扶手，宜设在下梯方向的右侧。

5.6.2 梯宽不大于 1 100 mm 一侧敞开的斜梯，应至少在敞开一侧装有梯子扶手。

5.6.3 梯宽不大于 1 100 mm 两边敞开的斜梯，应在两侧均安装梯子扶手。

5.6.4 梯宽大于 1 100 mm 但不大于 2 200 mm 的斜梯，无论是否封闭，均应在两侧安装扶手。

5.6.5 梯宽大于 2 200 mm 的斜梯，除在两侧安装扶手外，在梯子宽度的中线处应设置中间栏杆。

5.6.6 梯子扶手中心线应与梯子的倾角线平行。梯子封闭边扶手的高度由踏板突缘上表面到扶手的上表面垂直测量应不小于 860 mm，不大于 960 mm。

5.6.7 斜梯敞开边的扶手高度应不低于 GB 4053.3 中规定的栏杆高度。

5.6.8 扶手应沿着其整个长度方向上连续可抓握。在扶手外表面与周围其它物体间的距离应不小于 60 mm。

5.6.9 扶手宜为外径 30 mm～50 mm，壁厚不小于 2.5 mm 的圆形管材。对于非圆形截面的扶手，其周长应为 100 mm～160 mm。非圆形截面外接圆直径应不大于 57 mm，所有边缘应为圆弧形，圆角半径不小于 3 mm。

5.6.10 支撑扶手的立柱宜采用截面不小于 40 mm×40 mm×4 mm 角钢或外径为 30 mm～50 mm 的管材。从第一级踏板开始设置，间距不宜大于 1 000 mm。中间栏杆采用直径不小于 16 mm 圆钢或 30 mm×4 mm 扁钢，固定在立柱中部。

ICS 13.100
C 68

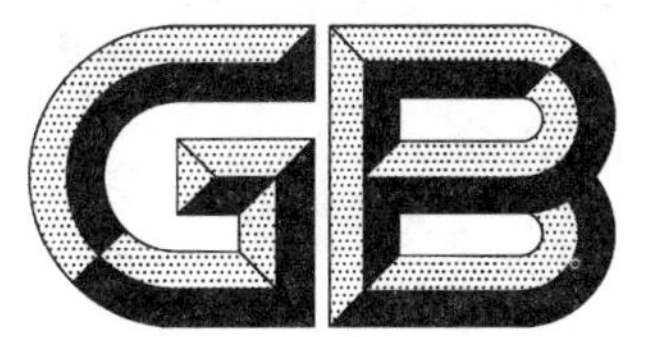

中华人民共和国国家标准

GB 4053.3—2009
代替 GB 4053.3—1993,GB 4053.4—1983

固定式钢梯及平台安全要求 第3部分:工业防护栏杆及钢平台

Safety requirements for fixed steel ladders and platform—Part 3: Industrial guardrails and steel platform

2009-03-31 发布　　2009-12-01 实施

中华人民共和国国家质量监督检验检疫总局
中国国家标准化管理委员会　发布

前 言

本部分除第3章外为强制性。

GB 4053《固定式钢梯及平台安全要求》分为以下几个部分：

——GB 4053.1 钢直梯；

——GB 4053.2 钢斜梯；

——GB 4053.3 工业防护栏杆及钢平台。

本部分为GB 4053《固定式钢梯及平台安全要求》的第3部分。

本部分是对GB 4053.3—1993《固定式工业防护栏杆安全技术条件》和GB 4053.4—1983《固定式工业钢平台》的修订，修订后两个部分合并为一个标准。

本部分与GB 4053.3—1993相比主要变化如下：

——增加了防护栏杆设置的高度要求和条件；

——修改了对材料的要求；

——修改了扶手设计载荷的规定；

——增加了中间栏杆和立柱的载荷要求；

——修改了防锈及防腐蚀的要求；

——修改了防护栏杆推荐高度及最低高度的规定；

——增加了扶手结构、非圆截面扶手尺寸及扶手周围空间的要求；

——修改了中间栏杆与上下方构件间距的规定；

——增加了立柱安装的要求；

——修改踢脚板结构的要求，增加了踢脚板高度的规定。

本部分与GB 4053.4—1983相比主要变化如下：

——修改了对材料的要求；

——修改了平台设计载荷的规定；

——修改了防锈及防腐蚀的要求；

——修改了平台宽度的规定；

——修改了平台行进方向长度的规定；

——修改了平台上方空间高度的要求；

——增加了通行平台倾角的规定。

本部分由国家安全生产监督管理总局提出。

本部分由全国安全生产标准化技术委员会归口。

本部分负责起草单位：吉林省安全科学技术研究院、长春工业大学、长春工程学院。

本部分主要起草人：肖建民、曲生、郑凡颖、孙伟、韩连英。

本部分所代替标准的历次版本发布情况为：

——GB 4053.3—1983，GB 4053.3—1993；

——GB 4053.4—1983。

固定式钢梯及平台安全要求 第3部分:工业防护栏杆及钢平台

1 范围

本部分规定了固定式工业防护栏杆及钢平台的设计、制造和安装方面的基本安全要求。

本部分适用于工业企业内工作场所中使用的防护栏杆及钢平台(另有标准规定的除外)。

2 规范性引用文件

下列文件中的条款通过GB 4053的本部分的引用而成为本部分的条款。凡是注日期的引用文件,其随后所有的修改单(不包括勘误的内容)或修订版均不适用于本部分,然而,鼓励根据本部分达成协议的各方研究是否可使用这些文件的最新版本。凡是不注日期的引用文件,其最新版本适用于本部分。

GB 50205 钢结构工程施工质量验收规范

3 术语和定义

下列术语和定义适用于本部分。

3.1

固定式工业防护栏杆　fixed industrial guardrail

永久性安装在梯子、平台、通道、升降口及其他敞开边缘防止人员坠落的框架结构,简称护栏(见图1)。

3.2

扶手(顶部栏杆)　handrail(top-rail)

可供手握作为支撑并有阻挡功能的防护栏杆顶部构件。

3.3

中间栏杆(横杆)　intermediate rail(knee-rail)

安装在顶部栏杆和地板之间的防护栏杆水平构件。

3.4

立柱(支柱)　post(stanchion)

与平台或其他固定结构连接,支撑防护栏杆的垂直构件。

3.5

踢脚板(档板)　toe board(toe plate,kick plate)

沿平台、通道或其他敞开边缘垂直设置,用来防止物体坠落(或人员滑出)的防护栏杆构件。

3.6

平台　platform

在周围区域平面以上有可供人员工作或站立的平面结构。

3.7

固定式工业钢平台　fixed industrial steel platform

永久性安装在建筑物或设备上供人员工作、休息或通行的钢制平台。

3.7.1

工作平台　work platform

装有要求的防护装置，供人员进行工作活动的平台。

3.7.2

梯间平台(中间平台，休息平台)　landing (intermediate platform，rest platform)

相邻梯段间供人员休息或改变行进方向的平台。

3.7.3

通行平台(通道)　walking platform(walkway，runway)

供人员由一个区域到另一个区域行走的平台。

4　一般要求

4.1　防护要求

4.1.1　距下方相邻地板或地面1.2 m及以上的平台、通道或工作面的所有敞开边缘应设置防护栏杆。

4.1.2　在平台、通道或工作面上可能使用工具、机器部件或物品场合，应在所有敞开边缘设置带踢脚板的防护栏杆。

4.1.3　在酸洗或电镀、脱脂等危险设备上方或附近的平台、通道或工作面的敞开边缘，均应设置带踢脚板的防护栏杆。

4.1.4　当平台设有满足踢脚板功能及强度要求的其他结构边沿时，防护栏杆可不设踢脚板。

4.2　材料

防护栏杆及钢平台采用钢材的力学性能应不低于Q235-B，并具有碳含量合格保证。

单位为毫米

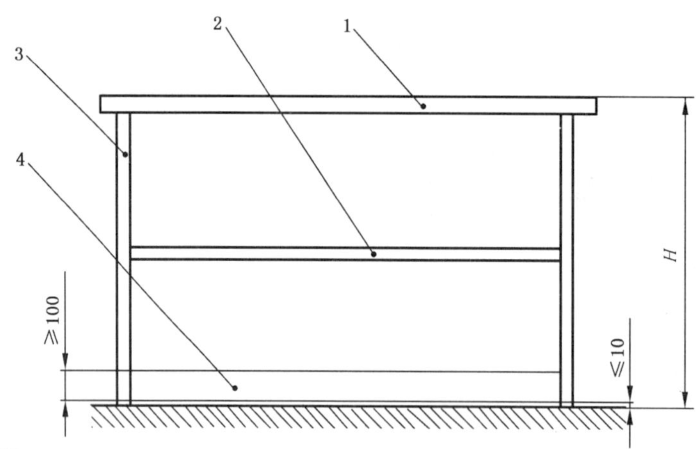

1——扶手(顶部栏杆)；

2——中间栏杆；

3——立柱；

4——踢脚板；

H——栏杆高度。

图1　防护栏杆示意图

4.3　防护栏杆设计载荷

4.3.1　防护栏杆安装后顶部栏杆应能承受水平方向和垂直向下方向不小于890 N集中载荷和不小于700 N/m均布载荷。在相邻立柱间的最大挠曲变形应不大于跨度的1/250。水平和垂直载荷以及集中和均布载荷均不叠加。

4.3.2　中间栏杆应能承受在中点圆周上施加的不小于700 N水平集中载荷，最大挠曲变形不大于75 mm。

4.3.3 端部或末端立柱应能承受在立柱顶部施加的任何方向上 890 N 的集中载荷。

4.4 钢平台设计载荷

4.4.1 钢平台的设计载荷应按实际使用要求确定，并应不小于本部分规定的值。

4.4.2 整个平台区域内应能承受不小于 3 kN/m^2 均匀分布活载荷。

4.4.3 在平台区域内中心距为 1 000 mm，边长 300 mm 正方形上应能承受不小于 1 kN 集中载荷。

4.4.4 平台地板在设计载荷下的挠曲变形应不大于 10 mm 或跨度的 1/200，两者取小值。

4.5 制造安装

4.5.1 防护栏杆及钢平台应采用焊接连接，焊接要求应符合 GB 50205 的规定。

当不便焊接时，可用螺栓连接，但应保证设计的结构强度。安装后的防护栏杆及钢平台不应有歪斜、扭曲、变形及其他缺陷。

4.5.2 防护栏杆制造安装工艺应确保所有构件及其连接部分表面光滑，无锐边、尖角、毛刺或其他可能对人员造成伤害或妨碍其通过的外部缺陷。

4.5.3 钢平台和通道不应仅靠自重安装固定。当采用仅靠拉力的固定件时，其工作载荷系数应不小于 1.5。设计时应考虑腐蚀和疲劳应力对固定件寿命的影响。

4.5.4 安装后的平台钢梁应平直，铺板应平整，不应有歪斜、翘曲、变形及其他缺陷。

4.6 防锈及防腐蚀

4.6.1 防护栏杆及钢平台的设计应使其积存水和湿气最小，以减少锈蚀和腐蚀。

4.6.2 根据防护栏杆及钢平台使用场合及环境条件，应对其进行合适的防锈及防腐涂装。

4.6.3 防护栏杆及钢平台安装后，应对其至少涂一层底漆和一层(或多层)面漆或采用等效的防锈防腐涂装。

5 防护栏杆结构要求

5.1 结构形式

5.1.1 防护栏杆应采用包括扶手(顶部栏杆)、中间栏杆和立柱的结构形式或采用其他等效的结构。

5.1.2 防护栏杆各构件的布置应确保中间栏杆(横杆)与上下构件间形成的空隙间距不大于 500 mm。构件设置方式应阻止攀爬。

5.2 栏杆高度

5.2.1 当平台、通道及作业场所距基准面高度小于 2 m 时，防护栏杆高度应不低于 900 mm。

5.2.2 在距基准面高度大于等于 2 m 并小于 20 m 的平台、通道及作业场所的防护栏杆高度应不低于 1 050 mm。

5.2.3 在距基准面高度不小于 20 m 的平台、通道及作业场所的防护栏杆高度应不低于 1 200 mm。

5.3 扶手

5.3.1 扶手的设计应允许手能连续滑动。扶手末端应以曲折端结束，可转向支撑墙，或转向中间栏杆，或转向立柱，或布置成避免扶手末端突出结构。

5.3.2 扶手宜采用钢管，外径应不小于 30 mm，不大于 50 mm。采用非圆形截面的扶手，截面外接圆直径应不大于 57 mm，圆角半径不小于 3 mm。

5.3.3 扶手后应有不小于 75 mm 的净空间，以便于手握。

5.4 中间栏杆

5.4.1 在扶手和踢脚板之间，应至少设置一道中间栏杆。

5.4.2 中间栏杆宜采用不小于 25 mm×4 mm 扁钢或直径 16 mm 的圆钢。中间栏杆与上、下方构件的空隙间距应不大于 500 mm。

5.5 立柱

5.5.1 防护栏杆端部应设置立柱或确保与建筑物或其他固定结构牢固连接，立柱间距应不大于 1 000 mm。

5.5.2 立柱不应在踢脚板上安装，除非踢脚板为承载的构件。

5.5.3 立柱宜采用不小于 50 mm×50 mm×4 mm 角钢或外径 30 mm～50 mm 钢管。

5.6 踢脚板

5.6.1 踢脚板顶部在平台地面之上高度应不小于 100 mm，其底部距地面应不大于 10 mm。踢脚板宜采用不小于 100 mm×2 mm 的钢板制造。

5.6.2 在室内的平台、通道或地面，如果没有排水或排除有害液体要求，踢脚板下端可不留空隙。

6 钢平台结构要求

6.1 平台尺寸

6.1.1 工作平台的尺寸应根据预定的使用要求及功能确定，但应不小于通行平台和梯间平台（休息平台）的最小尺寸。

6.1.2 通行平台的无障碍宽度应不小于 750 mm，单人偶尔通行的平台宽度可适当减小，但应不小于 450 mm。

6.1.3 梯间平台（休息平台）的宽度应不小于梯子的宽度，且对直梯应不小于 700 mm，斜梯应不小于 760 mm，两者取较大值。梯间平台（休息平台）在行进方向的长度应不小于梯子的宽度，且对直梯应不小于 700 mm，斜梯应不小于 850 mm，两者取较大值。

6.2 上方空间

6.2.1 平台地面到上方障碍物的垂直距离应不小于 2 000 mm。

6.2.2 对于仅限单人偶尔使用的平台，上方障碍物的垂直距离可适当减少，但应不小于 1 900 mm。

6.3 支撑结构

平台应安装在牢固可靠的支撑结构上，并与其刚性连接；梯间平台（休息平台）不应悬挂在梯段上。

6.4 平台地板

6.4.1 平台地板宜采用不小于 4 mm 厚的花纹钢板或经防滑处理的钢板铺装，相邻钢板不应搭接。相邻钢板上表面的高度差应不大于 4 mm。

6.4.2 工作平台和梯间平台（休息平台）的地板应水平设置。通行平台地板与水平面的倾角应不大于 10°，倾斜的地板应采取防滑措施。

ICS 53.020.30
J 80

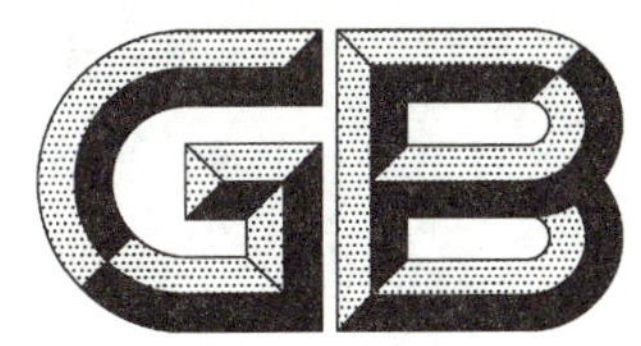

中华人民共和国国家标准

GB/T 5973—2006
代替 GB/T 5973—1986

钢丝绳用楔形接头

Cuneiform connector for use with steel wire ropes

2006-04-03 发布　　2006-09-01 实施

中华人民共和国国家质量监督检验检疫总局
中国国家标准化管理委员会　发布

前言

本标准代替 GB/T 5973—1986《钢丝绳用楔形接头》。

本标准与 GB/T 5973—1986 相比主要变化如下：

——增加了“前言”；

——表 1 中的许用载荷和断裂载荷参数作了修改，去掉了“开口销”一栏；

——表 2 中 B_2、C_1、C_2 及 H 尺寸作了调整；

——表 3 中的 R_5 尺寸作了微量调整，即楔的楔角略大于楔套的楔角；

——检验规则中增加了抽样方法；

——增加了附录 A《楔形接头的连接方法》。

本标准的附录 A 是资料性附录。

本标准由中国机械工业联合会提出。

本标准由全国起重机械标准化技术委员会(SAC/TC 227)归口。

本标准起草单位：大连大起集团有限责任公司。

本标准主要起草人：丁志强、刘大强。

本标准所代替标准的历次版本发布情况为：

——GB/T 5973—1986。

钢丝绳用楔形接头

1 范围

本标准规定了钢丝绳用楔形接头的型式和尺寸、技术要求、试验方法、检验规则、标志、包装、运输和储存。

本标准适用于各类起重机上的，符合 GB 8918—2006、GB/T 20118—2006 规定的绳端固定或连接的圆股钢丝绳用楔形接头(以下简称楔形接头)。

2 规范性引用文件

下列文件中的条款通过本标准的引用而成为本标准的条款。凡是注日期的引用文件，其随后所有的修改单(不包括勘误的内容)或修订版均不适用于本标准，然而，鼓励根据本标准达成协议的各方研究是否可使用这些文件的最新版本。凡是不注日期的引用文件，其最新版本适用于本标准。

GB 8918—2006 重要用途钢丝绳

GB/T 9439—1988 灰铸铁件

GB/T 11352—1989 一般工程用铸造碳钢件

GB/T 13384—1992 机电产品包装通用技术条件

GB/T 20118—2006 一般用途钢丝绳

3 型式和尺寸

3.1 楔形接头

3.1.1 楔形接头的型式和尺寸应符合图 1 和表 1 的规定。

3.1.2 标记示例

规格为 20(钢丝绳公称直径 d>18 mm～20 mm)的楔形接头，标记为：

楔形接头 GB/T 5973-20

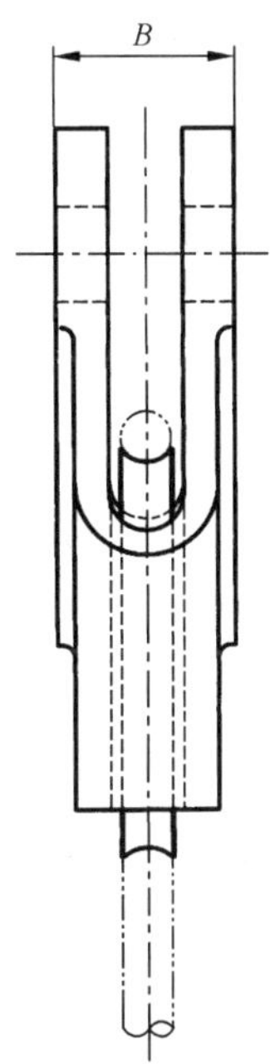

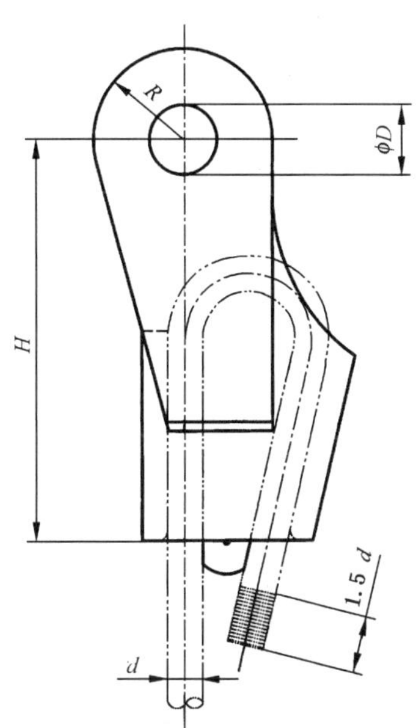

图 1

表 1

楔形接头规格（钢丝绳公称直径）d/mm	尺寸/mm					断裂载荷/kN	许用载荷/kN	单组质量/kg
	适用钢丝绳公称直径/d	B	D (H10)	H	R			
6	6	29	16	105	16	12	4	0.59
8	>6～8	31	18	125	25	21	7	0.80
10	>8～10	38	20	150	25	32	11	1.04
12	>10～12	44	25	180	30	48	16	1.73
14	>12～14	51	30	185	35	66	22	2.34
16	>14～16	60	34	195	42	85	28	3.27
18	>16～18	64	36	195	44	108	36	4.00
20	>18～20	72	38	220	50	135	45	5.45
22	>20～22	76	40	240	52	168	56	6.37
24	>22～24	83	50	260	60	190	63	8.32
26	>24～26	92	55	280	65	215	75	10.16
28	>26～28	94	55	320	70	270	90	13.97
32	>28～32	110	65	360	77	336	112	17.94
36	>32～36	122	70	390	85	450	150	23.03
40	>36～40	145	75	470	90	540	180	32.35

注：表中许用载荷和断裂载荷是楔套材料采用 GB/T 11352—1989 中规定的 ZG 270-500 铸钢件，楔的材料采用 GB/T 9439—1988 中规定的 HT 200 灰铸铁件确定的。

3.2 楔套

3.2.1 楔套的型式和尺寸应符合图 2 和表 2 的规定。

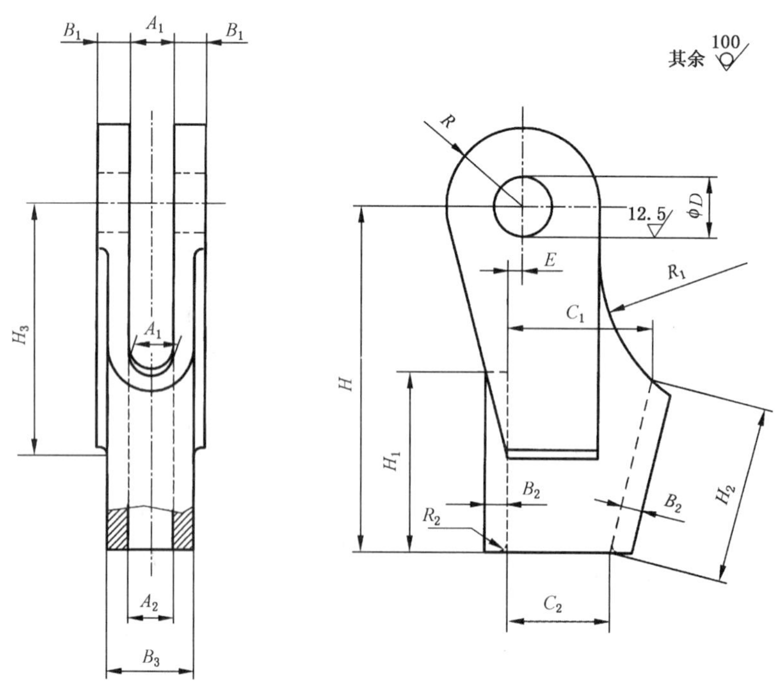

图 2

表 2

楔套规格（钢丝绳公称直径）d/mm	尺寸/mm																					单件质量/kg
	A_1		A_2		B_1	B_2	B_3	C_1		C_2		D	E	H	H_1	H_2	H_3	R	R_1	R_2		
	基本尺寸	极限偏差	基本尺寸	极限偏差				基本尺寸	极限偏差	基本尺寸	极限偏差											
6	13	+1.0 0	11	+1.0 0	8	7	25	30	+1.0 0	20.5	+1.0 0	16	3.0	105	45	43.0	60	16	40	2		0.452
8	15		13		8	7	27	39		27.0		18	3.5	125	55	51.0	80	25	50	2		0.623
10	18		16		10	8	30	49		32.5		20	4.5	150	75	71.0	100	25	60	3		0.802
12	20		18		12	10	36	58		40.5		25	5.5	180	80	75.0	110	30	70	3		1.309
14	23		21		14	13	41	69		50.5		30	6.5	185	85	79.0	140	35	80	3		1.708
16	26	+1.5 0	24	+1.5 0	17	15	48	77	+1.5 0	56.5	+1.5 0	34	7.5	195	95	88.0	140	42	90	4		2.379
18	28		26		18	17	52	87		65.5		36	8.5	195	100	92.0	150	44	100	4		2.948
20	30		28		21	18	58	93		68.0		38	9.5	220	115	107.0	160	50	110	4		3.939
22	32		29		22	22	64	104		80.0		40	10.5	240	115	107.0	180	52	120	5		4.571
24	35		32		24	24	71	112		86.5		50	11.5	260	120	109.0	200	60	130	5		5.928
26	38		35		27	25	76	120		92.5		55	12.5	280	130	118.0	210	65	140	6		7.153
28	40		36		27	25	78	119		83.0		55	13.5	320	165	154.0	230	70	155	6		9.906
32	44	+2.0 0	40	+2.0 0	33	27	84	146	+2.0 0	104.0	+2.0 0	65	15.0	360	190	180.0	270	77	175	7		12.948
36	48		44		37	32	96	166		120.5		70	17.0	390	210	195.0	280	85	195	7		16.848
40	55		51		45	32	103	184		125.5		75	19.0	470	260	246.0	340	90	210	8		23.665

3.2.2　标记示例

规格为 20（钢丝绳公称直径 d>18 mm～20 mm）的楔套，标记为：

楔套　GB/T 5973-20

3.3　**楔**

3.3.1　楔的型式和尺寸应符合图 3 和表 3 的规定。

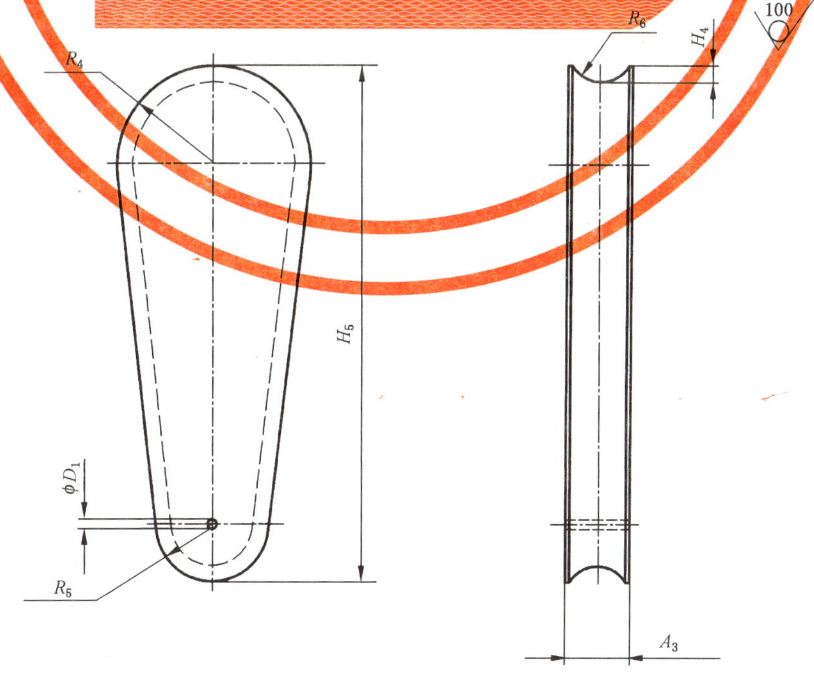

图 3

表 3

楔的规格(钢丝绳公称直径)d/mm	尺寸/mm							单件质量/kg
	A_3	H_4	H_5	R_4	R_5	R_6	D_1	
6	9	2	65	12	6.5	3.5	2	0.133
8	11	2	79	15	8.0	4.5		0.179
10	12	3	98	18	9.5	5.5		0.242
12	14	3	111	21	11.5	6.5		0.421
14	15	4	120	24	14.0	7.5	3.2	0.632
16	17	4	136	26	14.5	9.0		0.889
18	19	5	142	30	18.5	10.0		1.045
20	21	5	161	31	17.0	11.0		1.513
22	23	5	166	35	22.0	12.0	4	1.794
24	25	6	180	37	22.0	13.0		2.387
26	28	6	192	39	23.0	14.0		3.011
28	30	7	229	42	21.5	15.0		4.064
32	34	7	259	47	24.5	17.5	5	4.992
36	38	8	286	54	29.5	19.5		6.178
40	42	8	341	58	26.5	21.5		8.689

3.3.2 标记示例

规格为20(钢丝绳公称直径 d>18 mm~20 mm)的楔,标记为:

楔 GB/T 5973-20

4 技术要求

4.1 楔套材料采用不低于GB/T 11352—1989中规定的ZG 270-500碳钢件。楔的材料采用不低于GB/T 9439—1988中规定的HT 200灰铸铁件。当采用较好材料时,表1中的许用载荷和断裂载荷允许适当提高。

4.2 楔套和楔表面应光滑平整,尖棱和冒口应除去,并不应有降低强度和明显有损外观的缺陷(如气孔、裂纹、疏松、夹砂、铸疤等)。

4.3 楔套和楔需进行退火处理,消除其内应力。

4.4 楔套和楔需进行防锈处理。

4.5 楔形接头使用时应合理安装,楔形接头与钢丝绳的连接方法见附录A。

5 试验方法

5.1 在首次生产时,对规格、材料和制造方法相同的楔形接头,必须取两组样品进行试验。试验时先进行预紧,然后逐渐加载至断裂载荷(见表1)。加载过程中,钢丝绳自由端的长度不能缩短。试验结果,楔套和楔不允许出现裂纹或其他影响使用的任何损伤。两组楔形接头均须符合要求,则该批楔形接头方为合格。若两组楔形接头中有一组不符合要求,允许按上述规定从该批楔形接头中再抽取两组样品进行试验,如再有一组不符合要求或者首次试验时两组都不符合要求,则该批楔形接头为不合格。

5.2 当楔形接头的结构尺寸、材料规格以及制造工艺等有改变时，应按上述样品试验的要求，对改进后的楔形接头进行试验。

6 检验规则

6.1 楔形接头应由供方进行检验。供方应保证每批楔形接头符合本标准的要求，并附有产品质量合格证。

6.2 检验采用计件的两次抽样方法。即从提出验收的一批楔形接头中，每种规格任意抽取 n_1 组样品进行检验，若其中不合格组数不大于 C_1 组，则该批楔形接头即可验收；若大于或等于 C_2 组，则该批楔形接头不予验收。当大于 C_1 组而小于 C_2 组，则须进行第二次抽样检验，从该批楔形接头中再抽取 n_2 组样品，若两次抽取样品（n_1+n_2）中的不合格组数之和小于 C_2 组，应予验收；大于或等于 C_2 组，则不予验收。

6.3 检验项目的抽样数量（n_1；n_2），判定数（C_1；C_2）及楔形接头的出厂试验按表 4 的规定。

表 4

检验项目	抽检方法（组数）[b]		
	批量	n_1/n_2	C_1/C_2
尺寸、外观	1～8[a]	2/—	0/—
	9～15	2/2	0/2
	16～25	3/3	0/2
	26～50	5/5	0/2
	51～90	8/8	0/2
	91～150	13/13	0/2
	151～280	20/20	0/3
	281～500	32/32	1/4
	501～1 200	50/50	2/7
性能	每批楔形接头应进行出厂试验，其试验方法和要求与第 5 章样品试验相同。		

a 此批量为一次性抽检。

b 一组楔形接头有几项尺寸和缺陷不合格时，应只计为 1 组。

6.4 需方有权对供方提交的楔形接头按 6.2 及 6.3 的规定进行验收检查。

7 标志、包装、运输和储存

7.1 在楔套和楔的醒目位置上应铸出其规格和供方的名称（或商标）的标志，标志的字迹应清晰。

7.2 楔套和楔所用包装形式及其材料须考虑楔套和楔在运输途中和保管期间不受损坏和腐蚀，并应符合 GB/T 13384 的规定。

7.3 楔套和楔应保证在正常的运输和保管条件下，其储存期自出厂日起 1 年内不生锈。

7.4 包装箱、盒、袋等的外表应有标志或标签，内容如下：

a) 供方名称或商标；

b) 产品名称；

c) 规格和数量；

d) 出厂编号和标准代号；

e) 制造日期和出厂日期；

f) 到站和收货单位；

g) 箱号、毛重、净重、体积；

h) 防潮标志。

7.5 上述规定以外的要求，由供需双方协商。

附 录 A
（资料性附录）
楔形接头的连接方法

楔形接头与钢丝绳的连接方法如图 A.1 所示。

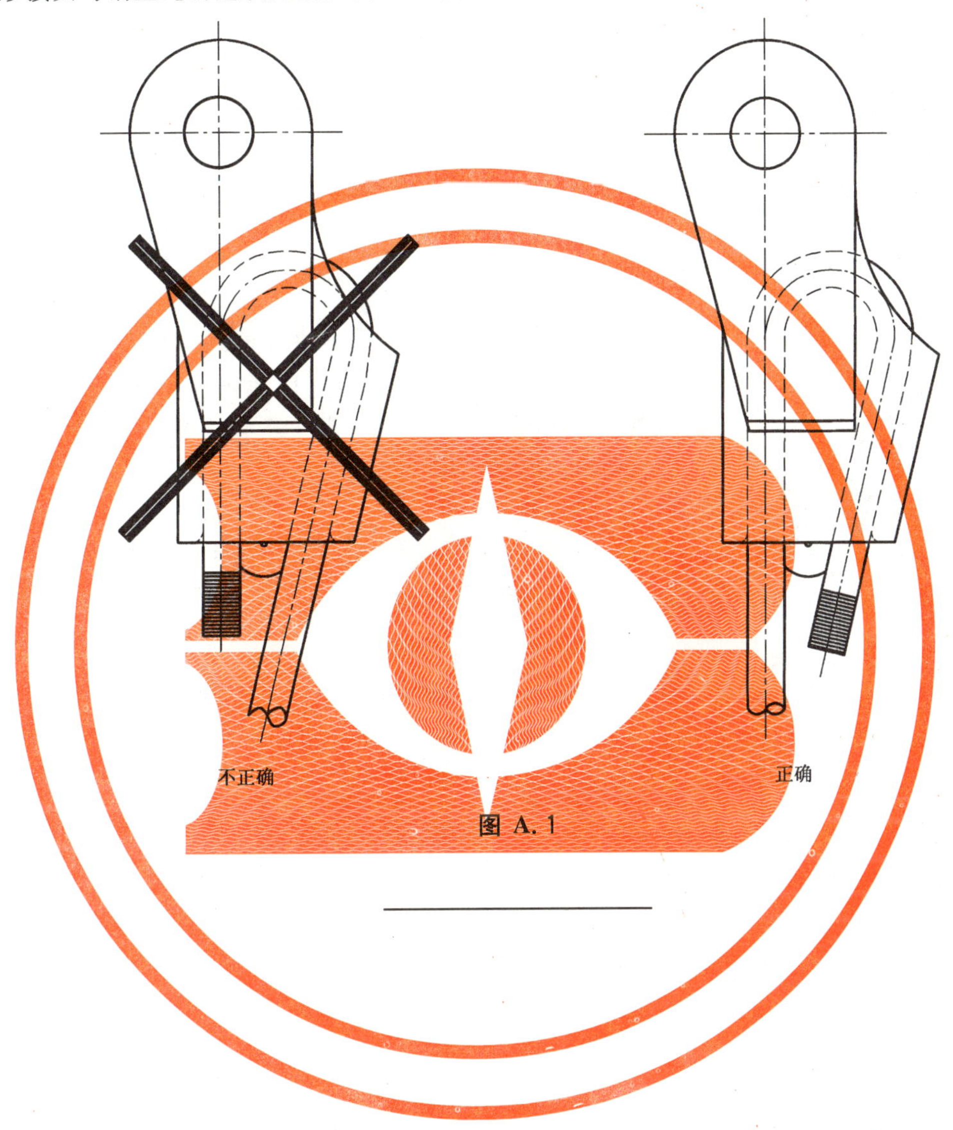

图 A.1

ICS 53.020.30
J 80

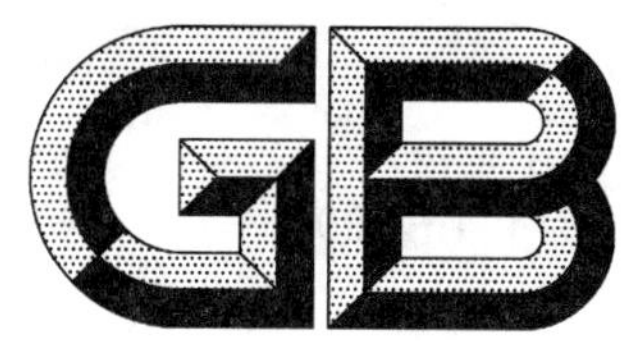

中华人民共和国国家标准

GB/T 5974.1—2006
代替 GB/T 5974.1—1986

钢丝绳用普通套环

General purpose thimbles for use with steel wire ropes

2006-04-03 发布　　2006-09-01 实施

中华人民共和国国家质量监督检验检疫总局
中国国家标准化管理委员会　发布

前　言

本部分代替 GB/T 5974.1—1986《钢丝绳用普通套环》。

本部分与 GB/T 5974.1—1986 相比主要变化如下：

——增加了“前言”；

——技术要求中“套环的最大承载能力应不低于钢丝绳的最小破断拉力的 32％”修改为“套环的最大承载能力应不低于公称抗拉强度为 1 770 MPa 圆股钢丝绳的最小破断拉力的 32％”；

——检验规则中抽样方法内容作了修改。

本部分由中国机械工业联合会提出。

本部分由全国起重机械标准化技术委员会(SAC/TC 227)归口。

本部分起草单位：大连大起集团有限责任公司。

本部分主要起草人：徐洪泽、丁志强。

本部分所代替标准的历次版本发布情况为：

——GB/T 5974.1—1986。

钢丝绳用普通套环

1 范围

本部分规定了钢丝绳用普通套环的型式和尺寸、技术要求、试验方法、检验规则、标志、包装、运输和储存。

本部分适用于 GB 8918—2006、GB/T 20118—2006 规定的圆股钢丝绳用普通套环(以下简称套环)。

2 规范性引用文件

下列文件中的条款通过 GB/T 5974 的本部分的引用而成为本部分的条款。凡是注日期的引用文件,其随后所有的修改单(不包括勘误的内容)或修订版均不适用于本部分,然而,鼓励根据本部分达成协议的各方研究是否可使用这些文件的最新版本。凡是不注日期的引用文件,其最新版本适用于本部分。

GB/T 699—1999 优质碳素结构钢

GB/T 700—1988 碳素结构钢

GB 8918—2006 重要用途钢丝绳

GB/T 13384—1992 机电产品包装通用技术条件

GB/T 20118—2006 一般用途钢丝绳

3 型式和尺寸

3.1 套环的型式和尺寸应符合图 1 和表 1 的规定

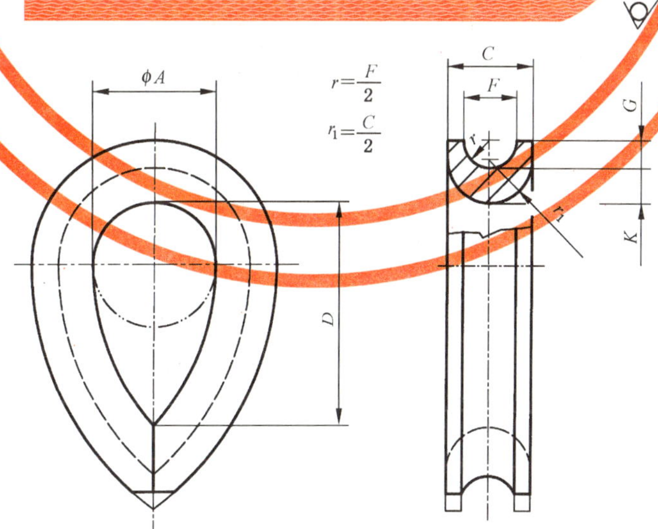

图 1

表 1

套环规格（钢丝绳公称直径）d/mm	尺寸/mm										单件质量/kg
	F	C		A		D		G	K		
		基本尺寸	极限偏差	基本尺寸	极限偏差	基本尺寸	极限偏差	min	基本尺寸	极限偏差	
6	6.7±0.2	10.5	0 −1.0	15	+1.5 0	27	+2.7 0	3.3	4.2	0 −0.1	0.032
8	8.9±0.3	14.0	0 −1.4	20	+2.0 0	36	+3.6 0	4.4	5.6	0 −0.2	0.075
10	11.2±0.3	17.5		25		45		5.5	7.0		0.150
12	13.4±0.4	21.0		30		54		6.6	8.4		0.250
14	15.6±0.5	24.5		35		63		7.7	9.8		0.393
16	17.8±0.6	28.0	0 −2.8	40	+4.0 0	72	+7.2 0	8.8	11.2	0 −0.4	0.605
18	20.1±0.6	31.5		45		81		9.9	12.6		0.867
20	22.3±0.7	35.0		50		90		11.0	14.0		1.205
22	24.5±0.8	38.5		55		99		12.1	15.4		1.563
24	26.7±0.9	42.0	0 −3.4	60	+4.8 0	108	+8.6 0	13.2	16.8	0 −0.6	2.045
26	29.0±0.9	45.5		65		117		14.3	18.2		2.620
28	31.2±1.0	49.0		70		126		15.4	19.6		3.290
32	35.6±1.2	56.0		80		144		17.6	22.4		4.854
36	40.1±1.3	63.0	0 −4.4	90	+6.0 0	162	+11.3 0	19.8	25.2	0 −0.8	6.972
40	44.5±1.5	70.0		100		180		22.0	28.0		9.624
44	49.0±1.6	77.0		110		198		24.2	30.8		12.808
48	53.4±1.8	84.0		120		216		26.4	33.6		16.595
52	57.9±1.9	91.0	0 −5.5	130	+7.8 0	234	+14.0 0	28.6	36.4	0 −1.1	20.945
56	62.3±2.1	98.0		140		252		30.8	39.2		26.310
60	66.8±2.2	105.0		150		270		33.0	42.0		31.396

3.2 标记示例

规格为 16(钢丝绳公称直径 d>14 mm～16 mm)的普通套环，标记为：

套环 GB/T 5974.1-16

4 技术要求

4.1 套环的材料应不低于表 2 的规定。

表 2

机械性能	推荐材料
抗拉强度：375～530 N/mm^2 伸长率：不小于 20%	GB/T 699—1999 中规定的 15 和 35 GB/T 700—1988 中规定的 Q235-B

4.2 套环表面(除供需双方另有协定外)应进行热浸镀锌，镀锌层的质量不低于 120 g/m^2。镀锌后表面应光滑平整，不得有漏镀、锌粒、气泡、裂纹等缺陷。

4.3 套环成形后应光滑平整，不得有任何损害钢丝绳的裂纹、瑕疵、锐边和表面粗糙不平等缺陷。套环的尖端处应自由贴合，并将尖端部位截短至凹槽深的一半。

4.4 套环的最大承载能力应不低于公称抗拉强度为 1 770 MPa 的圆股钢丝绳最小破断拉力的 32%。

4.5 使用时，套环所采用的销轴直径不得小于钢丝绳直径的 2 倍。

5 试验方法

5.1 在首次生产时，对规格、材料和制造方法相同的套环，必须取两个样品进行试验。试验时，套环应固定在 6×36 WS（对于规格为 6，8，10 的套环应固定在 6×7）带金属绳芯的、公称抗拉强度为 1 770 MPa的钢丝绳上，用一直径为 1.5 d 的销轴穿过套环（其中 d 为钢丝绳的公称直经），并沿垂直于销轴轴线施加载荷，载荷为公称抗拉强度为 1 770 MPa 的圆股钢丝绳最小破断拉力的 32%。

5.2 试验卸载后，套环尺寸 A 的永久变形值不得大于初始值的 15%。两个套环均须符合要求，则该批套环方为合格。若两个套环中有一个不符合要求，允许按上述规定从该批套环中再抽取两个样品进行试验，如再有一个不符合要求或者首次试验时两个都不符合要求，则该批套环为不合格。

5.3 当套环的结构尺寸、材料规格以及制造工艺等有改变时，应按上述样品试验的要求，对改进后的套环进行试验。

6 检验规则

6.1 套环应由供方进行检验。供方应保证每批套环符合本标准的要求，并附有产品质量合格证。

6.2 检验采用计件的两次抽样方法。即从提供验收的一批套环中，每种规格任意抽取 n_1 件样品，若其中不合格件数不大于 C_1 件，则该批套环即可验收；若大于或等于 C_2 件，则该批套环不予验收。当大于 C_1 件而小于 C_2 件，则须进行第二次抽样检查，从该批套环中再抽取 n_2 件样品，若两次抽取样品（n_1+n_2）中的不合格件数之和小于 C_2 件，应予验收；大于或等于 C_2 件，则不予验收。

6.3 检验项目的抽样数量（n_1；n_2），判定数（C_1；C_2）及套环的出厂试验按表 3 的规定。

表 3

检验项目	抽检方法（件数）[b]		
	批　量	n_1/n_2	C_1/C_2
尺寸、外观	1～8[a]	2/—	0/—
	9～15	2/2	0/2
	16～25	3/3	0/2
	26～50	5/5	0/2
	51～90	8/8	0/2
	91～150	13/13	0/2
	151～280	20/20	0/3
	281～500	32/32	1/4
	501～1 200	50/50	2/7
性能	每批套环应进行出厂试验，其试验方法和要求与第 5 章样品试验相同。		

a　此批量为一次性抽检。

b　一个套环有几项尺寸和缺陷不合格时，应只计为 1 件。

6.4 需方有权对供方提交的套环按 6.2 及 6.3 的规定进行验收检查。

7 标志、包装、运输和储存

7.1 套环所用包装形式和材料应考虑套环在运输途中和保管期间不受损坏和腐蚀，并应符合

GB/T 13384的规定。

7.2 套环应保证在正常的运输和保管条件下,其储存期自出厂日起1年内不生锈。

7.3 包装箱、盒、袋等的外表应有标志或标签,内容如下:

a) 供方名称或商标;

b) 产品名称;

c) 规格和数量;

d) 出厂编号和标准代号;

e) 制造日期和出厂日期;

f) 到站和收货单位;

g) 箱号、毛重、净重、体积;

h) 防潮标志。

7.4 上述规定以外的要求,由供需双方协商。

ICS 53.020.30
J 80

中华人民共和国国家标准

GB/T 5974.2—2006
代替 GB/T 5974.2—1986

钢丝绳用重型套环

Heavy thimbles for use with steel wire ropes

2006-04-03 发布　　　　2006-09-01 实施

中华人民共和国国家质量监督检验检疫总局
中国国家标准化管理委员会　发布

前　言

本部分代替 GB/T 5974.2—1986《钢丝绳用重型套环》。

本部分与 GB/T 5974.2—1986 相比主要变化如下：

——增加了“前言”；

——增加了 4.3：“需要时套环表面可进行防护处理，具体处理要求根据供需双方协议确定”；

——技术要求中“套环的最大承载能力应不低于钢丝绳的最小破断拉力”修改为“套环的最大承载能力应不低于公称抗拉强度为 1 870 MPa 圆股钢丝绳的最小破断拉力”；

——增加了第 5 章“试验方法”；

——检验规则中增加了抽样方法的内容；

——原标准第 3 章“标志”中“在每个套环上，应有永久性的、字迹清晰的公称尺寸和制造单位商标的标志”修改为“在每个套环上，应有永久性的、字迹清晰的规格、材料和供方名称(或商标)的标志”；

——增加了“包装、运输和储存”的内容。

本部分由中国机械工业联合会提出。

本部分由全国起重机械标准化技术委员会(SAC/TC 227)归口。

本部分起草单位：大连大起集团有限责任公司。

本部分主要起草人：徐洪泽、丁志强。

本部分所代替标准的历次版本发布情况为：

——GB/T 5974.2—1986。

钢 丝 绳 用 重 型 套 环

1 范围

本部分规定了钢丝绳用重型套环的型式和尺寸、技术要求、试验方法、检验规则、标志、包装、运输和储存。

本部分适用于 GB 8918—2006、GB/T 20118—2006 中规定的圆股钢丝绳用重型套环(以下简称套环)。

2 规范性引用文件

下列文件中的条款通过 GB/T 5974 的本部分的引用而成为本部分的条款。凡是注日期的引用文件,其随后所有的修改单(不包括勘误的内容)或修订版均不适用于本部分,然而,鼓励根据本部分达成协议的各方研究是否可使用这些文件的最新版本。凡是不注日期的引用文件,其最新版本适用于本部分。

GB/T 1348—1988 球墨铸铁件

GB 8918—2006 重要用途钢丝绳

GB/T 9440—1988 可锻铸铁件

GB/T 11352—1989 一般工程用铸造碳钢件

GB/T 13384—1992 机电产品包装通用技术条件

GB/T 20118—2006 一般用途钢丝绳

3 型式和尺寸

3.1 套环的型式和尺寸应符合图 1 和表 1 的规定。

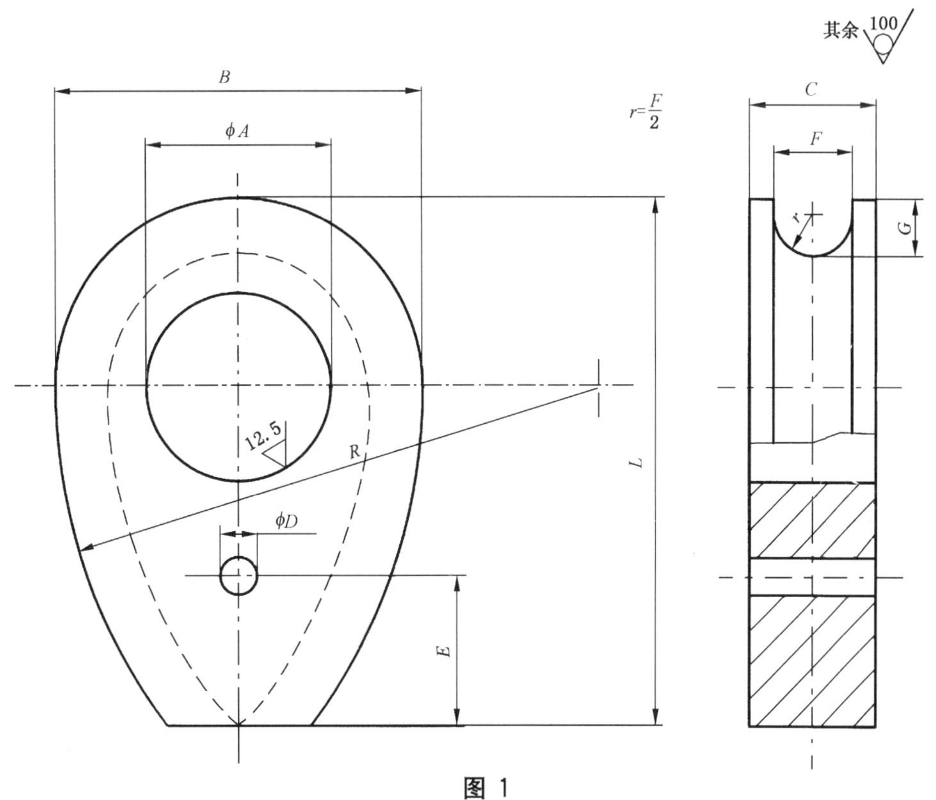

图 1

3.2 标记示例

规格为16(钢丝绳公称直径 d>14 mm～16 mm)，由可锻铸铁制成的重型套环标记为：

套环 GB/T 5974.2—16 KTH

表 1

套环规格(钢丝绳公称直径)d/mm	尺寸/mm														单件质量/kg
	F	C		A		B		L		R		G min	D	E	
		基本尺寸	极限偏差	基本尺寸	极限偏差	基本尺寸	极限偏差	基本尺寸	极限偏差	基本尺寸	极限偏差				
8	8.9±0.3	14.0	0 −1.4	20	+0.149 +0.065	40	±2	56	±3	59	+3 0	6.0	5	20	0.08
10	11.2±0.3	17.5		25		50		70		74		7.5			0.17
12	13.4±0.4	21.0		30		60		84		89		9.0			0.32
14	15.6±0.5	24.5		35	+0.180 +0.080	70		98		104		10.5			0.50
16	17.8±0.6	28.0	0 −2.8	40		80	±4	112	±6	118	+6 0	12.0			0.78
18	20.1±0.6	31.5		45		90		126		133		13.5			1.14
20	22.3±0.7	35.0		50		100		140		148		15.0	10	30	1.41
22	24.5±0.8	38.5		55	+0.220 +0.100	110		154		163		16.5			1.96
24	26.7±0.9	42.0	0 −3.4	60		120	±6	168	±9	178	+9 0	18.0			2.41
26	29.0±0.9	45.5		65		130		182		193		19.5			3.46
28	31.2±1.0	49.0		70		140		196		207		21.0			4.30
32	35.6±1.2	56.0		80		160		224		237		24.0			6.46
36	40.1±1.3	63.0	0 −4.4	90	+0.260 +0.120	180	±9	252	±13	267	+13 0	27.0			9.77
40	44.5±1.5	70.0		100		200		280		296		30.0			12.94
44	49.0±1.6	77.0		110		220		308		326		33.0	15	45	17.02
48	53.4±1.8	84.0		120		240		336		356		36.0			22.75
52	57.9±1.9	91.0	0 −5.5	130	+0.305 +0.145	260	±13	364	±18	385	+19 0	39.0			28.41
56	62.3±2.1	98.0		140		280		392		415		42.0			35.56
60	66.8±2.2	105.0		150		300		420		445		45.0			48.35

4 技术要求

4.1 套环的材料应不低于表2的规定。

表 2

<table>
<tr><td colspan="2">套环规格</td><td>8</td><td>10</td><td>12</td><td>14</td><td>16</td><td>18</td><td>20</td><td>22</td><td>24</td><td>26</td><td>28</td><td>32</td><td>36</td><td>40</td><td>44</td><td>48</td><td>52</td><td>56</td><td>60</td></tr>
<tr><td rowspan="3">材料</td><td>可锻铸铁</td><td colspan="12">KTH 370-12
GB/T 9440—1988</td><td colspan="7">—</td></tr>
<tr><td>球墨铸铁</td><td colspan="12">—</td><td colspan="7">QT 450-10
GB/T 1348—1988</td></tr>
<tr><td>铸钢</td><td colspan="12">—</td><td colspan="7">ZG 270-500
GB/T 11352—1989</td></tr>
</table>

4.2 套环表面应光滑平整，尖棱和冒口应除去，且不得有降低强度和显著有损外观的缺陷（如气孔、裂纹、疏松、夹砂、铸疤等）。

4.3 需要时套环表面可进行防护处理，具体处理要求根据供需双方协议确定。

4.4 套环的最大承载能力应不低于公称抗拉强度为1 870 MPa圆股钢丝绳的最小破断拉力。

5 试验方法

5.1 首次生产时，对规格、材料和制造方法相同的套环，应取两个样品进行拉力试验（也可根据供需双方协议进行有关的性能试验）。试验时，套环应固定在6×36 WS（对于规格为8，10的套环应固定在6×7）带金属绳芯的、公称抗拉强度为1 870 MPa的钢丝绳上，用销轴穿过套环，并沿垂直于销轴轴线施加载荷，载荷为公称抗拉强度为1 870 MPa的圆股钢丝绳最小破断拉力。试验结果，套环不允许出现裂纹或其他影响使用的任何损伤。两个套环均须符合要求，则该批套环方为合格。若两个套环中有一个不符合要求，允许按上述规定从该批套环中再抽取两个样品进行试验，如再有一个不符合要求或者首次试验时两个都不符合要求，则该批套环为不合格。

5.2 当套环的结构尺寸、材料规格以及制造工艺等有改变时，应按上述样品试验的要求，对改进后的套环进行试验。

6 检验规则

6.1 套环应由供方进行检验。供方应保证每批套环符合本标准的要求，并附有产品质量合格证。

6.2 检验采用计件的两次抽样方法。即从提供验收的一批套环中，每种规格任意抽取 n_1 件样品进行检验，若其中不合格件数不大于 C_1 件，则该批套环即可验收；若大于或等于 C_2 件，则该批套环不予验收。当大于 C_1 件而小于 C_2 件，则须进行第二次抽样检查，从该批套环中再抽取 n_2 件样品，若两次抽取样品（n_1+n_2）中的不合格件数之和小于 C_2 件，应予验收；大于或等于 C_2 件，则不予验收。

6.3 检验项目的抽样数量（n_1；n_2），判定数（C_1；C_2）及套环的出厂试验按表3的规定。

表 3

检验项目	抽检方法（件数）[b]		
	批量	n_1/n_2	C_1/C_2
尺寸、外观	1～8[a]	2/—	0/—
	9～15	2/2	0/2
	16～25	3/3	0/2

表 3(续)

检验项目	抽检方法(件数)[b]		
	批量	n_1/n_2	C_1/C_2
尺寸、外观	26～50	5/5	0/2
	51～90	8/8	0/2
	91～150	13/13	0/2
	151～280	20/20	0/3
	281～500	32/32	1/4
	501～1 200	50/50	2/7
性能	每批套环应进行出厂试验,其试验要求和方法与第 5 章样品试验相同。		

a 此批量为一次性抽检。

b 一个套环有几项尺寸和缺陷不合格时,应只计为 1 件。

6.4 需方有权对供方提交的套环按 6.2 及 6.3 的规定进行验收检查。

7 标志、包装、运输和储存

7.1 在每个套环上,应有永久性的、字迹清晰的规格、材料和供方名称(或商标)的标志,其标志应位于醒目的位置上。

7.2 套环所用包装形式和材料应考虑套环在运输途中和保管期间不受损坏和腐蚀,并应符合 GB/T 13384的规定。

7.3 套环应保证在正常的运输和保管条件下,其储存期自出厂日起 1 年内不生锈。

7.4 包装箱、盒、袋等的外表应有标志或标签,内容如下:

a) 供方名称或商标;

b) 产品名称;

c) 规格和数量;

d) 出厂编号和标准代号;

e) 制造日期和出厂日期;

f) 到站和收货单位;

g) 箱号、毛重、净重、体积;

h) 防潮标志。

7.5 上述规定以外的要求,由供需双方协商。

ICS 53.020.30
J 80

中华人民共和国国家标准

GB/T 5975—2006
代替 GB/T 5975—1986

钢 丝 绳 用 压 板

Clamping plates for fixing steel wire ropes

2006-04-03 发布 2006-09-01 实施

中华人民共和国国家质量监督检验检疫总局
中国国家标准化管理委员会 发布

前　言

本标准代替 GB/T 5975—1986《钢丝绳用压板》。

本标准与 GB/T 5975—1986 相比主要变化如下：

——增加了“前言”；

——删除了范围中“钢丝绳电动葫芦和多层缠绕的起重机用卷筒除外”的内容；

——增加了两个压板序号(即规格)，压板所适用的钢丝绳公称直径由 6～52 mm 增至 60 mm；

——增加了 4.3：“需要时压板表面可进行防护处理，具体处理要求根据供需双方协议确定”；

——检验规则中补充了抽样方法。

本标准由中国机械工业联合会提出。

本标准由全国起重机械标准化技术委员会(SAC/TC 227)归口。

本标准起草单位：大连大起集团有限责任公司。

本标准主要起草人：丁志强。

本标准所代替标准的历次版本发布情况为：

——GB/T 5975—1986。

钢 丝 绳 用 压 板

1 范围

本标准规定了钢丝绳用压板的型式和尺寸、技术要求、检验规则、标志、包装、运输和储存。

本标准适用于起重机卷筒上所使用的GB 8918—2006、GB/T 20118—2006中规定的圆股钢丝绳的绳端固定的钢丝绳用压板(以下简称压板)。

2 规范性引用文件

下列文件中的条款通过本标准的引用而成为本标准的条款。凡是注日期的引用文件,其随后所有的修改单(不包括勘误的内容)或修订版均不适用于本标准,然而,鼓励根据本标准达成协议的各方研究是否可使用这些文件的最新版本。凡是不注日期的引用文件,其最新版本适用于本标准。

GB/T 700—1988 碳素结构钢

GB 8918—2006 重要用途钢丝绳

GB/T 13384—1992 机电产品包装通用技术条件

GB/T 20118—2006 一般用途钢丝绳

3 型式和尺寸

3.1 压板的型式和尺寸应符合图1和表1的规定。

3.2 标记示例

序号为4(钢丝绳公称直径 d>14 mm～17 mm)的标准槽压板,标记为:

压板 GB/T 5975-4

序号为4(钢丝绳公称直径 d>14 mm～17 mm)的深槽压板,标记为:

压板 GB/T 5975-4 深

4 技术要求

4.1 压板的材料应采用不低于GB/T 700—1988中规定的Q235-B钢。

4.2 压板表面应光滑平整、无毛刺、瑕疵、锐边和表面粗糙不平等缺陷。

4.3 需要时压板表面可进行防护处理,具体处理要求根据供需双方协议确定。

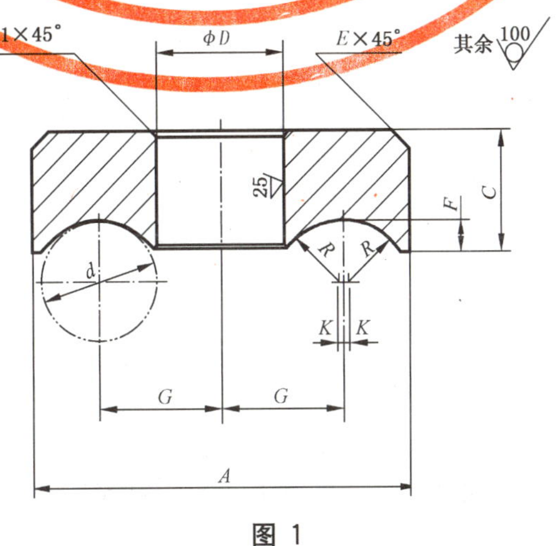

图1

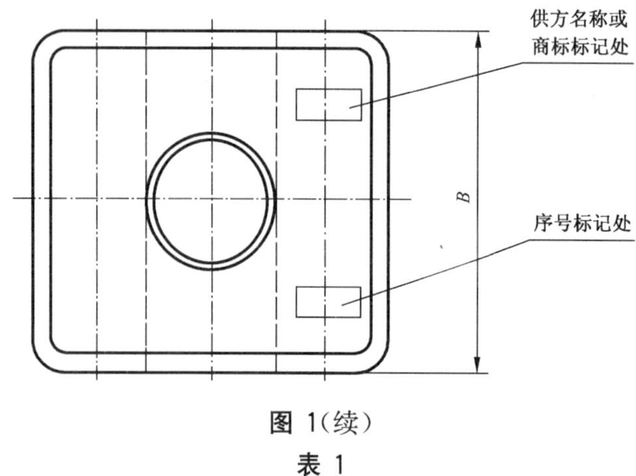

图 1(续)

表 1

压板序号	尺寸/mm														单件质量/kg	
	适用钢丝绳公称直径 d/mm	A		B	C	D	E	F	G		K	R		压板螺栓直径		
		标准槽	深槽						标准槽	深槽		基本尺寸	极限偏差		标准槽	深槽
1	6～8	25	29	25	8	9	1	2.0	8.0	10.0	1.0	4.0	$^{+0.1}_{0}$	M8	0.03	0.04
2	>8～11	35	39	35	12	11	1	3.0	11.5	13.5	1.5	5.5		M10	0.10	0.12
3	>11～14	45	51	45	16	15	2	3.5	14.5	17.5	1.5	7.0		M14	0.22	0.25
4	>14～17	55	66	50	18	18	2	4.0	17.5	21.5	1.5	8.5	$^{+0.2}_{0}$	M16	0.32	0.37
5	>17～20	65	73	60	20	22	3	5.0	21.0	25.0	1.0	10.0		M20	0.48	0.55
6	>20～23	75	85	60	20	22	4	6.0	24.5	29.5	1.5	11.5		M20	0.55	0.65
7	>23～26	85	95	70	25	26	4	6.5	28.0	33.0	1.0	13.0		M24	0.91	1.05
8	>26～29	95	105	70	25	30	5	7.0	31.5	36.5	1.5	14.5	$^{+0.3}_{0}$	M27	0.99	1.12
9	>29～32	105	117	80	30	33	5	8.0	34.5	40.5	1.5	16.0		M30	1.52	1.75
10	>32～35	115	129	90	35	33	6	9.0	38.0	45.0	1.0	17.5		M30	2.23	2.58
11	>35～38	125	141	90	35	39	6	10.0	40.5	48.5	1.5	19.0		M36	2.29	2.69
12	>38～41	135	153	100	40	45	8	11.0	44.0	53.0	1.0	20.5		M42	3.17	3.74
13	>41～44	145	163	110	40	45	8	12.0	47.5	56.5	1.5	22.0		M42	3.82	4.44
14	>44～47	155	175	110	50	45	8	13.0	51.5	61.5	1.5	23.5		M42	5.25	6.12
15	>47～52	170	189	125	50	52	10	13.0	56.0	65.0	2.0	26.0		M48	6.69	7.57
16	>52～56	180	—	135	50	52	10	14.0	60.0	—	2.0	28.0		M48	8.10	—
17	>56～60	190	—	145	55	52	10	15.0	64.0	—	2.0	30.0		M48	9.20	—

5 检验规则

5.1 压板应由供方进行检验。供方应保证压板符合本标准的要求，并附有产品质量合格证。

5.2 检验采用计件的两次抽样方法。即从提出验收的一批压板中，每种规格任意抽取 n_1 件样品进行检验，若其中不合格件数不大于 C_1 件，则该批压板即可验收；若大于或等于 C_2 件，则该批压板不予验收。当大于 C_1 件而小于 C_2 件，则须进行第二次抽样检查，从该批压板中再抽取 n_2 件样品，若两次抽取样品(n_1+n_2)中的不合格件数之和小于 C_2 件，应予验收；大于或等于 C_2 件，则不予验收。

5.3 检验项目的抽样数量(n_1;n_2),判定数(C_1;C_2)及压板的出厂检验按表 2 的规定。

表 2

检验项目	抽检方法(件数)[b]		
	批量	n_1/n_2	C_1/C_2
尺寸、外观	1~8[a]	2/—	0/—
	9~15	2/2	0/2
	16~25	3/3	0/2
	26~50	5/5	0/2
	51~90	8/8	0/2
	91~150	13/13	0/2
	151~280	20/20	0/4
	281~500	32/32	1/3
	501~1200	50/50	2/7

a 此批量为一次性抽检。

b 一块压板有几项尺寸和缺陷不合格时应只计算 1 件。

6 标志、包装、运输和储存

6.1 在每块压板上,应有永久性的、字迹清晰的压板序号和供方名称(或商标)的标志。标志的位置如图 1 所示。

6.2 压板所用包装形式及其材料须考虑压板在运输途中和保管期间不受损坏和腐蚀,并应符合 GB/T 13384的规定。

6.3 压板应保证在正常的运输和保管条件下,其储存期自出厂日起 1 年内不生锈。

6.4 包装箱、盒、袋等的外表应有标志或标签,内容如下:

a) 供方名称或商标;

b) 产品名称;

c) 序号和数量;

d) 出厂编号和标准代号;

e) 制造日期和出厂日期;

f) 到站和收货单位;

g) 箱号、毛重、净重、体积;

h) 防潮标志。

6.5 上述规定以外的要求,由供需双方协商。

ICS 53.020.30
J 80

中华人民共和国国家标准

GB/T 5976—2006
代替 GB/T 5976—1986

2006-04-03 发布　　　　2006-09-01 实施

中华人民共和国国家质量监督检验检疫总局
中国国家标准化管理委员会　发布

前　　言

本标准代替 GB/T 5976—1986《钢丝绳夹》。

本标准与 GB/T 5976—1986 相比主要变化如下：

——增加了“前言”；

——删除了图 3 中 H_3 尺寸和表 3 中 L_1 尺寸；

——检验规则中的抽样方法作了修改；

——附录 A 中钢丝绳夹的安装数量和钢丝绳的规格范围作了修改。

本标准的附录 A 为资料性附录。

本标准由中国机械工业联合会提出。

本标准由全国起重机械标准化技术委员会(SAC/TC 227)归口。

本标准起草单位：大连大起集团有限责任公司。

本标准主要起草人：丁志强、刘大强。

本标准所代替标准的历次版本发布情况为：

——GB/T 5976—1986。

钢丝绳夹

1 范围

本标准规定了钢丝绳夹的型式和尺寸、技术要求、检验规则、标志、包装、运输和储存。

本标准适用于起重机、矿山运输、船舶和建筑业等重型工况中所使用的 GB 8918—2006、GB/T 20118—2006中圆股钢丝绳的绳端固定或连接用的钢丝绳夹(以下简称绳夹)。

2 规范性引用文件

下列文件中的条款通过本标准的引用而成为本标准的条款。凡是注日期的引用文件,其随后所有的修改单(不包括勘误的内容)或修订版均不适用于本标准,然而,鼓励根据本标准达成协议的各方研究是否可使用这些文件的最新版本。凡是不注日期的引用文件,其最新版本适用于本标准。

GB/T 41—2000 六角螺母 C 级

GB/T 196—2003 普通螺纹 基本尺寸(ISO 724:1993,MOD)

GB/T 197—2003 普通螺纹 公差(ISO 965-1:1998,MOD)

GB/T 700—1988 碳素结构钢

GB/T 1348—1988 球墨铸铁件

GB 8918—2006 重要用途钢丝绳

GB/T 9440—1988 可锻铸铁件

GB/T 11352—1989 一般工程用铸造碳钢件

GB/T 13384—1992 机电产品包装通用技术条件

GB/T 20118—2006 一般用途钢丝绳

3 型式和尺寸

3.1 绳夹

3.1.1 绳夹的型式和尺寸应符合图 1 和表 1 的规定。

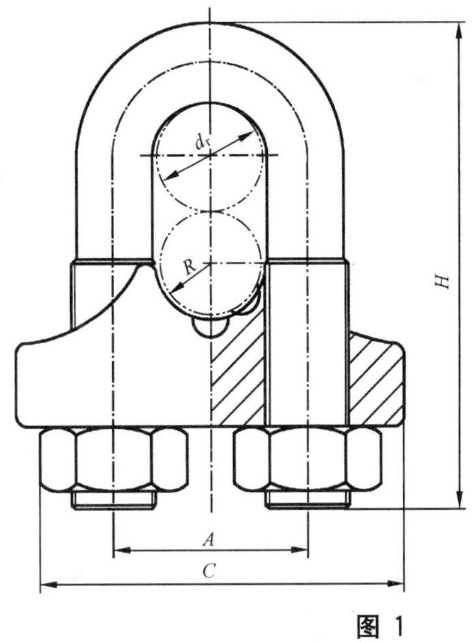

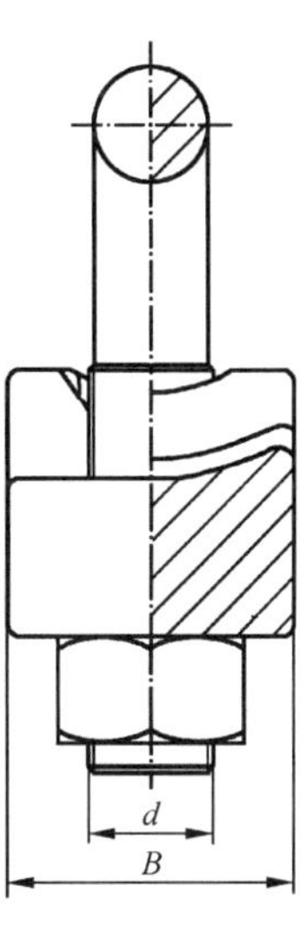

图 1

表 1

绳夹规格(钢丝绳公称直径)d_r/mm	尺寸/mm						螺母 GB/T 41—2000 d	单组质量 /kg
	适用钢丝绳公称直径 d_r	A	B	C	R	H		
6	6	13.0	14	27	3.5	31	M6	0.034
8	>6~8	17.0	19	36	4.5	41	M8	0.073
10	>8~10	21.0	23	44	5.5	51	M10	0.140
12	>10~12	25.0	28	53	6.5	62	M12	0.243
14	>12~14	29.0	32	61	7.5	72	M14	0.372
16	>14~16	31.0	32	63	8.5	77	M14	0.402
18	>16~18	35.0	37	72	9.5	87	M16	0.601
20	>18~20	37.0	37	74	10.5	92	M16	0.624
22	>20~22	43.0	46	89	12.0	108	M20	1.122
24	>22~24	45.5	46	91	13.0	113	M20	1.205
26	>24~26	47.5	46	93	14.0	117	M20	1.244
28	>26~28	51.5	51	102	15.0	127	M22	1.605
32	>28~32	55.5	51	106	17.0	136	M22	1.727
36	>32~36	61.5	55	116	19.5	151	M24	2.286
40	>36~40	69.0	62	131	21.5	168	M27	3.133
44	>40~44	73.0	62	135	23.5	178	M27	3.470
48	>44~48	80.0	69	149	25.5	196	M30	4.701
52	>48~52	84.5	69	153	28.0	205	M30	4.897
56	>52~56	88.5	69	157	30.0	214	M30	5.075
60	>56~60	98.5	83	181	32.0	237	M36	7.921

3.1.2 标记示例

钢丝绳为右捻6股,规格为20(钢丝绳公称直径 d_r>18 mm~20 mm),夹座材料为KTH 350-10的钢丝绳夹,标记为:

绳夹 GB/T 5976-20 KTH

钢丝绳为左捻6股时:

绳夹 GB/T 5976-20 左 KTH

3.2 夹座

3.2.1 夹座的型式和尺寸应符合图2、图3和表2的规定。

3.2.2 标记示例

钢丝绳为右捻6股,绳夹规格为20,材料为KTH 350-10的夹座:

夹座 GB/T 5976-20 KTH

钢丝绳为左捻6股时:

夹座 GB/T 5976-20 左 KTH

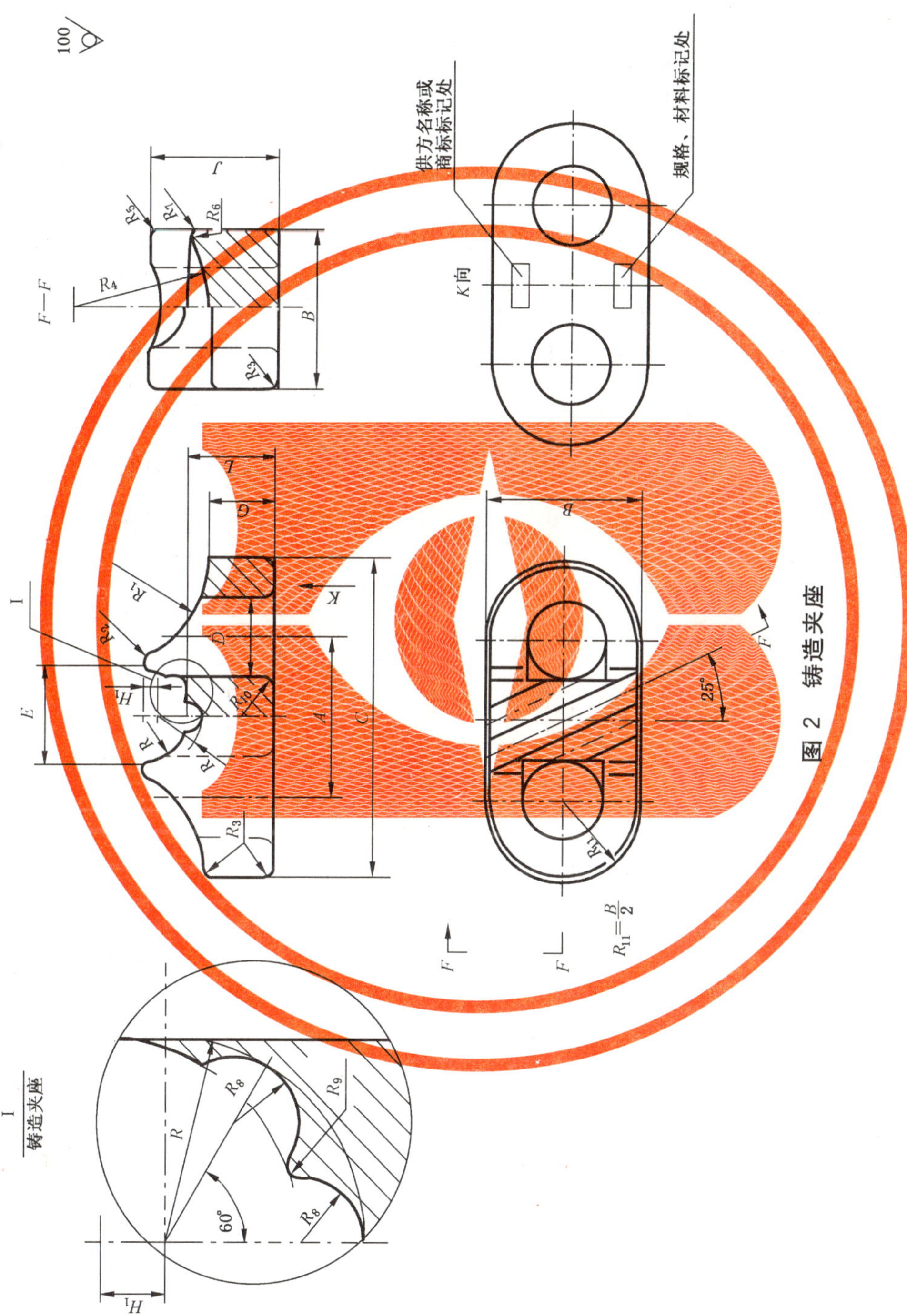

图 2 铸造夹座

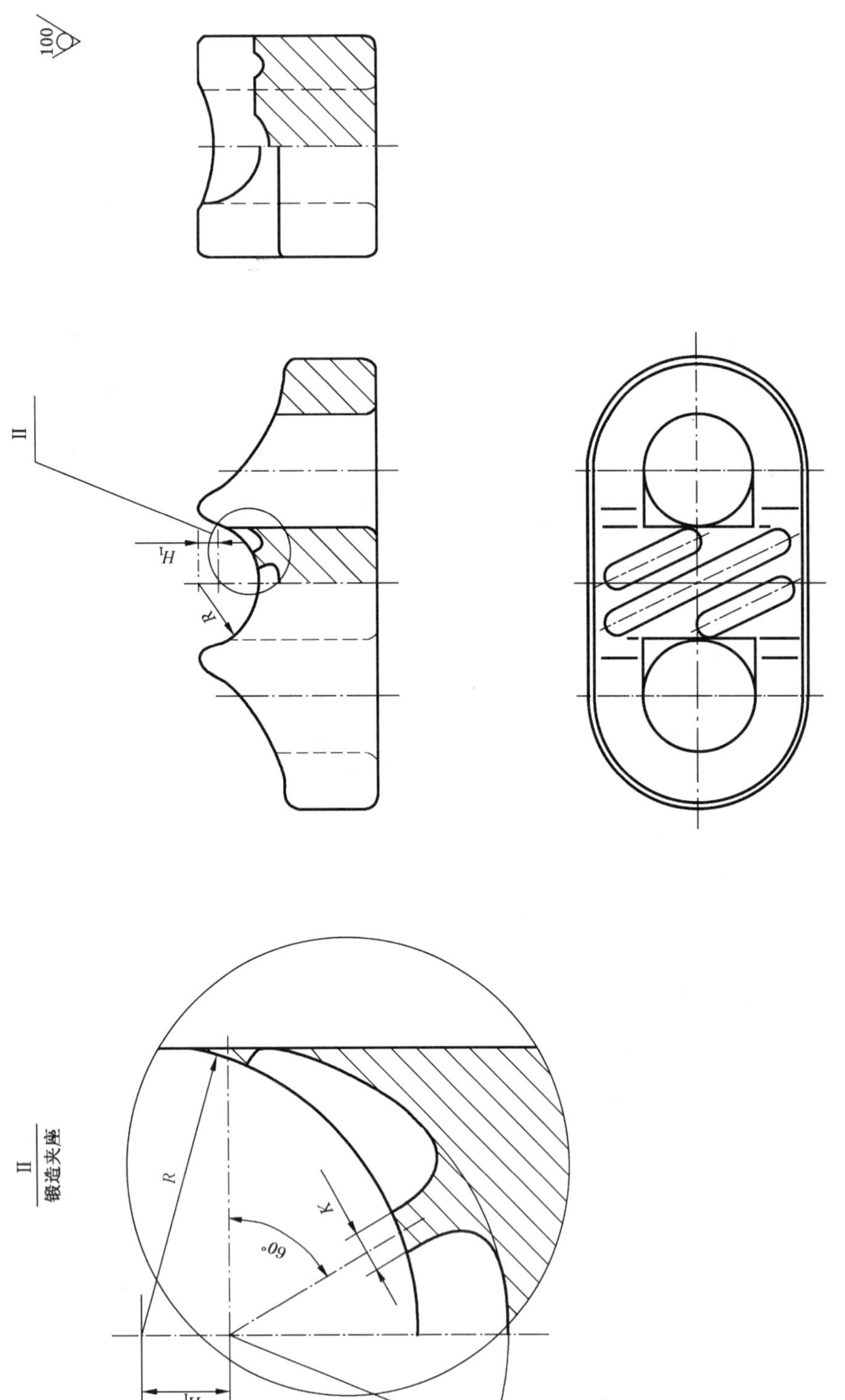

注：未注出的尺寸同于铸造夹座

图 3 锻造夹座

表 2

绳夹规格（钢丝绳公称直径）d_r/mm	基本尺寸/mm													参考尺寸/mm											字体号数	单件质量/kg
	A		B	C	D		E	G	H_1	J	L	R		R_1	R_2	R_3	R_4	R_5	R_6	R_7	R_8	R_9	R_{10}	k		
	尺寸	偏差			尺寸	偏差						尺寸	偏差													
6	13.0	+0.5 0	14	27	7.0	+0.4 0	7	6	1.0	12	7	3.5	+0.3 0	10	1.0	1.0	12	0.5	3	1.0	1.0	0.5	0.5	1.0	5	0.015
8	17.0		19	36	9.5		9	8	1.4	15	9	4.5		13	1.5	1.0	16	0.5	4	1.0	1.4	0.5	0.5	1.0	5	0.034
10	21.0		23	44	11.5		11	10	1.7	19	11	5.5		16	1.5	1.5	19	1.0	5	1.0	1.7	0.5	0.5	1.0	5	0.066
12	25.0	+0.8 0	28	53	14.0	+0.5 0	13	12	2.0	23	14	6.5	+0.4 0	20	1.5	1.5	22	1.0	6	1.5	2.0	0.5	1.0	1.0	5	0.119
14	29.0		32	61	16.0		15	14	2.4	26	16	7.5		22	2.0	2.0	25	1.5	7	1.5	2.4	0.5	1.0	1.5	5	0.177
16	31.0		32	63	16.0		17	14	2.7	27	17	8.5		22	2.0	2.0	28	1.5	8	1.5	2.7	1.0	1.0	1.5	5	0.196
18	35.0	+1.2 0	37	72	18.5	+0.6 0	19	16	3.0	30	19	9.5	+0.6 0	26	2.0	2.0	30	1.5	9	2.0	3.0	1.0	1.0	1.5	7	0.285
20	37.0		37	74	18.5		21	16	3.4	31	20	10.5		26	2.0	2.0	32	1.5	10	2.0	3.4	1.0	1.0	1.5	7	0.296
22	43.0		46	89	23.0		24	20	3.7	36	24	12.0		32	3.0	2.0	34	1.5	11	2.0	3.7	1.0	1.5	2.0	7	0.541
24	45.5		46	91	23.0		26	20	4.0	37	25	13.0		32	3.0	2.5	36	2.0	12	2.0	4.0	1.0	1.5	2.0	7	0.561
26	47.5		46	93	23.0		28	20	4.4	37	25	14.0		32	3.0	2.5	38	2.0	13	2.5	4.4	1.0	1.5	2.0	7	0.580
28	51.5	+1.6 0	51	102	25.5	+0.8 0	30	22	4.7	40	27	15.0	+0.8 0	36	3.0	2.5	40	2.0	14	2.5	4.7	1.0	1.5	2.0	7	0.783
32	55.5		51	106	25.5		34	22	5.4	42	28	17.0		36	3.0	2.5	43	2.0	15	2.5	5.4	1.5	1.5	3.0	7	0.855
36	61.5		55	116	27.5		39	24	6.0	46	31	19.5		39	4.0	3.0	46	2.0	16	3.0	6.0	1.5	1.5	3.0	7	1.116
40	69.0		62	131	31.0		43	27	6.7	49	34	21.5		43	4.0	3.0	48	2.0	17	3.0	6.7	1.5	1.5	3.0	10	1.456
44	73.0		62	135	31.0		47	27	7.4	52	36	23.5		46	4.0	3.0	50	3.0	18	3.0	7.4	1.5	2.0	3.0	10	1.697
48	80.0	+2.0 0	69	149	34.5	+1.0 0	51	30	8.0	57	40	25.5	+1.0 0	50	4.0	4.0	52	3.0	19	4.0	8.0	1.5	2.0	3.0	10	2.296
52	84.5		69	153	34.5		56	30	8.7	59	41	28.0		52	5.0	4.0	54	3.0	20	4.0	8.7	2.0	2.0	4.0	14	2.393
56	88.5		69	157	34.5		60	30	9.4	61	42	30.0		54	5.0	4.0	56	3.0	21	4.0	9.4	2.0	2.0	4.0	14	2.477
60	98.5		83	181	41.5		64	36	10.0	64	45	32.0		56	5.0	4.0	58	3.0	22	4.0	10.0	2.0	2.0	4.0	14	3.704

注 1：表中重量是夹座材料为可锻铸铁时的参考值。

注 2：表中 R_4、R_6、R_7、R_8、R_9 为图 2、图 3 中绳槽法面上的尺寸。

3.3 U形螺栓

3.3.1 U形螺栓的型式和尺寸应符合图4和表3的规定。

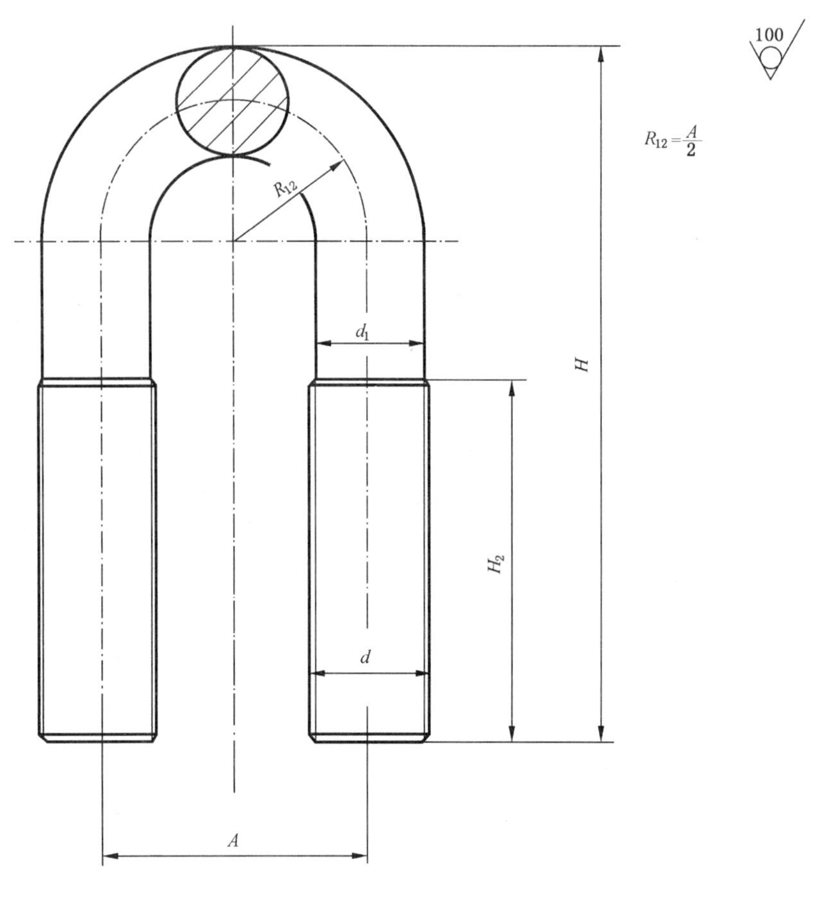

图 4

3.3.2 标记示例

绳夹规格为20的U形螺栓,标记为:

U形螺栓 GB/T 5976-20

表 3

绳夹规格(钢丝绳公称直径)d_r/mm	尺寸/mm						单件质量/kg
	d	d_1^a	A		H	H_2	
			基本尺寸	极限偏差			
6	M6	5.28	13.0	+0.5 0	31	17	0.014
8	M8	7.13	17.0		41	22	0.027
10	M10	8.94	21.0		51	27	0.052
12	M12	10.77	25.0	+0.8 0	62	33	0.092
14	M14	12.62	29.0		72	39	0.145
16	M14	12.62	31.0		77	41	0.156

表 3(续)

绳夹规格(钢丝绳公称直径)d_r/mm	尺寸/mm						单件质量/kg
	d	d_1^a	A		H	H_2	
			基本尺寸	极限偏差			
18	M16	14.62	35.0	$^{+1.2}_{0}$	87	46	0.248
20	M16	14.62	37.0		92	48	0.260
22	M20	18.28	43.0		108	57	0.457
24	M20	18.28	45.5		113	60	0.520
26	M20	18.28	47.5		117	61	0.540
28	M22	20.32	51.5	$^{+1.6}_{0}$	127	66	0.670
32	M22	20.32	55.5		136	70	0.720
36	M24	22.00	61.5		151	77	0.946
40	M27	25.00	69.0		168	85	1.341
44	M27	25.00	73.0		178	90	1.437
48	M30	27.68	80.0	$^{+2.0}_{0}$	196	99	1.937
52	M30	27.68	84.5		205	103	2.036
56	M30	27.68	88.5		214	106	2.130
60	M36	33.68	98.5		237	117	3.475

a d_1 供选择合适直径的材料时参考,允许制成 $d_1=d$。

4 技术要求

4.1 材料

夹座和 U 形螺栓的材料应符合表 4 的规定。

4.2 夹座

4.2.1 夹座表面应光滑平整,尖棱和冒口应除去,夹座不应有降低强度和显著有损外观的缺陷(如气孔、裂纹、疏松、夹砂、铸疤、起鳞、错箱等)。

4.2.2 夹座的绳槽表面应与钢丝绳的表面和捻向基本吻合(见注)。铸件或锻件的四个翅子应位于同一水平面上。

4.2.3 未给出的尺寸偏差不得大于基本尺寸的 $^{+5}_{0}\%$。

4.2.4 图 2 和图 3 中的槽向为右旋 6 股钢丝绳用,当为左旋时,槽向应相反。

注:常用绳槽表面以配合捻向为右旋 6 圆股钢丝绳为宜,如要求与其他结构的钢丝绳配合使用,订货时提出诸如钢丝绳股数、股型、捻向等特殊要求。

表 4

零件名称		材料[a]
夹座[b]	锻造	GB/T 700—1988 规定的 Q235-B
	铸造	GB/T 1348—1988 规定的 QT450-10
		GB/T 9440—1988 规定的 KTH350-10
		GB/T 11352—1989 规定的 ZG270-500
U 形螺栓		GB/T 700—1988 规定的 Q235-B

a 允许采用性能不低于表中的材料代用。

b 当绳夹用于起重机上时,夹座材料推荐采用 Q235-B 钢或 ZG270~500 制造。

4.3 U 形螺栓

4.3.1 U 形螺栓应精制，杆部表面不允许有过烧裂纹、凹痕、斑疤、条痕、氧化皮和浮锈。

4.3.2 螺纹表面不许有碰伤、毛刺、双牙尖、划痕、裂缝和螺纹不完整。

4.3.3 螺纹的基本尺寸应符合 GB/T 196—2003 的规定，螺纹公差应符合 GB/T 197—2003 的规定，公差等级为 6 g。

4.3.4 未给出的尺寸偏差不大于其基本尺寸的 $^{+5}_{0}\%$，螺纹长度偏差为 +2 个螺距。

4.4 六角螺母

螺母应符合 GB/T 41—2000、性能等级为 5 级要求的规定。

4.5 镀锌

4.5.1 夹座、U 形螺栓和六角螺母(除供需双方另有协议外)应进行热浸镀锌(规格 6 和 8 的 U 形螺栓和螺母允许采用电镀锌)。镀锌层的质量、单个试样不低于 450 g/m^2，平均不低于 500 g/m^2。

4.5.2 热浸镀锌后的零件表面应光滑平整，不得有影响使用和有损外观的漏镀、锌粒、气泡、裂缝、脱皮等缺陷。

4.6 装配

螺母与夹座接触应良好无间隙存在。钢丝绳夹使用方法参见附录 A。

5 检验规则

5.1 绳夹应由供方进行检验。供方应保证每批绳夹符合本标准的要求，并附有产品质量合格证。

5.2 绳夹应成批交货验收。每批绳夹的规格、材料牌号和生产工艺应相同。对铸件，每个浇铸号可视为一批。

5.3 检验采用计件的两次抽样方法。即从提供验收的一批绳夹中，每种规格任意抽取 n_1 组样品，若其中不合格组数不大于 C_1 组，则该批绳夹即可验收。若大于或等于 C_2 组，则该批绳夹不予验收。若大于 C_1 组而小于 C_2 组，则应进行第二次抽样检查，从该批绳夹中再抽取 n_2 组样品。两次抽取样品(n_1+n_2)中的不合格组数之和小于 C_2 组，予以验收；大于或等 于 C_2 组，则不予验收。

5.4 检验项目的抽样数量(n_1，n_2)和判定数(C_1，C_2)：U 形螺栓按表 5；夹座按表 6 的规定。

5.5 对用可锻铸铁制成的夹座，每批抽样 5‰(绝对数不少于 6 件)击碎，进行无缩孔和有损强度的疏松检验，如出现影响铸件使用的疏松不超过表中规定数量时，该批夹座方为合格。

5.6 对所有的夹座都必须进行目测检查，有裂纹的夹座必须报废。

表 5

检验项目		抽检方法(组数)[a]		
		批量	n_1/n_2	C_1/C_2
尺寸	螺栓中心距 螺栓直径和高度 螺纹和螺纹长度	1～8[b]	2/—	0/—
		9～15	2/2	0/2
		16～25	3/3	0/2
		26～50	5/5	0/2
外观质量	杆部凹痕、斑疤螺纹表面碰伤、毛刺、双尖、划痕、裂纹和扣不完整漏镀、锌粒、气泡	51～90	8/8	0/2
		91～150	13/13	0/2
		151～280	20/20	0/3
		281～500	32/32	1/4
		501～1200	50/50	2/7

a 一个 U 形螺栓有几项尺寸和缺陷不合格时应只计算 1 件。

b 此批量为一次性抽检。

表 6

<table>
<tr><td colspan="2" rowspan="2">检验项目</td><td colspan="3">抽检方法(组数)[b]</td></tr>
<tr><td>批量</td><td>n_1/n_2</td><td>C_1/C_2</td></tr>
<tr><td rowspan="4">尺寸</td><td rowspan="4">孔中心距
孔径
长度、宽度、高度、厚度
槽底半径 R</td><td>1～8[c]</td><td>2/—</td><td>0/—</td></tr>
<tr><td>9～15</td><td>2/2</td><td>0/2</td></tr>
<tr><td>16～25</td><td>3/3</td><td>0/2</td></tr>
<tr><td>26～50</td><td>5/5</td><td>0/2</td></tr>
<tr><td rowspan="5">外观质量</td><td rowspan="5">错箱、砂眼、毛刺、标志
漏镀、锌粒、气泡</td><td>51～90</td><td>8/8</td><td>0/2</td></tr>
<tr><td>91～150</td><td>13/13</td><td>0/2</td></tr>
<tr><td>151～280</td><td>20/20</td><td>0/3</td></tr>
<tr><td>281～500</td><td>32/32</td><td>1/4</td></tr>
<tr><td>501～1200</td><td>50/50</td><td>2/7</td></tr>
<tr><td rowspan="5">性能</td><td>抗拉强度</td><td colspan="2" rowspan="3">试棒性能的检验应符合相应标准的规定[a]</td><td rowspan="3">—</td></tr>
<tr><td>伸长率</td></tr>
<tr><td>硬度</td></tr>
<tr><td>疏松</td><td>每批抽样</td><td>6/12</td><td>0/2</td></tr>
<tr><td>裂纹</td><td>每批抽样[c]</td><td>16/—</td><td>0/—</td></tr>
<tr><td colspan="5">a 检验性能的试棒,对于铸件应从同一炉同一个浇铸号中抽取。
b 一个夹座有几项尺寸和缺陷不合格时,应只计为 1 件。
c 此批量为一次性抽检。</td></tr>
</table>

5.7 需方有权对供方提交的绳夹按照 5.3～5.6 的规定进行验收检查。

6 标志、包装、运输和储存

6.1 每个夹座应有永久性的、字迹清晰的规格、材料和供方名称(或商标)的标志。标志应位于图 2 所示的位置。

6.2 绳夹所用包装形式和材料须考虑绳夹在运输途中和保管期间不受损坏和腐蚀,并应符合 GB/T 13384的规定。

6.3 绳夹应保证在正常的运输和保管条件下,其储存期自出厂日起 1 年内不生锈。

6.4 包装箱、盒、袋等的外表应有标志或标签,内容如下:

a) 供方名称或商标;

b) 产品名称;

c) 规格和数量;

d) 出厂编号和标准代号;

e) 制造日期和出厂日期;

f) 到站和收货单位;

g) 箱号、毛重、净重、体积;

h) 防潮标志。

6.5 上述规定以外的要求,由供需双方协商。

附 录 A
（资料性附录）
钢丝绳夹使用方法

A.1 钢丝绳夹的布置

钢丝绳夹应按图 A.1 所示把夹座扣在钢丝绳的工作段上，U 形螺栓扣在钢丝绳的尾段上。钢丝绳夹不得在钢丝绳上交替布置。

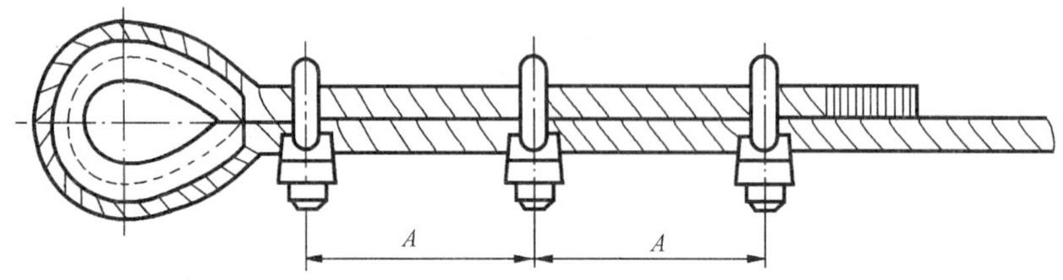

图 A.1 钢丝绳夹的正确布置方法

A.2 钢丝绳夹的数量

对于符合本标准规定的适用场合，每一连接处所需钢丝绳夹的最少数量，推荐如表 A.1。

表 A.1

绳夹规格（钢丝绳公称直径）d_r/mm	钢丝绳夹的最少数量/组
≤18	3
>18～26	4
>26～36	5
>36～44	6
>44～60	7

A.3 钢丝绳夹间的距离

钢丝绳夹间的距离 A 等于 6～7 倍钢丝绳直径。

A.4 绳夹固定处的强度

钢丝绳夹固定处的强度决定于绳夹在钢丝绳上的正确布置，以及绳夹固定和夹紧的谨慎和熟练程度。

不恰当的紧固螺母或钢丝绳夹数量不足就可能使绳端在承载时，一开始就产生滑动。

如果绳夹按推荐数量，正确布置和夹紧，并且所有的绳夹将夹座置于钢丝绳的较长部分，而 U 形螺栓置于钢丝绳的较短部分或尾段，那么，固定处的强度至少为钢丝绳自身强度的 80%。

绳夹在实际使用中，受载一、二次以后应作检查，在多数情况下，螺母需要进一步拧紧。

A.5 钢丝绳夹的紧固

紧固绳夹时须考虑每个绳夹的合理受力，离套环最远处的绳夹不得首先单独紧固。离套环最近处的绳夹（第一个绳夹）应尽可能地紧靠套环，但仍须保证绳夹的正确拧紧，不得损坏钢丝绳的外层钢丝。

ICS 77.140.65
H 49

中华人民共和国国家标准

GB/T 8706—2006/ISO 17893:2004
部分代替 GB/T 8706—1988,代替 GB/T 8707—1988

钢丝绳　术语、标记和分类

Steel wire ropes—Vocabulary, designation and classification

(ISO 17893:2004,IDT)

2006-02-05 发布　　　　2006-08-01 实施

中华人民共和国国家质量监督检验检疫总局
中国国家标准化管理委员会　发布

前　言

本标准等同采用国际标准 ISO 17893:2004《钢丝绳——术语、标记和分类》。

本标准是对 GB/T 8707—1988《钢丝绳标记代号》和 GB/T 8706—1988《钢丝绳术语》部分的整合修订。

本标准代替 GB/T 8706—1988《钢丝绳术语》的“第一篇　钢丝绳及其构件的制造”，“第二篇　钢丝绳的类型”，“第三篇　尺寸、力学性能和允许偏差”和 GB/T 8707—1988《钢丝绳标记代号》。

本标准与 GB/T 8706—1988 和 GB/T 8707—1988 相比主要变化如下：

——不再将标准分为篇；

——删除了制造方法、材料、不松散性、捻角等术语和定义；

——增加了单捻股、组合平行捻、多工序捻股、复合捻、压实股、浸渍剂、防腐剂、平行捻密实钢丝绳、压实股钢丝绳、压实(锻打)钢丝绳、电力钢丝绳、固态聚合物包覆钢丝绳、固态聚合物填充钢丝绳、固态聚合物包覆和填充钢丝绳、衬垫芯钢丝绳、衬垫钢丝绳、制造长度、股间隙、混合捻、反向捻、制造商的设计值、削减值、旋转度等术语和定义；

——增加了西鲁式、瓦林吞式、填充式、各种钢丝和钢丝绳的尺寸等术语的定义；

——增加了钢丝绳的术语及其定义和各种结构类型股、钢丝绳的图示；

——将术语“不旋转钢丝绳”改为“阻旋转钢丝绳”、“三捻钢丝绳”改为“缆式钢丝绳”、“扁股”改为“扁带股”；

——钢丝绳标记系列中的“钢丝表面状态”由原来放在“尺寸”和“钢丝绳结构”之间改为放在“钢丝绳级别”和“捻法”之间；

——增加了压实股，压实钢丝绳，单线缝合、双线缝合、铆钉铆接扁钢丝绳的标记代号；

——股结构钢丝层标识由原来的从最外层逐层向中心标识改为从中心逐层向外标识；

——表示钢丝在股中捻向的字母代号由原来的大写改为小写，钢丝绳的捻法标识顺序由原来的“先绳后股”改为“先股后绳”；

——增加了公称金属横截面积系数、实测金属横截面积，钢丝绳长度质量系数、钢丝绳公称/实测长度质量，最小破断拉力总合、削减值、削减后的最小/实测破断拉力总合、实测计算破断拉力、实测计算破断拉力总和、实测部分捻制损失系数，外层钢丝直径系数、外层钢丝近似直径等术语和定义；

——钢丝绳的分类由原来的按结构、直径、用途、捻制特性、表面状态、股断面形状分类改为按结构分类；

——增加了资料性附录“钢丝绳构件”(见附录 A)；

——将标记示例改为了资料性附录“标记系列”(见附录 B)；

——增加了本标准与 GB/T 8706—1988、GB/T 8707—1988 主要差异对照表(见附录 C)；

——增加了“术语索引”(见附录 D)。

本标准的附录 A、附录 B、附录 C、附录 D 和附录 E 为资料性附录。

本标准由中国钢铁工业协会提出。

本标准由全国钢标准化技术委员会归口。

本标准起草单位:国家金属制品质量监督检验中心、冶金工业信息标准研究院、贵州钢绳股份有限公司、湖北福星科技股份有限公司、天津全友钢丝绳有限公司。

本标准主要起草人:张平萍、衡俊华、夏木阳、唐岚、杨红英、王玲君、宋学明、房义萍、张守才。

本标准所代替标准的历次版本发布情况:

——GB/T 8706—1988;

——GB/T 8707—1988。

钢丝绳　术语、标记和分类

1　范围

本标准规定了钢丝绳术语定义、标记系列和分类系列。

本标准适用于制定(修订)钢丝绳标准及钢丝绳生产使用中常用的术语。

2　术语和定义

下列术语和定义适用于本标准。

2.1　钢丝　wires

2.1.1　外层钢丝　outer wires

2.1.1.1

外层钢丝　outer wire

〈单捻钢丝绳〉中位于最外层的钢丝。

2.1.1.2

外层钢丝　outer wire

〈多股钢丝绳〉外层股中位于最外层的钢丝。

2.1.2　内层钢丝　inner wires

2.1.2.1

内层钢丝　inner wire

〈单捻钢丝绳〉中位于中心钢丝和外层钢丝之间的中间层钢丝。

2.1.2.2

内层钢丝　inner wire

〈多股钢丝绳〉中除中心钢丝、填充钢丝、绳芯和外层钢丝之外的其他钢丝。

2.1.3

填充钢丝　filler wire

在填充式结构中,用来填充钢丝层间间隙的比较细的钢丝。见图8。

2.1.4　中心钢丝　centre wires

2.1.4.1

中心钢丝　centre wire

〈单捻钢丝绳〉中位于钢丝绳中心位置的钢丝。

2.1.4.2

中心钢丝　centre wire

〈多股钢丝绳〉中位于股中心位置的钢丝。

2.1.5

绳芯钢丝　core wire

多股钢丝绳绳芯中的钢丝。

2.1.6

承载钢丝　load-bearing wire

钢丝绳中起承受破断拉力作用的钢丝。

2.1.7

(钢丝)层　layer(of wires)

具有相同节圆直径的钢丝的组合。与股芯直接接触的为第一层。

由于瓦林吞式钢丝层中包括大小两种规格的钢丝，其中小规格钢丝比大规格钢丝定位的节圆直径大，因此瓦林吞式钢丝层除外。填充钢丝不构成独立的层。

2.1.8

缝合钢丝　stitching wire

缝合股　stitching strand

用作扁钢丝绳缝合线的单根钢丝或股。

2.1.9

封扎钢丝　serving wire

封扎股　serving strand

紧密螺旋缠绕在钢丝绳上使其构件保持原位的单根钢丝或股。

2.1.10

钢丝抗拉强度级（R）　wire tensile strength grade

钢丝抗拉强度要求达到的级别及相应的范围。用抗拉强度的下限值表示钢丝抗拉强度级，用该值可确定给定钢丝尺寸的钢丝绳的计算最小破断拉力或最小计算破断拉力总和，用 MPa 或 N/mm^2 表示。

2.1.11

实测钢丝抗拉强度（R_m）　measured wire tensile strength

钢丝进行拉伸试验所测得的最大拉力与试样公称横截面积的比值，用 MPa 或 N/mm^2 表示。

2.1.12

表面状态和镀层品质　finish and quality of coating

钢丝表面状态有光面(无镀层)、镀锌层、锌合金镀层或其他保护镀层等，镀层级别根据镀层最小质量和镀层与钢基附着性能确定，如 B 级镀锌。

2.1.13

镀层质量　mass of coating

按规定方法测得的去镀层钢丝单位表面积的镀层质量，用 g/m^2 表示。

2.2　股及股的类型　stands and strand types

2.2.1

股　strand

钢丝绳组件之一。通常由一定形状和尺寸钢丝绕一中心沿相同方向捻制一层或多层的螺旋状结构。

注：股的第一层包括三根或四根钢丝，某些形状的股(如扁带股)可能没有中心钢丝。

2.2.2

圆股　round strand

横截面形状近似圆形的股，见图 1。

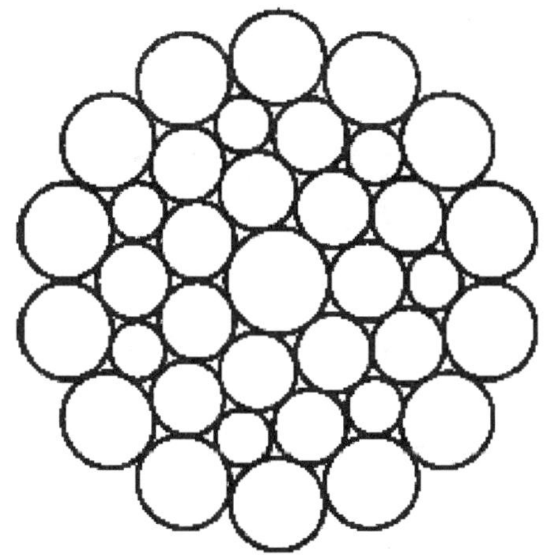

a）由一根中心钢丝构成的股

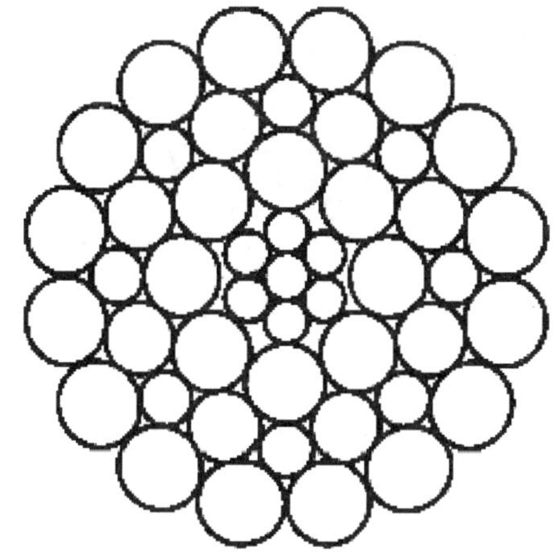

b）由(1-6)组合芯构成的股

图 1　由不同中心构成的圆股

2.2.3

三角股（V）　triangular strand

横截面形状近似三角形的股，见图 2。

注：三角股的股芯可以由组合芯构成。

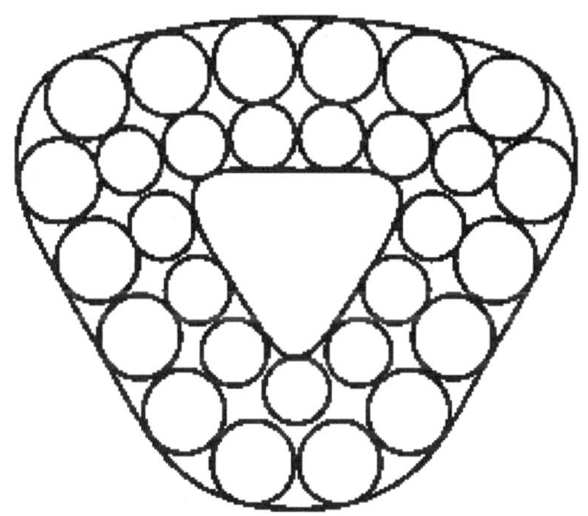

图 2　由三角形中心构成的三角股

2.2.4

椭圆股（Q）　oval strand

横截面形状近似椭圆形的股，见图 3。

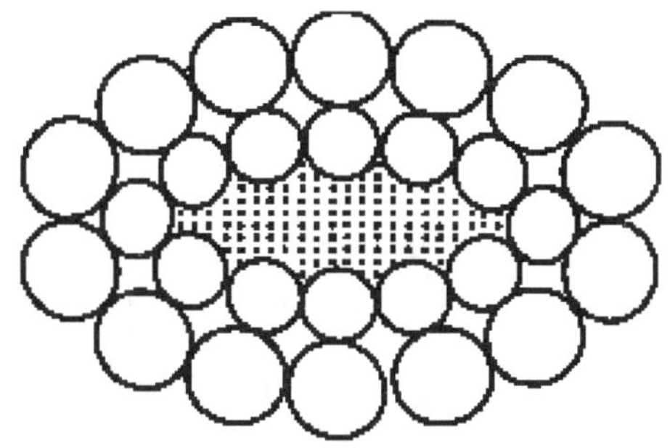

图 3　椭圆股

2.2.5

扁带股（P） flat ribbon strand

没有中心钢丝，横截面形状近似矩形的股，见图 4。

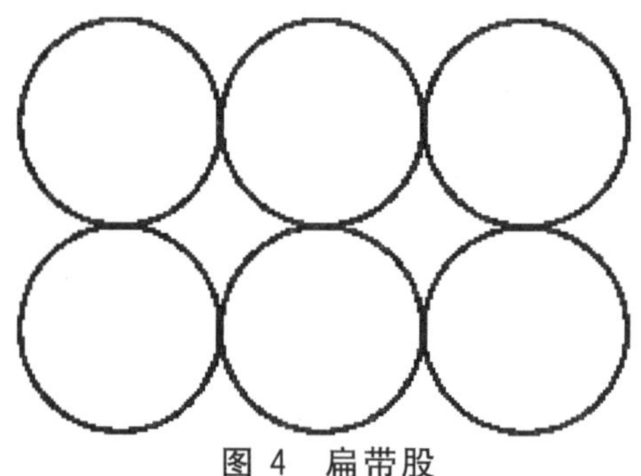

图 4 扁带股

2.2.6

单捻股 single lay strand

仅由一层钢丝捻制而成的股，见图 5。

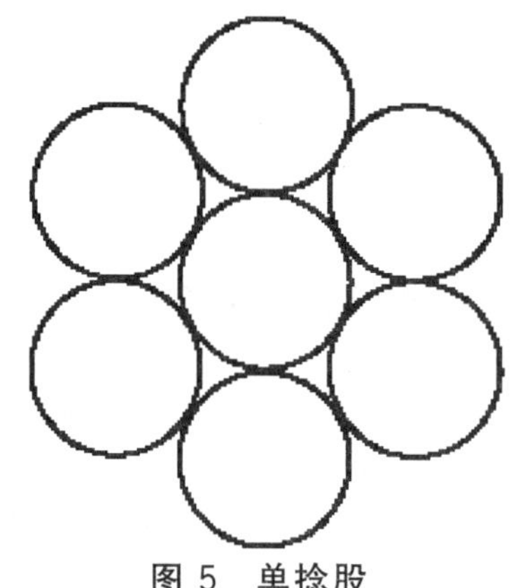

图 5 单捻股

2.2.7

平行捻股 parallel lay strand

等捻距 equal lay

至少包括两层钢丝，所有的钢丝沿同一个方向一次捻制而成的股。

注：股中所有钢丝具有相同的捻距，而且两叠加层钢丝之间平行呈线接触状态。

2.2.8

西鲁式 seale

两层具有相同钢丝数的平行捻股结构，见图 6。

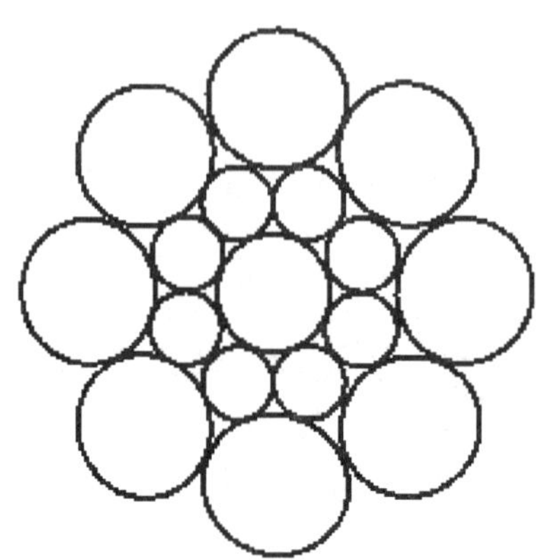

图 6 西鲁式结构

2.2.9

瓦林吞式　warrington

外层包含粗细两种交替排列的钢丝，而且外层钢丝数是内层钢丝数的两倍的平行捻结构，见图 7。

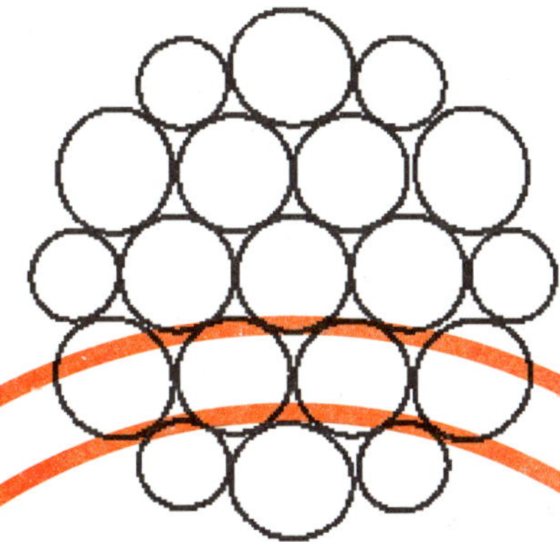

图 7　瓦林吞式结构

2.2.10

填充式　filler

外层钢丝数是内层钢丝数的两倍，而且在两层钢丝间的间隙中有填充钢丝的平行捻股结构，见图 8。

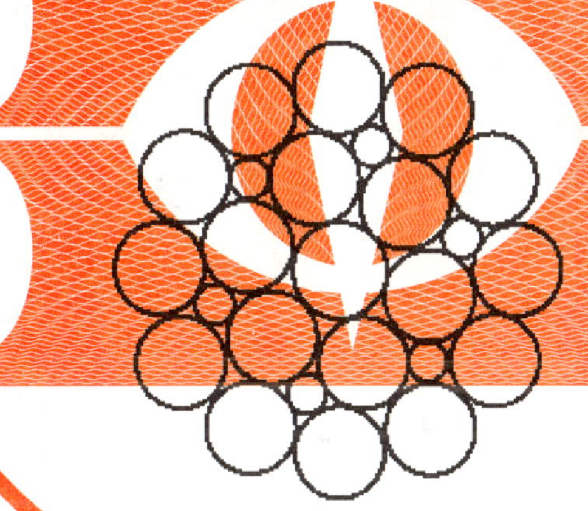

图 8　填充式结构

2.2.11

组合平行捻　combined parallel lay

由典型的瓦林吞式(2.2.9)和西鲁式(2.2.8)股类型组合而成，由三层或三层以上钢丝一次捻制成的平行捻股结构，见图 9。

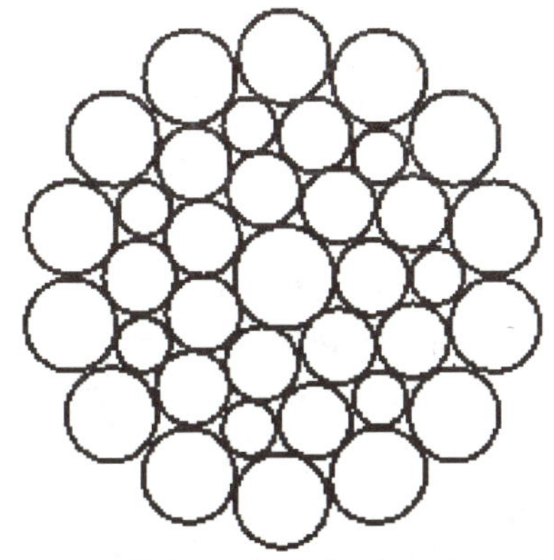

图 9　瓦林吞式和西鲁式组合平行捻

2.2.12

多工序捻股　multiple operation lay strand

至少包含两层钢丝，并通过一次以上的工序逐层捻制而成的股结构。

2.2.13

点接触捻（M）　cross-lay

股中至少包括一层以上钢丝，而且都具有相同的捻向，两叠加层钢丝之间相互交叉呈点接触状态。

2.2.14

复合捻（N）　compound lay

股中最少包含三层钢丝，而且外层钢丝单独捻制，但是在同一捻制方向上内层钢丝至少有一个平行捻结构。

2.2.15

压实股（K）　compacted strand

通过模拔、轧制或锻打等变形加工后，钢丝的形状和股的尺寸发生改变，而钢丝的金属横截面积保持不变的股，见图10。

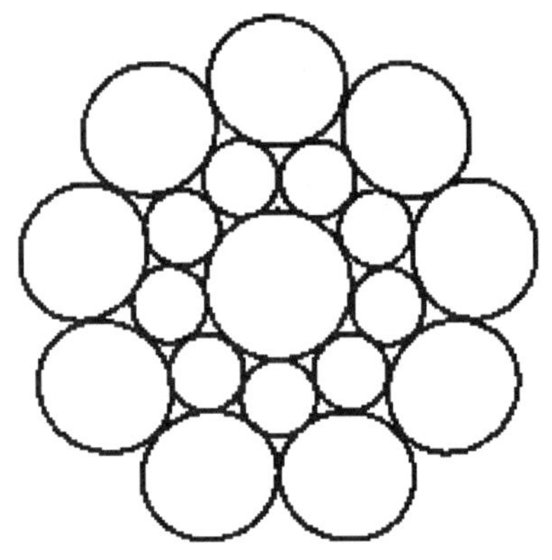

a）压实前的股

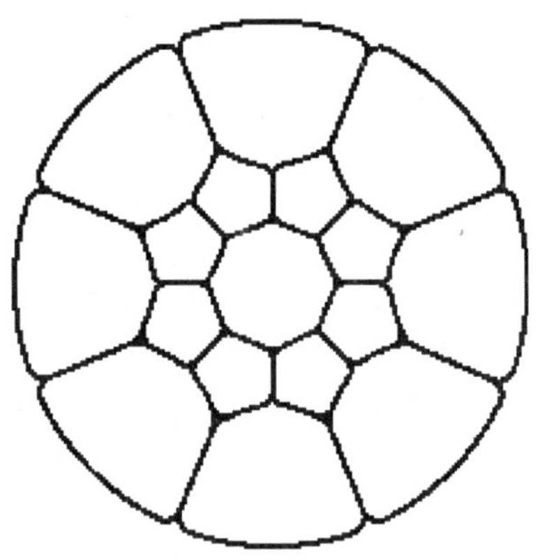

b）压实后的股

图10　压实圆股

2.3　芯及芯的类型　cores and core types

2.3.1

芯（C）　core

圆钢丝绳的中心组件，多股钢丝绳的股或缆式钢丝绳的单元钢丝绳围绕中心组件螺旋捻制。

2.3.2

纤维芯（FC）　fibre core

由天然纤维(NFC)或合成纤维(SFC)组成的芯。

注：纤维芯通常由纤维制成纱线，纱线制成股，再由股制成绳。

2.3.3

钢芯（WC）　steel core

由钢丝股(WSC)或独立钢丝绳(IWRC)组成的芯。

注1：钢芯和/或其外层股也可以包覆纤维和固态聚合物。

注2：多股钢丝绳芯通常为独立的单元，但是平行捻密实绳芯除外，代号为PWRC。

2.3.4

固态聚合物芯（SPC）　solid polymer core

由圆形或带有沟槽的圆形固态聚合物材料制成的芯，其内部可能还包含有钢丝或纤维。

2.4 润滑脂及防腐剂 lubricants and preservation agents

2.4.1

钢丝绳润滑脂 rope lubricant

用于股、芯或钢丝绳制造过程中的一种材料，目的是减少内部摩擦和/或防止腐蚀。

2.4.2

浸渍剂 impregnating agent

包覆或填充在天然纤维芯制造过程中，以防止其腐蚀或腐烂的材料。

2.4.3

防腐剂 preservation agent

通常是某种形式的保护剂，在钢丝绳的生产过程中和/或之后，用于纤维填充料、填充钢丝和覆盖物中以防止其腐烂的材料。

2.5

镶嵌材料（I） insert

隔开同一层或叠加层相邻的股或钢丝，或者填充在钢丝绳间隙中的纤维或固态聚合物材料。

2.6 钢丝绳及钢丝绳的类型 ropes and rope types

2.6.1 钢丝绳 ropes

至少由两层钢丝或多个股围绕一个中心或一个绳芯螺旋捻制而成的结构。分为多股钢丝绳和单捻钢丝绳。

2.6.2 多股钢丝绳系 stranded ropes

2.6.2.1

多股钢丝绳 stranded rope

多个股围绕一个绳芯（单层股钢丝绳）或一个中心（阻旋转或平行捻密实钢丝绳）螺旋捻制一层或多层的钢丝绳。

注：由三个或四个股组成的多股钢丝绳可能有也可能没有绳芯。

2.6.2.2

单层股钢丝绳 single-layer rope

由一层股围绕一个芯螺旋捻制而成的多股钢丝绳，见图 11。

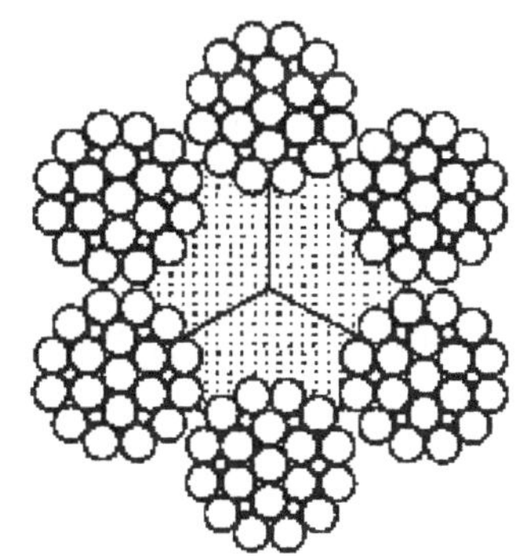

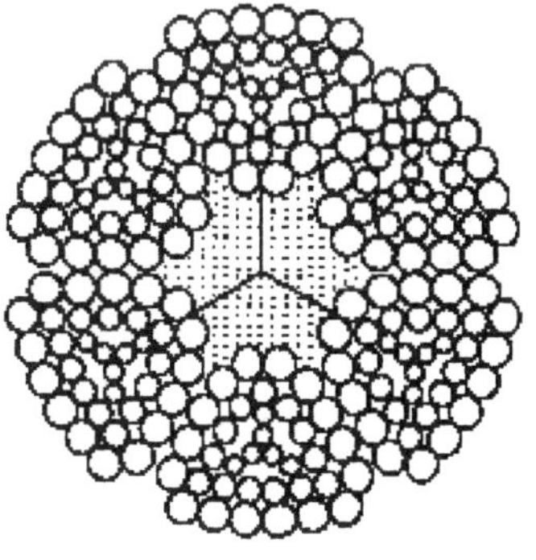

图 11 单层多股钢丝绳示例

2.6.2.3

阻旋转钢丝绳 rotation-resistant rope

多层股钢丝绳（被替代） multi-stand rope（superseded）

不旋转钢丝绳（被替代） non-rotating rope（superseded）

当承受载荷时能产生减小扭矩或旋转程度的多股钢丝绳，见图 12。

注 1：阻旋转钢丝绳一般至少由两层股围绕一个芯螺旋捻制而成，外层股与相邻内层股捻向相反。

注 2：由三个或四个股组成的钢丝绳也具有阻旋转性能。

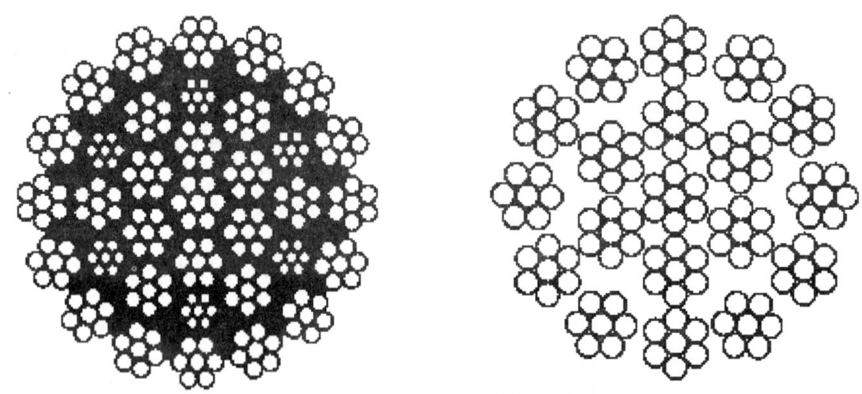

图 12　阻旋转钢丝绳示例

2.6.2.4

平行捻密实钢丝绳　parallel-closed rope

至少由两层平行捻股围绕一个芯螺旋捻制而成的多股钢丝绳，见图 13。

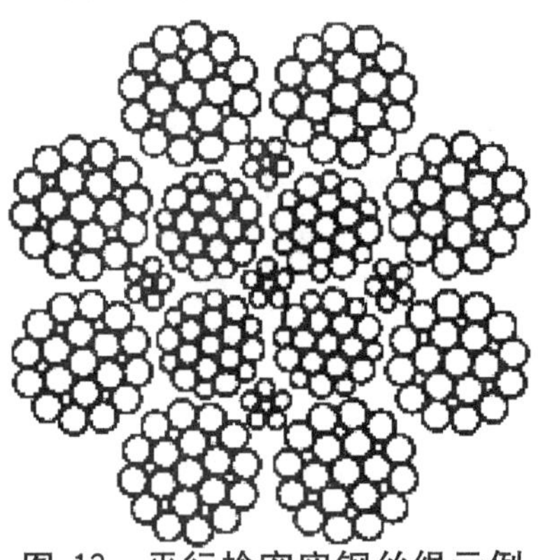

图 13　平行捻密实钢丝绳示例

2.6.2.5

压实股钢丝绳　compacted strand rope

成绳之前，股经过模拔、轧制或锻打等压实加工的多股钢丝绳。

2.6.2.6

压实(锻打)钢丝绳　compacted (swaged) rope

成绳之后，经过压实(通常是锻打)加工使钢丝绳直径减小的多股钢丝绳。

2.6.2.7

缆式钢丝绳　cable-laid rope

由多个(一般六个)作为独立单元的圆股钢丝绳围绕一个绳芯紧密螺旋捻制而成的钢丝绳，见图 14。

图 14　缆式钢丝绳示例

2.6.2.8

编织钢丝绳　braided rope

由多个圆股成对编制而成的钢丝绳，见图15。

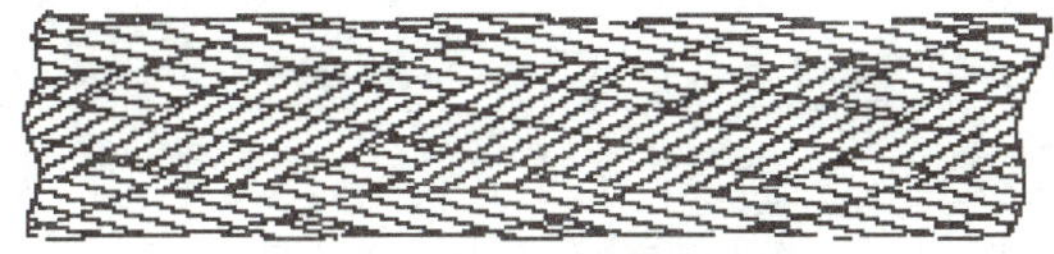

图15　编织钢丝绳示例

2.6.2.9

电力钢丝绳　electro-mechanical rope

带有电导线的单捻或多股钢丝绳，见图16。

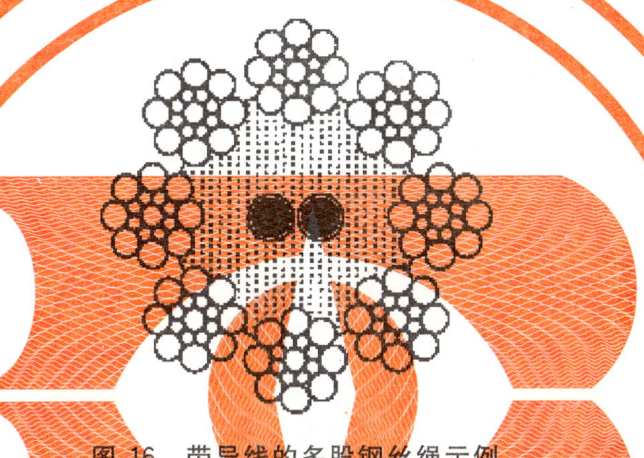

图16　带导线的多股钢丝绳示例

2.6.2.10

扁钢丝绳　flat rope

由被称作"子绳"(每条子绳由4股组成)的单元钢丝绳制成。通常为6条、8条或10条子绳，左向捻和右向捻交替并排排列，并用缝合线如钢丝、股缝合或铆钉铆接，见图17。

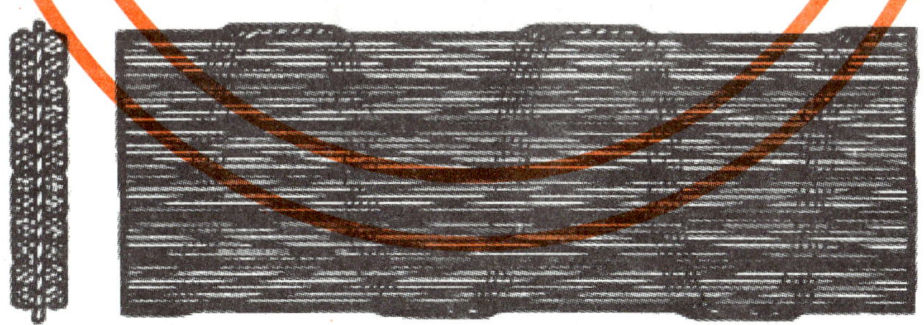

a) 单线缝合

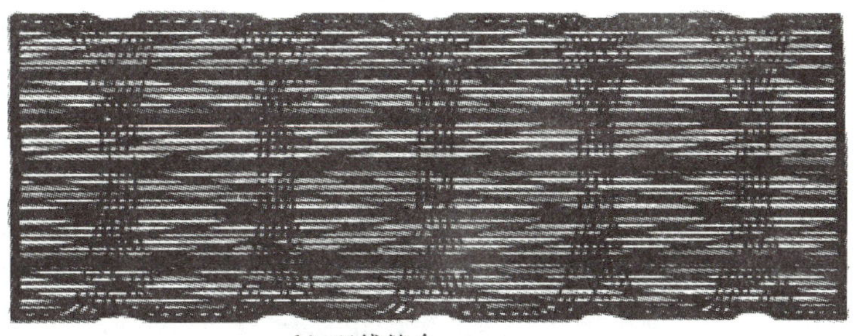

b) 双线缝合

图17　不同缝合方法的扁钢丝绳示例

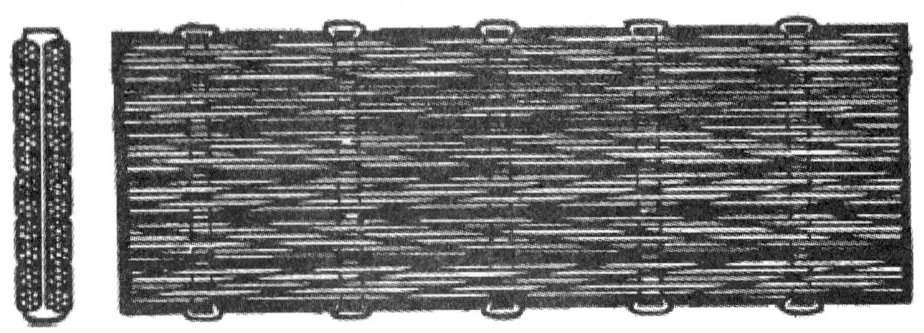

c) 铆钉铆接

图 17(续)

2.6.3 **单捻钢丝绳系 spiral ropes**

2.6.3.1

单捻钢丝绳 spiral rope

由至少两层钢丝围绕一中心圆钢丝、组合股或平行捻股螺旋捻制而成的钢丝绳。其中至少有一层钢丝沿相反方向捻制,即至少有一层钢丝与外层反向捻。

2.6.3.2

单股钢丝绳 spiral strand rope

仅由圆钢丝捻制而成的单捻钢丝绳,见图 18。

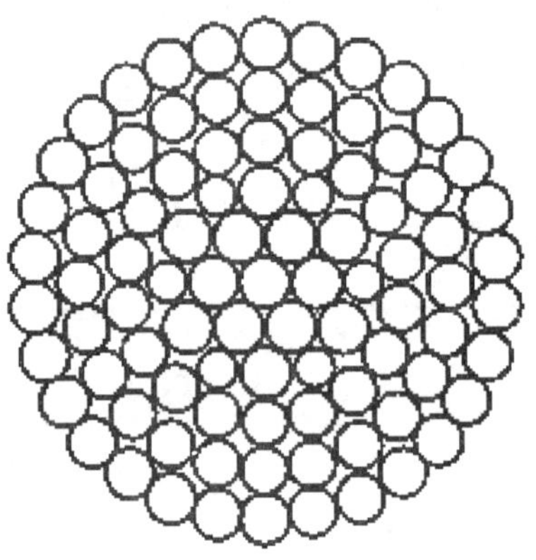

图 18 单股钢丝绳示例

2.6.3.3

半密封钢丝绳 half-locked coil rope

外层由半密封钢丝(H 形)和圆钢丝相间捻制而成的单捻钢丝绳,见图 19。

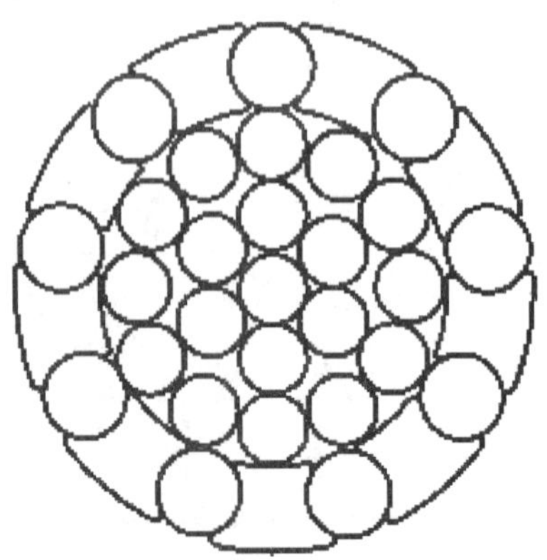

图 19 半密封钢丝绳示例

2.6.3.4

全密封钢丝绳　full-locked coil rope

外层由全密封钢丝(Z形)捻制而成的单捻钢丝绳,见图20。

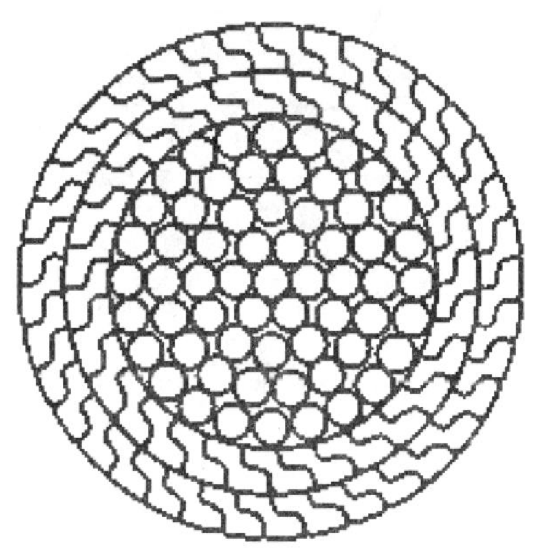

图20　密封钢丝绳示例

2.6.4　**包覆和/或填充钢丝绳系　ropes with coverings and/or fillings**

2.6.4.1

固态聚合物包覆钢丝绳　solid polymer-covered rope

外部包覆(涂)有固态聚合物的钢丝绳。

2.6.4.2

固态聚合物填充钢丝绳　solid polymer -filled rope

固态聚合物填充到钢丝绳的间隙中,并延伸到或稍微超出钢丝绳外接圆的钢丝绳,见图21。

图21　固态聚合物填充钢丝绳

2.6.4.3

固态聚合物包覆和填充钢丝绳　solid polymer covered and filled rope

包覆(涂)和填充固态聚合物的钢丝绳。

2.6.4.4

衬垫芯钢丝绳　cushioned core rope

绳芯用固态聚合物包覆(涂),或填充和包覆(涂)的钢丝绳,见图22。

2.6.4.5

衬垫钢丝绳　cushioned rope

在钢丝绳内层、内层股或股芯上包覆聚合物或纤维,从而在相邻股或叠加层之间形成衬垫的钢丝绳。

图 22　衬垫芯钢丝绳

2.7　尺寸　dimensions

2.7.1

圆钢丝的尺寸　dimension of round wire

钢丝的横截面直径(δ)。

2.7.2

外层圆钢丝的尺寸　dimension of outer round wire

外层钢丝的横截面直径(δ_a)。

2.7.3

异形钢丝的尺寸　dimension of shaped wire

2.7.3.1

异形钢丝的尺寸　dimension of shaped wire

〈全密封钢丝〉的高度,见图 23。

2.7.3.2

异形钢丝的尺寸　dimension of shaped wire

〈半密封钢丝〉的高度和宽度,见图 23。

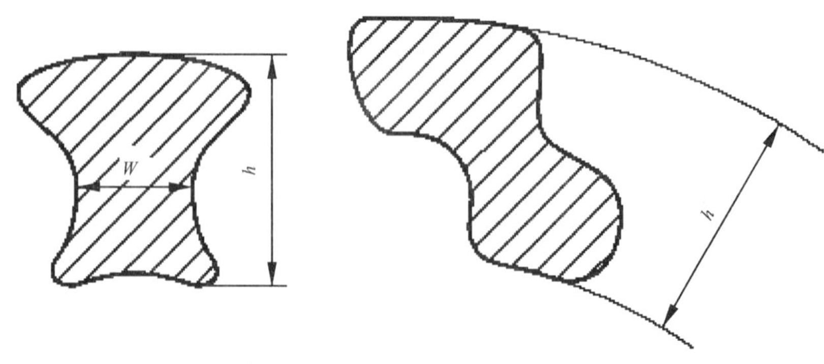

图 23　半密封和全密封钢丝断面

2.7.4

圆股的尺寸　dimension of round strand

股的横截面直径(d_S),见图 24。

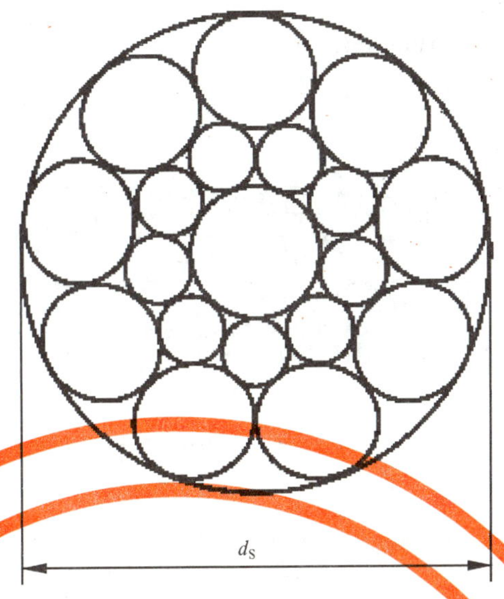

图 24 圆股的尺寸

2.7.5

异形股的尺寸 dimensions of shaped strand

股的横截面高度(d_{S1})和相应的宽度(d_{S2}),见图 25。

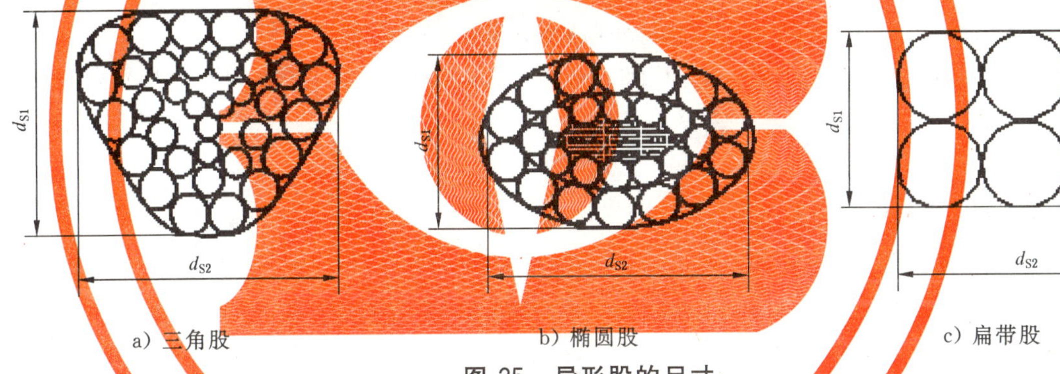

a) 三角股　　b) 椭圆股　　c) 扁带股

图 25 异形股的尺寸

2.7.6

圆钢丝绳的尺寸 dimension of round rope

钢丝绳横截面的节圆直径,见图 26。

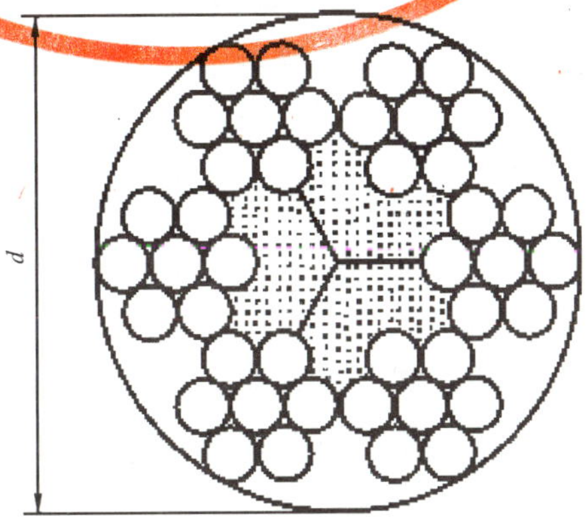

图 26 圆钢丝绳的尺寸

2.7.7

扁钢丝绳的尺寸　dimensions of flat rope

扁钢丝绳横截面的宽度(W)和厚度(S)，包括缝合线或铆钉，见图27。

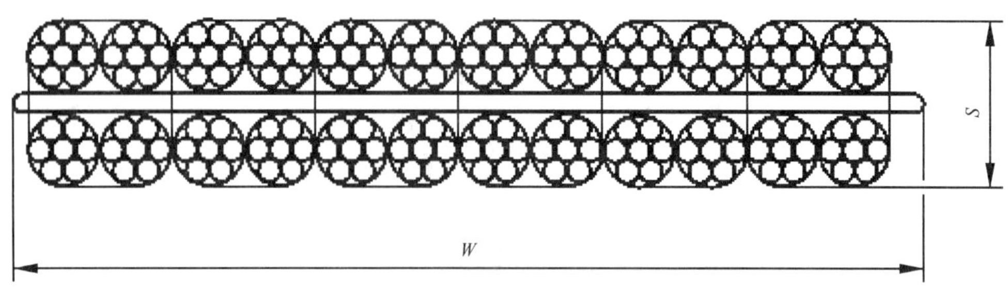

图27　扁钢丝绳的尺寸

2.7.8

包覆圆钢丝绳的尺寸　dimensions of covered round rope

包括包覆层在内的钢丝绳全横截面节圆直径和不包括包覆层的钢丝绳节圆直径(d)，如16/13。

2.7.9

包覆扁钢丝绳的尺寸　dimensions of covered flat rope

包括包覆层在内的全横截面的宽度×厚度和不包括包覆层的横截面的宽度(W)×厚度(S)，包括缝合线或铆钉，如68×24/56×12。

2.7.10

股的捻距(h)　strand lay length

股的外层钢丝围绕股轴线旋转一周(或螺旋)且平行于股轴线的对应两点间的距离(h)，见图28。

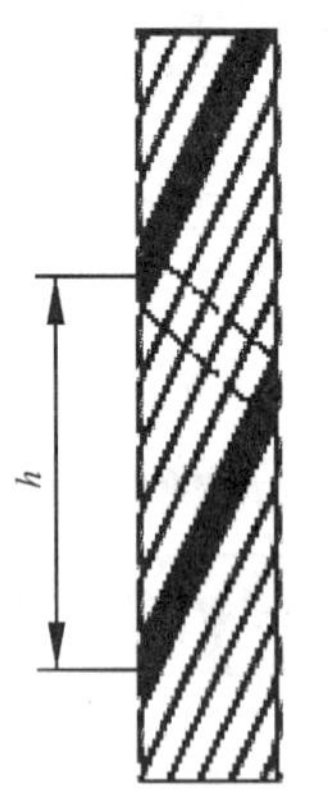

图28　股的捻距

2.7.11

钢丝绳的捻距(H)　rope lay length

单股钢丝绳的外层钢丝、多股钢丝绳的外层股或缆式钢丝绳的单元钢丝绳围绕钢丝绳轴线旋转一周(或螺旋)且平行于钢丝绳轴线的对应两点间的距离(H)，见图29。

2.7.12

钢丝绳实测长度(L_m)　measured rope length

按规定的方法测得的钢丝绳实际长度。实际长度也可以在预定的负荷下测量。

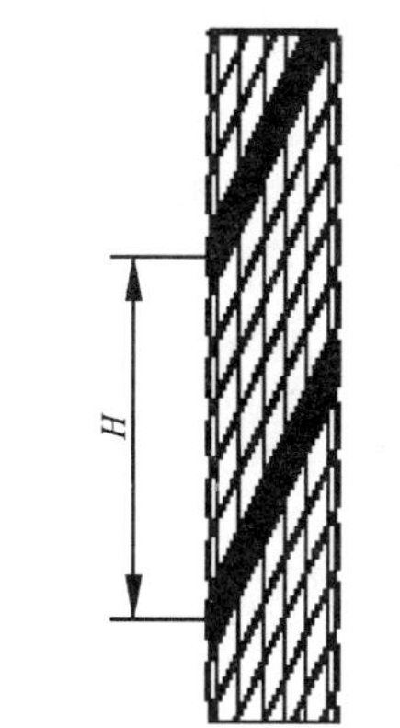

图 29　钢丝绳的捻距

2.7.13

钢丝绳公称长度（L）　nominal rope length

通常是定单中规定的钢丝绳长度。

2.7.14

股间隙（q_S）　strand clearance

同一层股中两相邻股之间的间隔距离。

2.7.15　**制造长度　production length**

2.7.15.1

制造长度　production length

〈多股钢丝绳〉从成绳机股一次装料到生产结束所得到的连续长度的成品钢丝绳。

2.7.15.2

制造长度　production length

〈单捻钢丝绳〉从成绳机外层钢丝一次装料到生产结束所得到的连续长度的成品钢丝绳。

2.8　**捻向和捻制类型　lay directions and types**

2.8.1

股的捻向（Z，S）　lay direction of strand

外层钢丝沿股轴线捻制的方向，即右捻(Z)或左捻(S)，见图30。

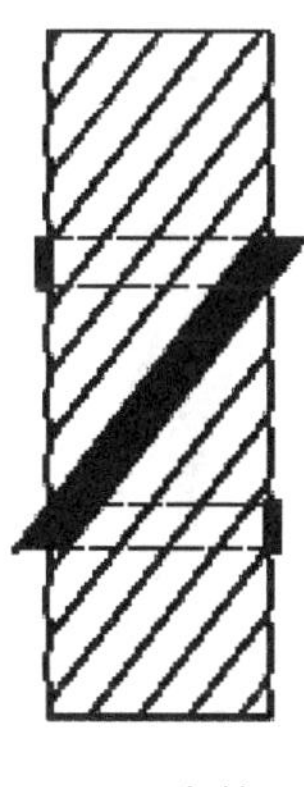

a) Z（右捻）

b) S（左捻）

图 30　多股钢丝绳中股的捻向

2.8.2

钢丝绳的捻向（Z，S）　lay direction of rope

外层钢丝在单捻钢丝绳中、外层股在多股钢丝绳中或单元钢丝绳在缆式钢丝绳中沿钢丝绳轴线的捻制方向，即右捻(Z)或左捻(S)。

2.8.3

交互捻（SZ ,ZS） ordinary lay

钢丝在外层股中的捻制方向与外层股在钢丝绳中的捻制方向相反的多股钢丝绳，见图 31。

注：第一个字母表示股的捻向，第二个字母表示钢丝绳的捻向。

右交互捻（SZ）

左交互捻（ZS）

图 31 交互捻

2.8.4

同向捻（ZZ ,SS） lang lay

钢丝在外层股中的捻向与外层股在钢丝绳中的捻向相同的多股钢丝绳，见图 32。

注：第一个字母表示股的捻向，第二个字母表示钢丝绳的捻向。

右同向捻（ZZ）

左同向捻(SS)

图 32 同向捻

2.8.5

混合捻（aZ，aS） alternate lay

钢丝绳外层股捻制类型为交互捻与同向捻的股交替排列，如外层股一半为交互捻而另一半为同向捻，钢丝绳的捻向用右捻(aZ)或左捻(aS)表示。

2.8.6

反向捻 contra-lay

单捻钢丝绳中至少有一层钢丝或多股钢丝绳中至少有一层股的捻向与其余层钢丝或股的捻向相反。

注：反向捻只能在一层以上钢丝的单捻钢丝绳或一层以上股的多股钢丝绳(如阻旋转钢丝绳)中出现。

2.8.7

弹性捻 spring lay

三个钢丝股与三个纤维股交替排列捻制的钢丝绳。

2.9 值 values

2.9.1

公称值 nominal value

表示某一特性的约定值，符号不带后缀。

2.9.2

最小值 minimum value

表示某一特性的规定值，测量值不得低于该值，符号带后缀(下脚标)“min”。

2.9.3

计算值 calculated value

由给定值或测定值乘以换算系数所得的数值，符号带后缀(下脚标)“c”。

2.9.4

制造商的设计值 manufacturer's design value

钢丝绳设计时规定的所有的值(如钢丝直径、捻距、计算最小破断拉力、捻制损失)。

2.9.5

削减值 reduced value

由于非承载钢丝对面积或强度的影响而造成的面积或强度的减少值，符号带后缀(下脚标)“red”。

2.9.6

实测值 measured value

用规定的方法直接测量获得的数值，符号带后缀(下脚标)“m”。

2.10 系数、面积、质量和破断拉力 factors, areas, masses and breaking forces

2.10.1

填充系数（f） fill factor

钢丝绳中所有钢丝公称横截面积总和(A)与根据钢丝绳公称直径计算得到的外接圆面积(A_U)的比值。用 $f=A/A_U$ 表示。

2.10.2

公称金属横截面积系数（C） nominal metallic cross-sectional area factor

由填充系数计算得出，并用于计算确定钢丝绳的公称金属横截面积。用 $C=f\cdot\pi/4$ 表示。

2.10.3

公称金属横截面积（A） nominal metallic cross-sectional area

公称金属横截面积系数(C)与钢丝绳公称直径的平方的乘积。用 $A=C\cdot d^2$ 表示。

2.10.4

计算金属横截面积（A_c） calculated metallic cross-sectional area

根据钢丝绳中钢丝公称直径设计值计算得到的金属横截面积之和。$A_c = \pi/4\sum\delta^2$

2.10.5

实测金属横截面积总和（A_m） measured metallic cross-sectional area

钢丝绳中所有钢丝按实测直径计算得到的横截面积之和。$A_m = \pi/4\sum{\delta_m}^2$

2.10.6

钢丝绳长度质量系数（W） rope length mass factor

将绳芯、润滑剂及所有钢丝的质量都考虑在内的系数。

2.10.7

钢丝绳公称长度质量（M） nominal rope length mass

钢丝绳单位长度质量系数与钢丝绳公称直径平方的乘积。$M = W \cdot d^2$

2.10.8

钢丝绳实测长度质量（M_m） measured rope length mass

每1米钢丝绳的质量。

2.10.9

最小破断拉力系数（K） minimum breaking force factor

用来确定钢丝绳最小破断拉力的经验系数，它是钢丝绳相应类别或结构的填充系数（f）、捻制损失系数（k）和常数（$\pi/4$）的乘积。

$$K = f \cdot k \cdot \pi/4$$

注：普通类别和结构的钢丝绳的系数 k 均在相关的钢丝绳产品标准中给出。

2.10.10

最小破断拉力（F_{min}） minimum breaking force

最小破断拉力为钢丝绳公称直径（d）的平方、钢丝绳级别（R_r）及破断拉力系数（k）的乘积。根据规定方法测得的破断拉力（F_m）不得低于最小破断拉力的规定值。

$$F_{min} = d^2 \cdot R_r \cdot K/1\ 000$$

2.10.11

钢丝绳级别（R_r） rope grade

用数值表示的要求的钢丝绳破断拉力水平。如：1770、1960。

注：这并不意味着钢丝绳中钢丝的实际抗拉强度级必须就是该级别。

2.10.12

计算最小破断拉力（$F_{c.min}$） calculated minimum breaking force

根据钢丝公称尺寸、钢丝抗拉强度级及钢丝绳制造商设计的相应类别或结构钢丝绳的捻制损失系数，计算确定的最小破断拉力值。

2.10.13

实测破断拉力（F_m） measured breaking force

用规定的方法测得的破断拉力。

2.10.14

最小破断拉力总和（$F_{e.min}$） minimum aggregate breaking force

最小破断拉力总和为钢丝绳公称直径（d）的平方、金属横截面积系数（C）及钢丝绳级别（R_r）的乘积。按规定方法测得的破断拉力总和不得低于最小破断拉力总和的规定值。

$$F_{e.min} = d^2 \cdot C \cdot R_r/1\ 000$$

2.10.15

计算最小破断拉力总和（$F_{e.c.min}$） calculated minimum aggregate breaking force

制造商设计给出的钢丝绳中每一种规格钢丝公称横截面积与其对应的抗拉强度级的乘积的总和。

2.10.16

削减后的最小破断拉力总和（$F_{e.red.min}$） reduced minimum aggregate breaking force

削减后的实测破断拉力总和不得低于削减后的最小破断拉力总和规定值。削减后的最小破断拉力总和规定值为钢丝绳中每一种规格承载钢丝的公称横截面积与其对应的钢丝抗拉强度级的乘积的总和。

2.10.17

实测破断拉力总和（$F_{e.m}$） measured aggregate breaking force

钢丝绳中所有钢丝的实测破断拉力的总和。

2.10.18

削减后的实测破断拉力总和（$F_{e.red.m}$） measured reduced aggregate breaking force

钢丝绳中承载钢丝实测破断拉力的总和。

2.10.19

计算实测破断拉力（$F_{m.c}$） calculated measured breaking force

钢丝绳中拆股钢丝实测破断拉力总和与型式试验得到的部分捻制损失系数的乘积。

2.10.20

计算实测破断拉力总和（$F_{e.m.c}$） calculated measured aggregate breaking force

钢丝绳实测破断拉力（F_m）与型式试验得到的部分捻制损失系数的比值。

2.10.21

实测总捻制损失 measured total spinning loss

制绳前钢丝实测破断拉力总和与钢丝绳实测破断拉力（F_m）的差值。

2.10.22

实测部分捻制损失 measured partial spinning loss

制绳后钢丝实测破断拉力总和（$F_{e.m}$）与钢丝绳实测破断拉力（F_m）的差值。

2.10.23

捻制损失系数（k） spinning loss factor

钢丝绳计算最小破断拉力总和（$F_{e.c.min}$）与计算最小破断拉力（$F_{c.min}$）或规定的最小破断拉力总和（$F_{e.min}$）与制造商设计确定的最小破断拉力（F_{min}）的比值。

2.10.24

实测总捻制损失系数（k_m） measured total spinning loss factor

钢丝绳实测破断拉力（F_m）与制绳前钢丝实测破断拉力总和的比值。

2.10.25

实测部分捻制损失系数（$k_{p.m}$） measured partial spinning loss factor

钢丝绳实测破断拉力（F_m）与制绳后钢丝实测破断拉力总和（$F_{e.m}$）的比值。

2.10.26

外层钢丝直径系数（a） outer wire diameter factor

用于计算钢丝绳外层钢丝近似直径的系数。

2.10.27

外层钢丝近似直径（δ_a） approximate outer wire diameter

由外层钢丝直径系数和钢丝绳公称直径的乘积导出的值。

$$\delta_a = a \cdot d$$

2.11　钢丝绳的特性　rope characteristics

2.11.1

扭矩　torque

在保持钢丝绳两端不旋转条件下对其施加规定的拉伸负荷，通过试验或计算确定的扭转特性值，通常用N·m表示。

2.11.2

旋转度　turn

在钢丝绳一端可以自由旋转的条件下对钢丝绳施加规定的拉伸负荷，通过试验或计算所确定的旋转特性值，通常用钢丝绳单位长度转动的度数或圈数表示。

2.11.3

充分预变形钢丝绳　fully preformed rope

股中钢丝和钢丝绳中股的内应力减小，当解除所有约束后，钢丝绳中钢丝和股仍保持在原来的位置。

2.12　钢丝绳的类别和结构　rope class and construction

2.12.1

钢丝绳的类别　rope class

力学性能和物理特性相似的一组钢丝绳。具体的分类见第4章。

2.12.2

钢丝绳的结构　rope construction

钢丝绳各组件的描述和排列。具体的标记见第3章。

3　标记　designation

3.1　总则　general

钢丝绳标记系列的描述应按3.2～3.4规定进行。该系列列出了描述钢丝绳所要求的最少信息量(例如，当有规定时或需要证实时)。该系列适用于大多数钢丝绳结构、级别、钢丝表面状态和层数的描述。3.2中特性a)～f)也可用于钢丝绳识别。

3.2　格式　format

钢丝绳标记系列应由下列内容组成(见图33示例)：

a)　尺寸；

b)　钢丝绳结构；

c)　芯结构；

d)　钢丝绳级别，适用时；

e)　钢丝表面状态；

f)　捻制类型及方向。

22　6×36WS-IWRC　1770　B　SZ
32　18×19S-WSC　1960　U　SZ
95　1×127　1570　B　Z

a)　尺寸
b)　钢丝绳结构
c)　芯结构
d)　钢丝绳级别，适用时
e)　钢丝表面状态
f)　捻制类型及方向

注：本示例及本标准其他部分各特性之间的间隔在实际应用中通常不留空间。

图33　标记系列示例

3.3 代号 symbols

3.3.1 钢丝、股和钢丝绳横截面形状 cross-sectional shape of wire, strand and rope

横截面形状代号应符合表1规定。

表1 横截面形状代号

横截面形状	代号		
	钢丝	股	钢丝绳
圆形	无代号	无代号	无代号
三角形	V	V	—
组合芯[1)]	—	B	—
矩形	R	—	—
梯形	T	—	—
椭圆形	Q	Q	—
Z形	Z	—	—
H形	H	—	—
扁形或带形	—	P	—
压实形[2)]	—	K	K
编织形	—	—	BR
扁形 ——单线缝合 ——双线缝合 ——铆钉铆接	 — — —	 — — —	P PS PD PN

1) 代号B表示股芯由多根钢丝组合而成并紧接在股形状代号之后,例如一个由25根钢丝组成的带组合芯的三角股的标记为V25B。

2) 代号K表示股和钢丝绳结构成型经过一个附加的压实加工工艺,例如一个由26根钢丝组成的西瓦式压实圆股的标记为K26WS。

3.3.2 股结构类型 types of strand constructions

普通类型的圆股结构代号应符合表2规定。

表2 普通类型的股结构代号

结构类型	代号	股结构示例
单捻	无代号	6 即(1—5) 7 即(1—6)
平行捻 西鲁式 瓦林吞式 填充式	 S W F	 17S 即(1—8—8) 19S 即(1—9—9) 19W 即(1—6—6+6) 21F 即(1—5—5F—10) 25F 即(1—6—6F—12) 29F 即(1—7—7F—14) 41F 即(1—8—8—8F—16)
组合平行捻	WS	26WS 即(1—5—5+5—10) 31WS 即(1—6—6+6—12) 36WS 即(1—7—7+7—14)

表 2(续)

结构类型	代　号	股结构示例
组合平行捻	WS	41WS 即(1—8—8+8—16) 41WS 即(1—6/8—8+8—16) 46WS 即(1—9—9+9—18)
多工序捻(圆股) 点接触捻 复合捻[1]	 M N	 19M 即(1—6/12) 37M 即(1—6/12/18) 35WN 即(1—6—6+6/16)
1) N 是一个附加代号并放在基本类型代号之后,例如复合西鲁式为 SN,复合瓦林吞式为 WN。		

对于表 2 中没有包含的股结构的标记应根据股中钢丝数和股的形状确定,其示例见表 3。

当股标记用字母不能充分准确地反映股结构时,详细的股结构可以用从中心钢丝或股芯开始的数字表示。

表 3　根据股中钢丝数确定股的标记示例

具体的股结构	股的标记
圆股—平行捻	
1—6—6F—12—12	37FS
1—7—7F—14—14	43FS
1—7—7—7F—14—14	50SFS
1—8—8F—16—16	49FS
1—6/8—8F—16—16	55FS
1—8—8—8+8—16	49SWS
1—6/8—8—8+8—16	55SWS
1—9—9—9+9—18	55SWS
1—6/9—9F—18—18	61FS
1—9—9—9F—18—18	64SFS
圆股—复合捻	
1—7—7+7—14/20—20	76WSNS
1—9—9—9+9—18/24—24	103SWSNS
三角股	
V—8	V9
V—9	V10
V—12/12	V25
BUC—12/12(组合芯)	V25B
BUC—12/15	V28B
带纤维芯的股(如采用压实/锻打的 3 股和 4 股钢丝绳)	
FC—9/15(股芯为 12×P6:3×Q24FC 的椭圆股)	Q24FC
FC—12—12(纤维芯)	24FC
FC—15—15	30FC
FC—9/15—15	39FC
FC—8—8+8—16	40FC
FC—12/15—15	42FC
FC—12/18—18	48FC

3.3.3　芯、平行捻密实钢丝绳中心和阻旋转钢丝绳中心组件　cores, centres of parallel-closed ropes and central elements of rotation-resistant rope

单层钢丝绳芯、平行捻密实钢丝绳中心和阻旋转钢丝绳中心组件的代号应符合表 4 规定。

表 4 芯、平行捻密实钢丝绳中心和阻旋转钢丝绳中心组件代号

项目或组件	代　号
单层钢丝绳	
纤维芯	FC
天然纤维芯	NFC
合成纤维芯	SFC
固态聚合物芯	SPC
钢芯	WC
钢丝股芯	WSC
独立钢丝绳芯	IWRC
压实股独立钢丝绳芯	IWRC(K)
聚合物包覆独立绳芯	EPIWRC
平行捻密实钢丝绳	
平行捻钢丝绳芯	PWRC
压实股平行捻钢丝绳芯	PWRC(K)
填充聚合物的平行捻钢丝绳芯	PWRC(EP)
阻旋转钢丝绳	
中心构件	
纤维芯	FC
钢丝股芯	WSC
密实钢丝股芯	KWSC

3.3.4 **导线　conductors**

导线代号应用字母 D 而且该代号应放在组件标记之前，例如 DC 表示多股钢丝绳股的中心。

注：导线可以是多股钢丝绳中的一根丝、股中心或股，单捻钢丝绳的一根丝或中心丝，电力钢丝绳的中心，或多股或单捻钢丝绳的一个镶嵌物。

3.4 主要特性的标记　designation of the key features

3.4.1 总则　general

主要特性的标记应按 3.4.2～3.4.7 顺序排列，见图 33。

注：如果需要，制造商的唯一标识或商标名称也应注明并放在钢丝绳标记之前。

3.4.2 尺寸　dimension(s)

圆钢丝绳和编制钢丝绳公称直径应以毫米表示，扁钢丝绳公称尺寸(宽度×厚度)应表明并以毫米表示。

对于包覆钢丝绳应标明二个值：外层尺寸和内层尺寸。对于包覆固态聚合物的圆股钢丝绳，外径和内径用斜线(/)分开，如 13.0/11.5。

3.4.3 结构　construction

3.4.3.1 多股钢丝绳　stranded ropes

多股钢丝绳结构应按下列顺序标记。

a) 单层钢丝绳：
   1) 外层股数；
   2) 乘号(×)；
   3) 每个外层股中钢丝的数量及相应股的标记；
   4) 连接号短划线(-)；
   5) 芯的标记。

示例：6×36WS - IWRC。(更多示例见附录 B)

b) 平行捻密实钢丝绳：

1) 外层股数；

2) 乘号(×)；

3) 每个外层股中钢丝的数量及相应股的标记；

4) 连接号短划线(-)；

5) 表明平行捻外层股经过密实加工的绳芯的标记。

示例：8×19S - PWRC。(更多示例见附录B)

c) 阻旋转钢丝绳：

—— 十个或十个以上外层股

ⅰ) 钢丝绳中除中心组件外的股的总数；或当中心组件和外层股相同时，钢丝绳中股的总数；

ⅱ) 当股的层数超过二层时，内层股的捻制类型标记在括号中标出；

ⅲ) 乘号(×)；

ⅳ) 每个外层股中钢丝的数量及相应股的标记；

ⅴ) 连接号短划线(-)；

ⅵ) 中心组件的标记。

示例：18×7 - WSC或19×7。(更多示例见附录B)

—— 八个或九个外层股

ⅰ) 外层股数；

ⅱ) 乘号(×)；

ⅲ) 每个外层股中钢丝的数量及相应股的标记；

ⅳ) 连接号冒号(:)表示反向捻芯；

ⅴ) IWRC。

示例：8×25F:IWRC。

3.4.3.2 单捻钢丝绳 spiral ropes

单捻钢丝绳结构应按下列顺序标记：

a) 单捻钢丝绳

1) 1；

2) 乘号(×)；

3) 股中钢丝的数量。

示例：1×61

b) 密封钢丝绳(根据其用途)

1) 半密封钢丝绳：

——HLGR-导向用钢丝绳；

——HLAR-架空索道用钢丝绳。

2) 全密封钢丝绳：

——FLAR-架空索道(或承载)用钢丝绳；

——LHR-提升用钢丝绳；

——FLSR-结构用钢丝绳。

3.4.3.3 扁钢丝绳 flat ropes

扁钢丝绳结构应按下列附加代号标记：

——HR-提升用钢丝绳；

——CR-补偿(或平衡)用钢丝绳。

3.4.4 **芯的结构 core construction**

芯的结构应按表4规定标记。

3.4.5 **钢丝绳级别 rope grade**

当需要给出钢丝绳的级别时，应标明钢丝绳破断拉力级别，如1770,1370/1770。

注：不是所有钢丝绳都需要标明钢丝绳的级别。

3.4.6 **钢丝的表面状态 surface finish of wire**

钢丝的表面状态（外层钢丝）应用下列字母代号标记：

——光面或无镀层 U

——B级镀锌 B

——A级镀锌 A

——B级锌合金镀层 B(Zn/Al)

——A级锌合金镀层 A(Zn/Al)

对于其他的表面状态的标识应保证所选用的字母代号的含义是明确的。

3.4.7 **捻制类型和捻制方向 type of lay and direction**

3.4.7.1 **单捻钢丝绳 spiral rope**

捻制方向应用下列字母代号标记：

——右捻 Z

——左捻 S

3.4.7.2 **多股钢丝绳 stranded rope**

捻制类型和捻制方向应用下列字母代号标记：

——右交互捻 SZ

——左交互捻 ZS

——右同向捻 ZZ

——左同向捻 SS

——右混合捻 aZ

——左混合捻 aS

注：交互捻和同向捻类型中的第一个字母表示钢丝在股中的捻制方向，第二个字母表示股在钢丝绳中的捻制方向。混合捻类型的第二个字母表示股在钢丝绳中的捻制方向。

4 分类 classification

钢丝绳应按照表5～表12所给体系分类。

表5 单层钢丝绳

类别 （不含绳芯）	钢丝绳			外层股			
	股数	外层股数	股的层数	钢丝数	外层钢丝数	钢丝层数	股捻制类型
3×7	3	3	1	5—9	4—8	1	单捻
3×19	3	3	1	15—26	7—12	2—3	平行捻
3×36	3	3	1	27—49	12—18	3	平行捻
3×19M	3	3	1	12—19	9—12	2	多工序点接触
3×37M	3	3	1	27—37	16—18	3	多工序点接触
3×35N	3	3	1	28—48	12—18	3	多工序复合捻
4×7	4	4	1	5—9	4—8	1	单捻
4×19	4	4	1	15—26	7—12	2—3	平行捻
4×36	4	4	1	29—57	12—18	3—4	平行捻

表 5(续)

类别 (不含绳芯)	钢丝绳			外层股			
	股数	外层股数	股的层数	钢丝数	外层钢丝数	钢丝层数	股捻制类型
4×19M	4	4	1	12—19	9—12	2	多工序点接触
4×37M	4	4	1	27—37	16—18	3	多工序点接触
4×35N	4	4	1	28—48	12—18	3	多工序复合捻
6×6	6	6	1	6	6	1	单捻
6×7	6	6	1	5—9	4—8	1	单捻
6×12	6	6	1	12	12	1	单捻
6×19	6	6	1	15—26	7—12	2—3	平行捻
6×36	6	6	1	29—57	12—18	2—3	平行捻
6×61	6	6	1	61—85	18—24	3—4	平行捻
6×19M	6	6	1	12—19	9—12	2	多工序点接触
6×24M	6	6	1	24	12—16	2	多工序点接触
6×37M	6	6	1	27—37	16—18	3	多工序点接触
6×61M	6	6	1	45—61	18—24	4	多工序点接触
6×35N	6	6	1	28—48	12—18	3	多工序复合捻
6×61N	6	6	1	47—61	20—24	3—4	多工序复合捻
6×91N	6	6	1	85—109	24—36	4—6	多工序复合捻
7×19	7	7	1	15—26	7—12	2—3	平行捻
7×36	7	7	1	29—57	12—18	3—4	平行捻
8×7	8	8	1	5—9	4—8	1	单捻
8×19	8	8	1	15—26	7—12	2—3	平行捻
8×36	8	8	1	29—57	12—18	3—4	平行捻
8×61	8	8	1	61—85	18—24	3—4	平行捻
8×35N	8	8	1	28—48	12—18	3	多工序复合捻
8×61N	8	8	1	47—81	20—24	3—4	多工序复合捻
8×91N	8	8	1	85—109	24—36	4—6	多工序复合捻
麻钢混捻钢丝绳							
4×6	4	4	1	6	6	1	单捻
6×6	6	6	1	6	6	1	单捻
6×12	6	6	1	12	12	1	单捻
6×24	6	6	1	24	12—15	2	多工序交互捻
三角股钢丝绳							
6×V8	6	6	1	8—9	7—8	1	单捻
6×V25	6	6	1	15—31	9—18	2	多工序点接触

注 1：对于三角股，当用单独捻制的股如 1—6 或 3F+3×2 等代替钢丝股芯时，该股可记为一根钢丝。

注 2：6×29F 结构钢丝绳既可归为 6×19 类也可归为 6×36 类。

注 3：3 股或 4 股类钢丝绳也可设计和制造成阻旋转的。

表 6 阻旋转钢丝绳

类别	钢丝绳			外层股			
	股数(芯除外)	外层股数	股层数	钢丝数	外层钢丝数	钢丝层数	股捻制类型
圆股：							
2 次捻制							
18×7	17—18	10—12	2	5—9	4—8	1	单捻
18×19	17—18	10—12	2	15—26	7—12	2—3	平行捻
18×36	17—18	10—12	2	29—57	12—18	3—4	平行捻

表 6(续)

类别	钢丝绳			外层股			
	股数(芯除外)	外层股数	股层数	钢丝数	外层钢丝数	钢丝层数	股捻制类型
2 次捻制							
23×7	21—27	15—18	2	5—9	4—8	1	单捻
23×19	21—27	15—18	2	15—26	7—12	2—3	平行捻
2 次捻制							
24×7	19—28	11—12	3	5—9	4—8	1	单捻
24×19	19—28	11—12	3	15—26	7—12	2—3	平行捻
3 次捻制							
34(M)×7	34—36	17—18	3	5—9	4—8	1	单捻
34(M)×19	34—36	17—18	3	15—26	7—12	2—3	平行捻
34(M)×36	34—36	17—18	3	29—57	12—18	3—4	平行捻
2 次捻制							
35(W)×7	27—40	15—18	3	5—9	4—8	1	单捻
35(W)×19	27—40	15—18	3	15—26	7—12	2—3	平行捻
35(W)×36	27—40	15—18	3	29—57	12—18	3—4	平行捻
8×7:IWRC	14—16	8	2	5—9	4—8	1	单捻
8×19:IWRC	14—16	8	2	15—26	7—12	2—3	平行捻
8×36:IWRC	14—16	8	2	29—57	12—18	3—4	平行捻
9×7:IWRC	18	9	2	5—9	4—8	1	单捻
9×19:IWRC	18	9	2	15—26	7—12	2—3	平行捻
9×36:IWRC	18	9	2	29—57	12—18	3—4	平行捻
异型股:							
2 次捻制							
10×Q10	10—14	6—9	2	8—10	8—10	1	单捻
12×P6:Q3×24FC	15	12	2	6	6	1	单捻
3 次捻制							
19(M)×Q12	19	8	3	10—12	10—12	1	单捻
19(M)×Q26	19	8	3	24—28	14—16	2	多工序点接触
注:3 股或 4 股钢丝绳也可以设计和制造成阻旋转钢丝绳。							

表 7 平行捻密实钢丝绳

类别	股数(芯除外)	外层股数	股层数	外层股钢丝数	外层钢丝数	钢丝层数	股捻制类型
6×19—PWRC	12	6	2	15—26	7—12	2—3	平行捻
6×36—PWRC	12	6	2	29—57	12—18	3—4	平行捻
8×7—PWRC	16	8	2	5—9	4—8	1	单捻
8×19—PWRC	16	8	2	15—26	7—12	2—3	平行捻
8×36—PWRC	16	8	2	29—57	12—18	3—4	平行捻
9×7—PWRC	18	9	2	5—9	4—8	1	单捻
9×19—PWRC	18	9	2	15—26	7—12	2—3	平行捻
9×36—PWRC	18	9	2	29—57	12—18	3—4	平行捻

表 8 缆式钢丝绳

类别（不包括绳芯）	钢丝绳	单元钢丝绳			单元钢丝绳的外层股			
	单元钢丝绳数	股　数	外层股数	股层数	钢丝数	外层钢丝数	钢丝层数	股捻制类型
6×6×7	6	6	6	1	5—9		1	单捻
6×6×19	6	6	6	1	15—26	7—12	2—3	平行捻
6×6×36	6	6	6	1	27—57	12—18	3—4	平行捻
6×6×61	6	6	6	1	61—73	18—24	3—4	平行捻
6×6×19M	6	6	6	1	12—19	9—12	2	多工序点接触
6×6×37M	6	6	6	1	27—37	16—18	3	多工序点接触
6×6×61M	6	6	6	1	45—61	20—24	4	多工序点接触
6×6×35N	6	6	6	1	28—48	12—18	3	多工序复合捻
6×6×61N	6	6	6	1	47—81	20—24	3—4	多工序复合捻
6×6×91N	6	6	6	1	85—109	24—36	4—6	多工序复合捻
6×8×19	6	8	8	1	15—26	7—12	2—3	平行捻
6×8×36	6	8	8	1	27—57	12—18	3—4	平行捻
6×8×61	6	8	8	1	61—73	20—24	3—4	平行捻
6×8×35N	6	8	8	1	28—48	12—18	3	多工序复合捻
6×8×61N	6	8	8	1	47—81	20—24	3—4	多工序复合捻
6×8×91N	6	8	8	1	85—109	24—36	4—6	多工序复合捻
回弹捻								
6×3×19	6	3[a]	3[a]	1	15—26	7—12	2—3	平行捻
6×3×19M	6	3[a]	3[a]	1	12—19	9—12	2	多工序点接触

[a] 见 2.8.7。

表 9 扁钢丝绳

类　别	钢丝绳	单元钢丝绳		单元钢丝绳股			
	单元钢丝绳数	股数	股层数	钢丝数	外层钢丝数	钢丝层数	股捻制类型
P6×4×7	6	4	1	5—9	4—8	1	单捻
P6×4×12M	6	4	1	12	9	2	多工序点接触
P8×4×7	8	4	1	5—9	4—8	1	单捻
P8×4×12M	8	4	1	12	9	2	多工序点接触
P8×4×14M	8	4	1	14	10	2	多工序点接触
P8×4×19W	8	4	1	7	12	2	平行捻
P8×4×19M	8	4	1	7	12	2	多工序点接触

表 10 单股钢丝绳

类　别	钢丝数	外层钢丝数	钢丝层数
1×19	17—37	11—16	2—3
1×37	34—59	17—22	3—4
1×61	57—85	23—28	4—5
1×91	86—114	29—34	5—6
1×127	＞114	＞34	＞3

表 11 股

类　　别	钢丝数	外层钢丝数	钢丝层数	股捻制类型
1×7	5—9	4—8	1	单捻
1×19	15—26	7—12	2—3	平行捻
1×19M	12—19	9—12	2	多工序点接触
1×36	27—49	12—18	3	平行捻
1×37M	27—37	16—18	3	多工序点接触

表 12 密封钢丝绳

类　　别	钢丝层数
单层半密封钢丝	2 或 2 层以上
双层半密封钢丝	4 或 4 层以上
多层半密封钢丝	6 或 6 层以上
单层全密封钢丝	2 或 2 层以上
双层全密封钢丝	4 或 4 层以上
三层全密封钢丝	4 或 4 层以上
多层全密封钢丝	8 或 8 层以上

附 录 A
（资料性附录）
钢 丝 绳 组 件

见图 A.1 和 A.2。

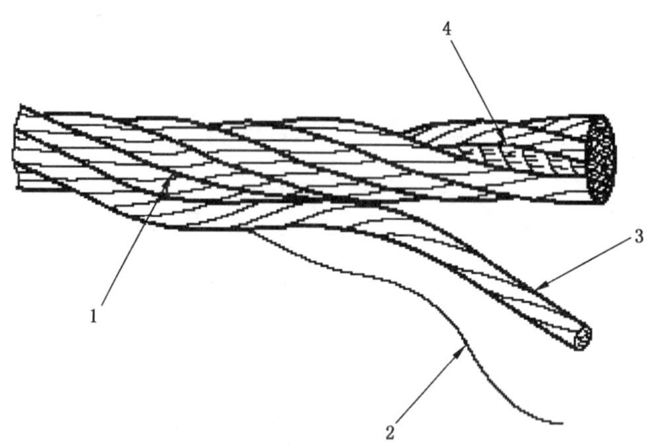

1——钢丝绳；
2——钢丝；
3——股；
4——芯。

图 A.1 多股钢丝绳

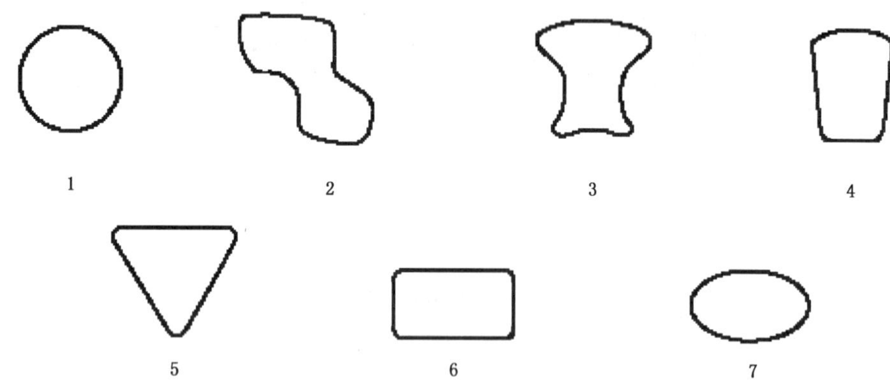

1——圆形；
2——全密封(Z)；
3——半密封(H)；
4——梯形(T)；
5——三角形(V)；
6——矩形(R)；
7——椭圆形(Q)。

图 A.2 钢丝形状示例

附　录　B
（资料性附录）
标　记　系　列

B.1　多股钢丝绳的股结构

见图 B.1。

图 B.1　多股钢丝绳股结构标记示例

B.2　钢丝绳结构

B.2.1　单捻钢丝绳

见图 B.2。

图 B.2　单股钢丝绳标记示例

B.2.2　多股钢丝绳

B.2.2.1　单层多股钢丝绳

见图 B.3。

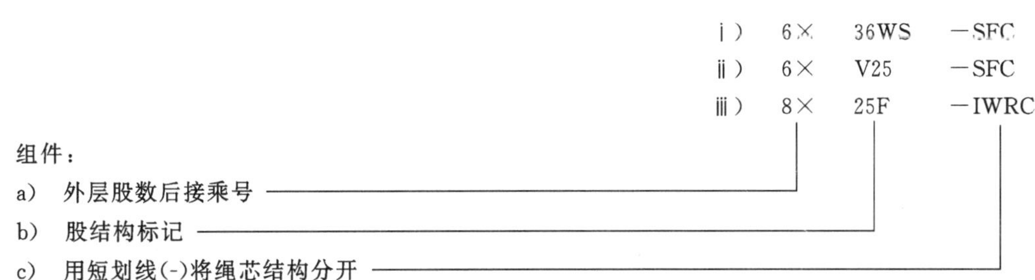

图 B.3　单层多股钢丝绳标记示例

B.2.2.2 阻旋转钢丝绳

见图 B.4。

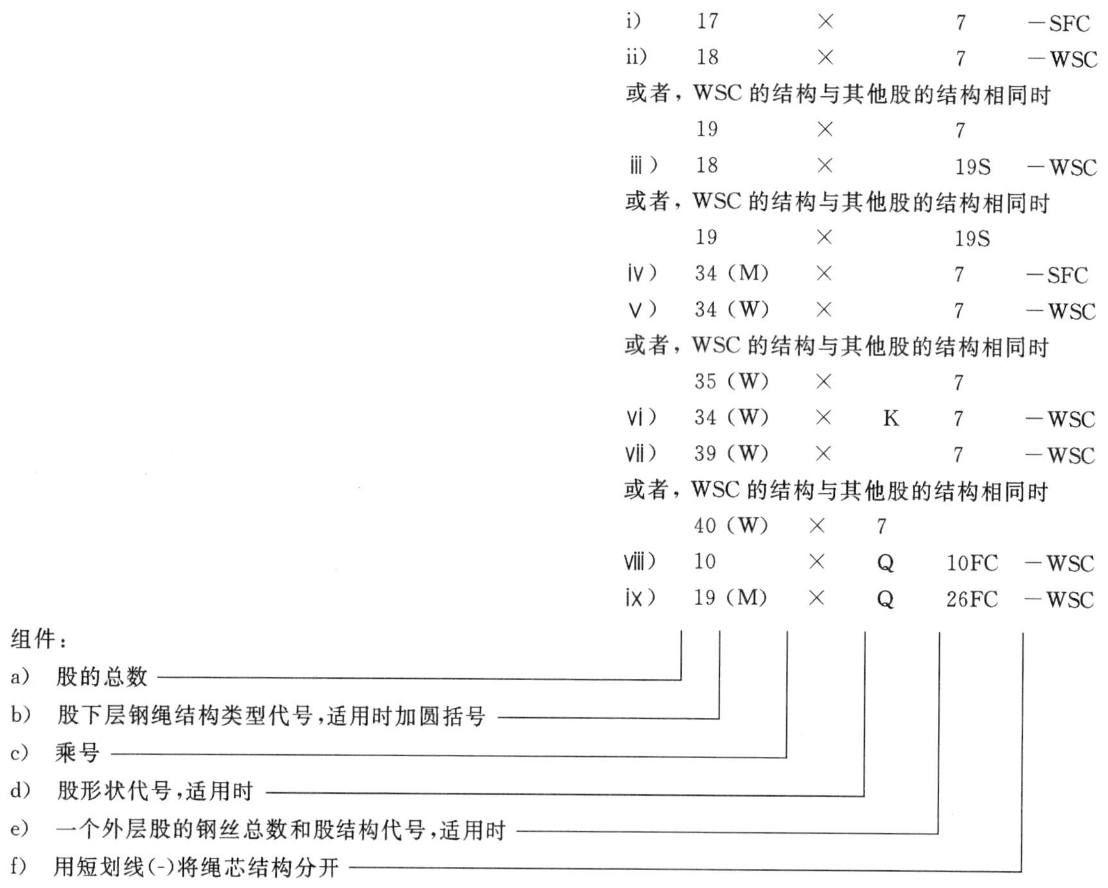

图 B.4 阻旋转钢丝绳标记示例

B.2.2.3 平行捻密实钢丝绳

见图 B.5

图 B.5 平行捻密实钢丝绳标记示例

B.2.3 缆式钢丝绳

见图 B.6

ⅰ） 6× [6×19S－IWRC] －[FC]

ⅱ） 6× [6×36WS－IWRC] －[6×36WS－IWRC]

组件：

a） 单元钢丝绳总数后接乘号

b） 单元钢丝绳结构标记，加方括号

c） 用短划线将芯绳结构标记分开，并加方括号

图 B.6 缆式钢丝绳标记示例

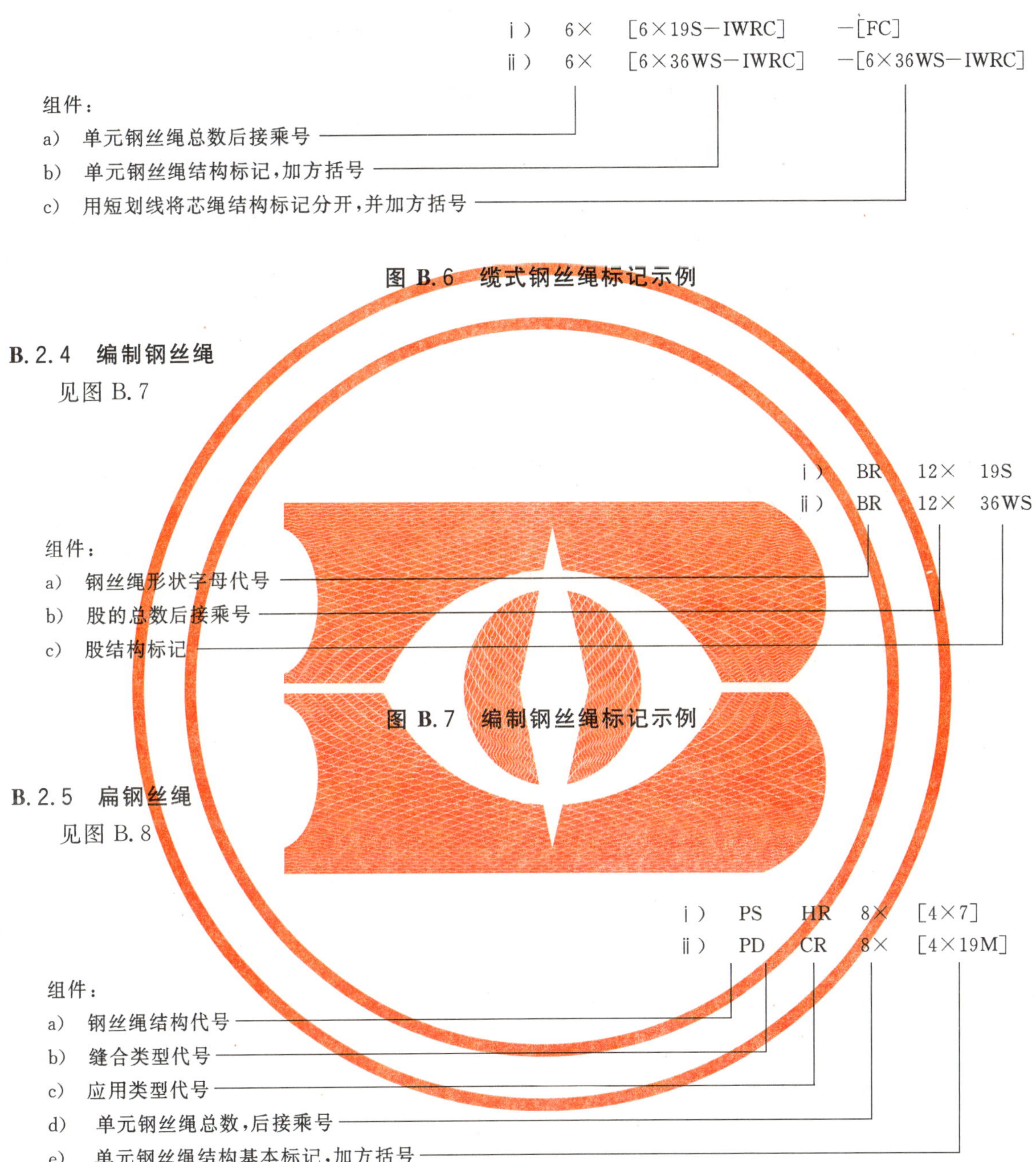

B.2.4 编制钢丝绳

见图 B.7

ⅰ） BR 12× 19S

ⅱ） BR 12× 36WS

组件：

a） 钢丝绳形状字母代号

b） 股的总数后接乘号

c） 股结构标记

图 B.7 编制钢丝绳标记示例

B.2.5 扁钢丝绳

见图 B.8

ⅰ） PS HR 8× [4×7]

ⅱ） PD CR 8× [4×19M]

组件：

a） 钢丝绳结构代号

b） 缝合类型代号

c） 应用类型代号

d） 单元钢丝绳总数，后接乘号

e） 单元钢丝绳结构基本标记，加方括号

图 B.8 扁钢丝绳标记示例

附　录　C
（资料性附录）
本标准与 GB/T 8706—1988、GB/T 8707—1988 差异对照

表 C.1　本标准与 GB/T 8706—1988、GB/T 8707—1988 差异对照

本标准条款号	本　标　准	GB/T 8706—1988、GB/T 8707—1988
2.1.1.2	多股钢丝绳外层股中位于最外层的钢丝叫“外层钢丝”	股中处于最外层的钢丝叫“外层钢丝”
2.1.5	“绳芯钢丝”及其定义	—
2.1.7	“(钢丝)层”及其定义	—
2.1.10	钢丝抗拉强度级	钢丝抗拉强度
2.1.11	“实测钢丝抗拉强度”及其定义	—
2.2.5	扁带股	扁股
2.2.11	“组合平行捻”及其定义	—
2.2.12	“多工序捻股”及其定义	—
2.2.14	“复合捻”及其定义	—
2.2.15	“压实股”及其定义	—
2.3.4	“固态聚合物芯”及其定义	—
2.4.2	“浸渍剂”及其定义	—
2.4.3	“防腐剂”及其定义	—
2.6.1.3	阻旋转钢丝绳	多股钢丝绳、不旋转钢丝绳
2.6.1.4	“平行捻密实钢丝绳”及其定义	—
2.6.1.5	“压实股钢丝绳”及其定义	—
2.6.1.6	“压实股(锻打)钢丝绳”及其定义	—
2.6.1.7	缆式钢丝绳	三捻钢丝绳(钢缆)
2.6.1.9	“电力钢丝绳”及其定义	—
2.6.3.1	“固态聚合物包覆钢丝绳” 及其定义	—
2.6.3.2	“固态聚合物填充钢丝绳” 及其定义	—
2.6.3.3	“固态聚合物包覆和填充钢丝绳”及定义	—
2.6.3.4	“衬垫芯钢丝绳” 及其定义	—
2.6.3.5	“衬垫钢丝绳” 及其定义	—
2.7.14	“股间隙” 及其定义	—
2.7.15	“制造长度” 及其定义	—
2.8.1	股捻向用小写字母“z”或“s”表示	股捻向用大写字母“Z”或“S”表示
2.8.3，2.8.4	钢丝绳捻法第一个字母表示股的捻向，第二个字母表示钢丝绳的捻向。如交互捻 SZ、ZS，同向捻 ZZ、SS	钢丝绳捻法的第一个字母表示钢丝绳的捻向，第二个字母表示股的捻向。如交互捻 SZ、ZS，同向捻 ZZ、SS

表 C.1(续)

本标准条款号	本　标　准	GB/T 8706—1988、GB/T 8707—1988
2.8.5	“混合捻”及其定义、符号(aZ ,aS)	—
2.8.6	“反向捻“及其定义	—
2.9.4	“制造商的设计值”及其定义	—
2.9.5	“削减值“及其定义	—
2.10.2	“公称金属横截面积系数”及其定义	—
2.10.14	“最小破断拉力总和”及其定义	—
2.10.16	“削减后的最小破断拉力总和”及其定义	—
2.10.18	“削减后的实测破断拉力总和”及其定义	—
2.10.19	“实测计算破断拉力”及其定义	—
2.10.20	“实测计算破断拉力总和”及其定义	—
2.10.25	“实测部分捻制损失系数”及其定义	—
2.10.26	“外层钢丝直径系数”及其定义	—
2.10.27	“外层钢丝近似直径”及其定义	—
2.12.1	按“力学性能和物理性能相似的一组钢丝绳”来分类	多种分类方法:按结构、直径、用途、捻制特性、表面状态、股断面形状等分类
3.2	钢丝绳标记系列中“钢丝表面状态”放在“钢丝绳级别”和“捻法”之间	钢丝绳标记系列中“钢丝表面状态”放在“钢丝绳直径”和“结构”之间
表 1	组合芯式股代号为 B,扁带形股为 P,压实形股和钢丝绳为 K,编织形股和钢丝绳为 BR ,单线缝合、双线缝合、铆钉铆接扁钢丝绳代号分别为 PS、PD、PN	组合芯式股代号无,扁带形股为 R,压实形股和钢丝绳代号无,编织形股代号无,编织钢丝绳为 Y。扁钢丝绳代号均为 P
表 2、表 3	具体股结构从中心钢丝逐层向外层标识,且平行捻的各层钢丝之间用号“—”隔开,多工序捻(点接触)的各捻制工序钢丝层用号“/”隔开,同一层不同尺寸的钢丝用“+”号隔开。例如:平行捻股结构 19S 表示为(1—9—9),多工序捻股结构(电接触)37M 表示为(1—6/12/18),三角股结构 V25 表示为(V—12/12),组合平行捻股结构 49SWS 表示为(1—8—8—8+8—16),圆股复合捻股结构 103SWSNS 表示为(1—9—9—9+9—18/24—24)	具体的股结构从外层逐层向中心钢丝标识,且平行捻的各层钢丝之间和多工序捻(点接触)各捻制工序钢丝层均用号“+”隔开,同一层不同尺寸的钢丝用“/”号隔开。例如:平行捻股结构 19S 表示为(9+9+1),多工序捻股结构(电接触)37M 表示为(18+12+6+1),三角股结构 V25 表示为(12+12+1V),组合平行捻股结构 49SWS 表示为(16+8/8+8+8+1),圆股复合捻股结构 103SWSNS 表示为(24+24+18+9/9+9+9+1)
3.4.6	光面或无镀层代号为 U,A 级镀锌为 A,B 级镀锌为 B,A 级锌铝合金镀层为 A(Zn./Al),B 级锌铝合金镀层为 B(Zn/Al)	光面代号为 NAT ,A 级镀锌为 ZAA,B 级镀锌为 ZBB,A 级及 B 级锌铝合金镀层代号无

附　录　D
（资料性附录）
术语索引（按英文字母顺序排列）

A

B

C

D

E

F

H

I

L

M

N

O

P

R

S

T

W

附　录　E
（资料性附录）
术语索引（按汉语拼音字母顺序排列）

ICS 77.140.60
H 44

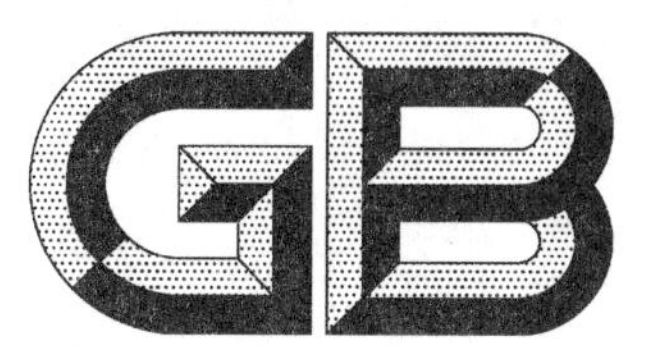

中华人民共和国国家标准

GB 8918—2006
代替 GB/T 8918—1996 相应部分

重要用途钢丝绳

Steel wire ropes for important purposes

(ISO 3154:1988, Stranded wire ropes for mine hoisting
—Technical delivery requirements, MOD)

根据国家标准委2017年第7号公告转为推荐性标准

2006-03-01 发布　　2006-09-01 实施

中华人民共和国国家质量监督检验检疫总局
中国国家标准化管理委员会　发布

前　　言

本标准修改采用 ISO 3154:1988《矿井提升用钢丝绳交货技术条件》,在附录 B 中列出了本标准条款和国际标准条款的对照一览表。

由于我国法律要求和工业的特殊需要,本标准在采用国际标准时进行了修改。这些技术性差异用垂直单线标识在它们所涉及的条款的页边空白处。在附录 C 中给出了技术性差异及其原因的一览表以供参考。

本标准为强制性标准,其中,5、6.1、6.2.1、6.2.2、6.2.3、6.2.4、6.2.6、6.2.8、6.3、6.5、7.1.1、7.1.4、7.1.6、7.1.7、7.2、7.3、7.4、7.5、8、9 等章节为强制性条款。

本标准还做了下列编辑性修改:

a) “本国际标准”一词改为“本标准”;

b) 用小数点“.”代替作为小数点的逗号“,”;

c) 删除国际标准的前言。

本标准代替 GB/T 8918—1996《钢丝绳》相应部分。

本标准与 GB/T 8918—1996 相比,技术内容主要变化如下:

——钢丝绳的结构,删除了 6×19(b)类、6×37(b)类、18×19、6×24 类,增加了 35W×7 类,并将 18×19W、18×19S 从 18×7 类中分出,单列一类;

——取消了验收方法中的方法 2(测定钢丝破断拉力总和);

——钢丝公称直径的下限提高到 0.6 mm;

——将某些品种结构钢丝绳直径范围的下限适当提高;

——钢丝绳直径允许偏差上限缩小了 1%;

——不圆度的计算方法有所改变,并将带纤维股芯和异形股钢丝绳的不圆度允许值由 6% 降至 4%;

——拆股钢丝的公称抗拉强度:光面和 B 级镀锌钢丝下限取消了 1470 MPa 级,上限提高了一个公称抗拉强度级至 1960 MPa 级;AB 级镀锌钢丝下限取消了 1470 MPa 级,上限提高了一个公称抗拉强度级至 1870 MPa 级;A 级镀锌钢丝下限取消了 1370、1470 MPa 级,上限提高了两个公称抗拉强度级至 1870 MPa 级;

——增加了拆股钢丝强度允差考核;拆股钢丝抗拉强度下限为钢丝公称抗拉强度;

——1670 MPa 、1870 MPa 公称抗拉强度级拆股钢丝的扭转和反复弯曲次数,采用相邻较高公称抗拉强度级(即 1770 MPa 、1960 MPa)的扭转和反复弯曲次数;

——取消了拆股钢丝抗拉强度、扭转和反复弯曲允许低值钢丝根数的规定和表格,改用“合格条件”规定;

——镀锌层重量提高了约 5%;

——对少数类别的钢丝绳的重量系数和最小破断拉力系数进行了调整;

——合格条件加严了。

本标准的附录 A 是规范性附录,附录 B、附录 C、附录 D 是资料性附录。

本标准由中国钢铁工业协会提出。

本标准由全国钢标准化技术委员会归口。

本标准起草单位:鞍钢集团钢绳厂、贵州钢绳股份有限公司、郑州金属制品研究院、江苏神王金属制品有限公司、冶金工业信息标准研究院。

本标准主要起草人:张德英、邢永晟、房义萍、杨红英、张平萍、胡美燕、黄建明、王玲君。

本标准所代替标准的历次版本发布情况为:GB 8918—1988;GB/T 8918—1996。

重要用途钢丝绳

1 范围

本标准规定了重要用途钢丝绳的分类、订货内容、材料、技术要求、检查与试验、验收方法、包装、标志及质量证明书。

本标准适用于矿井提升、高炉卷扬、大型浇铸、石油钻井、大型吊装、繁忙起重、索道、地面缆车、船舶和海上设施等用途的圆股及异形股钢丝绳。

2 规范性引用文件

下列文件中的条款通过本标准的引用而成为本标准的条款。凡是注日期的引用文件，其随后所有的修改单(不包括勘误的内容)或修订版均不适用于本标准。然而，鼓励根据本标准达成协议的各方研究是否可使用这些文件的最新版本。凡是不注日期的引用文件，其最新版本适用于本标准。

GB/T 228 金属材料 室温拉伸试验方法(GB/T 228—2002，ISO 6892:1998，eqv)

GB/T 238 金属材料 线材 反复弯曲试验方法(GB/T 238—2002，ISO 7801:1984，idt)

GB/T 239 金属线材扭转试验方法(GB/T 239—1999，ISO 7800:1984，ISO 9649:1990，eqv)

GB/T 2104 钢丝绳包装、标志及质量证明书的一般规定

GB/T 2973 镀锌钢丝锌层重量试验方法

GB/T 8170 数值修约规则

GB/T 8358 钢丝绳破断拉伸试验方法(GB/T 8358—1987，ISO 3108:1974，eqv)

GB/T 8706 钢丝绳术语(GB/T 8706—1988，ISO 2532:1974，eqv)

GB/T 8707 钢丝绳标记代号(GB/T 8707—1988，ISO 3578:1980，idt)

GB/T 8919 制绳用钢丝

GB/T 15030 剑麻钢丝绳芯

YB/T 081 冶金技术标准的数值修约与检测数值的判定原则

SH/T 0387 钢丝绳表面脂

SH/T 0388 钢丝绳麻芯脂

3 分类

3.1 钢丝绳按其股的断面、股数和股外层钢丝的数目分类，见表1。在圆股和异形股钢丝绳中，如果需方没有明确要求某种结构的钢丝绳时，在同一组别内，结构的选择由供方自行确定。

表1 钢丝绳分类

组别	类别		分类原则	典型结构		直径范围
				钢丝绳	股绳	mm
1	圆股钢丝绳	6×7	6个圆股，每股外层丝可到7根，中心丝(或无)外捻制1～2层钢丝，钢丝等捻距	6×7	(1+6)	8～36
				6×9W	(3+3/3)	14～36
2		6×19	6个圆股，每股外层丝8～12根，中心丝外捻制2～3层钢丝，钢丝等捻距	6×19S	(1+9+9)	12～36
				6×19W	(1+6+6/6)	12～40
				6×25Fi	(1+6+6F+12)	12～44
				6×26WS	(1+5+5/5+10)	20～40
				6×31WS	(1+6+6/6+12)	22～46

表 1（续）

组别	类别		分类原则	典型结构		直径范围
				钢丝绳	股绳	mm
3	圆股钢丝绳	6×37	6 个圆股，每股外层丝 14～18 根，中心丝外捻制 3～4 层钢丝，钢丝等捻距	6×29Fi 6×36WS 6×37S（点线接触） 6×41WS 6×49SWS 6×55SWS	(1＋7＋7F＋14) (1＋7＋7/7＋14) (1＋6＋15＋15) (1＋8＋8/8＋16) (1＋8＋8＋8/8＋16) (1＋9＋9＋9/9＋18)	14～44 18～60 20～60 32～56 36～60 36～64
4		8×19	8 个圆股，每股外层丝 8～12 根，中心丝外捻制 2～3 层钢丝，钢丝等捻距	8×19S 8×19W 8×25Fi 8×26WS 8×31WS	(1＋9＋9) (1＋6＋6/6) (1＋6＋6F＋12) (1＋5＋5/5＋10) (1＋6＋6/6＋12)	20～44 18～48 16～52 24～48 26～56
5		8×37	8 个圆股，每股外层丝 14～18 根，中心丝外捻制 3～4 层钢丝，钢丝等捻距	8×36WS 8×41WS 8×49SWS 8×55SWS	(1＋7＋7/7＋14) (1＋8＋8/8＋16) (1＋8＋8＋8/8＋16) (1＋9＋9＋9/9＋18)	22～60 40～56 44～64 44～64
6		18×7	钢丝绳中有 17 或 18 个圆股，每股外层丝 4～7 根，在纤维芯或钢芯外捻制 2 层股	17×7 18×7	(1＋6) (1＋6)	12～60 12～60
7		18×19	钢丝绳中有 17 或 18 个圆股，每股外层丝 8～12 根，钢丝等捻距钢丝等捻距，在纤维芯或钢芯外捻制 2 层股	18×19W 18×19S	(1＋6＋6/6) (1＋9＋9)	24～60 28～60
8		34×7	钢丝绳中有 34～36 个圆股，每股外层丝可到 7 根，在纤维芯或钢芯外捻制 3 层股	34×7 36×7	(1＋6) (1＋6)	16～60 20～60
9		35W×7	钢丝绳中有 24～40 个圆股，每股外层丝 4～8 根，在纤维芯或钢芯(钢丝)外捻制 3 层股	35W×7 24W×7	(1＋6)	16～60
10	异形股钢丝绳	6V×7	6 个三角形股，每股外层丝 7～9 根，三角形股芯外捻制 1 层钢丝	6V×18 6V×19	(/3×2＋3/＋9) (/1×7＋3/＋9)	20～36 20～36
11		6V×19	6 个三角形股，每股外层丝 10～14 根，三角形股芯或纤维芯外捻制 2 层钢丝	6V×21 6V×24 6V×30 6V×34	(FC＋9＋12) (FC ＋12＋12) (6＋12＋12) (/1×7＋3/＋12＋12)	18～36 18～36 20～38 28～44
12		6V×37	6 个三角形股，每股外层丝 15～18 根，三角形股芯外捻制 2 层钢丝	6V×37 6V×37S 6V×43	(/1×7＋3/＋12＋15) (/1×7＋3/＋12＋15) (/1×7＋3/＋15＋18)	32～52 32～52 38～58
13		4V×39	4 个扇形股，每股外层丝 15～18 根，纤维股芯外捻制 3 层钢丝	4V×39S 4V×48S	(FC ＋9＋15＋15) (FC ＋12＋18＋18)	16～36 20～40
14		6Q×19 ＋6V×21	钢丝绳中有 12～14 个股，在 6 个三角形股外，捻制 6～8 个椭圆股	6Q×19＋ 6V×21 6Q×33＋ 6V×21	外股(5＋14) 内股(FC ＋9＋12) 外股(5＋13＋15) 内股(FC ＋9＋12)	40～52 40～60

注 1：13 组及 11 组中异形股钢丝绳中 6V×21、6V×24 结构仅为纤维绳芯，其余组别的钢丝绳，可由需方指定纤维芯或钢芯。

注 2：三角形股芯的结构可以相互代替，或改用其他结构的三角形股芯，但应在订货合同中注明。

注 3：钢丝绳的主要用途推荐，参见附录 D(资料性附录)。

1～9 组钢丝绳可为交互捻和同向捻。其中 6～9 组多层圆股钢丝绳的内层绳捻法，由生产厂确定。

13 组钢丝绳仅为交互捻。

10～12 组和 14 组异形股钢丝绳为同向捻。14 组钢丝绳的内层与外层绳捻向应相反，且内层绳为同向捻。

3.2 钢丝绳按捻法分为右交互捻、左交互捻、右同向捻和左同向捻四种，如图 1～图 4 所示。图 1 和图 2 绳与股捻向相反，图 3 和图 4 绳与股捻向相同。

3.3 钢丝绳的标记代号按 GB/T 8707 的规定；股的结构由中心向外层进行标记。

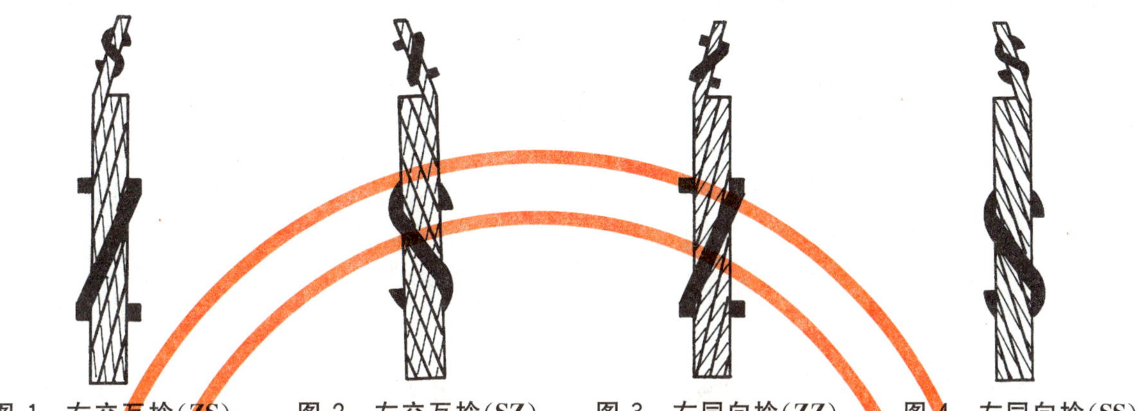

图 1 右交互捻(ZS)　　图 2 左交互捻(SZ)　　图 3 右同向捻(ZZ)　　图 4 左同向捻(SS)

4 订货内容

按本标准订货的合同应包括以下主要内容：

a) 标准号；
b) 产品名称；
c) 结构(标记代号)；
d) 公称直径；
e) 捻法；
f) 表面状态；
g) 公称抗拉强度；
h) 数量(长度)；
i) 用途；
j) 其他要求。

5 钢丝绳材料

5.1 制绳用钢丝

5.1.1 制绳用钢丝应符合 GB/T 8919 中重要用途钢丝的规定。

5.1.2 制绳用钢丝包括股芯丝和填充丝(但组成三角股芯的低碳钢丝、填充丝和补棱丝除外)。

5.2 绳芯

钢丝绳绳芯分为纤维芯和钢芯。

5.2.1 纤维芯

纤维芯应符合 GB/T 15030 的规定或用黄麻、合成纤维及其他能符合要求的纤维制成。除需方另有要求，纤维芯应用具有防腐、防锈性能的润滑油脂浸透。

5.2.2 钢芯

钢芯分为独立的钢丝绳芯(IWR)和钢丝股芯(IWS)。

5.3 油脂

钢丝绳用油脂应符合 SH/T 0387 或其他有关要求的规定。

麻芯脂应符合 SH/T 0388 或其他有关要求的规定。

6 技术要求

6.1 股

6.1.1 股应捻制均匀、紧密。

6.1.2 股芯丝和股纤维芯，应具有足够的支撑作用，以使外层包捻的钢丝能均匀捻制，股中相邻钢丝之间允许有均匀的缝隙。用同直径钢丝制成的股及绳中的钢芯，其中心钢丝和中心股应适当加大。

6.2 钢丝绳

6.2.1 捻制

6.2.1.1 钢丝绳应捻制均匀、紧密和不松散。在展开和无负荷情况下，不得呈波浪状。绳内钢丝不得有交错、折弯和断丝等缺陷，但允许有因变形工卡具压紧造成的钢丝压扁现象存在。

6.2.1.2 钢丝绳制造时，同直径钢丝应为同一公称抗拉强度，不同直径钢丝允许采用相同或相邻公称抗拉强度，但应保证钢丝绳最小破断拉力符合表 9～表 23 中的有关规定。

6.2.1.3 钢丝绳的绳芯应具有足够的支撑作用，以使外层包捻的股均匀捻制。允许各相邻股之间有较均匀的缝隙。

6.2.1.4 镀锌钢丝绳中的所有钢丝都应是镀锌的。

6.2.1.5 钢丝绳中钢丝的接头应尽量减少。钢丝接续时，应用对焊连接。股同一次捻制中，各连接点在股内的距离不得小于 10 m。

6.2.2 涂油

除非需方另有要求，钢丝绳应均匀地连续涂敷防锈润滑油脂；需方要求钢丝绳有增摩性能时，钢丝绳应涂增摩油脂。

6.2.3 直径

6.2.3.1 公称直径 *D*

钢丝绳的公称直径应符合表 9～表 23 的规定。

6.2.3.2 实测直径

钢丝绳的实测直径是按 7.1.1 条规定的方法测得的直径。其偏差为：圆股 $^{+5\%}_{0}$；异形股 $^{+6\%}_{0}$。

6.2.3.3 不圆度

钢丝绳的不圆度应不大于钢丝绳公称直径的 4%。

6.2.4 长度

6.2.4.1 公称长度

钢丝绳的公称长度应由供需双方在订货合同中注明，所有试样都应包括在订货长度内。

6.2.4.2 实测长度

钢丝绳的实测长度按 7.1.2 条规定进行测量。

钢丝绳的实测长度在无负荷状态下允许与订货长度有如下偏差：

≤400m：$^{+5\%}_{0}$；

>400 m～1 000 m：$^{+20}_{0}$ m；

>1 000 m：$^{+2\%}_{0}$。

6.2.5 重量

6.2.5.1 参考重量

钢丝绳的参考重量见表 9～表 23，用 kg/100 m 表示，并按(1)式计算：

$$M = KD^2 \qquad (1)$$

式中：

M——钢丝绳单位长度的参考重量，单位为：kg/100 m；

D——钢丝绳的公称直径，单位为：mm；

K——充分涂油的某一结构钢丝绳单位长度的重量系数，单位为：kg/100m·mm^2。K 值在表 2 中给出。

表 2　钢丝绳重量系数和最小破断拉力系数

组别	类　别	钢丝绳重量系数 K (kg/100 m·mm^2) 天然纤维芯钢丝绳 K_{1n}	合成纤维芯钢丝绳 K_{1p}	钢芯钢丝绳 K_2	$\frac{K_2}{K_{1n}}$	$\frac{K_2}{K_{1p}}$	最小破断拉力系数 K' 纤维芯钢丝绳 K'_1	钢芯钢丝绳 K'_2	$\frac{K'_2}{K'_1}$
1	6×7	0.351	0.344	0.387	1.10	1.12	0.332	0.359	1.08
2	6×19	0.380	0.371	0.418	1.10	1.13	0.330	0.356	1.08
3	6×37								
4	8×19	0.357	0.344	0.435	1.22	1.26	0.293	0.346	1.18
5	8×37								
6	18×7	0.390		0.430	1.10	1.10	0.310	0.328	1.06
7	18×19								
8	34×7	0.390		0.430	1.10	1.10	0.308	0.318	1.03
9	35W×7	—		0.460	—	—	—	0.360	—
10	6V×7	0.412	0.404	0.437	1.06	1.08	0.375	0.398	1.06
11	6V×19	0.405	0.397	0.429	1.06	1.08	0.360	0.382	1.06
12	6V×37								
13	4V×39	0.410	0.402	—	—	—	0.360	—	—
14	6Q×19+6V×21	0.410	0.402	—	—	—	0.360	—	—

注 1：在 2 组和 4 组钢丝绳中，当股内钢丝的数目为 19 根或 19 根以下时，重量系数应比表中所列的数小 3%。

注 2：在 11 组钢丝绳中，股含纤维芯 6V×21、6V×24 结构钢丝绳的重量系数和最小破断拉力系数，应分别比表中所列的数小 8%，6V×30 结构钢丝绳的最小破断拉力系数，应比表中所列的数小 10%；在 12 组钢丝绳中，股为线接触结构 6V×37S 钢丝绳的重量系数和最小破断拉力系数则应分别比表中所列的数大 3%。

注 3：K_{1P}重量系数是对聚丙烯纤维芯钢绳而言。

6.2.5.2　实测重量

钢丝绳实测重量应按 7.1.3 条规定。

6.2.6　破断拉力

钢丝绳实测破断拉力应不低于表 9～表 23 的规定。钢丝绳最小破断拉力，用 kN 表示，并按(2)式计算：

$$F_0 = \frac{K' \cdot D^2 \cdot R_0}{1\ 000} \qquad \cdots\cdots(2)$$

式中：

F_0——钢丝绳最小破断拉力，单位为 kN；

D——钢丝绳公称直径，单位为 mm；

R_0——钢丝绳公称抗拉强度，单位为 MPa；

K'——某一指定结构钢丝绳的最小破断拉力系数(K'值见表 2)。

注：最小钢丝破断拉力总和与钢丝绳最小破断拉力的换算系数见附录 A。

6.2.7 **伸长**

对于矿井提升、架空索道及其他特殊用途的钢丝绳，在使用中的永久伸长应双方协议。

6.2.8 **外观**

钢丝绳外观不应存在 GB/T 8706 中列出的制造缺陷。

6.3 拆股钢丝

6.3.1 **实测直径**

钢丝实测直径应符合 GB/T 8919 的有关规定(由于工卡具压紧造成钢丝压扁允许以断面尺寸大的为准)。

6.3.2 **表面状态**

钢丝表面状态应符合表 3 规定。

6.3.3 **抗拉强度**

6.3.3.1 **公称抗拉强度**

钢丝的公称抗拉强度应符合表 3 规定，表中数值是抗拉强度的下限，上限等于下限加上表 4 规定的允差。

表 3 钢丝表面状态及公称抗拉强度

表面状态	公称抗拉强度/MPa				
光面和 B 级镀锌	1570	1670	1770	1870	1960
AB 级镀锌	1570	1670	1770	1870	—
A 级镀锌	1570	1670	1770	1870	—

6.3.3.2 **强度允差**

强度允差应符合表 4 规定。

表 4 强度允差

钢丝公称直径 d/mm	强度允差/MPa
$0.6 \leqslant d < 1$	350
$1 \leqslant d < 1.5$	320
$1.5 \leqslant d < 2$	290
$d \geqslant 2$	260

6.3.4 **反复弯曲**

钢丝的反复弯曲次数应符合表 5 的规定。

表 5 最小反复弯曲次数

钢丝公称直径 d	弯芯半径	光面及 B 级镀锌钢丝					AB 级镀锌钢丝				A 级镀锌钢丝			
mm		公称抗拉强度/MPa												
		1 570	1 670	1 770	1 870	1 960	1 570	1 670	1 770	1 870	1 570	1 670	1 770	1 870
$0.6 \leqslant d < 0.65$	1.75	12	11	11	10	10	10	9	9	8	8	7	7	6
$0.65 \leqslant d < 0.7$		11	10	10	9	9	9	8	8	7	7	6	6	5
$0.7 \leqslant d < 0.75$	2.50	16	15	15	14	14	15	14	14	13	13	12	12	11
$0.75 \leqslant d < 0.8$		15	14	14	13	13	14	13	13	12	12	11	11	10
$0.8 \leqslant d < 0.9$		13	12	12	11	11	12	11	11	10	10	9	9	8
$0.9 \leqslant d < 1$		12	11	11	10	10	11	10	10	9	9	8	8	7

表 5（续）

钢丝公称直径 d	弯芯半径	光面及 B 级镀锌钢丝					AB 级镀锌钢丝				A 级镀锌钢丝			
mm		公称抗拉强度/MPa												
		1 570	1 670	1 770	1 870	1 960	1 570	1 670	1 770	1 870	1 570	1 670	1 770	1 870
1≤d<1.1	3.75	17	16	16	15	15	16	15	15	14	14	13	13	12
1.1≤d<1.2		15	14	14	13	13	14	13	13	12	12	11	11	10
1.2≤d<1.3		13	12	12	11	11	12	11	11	10	10	9	9	8
1.3≤d<1.4		12	11	11	10	10	11	10	10	9	9	8	8	7
1.4≤d<1.5		11	10	10	9	9	10	9	9	8	8	7	7	6
1.5≤d<1.6	5.00	14	13	13	12	12	13	12	12	11	11	10	10	9
1.6≤d<1.7		13	12	12	11	11	12	11	11	10	10	9	9	8
1.7≤d<1.8		12	11	11	10	10	11	10	10	9	9	8	8	7
1.8≤d<1.9		11	10	10	9	9	10	9	9	8	8	7	7	6
1.9≤d<2		10	9	9	8	8	9	8	8	7	7	6	6	5
2≤d<2.1	7.50	15	14	14	13	13	14	13	13	12	12	11	11	10
2.1≤d<2.2		14	13	13	12	12	13	12	12	11	11	10	10	9
2.2≤d<2.3		13	12	12	11	11	12	11	11	10	10	9	9	8
2.3≤d<2.4		13	12	12	11	11	12	11	11	10	10	9	9	8
2.4≤d<2.5		12	11	11	10	10	11	10	10	9	9	8	8	7
2.5≤d<2.6		11	10	10	9	9	10	9	9	8	8	7	7	6
2.6≤d<2.7		10	9	9	8	8	9	8	8	7	7	6	6	5
2.7≤d<2.8		10	9	9	8	8	9	8	8	7	7	6	6	5
2.8≤d<2.9		9	8	8	7	7	8	7	7	6	6	5	5	4
2.9≤d<3		9	8	8	7	7	8	7	7	6	6	5	5	4
3≤d<3.1	10.00	12	11	11	10	10	11	10	10	9	9	8	8	7
3.1≤d<3.2		12	11	11	10	10	11	10	10	9	9	8	8	7
3.2≤d<3.3		11	10	10	9	9	10	9	9	8	8	7	7	6
3.3≤d<3.4		11	10	10	9	9	10	9	9	8	8	7	7	6
3.4≤d<3.5		10	9	9	8	8	9	8	8	7	7	6	6	5
3.5≤d<3.6		9	8	8	7	7	8	7	7	6	6	5	5	4
3.6≤d<3.7		8	7	7	6	6	7	6	6	5	5	4	4	3
3.7≤d<3.8		7	6	6	5	5	6	5	5	4	5	4	4	3
3.8≤d<3.9		7	6	6	5	5	6	5	5	4	5	4	4	3
3.9≤d<4		6	5	5	4	4	5	4	4	3	4	3	3	2
4≤d<4.1	15.00	13	12	12	11	11	12	11	11	10	8	7	7	6
4.1≤d<4.2		12	11	11	10	10	11	10	10	9	7	6	6	5
4.2≤d<4.3		11	10	10	9	9	10	9	9	8	7	6	6	5
4.3≤d<4.4		11	10	10	9	9	10	9	9	8	7	6	6	5
4.4		10	9	9	8	8	9	8	8	7	6	5	5	4

6.3.5 扭转

钢丝的扭转次数应符合表 6 的规定。

对于异形股钢丝绳：

股中钢丝超过一层的，应比表6所列的扭转次数减少一次；股中钢丝只有一层的应比表6所列的扭转次数减少二次。

表6 最小扭转次数

钢丝公称直径 d	试验长度	光面及B级镀锌钢丝					AB级镀锌钢丝				A级镀锌钢丝			
mm		公称抗拉强度/MPa												
		1 570	1 670	1 770	1 870	1 960	1 570	1 670	1 770	1 870	1 570	1 670	1 770	1 870
0.6≤d<1	100×d	33	31	31	25	25	30	27	27	24	21	19	19	17
1≤d<1.3		31	29	29	24	24	28	25	25	22	19	17	17	15
1.3≤d<1.8		30	27	27	23	23	27	23	23	20	18	16	16	14
1.8≤d<2.3		28	26	26	21	21	25	22	22	19	17	14	14	12
2.3≤d<3		26	23	23	19	19	23	20	20	17	14	11	11	9
3≤d<3.4		24	21	21	18	18	21	18	18	15	9	7	7	6
3.4≤d<3.5		22	19	19	16	16	20	16	16	13	8	6	6	5
3.5≤d<3.7		20	17	17	13	13	18	14	14	11	7	5	5	4
3.7≤d<4		18	15	15	12	12	16	13	13	10	7	5	5	4
4≤d<4.2		16	13	13	10	10	14	11	11	8	6	4	4	3
4.2≤d≤4.4		15	12	12	9	9	13	10	10	7	6	4	4	3

6.3.6 镀锌层

6.3.6.1 级别

镀锌层级别分为三个级别：B级、AB级和A级。

6.3.6.2 锌层重量

镀锌层重量应用单位表面积的镀锌层平均重量表示，单位 g/m^2。镀锌层重量应符合表7的规定（异形股除外）。如果锌层重量不符合本标准规定，而其他性能符合光面钢丝绳要求时，则可按光面钢丝绳交货。

表7 最小锌层重量

钢丝公称直径 d/mm	B级	AB级	A级
	g/m^2		
0.6≤d<0.7	50	85	110
0.7≤d<0.8	60	85	120
0.8≤d<1	70	95	130
1≤d<1.2	80	110	150
1.2≤d<1.5	90	120	165
1.5≤d<1.9	100	130	180
1.9≤d<2.5	110	150	205
2.5≤d<3.2	125	165	230
3.2≤d<3.5	135	190	250
3.5≤d<3.7	135	190	250
3.7≤d<4	135	190	250
4≤d≤4.4	150	200	260

6.4 需方对以上条款有其他要求时，有关技术要求由供需双方协议。

6.5 数值修约按GB/T 8170规定。

7 检查与试验

7.1 钢丝绳检查与试验

7.1.1 直径的测量

7.1.1.1 钢丝绳直径应用带有宽钳口的游标卡尺测量。其钳口的宽度要足以跨越两个相邻的股，见图5。

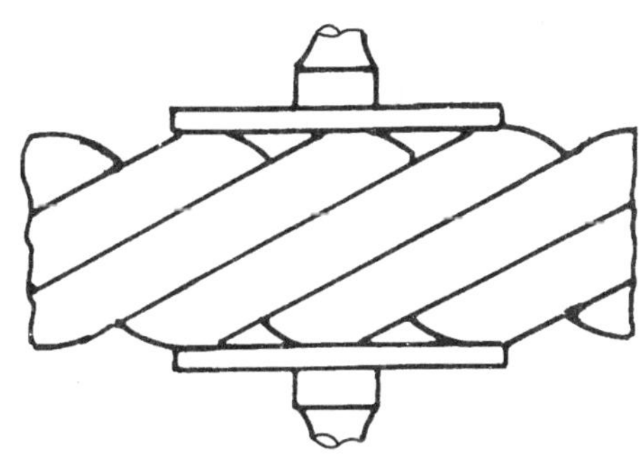

图5 钢丝绳直径测量方法

测量应在无张力的情况下，于钢丝绳端头15 m外的直线部位上进行，在相距至少1 m的两截面上，并在同一截面互相垂直测取两个数值。

四个测量结果的平均值作为钢丝绳的实测直径，该值应符合6.2.3.2的有关规定。

7.1.1.2 不圆度

同一截面测量结果的差与公称直径之比，即为不圆度，应符合6.2.3.3的规定。

7.1.1.3 在有争议的情况下，直径的测量可在给钢丝绳施加不超过最小破断拉力5%的张力情况下进行。

7.1.2 长度的测量

测量钢丝绳长度的方法应由供需双方协议。钢丝绳长度的测量以米为单位。

7.1.3 重量的测量

钢丝绳的总重量包括钢丝绳、卷轴和包装材料的重量，应用衡器测量，用kg表示。

计算钢丝绳的单位重量时，应用钢丝绳的净重量除以钢丝绳实测长度。钢丝绳的实测单位重量用kg/100 m表示。

7.1.4 破断拉力测定

钢丝绳应逐条进行破断拉力的测定，其测定方法按GB/T 8358的规定。

7.1.5 伸长的测量

钢丝绳伸长的测量应由供需双方协议。

7.1.6 不松散检查

将钢丝绳一端解开相对称的两个股，约有两个捻距长，当这两个股重新恢复到原位后，不应自行再散开(多层股、四股扇形股及编结使用的钢丝绳除外)。

7.1.7 外观检查

钢丝绳及其股外观，用手感和目测检查。

7.2 拆股钢丝试验

7.2.1 试验范围与试验数量

7.2.1.1 钢丝绳拆取的股数：单层股钢丝绳任取一股，多层股钢丝绳按表8的规定(焊接点除外)；用于镀锌层试验的钢丝数目应为钢丝绳中同一公称直径钢丝总数的10%(修约成整数)。

表 8 多层股钢丝绳拆取的股数

钢丝绳类型	外 层	中 层	内 层
18×7 类、18×19 类	2	—	1
34×7 类	3	2	1
6Q×19+6V×21 类	1	—	1
35W×7 类	3	大小股各 1	1

7.2.1.2 试验的钢丝不包括股中填充丝、各种股芯钢丝和钢丝绳中的钢芯。

7.2.2 **直径的测量**

钢丝实测直径应为钢丝同一截面上相互垂直两次测量数据的算术平均值。

7.2.3 **拉力试验**

拉力试验应符合 GB/T 228 的规定。

7.2.4 **反复弯曲试验**

反复弯曲试验应符合 GB/T 238 的规定。

7.2.5 **扭转试验**

扭转试验应符合 GB/T 239 的规定。

7.2.6 **镀锌层试验**

钢丝镀锌层试验应符合 GB/T 2973 的规定。

7.2.7 **合格条件**

钢丝绳拆股钢丝应符合下述要求：

a) 任一种直径的不合格钢丝数不得超过一根，或

b) 如果任一种直径的不合格钢丝数为两根或两根以上，则应对该种直径的其他钢丝逐根进行不合格项目的试验。若不合格的钢丝数不大于同种直径钢丝数的 4%（修约成整数），则该钢丝绳合格。

同一根钢丝有多项不合格时，只按一根计算。

7.3 当一条钢丝绳截成数条交货时，则从其中任选一条取样试验，如果合格，其余各条免于试验，否则应逐条进行试验。

7.4 **钢丝绳力学性能的考核**

根据实测钢丝绳破断拉力，查表 9～表 23 对钢丝绳公称抗拉强度进行考核。

7.4.1 钢丝绳内钢丝为同一公称抗拉强度时，钢丝绳的公称抗拉强度与钢丝的公称抗拉强度相同；当钢丝绳内的钢丝为不同公称抗拉强度时，钢丝绳的公称抗拉强度应符合钢丝的公称抗拉强度之一。

7.4.2 拆股钢丝的抗拉强度、反复弯曲和扭转值，按钢丝的公称抗拉强度考核。

7.5 **仲裁检验**

当供需双方对任一试验结果有争议时，应在双方同意的检验机构进行仲裁检验。

若这些试验结果符合标准和订货合同要求，认为该钢丝绳合格。

8 验收

8.1 钢丝绳出厂前的检查，应在供方进行。

8.2 需方的验收，可委托有钢丝绳检定资格的检测部门进行。验收的依据是本标准和订货合同，验收期不应超过一年（以出厂日期为准）。

8.3 当在制造厂（供方）进行验收试验时，制造厂应提供必要的试样、设备和人力。

9 包装、标志及质量证明书

钢丝绳的包装、标志及质量证明书按 GB/T 2104 的规定。

第1组6×7类　表9图

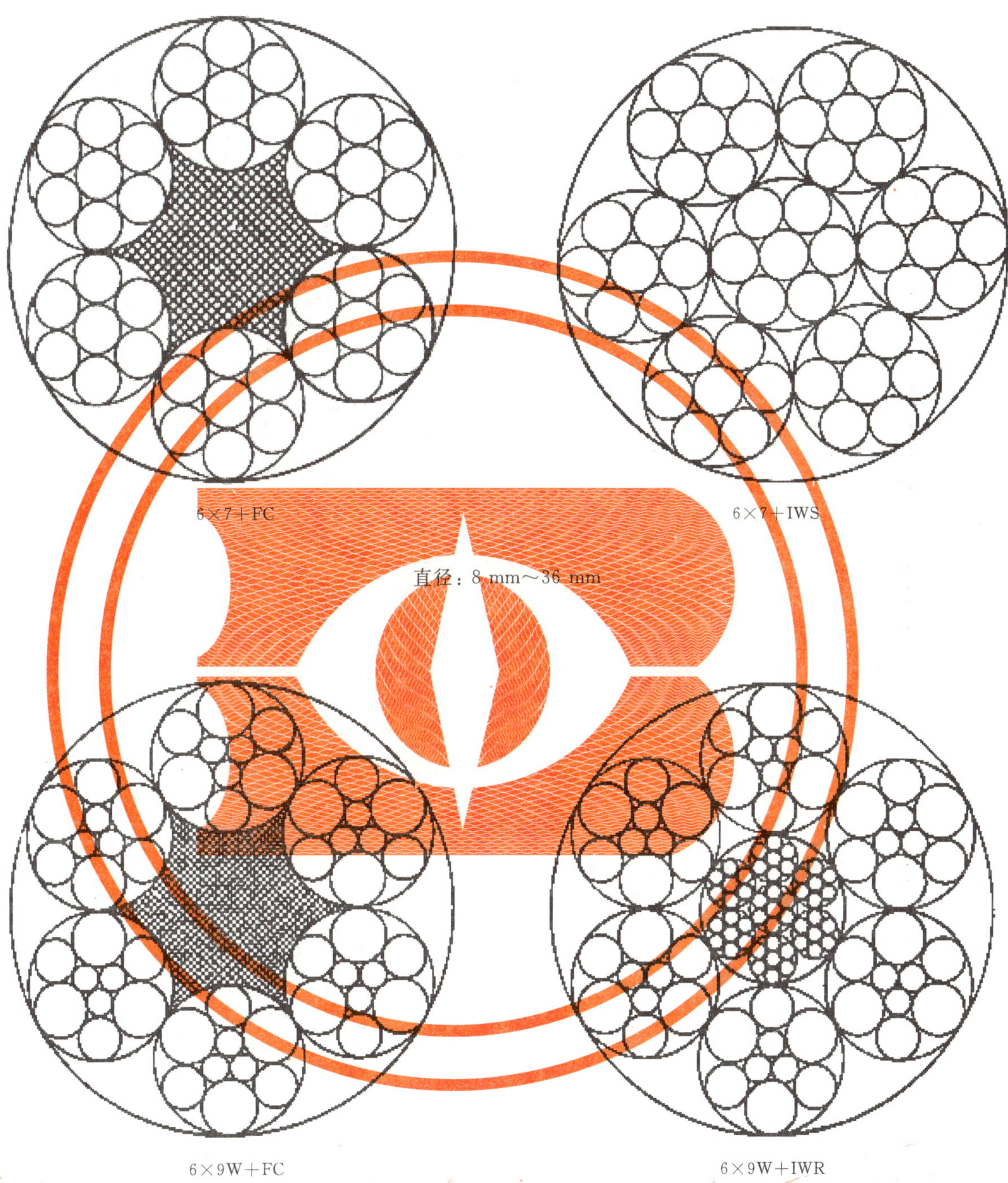

直径：8 mm～36 mm

直径：14 mm～36 mm

表 9 力学性能

钢丝绳结构：6×7+FC　6×7+IWS　6×9W+FC　6×9W+IWR

钢丝绳公称直径		钢丝绳参考重量/(kg/100 m)			钢丝绳公称抗拉强度/MPa									
					1570		1670		1770		1870		1960	
					钢丝绳最小破断拉力/kN									
D/mm	允许偏差/%	天然纤维芯钢丝绳	合成纤维芯钢丝绳	钢芯钢丝绳	纤维芯钢丝绳	钢芯钢丝绳	纤维芯钢丝绳	钢芯钢丝绳	纤维芯钢丝绳	钢芯钢丝绳	纤维芯钢丝绳	钢芯钢丝绳	纤维芯钢丝绳	钢芯钢丝绳
8		22.5	22.0	24.8	33.4	36.1	35.5	38.4	37.6	40.7	39.7	43.0	41.6	45.0
9		28.4	27.9	31.3	42.2	45.7	44.9	48.6	47.6	51.5	50.3	54.4	52.7	57.0
10		35.1	34.4	38.7	52.1	56.4	55.4	60.0	58.8	63.5	62.1	67.1	65.1	70.4
11		42.5	41.6	46.8	63.1	68.2	67.1	72.5	71.1	76.9	75.1	81.2	78.7	85.1
12		50.5	49.5	55.7	75.1	81.2	79.8	86.3	84.6	91.5	89.4	96.7	93.7	101
13		59.3	58.1	65.4	88.1	95.3	93.7	101	99.3	107	105	113	110	119
14		68.8	67.4	75.9	102	110	109	118	115	125	122	132	128	138
16		89.9	88.1	99.1	133	144	142	153	150	163	159	172	167	180
18	+5	114	111	125	169	183	180	194	190	206	201	218	211	228
20	0	140	138	155	208	225	222	240	235	254	248	269	260	281
22		170	166	187	252	273	268	290	284	308	300	325	315	341
24		202	198	223	300	325	319	345	338	366	358	387	375	405
26		237	233	262	352	381	375	405	397	430	420	454	440	476
28		275	270	303	409	442	435	470	461	498	487	526	510	552
30		316	310	348	469	507	499	540	529	572	559	604	586	633
32		359	352	396	534	577	568	614	602	651	636	687	666	721
34		406	398	447	603	652	641	693	679	735	718	776	752	813
36		455	446	502	676	730	719	777	762	824	805	870	843	912

第 2 组 6×19 类　表 10 图

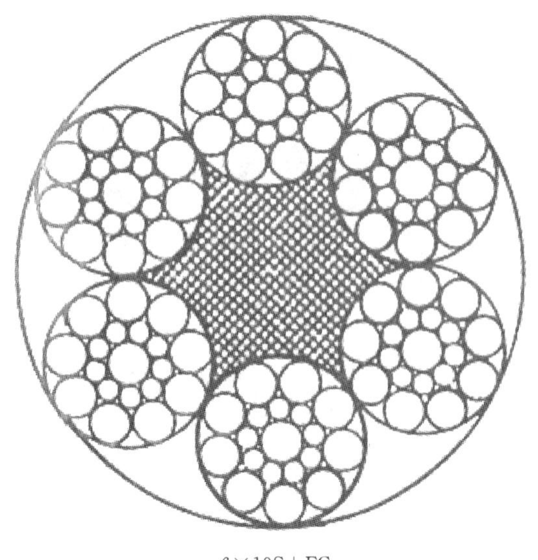

6×19S+FC

6×19S+IWR

直径：12 mm～36 mm

第 2 组 6×19 类　表 10 图（续）

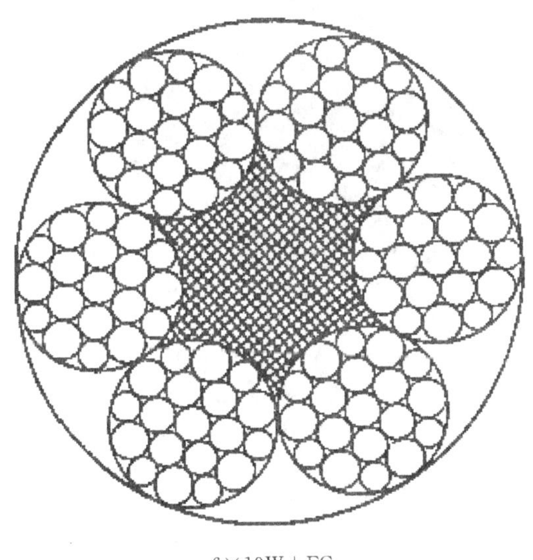

6×19W+FC

6×19W+IWR

直径：12 mm～40 mm

表 10　力学性能

钢丝绳结构 6×19S+FC　6×19S+IWR　6×19W+FC　6×19W+IWR

钢丝绳公称直径		钢丝绳参考重量/(kg/100 m)			钢丝绳公称抗拉强度/MPa									
					1570		1670		1770		1870		1960	
					钢丝绳最小破断拉力/kN									
D/mm	允许偏差/%	天然纤维芯钢丝绳	合成纤维芯钢丝绳	钢芯钢丝绳	纤维芯钢丝绳	钢芯钢丝绳	纤维芯钢丝绳	钢芯钢丝绳	纤维芯钢丝绳	钢芯钢丝绳	纤维芯钢丝绳	钢芯钢丝绳	纤维芯钢丝绳	钢芯钢丝绳
12	$^{+5}_{0}$	53.1	51.8	58.4	74.6	80.5	79.4	85.6	84.1	90.7	88.9	95.9	93.1	100
13		62.3	60.8	68.5	87.6	94.5	93.1	100	98.7	106	104	113	109	118
14		72.2	70.5	79.5	102	110	108	117	114	124	121	130	127	137
16		94.4	92.1	104	133	143	141	152	150	161	158	170	166	179
18		119	117	131	168	181	179	193	189	204	200	216	210	226
20		147	144	162	207	224	220	238	234	252	247	266	259	279
22		178	174	196	251	271	267	288	283	304	299	322	313	338
24		212	207	234	298	322	317	342	336	363	355	383	373	402
26		249	243	274	350	378	373	402	395	426	417	450	437	472
28		289	282	318	406	438	432	466	458	494	484	522	507	547
30		332	324	365	466	503	496	535	526	567	555	599	582	628
32		377	369	415	531	572	564	609	598	645	632	682	662	715
34		426	416	469	599	646	637	687	675	728	713	770	748	807
36		478	466	525	671	724	714	770	757	817	800	863	838	904
38		532	520	585	748	807	796	858	843	910	891	961	934	1010
40		590	576	649	829	894	882	951	935	1010	987	1070	1030	1120

第2组6×19类　表11图

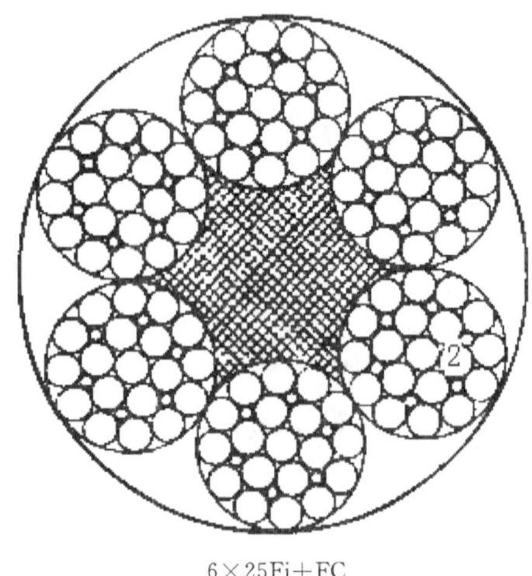

6×25Fi+FC

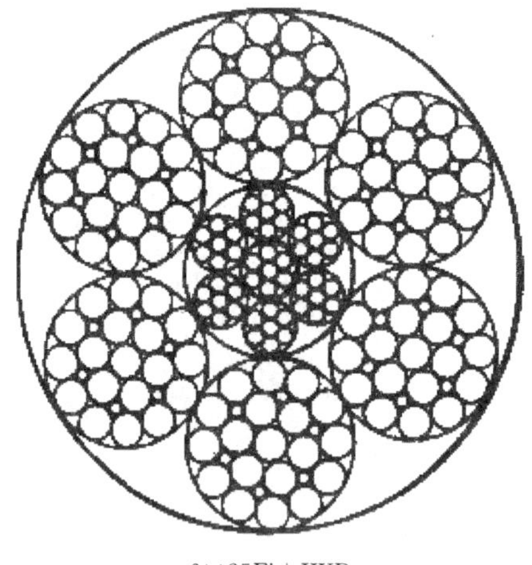

6×25Fi+IWR

直径：12 mm～44 mm

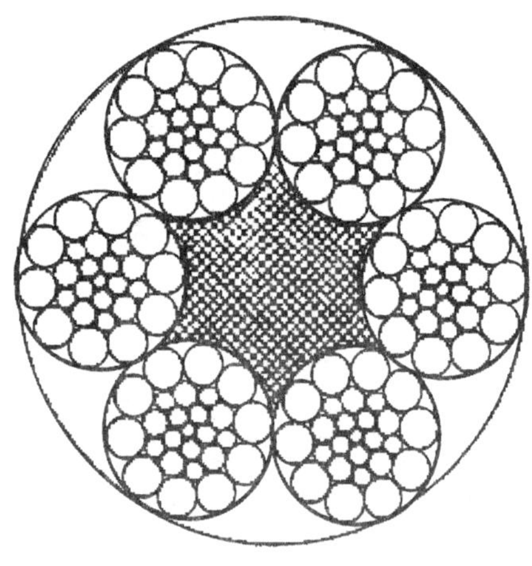

6×26WS+FC

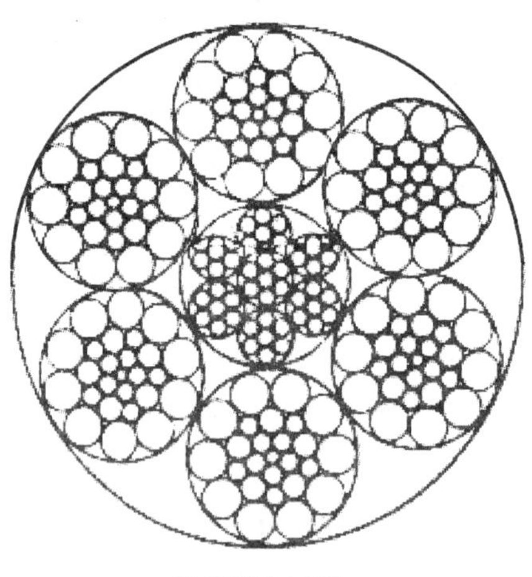

6×26WS+IWR

直径：20 mm～40 mm

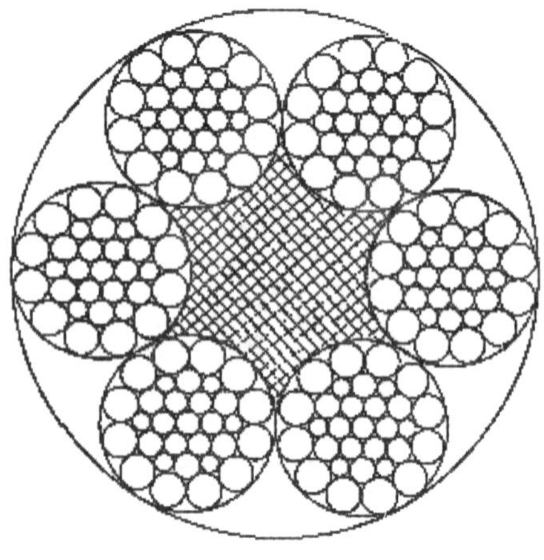

6×31WS+FC

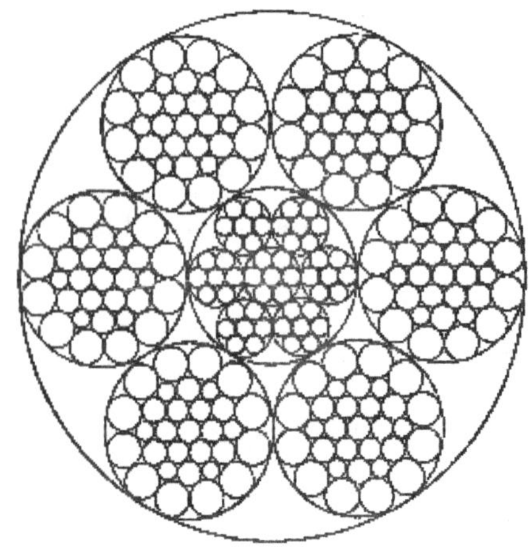

6×31WS+IWR

直径：22 mm～46 mm

第 3 组 6×37 类　表 11 图（续）

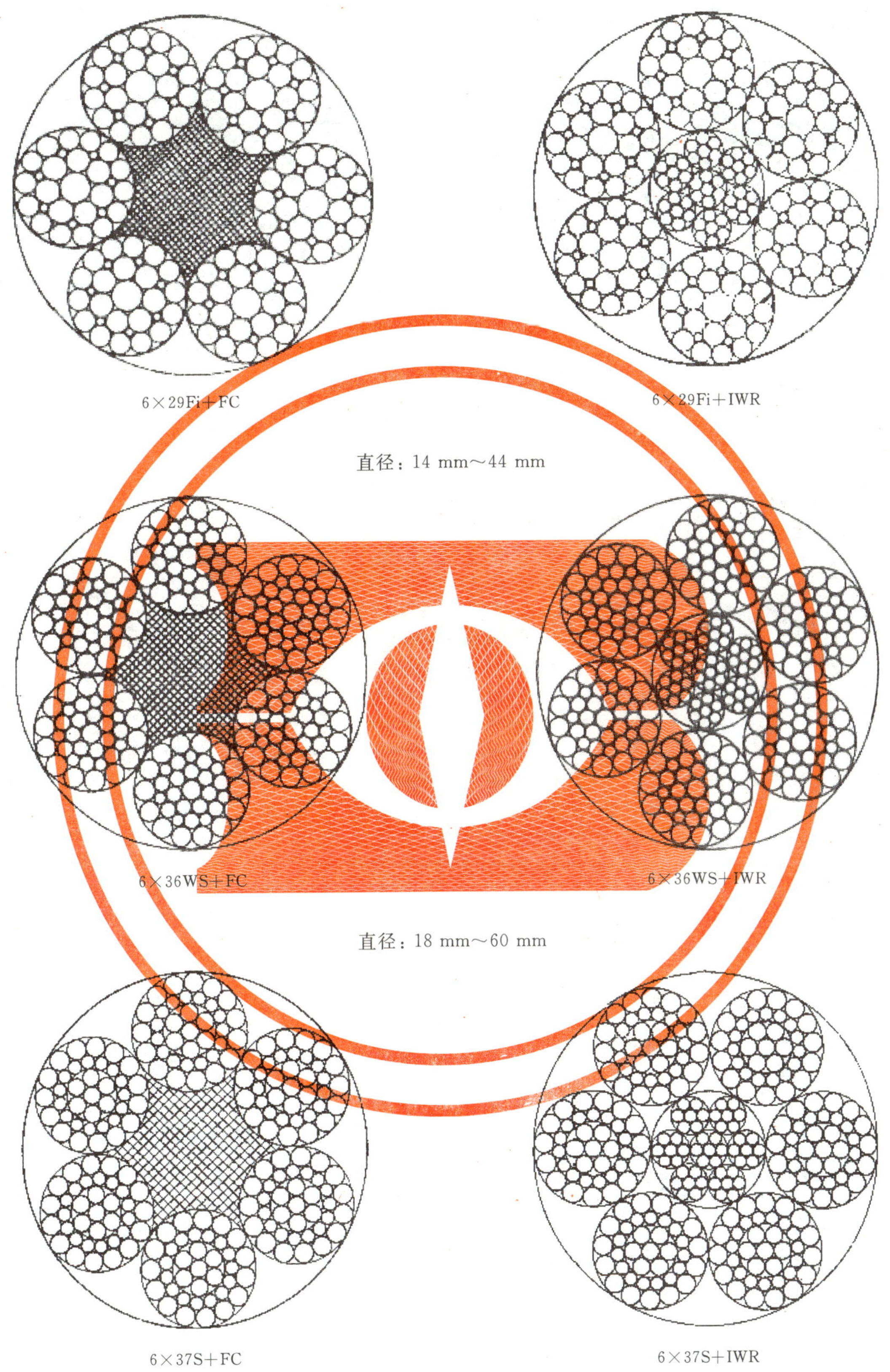

6×29Fi+FC　　6×29Fi+IWR

直径：14 mm～44 mm

6×36WS+FC　　6×36WS+IWR

直径：18 mm～60 mm

6×37S+FC　　6×37S+IWR

直径：20 mm～60 mm

第 3 组 6×37 类　表 11 图（续）

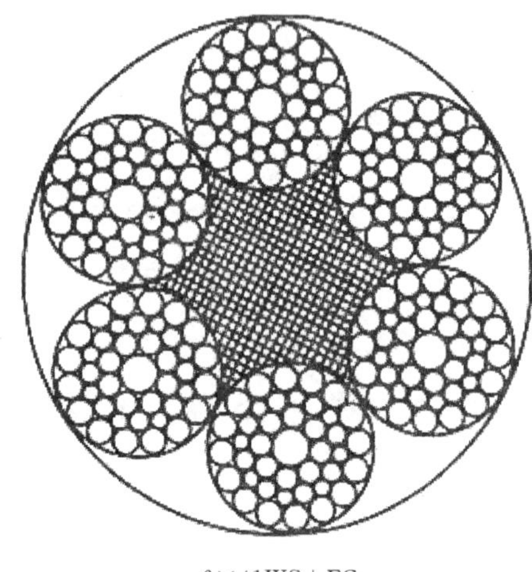

6×41WS+FC

6×41WS+IWR

直径：32 mm～56 mm

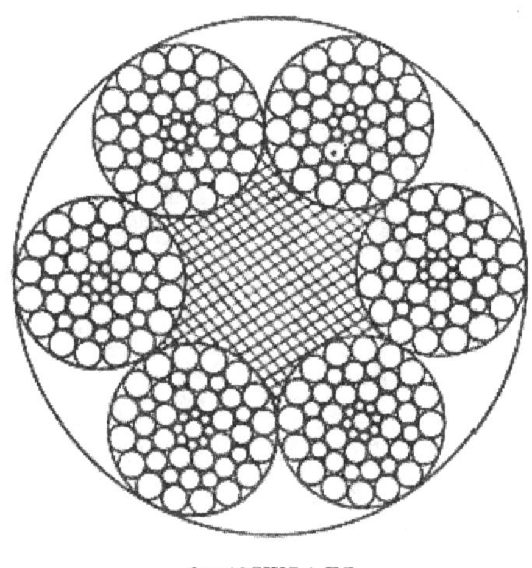

6×49SWS+FC

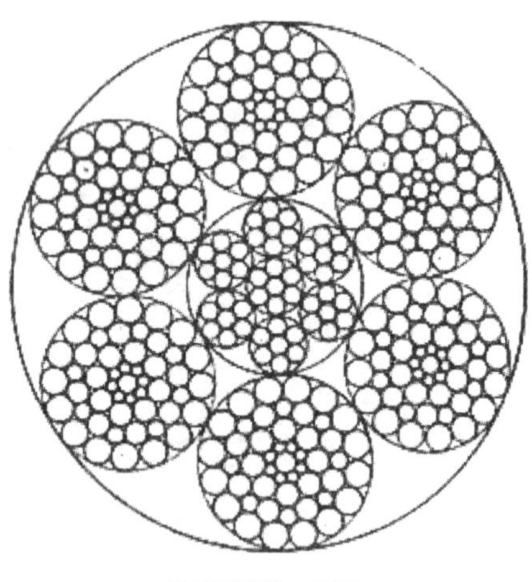

6×49SWS+IWR

直径：36 mm～60 mm

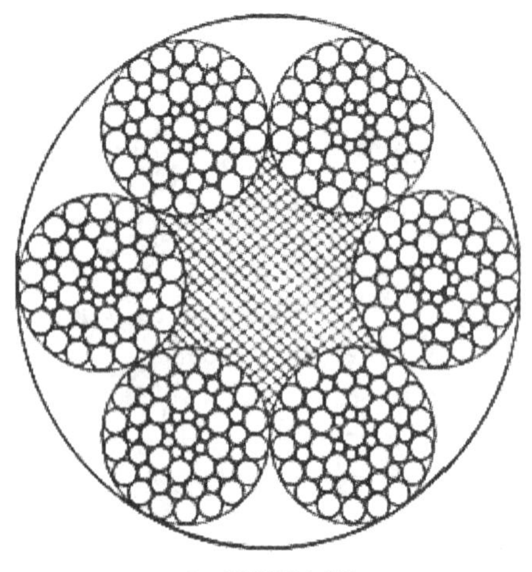

6×55SWS+FC

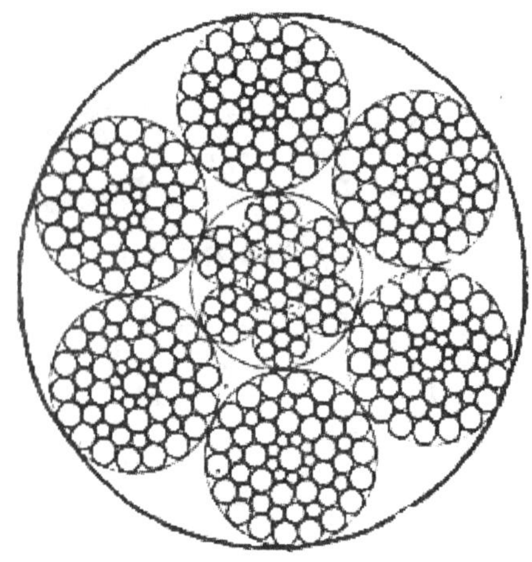

6×55SWS+IWR

直径：36 mm～64 mm

表 11　力学性能

钢丝绳结构：6×25Fi+FC　6×25Fi+IWR　6×26WS+FC　6×26WS+IWR　6×29Fi+FC　6×29Fi+IWR
6×31WS+FC　6×31WS+IWR　6×36WS+FC　6×36WS+IWR　6×37S+FC　6×37S+IWR
6×41WS+FC　6×41WS+IWR　6×49SWS+FC　6×49SWS+IWR　6×55SWS+FC
6×55SWS+IWR

钢丝绳公称直径		钢丝绳参考重量/(kg/100 m)			钢丝绳公称抗拉强度/MPa									
					1570		1670		1770		1870		1960	
					钢丝绳最小破断拉力/kN									
D/mm	允许偏差/%	天然纤维芯钢丝绳	合成纤维芯钢丝绳	钢芯钢丝绳	纤维芯钢丝绳	钢芯钢丝绳	纤维芯钢丝绳	钢芯钢丝绳	纤维芯钢丝绳	钢芯钢丝绳	纤维芯钢丝绳	钢芯钢丝绳	纤维芯钢丝绳	钢芯钢丝绳
12		54.7	53.4	60.2	74.6	80.5	79.4	85.6	84.1	90.7	88.9	95.9	93.1	100
13		64.2	62.7	70.6	87.6	94.5	93.1	100	98.7	106	104	113	109	118
14		74.5	72.7	81.9	102	110	108	117	114	124	121	130	127	137
16		97.3	95.0	107	133	143	141	152	150	161	158	170	166	179
18		123	120	135	168	181	179	193	189	204	200	216	210	226
20		152	148	167	207	224	220	238	234	252	247	266	259	279
22		184	180	202	251	271	267	288	283	305	299	322	313	338
24		219	214	241	298	322	317	342	336	363	355	383	373	402
26		257	251	283	350	378	373	402	395	426	417	450	437	472
28		298	291	328	406	438	432	466	458	494	484	522	507	547
30		342	334	376	466	503	496	535	526	567	555	599	582	628
32		389	380	428	531	572	564	609	598	645	632	682	662	715
34		439	429	483	599	646	637	687	675	728	713	770	748	807
36	+5 0	492	481	542	671	724	714	770	757	817	800	863	838	904
38		549	536	604	748	807	796	858	843	910	891	961	934	1010
40		608	594	669	829	894	882	951	935	1010	987	1070	1030	1120
42		670	654	737	914	986	972	1050	1030	1110	1090	1170	1140	1230
44		736	718	809	1000	1080	1070	1150	1130	1220	1190	1290	1250	1350
46		804	785	884	1100	1180	1170	1260	1240	1330	1310	1410	1370	1480
48		876	855	963	1190	1290	1270	1370	1350	1450	1420	1530	1490	1610
50		950	928	1040	1300	1400	1380	1490	1460	1580	1540	1660	1620	1740
52		1030	1000	1130	1400	1510	1490	1610	1580	1700	1670	1800	1750	1890
54		1110	1080	1220	1510	1630	1610	1730	1700	1840	1800	1940	1890	2030
56		1190	1160	1310	1620	1750	1730	1860	1830	1980	1940	2090	2030	2190
58		1280	1250	1410	1740	1880	1850	2000	1960	2120	2080	2240	2180	2350
60		1370	1340	1500	1870	2010	1980	2140	2100	2270	2220	2400	2330	2510
62		1460	1430	1610	1990	2150	2120	2290	2250	2420	2370	2560	2490	2680
64		1560	1520	1710	2120	2290	2260	2440	2390	2580	2530	2730	2650	2860

第 4 组 8×19 类 表 12 图

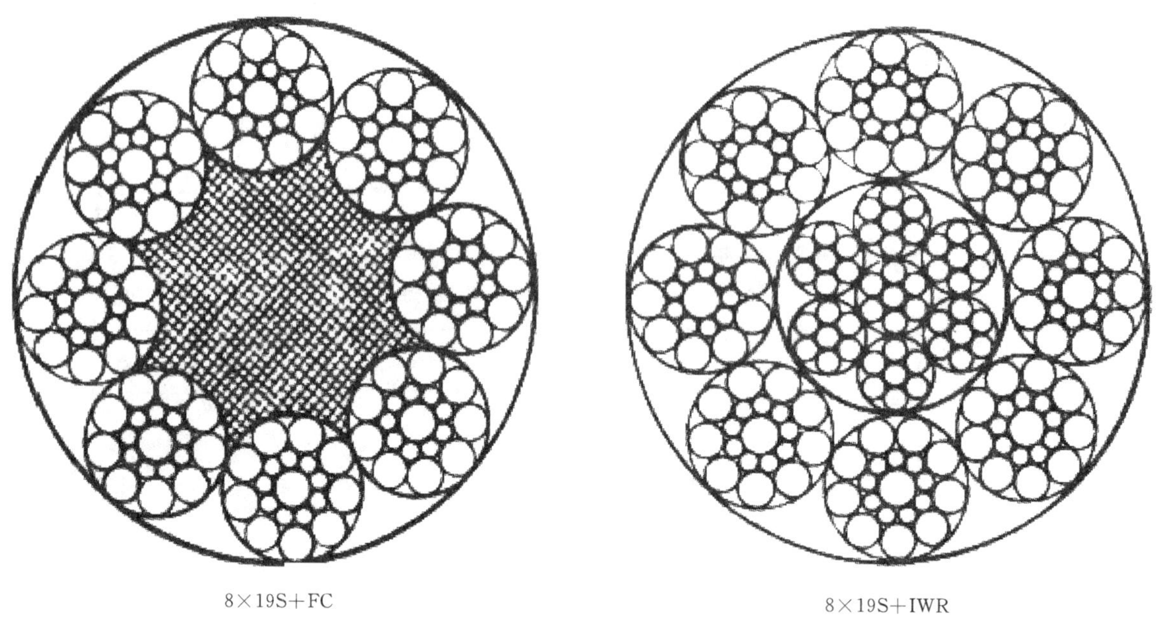

8×19S+FC　　8×19S+IWR

直径:20 mm～44 mm

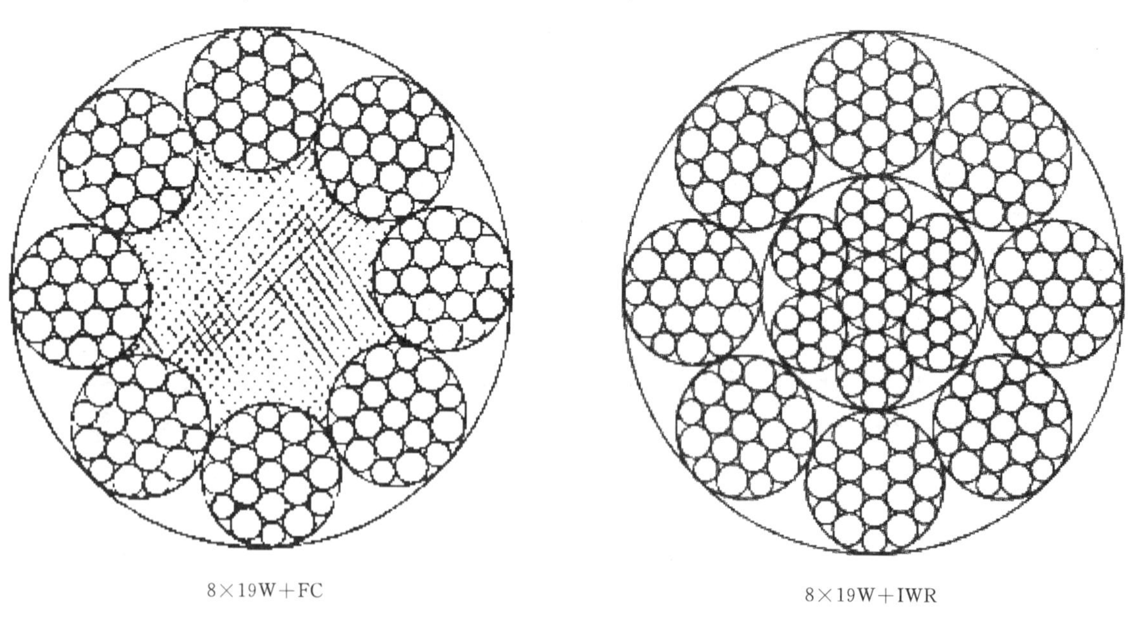

8×19W+FC　　8×19W+IWR

直径:18 mm～48 mm

表 12　力学性能

钢丝绳结构：8×19S+FC　8×19S+IWR　8×19W+FC　8×19W+IWR

钢丝绳公称直径		钢丝绳参考重量/(kg/100 m)			钢丝绳公称抗拉强度/MPa									
					1570		1670		1770		1870		1960	
					钢丝绳最小破断拉力/kN									
D/mm	允许偏差/%	天然纤维芯钢丝绳	合成纤维芯钢丝绳	钢芯钢丝绳	纤维芯钢丝绳	钢芯钢丝绳	纤维芯钢丝绳	钢芯钢丝绳	纤维芯钢丝绳	钢芯钢丝绳	纤维芯钢丝绳	钢芯钢丝绳	纤维芯钢丝绳	钢芯钢丝绳
18	+5 0	112	108	137	149	176	159	187	168	198	178	210	186	220
20		139	133	169	184	217	196	231	207	245	219	259	230	271
22		168	162	204	223	263	237	280	251	296	265	313	278	328
24		199	192	243	265	313	282	333	299	353	316	373	331	391
26		234	226	285	311	367	331	391	351	414	370	437	388	458
28		271	262	331	361	426	384	453	407	480	430	507	450	532
30		312	300	380	414	489	440	520	467	551	493	582	517	610
32		355	342	432	471	556	501	592	531	627	561	663	588	694
34		400	386	488	532	628	566	668	600	708	633	748	664	784
36		449	432	547	596	704	634	749	672	794	710	839	744	879
38		500	482	609	664	784	707	834	749	884	791	934	829	979
40		554	534	675	736	869	783	925	830	980	877	1040	919	1090
42		611	589	744	811	958	863	1020	915	1080	967	1140	1010	1200
44		670	646	817	891	1050	947	1120	1000	1190	1060	1250	1110	1310
46		733	706	893	973	1150	1040	1220	1100	1300	1160	1370	1220	1430
48		798	769	972	1060	1250	1130	1330	1190	1410	1260	1490	1320	1560

第 4 组 8×19 类和第 5 组 8×37 类　表 13 图

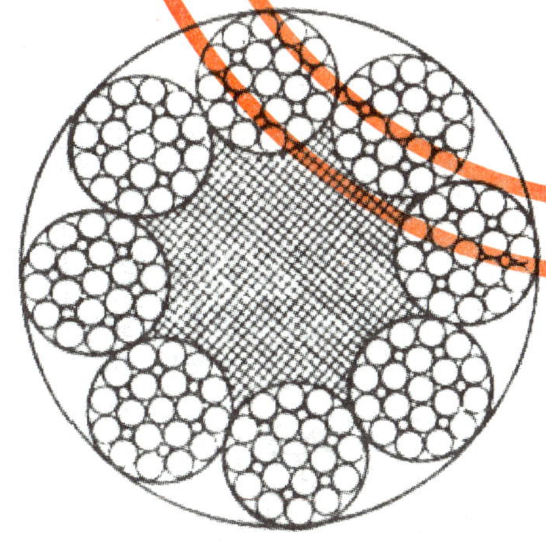

8×25Fi+FC

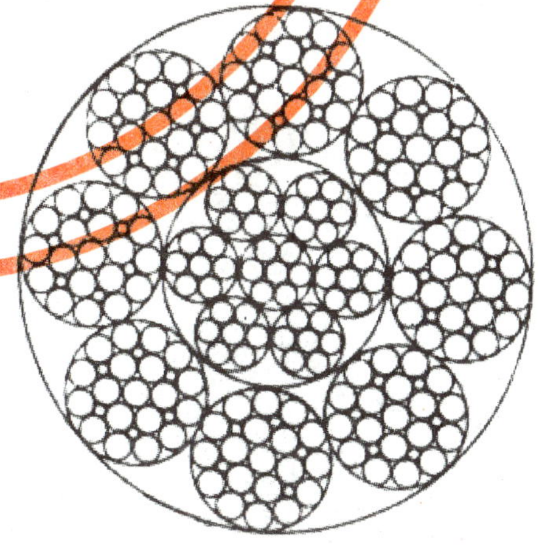

8×25Fi+IWR

直径：16 mm～52 mm

第 4 组 8×19 类和第 5 组 8×37 类　表 13 图（续）

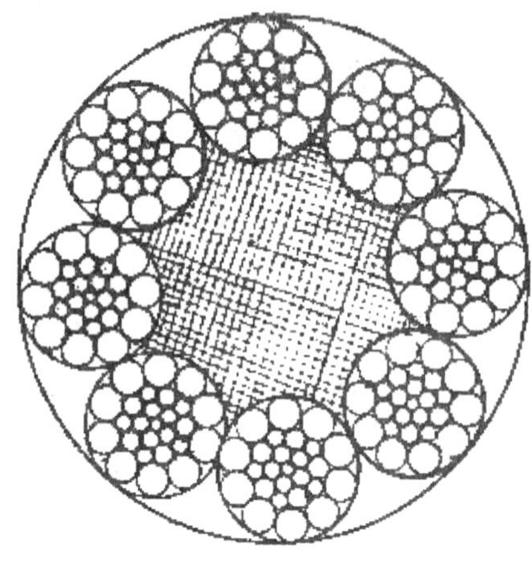

8×26WS+FC

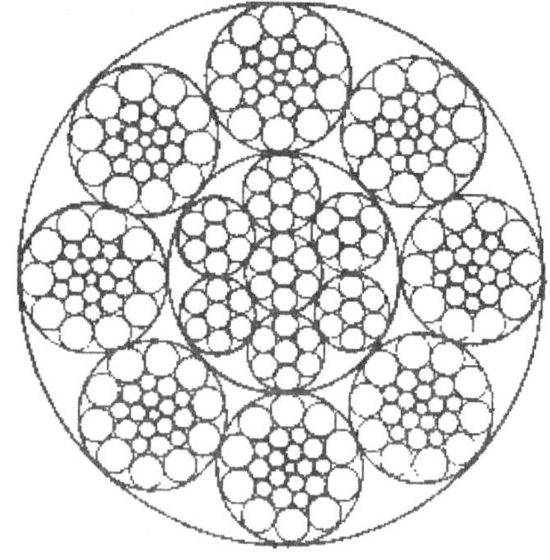

8×26WS+IWR

直径:24 mm～48 mm

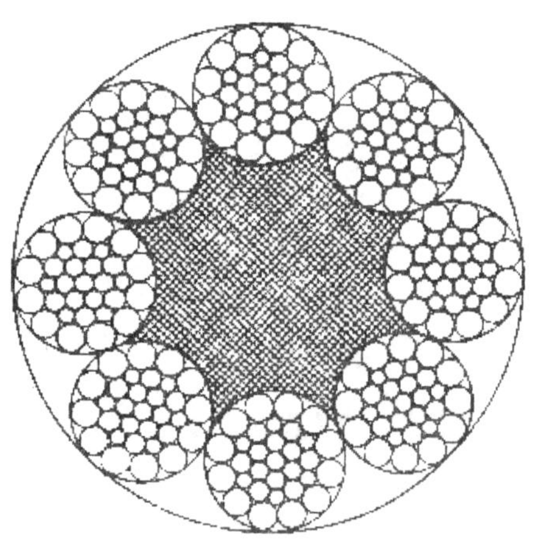

8×31WS+FC

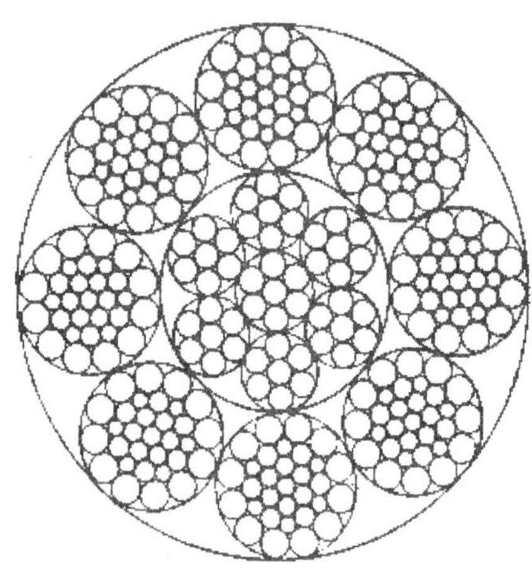

8×31WS+IWR

直径:26 mm～56 mm

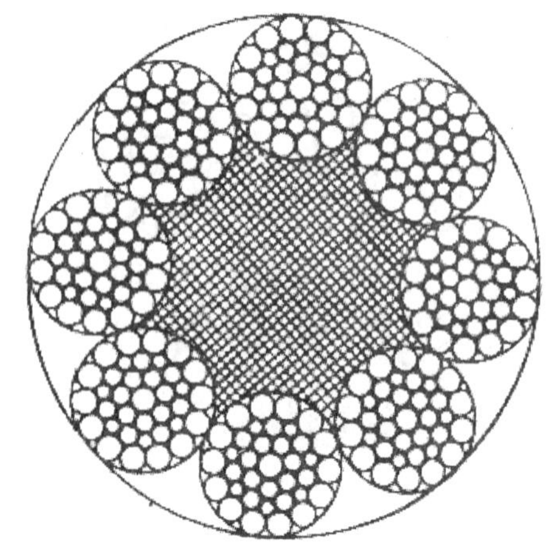

8×36WS+FC

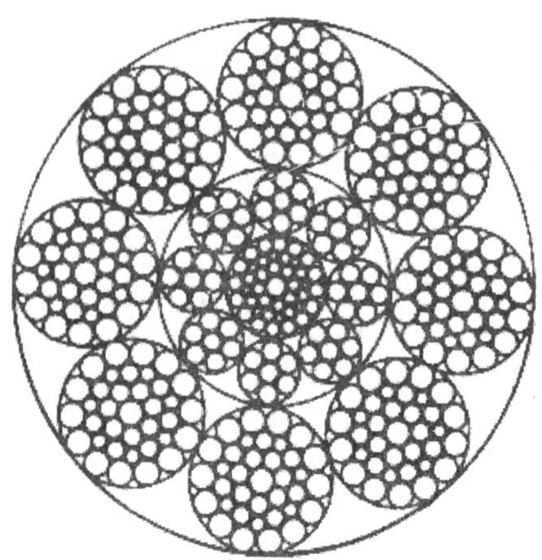

8×36WS+IWR

直径:22 mm～60 mm

第 4 组 8×19 类和第 5 组 8×37 类　表 13 图（续）

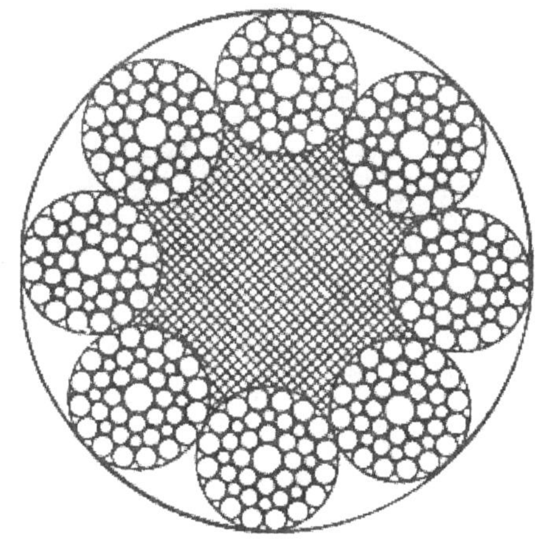

8×41WS+FC

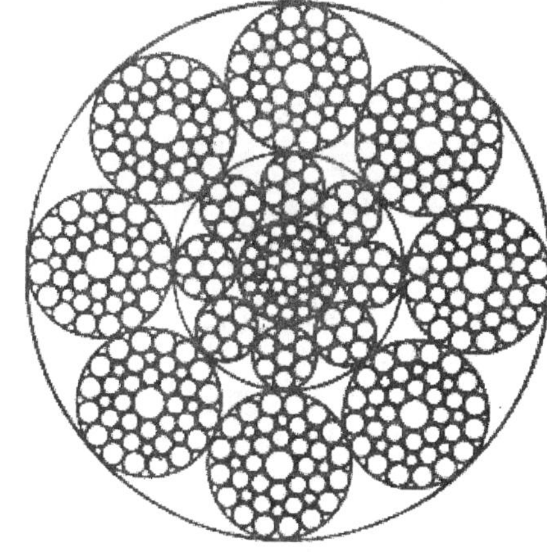

8×41WS+IWR

直径:40 mm～56 mm

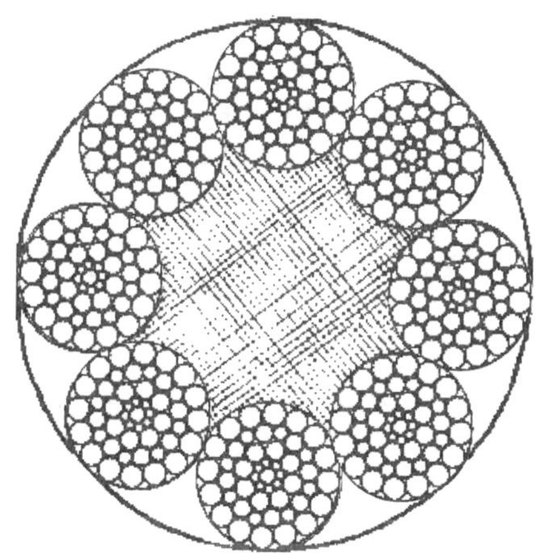

8×49SWS+FC

8×49SWS+IWR

直径:44 mm～64 mm

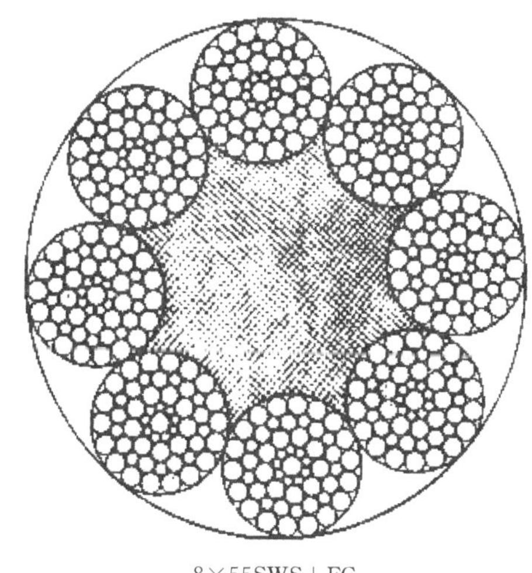

8×55SWS+FC

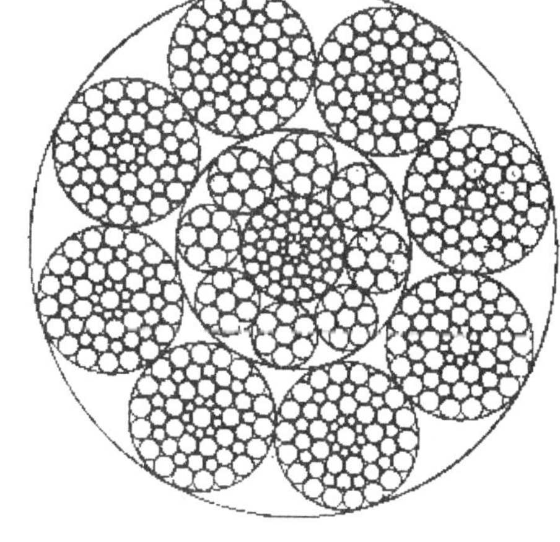

8×55SWS+IWR

直径:44 mm～64 mm

表 13 力学性能

钢丝绳结构：8×25Fi+FC 8×25Fi+IWR 8×26WS+FC 8×26WS+IWR 8×31WS+FC 8×31WS+IWR 8×36WS+FC 8×36WS+IWR 8×41WS+FC 8×41WS+IWR 8×49SWS+FC 8×49SWS+IWR 8×55SWS+FC 8×55SWS+IWR

钢丝绳公称直径		钢丝绳参考重量/(kg/100 m)			钢丝绳公称抗拉强度/MPa									
					1570		1670		1770		1870		1960	
					钢丝绳最小破断拉力/kN									
D/mm	允许偏差/%	天然纤维芯钢丝绳	合成纤维芯钢丝绳	钢芯钢丝绳	纤维芯钢丝绳	钢芯钢丝绳	纤维芯钢丝绳	钢芯钢丝绳	纤维芯钢丝绳	钢芯钢丝绳	纤维芯钢丝绳	钢芯钢丝绳	纤维芯钢丝绳	钢芯钢丝绳
16		91.4	88.1	111	118	139	125	148	133	157	140	166	147	174
18		116	111	141	149	176	159	187	168	198	178	210	186	220
20		143	138	174	184	217	196	231	207	245	219	259	230	271
22		173	166	211	223	263	237	280	251	296	265	313	278	328
24		206	198	251	265	313	282	333	299	353	316	373	331	391
26		241	233	294	311	367	331	391	351	414	370	437	388	458
28		280	270	341	361	426	384	453	407	480	430	507	450	532
30		321	310	392	414	489	440	520	467	551	493	582	517	610
32		366	352	445	471	556	501	592	531	627	561	663	588	694
34		413	398	503	532	628	566	668	600	708	633	748	664	784
36	+5 0	463	446	564	596	704	634	749	672	794	710	839	744	879
38		516	497	628	664	784	707	834	749	884	791	934	829	979
40		571	550	696	736	869	783	925	830	980	877	1040	919	1090
42		630	607	767	811	958	863	1020	915	1080	967	1140	1010	1200
44		691	666	842	891	1050	947	1120	1000	1190	1060	1250	1110	1310
46		755	728	920	973	1150	1040	1220	1100	1300	1160	1370	1220	1430
48		823	793	1000	1060	1250	1130	1330	1190	1410	1260	1490	1320	1560
50		892	860	1090	1150	1360	1220	1440	1300	1530	1370	1620	1440	1700
52		965	930	1180	1240	1470	1320	1560	1400	1660	1480	1750	1550	1830
54		1040	1000	1270	1340	1580	1430	1680	1510	1790	1600	1890	1670	1980
56		1120	1080	1360	1440	1700	1530	1810	1630	1920	1720	2030	1800	2130
58		1200	1160	1460	1550	1830	1650	1940	1740	2060	1840	2180	1930	2280
60		1290	1240	1570	1660	1960	1760	2080	1870	2200	1970	2330	2070	2440
62		1370	1320	1670	1770	2090	1880	2220	1990	2350	2110	2490	2210	2610
64		1460	1410	1780	1880	2230	2000	2370	2120	2510	2240	2650	2350	2780

第6组 18×7类 表14图

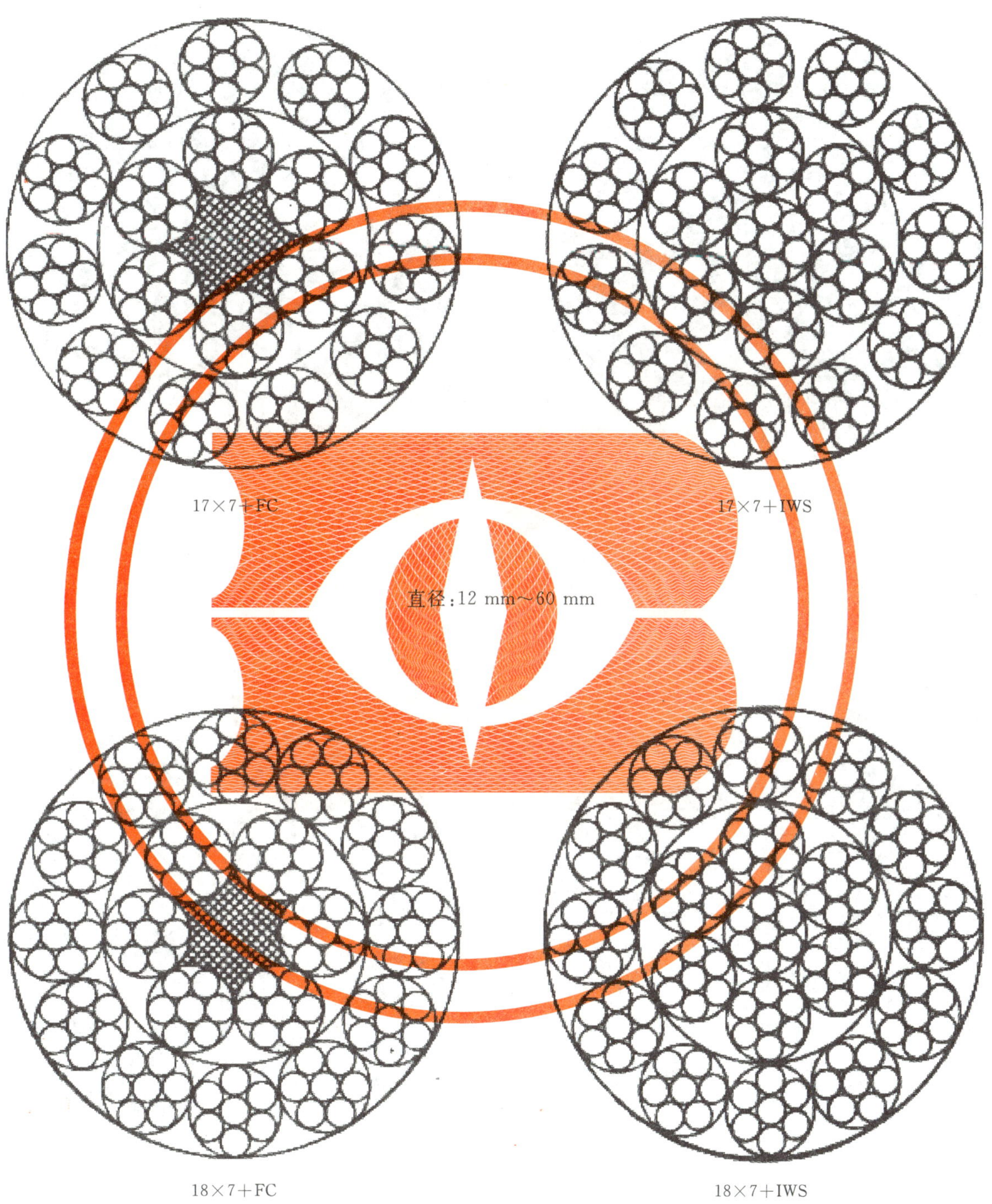

直径:12 mm~60 mm

第7组 18×19类　表14图（续）

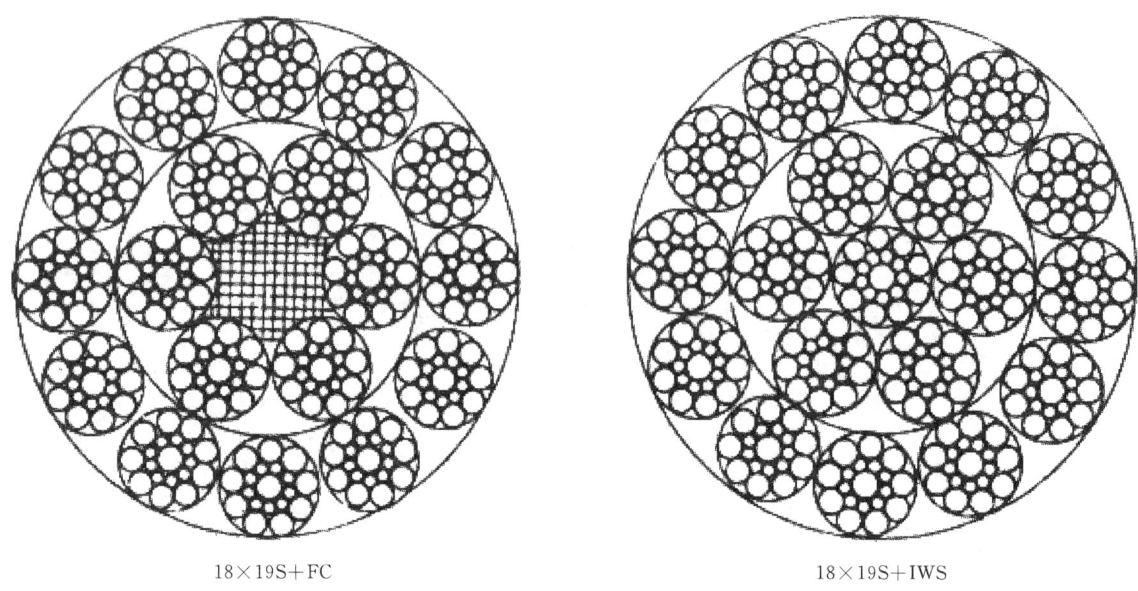

18×19S+FC　　18×19S+IWS

直径:28 mm～60 mm

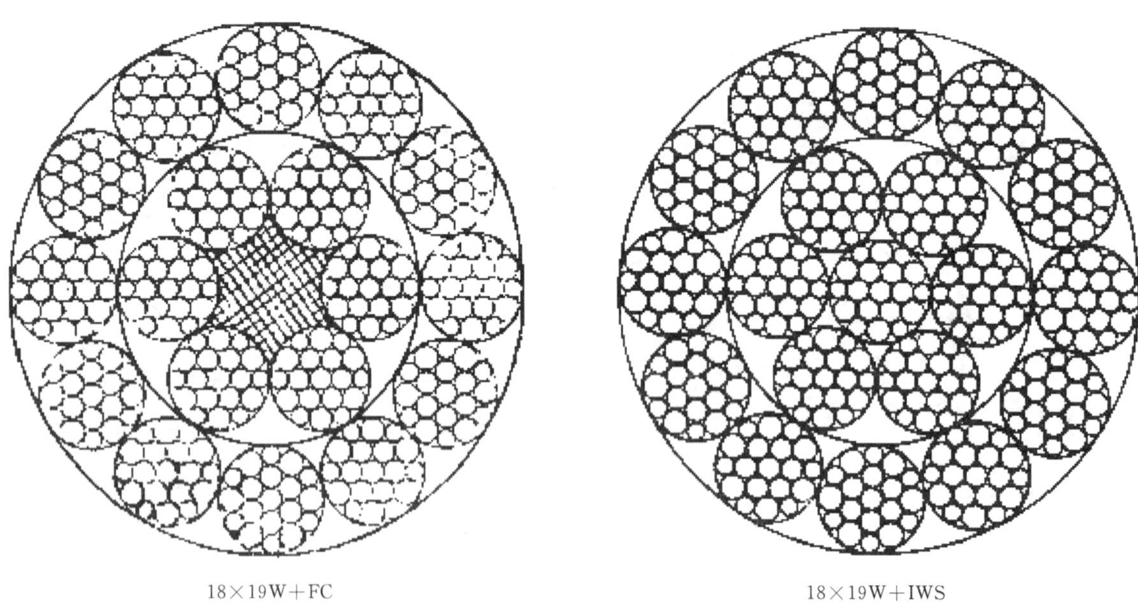

18×19W+FC　　18×19W+IWS

直径:24 mm～60 mm

表 14 力学性能

钢丝绳结构：17×7+FC 17×7+IWS 18×7+FC 18×7+IWS 18×19S+FC 18×19S+IWS 18×19W+FC 18×19W+IWS

钢丝绳公称直径		钢丝绳参考重量/(kg/100 m)		钢丝绳公称抗拉强度/MPa									
				1570		1670		1770		1870		1960	
				钢丝绳最小破断拉力/kN									
D/mm	允许偏差/%	纤维芯钢丝绳	钢芯钢丝绳	纤维芯钢丝绳	钢芯钢丝绳	纤维芯钢丝绳	钢芯钢丝绳	纤维芯钢丝绳	钢芯钢丝绳	纤维芯钢丝绳	钢芯钢丝绳	纤维芯钢丝绳	钢芯钢丝绳
12	+5 0	56.2	61.9	70.1	74.2	74.5	78.9	79.0	83.6	83.5	88.3	87.5	92.6
13		65.9	72.7	82.3	87.0	87.5	92.6	92.7	98.1	98.0	104	103	109
14		76.4	84.3	95.4	101	101	107	108	114	114	120	119	126
16		99.8	110	125	132	133	140	140	149	148	157	156	165
18		126	139	158	167	168	177	178	188	188	199	197	208
20		156	172	195	206	207	219	219	232	232	245	243	257
22		189	208	236	249	251	265	266	281	281	297	294	311
24		225	248	280	297	298	316	316	334	334	353	350	370
26		264	291	329	348	350	370	371	392	392	415	411	435
28		306	337	382	404	406	429	430	455	454	481	476	504
30		351	387	438	463	466	493	494	523	522	552	547	579
32		399	440	498	527	530	561	562	594	594	628	622	658
34		451	497	563	595	598	633	634	671	670	709	702	743
36		505	557	631	667	671	710	711	752	751	795	787	833
38		563	621	703	744	748	791	792	838	837	886	877	928
40		624	688	779	824	828	876	878	929	928	981	972	1030
42		688	759	859	908	913	966	968	1020	1020	1080	1070	1130
44		755	832	942	997	1000	1060	1060	1120	1120	1190	1180	1240
46		825	910	1030	1090	1100	1160	1160	1230	1230	1300	1290	1360
48		899	991	1120	1190	1190	1260	1260	1340	1340	1410	1400	1480
50		975	1080	1220	1290	1290	1370	1370	1450	1450	1530	1520	1610
52		1050	1160	1320	1390	1400	1480	1480	1570	1570	1660	1640	1740
54		1140	1250	1420	1500	1510	1600	1600	1690	1690	1790	1770	1870
56		1220	1350	1530	1610	1620	1720	1720	1820	1820	1920	1910	2020
58		1310	1450	1640	1730	1740	1840	1850	1950	1950	2060	2040	2160
60		1400	1550	1750	1850	1860	1970	1980	2090	2090	2210	2190	2310

第 8 组 34×7 类　表 15 图

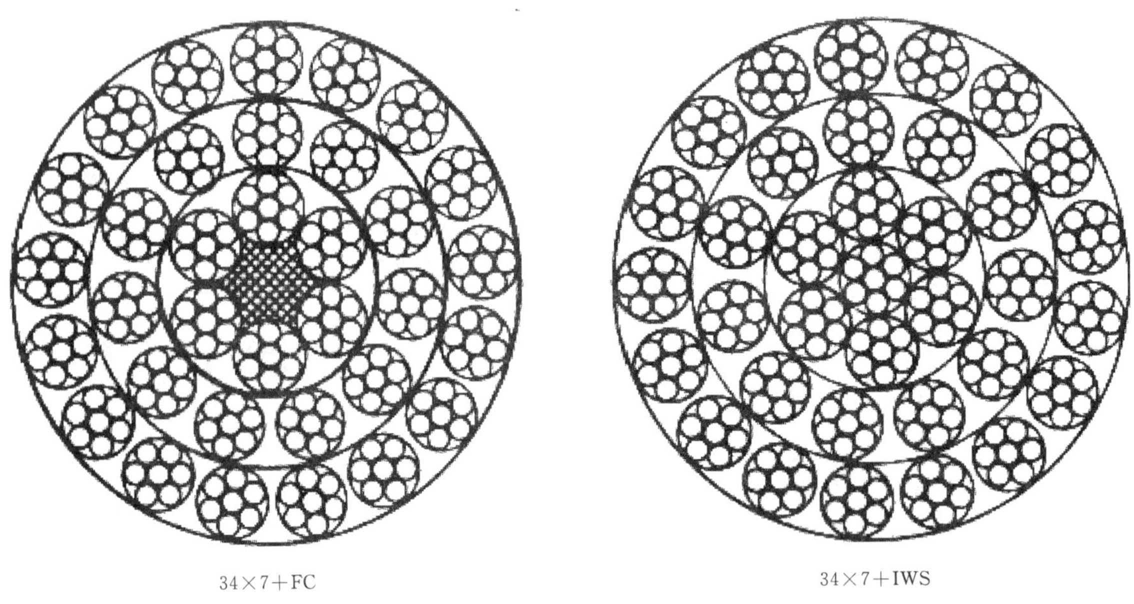

34×7+FC　　34×7+IWS

直径:16 mm～60 mm

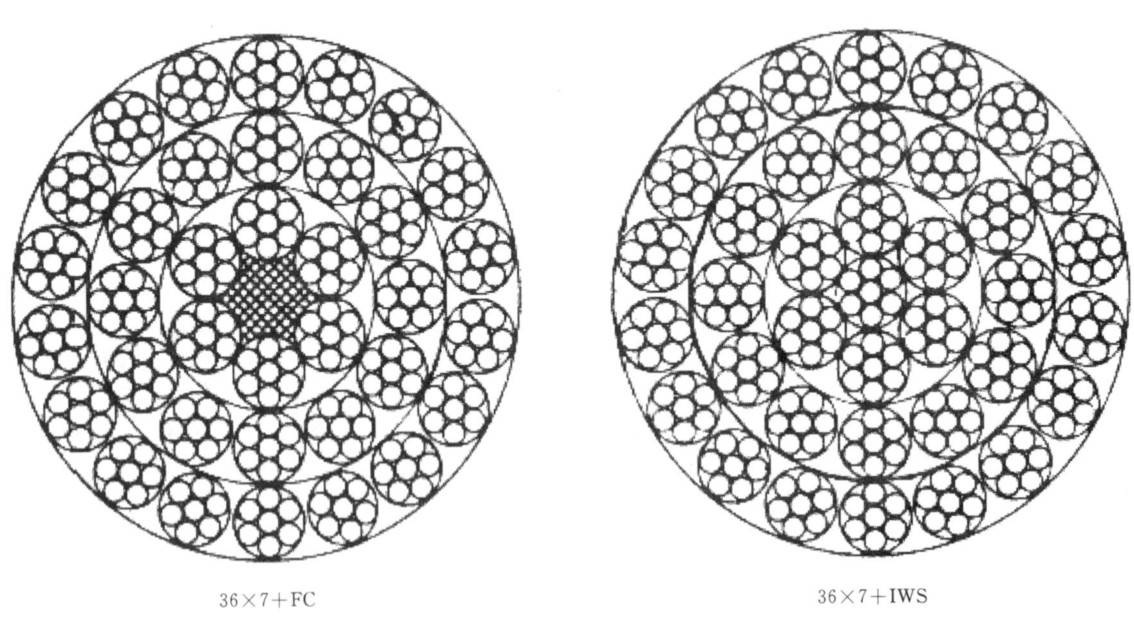

36×7+FC　　36×7+IWS

直径:16 mm～60 mm

表 15 力学性能

钢丝绳结构：34×7+FC 34×7+ IWS 36×7+FC 36×7+IWS

钢丝绳公称直径		钢丝绳参考重量/(kg/100 m)		钢丝绳公称抗拉强度/MPa									
				1570		1670		1770		1870		1960	
				钢丝绳最小破断拉力/kN									
D/mm	允许偏差/%	纤维芯钢丝绳	钢芯钢丝绳	纤维芯钢丝绳	钢芯钢丝绳	纤维芯钢丝绳	钢芯钢丝绳	纤维芯钢丝绳	钢芯钢丝绳	纤维芯钢丝绳	钢芯钢丝绳	纤维芯钢丝绳	钢芯钢丝绳
16		99.8	110	124	128	132	136	140	144	147	152	155	160
18		126	139	157	162	167	172	177	182	187	193	196	202
20		156	172	193	200	206	212	218	225	230	238	241	249
22		189	208	234	242	249	257	264	272	279	288	292	302
24		225	248	279	288	296	306	314	324	332	343	348	359
26		264	291	327	337	348	359	369	380	389	402	408	421
28		306	337	379	391	403	416	427	441	452	466	473	489
30		351	387	435	449	463	478	491	507	518	535	543	561
32		399	440	495	511	527	544	558	576	590	609	618	638
34	$^{+5}_{0}$	451	497	559	577	595	614	630	651	666	687	698	721
36		505	557	627	647	667	688	707	729	746	771	782	808
38		563	621	698	721	743	767	787	813	832	859	872	900
40		624	688	774	799	823	850	872	901	922	951	966	997
42		688	759	853	881	907	937	962	993	1020	1050	1060	1100
44		755	832	936	967	996	1030	1060	1090	1120	1150	1170	1210
46		825	910	1020	1060	1090	1120	1150	1190	1220	1260	1280	1320
48		899	991	1110	1150	1190	1220	1260	1300	1330	1370	1390	1440
50		975	1080	1210	1250	1290	1330	1360	1410	1440	1490	1510	1560
52		1050	1160	1310	1350	1390	1440	1470	1520	1560	1610	1630	1690
54		1140	1250	1410	1460	1500	1550	1590	1640	1680	1730	1760	1820
56		1220	1350	1520	1570	1610	1670	1710	1770	1810	1860	1890	1950
58		1310	1450	1630	1680	1730	1790	1830	1890	1940	2000	2030	2100
60		1400	1550	1740	1800	1850	1910	1960	2030	2070	2140	2170	2240

第 9 组 35W×7 类 表 16 图

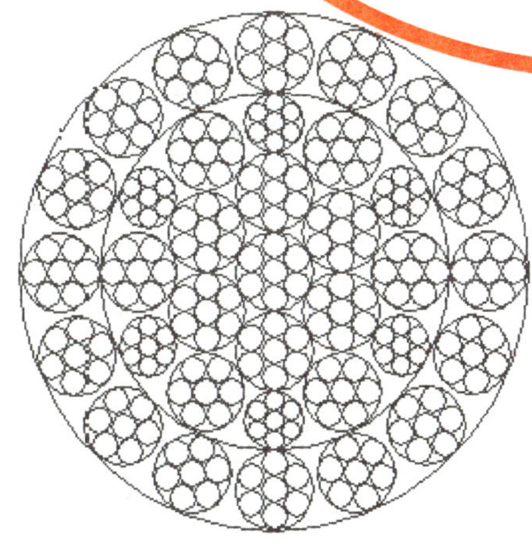

35W×7

24W×7

直径：16 mm～60 mm

表 16 力学性能

钢丝绳结构：35W×7　24W×7

钢丝绳公称直径		钢丝绳参考重量/(kg/100 m)	钢丝绳公称抗拉强度/MPa				
			1570	1670	1770	1870	1960
D/mm	允许偏差/%		钢丝绳最小破断拉力/kN				
16	+5 0	118	145	154	163	172	181
18		149	183	195	206	218	229
20		184	226	240	255	269	282
22		223	274	291	308	326	342
24		265	326	346	367	388	406
26		311	382	406	431	455	477
28		361	443	471	500	528	553
30		414	509	541	573	606	635
32		471	579	616	652	689	723
34		532	653	695	737	778	816
36		596	732	779	826	872	914
38		664	816	868	920	972	1020
40		736	904	962	1020	1080	1130
42		811	997	1060	1120	1190	1240
44		891	1090	1160	1230	1300	1370
46		973	1200	1270	1350	1420	1490
48		1060	1300	1390	1470	1550	1630
50		1150	1410	1500	1590	1680	1760
52		1240	1530	1630	1720	1820	1910
54		1340	1650	1750	1860	1960	2060
56		1440	1770	1890	2000	2110	2210
58		1550	1900	2020	2140	2260	2370
60		1660	2030	2160	2290	2420	2540

第 10 组 6V×7 类　表 17 图

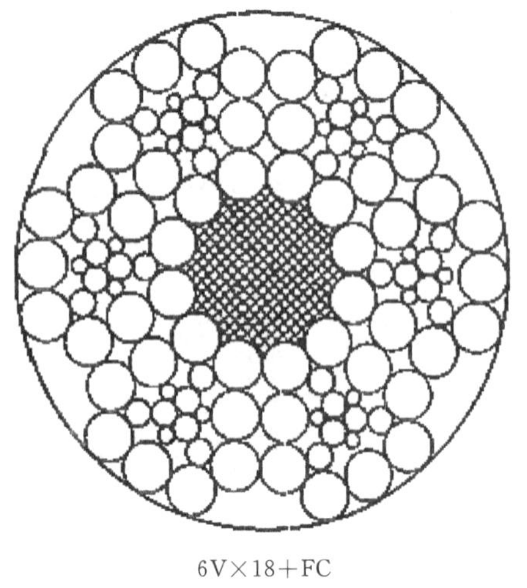

6V×18+FC

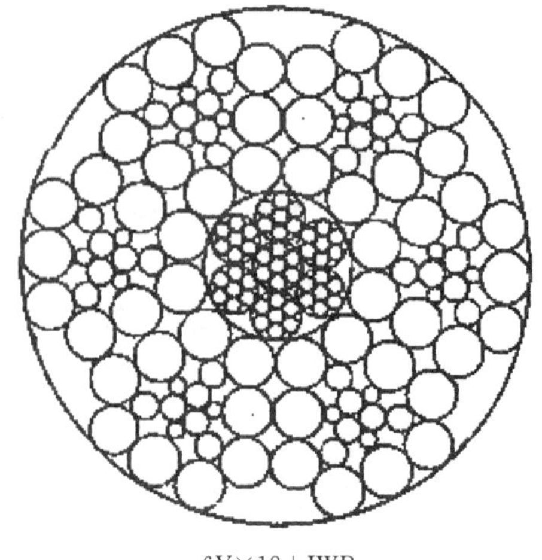

6V×18+IWR

直径:20 mm～36 mm

第10组6V×7类　表17图（续）

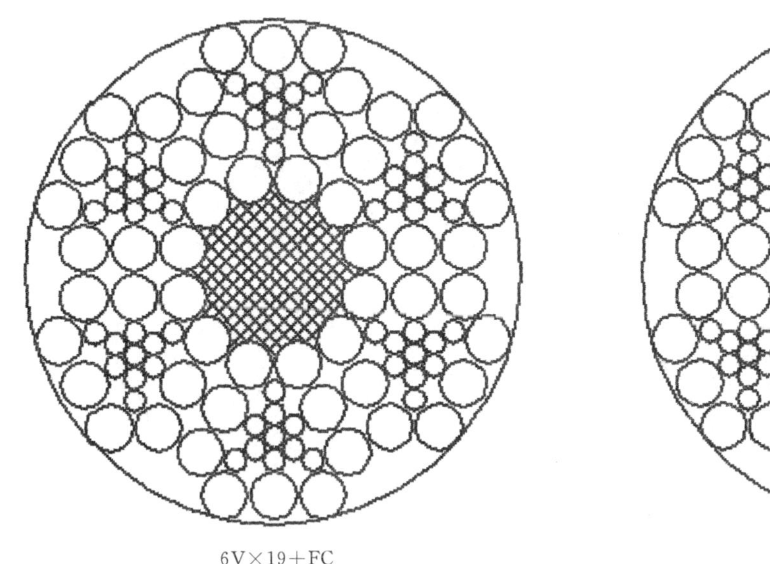

6V×19+FC

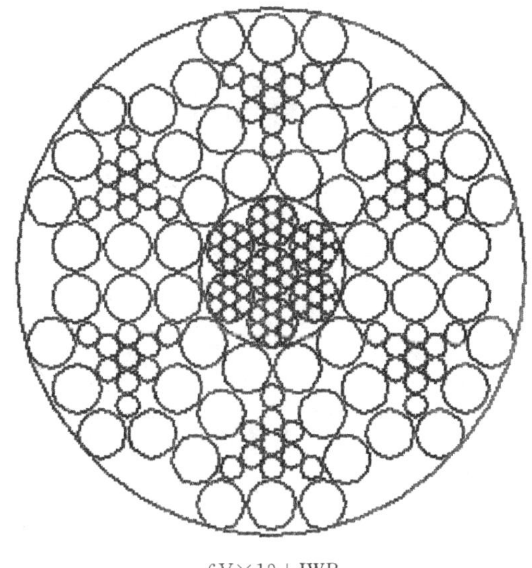

6V×19+IWR

直径:20 mm～36 mm

表17　力学性能

钢丝绳结构:6V×18+FC　6V×18+IWR　6V×19+FC　6V×19+IWR

钢丝绳公称直径		钢丝绳参考重量/(kg/100 m)			钢丝绳公称抗拉强度/MPa									
					1570		1670		1770		1870		1960	
					钢丝绳最小破断拉力/kN									
D/mm	允许偏差/%	天然纤维芯钢丝绳	合成纤维芯钢丝绳	钢芯钢丝绳	纤维芯钢丝绳	钢芯钢丝绳	纤维芯钢丝绳	钢芯钢丝绳	纤维芯钢丝绳	钢芯钢丝绳	纤维芯钢丝绳	钢芯钢丝绳	纤维芯钢丝绳	钢芯钢丝绳
20	+6 0	165	162	175	236	250	250	266	266	282	280	298	294	312
22		199	196	212	285	302	303	322	321	341	339	360	356	378
24		237	233	252	339	360	361	383	382	406	404	429	423	449
26		279	273	295	398	422	423	449	449	476	474	503	497	527
28		323	317	343	462	490	491	521	520	552	550	583	576	612
30		371	364	393	530	562	564	598	597	634	631	670	662	702
32		422	414	447	603	640	641	681	680	721	718	762	753	799
34		476	467	505	681	722	724	768	767	814	811	860	850	902
36		534	524	566	763	810	812	861	860	913	909	965	953	1010

第11组 6V×19类 表18图

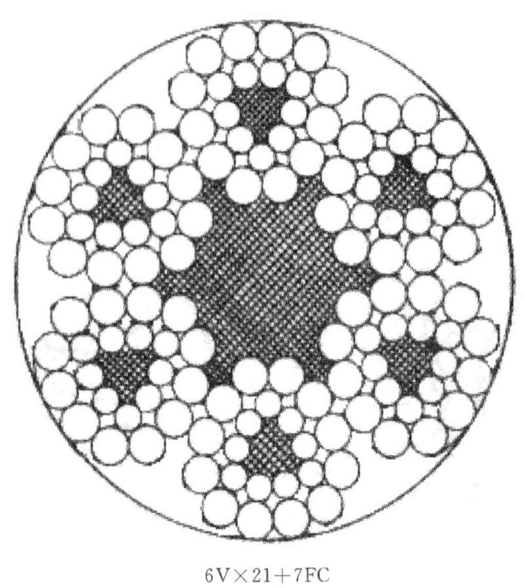
6V×21+7FC

直径：18 mm～36 mm

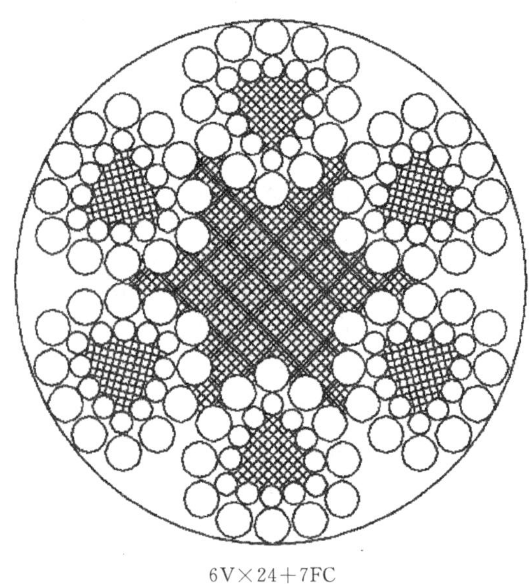
6V×24+7FC

直径：18 mm～36 mm

表18 力学性能

钢丝绳结构：6V×21+7FC 6V×24+7FC

钢丝绳公称直径		钢丝绳参考重量/(kg/100 m)		钢丝绳公称抗拉强度/MPa				
				1570	1670	1770	1870	1960
D/mm	允许偏差/%	天然纤维芯钢丝绳	合成纤维芯钢丝绳	钢丝绳最小破断拉力/kN				
18	+6 0	121	118	168	179	190	201	210
20		149	146	208	221	234	248	260
22		180	177	252	268	284	300	314
24		215	210	300	319	338	357	374
26		252	247	352	374	396	419	439
28		292	286	408	434	460	486	509
30		335	329	468	498	528	557	584
32		382	374	532	566	600	634	665
34		431	422	601	639	678	716	750
36		483	473	674	717	760	803	841

第 11 组 6V×19 类 表 19 图

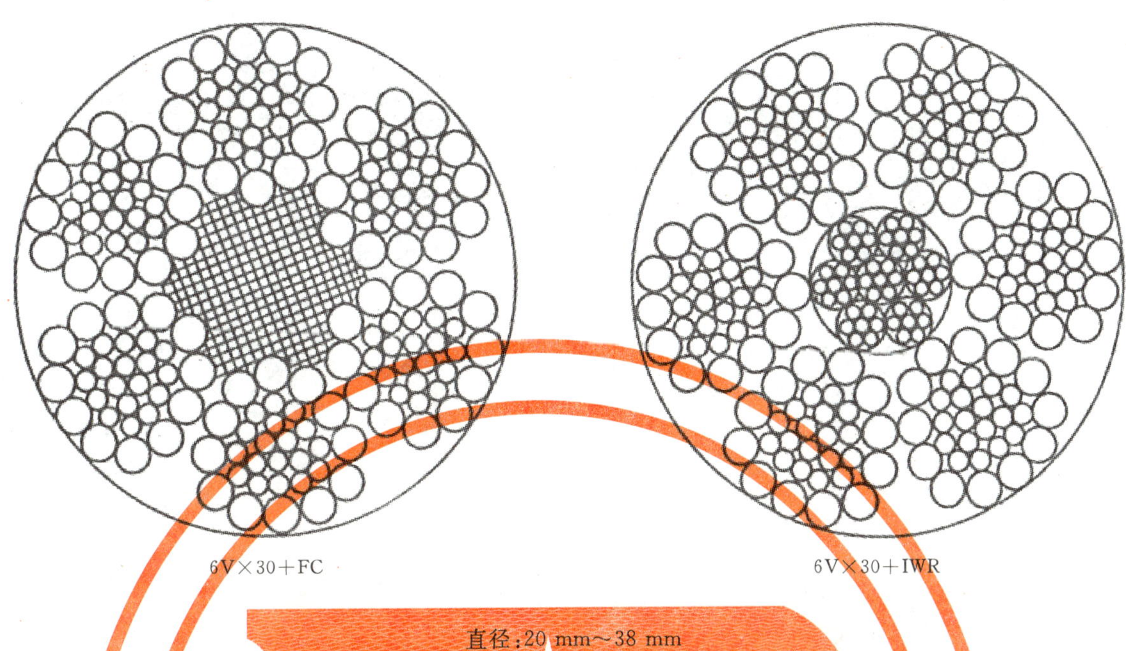

6V×30+FC　　6V×30+IWR

直径：20 mm～38 mm

表 19 力学性能

钢丝绳结构：6V×30+FC　6V×30+IWR

钢丝绳公称直径		钢丝绳参考重量/(kg/100 m)			钢丝绳公称抗拉强度/MPa									
					1570		1670		1770		1870		1960	
					钢丝绳最小破断拉力/kN									
D/mm	允许偏差/%	天然纤维芯钢丝绳	合成纤维芯钢丝绳	钢芯钢丝绳	纤维芯钢丝绳	钢芯钢丝绳	纤维芯钢丝绳	钢芯钢丝绳	纤维芯钢丝绳	钢芯钢丝绳	纤维芯钢丝绳	钢芯钢丝绳	纤维芯钢丝绳	钢芯钢丝绳
20	+6 0	162	159	172	203	216	216	230	229	243	242	257	254	270
22		196	192	208	246	261	262	278	278	295	293	311	307	326
24		233	229	247	293	311	312	331	330	351	349	370	365	388
26		274	268	290	344	365	366	388	388	411	410	435	429	456
28		318	311	336	399	423	424	450	450	477	475	504	498	528
30		365	357	386	458	486	487	517	516	548	545	579	572	606
32		415	407	439	521	553	554	588	587	623	620	658	650	690
34		468	459	496	588	624	625	664	663	703	700	743	734	779
36		525	515	556	659	700	701	744	743	789	785	833	823	873
38		585	573	619	735	779	781	829	828	879	875	928	917	973

钢丝绳结构：6V×30+FC　6V×30+IWR

第 11 组 6V×19 类和第 12 组 6V×37 类　表 20 图

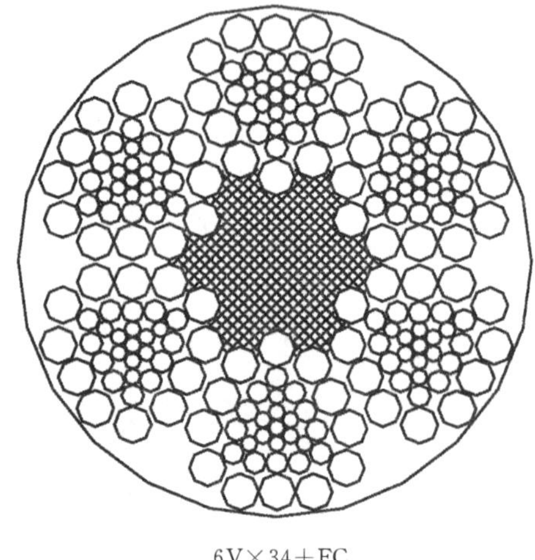

6V×34+FC

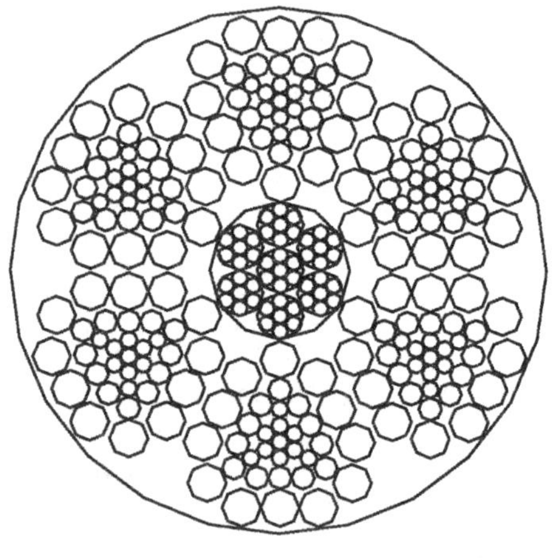

6V×34+IWR

直径：28 mm～44 mm

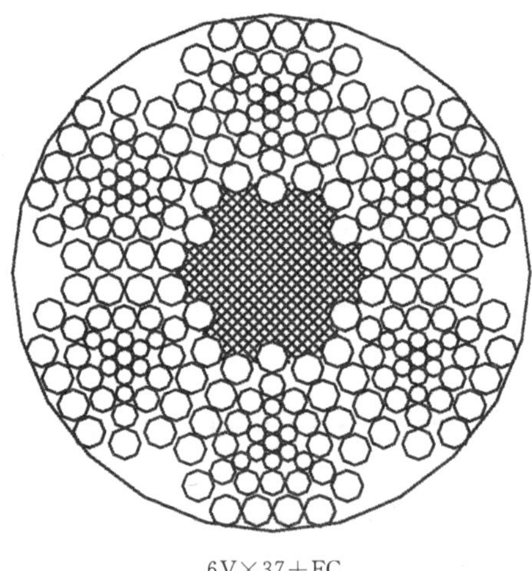

6V×37+FC

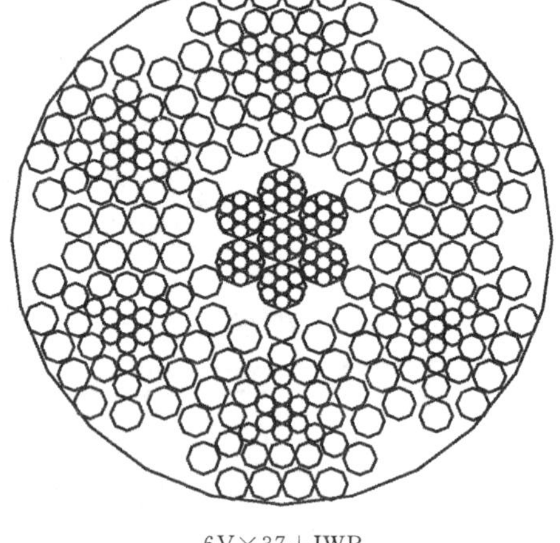

6V×37+IWR

直径：32 mm～52 mm

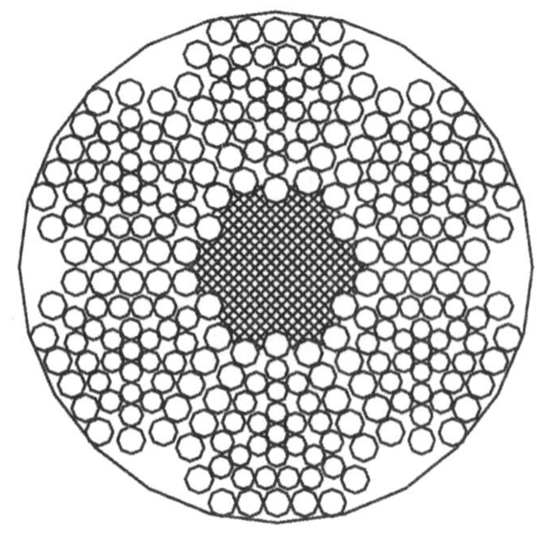

6V×43+FC

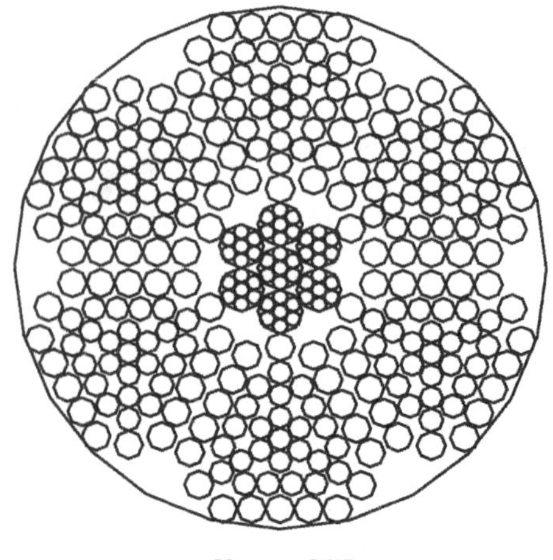

6V×43+IWR

直径：38 mm～58 mm

表 20 力学性能

钢丝绳结构：6V×34+FC　6V×34+IWR　6V×37+FC　6V×37+IWR　6V×43+FC　6V×43+IWR

钢丝绳公称直径		钢丝绳参考重量/(kg/100 m)			钢丝绳公称抗拉强度/MPa									
					1570		1670		1770		1870		1960	
					钢丝绳最小破断拉力/kN									
D/mm	允许偏差/%	天然纤维芯钢丝绳	合成纤维芯钢丝绳	钢芯钢丝绳	纤维芯钢丝绳	钢芯钢丝绳	纤维芯钢丝绳	钢芯钢丝绳	纤维芯钢丝绳	钢芯钢丝绳	纤维芯钢丝绳	钢芯钢丝绳	纤维芯钢丝绳	钢芯钢丝绳
28	+6 0	318	311	336	443	470	471	500	500	530	528	560	553	587
30		364	357	386	509	540	541	574	573	609	606	643	635	674
32		415	407	439	579	614	616	653	652	692	689	731	723	767
34		468	459	496	653	693	695	737	737	782	778	826	816	866
36		525	515	556	732	777	779	827	826	876	872	926	914	970
38		585	573	619	816	866	868	921	920	976	972	1030	1020	1080
40		648	635	686	904	960	962	1020	1020	1080	1080	1140	1130	1200
42		714	700	757	997	1060	1060	1130	1120	1190	1190	1260	1240	1320
44		784	769	831	1090	1160	1160	1240	1230	1310	1300	1380	1370	1450
46		857	840	908	1200	1270	1270	1350	1350	1430	1420	1510	1490	1580
48		933	915	988	1300	1380	1390	1470	1470	1560	1550	1650	1630	1730
50		1010	993	1070	1410	1500	1500	1590	1590	1690	1680	1790	1760	1870
52		1100	1070	1160	1530	1620	1630	1720	1720	1830	1820	1930	1910	2020
54		1180	1160	1250	1650	1750	1750	1860	1860	1970	1960	2080	2060	2180
56		1270	1240	1350	1770	1880	1890	2000	2000	2120	2110	2240	2210	2350
58		1360	1340	1440	1900	2020	2020	2150	2140	2270	2260	2400	2370	2520

第 12 组 6V×37 类　表 21 图

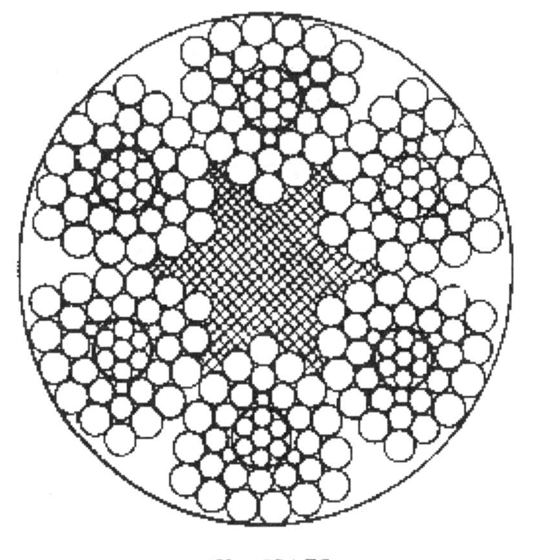

6V×37S+FC

6V×37S+IWR

直径：32 mm～52 mm

表 21 力学性能

钢丝绳结构：6V×37S+FC　6V×37S+IWR

钢丝绳公称直径		钢丝绳参考重量/(kg/100 m)			钢丝绳公称抗拉强度/MPa									
					1570		1670		1770		1870		1960	
					钢丝绳最小破断拉力/kN									
D/mm	允许偏差/%	天然纤维芯钢丝绳	合成纤维芯钢丝绳	钢芯钢丝绳	纤维芯钢丝绳	钢芯钢丝绳	纤维芯钢丝绳	钢芯钢丝绳	纤维芯钢丝绳	钢芯钢丝绳	纤维芯钢丝绳	钢芯钢丝绳	纤维芯钢丝绳	钢芯钢丝绳
32	+6 0	427	419	452	596	633	634	673	672	713	710	753	744	790
34		482	473	511	673	714	716	760	759	805	802	851	840	891
36		541	530	573	754	801	803	852	851	903	899	954	942	999
38		602	590	638	841	892	894	949	948	1010	1000	1060	1050	1110
40		667	654	707	931	988	991	1050	1050	1110	1110	1180	1160	1230
42		736	721	779	1030	1090	1090	1160	1160	1230	1220	1300	1280	1360
44		808	792	855	1130	1200	1200	1270	1270	1350	1340	1420	1410	1490
46		883	865	935	1230	1310	1310	1390	1390	1470	1470	1560	1540	1630
48		961	942	1020	1340	1420	1430	1510	1510	1600	1600	1700	1670	1780
50		1040	1020	1100	1460	1540	1550	1640	1640	1740	1730	1840	1820	1930
52		1130	1110	1190	1570	1670	1670	1780	1770	1880	1870	1990	1970	2090

第 13 组 4V×39 类　表 22 图

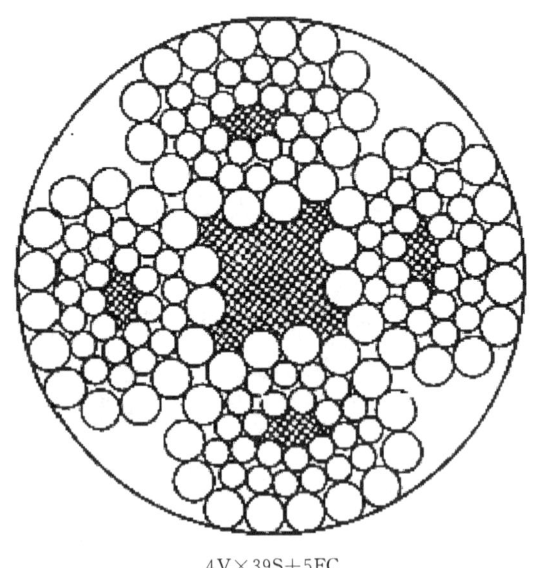

4V×39S+5FC

直径：16 mm～36 mm

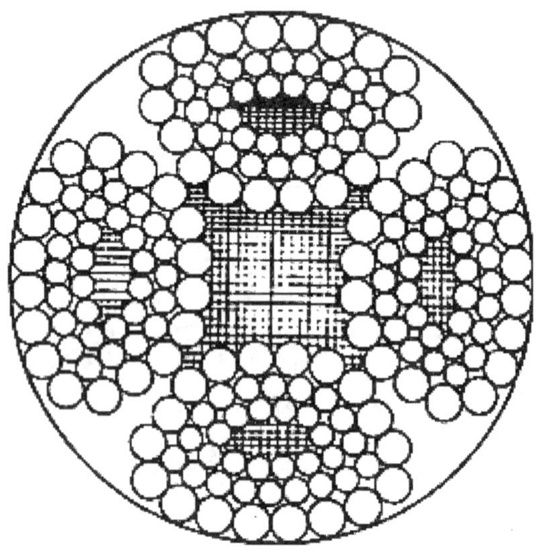

4V×48S+5FC

直径：20 mm～40 mm

表 22 力学性能

钢丝绳结构：4V×39S+5FC 4V×48S+5FC

钢丝绳公称直径		钢丝绳参考重量/(kg/100 m)		钢丝绳公称抗拉强度/MPa				
				1570	1670	1770	1870	1960
D/mm	允许偏差/%	天然纤维芯钢丝绳	合成纤维芯钢丝绳	钢丝绳最小破断拉力/kN				
16	+6 0	105	103	145	154	163	172	181
18		133	130	183	195	206	218	229
20		164	161	226	240	255	269	282
22		198	195	274	291	308	326	342
24		236	232	326	346	367	388	406
26		277	272	382	406	431	455	477
28		321	315	443	471	500	528	553
30		369	362	509	541	573	606	635
32		420	412	579	616	652	689	723
34		474	465	653	695	737	778	816
36		531	521	732	779	826	872	914
38		592	580	816	868	920	972	1020
40		656	643	904	962	1020	1080	1130

第 14 组 6Q×19+6V×21 类 表 23 图

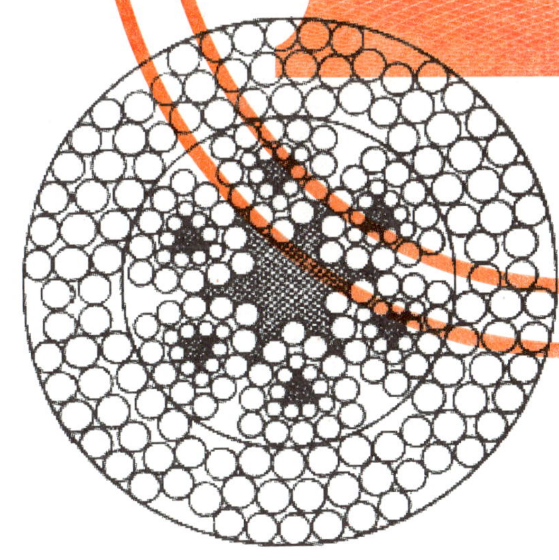

6Q×19+6V×21+7FC

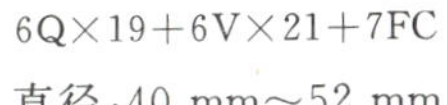

直径：40 mm～52 mm

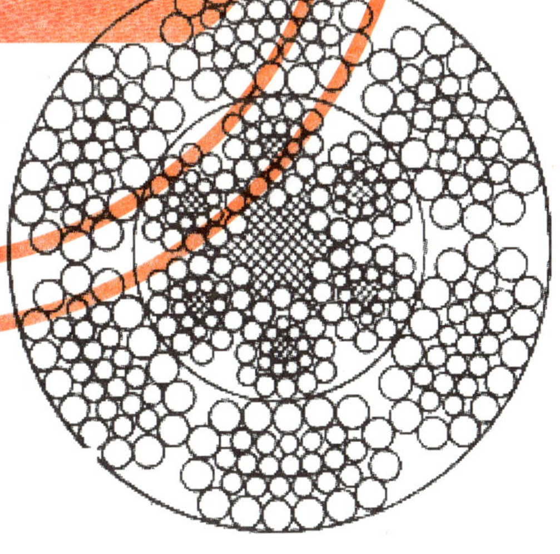

6Q×33+6V×21+7FC

直径：40 mm～60 mm

表 23 力学性能

钢丝绳结构：6Q×19+6V×21+7FC 6Q×33+6V×21+7FC

钢丝绳公称直径		钢丝绳参考重量/(kg/100 m)		钢丝绳公称抗拉强度/MPa				
				1570	1670	1770	1870	1960
D/mm	允许偏差/%	天然纤维芯钢丝绳	合成纤维芯钢丝绳	钢丝绳最小破断拉力/kN				
40	+6 0	656	643	904	962	1020	1080	1130
42		723	709	997	1060	1120	1190	1240
44		794	778	1090	1160	1230	1300	1370
46		868	851	1200	1270	1350	1420	1490
48		945	926	1300	1390	1470	1550	1630
50		1030	1010	1410	1500	1590	1680	1760
52		1110	1090	1530	1630	1720	1820	1910
54		1200	1170	1650	1750	1860	1960	2060
56		1290	1260	1770	1890	2000	2110	2210
58		1380	1350	1900	2020	2140	2260	2370
60		1480	1450	2030	2160	2290	2420	2540

附 录 A
（规范性附录）

表 A.1 最小钢丝破断拉力总和与钢丝绳最小破断拉力的换算系数

<table>
<tr><th rowspan="2">钢丝绳类别</th><th colspan="2">典型结构</th><th colspan="2">换算系数</th></tr>
<tr><th>钢丝绳</th><th>股绳</th><th>纤维芯</th><th>钢芯</th></tr>
<tr><td>6×7</td><td>6×7
6×9W</td><td>(1+6)
(3+3/3)</td><td>1.134</td><td>1.214</td></tr>
<tr><td>6×19</td><td>6×19S
6×19W</td><td>(1+9+9)
(1+6+6/6)</td><td>1.214</td><td>1.308</td></tr>
<tr><td rowspan="2">6×37</td><td>6×25Fi
6×26WS
6×31WS
6×29Fi
6×36WS
6×41WS
6×49SWS
6×55SWS</td><td>(1+6+6F+12)
(1+5+5/5+10)
(1+6+6/6+12)
(1+7+7F+14)
(1+7+7/7+14)
(1+8+8/8+16)
(1+8+8+8/8+16)
(1+9+9+9/9+18)</td><td>1.226</td><td>1.321</td></tr>
<tr><td>6×37S</td><td>(1+6+15+15)</td><td>1.191</td><td>1.283</td></tr>
<tr><td>8×19</td><td>8×19S
8×19W</td><td>(1+9+9)
(1+6+6/6)</td><td>1.214</td><td>1.360</td></tr>
<tr><td>8×37</td><td>8×25Fi
8×26WS
8×31WS
8×36WS
8×41WS
8×49SWS
8×55SWS</td><td>(1+6+6F+12)
(1+5+5/5+10)
(1+6+6/6+12)
(1+7+7/7+14)
(1+8+8/8+16)
(1+8+8+8/8+16)
(1+9+9+9/9+18)</td><td>1.226</td><td>1.374</td></tr>
<tr><td rowspan="2">18×7
18×19</td><td>17×7</td><td>(1+6)</td><td colspan="2">1.250</td></tr>
<tr><td>18×7
18×19W
18×19S</td><td>(1+6)
(1+6+6/6)
(1+9+9)</td><td colspan="2">1.283</td></tr>
<tr><td rowspan="2">34×7</td><td>34×7</td><td>(1+6)</td><td colspan="2">1.300</td></tr>
<tr><td>36×7</td><td>(1+6)</td><td colspan="2">1.334</td></tr>
<tr><td>35W×7
24W×7</td><td>35W×7
24W×7</td><td>(1+6)</td><td colspan="2">1.287</td></tr>
<tr><td>6V×7</td><td>6V×18
6V×19</td><td>(/3×2+3/+9)
(/1×7+3/+9)</td><td>1.156</td><td>1.191</td></tr>
</table>

表 A.1（续）

钢丝绳类别	典型结构		换算系数	
	钢丝绳	股绳	纤维芯	钢芯
6V×19	6V×21 6V×24	(FC+9+12) (FC+9+12)	1.177	—
	6V×30 6V×34	(6+12+12) (/1×7+3/+12+12)	1.177	1.213
6V×37	6V×37 6V×43 6V×37S	(/1×7+3/+12+15) (/1×7+3/+15+18) (/1×7+3/+12+15)		
4V×39	4V×39S 4V×48S	(FC+9+15+15) (FC+12+18+18)	1.191	—
6Q×19+6V×21	6Q×19+6V×21 6Q×33+6V×21	外股(5+14) 内股(FC+9+12) 外股(5+13+15) 内股(FC+9+12)	1.250	—
注：最小钢丝破断拉力总和=钢丝绳最小破断拉力×换算系数。				

附　录　B
（资料性附录）

表 B.1　本国家标准与 ISO 3154:1988 条款的对照一览表

本国家标准章条编号	对应的国际标准章条的编号
1	1
2	2
3	—
4	—
5	3
5.1　5.1.1	3.1
5.1.2	—
5.2　5.2.1	3.2
5.2.2	—
5.3	3.3
6	4
6.1，6.1.1～6.1.2	—
6.2	4.1
6.2.1，6.2.1.1～6.2.1.6	—
6.2.2	—
6.2.3	4.1.1
6.2.3.1 6.2.3.2	4.1.1.1 4.1.1.2
6.2.4	4.1.2
6.2.4.1	4.1.2.1
6.2.4.2	4.1.2.2
6.2.5	4.1.3
6.2.5.1	4.1.3.1
6.2.5.2	4.1.3.2
6.2.6	4.1.4 4.1.4.3
6.2.7、6.2.8	—
—	4.1.4.1

表 B.1（续）

本国家标准章条编号	对应的国际标准章条的编号
—	4.1.4.2
6.3	4.2
6.3.1	4.2.1　4.2.1.1　4.2.1.2
6.3.2	—
6.3.3	4.2.2
6.3.3.1	4.2.2.1
6.3.3.2	4.2.2.2
6.3.4	4.2.3
6.3.5	4.2.4
6.3.6	4.2.5
6.3.6.1	4.2.5.1
6.3.6.2	4.2.5.2
—	4.3
7	5
7.1	5.1
7.1.1	5.1.1
7.1.1.1	5.1.1 第1段
7.1.1.2	5.1.1 第2段
7.1.1.3	5.1.1 第3段
7.1.2	5.1.2，5.1.4.1
7.1.3	5.1.3
7.1.4	5.1.4 5.1.4.2，5.1.4.2.1～5.1.4.2.7
7.1.5	—
7.1.6	—
7.2	5.2
7.2.1	5.2.1
—	5.2.1.1
7.2.1.1	5.2.1.2
7.2.1.2	—

表 B.1（续）

本国家标准章条编号	对应的国际标准章条的编号
7.2.2	5.2.2
7.2.3	5.2.3
7.2.4	5.2.4
7.2.5	5.2.5
7.2.6	5.2.6
7.2.7	5.2.7，5.2.7.2
—	5.2.7.1
7.3	—
7.4	—
7.5	5.3
8	6
—	6.1
8.1	—
8.2	6.2
8.3	6.3
9	7,7.1～7.4,8

附 录 C
（资料性附录）

表 C.1 本国家标准与 ISO 3154:1988 技术性差异及其原因

本国家标准的章条编号	技术性差异	原因
1	增加了本标准规定的重要用途钢丝绳的分类、钢丝绳材料、技术要求、检查与试验、验收方法、包装、标志及质量证明书。 增加了适用性中的大型浇铸、石油钻井、大型吊装起重、索道承重牵引、缆车运行等用途的圆股及异型股钢丝绳	按 GB/T 1.1 规定 国际标准适用于矿井提升，本国家标准适用于重要用途，除列出矿井提升外，将其余重要用途也列上，更清楚明了
2	引用了采用国际标准的我国标准，而非国际标准	以适合我国国情
3	增加了本章即分类	以适合我国国情（国际标准在 ISO 2408:2002 中给出）
4	增加了本章即订货内容	以适合我国国情
5.1.2	增加了制绳用钢丝包括股芯丝和填充丝	以适合我国国情
5.2.2	增加钢芯	以适合我国国情
6.1 6.1.1～6.1.2	增加对股的捻制要求	以适合我国国情（国际标准在 ISO 2408—2002 中给出）
6.2.1， 6.2.1.1～6.2.1.6	增加对钢丝绳的捻制要求	以适合我国国情（国际标准在 ISO 2408—2002 中给出）
6.2.2	增加对钢丝绳涂油的要求	以适合我国国情（国际标准在 ISO 2408—2002 中给出）
6.2.3.1	用分品种列表给出代替“双方在合同中注明”	适合国情。方便生产制造和设计、使用单位选择
6.2.5.1	用分品种列表给出代替“双方在合同中注明”	适合国情。方便设计、使用单位选择
6.2.5.2	删除重量偏差	以适合我国国情
6.2.6	删除总则。 删除钢丝破断拉力总和	测钢丝绳破断拉力，除能测定钢丝拉力外，还能考核钢丝绳捻制质量水平，更能保证钢丝绳的实际使用性能；测钢丝破断拉力总和不能反映捻制质量水平，不能完全保证使用性能，是一个“代用”指标。因此本标准只选用钢丝绳最小破断拉力。 为了方便使用及设计，对钢丝最小破断拉力总和与钢丝绳最小破断拉力的换算系数在附录A中给出
6.2.7	增加对矿井提升，架空索道及其他特殊用途的钢丝绳，在使用中的永久伸长应双方协议	提高产品水平，方便用户使用

表 C.1（续）

本国家标准的章条编号	技术性差异	原因
6.2.8	增加对外观的技术要求	提高产品质量的捻制技术水平
6.3.1	用符合制绳用钢丝国家标准代替钢丝公称直径及直径允许偏差	《制绳用钢丝》GB/T 8919—1996 明确规定了钢丝公称直径及直径允许偏差
6.3.2	增加钢丝表面状态为光面及 B 级镀锌、AB 级镀锌和 A 级镀锌	更加明了，适合国情
6.3.2.1	增加了 1670、1870 MPa 级钢丝公称抗拉强度	适合国情
6.3.3、6.3.4、6.3.5.2	增加了钢丝直径 $0.6 \leqslant d < 0.8$ mm 和 $3.5 \leqslant d \leqslant 4.4$ mm 段的反复弯曲、扭转次数及最小锌层重量	适合国情
6.3.6.1	增加了 AB 级镀锌层重量	适合国情
6.4	增加了外观的要求	适合国情
7.1.3	增加应用衡器测量	更明确
7.1.4	删除实测破断拉力总和的测定方法。 删除测定钢丝绳破断拉力试验的“试样长度、试样、试验、试验的操作、破断点、伸长的测量”	测钢丝绳破断拉力，除能测定钢丝拉力外，还能考核钢丝绳捻制质量水平，更能保证钢丝绳的实际使用性能；测钢丝破断拉力总和不能反映捻制质量水平。我国有“钢丝绳破断拉力试验方法标准”，在该方法中对试样、试验机、试验操作等做了明确规定
7.1.5	增加钢丝绳测量伸长的双方协议	适合国情
7.1.6	增加了不松散检查	不松散可提高使用寿命和安全性，以适合国情
7.1.7	增加了外观检查	适合国情
7.2.1.1	用抽取一定比例的股数拆成钢丝做试验代替将钢丝绳全部拆成钢丝后抽取 16% 的比例做试验	不管是将钢丝绳拆成钢丝后抽取一定比例的试样，还是抽取一定股数再拆成钢丝做试验，其代表性是一样的，都是随机取样。可以减少检验人员的工作量
7.2.7	删除采用钢丝破断拉力总和的试验方法的合格条件	删除了钢丝破断拉力总和的试验方法
7.3	增加倍尺生产的取样方法	适合国情
7.4	增加钢丝绳力学性能的考核方法	便于生产厂家统一、设计及使用单位了解、验收等
8.2	增加需方的验收检测部门、验收依据及验收期	使需方更清楚明了，避免不必要的麻烦
9	国际标准中逐条列出，本标准规定按国家标准执行	国家标准对包装、标志及质量证明书均有明确规定

附　录　D
（资料性附录）
钢丝绳主要用途推荐表

表 D.1

用途	名称	结构	规格	备注
立井提升	三角股钢丝绳	6V×37S　6V×37　6V×34　6V×30　6V×43　6V×21	见表	
	线接触钢丝绳	6×19S　6×19W　6×25Fi　6×29Fi　6×26WS　6×31WS　6×36WS　6×41WS	见表	推荐同向捻
	多层股钢丝绳	18×7　17×7　35W×7　24W×7	见表	用于钢丝绳罐道的立井
		6Q×19+6V×21　6Q×33+6V×21	见表	
开凿立井提升（建井用）	多层股钢丝绳及异形股钢丝绳	6Q×33+6V×21　17×7　18×7　34×7　36×7　6Q×19+6V×21　4V×39S　4V×48S　35W×7　24W×7	见表	
立井平衡绳	钢丝绳	6×37S　6×36WS　4V×39S　4V×48S	见表	仅适用于交互捻
	多层股钢丝绳	17×7　18×7　34×7　36×7　35W×7　24W×7	见表	仅适用于交互捻
斜井提升（绞车）	三角股钢丝绳	6V×18　6V×19	见表	
	钢丝绳	6×7　6×9W	见表	推荐同向捻
高炉卷扬	三角股钢丝绳	6V×37S　6V×37　6V×30　6V×34　6V×43	见表	
	线接触钢丝绳	6×19S　6×25Fi　6×29Fi　6×26WS　6×31WS　6×36WS　6×41WS	见表	
立井罐道及索道	三角股钢丝绳	6V×18　6V×19	见表	
	多层股钢丝绳	18×7　17×7	见表	推荐同向捻
露天斜坡卷扬	三角股钢丝绳	6V×37S　6V×37　6V×30　6V×34　6V×43	见表	
	线接触钢丝绳	6×36WS　6×37S　6×41WS　6×49SWS　6×55SWS	见表	推荐同向捻
石油钻井	线接触钢丝绳	6×19S　6×19W　6×25Fi　6×29Fi　6×26WS　6×31WS　6×36WS	见表	也可采用钢芯
钢绳牵引胶带运输机、索道及地面缆车	线接触钢丝绳	6×19S　6×19W　6×25Fi　6×29 Fi　6×26WS　6×31WS　6×36WS　6×41WS	见表	推荐同向捻　6×19W 不适合索道
挖掘机（电铲卷扬）	线接触钢丝绳	6×19S+IWR　6×25Fi+IWR　6×19W+IWR　6×29Fi+IWR　6×26WS+IWR　6×31WS+IWR　6×36WS+IWR　6×55SWS+IWR　6×49SWS+IWR　35W×7　24W×7	见表	推荐同向捻
	三角股钢丝绳	6V×30　6V×34　6V×37　6V×37S　6V×43	见表	

表 D.1（续）

<table>
<tr><th colspan="2">用 途</th><th>名 称</th><th>结 构</th><th>规格</th><th>备 注</th></tr>
<tr><td rowspan="6">起重机</td><td>大型浇铸吊车</td><td>线接触钢丝绳</td><td>6×19S+IWR　6×19W+IWR　6×25Fi+IWR
6×36WS+IWR　6×41WS+IWR</td><td>见表</td><td></td></tr>
<tr><td rowspan="2">港口装卸、水利工程及建筑用塔式起重机</td><td>多层股钢丝绳</td><td>18×19S　18×19W　34×7　36×7　35W×7
24W×7</td><td>见表</td><td></td></tr>
<tr><td>四股扇形股钢丝绳</td><td>4V×39S　4V×48S</td><td>见表</td><td></td></tr>
<tr><td rowspan="2">繁忙起重及其他重要用途</td><td>线接触钢丝绳</td><td>6×19S　6×19W　6×25Fi　6×29Fi　6×26WS
6×31WS　6×36WS　6×37S　6×41WS　6×49SWS
6×55SWS　8×19S　8×19W　8×25Fi　8×26WS
8×31WS　8×36WS　8×41WS　8×49SWS
8×55SWS</td><td>见表</td><td></td></tr>
<tr><td>四股扇形股钢丝绳</td><td>4V×39S　4V×48S</td><td>见表</td><td></td></tr>
<tr><td colspan="2">热移钢机(轧钢厂推钢台)</td><td>线接触钢丝绳</td><td>6×19S+IWR　6×19W+IWR　6×25Fi+IWR
6×29Fi+IWR　6×31WS+IWR　6×37S+IWR
6×36WS+IWR</td><td>见表</td><td></td></tr>
<tr><td colspan="2" rowspan="3">船舶装卸</td><td>线接触钢丝绳</td><td>6×19W　6×25Fi　6×29Fi　6×31WS
6×36WS　6×37S</td><td>见表</td><td>镀 锌</td></tr>
<tr><td>多层股钢丝绳</td><td>18×19S　18×19W　34×7　36×7　35W×7
24W×7</td><td>见表</td><td></td></tr>
<tr><td>四股扇形股钢丝绳</td><td>4V×39S　4V×48S</td><td>见表</td><td></td></tr>
<tr><td colspan="2">拖船、货网</td><td>钢丝绳</td><td>6×31WS　6×36WS　6×37S</td><td>见表</td><td>镀 锌</td></tr>
<tr><td colspan="2">船舶张拉桅杆吊桥</td><td>钢丝绳</td><td>6×7+IWS　6×19S+IWR</td><td>见表</td><td>镀 锌</td></tr>
<tr><td colspan="2">打捞沉船</td><td>钢丝绳</td><td>6×37S　6×36WS　6×41WS　6×49SWS　6×31WS
6×55SWS　8×19S　8×19W　8×31WS
8×36WS　8×41WS　8×49SWS　8×55SWS</td><td>见表</td><td>镀 锌</td></tr>
<tr><td colspan="6">注 1：腐蚀是主要报废原因时，应采用镀锌钢丝绳。
注 2：钢丝绳工作时，终端不能自由旋转，或虽有反拨力，但不能相互纠合在一起的工作场合，应采用同向捻钢丝绳。</td></tr>
</table>

前　　言

本标准非等效采用DIN 15061:1977 第1部分《起升装置　钢丝绳滑轮绳槽断面》。

本标准是对ZB J80 006.1—87《起重机用铸造滑轮　绳槽断面》的修订。修订时仅对原标准进行了编辑性修改，主要技术内容没有变化。

本标准是JB/T 9005《起重机用铸造滑轮》系列标准中的一部分，该系列标准包括以下10个部分：

JB/T 9005.1—1999　起重机用铸造滑轮　绳槽断面
JB/T 9005.2—1999　起重机用铸造滑轮　直径的选用系列与匹配
JB/T 9005.3—1999　起重机用铸造滑轮　型式、轮毂和轴承尺寸
JB/T 9005.4—1999　起重机用铸造滑轮　A 型
JB/T 9005.5—1999　起重机用铸造滑轮　B 型
JB/T 9005.6—1999　起重机用铸造滑轮　C 型
JB/T 9005.7—1999　起重机用铸造滑轮　D 型
JB/T 9005.8—1999　起重机用铸造滑轮　E 型
JB/T 9005.9—1999　起重机用铸造滑轮　F 型
JB/T 9005.10—1999　起重机用铸造滑轮　技术条件

本标准自实施之日起代替ZB J80 006.1—87。

本标准由全国起重机械标准化技术委员会提出并归口。

本标准负责起草单位：大连大起集团有限责任公司。

本标准主要起草人：周玉安、崔振元。

中华人民共和国机械行业标准

JB/T 9005.1—1999

起重机用铸造滑轮
绳槽断面

代替 ZB J80 006.1—87

Casting sheaves for cranes—Groove profiles

1 范围

本标准规定了起重机用铸造滑轮绳槽断面尺寸和表面精度等级。

本标准主要适用于桥式起重机和门式起重机用钢丝绳铸造滑轮（以下简称滑轮）。其他起重机用滑轮亦可参照采用。

本标准的绳槽半径 R 是根据钢丝绳公称直径 d 的最大允许偏差为＋7％确定的。

钢丝绳绕进或绕出滑轮槽时偏斜的最大角度（即钢丝绳中心线和与滑轮轴垂直的平面之间的角度）应不大于4°。

2 引用标准

下列标准所包含的条文，通过在本标准中引用而构成为本标准的条文。本标准出版时，所示版本均为有效 。所有标准都会被修订，使用本标准的各方应探讨使用下列标准最新版本的可能性。

JB/T 9005.2—1999　起重机用铸造滑轮　直径的选用系列与匹配

3 尺寸及精度

3.1　滑轮绳槽断面和尺寸详见图1和表1的规定。

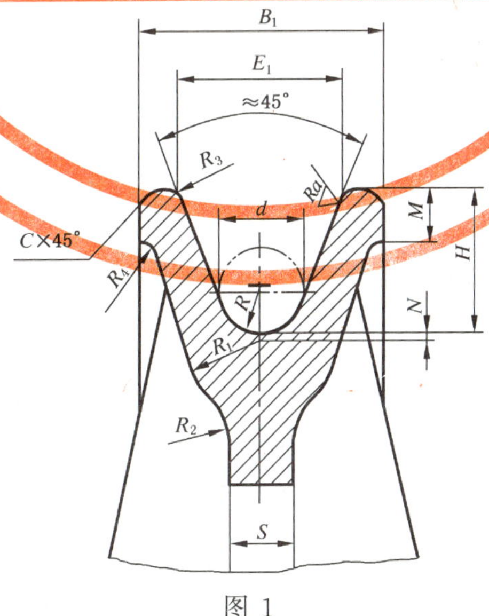

图 1

国家机械工业局1999-06-28批准　　　　2000-01-01实施

表 1

mm

钢丝绳直径 d	基本尺寸							参考尺寸						
	R			H	B_1	E_1	C	R_1	R_2	R_3	R_4	M	N	S
	尺寸	极限偏差												
		1级	2级											
5～6	3.3	+0.1 0	+0.2 0	12.5	22	15	0.5	7	5	1.5	2.0	4	0	6
>6～7	3.8			15.0	26	17	0.5	8	6	2.0	2.5	5	0	7
>7～8	4.3					18								
>8～9	5.0			17.5	32	21	1.0	10	8	2.0	2.5	6	0	8
>9～10	5.5					22								
>10～11	6.0	+0.2 0	+0.3 0	20.0	36	25	1.0	12	10	2.5	3.0	8	0	9
>11～12	6.5													
>12～13	7.0			22.5	40	28	1.0	13	11	2.5	3.0	8	0	10
>13～14	7.5			25.0	45	31	1.0	15	12	3.0	4.0	10	0	11
>14～15	8.2													
>15～16	9.0		+0.4 0	27.5	50	35	1.5	16	13	3.0	4.0	10	0	12
>16～17	9.5			30.0	53	38	1.5	18	15	3.0	5.0	12	0	12
>17～18	10.0													
>18～19	10.5			32.5	56	41	1.5	18	15	3.0	5.0	12	0	12
>19～20	11.0			35.0	60	44	1.5	20	16	3.0	5.0	14	0	14
>20～21	11.5													
>21～22	12.0				63	45	1.5	20	16	3.0	5.0	14	2.0	14
>22～23	12.5					46								
>23～24	13.0			37.5	67	48	1.5	20	16	4.0	6.0	16	2.5	16
>24～25	13.5			40.0	71	51	1.5	22	18	4.0	6.0	16	3.0	16
>25～26	14.0					52								
>26～28	15.0				75	53	1.5	25	20	4.0	6.0	16	3.0	18
>28～30	16.0	+0.4 0	+0.8 0	45.0	85	59	2.0	25	20	5.0	6.0	18	4.0	18
>30～32	17.0					61								
>32～34	18.0			50.0	90	66	2.0	28	22	5.0	6.0	18	4.0	20
>34～36	19.0			55.0	100	72	2.5	32	25	5.0	8.0	20	4.0	20
>36～38	20.0					73								
>38～40	21.0			60.0	105	78	2.5	36	28	5.0	8.0	22	5.0	22
>40～41	22.0					79								
>41～43	23.0			65.0	115	84	2.5	36	28	6.0	8.0	25	5.0	24
>43～45	24.0					86								

表 1(完)　　mm

<table>
<tr><th rowspan="3">钢丝绳直径
d</th><th colspan="7">基 本 尺 寸</th><th colspan="7">参 考 尺 寸</th></tr>
<tr><th colspan="3">R</th><th rowspan="3">H</th><th rowspan="3">B_1</th><th rowspan="3">E_1</th><th rowspan="3">C</th><th rowspan="3">R_1</th><th rowspan="3">R_2</th><th rowspan="3">R_3</th><th rowspan="3">R_4</th><th rowspan="3">M</th><th rowspan="3">N</th><th rowspan="3">S</th></tr>
<tr><th rowspan="2">尺寸</th><th colspan="2">极限偏差</th></tr>
<tr><th></th><th>1 级</th><th>2 级</th></tr>
<tr><td>>45～46</td><td rowspan="2">25.0</td><td rowspan="9">$^{+0.4}_{0}$</td><td rowspan="9">$^{+0.8}_{0}$</td><td>67.5</td><td>120</td><td>90</td><td>2.5</td><td>40</td><td>32</td><td>6.0</td><td>8.0</td><td>25</td><td>5.0</td><td>24</td></tr>
<tr><td>>46～47</td><td rowspan="2">70.0</td><td rowspan="2">125</td><td>92</td><td rowspan="2">3.0</td><td rowspan="2">40</td><td rowspan="2">32</td><td rowspan="2">6.0</td><td rowspan="2">8.0</td><td rowspan="2">28</td><td rowspan="2">6.0</td><td rowspan="2">26</td></tr>
<tr><td>>47～48.5</td><td>26.0</td><td>94</td></tr>
<tr><td>>48.5～50</td><td>27.0</td><td>72.5</td><td rowspan="2">130</td><td>96</td><td rowspan="2">3.0</td><td rowspan="2">45</td><td rowspan="2">36</td><td rowspan="2">6.0</td><td rowspan="2">10.0</td><td rowspan="2">28</td><td rowspan="2">6.0</td><td rowspan="2">26</td></tr>
<tr><td>>50～52</td><td>28.0</td><td>75.0</td><td>99</td></tr>
<tr><td>>52～54.5</td><td>29.0</td><td>77.5</td><td rowspan="2">140</td><td>103</td><td rowspan="2">4.0</td><td rowspan="2">45</td><td rowspan="2">36</td><td rowspan="2">6.0</td><td rowspan="2">10.0</td><td rowspan="2">32</td><td rowspan="2">6.0</td><td rowspan="2">28</td></tr>
<tr><td>>54.5～56</td><td>30.0</td><td>80.0</td><td>106</td></tr>
<tr><td>>56～58</td><td>31.0</td><td>82.5</td><td rowspan="2">150</td><td>110</td><td rowspan="2">4.0</td><td rowspan="2">50</td><td rowspan="2">40</td><td rowspan="2">8.0</td><td rowspan="2">10.0</td><td rowspan="2">32</td><td rowspan="2">8.0</td><td rowspan="2">30</td></tr>
<tr><td>>58～60.5</td><td>32.0</td><td>85.0</td><td>114</td></tr>
<tr><td colspan="15">注
1　对于冶金起重机推荐用 1 级精度。
2　绳槽断面允许按 JB/T 9005.2 匹配，将同一直径的滑轮按最大绳径作成一种。
3　参考尺寸是按铸铁滑轮提出的。</td></tr>
</table>

3.2　滑轮绳槽表面粗糙度分为两级：

1 级：$Ra6.3\mu m$；

2 级：$Ra12.5\mu m$。

3.3　标记示例

滑轮绳槽半径 R=13.5 mm，表面粗糙度为 2 级的绳槽断面，标记为：

绳槽断面　13.5-2　JB/T 9005.1—1999

前　　言

本标准非等效采用DIN 15062:1982第1部分《起重机　钢丝绳滑轮直径和总宽度尺寸的选用系列与匹配》。

本标准是对ZB J80 006.2—87《起重机用铸造滑轮　直径的选用系列与匹配》的修订。修订时仅对原标准进行了编辑性修改,主要技术内容没有变化。

本标准是JB/T 9005《起重机用铸造滑轮》系列标准中的一部分,该系列标准包括以下10个部分:

JB/T 9005.1—1999　起重机用铸造滑轮　绳槽断面

JB/T 9005.2—1999　起重机用铸造滑轮　直径的选用系列与匹配

JB/T 9005.3—1999　起重机用铸造滑轮　型式、轮毂和轴承尺寸

JB/T 9005.4—1999　起重机用铸造滑轮　A型

JB/T 9005.5—1999　起重机用铸造滑轮　B型

JB/T 9005.6—1999　起重机用铸造滑轮　C型

JB/T 9005.7—1999　起重机用铸造滑轮　D型

JB/T 9005.8—1999　起重机用铸造滑轮　E型

JB/T 9005.9—1999　起重机用铸造滑轮　F型

JB/T 9005.10—1999　起重机用铸造滑轮　技术条件

本标准自实施之日起代替ZB J80 006.2—87。

本标准由全国起重机械标准化技术委员会提出并归口。

本标准负责起草单位:大连大起集团有限责任公司。

本标准主要起草人:周玉安、崔振元。

中华人民共和国机械行业标准

起重机用铸造滑轮直径的选用系列与匹配

JB/T 9005.2—1999

代替 ZB J80 006.2—87

Casting sheaves for cranes—Selected series and matching of diameters

1 范围

本标准规定了滑轮直径与钢丝绳直径的匹配关系。表1中以黑框线包络的区域为最常使用的匹配范围。

本标准所指的滑轮包括起重机钢丝绳传动中的平衡滑轮。

2 直径的选用系列与匹配

直径的选用系列与匹配见表1。

表1

mm

滑轮直径 D	钢丝绳直径 d																																						
	7~8	>8~9	>9~10	>10~11	>11~12	>12~13	>13~14	>14~15	>15~16	>16~17	>17~18	>18~19	>19~20	>20~21	>21~22	>22~24	>24~25	>25~26	>26~27	>27~28	>28~30	>30~31	>31~32	>32~33	>33~34	>34~35	>35~36	>36~37	>37~39	>39~40	>40~41	>41~43	>43~44	>44~46	>46~48	>48~50	>50~54	>54~56	>56~60
225																																							
260																																							
280																																							
315																																							
355																																							
400																																							
450																																							
500																																							
560																																							
630																																							
710																																							
800																																							
900																																							
1000																																							
1120																																							
1250																																							
1400																																							
1600																																							
1800																																							
2000																																							

注：在滑轮轴上并列安装2个滑轮时，推荐按阴影区 ▨ 选用；当并列安装4个和4个以上滑轮，以及用于冶金起重机的滑轮时，推荐按阴影区 ▧ 选用。

国家机械工业局1999-06-28批准

2000-01-01实施

前　　言

本标准非等效采用DIN 15061-2:1982《起重机　钢丝绳卷筒绳槽断面》。

本标准是对ZB J80 007.1—87《起重机用铸造卷筒　直径和槽形》的修订。修订时仅对原标准作了编辑性修改，主要技术内容没有变化。

本标准是JB/T 9006《起重机用铸造卷筒》系列标准中的一部分，该系列标准包括以下三部分：

——JB/T 9006.1—1999　起重机用铸造卷筒　直径和槽形

——JB/T 9006.2—1999　起重机用铸造卷筒　型式和尺寸

——JB/T 9006.3—1999　起重机用铸造卷筒　技术条件

本标准自实施之日起代替ZB J80 007.1—87。

本标准由全国起重机械标准化技术委员会提出并归口。

本标准负责起草单位：大连大起集团有限责任公司。

本标准主要起草人：周玉安、崔振元。

中华人民共和国机械行业标准

JB/T 9006.1—1999

代替 ZB J80 007.1—87

起重机用铸造卷筒　直径和槽形

Casting drums for cranes diameters and drooves

1 范围

本标准规定的槽形除多层缠绕和电动葫芦用卷筒外，适用于所有起重机的钢丝绳铸造卷筒和焊接卷筒(以下简称卷筒)。

本标准的槽底半径 R 是根据钢丝绳公称直径 d 的最大允许偏差为+7%确定的。钢丝绳绕进或绕出卷筒时，其偏离螺旋槽每一侧的角度应不大于 4°。

2 引用标准

下列标准所包含的条文，通过在本标准中引用而构成为本标准的条文。本标准出版时，所示版本均为有效。所有标准都会被修订，使用本标准的各方应探讨使用下列标准最新版本的可能性。

GB/T 1031—1995　表面粗糙度　参数及其数值

GB/T 8918—1996　钢丝绳

3 卷筒直径

卷筒直径 D 一般采用表 1 的数值。

表 1　　mm

D								
100	125	160	200	250	280	315	355	400
450	500	560	630	710	800	900	1 000	1 120
1 250	1 320	1 400	1 500	1 600	1 700	1 800	1 900	2 000

4 卷筒槽形

卷筒槽形分为标准槽形和加深槽形两种，其尺寸详见图 1、图 2 和表 2 的规定。

槽形表面粗糙度 Ra 值分为两级：1 级：6.3 μm；2 级：12.5 μm。

标记示例：

a) 卷筒槽形的槽底半径 R=10 mm，槽距 P_1=20 mm，表面精度为 1 级的标准槽形，标记为：

槽形　10×20-1　JB/T 9006.1—1999

b) 卷筒槽形的槽底半径 R=10 mm，槽距 P_2=24 mm，表面精度为 2 级的加深槽形，标记为：

深槽形　10×24-2　JB/T 9006.1—1999

国家机械工业局 1999-06-28 批准　　2000-01-01 实施

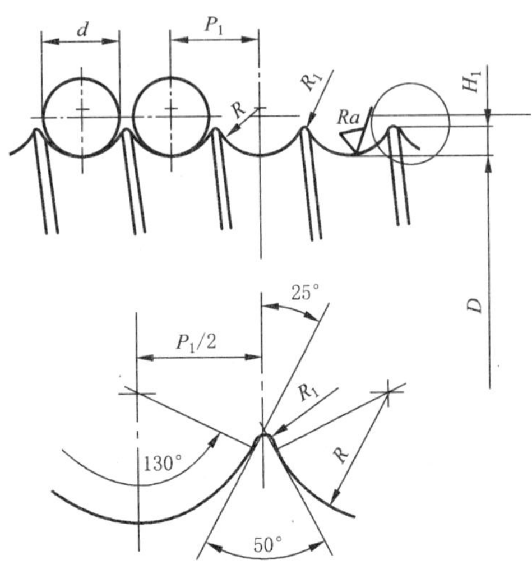

图 1 标准槽形

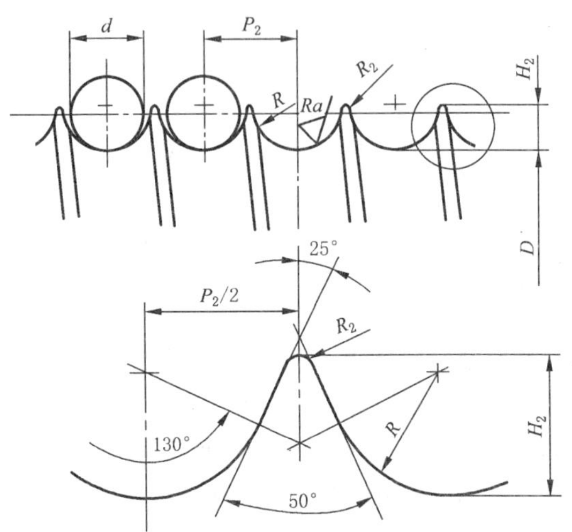

图 2 加深槽形

表 2

mm

<table>
<tr><th rowspan="2">钢丝绳直径
d</th><th colspan="2">槽底半径</th><th colspan="3">标准槽形</th><th colspan="3">加深槽形</th></tr>
<tr><th>R</th><th>极限偏差</th><th>P_1</th><th>H_1</th><th>R_1</th><th>P_2</th><th>H_2</th><th>R_2</th></tr>
<tr><td>5～6</td><td>3.3</td><td rowspan="4">$^{+1.0}_{0}$</td><td>7.0</td><td>2.3</td><td rowspan="4">0.5</td><td rowspan="2">—</td><td rowspan="2">—</td><td rowspan="4">0.3</td></tr>
<tr><td>>6～7</td><td>3.8</td><td>8.0</td><td>2.7</td></tr>
<tr><td>>7～8</td><td>4.3</td><td>9.0</td><td>3.0</td><td>11</td><td>5.0</td></tr>
<tr><td>>8～9</td><td>5.0</td><td>10.5</td><td>3.5</td><td>12</td><td>5.5</td></tr>
<tr><td>>9～10</td><td>5.5</td><td rowspan="15">$^{+0.2}_{0}$</td><td>11.5</td><td>4.0</td><td rowspan="15">0.8</td><td>13</td><td>6.0</td><td rowspan="15">0.5</td></tr>
<tr><td>>10～11</td><td>6.0</td><td>13.0</td><td rowspan="2">4.5</td><td>15</td><td>7.0</td></tr>
<tr><td>>11～12</td><td>6.5</td><td>14.0</td><td>16</td><td>7.5</td></tr>
<tr><td>>12～13</td><td>7.0</td><td>15.0</td><td>5.0</td><td>18</td><td>8.0</td></tr>
<tr><td>>13～14</td><td>7.5</td><td>16.0</td><td>5.5</td><td>19</td><td>8.5</td></tr>
<tr><td>>14～15</td><td>8.2</td><td>17.0</td><td rowspan="2">6.0</td><td>20</td><td>9.0</td></tr>
<tr><td>>15～16</td><td>9.0</td><td>18.0</td><td>21</td><td>9.5</td></tr>
<tr><td>>16～17</td><td>9.5</td><td>19.0</td><td>6.5</td><td>23</td><td>10.5</td></tr>
<tr><td>>17～18</td><td>10.0</td><td>20.0</td><td>7.0</td><td>24</td><td>11.0</td></tr>
<tr><td>>18～19</td><td>10.5</td><td>21.0</td><td rowspan="2">7.5</td><td>25</td><td>11.5</td></tr>
<tr><td>>19～20</td><td>11.0</td><td>22.0</td><td>26</td><td>12.0</td></tr>
<tr><td>>20～21</td><td>11.5</td><td>24.0</td><td>8.0</td><td>28</td><td>13.0</td></tr>
<tr><td>>21～22</td><td>12.0</td><td>25.0</td><td>8.5</td><td>29</td><td>13.5</td></tr>
<tr><td>>22～23</td><td>12.5</td><td>26.0</td><td rowspan="2">9.0</td><td>31</td><td>14.0</td></tr>
<tr><td>>23～24</td><td>13.0</td><td>27.0</td><td>32</td><td>14.5</td></tr>
</table>

表 2(完)

mm

<table>
<tr><th rowspan="2">钢丝绳直径
d</th><th colspan="2">槽底半径</th><th colspan="3">标准槽形</th><th colspan="3">加深槽形</th></tr>
<tr><th>R</th><th>极限偏差</th><th>P_1</th><th>H_1</th><th>R_1</th><th>P_2</th><th>H_2</th><th>R_2</th></tr>
<tr><td>>24～25</td><td>13.5</td><td rowspan="6">+0.2
0</td><td>28.0</td><td>9.5</td><td rowspan="4">0.8</td><td>33</td><td>15.0</td><td rowspan="4">0.5</td></tr>
<tr><td>>25～26</td><td>14.0</td><td>29.0</td><td>10.0</td><td>34</td><td>16.0</td></tr>
<tr><td>>26～27</td><td rowspan="2">15.0</td><td>30.0</td><td rowspan="2">10.5</td><td>36</td><td>16.5</td></tr>
<tr><td>>27～28</td><td>31.0</td><td>37</td><td>17.0</td></tr>
<tr><td>>28～29</td><td rowspan="2">16.0</td><td>33.0</td><td>11.0</td><td rowspan="9">1.3</td><td>38</td><td>17.5</td><td rowspan="9">0.8</td></tr>
<tr><td>>29～30</td><td>34.0</td><td>11.5</td><td>39</td><td>18.0</td></tr>
<tr><td>>30～31</td><td rowspan="2">17.0</td><td rowspan="24">+0.4
0</td><td>35.0</td><td rowspan="2">12.0</td><td>41</td><td>18.5</td></tr>
<tr><td>>31～32</td><td>36.0</td><td>42</td><td>19.0</td></tr>
<tr><td>>32～33</td><td rowspan="2">18.0</td><td>37.0</td><td>12.5</td><td rowspan="2">44</td><td rowspan="2">20.0</td></tr>
<tr><td>>33～34</td><td>38.0</td><td>13.0</td></tr>
<tr><td>>34～35</td><td rowspan="2">19.0</td><td>39.0</td><td rowspan="2">13.5</td><td>46</td><td rowspan="2">21.0</td></tr>
<tr><td>>35～36</td><td>40.0</td><td>47</td></tr>
<tr><td>>36～37</td><td rowspan="2">20.0</td><td>41.0</td><td>14.0</td><td>48</td><td>22.0</td></tr>
<tr><td>>37～38</td><td>42.0</td><td>14.5</td><td rowspan="7">1.6</td><td>50</td><td>23.0</td><td rowspan="7">1.3</td></tr>
<tr><td>>38～39</td><td rowspan="2">21.0</td><td rowspan="2">44.0</td><td rowspan="2">15.0</td><td rowspan="2">52</td><td rowspan="2">24.0</td></tr>
<tr><td>>39～40</td></tr>
<tr><td>>40～41</td><td>22.0</td><td>45.0</td><td>15.5</td><td>54</td><td rowspan="2">25.0</td></tr>
<tr><td>>41～42</td><td rowspan="2">23.0</td><td>47.0</td><td>16.0</td><td>55</td></tr>
<tr><td>>42～43</td><td>48.0</td><td rowspan="2">16.5</td><td>56</td><td rowspan="2">26.0</td></tr>
<tr><td>>43～44</td><td rowspan="2">24.0</td><td>49.0</td><td>58</td></tr>
<tr><td>>44～45</td><td>50.0</td><td>17.0</td><td rowspan="7">2</td><td>60</td><td>27.0</td><td rowspan="7">1.6</td></tr>
<tr><td>>45～46</td><td rowspan="2">25.0</td><td>52.0</td><td>17.5</td><td>62</td><td rowspan="2">28.0</td></tr>
<tr><td>>46～47</td><td>53.0</td><td rowspan="2">18.5</td><td>63</td></tr>
<tr><td>>47～48</td><td>26.0</td><td>54.0</td><td>64</td><td>29.0</td></tr>
<tr><td>>48～50</td><td>27.0</td><td>56.0</td><td>19.0</td><td>65</td><td>30.0</td></tr>
<tr><td>>50～52</td><td>28.0</td><td>58.0</td><td>19.5</td><td rowspan="5">—</td><td rowspan="5">—</td></tr>
<tr><td>>52～54</td><td>29.0</td><td>60.0</td><td rowspan="2">21.0</td></tr>
<tr><td>>54～56</td><td>30.0</td><td>63.0</td><td rowspan="2">2.5</td><td rowspan="3">—</td></tr>
<tr><td>>56～58</td><td>31.0</td><td>65.0</td><td>22.0</td></tr>
<tr><td>>58～60</td><td>32.0</td><td>67.0</td><td>23.0</td><td>3.0</td></tr>
</table>